普通高等教育"十一五"国家级

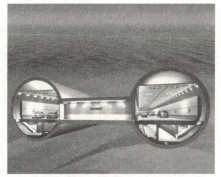

水下隧道

Underwater Tunnel

主编 · 何川　副主编 · 张志强 肖明清

西南交通大学出版社
·成都·

内 容 简 介

本书按普通高等教育"十一五"国家级规划教材要求编写，共分为 4 篇 10 章。本书参考国内外相关文献，并结合新规范，全面介绍了水下隧道勘测与规划、设计原理与方法、施工技术和施工组织的系统知识。本书理论与实践并重，各篇章相互衔接，每章均附有思考题。

本书主要作为普通高校土木工程专业地下工程方向本科生的教材，也可供地下工程及相关专业的研究生与工程技术人员参考。

本教材由何川主编，张志强、肖明清为副主编。全书由何川统稿。

图书在版编目（CIP）数据

水下隧道 / 何川主编. —成都：西南交通大学出版社，2011.6
普通高等教育"十一五"国家级规划教材
ISBN 978-7-5643-1230-5

Ⅰ. ①水… Ⅱ. ①何… Ⅲ. ①水下隧道 – 高等学校 – 教材 Ⅳ. ①U459.5

中国版本图书馆 CIP 数据核字（2011）第 128215 号

普通高等教育"十一五"国家级规划教材

水 下 隧 道

主编 何 川

*

责任编辑 张 波
特邀编辑 杨 勇
封面设计 本格设计

西南交通大学出版社出版发行
（成都二环路北一段 111 号 邮政编码：610031 发行部电话：028-87600564）
http://press.swjtu.edu.cn
四川森林印务有限责任公司印刷

*

成品尺寸：185 mm × 260 mm 印张：32
字数：793 千字
2011 年 6 月第 1 版 2011 年 6 月第 1 次印刷
ISBN 978-7-5643-1230-5
定价：58.00 元

前　言

我国水域面积辽阔，涵盖长江、黄河、珠江、淮河、海河等七大水系在内的内陆水域面积达 17.47 万 km^2，其中包括 5 000 余条流域面积超过 $100\ km^2$ 的河流，$1\ km^2$ 以上天然湖泊的总面积约 8 万 km^2。除此之外，还有水域面积大于 0.5 万 km^2 的辽东湾、渤海湾、莱州湾、杭州湾、北部湾等海湾。宽广的水域在提供丰富水资源的同时，也对交通带来了天然分割，采用水下隧道方案跨越江河湖海已成为当前我国交通基础设施建设的一个重要选择。近年来，伴随着我国高速铁路、高速公路、城市地铁建设的迅猛发展，涌现了南京长江隧道、武汉长江隧道、上海崇明长江隧道、广深港客运专线狮子洋隧道、武广客运专线浏阳河隧道以及上海等地区的多座城市地铁区间隧道等大量水下隧道工程，极大地改善了我国交通状况、推动了城市化进程。据不完全统计，我国在建及规划的水下隧道近 100 座，其中包括琼州海峡隧道、渤海湾隧道、台湾海峡隧道等世界级水下隧道工程，水下隧道建设在我国呈现方兴未艾之势。

然而，水下隧道的建设难度巨大，涉及矿山法、盾构法和沉管法等多种工法的诸多理论和技术问题，同时运营控制与维护管理同山岭隧道也有很大差别，有很多特殊问题需要解决。目前国内高校尚无系统的水下隧道教材，为了适应水下隧道的建设和管理需求，我们组织编写了这部"十一五"国家级规划教材，希望对我国水下隧道工程人才培养有所裨益和帮助。

本书是西南交通大学在水下隧道领域多年教学科研成果的提炼和总结，同时囊括了中铁第四勘察设计研究院集团有限公司为代表的国内外相关单位在水下隧道的工程实践，全书包括水下隧道概述、水下隧道设计与施工、水下隧道运营设施、水下隧道设计与施工实例四篇共 10 章内容。本书的特点是理论联系实际、系统性强，在引导学生掌握基础理论和技术知识的同时，注重强化学生解决实际工程技术问题的能力，并以工程实例的形式反映了国内外多座代表性水下隧道的状况。本书可作为普通高校土木工程专业地下工程方向本科生教材，也可作为研究生及相关工程技术人员的参考书。

本教材由何川主编，张志强、肖明清为副主编。

本教材编写的情况如下：第1章（何川、晏启祥），第2章（何川、汪波），第3章（何川、方勇、封坤），第4章（耿萍、晏启祥），第5章（张志强、王士民），第6章（曾艳华、郭瑞），第7章（张玉春、周济民），第8章（肖明清、薛光桥），第9章（肖明清、宁茂权），第10章（肖明清、唐骃、殷怀连）。

全书由何川统稿。

由于编者水平有限，书中难免有不妥及疏漏之处，恳请同行及教材使用者批评指正，以供再版时修正。

编　者

2011 年 3 月

目 录

第1篇　水下隧道概述

第1章
绪 论

1.1 水下隧道的发展历史

江河湖海在为人类带来丰富水资源的同时，也导致了地理单元的天然分割。随着全球经济一体化水平的显著提高，区域经济单元之间的要素流动和资源整合越来越频繁，改善江湖河海导致的城市板块之间、城市之间、地区之间以及国际之间的水域交通阻隔问题已经迫在眉睫。公路、铁路和城市轨道交通面对江河湖海等水面分割时，可以采用轮渡、桥梁与水下隧道等方法实施跨越。轮渡自身存在交通运输量小、等候时间长、受气候影响大等特点，难以适应当代快节奏的交通运输模式，因此，跨越江河湖海的现代化交通方式一般选择桥梁或水下隧道方案。过去，受水下隧道设计施工技术水平的限制，遇水架桥成为跨越江湖河海的必然选择。如今，随着水下隧道建设技术的进步，水下隧道方案已经成为一种克服水域平面障碍的重要手段，加之水下隧道具有抵抗恶劣气候条件能力强、对地面环境影响小、不干扰航道交通、利于战备等诸多优点，水下隧道方案已越来越受到人们的重视。根据水道条件和地质条件的不同，水下隧道的建设有多种施工方法和相应的结构形式，但目前常采用的方法主要还是矿山法、沉管法和盾构法。一般而言，矿山法主要适用于整体性较好的中硬岩层，而盾构法主要适用于水下软土地层或围岩级别较差的岩层，沉管法的利用主要受控于水道和水流条件。

需要指出的是，尽管水下隧道在维护航道交通、保护水环境和沿岸生态平衡等方面相对桥梁具有明显的优势，但同样存在自己的劣势，如：通常情况下，水下隧道的工程造价高于桥梁；当水下隧道遭遇火灾、水灾、爆炸等突发事件时，损失高于桥梁；水下隧道运营期间所需要的通风照明、安全维护等运营费用通常也比桥梁高。因此，跨越江河湖海的方案选择是一项复杂的综合技术经济比选问题。

水下隧道的建造历史可追溯到 17 和 18 世纪，不同施工技术修建水下隧道的历史不尽相同，但一般从发达国家或者濒临大海的岛国开始发起。比如，英国、挪威、瑞典、日本等国水下隧道建设均具有悠久的历史，许多水下隧道建造关键技术正是在这些国家率先获得突破并引领了世界水下隧道的建设发展进程。下面简要回顾一下矿山法、沉管法和盾构法修建水下隧道的历史和现状。

矿山法是一种古老的隧道建造方法，伴随着炸药的发明不断获得发展并成为目前国内外重要的隧道修建方法之一，矿山法水下隧道如图 1-1 所示。自英国于 1826 年起在蒸汽机车牵引的铁路上开始修建长 770 m 的泰勒山单线隧道和长 2 474 m 的维多利亚双线隧道以来，

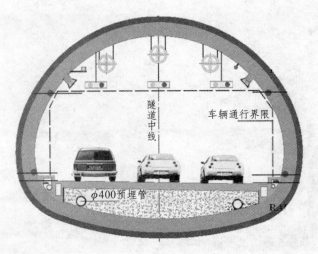

图 1-1　矿山法水下隧道

英、美、法等国相继采用矿山法修建了大量铁路山岭隧道，但采用矿山法修建水下隧道的技术相对比较落后。在过去 35 年里，挪威利用矿山法修建了 40 余条海底隧道，其中 24 条是公路隧道，其他的主要是为近海石油工业服务的管道和电缆通道。瑞典等国家采用挪威海底隧道技术也修建了近 10 条海底隧道。日本在 1974 年采用矿山法建成了新关门双线隧道，该隧道长 18 675 m，位于日本山阳新干线新下关站至小仓站之间，贯穿分隔本州岛与九州岛的关门海峡。日本青函隧道连接本州和北海道，由 3 条隧道组成，除主隧道外，还有 2 条辅助坑道，该隧道 1971 年开建，1985 年方才贯通，主隧道全长 53.85 km，其中海底部分 23.3 km，为当今世界最长的海底铁路隧道。21 世纪初期，我国采用矿山法也修建了数座具有世界水平的水下隧道工程，典型的有 2005 年开工建设的厦门东通道海底隧道和武广铁路客运专线浏阳河隧道，以及 2007 年开工建设的青岛胶州湾海底隧道。厦门东通道海底隧道连接厦门市本岛和翔安区陆地，采用三孔形式修建，隧道全长约 5 950 m，跨越海域总长 4 200 m，主洞采用双向六车道断面，是我国大陆第一座采用钻爆法修建的大断面水下隧道。青岛胶州湾海底隧道横穿胶州湾口，连接青岛市区和黄岛开发区，线路总长 7 800 m，穿越海域段约 3 950 m。武广铁路客运专线浏阳河隧道全长 10 300 m，单孔双线，是我国目前开工建设线路最长、技术标准最高、投资最多的铁路隧道。

1910 年，美国建成底特律水底铁路隧道宣告了沉管隧道技术的诞生。之后，荷兰于 1942 年建成了鹿特丹马斯河隧道，该隧道是世界上首次采用矩形钢筋混凝土管段建成的沉管隧道。1959 年，加拿大成功采用水力压接法建成迪斯岛沉管隧道。水力压接等沉管隧道关键技术的突破使得沉管法很快被世界各国普遍采用，如美国建设了 Fort McHenry 隧道、荷兰建设了 Drecht 隧道等。目前世界上建造沉管隧道最多的国家主要是美国、荷兰和日本。据统计，现在全世界已拥有约 150 座沉管隧道，其中，美国旧金山海湾快速交通隧道全长 5 825 m，是世界上最长的沉管隧道之一。20 世纪 90 年代以来，为满足城市交通迅猛发展的需要，我国也相继建设了多条沉管隧道，如 1993 年建成了第一条由我国自行设计施工的珠江沉管隧道，1995 年又顺利建成了全长 1 019 m 的浙江宁波甬江沉管隧道，2003 年建成了规模亚洲最大、世界第二的全长 2 km 的上海外环越江沉管隧道，并在施工中采用了卫星定位系统和三维测控技术，这标志着我国的沉管隧道施工技术已达到世界先进水平，如图 1-2 所示。

图 1-2　沉管法水下隧道

　　18 世纪 40 年代英国首次采用盾构法修建了穿越伦敦泰晤士河的水下人行隧道，标志着水下盾构隧道的诞生，近年，盾构隧道技术在水下隧道建造工程中获得了迅猛的发展，如图 1-3。其中最具代表性的水下盾构隧道工程有 1993 年竣工的外径 8.4 m 的英法海峡隧道，1996 年竣工的外径 13.9 m 的日本东京湾横断公路隧道，2003 年建设的外径 13.8 m 的德国易北河第四隧道，2004 年建设的外径 14.5 m 的荷兰绿色心脏隧道等。我国水下盾构隧道修建技术起步较晚，但发展态势良好。1966 年和 1984 年，上海市分别修建了外径 10.22 m 的打浦路越江隧道和外径 11.30 m 的延安东路越江隧道，由此开始了我国大型水下隧道建设的历史。20 世纪 90 年代，上海市又先后修建了外径均为 11.0 m 的延安东路南沿线隧道、大连路隧道、复兴东路隧道等 3 条越江隧道，近年又完成了外径 11.36 m 的翔殷路和外径 14.5 m 的上中路两条越江隧道，而位于长江上游的重庆也在 2005 年完成了外径 6.32 m 的排水工程越江隧道。近年来，一大批大型跨江海水下隧道的建设，把我国水下隧道的建设规模和建造技术推到了新的高度。跨江方面，建设有南京长江公路隧道（全长 3 385 m，外径 14.5 m，双向六车道），武汉长江公路隧道（全长 3 270 m，外径 11.0 m，双向四车道），杭州庆春路公路水底隧道（全长 3 060 m，双向

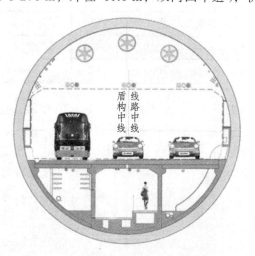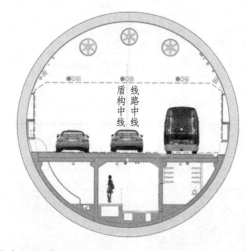

图 1-3　盾构法水下隧道

四车道），上海崇明越江隧道（盾构区间长 6 975 m，外径 15.0 m），钱江隧道（全长 4 250 m，外径 15 m，双向六车道）。以上跨江海隧道多为公路隧道，服务于铁路（特别是高速铁路）、城市地铁与轻轨、市政交通工程等交通设施的跨江海隧道也越来越多，如广深港铁路客运专线珠江狮子洋高速铁路隧道（盾构段长 9 340 m，外径 10.8 m，双孔单线），沪通铁路越黄浦江隧道（全长 8 500 m，盾构区间长 4 970 m），上海浦东铁路黄浦江水底隧道（全长 9 450 m，盾构区间长 5 880 m），沪杭磁悬浮铁路耀华支路越江隧道，广州地铁 1 号线珠江水底隧道，上海地铁 4 号线越江隧道，武汉地铁穿越汉水和长江的水底隧道等，我国大型跨江海水下盾构隧道的高速发展时期已悄然来临。表 1-1 列举了国内外代表性水下隧道工程的情况。

表 1-1　国内外代表性水下隧道工程

序号	隧道名称	长度/km	洞数/车道	用　途	建成时间	地点	施工方法
1	英法海峡隧道	49.5	双洞单线	铁　路	1993 年	英法	盾构法
2	东京湾海底隧道	9.1	双洞四车道	公　路	1996 年	日本	盾构法
3	斯多贝尔特海峡隧道	7.3	双洞单线	铁　路	1996 年	丹麦	盾构法
4	绿色心脏隧道	8.5	单洞双线	高　铁	2005 年	荷兰	盾构法
5	武汉长江隧道	3.6	双洞四车道	公　路	2008 年	中国	盾构法
6	南京长江隧道	3.92	双洞六车道	公　路	2010 年	中国	盾构法
7	上海崇明长江隧道	8.95	双洞六车道	公　路	2009 年	中国	盾构法
8	狮子洋隧道	10.8	双洞单线	高　铁	2010 年	中国	盾构法
9	青函海底隧道	53.9	单洞双线	铁　路	1988 年	日本	矿山法
10	新关门隧道	18.7	单洞双线	铁　路	1975 年	日本	矿山法
11	厦门翔安海底隧道	6.0	双洞六车道	公　路	2010 年	中国	矿山法
12	青岛胶州湾海底隧道	7.8	双洞六车道	公　路	2010 年	中国	矿山法
13	浏阳河隧道	10.115	单洞双线	高　铁	2009 年	中国	矿山法
14	旧金山海湾地铁隧道	5.825	双线	地　铁	1972 年	美国	沉管法
15	厄勒海峡隧道	4.06	两车道＋双线	公路/铁路	2000 年	丹麦	沉管法
16	釜山—巨济海底隧道	3.7	四车道	公　路	2010 年	韩国	沉管法
17	上海外环黄浦江隧道	2.88	八车道	公　路	2003 年	中国	沉管法

我国幅员面积宽广，江河湖海水域面积较大，如图 1-4 所示。在未来 10 至 30 年内，我国计划建造包含台湾海峡跨海工程在内的 5 条跨海水下隧道工程和近百座水下隧道，这 5 条世界级水下隧道工程包括大连到烟台的渤海湾跨海隧道，上海到宁波的杭州湾隧道，连接香港、澳门与广州、深圳和珠海的伶仃洋跨海隧道，连接广东和海南两省的琼州海峡跨海隧道，连接福建和台湾的台湾海峡跨海隧道。可以说，水下隧道的建设在我国方兴未艾，发展势头良好，发展潜力巨大。国内大型水下隧道工程建设概况（含建成及规划中的隧道）如表 1-2 所示。

图 1-4　我国主要江、河、湖、海示意图

表 1-2　国内大型水下隧道工程建设概况表（含建成及规划中的隧道）

城　市	大型水下隧道工程
上　海	打浦路隧道、上海崇明长江隧道、延安东路隧道、外滩观光隧道、黄浦江观光隧道、大连路隧道、复兴东路隧道、翔殷路隧道、上中路隧道、西藏南路隧道、军工路隧道、长江西路隧道、庆宁寺越江隧道、新建路隧道、人民路隧道、龙耀路隧道、公平路隧道、临潼路隧道、青草沙输水隧道
南　京	玄武湖隧道、南京长江隧道、南京纬三路隧道、地铁越长江隧道（2座）
杭　州	杭州西湖隧道、杭州庆春路隧道、杭州钱江隧道
宁　波	甬江隧道、常洪隧道
广　州	珠江隧道、狮子洋海底铁路隧道、洲头咀隧道
深　圳	深圳—珠海过江隧道
武　汉	武汉长江隧道、武汉地铁2号线过江隧道、武汉汉阳二次越江隧道
南　昌	青山湖隧道
厦　门	翔安海底隧道
青　岛	胶州湾海底隧道
大　连	大连湾海底隧道、大连至烟台跨海铁路隧道
哈尔滨	松花江越江隧道
海　口	琼州海峡隧道
香　港	香港海底隧道、东区海底隧道、西区海底隧道、香港第四条过海隧道、香港—深圳海底隧道、港珠澳海底通道
高　雄	高雄港过港隧道

19 世纪全球采用矿山法共建成长度超过 5 km 的铁路隧道 11 座，有 3 座超过 10 km，其中最长的为瑞士的圣哥达铁路隧道，长 14 998 m。在 19 世纪 60 年代以前，修建的隧道都用人工凿孔和黑火药爆破方法施工。1861 年修建穿越阿尔卑斯山脉的仙尼斯峰铁路隧道时，首次应用风动凿岩机代替人工凿孔。1867 年修建美国胡萨克铁路隧道时，开始采用硝化甘油炸药代替黑火药，使矿山法隧道施工技术及速度得到进一步发展。20 世纪 60 年代以来，随着隧道机械化施工水平的提高，全断面液压凿岩台车和其他大型施工机具相继投入隧道施工，而喷锚技术的发展和新奥法的应用也为矿山法隧道工程开辟了新的途径。然而，水下隧道相对于山岭隧道具有独自的特点，因此，近年来矿山法水下隧道技术的发展围绕这些特点进行了大量更新。

水下隧道周边围岩裂隙中一般存在较高的孔隙水压力和很高的渗透压力，饱水软化作用会降低隧道围岩的有效应力，造成较低的成拱作用并影响地层的稳定性，尤其在通过断层破碎带时，洞室围岩稳定问题更加突出。对于水下隧道，隧道上部覆盖水体较深且宽度较大，如琼州海峡水面宽度超过 20 km，渤海海峡的水面宽度超过 40 km，台湾海峡的水面宽度更是达到 120 km，因此，通过水体进行地质勘察比在地面的地质勘测更困难，准确性相对较低，遭遇未预见的不良地质情况的风险增大。由于水下隧道工程建设区域被水面分割为孤立的两部分，或陆路绕行距离遥远，控制测量，特别是水准测量难度大，加上隧道工程需从两端洞口独头掘进施工，因此控制测量的误差要求高。水下隧道施工的最大的风险是突然坍塌与涌水，特别是断层破碎带的涌水，如果处理不当可造成整个隧道的淹没，后期处理费用相对较高。由于水下隧道一般采用堵水限排方案，复合式衬砌长期受较大的水土压力作用，且地下水一般对混凝土以及钢筋等具有腐蚀性，因而需采取可靠的措施确保支护结构的承载能力与长期可靠性。水下隧道施工过程中一般需要长距离独头掘进，对施工期间的运输和通风提出了更高的要求。针对上述特点，水下矿山法隧道近年重点发展了预加固技术和快速掘进与支护技术、长距离施工通风和营运通风技术、深水勘探技术，并在信息化施工和更加准确的超前地质预报技术的开发和利用上获得了大量突破。

沉管隧道技术自问世以来，从英国人最初的试验，到美国人建成实际的沉管隧道，再到荷兰人进行新的创新，使沉管隧道技术获得了不断的发展。1959 年，加拿大成功开发了沉管隧道水力压接法，荷兰于 20 世纪 60 年代发明了吉那止水带，之后日本在此基础上又进行了新的研发，大大提高了沉管隧道的防水能力。沉管隧道基础处理技术方面，丹麦于 20 世纪 40 年代发明了喷砂法，瑞典于 60 年代首先采用灌囊法，荷兰在 70 年代发明了压砂法，日本在 70 年代推出压注混凝土法和压浆法，这些方法对于保障沉管隧道的稳定、限制其纵向不均匀变形发挥了重要作用。除此之外，日本在沉管隧道抗震技术方面也开展了大量研究，并编写了沉管隧道抗震设计规范。这些技术上的重大革新，对沉管隧道的发展和应用具有重要意义。

近几十年来建成的多座大型水下盾构隧道工程，同样极大地丰富和发展了水下盾构隧道修建技术。对水下盾构隧道，其技术发展主要集中在：高水头下大断面开挖的工作面稳定性；高水头下盾构装备止水的可靠性；一次性长距离掘进，刀具的可维护性和可更换性；联络横通道和竖井等附属结构的冻结施工技术；水下盾构隧道的施工风险评估技术等。

1.2 水下隧道方案比选

矿山法、沉管法和盾构法在水下隧道施工中各有优缺点，水下隧道工程究竟采用何种施工方案和施工方法需根据工程规模、工程条件和环境要求进行仔细的比选后方可确定。

采用矿山法建设水下隧道是目前世界上较为成熟的方法之一，应用该方法最多的国家是挪威，已建成24座。矿山法水下隧道最具代表性的工程是青函水底隧道，我国多座水下隧道也采用了矿山法施工。矿山法水下隧道通常具有以下优点：采用矿山法施工水下隧道，一般要求隧道大部分地段应位于岩石地层之中，特别是对于水底部分更是如此，因此与地形因素关联性不大。由于矿山法设计施工经验较为成熟，其基本能适应不同的地质条件和不同的断面形状。矿山法隧道方案由于埋置深度大，能较好地抵御各种自然及战争灾害，在地震及战争时期具备较强的生命力。由于我国劳动力充足，矿山法隧道的劳动力成本较低。矿山法隧道也存在很多缺点：由于隧道埋置较深，隧道长度偏长。为了降低矿山法修建水下隧道施工过程中的风险，减少辅助施工工程的费用，一般要求隧道位于岩石地层中且洞顶具有一定的岩石保护层厚度，这不可避免地增大了矿山法隧道的建设长度。尽管矿山法对各种地质情况的适应性较好，但如果围岩节理裂隙发育、断层破碎带较多时，各种辅助施工处治措施的费用会急剧增加，同时施工风险也较高，矿山法隧道施工风险对地质的变化非常敏感。由于水下隧道工程地质勘察准确性相对较差，必须依赖系统的超前地质预报，否则将影响施工安全，酿成安全事故。对于跨海峡隧道，更大的长度、海域中高水压断层破碎带对矿山法施工更是一个非常巨大的挑战。

沉管法修建水下隧道也是重要的可选方法，该方法具有如下的优点：因管段为预制，混凝土施工质量高，易于做好防水措施，容易保证隧道施工质量；管段较长，接缝较少，漏水机会大为减少，采用水力压接法可大大减小接缝漏水的可能性；工程造价较低，因隧道顶部覆盖层厚度较小，隧道长度可缩短很多，工程总价大为降低；在隧道现场的施工期短，因预制管段（包括修筑临时干坞）等大量工作均不在现场进行；适应水深范围较大，因大多作业在水上操作，水下作业极少，故几乎不受水深限制；断面形状、大小可自由选择，断面空间可充分利用。但沉管法隧道也具有如下缺点：由于基槽开挖范围较大，对水域生态环境影响较大；大水深、大跨度条件下结构设计较为困难；当基础软硬变化频繁时，基础处理及结构抗震都存在一定难度。沉管法由于受江湖河海水文环境等的影响较大，主要在水流流速较低，河床平坦且变化不大，可满足通航要求等条件下采用，从目前我国的河床形态和水流形态的实际情况来看，在大型跨江海隧道的修建中采用的机会较少。

盾构法是当今国内外水下隧道的主要施工方法，盾构法施工水下隧道具有以下优点：盾构法施工速率为常规矿山法的3至10倍。盾构是一种集机电、液压、传感、信息技术于一体的隧道施工成套设备，可以实现连续掘进，能同时完成破岩、出渣、支护等作业，实现了工厂化预制、机械化施工，掘进速度较快，效率较高。盾构采用滚刀进行破岩，避免了爆破作业，成洞周边岩层不会受爆破震动破坏，洞壁完整光滑，超挖量小。由于不采取爆破技术，隧道工程的施工环境较好。由于围岩遭受的扰动较小，在盾壳的保护下难以发生松弛、掉块、崩塌等危险，施工相对比较安全。盾构法施工可改善作业人员的洞内劳动条件，减轻体力劳动，其施工质量能够得到充分保证。由于盾构法施工速度快，施工用人少，大大缩短了工期，极大地提高了经济效益和社会效益；同时由于超挖量小，节省了大量衬砌费用。与此同时，由于盾构施工不用爆破和汽车运输与出渣，施工现场环境污染小。但盾构法施工水下隧道同时具有如下缺点：地质适应性较差，盾构对隧道的地层性质变化极为敏感，不同类型的盾构适用的地层不同，如土层、软岩、硬岩等应分别采用不同类型的盾构。在盾构施工过程中，当遇到困难地层，如软弱地层、断层破碎带、硬岩、涌水、围岩变形、剥落与坍塌等时，需借助矿山法实施脱困。盾构不适宜中短距离隧道的施工，由于盾构体积庞大，运输移动较困难，施工准备和辅助施工的配套系统较复杂，加工制造工期较长，对于短隧道和中等长度的隧道很难发挥其优越性。断面适应性较差，一般地说，盾构隧道施工成型的断面一般为圆形，且较适宜断面直径在 3 m 至 12 m 之间的水下隧道；对直径在 12 m 至 15 m 的水下隧道，应根据围岩情况和掘进长度、外界条件等因素综合比较后方可决定；对于直径大于 15 m 的岩质隧道，目前还未制造出相应的盾构设备。由于跨越海峡的海底隧道一般较长，并且不可避免地穿越饱水不良地层，因此宜优先考虑盾构法。

1.3　水下隧道面临的技术问题

目前，水下隧道的建设存在诸多难点，如：水下地质勘察的难度高、投入大，漏勘与情况失真的风险程度增大。饱和岩体强度软化，其有效应力降低，使围岩稳定条件恶化。高渗透性岩体施工开挖所引发涌/突水（泥）的可能性较大，且多数与水体有直接水力联系，达到较高精度的施工探水和治水等均较为困难。水上施工竖井布设难度高，数量少，致使单口掘进的长度加大，施工技术难度增加。全水压衬砌与限压、限裂衬砌结构的设计要求高。受海水或者江水长期浸泡、腐蚀，高性能、高抗渗衬砌混凝土配制工艺与结构的安全性、可靠性和耐久性要求严格。长大水下隧道的运营通风、防灾救援和交通监控需有周密设计与技术保障措施。水下隧道是一项高风险的地下工程，存在较高的风险源，而同时缺乏系统的风险评估方法，为水下隧道施工风险管理带来很大的困难。上述这些难点正是今后水下隧道建设中应重点解决的技术问题。

（1）控制测量技术。从目前的技术水平来看，在跨海控制测量中，平面控制测量通过运用 GPS 技术一般可达到测量要求，但是宽阔水域高程的控制测量采用常规水准、精密水准、三角高程、GPS 高程等任何一种方法都不能满足大区域的跨海水准测量要求。今后应重点研究集成控制测量技术，目标是通过集成运用精密水准测量、三角高程测量、GPS 高程测量、海平面潮汐测量等多种方法确定出测区精化水准面模型。

（2）综合地质勘察技术。修建水下隧道时，在深水和厚覆盖层下有计划地钻探到隧道深度比较困难，有时根本是不可能的。采用其他的地质勘探方法（如物探、地面抽样勘探和深海测量法等）目前都难以给出隧道线路上详细的地质剖面，因此今后应发展集物探和钻探等相结合的综合地质勘察技术以提高工程地质的勘察质量。

（3）超前地质预报技术。由于地质勘探资料的不足，水下隧道施工中，需通过各种地质超前预报技术预报前方的地质情况，以便指导设计和施工，并及时调整隧道设计施工方案。其中施工探水与治水是水下隧道施工的重要环节，是关系到工程建设成败的主要因素之一。

（4）结构耐久性和覆盖层厚度设计技术。水下隧道钢筋混凝土衬砌长期受到含盐水质、生物、矿物质及高水压力等的持续作用，锚杆、喷层、防水薄膜和高碱性混凝土与钢筋等材料因物化损伤的积累与演化（腐蚀）将影响结构的耐久性和安全。隧道上方岩体最小覆盖层厚度密切关系到隧道建设的经济和安全，覆盖层厚度过薄，隧道施工作业面局部或整体性失稳与涌、突水患的险情加大，在辅助工法（如注浆封堵、各种预支护及预加固等）上的投入将急剧增加。覆盖层过厚，水下隧道长度加大，作用于衬砌结构上的水头压力增大。如何增强结构的耐久性和确定最优的覆盖层厚度是水下隧道今后应解决的关键问题之一。

（5）特殊地段隧道结构设计技术。长大水下隧道受地质构造因素影响，一般会存在具有一定透水性的断层破碎带，由于水体较深，隧道埋置深度距离水面较大，特殊情况下可能达到数百米。隧道在穿越这些不良地质时，过高的水力坡降会在隧道围岩和衬砌上产生较高的渗水压力，在较高渗透性或被扰动松动区容易导致大量的水流入，从而发生涌水、坍塌等灾难性事故。水下隧道衬砌遭受的水土压力非常大，因此软弱断层破碎带的防排水方案将影响衬砌结构的长期可靠性和结构安全，应根据不同地质条件合理决定衬砌结构的防排水衬砌方案。

（6）长大水下隧道运营及通风技术。对于大型水下公路隧道，无法参照传统山岭隧道建设模式，其隧道通风、防灾等系统面临一些全新的模式。由于国内外长大海底公路隧道投入运营的数量较少，对各运营系统的研究经验不足，特别是对通风系统中通风量基础计算参数、通风方式的选择、各系统的运营费用、火灾预警及防灾救援系统等方面还有诸多问题没有很好解决。尤其是在长大水下隧道的建设中，通风方案将直接关系到隧道的工程造价、运营环境、救灾功能及运营效益。长大海底隧道建设可采取分段纵向通风方案，必要时可以增设静电除尘器以改善通风效果。

（7）大型盾构机长距离掘进技术。大型盾构机长距离掘进设计施工存在的典型问题有：饱水松散砂性地层、高水压条件下大断面隧道浅层掘进，泥水加压超大型盾构开挖作业面的稳定与安全等问题。长距离掘进中，盾构机行进姿态的控制与自动化纠偏，以及行进中的刀盘检修、刀具更换、故障处理与排险。隧道纵向不均匀沉降和整体侧移、超大管片接头刚度不足导致环向弯曲变形过大，防范管片纵缝、环缝渗漏的接头防水密封材料、工艺及其构造，以及管片自防水工艺等问题。

（8）深水急流水下沉管隧道关键技术。深水急流水下沉管隧道应着力解决：深水急流下沉管隧道成槽施工中的防塌和防淤问题，沉管隧道受河床冲刷的顶板最小埋置深度以及对局部冲刷防护的设计与施工等问题。

思 考 题

1-1　水下隧道跨越江湖河海有何优缺点？
1-2　水下隧道主要施工方法各自的适应性如何？
1-3　水下隧道建设目前面临的主要技术难题有哪些？

第2章
工程水文地质勘察与隧道选址

水下隧道工程水文地质勘察目的在于选择稳定的隧道洞口、适当的隧道埋深、岩体强度和隔水性能良好的隧道围岩，根据判定的隧道围岩类别和预测的涌水量，提出合理的隧道支护和防止水措施建议。

针对不同的工程水文地质问题，水下隧道适合不同的施工方法：对于硬质岩层，优先选用矿山法施工；对于软弱地层，宜选用沉管法或盾构法，沉管法适用于江河下游河川比较平坦稳定、水流速度不大、地震烈度高的地方，盾构法适用于各种软弱岩层、不稳定地层和有地下水的地层等。因此水下隧道修建前的工程水文地质勘察尤为重要，它是选择水下隧道施工方法的依据之一。总而言之，不同施工方法要求的工程水文地质勘察重点也有所不同。沉管隧道的结构设计是以变形为主控要素，因此，对沉管隧道进行工程勘察应着重注意地基土的变形指标以及水下基槽开挖边坡的稳定性评价。沉管隧道施工受当地气象、水文和航运条件的制约，因而要重点收集与勘察有关的基础资料。对于盾构法修建的隧道，应重点对决定隧道荷载和盾构施工掘进的参数进行勘察，如沿线岩土层的物理力学指标：抗压强度、渗透性、比重、侧压力系数、基床系数等。总之，做好工程水文地质勘察工作是水下隧道合理规划、设计、施工的前提条件。

2.1　工程地质勘察

2.1.1　工程地质勘察任务

水下隧道工程地质勘察的主要任务有：

（1）查明沿线地形地貌特征、地层、岩性、地质构造、成因类型、地下有害气体、地应力、地热等。

（2）查明线路范围内各层岩土的类别、分布、结构、厚度。查明岩土的物理力学性质，划分岩组和风化程度，确定隧道围岩分级、土石工程等级（岩土可挖性分级），并对地基的稳定性及承载能力作出评价。

（3）分析已有地震资料，结合地震评估报告划分场地土类型和建筑场地类别，评价场地的稳定性。根据《建筑抗震设计规范》（GB 50011—2001）判定场地和地基的地震效应，确定饱和砂土和粉土的地震液化可能性及液化等级，查明可液化地层如饱和砂土的分布、埋深、厚度及性质。

（4）查明沿线特殊土和不良地质（包括淤泥质土、砂层等）的分布、成因类型、性质及发生、发展、分布规律，对线路的危害程度和影响进行评价，并提出防治措施及处理的建议。

（5）查明基岩的岩性、构造、岩面变化、风化程度。

（6）提供各岩土层有关物理力学性质及参数，对沿线围岩进行分级并进行稳定性评价。

（7）查明沿线古建筑遗址、古河道等，并结合工程要求提出评价。

（8）根据地质条件，结合施工方法，预测施工中可能出现的工程地质问题，并提出相应工程措施和建议。

（9）查明沿线范围的地表水水位、流量、水质，与地下水的相互关系，以及河床分布特征、岩土体的渗透性等相关资料。

2.1.2　工程地质勘察方法及手段

目前，工程地质的勘察方法或技术手段主要有收集与研究既有资料、调查与测绘、工程地质勘探（包括物探、钻探等）、原位测试与室内实验以及现场检测与监测。随着科学技术的进步，越来越多的新技术将在隧道勘察工作中得到发展和应用。

1. 收集分析既有资料

隧道工程地质勘察各阶段的准备工作，是根据勘测任务的要求，配备必要的专业人员，收集及分析有关资料，了解现场情况，并做好勘察仪器等的准备。收集的资料一般应包括以下几个方面的内容：

（1）地域地质资料，如地层、地质构造、岩性、土质等。

（2）地形、地貌资料，如区域地貌类型及主要特征，不同地貌单元与不同地貌部位的工程地质评价等。

（3）区域水文地质资料，如河流水位、地下水的类型、分带及分布情况，埋藏深度、变化规律等。

（4）各种特殊地质地段及不良地质现象的分布情况、发育程度与活动特点等。

（5）地震资料，如沿线及其附近地区的历史地质情况，地震烈度、地震破坏情况及其与地貌、岩性、地质构造的关系等。

（6）气象资料，如气温、降水、蒸发、温度、积雪、冻积深度及风速、风向等。

（7）其他有关资料，如气候、水文、植被、土壤等。

（8）工程经验，区内已有公路、铁路等其他土建工程的工程地质问题及其防治措施等。

2. 调查与测绘

调查与测绘是通过观察和访问，对隧道通过地区的工程地质条件进行综合性的全面研究，将查明的地质现象和获得的资料，填绘于有关的图表与记录本中，这种工作统称为调查测绘（调绘）。

调查测绘的基本内容有以下几个方面：

（1）地形、地貌。

地形、地貌的类型、成因、特征与发展过程；地形、地貌与岩性、构造等地质因素的关系；地形、地貌与工程地质条件的关系。

（2）地层、岩性。

地层的层序、厚度、时代、成因及分布情况；岩性、风化程度及风化层厚度。

（3）地质构造。

断裂、褶曲的位置、构造线走向，产状等形态特征和地质力学特征；岩层的产状和接触关系，软弱结构面的发育情况及其与路线的关系，对路基的稳定影响等。

（4）地表水及地下水。

河、溪的水位、流量、流速、冲刷、淤积、洪水位与淹没情况；地下水的类型、化学成分与分布情况，地下水的补给与排泄条件，地下水的埋藏深度，水位变化规律与变化幅度，地面水及地下水对隧道工程的影响。

（5）特殊地质、不良地层。

各种不良地质现象及特殊地质问题的分布范围、形成条件、发育程度、分布规律及其对隧道工程的影响。

（6）地震。

根据沿线地震基本烈度的区域资料，结合岩性、构造、水文地质等条件，通过访问、确定≥7度的地震烈度界线。

3. 工程地质勘探

勘探工作包括物探、钻探和坑探等各种方法。它是被用来调查地下地质情况，并且可利用勘探工程取样进行原位测试和监测。应根据勘察目的及岩土的特性选用一定的勘探方法，对于水下隧道，主要采用水上物探和水上钻探两种方法。

（1）物探。

物探是地球物理勘探的简称，即用物理的原理研究地质构造的一种方法。它是以各种岩石和矿石的密度、磁性、电性、弹性、放射性等物理性质的差异为研究基础，用不同的物理方法和物探仪器，探测天然的或人工的地球物理场的变化，通过分析、研究所获得的物探资料，推断、解释地质构造的情况。其方法可分为电法勘探、电磁法勘探、地震勘探、声波探测、重力勘探、磁力勘探与放射性勘探等。在隧道工程地质中，较常用的有电法勘探、地震勘探、地质雷达勘探等。

（2）钻探。

钻探是水下隧道地质勘察的一种重要手段，它可以获得深部地层的可靠地质资料。为保证工程地质钻探工作质量，避免漏掉或寻错重要的地质界面，在钻进过程中不应放过任何可疑的地方，对所获得的地质资料进行准确的分析判断。其钻孔布置应在物探的基础上进行，水下隧道一般交错布置在隧道轴线两侧。用已有的地质资料来指导钻探工作，校核钻探结果。钻孔间距视工程地质情况而定，对地质构造复杂、地层分布变化较大的地区，钻孔间距应适当加密。以查明对隧道有影响的地层和水文地质为原则，土层钻至隧道底板以下 10 m～30 m，完整基岩钻至隧道底板以下 3 m～5 m。干坞钻孔一般在干坞基坑周边均匀布置，间距 15 m～30 m，深度一般是基坑开挖深度的 2 倍，或进入基坑底以下中风化或微风化岩层不应小于 3 m。如遇软土或降水设计需要，勘探深度应穿过软土层或透水层（含水层），并到达隔水层。

4. 原位测试与室内实验

原位测试与室内试验的主要目的，是为岩土工程问题分析评价提供所需的技术参数，包括岩土的物性指标、强度参数、固结变形特性参数、渗透性参数和应力、应变时间关系的参数等。

原位试验是在现场原地层中进行有关岩体和土体物理力学性质指标的各种测试，从而研究岩体和土体工程特性方法的总称。其包括载荷试验、静力触探试验、圆锥动力触探试验、标准贯入试验、十字板剪切试验、旁压试验、扁铲侧胀试验、现场直接剪切试验、波速测试、岩体原位应力测试、激振发测试等。原位测试对评价各岩土层的物理力学性质指标、为地层的精细分层以及判定地层的物理力学性质起着重要作用。

室内物理力学性质试验包括相对密度、天然含水量、重力密度、天然孔隙比、饱和度、液限、塑限、塑性指数、液性指数、渗透系数、直接快剪（c、φ 值）、固结快剪（c、φ 值）、压缩指数、回弹指数、压缩系数、压缩模量、无侧限抗压强度、垂直固结系数、水平固结系数、水平基床系数、垂直基床系数、热物理指标试验以及石英含量分析等。

2.1.3 阶段勘察

水下隧道勘察阶段的划分应与各设计阶段相适应，一般分为可行性研究勘察、初步勘察、详细勘察三个阶段。

1. 可行性研究勘察（选址勘察）

水下隧道可行性研究按其工作深度，分为预可行性研究和工程可行性研究。预可行性研究中勘察前应根据建设单位和设计人员提出的勘察任务书制订工作计划，搜集区域性的地质构造、工程地质、水文地质、气象、地震、地貌、地下水动态、古河道等有关资料以及物探资料和有关图片（卫片、航片）；而在工程可行性研究中，需在分析已有资料的基础上，对各个可能方案作实地踏勘，并对不良地质地段等重要工点进行必要的勘探，大致查明地质情况。

2. 初步勘察

初勘的任务是在批准的工程可行性研究报告推荐建设方案的基础上，在既定的隧址范围对预选的不同轴线位置进行地面地质测绘、勘探、试验工作；重点勘察不良地质地段，以明确隧道能否通过或如何通过，提供编制初步设计所需全部工程地质资料。

初勘采用的技术手段：对河（海）岸上段以地面地质测绘为主，辅以必要的钻探。对河（海）岸的水中段可先用物探后用水上钻探，并进行必要的物理、力学和抽水等试验工作。钻孔一般应交错布置在隧道轴线两侧，钻孔间距视工程地质情况而定，地质构造简单、地层分布单一的地区，取 100 m～150 m，地质构造复杂、地层分布变化较大的地区适当加密。

3. 详细勘察

详勘的目的是根据批准的初步设计，对已选定的隧道位置进行详细的工程地质勘察，为编制隧道的施工图提供工程地质资料。

详勘的主要任务是：对隧道所在区的地形、地貌（包括洞外接线）、工程地质特征及水文地质条件做出正确的评价；分段确定隧道洞身的围岩级别；由于隧道地质情况千变万化，要求详勘时根据地质变化提供相应的施工设计资料及建议。

详勘工作的内容：是在初勘的基础上开展进一步深入细致的工作，着重查明和解决初勘时未能查明解决的地质问题，补充、核对初勘时的地质资料。对初勘时建议深入调查、勘探的重大复杂地质问题应做出可靠的结论。应根据地质特征，着重分析隧道围岩的稳定性及洞口斜坡的稳定性。正确评价和预测隧址区的工程地质、水文地质条件及其发展趋势，提供设计、施工所需的定量指标，以及设计施工应注意的事项和整治措施意见。

详勘的方法和手段：主要采用钻探和试验。钻孔在物探的基础上进行，一般应交错布置在隧道轴线两侧。钻孔间距视工程地质情况而定：地质构造简单、地层分布单一的地区，取 50 m ~ 100 m；地质构造复杂、地层分布变化较大的地区，如岩溶较发育或为断层破裂带以及要摸清岩层透镜体的宽度时，钻孔间距应适当加密至 25 m ~ 50 m。钻孔深度，以查明对隧道有影响的地层和水文地质为原则，一般应至隧道底板以下 10 cm ~ 30 cm。试验工作包括岩土颗粒分析、岩土物理力学性能的测定、钻孔分层抽水试验、地下水流向的测定、地表与地下水的动态观测以及水质分析等。

2.2　水文地质勘察及隧道内涌水量预测

水文地质问题是隧道尤其是水下隧道修建中的一个极为重要的问题。在水下隧道的修建中，水文地质和工程地质二者关系极为密切，互相联系和互相作用，地下水既是岩土体的组成部分，直接影响岩土体工程特性，又是基础工程的环境，影响建筑物的稳定性和耐久性。在一些水下隧道的修建过程中，由于工程勘察中对水文地质问题研究不深入，设计中又忽视了水文地质问题，经常发生由地下水引发的各种岩土工程危害问题，令勘察和设计处于难堪的境地。此外，水文地质条件在隧道施工方法的比选中也是重要的因素。因此在水下隧道的修建过程中，必须高度重视水文地质问题，查明地下水和环境水对水下隧道修建的影响。

2.2.1　水文地质勘察

1. 水文地质勘察要求

应根据水下隧道工程要求，通过搜集资料和勘察工作，掌握下列水文地质条件：

（1）地下水的类型和赋存状态。

（2）主要含水层特征，包括含水层的构成、发育程度、埋藏条件、运动特征及岩性等。

（3）含水土层的渗透性。

（4）地下水的水质，对结构的腐蚀性。

（5）地下水的补给排泄条件、地表水与地下水的补排关系及其对地下水位的影响。

（6）勘察时的地下水位、历史最高水位、历史最低水位、推算百年一遇洪水位、水位变化趋势及主要影响因素。

（7）区域性气候资料，如年降水量蒸发量及其变化和对地下水位的影响。

对于沉管法隧道，还需查明以下水文资料：

（1）波浪情况。

（2）水流速度、流向。

（3）水温、比重及河水水质。

（4）河、海道资料。

（5）河、海床稳定性。

（6）河道整治。

（7）河、海势变化。

2. 水文地质参数的测定

1）测定方法

水文地质参数的测定方法应符合表 2-1 的规定。

表 2-1 水文地质参数的测定方法选择表

参　数	测定方法
水　位	钻孔、探井或测压管观测
渗透系数、导水系数	抽水试验、注水试验、压水试验、室内渗透试验
给水度、释水系数	单孔抽水试验、非稳定流抽水试验、地下水位长期观测
越流系数、越流引述	多孔抽水试验
单位吸水率	注水试验、压水试验
毛细水上升高度	试坑观测、室内试验

2）水位量测

遇地下水时应量测水位，稳定水位应在初见水位后经一定的稳定时间后量测；对多层含水层的水位量测，应采取止水措施，将被测含水层与其他含水层隔开。地下水位的测定应符合下列要求：

（1）岩土工程勘察中，凡遇含水地层时，均应测定地下水位。可在钻孔或探井内直接量测初见水位和静止水位。

（2）静止水位的量测应有一定的稳定时间，其稳定时间按含水地层的渗透性确定，需要时宜在勘察结束后统一量测静止水位。

（3）当采用泥浆钻进时，测水位前应将测水管打入含水地层中 20 cm 或洗孔后量测。

（4）对多层含水层的水位量测，必要时应采取止水措施与其他含水层隔开。

（5）量测读数至厘米，误差不得大于 ±3 cm。

3）渗透系数测定

根据场地水文地质条件以及岩土工程设计施工的需要,渗透系数的测定可选择抽水试验、注水试验或压水试验等方法。

（1）抽水试验。

抽水试验是岩土工程勘察中查明建筑场地的地层渗透性,测定有关水文地质参数常用的方法之一。抽水试验方法可按表2-2的规定选用。

表 2-2　抽水试验方法和应用范围

试验方法	应用范围
钻孔或探井建议抽水	粗略估算弱透水层的渗透系数
不带观测孔抽水	初步测定含水层的渗透系数
带观测孔抽水	较准确测定含水层的各种参数

（2）注水试验。

注水试验可在试坑或钻孔中进行。对于毛细管力作用不大的砂土和粉土,宜采用试坑法或试坑单环法;对于黏性土宜采用试坑双环法;当地下水位埋藏较深时,宜采用钻孔注水试验法。

（3）压水试验。

在坚硬及半坚硬岩土层中,当地下水距地表很深时,常用压水试验测定岩层的透水性,多用于水库、水坝工程。

压水试验孔位,应根据工程地质测绘和钻探资料,结合工程类型、特点确定。并按照岩层的不同特性划分试验段,试验段的长度宜为 5 m ~ 10 m。

4）地下水流向、流速测定

测定地下水流向可用几何法,量测点不应少于呈三角形分布的 3 个测孔（井）。测点间距按岩土的渗透性、水力梯度和地形坡度确定,宜为 50 m ~ 100 m。应同时量测各孔（井）内水位,确定地下水的流向。

地下水流速的测定可采用指示剂法或充电法。当地下水流向确定后,沿流向线布置 2 个钻孔,上游钻孔投放指示剂,下游钻孔进行观测,指示剂投放孔与观测孔的距离由含水层的透水条件确定,见表2-3。为避免指示剂绕观测孔流过,可在观测孔两侧 0.5 m ~ 1.0 m 处各布 1 个辅助观测孔,见图2-1。

表 2-3　指示剂投放孔与观测孔间距

含水层条件	距离/m
粉　土	1 ~ 2
细粒砂	2 ~ 5
含砾粗砂	5 ~ 15
裂隙发育的岩石	10 ~ 15
岩溶发育的石灰岩	> 50

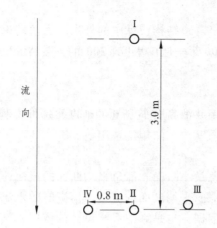

图 2-1 测定地下水流向的钻孔布置示意图

Ⅰ—投剂孔；Ⅱ—主要观测孔；Ⅲ，Ⅳ—辅助观测孔

5）水的腐蚀性评价

为评价地下水对混凝土的腐蚀性，对地下水进行水质分析。水样在沿线不同的含水层中分别采集，为保证地下水样的原状性，采取水样前，水样瓶进行彻底清洗。对所取的地下水样进行常规及侵蚀性 CO_2 含量分析，测试项目包括 pH、酸度、碱度、硬度、溶解氧、导电率、有机质、游离 CO_2、侵蚀性 CO_2、矿化度、Ca^{2+}、Mg^{2+}、K^+、Na^+、NH_4^+、Fe^{2+}、Fe^{3+}、SO_4^{2-}、Cl^-、HCO_3^-、CO_3^{2-}、NO_3^-、OH^-（并着重测定地下水对施工触变泥浆有影响的 pH 值及氯离子、硫酸根离子的含量）。

对软质岩石、强风化岩石、残积土、湿陷性土、膨胀岩土和盐渍岩土，应评价地下水的聚集和散失所产生的软化、崩解、湿陷、胀缩和潜蚀等有害作用。在冻土地区，应评价地下水对土的冻胀和融陷的影响。

3. 沉管隧道水文地质勘察特点

有别于水下盾构隧道和矿山法隧道，沉管隧道沉放在水下河床上，周围由水包围着，其施工受当地水文地质条件的影响较大，所以单独列出沉管隧道水文地质勘察特点。沉管隧道设计高程、安全参数及使用寿命等与河道（河床）演变直接相关，查清工程河段河床冲淤趋势及河床演变规律，是工程设计的重要基础工作。同时，查明工程所在河段的水位、波浪、流速、流向、水温、水质等条件，为隧道结构设计中的外水压力值理论计算、管节接头设计、管节浮泊存放与浮运、沉放施工组织设计，以及干坞坞底高程设计、隧道洞口防洪高程设计提供依据。

1）基本方法

通过收集研究区域范围内各水文站历年来观测积累的径流、潮汐、泥砂特征及河道高程变化资料，分析河道的历史演变规律；利用近年来及研究当年洪水期枯水期的实测水文资料，预测河道未来的变化趋势，提出隧道设计、施工及运营应该采取的相应保护措施。

2）基础资料的搜集

（1）水位。

包括历史最高水位、历史最低水位、推算 100 年一遇洪水位、推算 200 年一遇洪水位。历史最高水位、历史最低水位是隧道结构设计中的外水压力值理论计算的依据，也是管节接头设计依据；历史最高水位、100年一遇洪水位、200年一遇洪水位是干坞坞底标高设计及隧道洞口防洪标高设计的依据。

（2）波浪。

包括最大波浪高度和全年波浪高度小于0.6 m的天数和频率，为浮运沉放、系泊系统设计提供依据。

（3）流速和流向。

包括涨急最大断面、涨急最小断面、涨急平均断面的流速，涨潮、落潮时的水流平均流向。涨急最大断面和涨潮、涨急平均断面的流速，落潮时的水流平均流向是管节浮泊存放、浮运、沉放作业施工组织的依据，也是系泊系统设计的依据。

（4）水温、比重及水质。

包括全年水温变化范围，枯、洪水期的pH值和悬浮质。水中悬浮质影响水的比重，测定悬浮质含量为管节沉放提供依据；全年水温变化范围是隧道结构设计温差调整的依据；pH值是水中结构物防腐处理的依据。

3）水文泥砂特性分析

通过收集河道附近多次的水文泥砂测验成果，并针对隧道洞身具体位置，布置水文测验断面，进行洪水期、枯水期的水文测验，分析径流特征、潮汐特征及泥砂特征，例如推移质输泥砂率（包括涨急落急最大断面输泥砂率、涨急落急最小断面输泥砂率、涨急落急平均断面输泥砂率）、推移质输泥砂量（包括一次涨落潮最大输泥砂量、一次涨落潮最小输泥砂量、一次涨落潮平均输泥砂量）、推移质粒径（包括最大粒径、最小粒径）。

4）河段的河势及河床演变分析

水下隧道因其置于河床底面以下，在其建成之后对水道的泄洪和通航不会产生不利影响，但河床的演变，包括平面位置的改移和河床在竖向的抬升或降低对工程的安全使用存在严重影响，河床在竖向的变化对工程的影响表现在两个方面：一是对隧道结构安全的影响，二是影响工程造价。隧道工程使用年限是100年，如果在使用期间河床面逐渐下降，管段暴露出河床面，管段受水流冲刷会造成倾覆或倾斜；如果河床逐渐淤积，造成沉管顶部覆土厚度增加，管段所承受的荷载也会相应增加，同样会对隧道结构产生破坏。因此，必须认真分析工程范围内河床在100年内的稳定性情况，研究控制河床稳定的措施，保障隧道的安全。

2.2.2 隧道内涌水量预测

隧道工程通常都存在着程度不等的涌水或渗漏水。国内外许多隧道都发生过涌水灾害，如法国仙尼斯峰隧道、日本青函隧道、前苏联北穆隧道、我国大瑶山隧道和军都山隧道等。在成昆铁路的415座隧道中，施工期间有93.5%的隧道发生不同程度的涌水或突水灾害，其中涌水量超过10 000 m³/d的有8座，而严重涌水者13座。隧道涌水的存在，特别是在施工掘进期间，不仅填塞坑道、淹埋设备，给隧道施工带来了巨大的困难，严重者还会造成人员伤亡。随着隧道设计水平、施工技术及机械的更新提高，隧道涌水量的预测问题就变得日益突出和迫切需要解决。据统计，在我国 10 多座有名隧道中，预测的可能最大涌水量，接近实际情况的仅占 10% 左右，预测的经常涌水量，接近实际情况的仅占 20%～30%，所以估计可能进入隧道的涌水量是异常重要的任务。

水下隧道的涌水预测与陆地隧道的相比有以下特点：

（1）通过深水进行水下地质勘测比在地面的地质勘测更困难、造价更高，而且准确性相对较低，所以遇到未预测到的不良地质情况风险更大，对水下隧道涌水预测的精确度更难保证。

（2）很高的渗水压力可能导致水通过高渗透性地层或与开阔水面有渠道相连的地层大量流入，如遇断层破碎带等不良地质地段的渗漏水，隧道就会承受巨大的水压力，以至与其上部覆盖的水源连通而淹没隧道。

1. 水下隧道涌水的特征

隧道作为地下狭长建筑物，修建过程中将不可避免地穿越不同的水文地质和工程地质环境。当隧道通过岩土体的含水区段时，由于施工破坏了原有地下水的渗流条件，隧道洞身成为地下水以不同形式（渗出、滴流、股流，及大范围突水等）向外排泄的地下廊道，形成涌水灾害。

隧道涌水的基本形态是初期涌水—递减涌水—经常涌水，见图 2-2。隧道开挖后，随着与地层接触面的不断扩大，涌水量也相应地增加，以后由于泥砂夹层的冲刷使渗透性能增加，涌水量达到最大值，称为初期最大涌水量；接下来涌水量逐渐减少，此期间称为递减涌水；后来慢慢收敛到某一平衡状态成为经常涌水。然而水下隧道位于半无限含水层中，地下水直接接受广阔水域的定水头入渗补给，补给非常充足，隧道涌水一般不会引起上覆潜水水位的下降，涌水曲线达到最初最大涌水量后却保持水平线，即施工前期的最大涌水量与施工中的经常涌水量基本一致。隧道涌水计算一般涉及三维渗流问题的求解，但如果隧道周边地层中沿隧道纵轴方向的渗流不显著时，可以简化为横向二维模型，计算单位长度隧道涌水量。

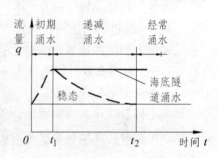

图 2-2 隧道涌水变化时程曲线图

2. 水下隧道涌水的预测方法

水下隧道涌水量计算方法主要有经验解析法和数值模拟法。经验解析法是以地下水动力学理论为基础，结合工程经验给出的隧道涌水量预测的经验公式，采用简化的地质模型，适用范围是有限的；而数值分析法如有限元法、有限差分法等能够很好地考虑复杂地质情况和边界条件，能模拟隧道围岩渗流的全过程。

1）经验公式法

由于隧道所处地质环境千差万别，经验方法预测涌水量比较粗糙，并且有许多限制条件。以下介绍常用的几种。

（1）大岛洋志经验公式。

大岛洋志公式是计算初期最大涌水量 q_0 ［$m^3/(d \cdot m)$］的经验公式，见下式：

$$q_0 = \frac{2\pi KM(H - r_0)}{\ln[4(H - r_0)/d]} \qquad (2\text{-}1)$$

$$q_0 = 0.025\,5 + 1.922\,4KH \qquad (2\text{-}2)$$

式中　q_0——隧道单位长度的可能最大涌水量（m^3/d）；

　　　　H——含水层中原始静水位至隧道底板的距离（m）；

　　　　r_0——隧道洞身断面的等价圆半径（m）；

　　　　d——隧道洞身断面的等价圆直径（m）；

　　　　M——转换系数，一般取 0.86；

　　　　K——等效渗透系数（m/d）。

（2）马卡斯特公式。

水下隧道有其特殊性，隧道覆盖层表面存在着稳定的海水压力。通常采用图 2-3 的简化模型。日本青函隧道等其他水下隧道涌水量理论估算公式，常采用英法海峡隧道调查事务所用的马卡斯特公式，见下式：

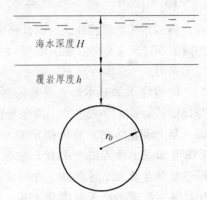

海水深度 H

覆岩厚度 h

r_0

$$Q = 2\pi K \frac{H + h}{\ln[2h/(r_0 - 1)]} \qquad (2\text{-}3)$$

式中　Q——隧道预测涌水量（m^3/d）；

　　　　H——海水深度（m）；

　　　　h——隧道拱顶至海底的岩石覆盖层厚度（m）；

　　　　K——岩层渗透系数（m/d）；

　　　　r_0——隧道有效开挖半径（m）。

图 2-3　水下隧道地质简化模型

（3）小林芳正公式。

日本小林芳正认为马卡斯特公式将岩石覆盖层厚度也作为渗透压力是不合理的，他认为岩石覆盖层越厚，按达西定律水头损失越大，所以他提出了修正公式：

$$Q = 2\pi K \frac{H - h_0}{\ln(2h/r_0)} \qquad (2\text{-}4)$$

式中　H——海水深度（m）；

　　　　h_0——隧道壁面上的水头（m），当隧道处于大气压力情况下，$h_0 = 0$；

　　　　其他参数同式（2-1）。

2）数值计算法

数值模拟方法建立在隧址区水文地质概念模型的基础上，能够比较充分地反映出隧道围岩含水介质的水动力学特性和特定的边界条件，与经验公式法同时使用，互相验证，能够更加深入和全面地分析隧道的涌水问题。

从渗流力学观点来看，土壤、岩石、混凝土均为孔隙介质或为裂隙介质。目前模拟孔隙介质中流体渗流过程的数值软件较多。用有限单元法计算隧道涌水量的过程是：把问题涉及的渗流区域划分为有限个互相连接的单元，根据质量守恒方程建立以水头为因变量的线性代数方程组；引入初值和边界条件，求解方程组得到水头的时空分布；利用达西方程计算渗流场及其随时间的演变；最后根据隧道的位置、形状和尺寸计算可得到单位时间内单位长度隧道的涌水量。

根据隧道涌水量的典型历时曲线（图 2-2），预测计算涌水量应该包括初期最大涌水量、递减涌水量和经常涌水量。对于水下隧道，其涌水量也受到临近地层渗透系数的制约，但由于所处场地与陆地隧道的区别，其覆盖岩土层上面是广阔的水域，补给水源是相对无限充足的，可以按稳态渗流情况考虑，如图 2-4 所示，其计算区域的大小应该视隧道涌水影响半径而确定。需要指出，水下隧道初期涌水的主要来源也是围岩的孔隙水，并不是隧道覆盖地层以上的水，这点与陆地隧道相同。

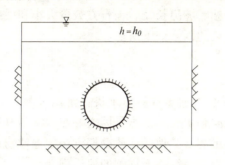

图 2-4 水下隧道涌水计算模式

3）方法比较

为比较上面提到的几种方法，计算了岩石覆盖厚度与涌水量关系曲线，结果见图 2-5。由图可知，小林芳正公式由于忽略了岩石覆盖厚度对隧道围岩水压的影响，计算涌水量随岩石覆盖厚度增大而逐渐减小；而数值计算和马卡斯特公式计算结果趋势是一致的，但计算值有差别。在较小岩石覆盖厚度时，马卡斯特计算的涌水量比数值模拟计算的涌水量大；在较大岩石覆盖厚度时，两者相反。分析认为：岩石覆盖厚度较大时，马卡斯特公式计算涌水量比较准确；数值计算得到的涌水量偏大。究其原因是隧道埋深较大时，渗流场影响范围也较大。围岩孔隙水流动引起左右边界孔隙水压力降低，由于模型左右边界范围限制，设置左右边界为定水压边界，边界计算水压大于实际水压，导致模拟涌水量偏大。

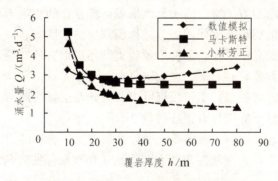

图 2-5 不同方法求解的岩石覆盖厚度与涌水量关系曲线

用经验公式进行计算，尤其是基于地下水动力学理论并结合实际工程总结而得出的方法和公式，在其适用范围内，既简便好用，又能达到一定的预测精度，可满足隧道工程勘测、初步设计和施工的要求。数值计算法正得到越来越广泛的应用，其适用性强，只要地质模型正确就能取得较满意的结果。但是，这一方法对勘探试验的要求很高，工作量大，因而计算成本也高，不经济。

2.3 水下隧道选址

2.3.1 选址考虑的因素

隧道选址时，应综合考虑地质、水文、长度、进出口位置、两端接线、施工难易程度、工程造价和养护成本等因素。而一般情况下，隧道对进出口线形的影响考虑得不多，隧道位置对全线的平纵线形技术指标、隧道长短、土石方数量大小和展线段工程造价等因素均有较大的影响。影响水下隧道选址的因素如下所述。

1. 地 质

对无论是修建在陆地或水下的多数隧道来讲，准确预测前方地质状况是一个世界性难题。修建水下隧道时，这个问题更突出，这是因为要在深水和厚覆盖层下有计划地钻探到隧道深度很困难，有时根本不可能。其他的地质勘探方法如地球物理勘探、地面抽样勘探和深海测量法等都不可能给出计划隧道线路上详细的地质剖面。

比如津轻海峡，其地质条件相当复杂，有多个不同的地质构造和大量断层。对开挖前后的地质剖面进行比较后发现，水下高程上存在的主要地质结构和构造的出现顺序已得到有效证实。但是，在确定的隧道线路方向上各种地质结构的实际位置和预计意外的断层，准确性非常有限。因此，地层的顺序以及地下水的控制就必须完全依靠超前导洞和服务隧道掌子面上进行的超前钻孔。

可见水下隧道即使在设计阶段还没有获得详细的地质剖面也是能够掘进和建成的。虽然如此，预先知道一般的地质状况，即知道存在什么样的构造、将遇到什么样的断层或其他一些不连续面，具有十分重要的意义，且设计者必须取得这些资料。

2. 地 貌

踏勘时正确认识判断地貌类型，能预见该地貌可能存在的相应工程地质问题，如饱和软土问题、饱和粉细砂层的震动液化问题等，进而编制出要求明确、重点突出的勘察纲要和为查明某问题而采用合理的勘察手段。掌握了地貌类型还可以有针对性地合理布置勘探方向，适当加密或减少勘探点数量。

水下隧道，特别是海底隧道，工程投资巨大，因此在选择线路时应尽可能缩短其长度。通过地貌勘察，可以对隧道的选择有很好的设计。

根据国外的经验，连接海角的线路是比较经济的方案。青函隧道建在北海道的白神角和本州的龙飞角之间（图2-6），英法隧道建在莎士比亚角和桑加特海角之间。

3. 地下水

水下隧道的特点有：① 对地下水的探测有很大的不确定性。② 潜在的涌水是不确定的。峡湾和峡谷极易形成断层，断层、软弱围岩地段以及部分基石极易受到侵蚀。在某些部位有突水的可能。水下隧道的持续坍塌或严重进水是灾难性的，因为整个隧道会很快进满

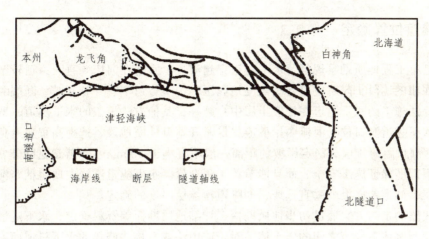

图 2-6 青函隧道穿越津轻海峡线路图

水。③ 施工的各种风险客观存在。张开性节理是不可忽视的地质问题，它是突水的危险部位。④ 峡湾的最深部分往往是隧道施工中最难的部分，所有涌水都应沿隧道机械排出。⑤ 地下水对结构的耐久性存在较大影响。由于水下隧道地下水较多含有腐蚀性化学成分，围岩中含有可能与地下水反应的化学矿物质及其组合，其对隧道结构的影响性需要做更深的技术工作。

隧道施工时发生的涌水不仅对作业环境有影响，也会使掌子面不稳定，使喷混凝土和锚杆的施工不良，特别是在有大量、高压涌水的情况下，常常是造成重大事故的原因。隧道开挖中的涌水造成的影响主要包括：水下隧道预计到的突水可能引发灾难性后果，掌子面围岩崩塌、流失、坑道埋没，在施工中常常要改变施工方法、增加辅助工法，使工期拖后、工程费增加等。

同时，水下隧道地下水的侵蚀性同样不容忽视。由于侵蚀性地下水能够与混凝土中的部分物质发生化学反应生成可溶性盐或膨胀性盐，在高渗透性作用下，可溶性盐发生迁徙，膨胀性盐使混凝土疏松，从而导致结构功能丧失。

4. 周围环境

水下隧道的施工会产生噪声、振动、地层沉降，注浆造成地下水污染，排放的废弃物会对周围环境造成污染等，为此需要对两岸隧道周围存在的建筑、重要设施进行详细的勘察。

对于沉管隧道，隧址的选择还应该考虑下列因素：

（1）与城市总体规划要求的两岸交通疏散方案相协调，要保证隧道与两岸所需衔接的道路具有良好的连接。

（2）具有较为合适的河（海）航道、水文及河（海）床条件。沉管隧道多在江河的下游修建，因下游河床较平坦、水流缓，适合于管节的沉放和对接。

（3）施工条件要满足要求，如航道能都有足够的水深和宽度实施浮运、转向和储放，隧址附近应有合适的干坞建造地带等。

2.3.2 隧道位置确定

根据已有工程地质勘察规范，水下隧道穿越河流，宜选在河床顺直、河道较窄、河水较浅而又无深槽的地段，同时应避开高烈度地震区。水下隧道不宜穿越褶皱、断裂和岩溶发育区。除沉管法施工的水下隧道在松散土层中穿越外，其他方法施工的水下隧道一般宜在岩层中穿越。水下隧道洞口位于河流两岸，应尽量避开不良地质地段，选择高程应避免洪水倒灌洞口。隧道洞口距河流永久稳定岸坡的距离一般不宜小于 30 m。水下隧道选线非常重要，合理的选线不但能保证施工安全，而且能节约工程造价。水下隧道选线主要包括跨河、海线路的走向方案，隧道走向上的垂直选线，即隧道覆盖层厚度的确定。

隧道线路的走向方案通过初步地质勘探、详细地质勘探等资料确定，水下隧道覆盖层是指隧道拱顶与水体下地表之间的岩土体，对于矿山法或盾构法修建的水下隧道而言，它既是上覆水体的渗流途径、隧道的防突水屏障和稳定性支撑结构，又是纵断面设计中的决定因素，所以覆盖层厚度即隧道埋置深度是水下隧道设计施工的重要参数和关键指标，影响水下隧道造价和安全。区别于山岭隧道，水下隧道纵断面的特点是进口和出口都做成向上的倾斜倒人字坡。这样当发生塌方、突水灾害时，后果难以想象而且隧道内的渗涌水不能自然流出，必须采用人工办法排水。

国内外学者对水下隧道的合理埋置深度基本达成如下共识：覆盖层厚度太小会增加隧道丧失稳定的可能性，增加涌水量，间接增加支护、防渗和排水的费用；加大覆盖层厚度意味着增大隧道埋深，增加隧道长度，作用于衬砌结构上的水头压力也会增大，因而造价提高。水下隧道最小埋深与水文地质、施工方法、支护结构形式有关。一般盾构法洞顶埋深 1 倍洞径；TBM 法 1.5 倍～2 倍洞径；矿山法 2 倍～3 倍洞径。

以下针对采用盾构法、矿山法和沉管法三种主要水下隧道的特点进行隧道位置确定分析。

1. 盾构法水下隧道

盾构法隧道线形的确定除考虑地层和环境因素条件外，还要从施工角度满足要求，盾构隧道的平面线形尽可能选用直线和大曲率半径的平面线形。

盾构法水下隧道合理覆盖层厚度除考虑上述提到的因素外，江中段隧道埋置深度需要考虑河床未来可能发生的最大冲刷深度以及隧道结构抗浮稳定性。最大冲刷深度与洪水流量及水位变化过程、含砂率、隧址上下游河段的河床稳定条件等因素有关，可采用河床演变分析、河工模型试验和冲刷数值模拟计算三者相结合的方法进行研究。

在确定河床可能最大冲刷深度后，江中段盾构隧道结构顶部高程的确定应同时满足施工阶段和运营阶段的要求。施工阶段为了保证盾构掘进安全，结构顶部高程主要取决于施工阶段河床最低高程、保证安全掘进以及满足结构抗浮要求的最小覆土厚度。一般而言，施工阶段覆土厚度，在江中段高渗透性的粉细砂地层施工，盾构顶部最小覆土厚度要求不小于 $1.0D$（D 为隧道洞径），特殊条件下不小于 $0.7D$。运营阶段为保证结构运营安全，在考虑河床可能冲刷的最大深度、航道通航深度、锚击入土安全深度等的前提下，覆土厚度应满足结构抗浮稳定要求。

另外，盾构法水下隧道合理覆盖层厚度还要考虑盾构机施工作业效率，如出渣、材料的运入及作业人员的进出，构筑竖井的难易程度，防水处理的难易程度，使用的气压与泥水压的降低和隧道修成后的维护管理与运营方便等方面。盾构机型、辅助工法、施工管理措施等应与隧道埋深相适应，一般在浅埋施工时，应加强施工管理及地层加固方法；在大埋深施工时，应采取抑制高压水、大土压的措施，并做好施工管理。

2. 矿山法水下隧道

影响覆盖层厚度的影响因素除工程地质和水文地质、水底地形、纵坡大小、水压力设计值以及隧道断面形式外，对于矿山法施工还有一个主要因素——爆破对岩石的影响。

由于爆破产生的应力波和应力场对岩体的损伤破坏，岩石的力学性能劣化，岩石的强度和弹性模量降低；而且在围岩内产生裂纹或使原生裂纹扩展，从而影响围岩的稳定性和渗透性等，进而影响覆盖层厚度的确定。

爆破对围岩的影响范围不仅与岩性有关，还与爆破方法的选择有关。在坚硬完整岩层中与在软弱破碎岩层中爆破，前者爆破影响小很多，无论在坚硬完整岩层中，还是在软弱破碎岩层中，预裂爆破对围岩破坏最轻，光面爆破次之，而普通爆破最为严重，有时其围岩破坏范围甚至达到预裂爆破的 2 倍~3 倍。目前采用钻爆法设计和修建的海峡铁路、公路隧道主要集中在日本和挪威。

3. 沉管隧道

一般多在江河的下游修建沉管隧道，因为在下游河床比较平坦，水流速度不会过大。如水流速度大于 3 m/s，或水流方向极不稳定，或河床有深沟，地形陡峭，都会造成管节浮运、沉放、对接困难。

若水深超过 40 m，则矩形钢筋混凝土管节沉放、对接困难，也难以实现水下水压对接形成临时密封，也不可能采用水中的对接接头。对于圆形钢壳与混凝土组合的管节，由于难以实施水下焊接及水下混凝土的浇注工艺，水下接头处理也十分困难。

沉管隧道对地基承载力要求不高，很多沉管隧道都修建在软弱地基上，但不能忽视软弱地基的河床稳定性。沉管隧道的设计寿命一般为 100 年，沉管隧道修建完成后，若因河床冲刷，软弱地基大面积横向或纵向位移，或出现深沟（槽），后果不堪设想，软弱地基的河床稳定性是修建沉管隧道的必要条件。

沉管隧道最大优点是现场施工工期短，即两岸工程、基槽开挖、管节预制可同时施工，管节浮运、沉放、水下对接和基础处理等工序相对总工期来讲比较短，这些工期完成后，隧道内实施其他工程项目（例如压载水舱的拆除、压重层的浇注、接头处理、路面及内装修、机电安装工程等）对外部没有什么影响。因此，航道条件能否有足够水深和足够宽的轨道来实施管节浮运、转向，是否能在隧址附近选到合适的干坞（包括水文、地质条件及足够大的下坞面积）或是否在隧道口部有可能作为干坞利用等，也是采用沉管工法的重要条件。

1）线形规划

在决定沉管隧道位置时，首先找出几个比较路线，然后根据隧道的用途，在容许的线形条件下，设定隧道的平面、纵断面，并在其中选择最经济、最合理、在构造上易于制造预制管段的方案。在研究线路方案时，要注意以下几点：

（1）平面形状，如果沉管区段不进入平面曲线之内是最好的，此时管段的制作比较容易。

（2）管段的纵剖面，一般因管段都制成直线的，故隧道多为折线构成。因此，在设计时要考虑接头位置、净空高度、最小埋深等来决定。

（3）在平面曲线和纵断面的曲线重合地段，因管段制造复杂，应尽量避免这种重合。

2）构造规划

在构造规划中，应确定断面形状、沉管管段的划分及基本构造等。沉管管段的划分（管段长度），要考虑上述的线形、沉设方法、沉放时对航道的干扰等来决定。对铁路、公路隧道来说，管段长通常取 100 m 左右。

3）管段制造码头

在干船坞方式中，应根据可能使用的用地规模来决定配置管段数和使用次数。干船坞的构造，应视土质条件、使用次数而定、但采用明挖法是最经济的。干船坞最好靠近建设地点修建，但取得用地较难，所以利用引道部分用地修建的例子较多。采用钢壳方式时，应考虑工地和制造地点的距离、拖航航道的条件等研究决定钢壳制造码头等。

不管哪种方式，制造码头的位置和规模对沉管隧道的设计方法、制造方法、工期、费用等都有很大影响。应进行多方面的研究和调查，慎重决定。

4）基　础

沉管隧道的视比重较小，一般来说基础承载力是不会有问题的，但要求均匀的反力传递到地层，因此，基础工法选择很重要。目前采用的基础工法主要有：在沟槽底面上铺设均匀底层设置管段的方式；临时支承管段，向管段底和壕沟底的空隙充填砂和砂浆形成基础的方式。前者多用于圆形断面等宽度较小的情况，后者用于宽度较大和矩形断面的管段。在基础规划时，应该注意地层有无下沉。管段沉放后会产生下沉时，要研究其影响程度并考虑采用桩基的可能。

思　考　题

2-1　水下隧道工程地质勘察与常规地下工程中的勘察存在哪些异同点？重点应关注哪些方面的内容？

2-2　水下隧道的选址应重点考虑哪些因素的影响？

第2篇　水下隧道设计与施工

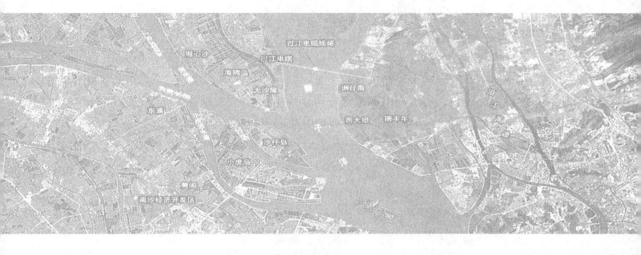

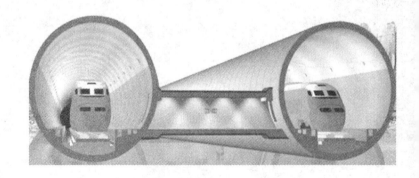

第3章
盾构法水下隧道

3.1 概　述

随着国民经济的迅猛发展，我国城市化进程不断加快及区域之间的经济交流频繁，在已有空间不断拓展的同时，大量新城镇也不断涌现。但制约这一发展的瓶颈——交通与发展的矛盾日益突出，因此迫切需要我们大力发展交通基础设施。对于滨江沿海城市，解决好跨越江河（海）的问题极为重要。虽然水下隧道存在防水、通风等问题，但在其他方面具有明显的优越性：不受设计荷载限制和气候变化影响，超载能力强和全天候通车；能避免噪声、尘土对周围环境影响，且运营期间不影响水路航运；不受恶劣气候的影响，保证交通全天候正常通行；占地少，拆迁量小；能保护原有水域自然风光；可有效安排各种市政管道（如供电、供水、供油、供气、输液和通信等）穿越水域；耐久性好，具有很强的抵御自然灾害和战争破坏的能力。区域（地区）间的海峡间隔是阻碍经济交流的屏障，海峡间海底通道受到海面自然条件、海水深度、海床地质条件等因素的限制，选择修建桥梁是很难实现的。因此世界发达国家多采用水下隧道跨越湖泊、江河、海湾（峡）。

3.1.1 盾构法的历史及技术发展

水下隧道工程跨湖泊、江、河、海湾，其修建技术主要有盾构法、矿山法、沉管法。世界上最早的盾构法隧道就是为穿越江河而设计的，是为克服海底或河底等非常恶劣的地质条件而开发的。随着封闭式盾构机研制成功，盾构法成为施工最安全、掘进速度快、适应复杂地层和地表沉降最小的优秀施工工法。盾构法已是当今城市和水下隧道工程的主要施工方法。

人类修建跨越江河（海）隧道已有 4 000 余年的历史。公元前 2160 年巴比伦就已修建了一条穿越幼发拉底河，长约 900 m 的人行隧道。近代水下隧道始建于英国，1825 年 Brunel 为克服开挖涌泥问题，首次采用盾构法施工，并于 1843 年在伦敦建成了第一条连接泰晤士河两岸的人行隧道（隧道长 458 m，隧道断面为 11.4 m × 6.8 m）。1869 年，Great 和 Burfow 负责修建了横贯泰晤士河的第二条隧道，首次采用了圆形断面（外径 2.18 m，长 402 m）；随后 Great 在 1887 年南伦敦铁道隧道施工中使用了盾构和气压组合工法获得成功，使得盾构技术得到普遍的承认。

19 世纪末到 20 世纪中叶，盾构工法相继传入美国、法国、德国、日本、苏联等国，并得到不同程度的发展。盾构衬砌经历了铸铁管片、混凝土管片、木管片、钢板管片和现在普遍使用的钢筋混凝土管片。稳定掘削面所使用的辅助工法最初是 Great 的气压组合工法，到法国提出水压封闭式盾构（与泥水加压盾构原理相同），到日本 1963 年开发土压盾构、1974 年开发卵石泥水盾构及 1978 年开发使用高浓度泥水盾构。20 世纪 30 年代以后，水下隧道建设有了迅速发展，并开始修建海峡隧道。据不完全统计，国外近百年来已建的跨海和海峡交通隧道已逾百座，海底、江底隧道的兴起，把人类带入到一个水下交通的时代。

欧美发达国家多以隧道方式跨越江河、湖泊和海峡。挪威有较长的海岸线及大量的海湾与岛屿，大多数居民均生活在海岸附近，自 20 世纪 70 年代末以来已建成 20 多座海底隧道，总长约 13 km，其中主要是公路隧道。丹麦的 Great Belt 海峡隧道把丹麦和欧洲本土连接起来，该项目自 1990 年动工，1997 年完成，从而几乎使整个欧洲都能陆路相通。美国是世界上修建水下隧道最多的国家，为连接纽约的曼哈顿岛到新泽西州，就先后兴建跨越哈德逊河水下隧道 41 座，其数量远远超过桥梁的数量，其中较长的水下公路隧道有林肯、霍兰、昆斯未敦等隧道。举世闻名的英法海峡隧道由 3 条长 51 km 的平行隧道组成，其中 2 条为内直径 7.6 m 的主隧道，中间 1 条为内直径 4.8 m 的服务隧道。

日本是世界上较早修建跨越海峡隧道的国家之一。已建成的具有代表性的工程有：20 世纪 40 年代修建的关门海峡隧道（长 19.3 km），是世界上最早的海峡隧道；1988 年建成的连接本州、北海道的"青函隧道"（全长 53.85 km，海下部分 23.3 km），是目前世界上最长的水下隧道；1997 修建完工的东京湾横断公路隧道（长 9.1 km），被称为 20 世纪日本最后一项"超级工程"。此外，日本还在规划在九州岛东北端与西南端之间的丰予海峡修建一条海峡隧道。

随着世界经济的发展、地区间经济文化交流的不断密集及各国财力的不断增强，建造跨越各大海峡的越海通道工程逐渐被提上议事日程，如英吉利海峡第二条隧道、连接欧非两大洲的直布罗陀海峡隧道、连接日本和韩国的日韩海底隧道、连接阿拉斯加和西伯利亚的白令海峡隧道（水下部分长约 103 km）、马六甲海峡隧道等水下隧道工程也均在规划之中，如表 3-1 所示为国外代表性大型水下盾构隧道情况统计。

表 3-1　国外代表性大型水下盾构隧道概况

项目 ＼ 隧名	埃及苏伊士运河水下隧道	丹麦斯多贝尔特大海峡隧道	日本东京湾横断公路隧道	德国易北河第四隧道
建成时间	1980	1995	1996	2003
工程地质	硬泥岩	冰碛和泥灰岩	冲积土	硬黏土砾石
施工机械	机械式	土压平衡	泥水平衡	复合式
盾构长度/km	5.912	7.5	15	2.560
水压/MPa	0.46	0.75	0.6	0.6
衬砌外径/m	11.6	8.5	13.9	13.75
管片厚度/m	0.6（箱）	0.4	0.65 + 0.35（双）	0.7
管片幅宽/m	1.2	1.65	2.0	2.0
分块方式	13 + 2 + 1	6 + 1	11（等分）	8 + 2 + 1

我国的盾构技术在新中国成立前是个空白。新中国成立后，在阜新煤矿的输水道工程以及 1957 年的北京市下水道工程中进行过小口径盾构工法的尝试，但系统全面的网格式挤压

盾构法试验于 1963 年才在上海塘桥正式起步。我国的水下隧道建设是随着城市建设的发展而兴起的。1966 年，我国第一条水下盾构隧道——上海打浦路越江公路隧道工程完工，主隧道采用由上海隧道工程设计院设计、江南造船厂制造的我国第一台 φ10.2 m 超大型网格挤压盾构掘进机施工，辅以气压稳定开挖面，在黄浦江底顺利掘进隧道，掘进总长 1 322 m，由此开始了我国大型水下隧道建设的历史。而盾构法施工的大规模建设是从 20 世纪 90 年代以后开始的，随着经济迅速崛起，交通、运输基础设施蓬勃发展，极大地促进了水下隧道修建技术的进步。2004 年开工的武汉长江隧道被誉为"万里长江第一隧"，2005 年开工建设的南京长江隧道工程和上海崇明长江隧道工程，标志着我国盾构施工技术进入了世界前列。表 3-2 为我国代表性大型水下盾构隧道主要情况统计。

表 3-2 我国部分大型水下盾构隧道主要情况统计

隧名 \ 项目	上海打浦路隧道	上海延安东路南线	上海大连路隧道	武汉长江隧道	南京长江隧道	上海崇明长江隧道
建成时间	1970	1996	2003	2008	2010	2009
工程地质	粉黏土	粉黏土	粉黏土	粉砂土	粉黏土、粉砂土	粉黏土
施工机械	网格式	泥水式	泥水式	复合式	复合式	泥水式
盾构段长度/km	1.322	1.311	1.280	2.550	2.925	7.472
水压/MPa	0.30	0.3	0.4	0.6	0.6	0.6
衬砌外径/m	10.0	11.0	11.0	11.0	14.5	15.0
管片厚度/m	0.6（箱）	0.55（箱）	0.48	0.50	0.60	0.65
管片幅宽/m	0.9	1.0	1.5	2.0	2.0	2.0
管片分块	5+2+1	5+2+1	5+2+1	9（等分）	7+2+1	7+2+1
拼装方式	通缝	通缝	错缝	错缝	错缝	错缝
管片接头	双排，外弯内直	单排直螺栓	—	单排弯螺栓	单排斜螺栓	单排斜螺栓

我国建成的水下隧道很多，跨海隧道有 6 条，且它们均集中在港澳台地区，内陆建成和正在建设的水下隧道均为跨越江域的水下隧道，它们主要集中在长江流域和上海地区，多条隧道穿越长江和黄浦江，这些已建或在建的跨江海隧道对中国类似工程建设具有重要的借鉴意义。随着国家经济实力的增强和水下隧道建造技术的进步，我国将建造更多的越江跨海隧道。1990 年至今，随着盾构设备质量的提高和成本的下降，盾构法已经成为目前穿越湖泊、江河、海湾（峡）隧道工程的主流施工方法，使得水下隧道盾构工法的技术进步极为显著。归纳起来有以下几个特点：

（1）隧道长距离化、大直径化。

首先是英法两国共同建造的英吉利海峡隧道（长 48 km，φ8.7 m）采用的土压盾构工法于 1993 年竣工；日本东京湾跨海公路隧道（长 15.1 km，φ8.8 m）采用泥水盾构于 1996 年竣工；丹麦斯多贝尔特海峡隧道（长 7.9 km，φ8.5 m）采用土压盾构工法于 1996 年竣工；上海延安东路隧道南线（长 2.3 km，φ11.22 m）采用泥水加压盾构于 1996 年竣工；德国易北河第四隧道（长 2.6 km，ϕ142 m）采用复合盾构于 2003 年竣工；第二条英吉利海峡隧道（长 49 km，ϕ15 m）采用土压盾构于 2003 年动工；上海崇明长江隧道（长 7.5 km，ϕ15.43 m）于 2008 年建成。

（2）盾构机型多样化。

从断面形状上看，出现了矩形、马蹄形、椭圆形、多圆搭接形（双圆搭接、三圆搭接）等多种异圆断面盾构；从功能上看，出现了球体盾构、母子盾构、扩径盾构、变径盾构、分岔盾构、途中更换刀具盾构、障碍物直接切除盾构等特种盾构；从盾构机的掘削方式上看，出现了摇摆、摆动掘削方式的盾构，打破了以往传统的旋转掘削方式；从机械化程度看，出现了手掘式、半机械式、机械式盾构；从压力舱的压力形式看，出现了空气压力型盾构、泥水压力型盾构和土压平衡盾构；从开放与否看，出现了开放式、半开放式和密封式盾构。

（3）高水压、大埋深。

高水压、大埋深常常是大型越江跨海水下隧道的一大主要特点，如英法海峡隧道最大水压达到 1.1 MPa，最大覆土厚度达 90 m。代表性大型水下隧道水压及埋深情况如表 3-3 所示。

表 3-3　代表性大型水下盾构隧道水压及埋深情况

典型盾构隧道	盾构类型	最大水压/MPa	最大覆土/m	建造历经期
英法海峡隧道	土压平衡	1.1（理论值）	90	1988—1991
东京湾横断公路隧道	泥水平衡	0.6（均值）	20	1994—1997
荷兰西斯凯尔特隧道	泥水混合	0.64（平均）	35	1998—2001
德国易北河隧道	泥水混合	0.64（均值）	35	1995—2000
上海崇明长江隧道	泥水平衡	0.65（理论值）	35	2005—2008

（4）设备自动化。

施工设备出现了：管片自动组装装置；盾构机掘进中的方向、姿态自动控制系统；开挖面的稳定控制、坍塌探查系统；管片、物资、器材等的自动配送、搬运系统；施工信息化、自动化的管理系统及施工故障自诊断系统。

（5）掘进精度大幅提高。

高科技自动量测系统（光学式和陀螺式）的应用能实时监测盾构机位置（空间坐标）和姿态（停止、俯仰、偏移）。以自动测量结果为基础的自动方向控制系统，引入了模糊理论和 AI 智能信息技术，对线形的管理做到科学、谨慎，提高了对盾构机的控制精度，使盾构机能够按照设计线路掘进。即使在地中对接，偏差也能控制得很小。

（6）盾构工程省力化、效率化。

由于应用了相关的自动化系统及加强了对盾构机的掘进精度的控制，很多工作都由机械自动完成，节省了很大部分的资金和劳动力。设备自动化后，掘进过程中出现的各种不利状况能得到及时的诊断和解决，使得盾构工程的质量得到很好的保证。

3.1.2 盾构法基本概念及选择盾构法的原则

1. 盾构法基本概念

盾构法：在称为盾构（Shield：盾，保护物，防御物）的钢壳之内保持开挖面稳定的同时，安全向前掘进，在其尾部拼装称为管片（Segment）的衬砌构件，然后用千斤顶顶住已拼好的衬砌，利用其反力将盾构推进。

盾构法的基本要素有：

(1) 确保盾构内作业人员的安全。

(2) 保持开挖面稳定，防止土体塌落，顺利掘进。

(3) 盾构内拼装隧道衬砌。

(4) 通过来自衬砌的反力向前推进。

(5) 循环作业，建造隧道。

要素（1）中盾构机主体以前使用铸铁材料，现已经全部使用钢材，材料强度大为提高，很好地保证了施工的安全与稳定。要素（2）中开挖面的稳定原来是将开挖面划分为几个小工作面，并用挡土板挡住土体，使土体保持稳定，后来代之以气压工法，实现盾构半机械化；目前则是利用对泥水及挖掘土砂加上一定的压力来保持开挖面稳定的密封式盾构占主流。另外，最初是人工开挖，后来变成装有液压铲或伸臂凿岩机、滚筒式切削等的半机械掘进方式，继而发展为在盾构的前面配置切削刀盘，通过旋转切削刀盘开挖土体的机械掘进方式。最近又开发出了同步旋转挖掘非圆断面的新技术。要素（3）中衬砌从原来的砌砖衬砌发展到目前使用铸铁管片、混凝土管片、钢管片、钢筋混凝土管片及复合管片。这些管片一般都选用强度比较高的螺栓接头，但现在已经开发出各种类型的接头，其形状已多样化。另外，现已开发出用于混凝土的掺和剂，最近现场浇筑混凝土衬砌的现浇衬砌工法也已达到实用阶段。要素（4）中最初阶段是使用螺旋千斤顶，选择取而代之的是大容量大功率的液压千斤顶，盾构的姿态及推进方向的控制也已经达到了自动化。要素（5）现在在盾构法的一个方向就是自动化控制，盾构法的自动化系统已经达到适用化，在很多施工工法中盾构法已经成为最省力的工法。目前现状是正在积极进行以全部自动化盾构法为目标的研究开发工作。

盾构机设备有：刀盘、盾壳、管片拼装装置、液压千斤顶、螺旋出土器（泥浆泵送装置）、管片吊运装置、盾构运转台车、动力设备台车、添加材料及衬砌背后灌浆台车、漏斗台车、变速台车、皮带输送机等。

盾构施工相关配套设备有：矿渣钢斗车、电瓶机车（2台）、渣坑、管片台车、横移式台车、中央管理室、洞内变电设备、物资器材堆置场、管片堆置场、弃土处理机、土砂运输机、进线变电设备、添加材料及衬砌背后灌浆设备、给排水处理设备以及一定吨位的门式起重机和桥式起重机等。

2. 选择盾构法的原则

水下隧道的主要修建方法有以下几种：围堤明挖法、矿山法、TBM全断面掘进机法、盾构法、沉管法和悬浮隧道。围堤明挖法受到地质条件限制，且生态环境破坏严重，不经常采用。而水中悬浮隧道现在还停留在研究阶段，目前尚无成功实例。水下隧道施工经常使用的方法有矿山法、盾构或掘进机法和沉管法。

水下隧道主要是穿越湖泊、江河、海湾（峡），对于这三种不同地质、水文条件下的水下隧道，施工方法必须因地适宜，应综合考虑岩土层渗水性、自稳能力、岩土层强度、水深、流水速度、覆土厚度、施工工期、隧道长度、隧道横断面积等因素来选择合适的施工方法。沉管法易受水文如水流速度、河（海）床泥质、水深、水的腐蚀性等条件的限制，再加之现在隧道断面大直径化，沉管法很难适应；矿山法对于水下常见的渗透性大、自稳能力差的砂性土地层施工难度大、安全性差，但岩层地质条件下适用性很好，安全风险易控制；盾构法最初是用在软土富水地层中，随着加压方式和刀盘、刀具形式的创新，盾构法在各类水下地层中都有着广泛的应用前景。现在盾构法也在岩石地层中得到成功应用，如日本东京湾横断公路隧道、德国易北河水下隧道、重庆主城排水过江隧道、南京长江隧道、广深港客运专线狮子洋隧道、南水北调穿黄隧道、上海崇明长江隧道等，且盾构施工安全、经济、快速，当沉管法和矿山法由于其限制性难以适应工程要求时，根据盾构的优点及其适应性选择盾构法进行施工。

现今，区域交流日益频繁，需穿越江河和海峡天然水道屏障，使得水下隧道工程的修建朝着大断面、高水压和长掘进距离方向发展，修建这些大型、特大型水下隧道，盾构法的安全、经济、快速、地层适应性强等优点显得尤为突出。

3.2 盾构设备类型及其选型

3.2.1 盾构设备的组成

盾构设备主要包括盾构机的外壳、掘削机构、挡土机构、推进机构、搅拌机构、管片组装机构及附属机构等部件。

1. 外 壳

盾构外壳一般是由钢板制作的，并用环形梁加固支撑，其作用是保护掘削、排土、推进、作衬等所有作业设备和装置的安全。通常盾构机的外壳沿纵向从前到后分为前、中、后三段，也被称为切口环、支承环、盾尾三部分。

（1）切口环：装有掘削机械和挡土设备的部位，又称掘削挡土部。通常的切口形状有 3 种，即阶梯形、斜撑形、垂直形，见图 3-1。阶梯形和斜撑形切口环的上半部分较下半部分

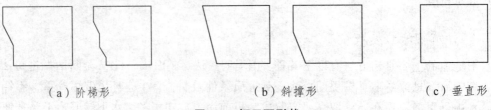

（a）阶梯形　　　　　　　（b）斜撑形　　　　　　　（c）垂直形

图 3-1　切口环形状

突出，呈帽檐状，主要起保护工作面的作用，在非密闭式盾构中应用较为普遍。垂直形切口主要在密闭式盾构中采用。密闭式与非密闭式的区别在于前者切口环与支承环之间设有一道隔板，使得切口部与支承部完全隔开。

（2）支承环：位于盾构中央部位，是盾构的主体构造部，在该部位前方和后方均设有环状梁和支柱，由梁和柱支承盾构的全部荷载。在大、中断面盾构上，大多采用梁柱进行加固，故支承环板壳的厚度有时会比盾尾和切口环部分设计得稍薄一些。

（3）盾尾：盾尾部是盾构的后部，见图3-2，盾尾部为管片的拼装空间，该空间装有管片的举重臂。一般设置尾封，其作用是防止周围地层的土砂、地下水及背后注入的填充浆液窜入该部位。其材料常用橡胶、树脂、钢材、不锈钢或其中几种材料的复合体等，常用的形状有刷状和板状等。

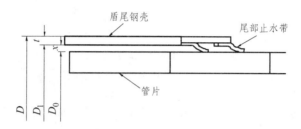

图 3-2　盾尾构造示意图

D—盾构外径；D_1—盾构内径；D_0—管片外径；
x—盾尾间隙；t—盾尾钢壳厚度

2. 掘削机构

1）掘削方式

不同盾构设备安装有不同的开挖机构：对于机械式盾构而言，掘削机构即掘削刀盘或刀头；对手掘式盾构而言，掘削机构即鹤嘴锄、铁锹等；对于半机械式盾构而言，掘削机构即铲斗、掘削头。这里主要介绍机械式盾构的掘削刀盘，常见的切削方式见图3-3。

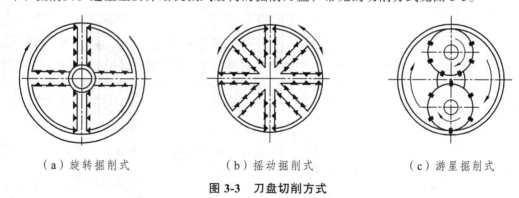

（a）旋转掘削式　　　　　（b）摇动掘削式　　　　　（c）游星掘削式

图 3-3　刀盘切削方式

掘削刀盘即作旋转或摇动的盘状掘削器，由掘削地层的刀具、稳定掘削面的面板、出土槽口、转动或摇动的驱动机构、轴承机构等构成，设置在盾构机的最前方，其功能是既能掘削地层的土体，又能对掘削面起一定支承作用从而保证掘削的稳定，对土舱内的渣土进行搅拌，使渣土具有一定的塑性，能通过螺旋输送机来调整控制土舱内的压力。

2）刀盘与切口环的位置关系

刀盘与切口环的位置关系有 3 种形式：刀盘位于切口环内（适用于软土地层）、刀盘外沿凸出切口环（适用土质范围较宽）以及刀盘与切口环对齐，位于同一条直线上（适用范围居中），如图 3-4 所示。

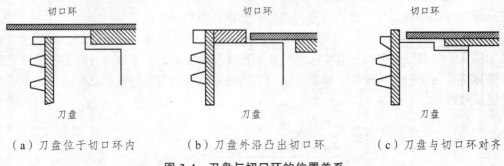

（a）刀盘位于切口环内　　　（b）刀盘外沿凸出切口环　　　（c）刀盘与切口环对齐

图 3-4　刀盘与切口环的位置关系

3）刀盘的支撑方式

掘削刀盘的支承方式可分为中心支承式、中间支承式及周边支承式三种。它们的构造示意图如图 3-5。

中心支承式：切削刀盘由中心轴支承，滑动部位的密封很短，扭矩损失小。由于构造简单、制造方便，这种方式常用于中小直径的盾构机。缺点是机内空间除去驱动部件所占之外所剩狭窄，难以处理大砾石。

中间支承式：切削刀盘由多根横梁支承，常用于大中直径的盾构机，用于小直径盾构机时，横梁间隔变窄，土砂难以流动，必须充分考虑防止横梁附近黏性土附着的问题。

周边支承式：切削刀盘由框架支撑，机内中心部位的空间变宽，对处理大砾石及障碍物均有利。但是，必须充分考虑土仓内土砂同时旋转的问题，特别注意防止切削刀周围的土砂附着和固结的问题。

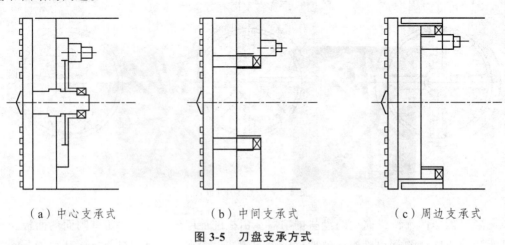

（a）中心支承式　　　　　（b）中间支承式　　　　　（c）周边支承式

图 3-5　刀盘支承方式

4）刀盘纵断面形状

（1）垂直平面形：这种刀盘以平面状态掘削、稳定掘削面，目前应用最为普遍。

（2）突芯形：特点是刀盘中心装有突出的刀具，掘削方向性好，利于添加剂与掘削土体的拌和，目前应用较为普遍。

（3）穿顶形：主要用于巨砾层和岩层的掘削。

（4）倾斜形：倾角接近土层的内摩擦角，利于掘削稳定，主要用于敞开式盾构。

（5）收缩形：主要用于挤压式盾构。

刀盘形状见图3-6。

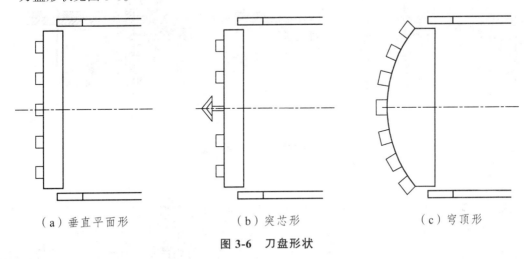

（a）垂直平面形   （b）突芯形   （c）穿顶形

图3-6　刀盘形状

5）刀盘结构形式分类

掘削刀盘按结构形式分为辐条型和面板型两种，如图3-7所示。

辐条型刀盘由辐条及布置在辐条上的刀具构成，开口率大，提高了排出土体的量和颗粒大小，并将土舱内的土压力有效地传递给开挖面，多用于机械式盾构和土压盾构。缺点是：对于地下水压大、易坍塌的土质而言，易喷水、喷泥。

面板型刀盘由辐条、刀具、槽口及面板组成，采用面板防止开挖面过度坍塌，有利于开挖面稳定，并可以通过控制槽口的开度来调节土砂排出量和掘进进度。缺点是：掘削黏土层时，易发生黏土黏附面板表面，妨碍刀盘旋转，进而影响掘削质量的问题。

（a）辐条型刀盘   （b）面板型刀盘

图3-7　刀盘的结构形式

6）掘削刀具

刀具布置方式及刀具形状是否适合应用工程的地质条件，直接影响盾构机的切削效果、出土状况以及掘进速度。目前使用的刀具主要有两类：一是切削类刀具，二是滚动类刀具。

切削刀具是指只随刀盘转动而没有自转的破岩刀具，其种类繁多，目前盾构掘进机上常用的切削类刀具有边刮刀、切刀、齿刀、先行刀、仿形刀等。

滚动刀具是指不仅随刀盘转动，还同时作自转运动的破岩刀具。根据刀刃的形状，滚动刀具还可分为：齿形滚刀（钢齿和球齿）、盘形滚刀。根据安装位置又可分为：正滚刀、中心滚刀、边滚刀、扩孔滚刀。常见刀具见图3-8。

（a）切刀　　　（b）先行刀　　　（c）齿刀　　　（d）贝形刀　　　（e）滚刀

图3-8　常见刀具

3. 挡土机构

挡土机构的作用主要是防止掘削时掘削面地层的坍塌和变形，确保掘削面稳定。对于全敞开式盾构而言，其主要的挡土机构是挡土千斤顶；对于半敞开式网格盾构而言，其挡土机构是网格状面板；对于泥水盾构而言，其挡土机构是泥水舱内的加压泥水和刀盘面板；对于土压盾构而言，其挡土机构是土舱内的掘削加压土和刀盘面板。

4. 搅拌机构

搅拌机构属于专用机构，主要是针对泥水盾构和土压盾构。在土压盾构中，搅拌机构的作用是搅拌注入添加剂后的舱内掘削土砂，提高其流塑性，防止堆积粘固，提高排土效果。

图3-9　叶片分类

而对于泥水盾构，搅拌机构的作用是使掘削土砂在泥水中混合均匀，以利于排泥泵，将混有掘削土砂的泥浆排出。旋转搅拌机通常设置在泥水舱底部，以防止排泥吸入口堵塞。

5. 排土机构

在全敞开式或半敞开式机械盾构中，排土系统一般由铲斗、滑动导槽、漏土斗、皮带传送机等构成。

在泥水盾构中，排土机构由泥水循环系统实现。新鲜的泥水在泥水泵的作用下经进泥管进入泥水舱后，和刀盘掘削下来的渣土充分混合，然后由排泥管排出至地表的泥水处理系统，富含掘削渣土的泥水经过多级渣土分离和泥水处理后，重新开始新一轮循环。

在土压盾构中，排土机构由螺旋输送机、排土控制器及盾构机以外的泥土运出设备构成。螺旋输送机的功能是把土舱内的掘削土运出，经排土控制器送给盾构机外的泥土运出设备。螺旋输送机分为轴式和带式（无轴式）两种，如图3-10所示。具体选用时，应该根据所处的地质条件来选取。具体来讲，对于高水压和砂土，一般选用轴式；而带式多用于砾石层，因为中心无轴，所以可以较方便地排出大砾石。有轴式保持压力效果较好，而无轴式因为中心开口较大，保持压力效果不佳，故常在出口处设置滑动闸门等止水装置。

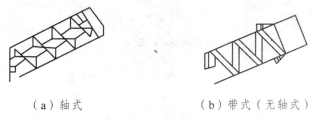

（a）轴式　　　　　　　　　（b）带式（无轴式）

图3-10　螺旋输送机种类

6. 管片拼装机构

管片拼装系统设置在盾构的尾部，由管片拼装机械手和真圆保持器构成。

管片拼装机械手是在盾尾内把管片按照所定形状安全、迅速地拼装成环的装置，包括搬运管片的钳夹系统和上举、旋转和拼装系统。

当盾构向前掘进时管片拼装环就从盾尾脱出，由于管片接头缝隙、自重力和土压的作用原因，管片环会产生横向变形，使横断面成为椭圆形。当变形时，前面装好的管片环和现拼的管片环在连接时会出现高低不平（错台），给安装纵向螺栓带来困难。为了避免管片环的高低不平，需要采用真圆保持器，如图3-11所示。

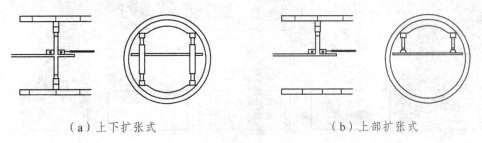

（a）上下扩张式　　　　　　　　　（b）上部扩张式

图3-11　真圆保持器

3.2.2　盾构设备的分类

自从1818年盾构机在英国诞生以来，经过接近200年的发展，人们开发出来了许多种类的盾构机来满足不同的需求。盾构机的分类方法有多种：

根据适用地层分为：岩石盾构、软土盾构和复合盾构。

根据断面形状分为：圆形盾构、椭圆形盾构、矩形盾构、马蹄形盾构、双圆及三圆搭接盾构等。

根据断面大小分为：微型盾构、小型盾构、中型盾构、大型盾构、超大型盾构等。

此外，还可以根据盾构施工的机械化程度、掘削面的敞开状态、掘削面的平衡方式等多种方法进行分类。考虑到盾构主要是指软土盾构，故将各种分类方法归纳起来，采用如图 3-12 所示的综合分类方法较为全面。

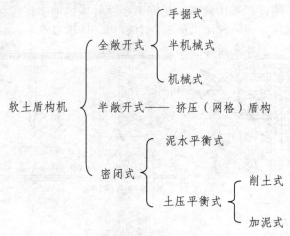

图 3-12　盾构机的分类

1. 全敞开式盾构

是指没有隔墙、大部分开挖面成敞露式状态的盾构机，根据开挖方式的不同又可以细分为手掘式、半机械式、机械式三类。这类盾构机适合于开挖面自稳性较好的围岩。在围岩条件不好时使用，需要结合使用压气施工法等辅助工法，以保证开挖面稳定。如图 3-13 所示。

图 3-13　全敞开式盾构

2. 半敞开式盾构

挤压式盾构是半敞开式盾构的主要类型，又称网格盾构。挤压式盾构机是在开挖面的稍后方设置隔墙，在隔墙上设有孔口面积可调的排土口，盾构机正面贯入围岩向前推进，使贯入部位土砂流动，由孔口部位绞出，进行排土。具体来讲，挤压式盾构是将闭胸式盾构的刀盘设计成网格状，同时配上可调的出土装置。施工时，盾构由后方油压千斤顶推进正面贯入围岩，使贯入部位土砂流动，由网格的开口处进入机器内部，再送达地面。开挖面的稳定是靠调节开口大小，使千斤顶推力和开挖面土压力达到平衡来实现的。

挤压式盾构的特点是利用盾构切口的网格将正面土体挤压并切削为小块，同时以切口、封板及网格板与土体间的摩阻力来平衡正面地层侧向压力，达到开挖面的稳定。因正面网格开孔出土面积较小，适宜在软弱黏土层中施工，在局部粉砂层可以辅以局部压气法来稳定正面土体。同时，由于其对正面土体存在挤压扰动，较难有效地控制地表沉降，不宜在建筑物密集地方使用。由于适用地质范围狭窄，目前采用这种盾构的工程较少。如图 3-14 所示。

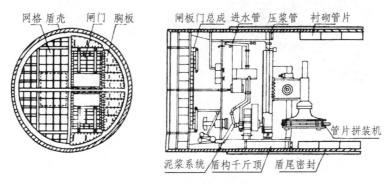

图 3-14 挤压式盾构

3. 密闭式盾构

相对于全敞开式盾构和半敞开式盾构而言，密闭式盾构的掘削面是不可见的。该类盾构通过在机械开挖式盾构机的切口环与支承环之间设置隔板，使得刀盘与隔板之间形成密闭仓室。掘进时，掘削渣土进入该仓室内，同时由填充该仓室的介质如泥水、掘削渣土等提供足以使开挖面保持稳定的平衡压力。根据压力平衡介质的不同，密闭式盾构机可分为泥水平衡式盾构和土压平衡式盾构。

1）泥水平衡式盾构

如图 3-15 所示，泥水平衡式盾构是在机械式盾构的前部设置隔墙、装备刀盘面板、输送泥浆的送排泥管和推进盾构机的盾构千斤顶。在地面上还配有分离排出泥浆的泥浆处理设备。开挖面的稳定是通过将泥浆送入泥水室内，在开挖面上用泥浆形成不透水的泥膜，通过该泥膜保持水压力，以抵抗作用于开挖面的土压力和水压力。

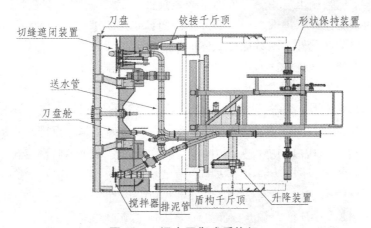

图 3-15 泥水平衡式盾构机

开挖的土砂以泥浆形式输送到地面，通过处理设备离析为土粒和泥水，分离后的泥水进行质量调整，再输送到开挖面。由于不能直接目视检查开挖面的围岩状态，所以采用一系列掘进管理系统进行集中处理。一般泥浆处理设备设在地面，比其他施工方法需要更大的用地面积，这是泥水式盾构机在城市里运用的不利因素。

泥水式盾构机适用的地层范围很宽，从软弱砂质土层到砂砾层都可以使用。直到数年前，采用泥水式盾构机的工程比用土压式盾构机要多，但由于难以确保竖井用地和泥水处理系统占地较多，近年来在城市地铁建设中的使用逐渐减少。同时，由于泥水盾构具有较强的抵御外水压能力，在大型越江、越海等水下盾构隧道工程中大量采用。

2）土压平衡式盾构

如图 3-16 所示，土压盾构推进时其前端刀盘旋转掘削地层、土体，掘削下来的土体涌入土舱（刀盘舱），当掘削土体充满土舱时，由于盾构的推进作用，掘削土体即对掘削面加压。当该加压压力（削土土压）与掘削地层的土压 + 水压相等时，随后若能维持螺旋输送机的排土量与刀盘的掘土量相等，则这种稳定的出土状态称为掘削面平衡，即稳定。

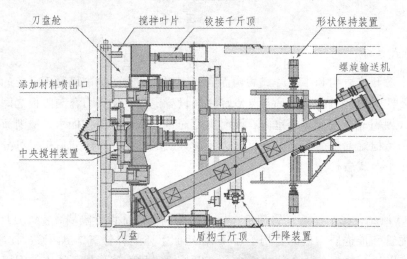

图 3-16　土压平衡式盾构

要想维持排土量与掘土量相等，掘削土必须具备一定的流塑性和抗渗性。有些地层的掘削土仅靠自身的塑流性和抗渗性，即可满足掘削面稳定的要求。这种利用掘削土稳定掘削面的盾构称为削土盾构。此外，多数地层土体的塑流性、抗渗性无法满足稳定掘削面的要求，为此须混入提高流塑性和抗渗性的添加材料，实现稳定掘削面的目的。通常把注入添加材料的掘削土（称为泥土）盾构称为泥土盾构或泥土加压式平衡盾构。

削土盾构和泥土加压式盾构统称为土压盾构，两者的区别是前者不用添加材料，后者使用添加材料。添加材料有膨润土、CMC、黏土、高吸水树脂、发泡剂等，可根据图纸具体选用。这种盾构机适用范围很广，可用于冲积黏土、洪积黏土、砂质土、砂、砂砾、砾石等土层，以及这些土层的互层。泥土加压式盾构机适用的土质范围较广，竖井占地较少，所以近年来应用较多。

3.2.3　特种盾构设备的发展

现代盾构技术是朝着大断面长距离大深度方向发展的，而且为了满足各种不同场合的施工要求，近年来特种盾构技术得到了很大发展。特种盾构的分类有多种方式，本书的分类方式如图 3-17 所示。

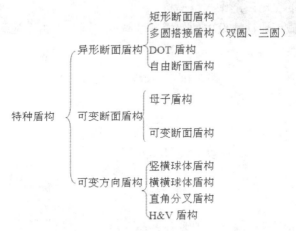

图 3-17　特种盾构的多种分类方式

1. 异形断面盾构

对于很多的隧道，异形断面与圆形断面相比，有自己的优势。例如从断面的有效利用率来看，矩形断面比圆形断面更合理。

1）矩形断面盾构

矩形断面盾构从其切削机理上来划分，主要可以分为圆形刀盘＋游动切削器组合切削式、滚筒式、摇动掘削式等。如图 3-18 所示。

图 3-18　矩形盾构

2）多圆搭接盾构（MF）

盾构由多个圆形断面的一部分错位重合而成，可以构筑成多种多样断面的隧道。盾构可以采用泥水式、土压平衡式两种类型。在 MF 盾构中所使用的管片是由 A 型管片、K 型管片（翼形管片）和中柱三种类型组成的。其中双圆盾构可以有效利用地下空间，三圆盾构主要用于地铁车站的修筑，如图 3-19 所示。

（a）三圆盾构机　　　　　　　（b）双圆盾构机

图 3-19　多圆搭接盾构机

3）DOT 盾构

DOT 盾构是在同一开挖平面上安装 2 对幅条形刀具的土压式盾构。相邻的 2 对刀具相互吻合，转向相反，并进行同步控制以保证刀具间不进行碰撞。如图 3-20 所示。

4）自由断面盾构

自由断面盾构的切削机构除了主刀盘外，还在主刀盘的外侧设置了数个规模比主刀盘小的行星刀盘。掘削面的中央部位由主刀盘掘削，其外周部位由可以自转并可以在主刀盘外围公转的行星掘削器掘削。行星刀盘的公转轨道由行星刀盘扇动臂的扇动角度确定。通过行星掘削器的不同轨道，可以得到矩形、椭圆形、马蹄形（图中小圆是主刀盘的切削形状）等不同形状的断面。如图 3-21 所示。

图 3-20　DOT 盾构

 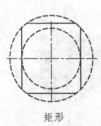  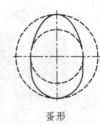 

椭圆形　　　　　矩形　　　　变形马蹄形　　　　蛋形　　　　马蹄形

图 3-21　自由断面盾构掘削面形状

2. 可变断面盾构

1）母子盾构

在母盾构中内藏一个直径比母盾构直径小的子盾构，在掘进途中使子盾构从母盾构中分离开来继续掘进，构成一条直径由大变小的两种直径的盾构隧道，如图 3-22 所示。

2）可变断面盾构

可变断面盾构，即一台有扩缩掘削功能的盾构机，可修筑不同断面的隧道，如图 3-23 所示。

图 3-22　母子盾构

图 3-23　可变断面盾构

3. 可变方向盾构

1）球体盾构

球体盾构由母盾构机和子盾构机构成，球体结构置于母盾构中，子盾构置于球体结构中，这样利用球体的转动来实现盾构的转向，如图3-24所示。球体盾构的最大特点是可以从竖井转向横井（竖横盾构），或转90°连续开挖（横横盾构），被用于直角、斜井、向上挖掘和刀头交换，如图3-25所示。

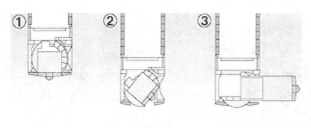

① 竖井开挖　② 球体旋转　③ 横向开挖

图 3-24　竖横式球体盾构的开挖过程示意图

图 3-25　球体盾构

2）直角分叉盾构

直角分叉盾构，其支线盾构机直接从干线盾构机内垂直出发，可省略中间变向竖井的施作，在地中直接构筑垂直分叉隧道，如图3-26所示。

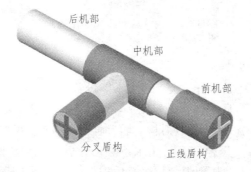

图 3-26　直角分叉盾构

3）H&V 盾构

H&V（Horizontal & Vertical）盾构（图3-27）可修建水平和垂直变化的隧道，可从水平双洞转变为垂直双洞，或者由垂直双洞转变为水平双洞，可以随时根据设计要求不断地改变断面形状，开挖成螺旋形曲线双断面。两条隧道的衬砌各自独立。由于两条隧道作为一个整体来施工，可解决两条隧道邻近施工的干扰和影响问题。

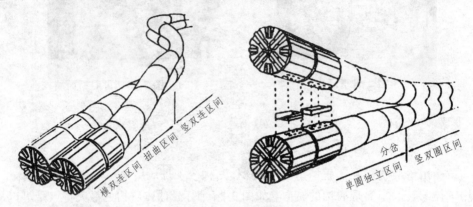

图 3-27　H&V 盾构工法

4. 几种在水下隧道中有发展前途的盾构

1）球体换刀盾构

由于水下更换刀具难度和风险极大，长距离开挖球体盾构的特点是不受时间、地点限制，可以对刀具进行修理或更换等作业，而无需构筑工作井，这是因为当球体的刀盘和动力装置从切削工作面旋转至准备工作面时可以更换或修理刀具，并且可以在已经开挖好的隧道内的大气压中进行操作，如图3-28所示。

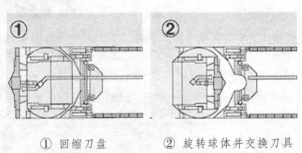

① 回缩刀盘　　② 旋转球体并交换刀具

图 3-28　球体盾构刀具交换示意图

2）地中对接盾构（MSD）

对河底、海底等水下隧道而言，施工途中不能设置竖井，可采用两台长距离盾构机地下对接的方法满足要求。MSD盾构法是指采用机械对接的一种地下结合盾构施工法。制作一对盾构，一台为插入盾构，另一台为接收盾构。插入盾构一侧安装可前后移动的圆形钢套筒，而在接收盾构的一侧则设置抗压橡胶密封止水条。两台盾构分别从两侧各自推进到预定位置后，停止开挖。各自将突出的切削刀盘拉进至盾构外壳内，插入盾构将推出收藏在盾构内的圆形钢套筒，插入接收盾构的受压橡胶止水条至套筒贯入室，使两台盾构在地下结合。完成对接后，在圆形钢套筒的内周焊接钢板使两台盾构机形成一体，最后把盾构内脏解体，在隧道内侧浇注混凝土衬砌，如图 3-29 所示。

（a）发射盾构　　　　　　　　　　　（b）接收盾构

图 3-29　MSD 盾构法

3.2.4　盾构设备选型

盾构机是盾构隧道施工的最重要的设备，盾构选型及设备参数选择直接关系到隧道工程的成败。如果盾构机选型不合适或设备参数设计不当，轻则影响施工速度，拖延工期，而且有可能出现开挖面坍塌等问题，从而导致地表沉降和塌陷等，影响地面交通和环境，造成经济损失，重则引起重大工程事故，甚至隧道报废，出现人员伤亡。盾构法应用一百多年来，因盾构选型不当而引起的工程事故屡见不鲜，严重的出现整条隧道报废停工，由此可见盾构选型工作的重要性。

近年来，随着我国经济的迅猛发展以及隧道建设水平的提升，水下隧道以其巨大的综合优势已经逐渐成为越江跨海交通工程最重要的结构形式。盾构工法作为先进的现代隧道修建技术，因其完善的安全保护措施和稳定的开挖效率已经成为水下隧道建设极为重要的工法，在面临复杂地质条件、软硬交叠复合地层时，大直径盾构往往是首选。但是在江河湖海等水下进行隧道规划设计时，常常面临地质条件、地层分布与土体性质难以准确把握，水文条件尤其是外海海域海洋水文条件极其复杂多变的情况，由此注定了盾构机选型对于超大直径、超长距离、高水压下水下隧道工程设计施工的重要性。因此，盾构机选型很大程度上决定了水下隧道工程的施工难易、风险程度、投资和工期。

1. 盾构选型依据和选型原则

在盾构选型时，最为重要的基本原则是要保证开挖面的稳定。这一点是工程能否顺利开展的先决条件，尤其是地质条件更为复杂多变的水下隧道。盾构机选型的关键是如何基于勘察设计阶段所获取的有限信息，实现最终综合成本的最低化，即如何确定最经济的盾构机类型，并且最大程度地将工程建设风险降到最低。其依据主要是工程招标文件和岩土工程勘察报告、相关的盾构技术规范及参考国内外已有盾构工程实例，盾构选型及设计按照可靠性第一、技术先进性第二、经济性第三的原则进行，保证盾构施工的安全性、可靠性、适用性、先进性、经济性相统一。所以盾构选型时必须综合考虑，其目的是达到满足设计要求、安全可靠、造价低、工期短、对环境影响小。因此，盾构选型时应遵循以下几项原则：

（1）结合本工程的地层情况，选择与工程地质相适应的盾构机型，确保施工安全。

（2）选择相应的辅助工法。

（3）盾构的性能应满足工程的掘进长度和线形的要求。

（4）盾构与后续设备、施工竖井等匹配。

（5）盾构对周围环境的影响小。

（6）工作环境要好，比如要考虑洞内的噪声、温度等。

其中以能保证开挖面稳定并确保施工安全最为重要。另外，为了选择合适的盾构，除了要对地质条件和水文条件进行勘察外，还应对占地环境进行勘察。盾构选型流程如图3-30所示。

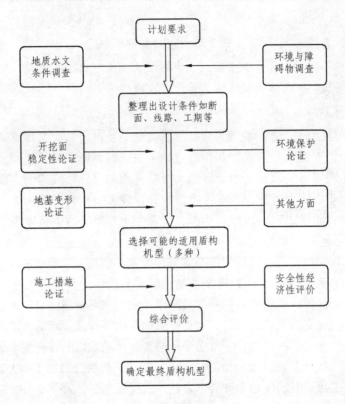

图 3-30　盾构选型流程图

2. 盾构对地层条件的适应性

前期需要调查清楚水下盾构隧道穿过区域的地质地层分布、岩土物理力学性质参数（土体颗粒粒径分布及最大粒径、含水率、黏性土与砂性土的具体分层及组成卵砾石层分布厚度）、软土中基岩突露状况、岩性及风化程度等，确定开挖面岩土层的自稳程度。

1）影响水下隧道盾构选型的主要地质因素

隧道工程的难易，围岩地层条件多起到决定性的作用，而水下隧道地层条件更为复杂多变。因此，盾构设备选型设计时，特别需要注意的地质条件有：

（1）敏感性高的软弱地层。

（2）透水性强的松散地层。

（3）高塑性地层。

（4）含水率高的地层。

（5）含有大砾石的地层。

（6）预计有朽木和其他夹杂物的地层。

（7）软硬不均匀的复合地层。

在土质地层中，影响盾构设计的主要参数为：颗粒级配、密度、内摩擦角、黏聚力、渗透系数、黏土矿物成分、液限、塑限、含水率、石英含量、弹性模量、侧压力系数、钻孔取芯率。在岩质地层中，影响盾构设计的主要参数为：单轴抗压强度、抗拉强度、岩石质量（节理、断层、风化情况）、矿物成分（石英成分、膨胀性）、磨损系数、钻孔取芯率、刀具磨损系数。

2）不同类型盾构对地层条件的适应性

盾构有很多种不同的类型，如手掘式、半机械式、机械式、挤压式、泥水平衡式和土压平衡式盾构等。手掘式、半机械式及机械式等开放式盾构应用在如下三种情形：当土体有足够的自稳性时，或采用了气压工法、药液注入工法及其他辅助工法改良后的土体呈稳定状态时，或地表条件容许地基有适量变形时。泥水式、土压式等密闭式盾构是控制用承压板隔开的刀箱内的土压力和水压力，使开挖面处于稳定状态下进行掘进的方式，原则上不使用辅助工法。密闭式盾构与敞开式盾构不同，掘进过程中不能直接观察到掌子面的状态。所以，要使用仪器间接的监视并掌握掌子面的状态。为此，当采用密闭式盾构时，必须在深入研究掌子面的稳定等特征的基础上选择合适的盾构机型。每种盾构都有各自适用的地层条件，见表3-4。

表3-4 不同地层条件下采用的盾构机形式、辅助工法一览表

| 地质分类 | 土质 | N值 | 含水量/% | 手掘式 | | | | | | 半机械式 | | | | | | 机械式 | | | | | |
| | | | | 开胸式 | | | 闭胸式 | | | 半机械式 | | | 机械式 | | | 泥水加压 | | | 土压平衡 | | |
				无	有	类别	无	有	类别	无	有	类别	无	有	类别	无	有	类别	无	有	类别
冲积黏性土	淤泥	0	>300	×	×		×	△	A	×			×			×	△	A	×	△	A
	淤泥质黏土	0~2	100~300	×	△	A	○	-		×	×		×	×		△	○	A	△	○	A
	淤泥质黏土	0~5	>80	×	△	A	○	-		×	×		×	×		△	○	A	△	○	A
	淤泥质砂性黏土	0~10	>50	△	○	A	△	-		×	△	A	△	○	A	△	-			○	

续表　3-4

地质 \ 盾构类型				手掘式				半机械式						机械式					
				开胸式			闭胸式			半机械式			机械式			泥水加压			土压平衡		
分类	土质	N值	含水量/%	辅助工法			辅助工法			辅助工法			辅助工法			辅助工法			辅助工法		
				无	有	类别	无	有	类别	无	有	类别	无	有	类别	无	有	类别	无	有	类别
洪积黏性土	松散砂性黏土密实砂性黏土泥岩	10~20	<50	○	-		×	×		○			△	-		△	-		△		
		15~25	<50	○			×			○			○						△		
		>20	<20	△	-					○			○			△			△		
软岩		>50	>20	×	-		×	×		○			-			-			-		

注：（1）手掘式盾构机、半机械式盾构机、闭胸式盾构机，原则上采用压气施工方法。
（2）○代表原则上条件适用；△代表应用时须进行研究；×代表原则上条件不适用；-代表特别不宜使用。
（3）无-代表不采用辅助工法，有-代表采用辅助工法。
（4）A代表注浆法。

手掘式盾构适用于开挖面自稳性强的地层，包括洪积层砂、砂砾、固结粉砂和黏土等。对于开挖面不能自稳的冲积层软弱砂层、粉砂和黏土，施工时必须采取稳定开挖面的辅助工法。目前，手掘式盾构一般用于开挖面有障碍物、巨砾石等特殊场合，而且应用逐年减少。半机械式盾构适用的地层以洪积层的砂、砂砾、固结粉砂和黏土为主，当用于软弱冲积层时，需采用压气施工法，或采取降低地下水位、改良地基等辅助措施。机械式盾构用于自稳性好的洪积层时，其地层条件与手掘式盾构机、半机械式盾构机一样。如应用于冲积层，则必须采用压气施工法以及地层改良等辅助工法。

挤压式盾构适用于自稳性很差、流动性很大的软黏土和粉砂质地层，而不适用于含砂率高的地层和硬质地层。若液性指数过高，则流动性过大，不能获得稳定的开挖面。泥水平衡式盾构具有地层适应性广、对周围环境影响小、施工机械化程度高等优点。适用于从软弱砂质土层到砂砾层的各种地层，而且可用于地层中水压很大的情况。根据工程的实践情况，在砂层中进行大断面、长距离掘进的隧道，大多采用泥水平衡式盾构修建。土压平衡式盾构适用范围也很广，可用于冲积黏土、洪积黏土、砂质土、砂砾、卵石等土层，以及这些土层的互层，有软稠度的黏质粉土和粉砂是最适合使用土压平衡式盾构的地层。随着盾构隧道施工技术的发展，土压平衡式盾构的应用越来越广泛。

随着施工与制造技术的不断成熟进步，现代盾构工法选用的一般是密闭式的机械掘进机，最常用的是土压平衡盾构与泥水平衡盾构。当然出于工程建设成本和适应性等因素的考虑，目前也有相关学者推荐在修建水下隧道时，采用地层适应性更为广泛的复合式盾构。不同类型的盾构适应的地质类型是不同的，盾构的选型必须做到针对不同的工程特点及地质特点进行针对性方案设计，才能使盾构更好地适应工程。土压平衡盾构适用于冲积形成的砂砾、砂、粉土、黏土等固结度比较低、含水率适中的地层；泥水盾构适应于冲积形成的砂砾、砂、粉砂、黏土层、弱固结的互层的地层以及含水率高、不稳定的地层，洪积形成的砂砾、砂、粉砂、黏土层以及含水很高的高固结松散易于发生涌水破坏的地层。常用的土压平衡盾构与泥水盾构选择应考虑的地层条件及颗粒尺寸因素，根据德国海瑞克的经验，如图 3-31 所示。

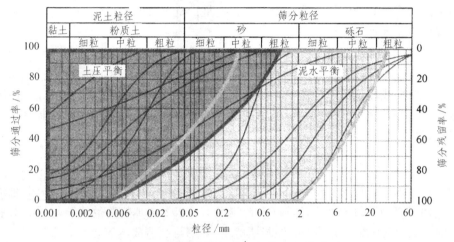

图 3-31　盾构类型与地层条件之间的关系

3. 盾构类型与地层渗透性的关系

地层渗透系数对于盾构选型来说是一个很重要的因素。根据欧美和日本的建设施工经验，土压平衡盾构与泥水盾构能够适应的地层渗透系数范围如图 3-32 所示。当地层的渗透

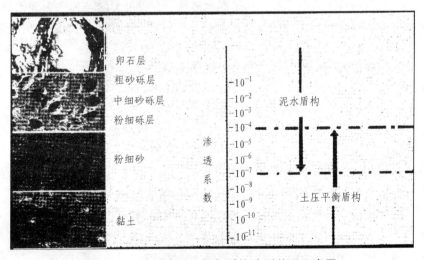

图 3-32　地层渗透系数与盾构选型关系示意图

系数小于 10^{-7} m/s 时，可以选用或者说应该优先考虑使用土压平衡盾构；当地层的渗透系数在 10^{-7} m/s 到 10^{-4} m/s 之间时，两种盾构均有应用的可能，要结合具体的工程情况和各种施工要素，进行合理的选型；当地层的渗透系数大于 10^{-4} m/s 时，适宜优先使用泥水平衡盾构。

4. 其他工程因素对盾构选型的影响

前国际隧道协会主席 Prof. Sebastiano PELIZZA（ITA President，1995—1998）曾在 *TBM bored long rock tunnels* 一文中指出，成功地利用隧道掘进机修建一个完美工程是一项艰巨的系统任务。它除了要清楚地质因素的影响范围外，还需要其他各影响因素之间的有力配合，孤立看待其中某个因素好像都不是至关重要的，但是，将这些因素导致的问题组合在一起，对于一个工程来说，处理起来要比想象的棘手。

对于地层条件和工作环境更为复杂的水下隧道而言，上述问题在盾构机类型选择过程中会异常凸显出来。水下盾构机选型除主要考虑工程地质条件因素外，盾构的直径、覆土厚度、线形（主要针对曲线段施工时的曲线半径）、掘进距离、施工工期、竖井及其他附属的用地、线路附近的其他重要结构和构筑物，掘进过程中可能遇到大的障碍物等工程地域环境因素的综合考量也是十分重要的。

1）盾构直径对盾构选型的影响

盾构机直径大小往往受到所在路段的公路（铁路）技术标准、隧道的预定交通功能与特殊要求、盾构机类型及目前国内外的施工控制水平、水下隧道施工的风险与预测水平、预案措施、辅助工法（气压法、冻结法、注浆法等）、工期与制造成本等多种因素控制。一般情况下，对于直径大于 10 m 的盾构机，从驱动系统的能力及节能方面来讲大多会考虑使用泥水盾构。同时对于直径小于 3 m 的微型盾构，主要从渣土运输方面考虑大多采用泥水管道输送的方式，所以也多使用泥水盾构。

2）场地条件对盾构选型的影响

盾构工法施工对场地要求较大，尤其是泥水盾构，需要很大的场地作为泥水分离的场所，因此，当在城市中心或者构造物比较密集的地区施工，受场地条件制约时，优先选用土压平衡盾构。

针对水下盾构隧道的特殊性，还应该在前期规划时特别注意如下问题：

（1）隧道埋深。

（2）水位变化（潮汐、风暴潮等对其影响）。

（3）设计断面大小。

（4）设计衬砌类型。

（5）可以利用的周围场地调查（是否有足够大的场地以容纳大型泥浆处理循环系统）。

（6）水（海）域及陆地环保要求（海洋保护区、渔业保护区等）。

（7）河（海）床稳定性分析及预测（冲淤变化、水平摆幅、浅滩变化等）。

（8）路线总体设计要求（平纵横设计参数等）。

（9）水（海）底沉船、战争年代遗留炸弹等情况调查。

（10）水（海）底污染性的工业垃圾等调查。

（11）当地路网规划及附近基础设施现状与规划情况。

（12）水（海）域锚地、海洋防台锚区与候泊区、码头预留现状及其规划调查。

（13）水（海）底油汽管道等铺设现状及其规划调查。

（14）水（海）域航道航运要求及远期规划调查。

（15）水（海）域重大工程建设对隧道的具体要求。

（16）水（海）底隧道尚需调查海域气象条件，尤其是风暴潮等灾害性天气历史记录并做出预测。

（17）区域地震及抗震设防情况。

（18）合理有效的辅助工程措施。

（19）电力供应、电气设备要求等。

此外，施工距离比较长时，应该对盾构机及相应配套设备的各部位耐磨耗和耐久性的情况进行认真的研究，考虑润滑保养和进行刀具的及时更换等维护措施，确保施工过程的顺利；当隧道线形面临小曲线半径急转弯的情况时，要论证能确保线形的施工方法，尽可能采用既能确保线形又少量超挖的施工技术；另外，隧道埋深较大时，可能伴随着高水压，要认真分析考虑各部位的强度情况和各系统的密闭性能。

因此，为了选择合适的盾构类型，除了对地层条件、地下水等进行详细勘察外，还要对用地环境、竖井周边环境（特别是在城市中进行盾构工法施工时的场地条件）、安全性、经济性等做出充分的考虑。近几年，由于竖井或者渣土处理而影响到盾构选型的实例不断涌现。当然，丰富的施工经验也是左右盾构选型的重要因素之一，它对选择正确合适的盾构类型是有所裨益的。

5. 国内外类似典型工程对水下盾构选型的借鉴意义

在选择水下盾构隧道的盾构机类型时，可以通过国内外已经建成或者正在修建的水下盾构隧道的盾构使用情况进行工程类比，所谓"他山之石，可以攻玉"。下面列举部分国内外典型水下盾构隧道的地层特性与盾构使用情况，如表 3-5 所示。

表 3-5　国内外典型水下盾构隧道地质情况与采用的盾构机形式一览表

隧道名称	长度 /km	盾构机类型	盾构机直径 （D）/m	最小覆盖层 厚度（H）/m	H/D	地质情况
英法海峡隧道	50.5	土压平衡盾构/ 混合型双护盾 全断面掘进机	7.8	21	2.69	白垩系泥灰岩
丹麦斯多贝尔特 大海峡隧道	7.9	土压平衡盾构/ 混合型	8.5	15	1.76	冰碛和泥灰岩，均为含 水层，渗透水量大
日本东京湾 横断公路隧道	9.5	泥水式土压平衡 盾构	14.14	11	0.78	软弱的冲积、洪积黏性 土层
重庆主城排水 过江隧道	0.925	混合型盾构	5.5	8.5	1.54	地层主要为砂质泥岩夹 厚层长石砂岩

隧道名称	长度/km	盾构机类型	盾构机直径（D）/m	最小覆盖层厚度（H）/m	H/D	地质情况
上海延安东路北线越江隧道	1.476	网格挤压盾构	11.3	5.8	0.51	地层主要为淤泥质粉质黏土
上海延安东路复线隧道	1.576	泥水平衡盾构	11.22	7	0.62	地层主要为淤泥质粉质黏土
上海崇明长江隧道	6.97	泥水平衡盾构	15.2	9	0.59	粉性土或夹较多薄层粉砂，渗透性强；灰色淤泥质软土
武汉长江隧道	3.6	泥水盾构	11.38	10.6	0.93	盾构隧道先后淤泥质黏土、粉细砂、中粗砂、卵石、上软下硬复合地层
南京长江隧道	3.51	泥水盾构	14.9	10.2	0.68	地层主要为高压缩性、低强度、渗透性一般的淤泥质粉质黏土夹粉砂土和渗透性较好的粉细砂
狮子洋隧道	10.8	气垫式泥水盾构	11.18	8.7	0.80	地层大部分为微风化砂岩、砂砾岩，局部位于淤泥质与粉质黏土中，部分地段穿越软硬不均地层
南水北调穿黄隧道	4.25	泥水盾构	8.7	23	2.64	饱和含水砂层，黏土岩、砂岩

由上表可看出，欧洲在修建水下盾构隧道时面临的地层往往比较均一，所以需要考虑的地层因素也相对较少；而亚洲国家，尤其是我们国家在修建水下盾构隧道时，面临的地层是复杂多变的，同时还常常伴随高水压和超高水压的问题，需要解决的工程盲点与难点较多。针对这种情况下的盾构选型必须在充分认识各种不同类型盾构机的优缺点及其最适用场合的基础上，充分调查拟通过区域的地质地层分布、岩土物理力学性质参数、软土中基岩突露状况、基岩岩性及风化程度、水文条件、锚地、航道航运、水（海）底基础设施、附近场地利用、环保、灾害性天气等相关情况。如果大直径水（海）底盾构隧道需要克服 0.5 MPa~0.6 MPa 以上的水压，要平衡开挖面顶底的水压差，并且要求刀盘旋转力矩足够大。按照目前的技术水平，采用螺旋机出土方式的土压平衡盾构很难解决这些问题。因而这种情况下，泥水平衡盾构成为超大直径、超长距离、高水压下水（海）底隧道盾构方案的唯一选择。最近的工程实践表明，泥水平衡盾构已成为目前国内外在软土地层中修建大型水下隧道的主导机型。

3.2.5 盾构设备选型示例

从已建成的水下盾构隧道看，采用的盾构设备类型主要包括：土压平衡式盾构、泥水平衡式盾构及敞开式盾构。其中敞开式盾构主要在盾构发展的早期采用，并需采取气压等辅助工法，如1843年建成的泰晤士河水下隧道、1970年建成的上海打浦路隧道等。目前水下盾构隧道采用的设备为泥水平衡式盾构和土压平衡式盾构。下面结合实例对水下隧道盾构设备选型的主要制约因素进行叙述。

1. 水下隧道盾构设备选型的制约因素

水下隧道盾构设备选型的主要制约因素包括地层类型、地下水压等，如表3-6所示。下面以英法海峡隧道和武汉长江隧道为例对水下隧道盾构设备的选型进行介绍。

表3-6 水下隧道盾构设备选型的主要制约因素

制约因素	泥水平衡盾构	土压平衡盾构
地层类型	能适应黏土、砂土、卵石及岩层等各种地质。需向开挖仓中注入泥浆，通过泥浆压力来平衡掌子面前方的水土压力	能适应黏土、砂土、卵石及岩层等各种地质。需要向开挖仓中注添加材，来提高掘削渣土的流塑性和止水性，以满足掘进和排土的要求
地层渗透系数	地层渗透系数的适用范围较广，需要对各种掘进参数进行管理，特别是泥水质量、压力及流量等。当渗透系数较高时，应特别注意泥水黏土颗粒直径与地层孔隙之间的匹配关系	主要用于地层渗透系数较小的场合，在地层渗透系数较大时不易形成具有良好流塑性及止水性的土渣，施工相对困难
水压	适用的地层水压范围较广，在地层水压较大的场合特别适用	适用的地层水压较低。若地层水压过大，则无法施工
密闭性及止水性	由于采用专门的送泥管和排泥管对开挖后的渣土进行输送，盾构设备的密闭性和止水性较高，一般不会发生水及土砂的喷涌	由于采用螺旋输送机排土，密闭性和止水性较差。在富水、透水性大的砂砾层中，如果添加材改良渣土效果不明显，难以形成有效的止水塞，在螺旋输送机排土闸门处可能会发生水、土砂喷涌现象
刀盘、刀具使用寿命	由于泥水的润滑，摩擦阻力较小，刀具、刀盘的寿命要长，刀盘驱动扭矩小	刀具、刀盘的寿命比泥水盾构要短，刀盘驱动扭矩比泥水盾构大
断面直径	适用的隧道断面直径范围较广，尤其适用于超大直径断面的水下隧道	适用的隧道断面直径范围较广，但对于超大直径盾构，设备制造难度极大

2. 英法海峡隧道盾构设备选型

1）工程概况

英法海峡隧道工程长 49 km，连接英国和法国，由 3 条隧道组成，其中直径 4.8 m 的服务隧道居中，直径 7.8 m 铁路隧道位于两侧。隧道主要用于装载乘客、汽车、特快列车和货运慢车运行。总计长度 147 km 的隧道施工划分为 12 个区段，由 11 台盾构掘进机担任掘进施工。工程于 1987 年 12 月开始动工，1993 年 6 月对外运营开放。

2）地层类型

英法海峡隧道穿越的地层按从上到下的顺序是中白垩、晚白垩和泥灰质黏土。中白垩和晚白垩的上面部分是脆弱的破碎白垩，晚白垩的下面部分是黏土与白垩混杂在一起，表现为白垩质泥灰岩。白垩岩床属塑性地层、中等渗透，黏土约占 25%，适合于盾构掘进机施工，并且一般没有张开断裂，使它成为实际上不透水的岩层，是埋设隧道的理想地层。法国一侧的海底地质情况要比英国一侧复杂，而且有多处断层，海底隧道线路穿越多处含水的蓝色白垩地层。因而在盾构设备选型时需考虑高地下水压的影响。

3）埋深及掘进长度

英法海峡隧道埋深为 21 m ~ 70 m，平均埋深 40 m。英国侧使用 6 台盾构机，其中 3 台从莎士比亚峭壁工地开始在海底向法国侧掘进 20 km，与从法国方向推进过来的隧道会合。另外 3 台用于掘进 8 km 陆地隧道，推进至希尔舒格洛夫。法国一侧的陆地隧道仅 3 km，海底隧道为 15 km。5 台盾构掘进机在桑加特隧道工作井内安装。3 台盾构掘进机从桑加特隧道工作井朝海底方向掘进，在 15.8 km 处同英国一侧的盾构掘进机对接。另 2 台盾构掘进机用于法国一侧的陆地隧道。

4）选型结果

根据前面的分析，英法海峡隧道的地层以不透水的白垩质泥灰岩为主，但局部含水，并存在断层。建设业主综合考虑多方面因素后，最终选用了混合式盾构机及配套设备，其中服务隧道盾构机尺寸为 $\phi 5.38$ m，主隧道为 $\phi 8.36$ m。

当地层为不透水的基岩时，该盾构机以开敞模式（非密闭式）进行全断面掘进。英国一侧由于隧道所在地层条件较好，且不透水，故主要以开敞式进行全断面掘进。掘进过程中，当地层水压力高或条件差时，可以迅速转化为土压平衡式（密闭式）盾构施工。

法国一侧因一开始就探明基岩裂隙透水，而且隧道还将穿越断层。而在地层较破碎和透水的基岩中时，需要采用土压平衡模式（密闭式）进行全断面掘进，通过土仓内的掘削渣土压力来平衡掌子面前方的水土压力。隧道掘进中，由于采用了密闭式的盾构掘进机，能在恶劣地层或含水地层中进行隧道施工，无需事先实施地基加固处理。

在英法海峡复杂的地层中施工时，采用的这种混合式盾构掘进机，既适用于自稳性高、不透水的基岩掘进，又适用于地层较破碎和透水的基岩中掘进，而且能方便地相互转化。这种盾构设备的配置模式在英法海峡隧道工程中取得了巨大的成功，单台盾构机一次性掘进隧道长度达 18 532 m，最大月进尺达 1 487 m，盾构设备的利用率更高达 90%。

3. 武汉长江隧道盾构设备选型

1）工程概况

武汉长江隧道位于武汉长江一桥、二桥之间，是一条解决内环线内主城区过江交通的城市主干道。隧道全长 3 600 m，其中盾构段 2 550 m，盾构隧道内径为 10.0 m，外径为 11.0 m。武汉长江隧道被誉为"万里长江第一隧"，是当时国内水压力最高、一次推进距离最长的大直径盾构隧道之一。隧道沿线地面建筑物密集，并且以浅覆土下穿省级文物保护建筑，环境保护要求高，技术难度大。工程于 2004 年 11 月开工建设，于 2008 年 12 月通车运营。

2）地层类型

武汉长江隧道盾构穿越的地层主要为中密粉细砂、密实粉细砂，底部中间为卵石层及强风化泥质粉砂岩夹砂岩和页岩之间。局部见中密中粗砂、密实中粗砂、可塑粉质黏土层。盾构两端接近竖井处的地层为软塑粉质黏土层、中密粉土层。在总开挖体积中，粉细砂和中粗砂层约占 84.6%（石英含量约为 66%），卵石层约占 0.6%，泥质粉砂岩夹砂岩和页岩约占 2.1%，其余为粉质黏土层。

隧道段地表水主要为长江河流，地下水主要为第四系孔隙潜水、孔隙承压水及基岩裂隙水。地层渗透性好，其中：粉细砂水平渗透系数为 8.0×10^{-4} cm/s ~ 6.0×10^{-3} cm/s，垂直渗透系数为 1.0×10^{-4} cm/s ~ 9.0×10^{-4} cm/s；中粗砂水平渗透系数为 9.0×10^{-3} cm/s ~ 7.0×10^{-2} cm/s，垂直渗透系数为 7.0×10^{-3} cm/s ~ 5.0×10^{-2} cm/s。

3）水压及埋深

隧道的埋深应同时满足施工阶段和运营阶段的要求，其中施工阶段为了保证盾构掘进安全，隧道埋深主要取决于施工阶段河床最低高程、保证安全掘进以及满足结构抗浮要求的最小覆土厚度。在江中段高渗透性的粉细砂地层施工，盾构顶部最小覆土厚度要求不小于 1 倍洞径。综合考虑多种因素后，隧道埋深为 16.2 m ~ 21.4 m，隧道中线最大水头高度为 57 m。

4）选型结果

根据前面的分析可以看出，武汉长江隧道具有以下特点：所在地层以粉细砂地层为主，地层透水性强；施工期水压力高，最大水头高度达 57 m；隧道断面积大，外径达 11.0 m；下穿建筑物等近接施工多，对沉降控制要求严格；在江底需局部切入基岩，刀具应具备一定的碎岩能力。土压平衡式盾构机无法在这种高水压、强渗透性地层中进行隧道施工。综合以上因素后，武汉长江隧道左、右线各采用一台泥水平衡式盾构施工，盾构一次性掘进距离为 2 550 m。泥水平衡式盾构的主要参数如下：

外径：11 370 mm。

刀具：以切刀为主，同时辅以一定数量的碎岩滚刀及其他刀具。具体包括：双刃滚刀 20 把，切刀 226 把，刮刀 16 把，齿刀 7 把，超挖刀 2 把。

最大推力：120 687 kN。

最大扭矩：8 915 kN·m。

盾尾密封：4 道。

3.3　盾构法水下隧道设计

3.3.1　盾构法水下隧道总体设计

1. 平面线形设计

水下盾构隧道平面线位选取，在满足技术标准的基础上，重点应满足如下原则：

（1）经济效益最大化原则：水下隧道建设的主要目的在于缓解交通压力、便利交通和促进区域经济发展。平面线位选取合理，既能有效地降低建设费用，又能在运营阶段最大程度地减小交通压力，为社会创造更多财富。反之，线位选取不合理，既耗费大量的修建费用，运营时又没有充足的交通量，导致整个工程失去建设的意义。

（2）技术可行性原则：对于水下隧道平面线位选取，技术方面主要考虑由于选线不当导致隧道穿越大量不良地质体，进而增大隧道的修建难度，同时还会影响到工程的进度。因而，如何从技术可行性方面选取合适的平面线位，对于整个工程的经济效益非常重要。

（3）安全可靠性原则：安全可靠是工程施工阶段遵循的首要原则，同时也是隧道运营阶段的基本要求。对于水下隧道的平面线位选取，由于处于规划设计阶段，对安全性影响主要体现在隧道的建设标准、平面线位对不良地质体的穿越、线路线形、曲率等方面。

（4）环境影响最小化原则：在水下隧道穿越陆域段过程中，将面临建（构）筑物的拆迁和安全穿越的问题，这一方面关系到拆迁费用问题，另一方面关系到穿越建（构）筑物时施工标准的提高。因而，隧道线位选取应尽量避开复杂的建（构）筑物，达到环境影响最小化。

2. 纵断面线形设计

1）纵断面线位选取原则

（1）考虑与两岸接线衔接的合理性。

（2）能够实现预定的交通功能，并和整体工程设计协调，线形顺畅，行车安全、快速和舒适。

（3）结合水下地质与地层分布、水势、航道航运、锚地、水文、地下管线埋置深度等条件，综合考虑施工、营运、管理的需要进行水下隧道的设计。

2）纵断面设计要素

在进行隧道的纵断面设计时，必须注意以下两点：一是隧道坡度，二是隧道覆土厚度。

（1）隧道坡度。

隧道的坡度不仅取决于使用目的，还取决于河流、地下构造物及障碍物的分布状况。从隧道使用目的考虑，公路隧道、铁路隧道、电力电缆隧道、通信电缆隧道，原则上设计成渗漏水可以自流排放的平缓坡度，以不低于 0.2% 为宜；而下水道、供水隧道的坡度则必须根据下泄流量、流速等确定。应该特别注意的是，上水道则应考虑到管内排水和排气问题。为了不在中间部位出现凹凸，相邻两竖井间的上水道隧道应采用单向坡。从施工方面考虑，为了使施工时的涌水能够自流排放，坡度提高到 0.2% ~ 0.5% 为宜。

（2）隧道覆土厚度。

隧道坡度一旦确定，决定水下盾构隧道长度的主要参数就是隧道的最小覆盖层厚度。在一般情况下，考虑到施工时作业效率的好坏、竖井建造的难易、地下水防止措施及水处理的便利以及竣工后对结构物的维护管理等因素，隧道埋深小一些为好。但如果最小覆盖层厚度过薄，地层条件又较差，那么水下隧道就会面临严重的稳定问题和涌水危险。盾构隧道最小覆盖层厚度应根据水下隧道工程所处河势、水文及工程地质条件，结合隧道结构抗浮计算等综合决定，在众多因素不明时，其最小埋深可粗略地按预计冲刷线以下 1.0D 控制。

3. 横断面设计

盾构隧道的标准断面形状为圆形，根据实际需要也可以为异形，如矩形、椭圆形、双圆形等。横断面设计应具有与其用途相适应的形状和大小，同时还应考虑施工因素来决定。

1）铁路盾构隧道横断面

铁路盾构隧道的净空断面除建筑界限之外，还要考虑轨道结构、维修躲避用通道、车辆电缆、信号通信、照明、通风及排水等附属设备所需的空间和盾构施工误差（上下与左右偏差、变形和下沉等）。关于施工误差，一般从中心向上下左右各取 50 mm ~ 150 mm，根据施工条件（开挖断面的大小、土质条件、盾构的操作性能、有无二次衬砌、转弯曲线和坡度等），经过充分研究后确定。

隧道的建筑限界是纵向延续的，所以必须按在建筑限界（轮廓线）的上、下方留出所需裕度的方式决定内空尺寸。确定内空尺寸的关键是确定控制点。这里介绍的是以安装架线的金属架的下端点为上部控制点，以排水沟底面中心为下部控制点。在通过这些控制点的外接圆的基础上，再扣除摆动和施工裕度，即得出必要的净空尺寸。

2）公路盾构隧道横断面

公路盾构隧道的净空断面除依据对应于公路级别的建筑界限之外，一般还要加上规定的富余量（维修躲避用通道、换气扇或喷气扇设置空间、照明设备、防灾设备、监视设备、管理设备、内装修和附属设备设置空间）和盾构施工误差（上下与左右偏差、变形和下沉等）来决定。施工误差一般从中心向上下左右各取 50 mm ~ 150 mm，还要充分考虑施工条件来决定。其设计考虑与铁路盾构隧道的情形大体相同。

4. 合理净距设计

水下双线盾构隧道间距的选择是一个复杂的问题，其一方面要避免施工期后建隧道对先行隧道的影响，一方面又要兼顾对盾构隧道附属结构如联络横通道和竖井的综合利用。盾构隧道间距选择过大，会导致需要两组工作井或工作井过大而增加投资，且使道路线形变差，影响行车速度和安全；而间距过小，两条隧道相互影响就会过大，又会使隧道在施工以及运营期间发生危险。双线平行盾构隧道的净距，应根据工程地质条件、埋置深度、盾构类型等因素综合确定，其合理净距应当保证隧道施工及运营的安全以及经济上的合理。

目前国内外相关规范并没有明确水下后建隧道引起的先建隧道各项指标增幅的控制范围，鉴于作用在衬砌上的土压力、内力和衬砌的直径变形等指标是反映盾构受力状态和判断其稳定性的重要依据，根据研究，建议实际工程中一般以后建隧道施工引起先建隧道各项指标的增加率小于 50%为合理准则。

5. 竖井设计

竖井是盾构隧道施工中经常遇到的一种辅助性结构，既可以作为盾构机进出洞的临时结构，也可以作为通风防灾的永久结构。鉴于竖井结构是盾构隧道施工过程中与外界联系的主要通道，在整个施工过程中必须充分保证竖井结构具有足够的安全度。大型竖井结构为了保证具有足够的刚度，往往在内部设置中隔墙、圈梁等各种形式的内部支撑结构，同时井壁所承受的主要外荷载——侧向土压力随着深度的增加也是不断变化的，这就与平面问题的条件明显不符，因此在设计时应考虑竖井结构的空间效应，即要进行空间受力分析。

铁路水下盾构隧道中，无论从竖井的位置、数目还是断面积的变化来看，竖井的存在，都将改变压缩波的波前形状。在隧道内开挖通风竖井或者躲避洞室是减缓隧道压力波的一种有效的辅助措施，尽管它对隧道内的微气压波的降压效果不如缓冲结构明显。竖井断面积的变化和竖井位置的改变均能够有效地降低隧道内的最大压力峰值和压力梯度的大小。最理想的竖井断面积的大小为隧道断面积的 30% ~ 40%。竖井位置的设置应利用隧道空气动力学进行检算并确保其对压力波的降压效果。

公路水下盾构隧道中，可利用盾构竖井实施纵向通风。公路竖井通风方式是利用一定数量的竖向风道（可以利用盾构隧道的始发井和到达井），在风道上方安置风机，使新鲜空气从隧道洞口进入，污染空气通过竖井排出的一种纵向通风方式。竖井通风方式又可以分为集中排风式和送排式，而根据通风系统的风流形态又可分为合流型和分流型。竖井集中排风式通风是利用风机在竖井底部产生负压，使隧道洞口的新鲜空气进入洞内实现换风的通风方式，一般用于双向交通隧道；竖井送排式通风是利用送风机产生的高速喷流向洞内送入新鲜空气及利用排风机产生的负压排出洞内废气的通风方式，一般适用于单向交通隧道，并采用分流型竖井。竖井设置位置需要利用隧道通风网络进行检算，并保证公路隧道内的通风质量。

6. 安全疏散通道设计

水下盾构隧道最重要的问题之一是火灾条件下的人员疏散问题。由于水下隧道出入口少，疏散路线长，通风照明条件差，隧道内一旦发生火灾，危害性非常严重。盾构隧道设置有效的安全疏散通道对于防灾救援及逃生十分必要，目前国内外江（海）底隧道疏散通道设置主要有以下方式：

（1）疏散隧道方式。这种方式是在运营隧道之外，另外建造用于疏散救援的隧道。

（2）横向联络通道疏散方式。在两条以上运营隧道间设置联络通道，当一条隧道发生灾难时可逃往另一条隧道避难，需要按照一定的间隔建设数条横通道。

（3）纵向通道疏散方式。利用隧道内行车道路面以下的空间建成纵向逃生通道，每隔一定间距设置紧急出口及滑行坡道，与路面之下的逃生通道连通，以逃离火灾危险。隧道防灾救援采用滑梯加底部专用逃生通道方式。

（4）隧道内上下层互通疏散（纵向）方式。当隧道内部空间较大时，可在隧道内设置上下双层车道，隧道内每隔一定间距设置连通口及通行梯，实现上下层之间的互连。

（5）横向与纵向结合的疏散救援方式。

通常而言，水下盾构隧道安全通道设计应坚持以下原则：一是要优选安全疏散距离短、疏散救援便利程度高的方式，以保证隧道内人员的及时疏散，避免和减少人员伤亡；二是要尽可能保证隧道结构本身不受难以修复的破坏，保证其正常使用功能；三是要减小隧道内车辆的损失。

7. 消防应急集成设计

长大水下隧道消防应急集成设计的基本原则是能够有效地发挥设计技术及相关设施的功能，有利于开展火灾现场的应急救援。综合性的应急集成设计是一种总体性需要，是一种全局性设计，它必须将包括传统消防、智能交通、医疗救护和环境保护甚至智能通信等在内的多个技术设计模块进行综合集成，以实现和达到总体设计集成的目的，满足系统集成化、功能集成化、信息集成化的要求。长大水下隧道消防应急集成设计的基本内容应包括以下6个方面：① 火灾监控预警技术设计；② 消防灭火技术设计；③ 交通流突发事件的预警监控技术设计；④ 智能交通控制技术设计；⑤ 事故现场人员疏导及救护设计；⑥ 事故现场环境监测预警技术设计。

3.3.2 盾构法水下隧道结构设计

1. 设计流程

盾构隧道应设衬砌，一般优先采用单层装配式混凝土衬砌，如结构重要性很高，从耐久性和防灾角度考虑，可采用双层衬砌。盾构隧道衬砌结构类型的选择应根据工程地质、水文地质、断面大小、施工方法等，通过分析计算或工程类比决定。盾构隧道衬砌结构形式应综合考虑断面形状和尺寸、围岩条件（覆盖厚度、围岩分级、地下水分布及连通情况、地质构造及影响程度）、防渗要求、支护效果、施工方法等因素，经过技术经济比较确定。

盾构隧道衬砌结构应满足以下基本要求：

（1）保持围岩稳定，可以长期承受作用于盾构隧道上的全部荷载。

（2）可以承受施工过程中的千斤顶推力及注浆压力等施工荷载。

（3）满足防渗要求。

（4）满足环境保护要求。

管片是盾构法隧道的永久衬砌结构，管片设计的成功与否直接关系到盾构隧道的质量和寿命，并且制造管片费用在整个隧道建设中所占比例也相当大，以地铁工程为例，约为45%，因此无论从安全性还是管片造价方面讲，研究管片的结构力学行为具有很重要的意义。影响管片设计的因素包括：隧道的使用功能；结构运营寿命；运营空间要求，如净空、线路、施工精度等；预埋件结构，如起吊件、连接预埋件等；防水要求；规范规定的要求等。管片设计流程见图3-33。

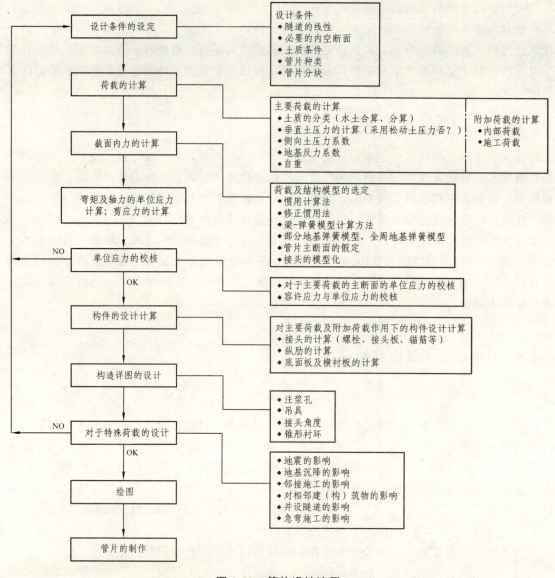

图 3-33　管片设计流程

2. 设计条件的拟定

1）隧道内空断面形状和尺寸

断面形状的选择，应对施工方法、平面线形、地层条件、已建和拟建地下构造物的分布状况以及隧道的维护管理方法等进行综合考虑后再行确定。目前，圆形、矩形断面在铁路隧道中均有采用，但圆形断面使用得最广泛，成了盾构断面的标准形状。

2）管片衬砌材料

管片按照材料可分为钢筋混凝土管片、钢管片、铸铁管片以及由这几种材料复合制成的管片。

（1）钢筋混凝土管片。

钢筋混凝土管片有一定的强度，加工制作比较容易，耐腐蚀，造价低，是最为常用的管片形式。按照管片手孔成形大小区别，可以大致将其分为箱型管片和平板型管片。箱型管片主要用于大直径隧道，手孔较大，利于螺栓的穿入和拧紧，同时节省了大量的混凝土材料，减轻了结构自重，但在千斤顶的作用下容易开裂，国内应用较少；对于中小直径的盾构隧道，国内外普遍采用平板型管片，因其手孔小，对管片截面削弱相对较少，对千斤顶推力有较大的抵抗能力，正常运营时对隧道通风阻力也较小。

（2）钢管片。

钢质管片主要用型钢或钢板加工而成，其强度高、延性好、运输安装方便，但是其刚度较小，在施工应力的作用下易变形，耐腐蚀性差，造价也不低，仅在某些特殊场合（如平行隧道的联络通道口部的临时衬砌、小半径曲线隧道的转弯段）使用。

（3）铸铁管片。

铸铁管片的耐腐蚀性、延性和防水性能好，质量轻、强度高，易于制作成薄壁结构，搬运方便，管片尺寸精度高，外形准确，安装速度快，但是缺点是耗费金属，机械加工量大，造价高，特别是具有脆性破坏的特性，不宜承受冲击荷载，目前已较少采用。

（4）复合管片。

填充混凝土钢管片衬砌：以钢管片的钢壳作为基本结构，在钢壳中用纵向肋板设计间隔，经填充混凝土后，称为简易的复合管片结构，与原有钢管片相比有制作容易、经济性能好、可以省略二次衬砌等优点。

3）管片的厚度与幅宽

（1）管片厚度。

一般情况下，管片厚度越大，其截面抗弯能力越强，可以节约钢筋用量，但同时也增加了混凝土用量，而且刚度越大也会增加截面的内力。因此，管片厚度的选取应视管片接头部位和混凝土截面的受力情况而定。根据施工经验，管片厚度一般为衬砌环外径的4%左右，但对于大断面隧道，尤其是当采用钢筋混凝土管片时，约为5.5%。

（2）管片幅宽。

为了便于搬运和组装以及有利于隧道曲线段的施工，并根据盾尾长度等条件，希望管片宽度小一些为好；从降低每延米隧道衬砌的制造成本、减少接头个数和提高施工速度方面考虑，则又希望幅宽大一些好。对结构受力而言，幅宽越小越接近梁体受力特征，幅宽越大越接近壳体受力特征。幅宽常用的有1m、1.2m、1.5m和2m等，参照国内外大断面隧道的建设情况，幅宽多数为2m。

4）管片衬砌环的分块方式

单层装配式衬砌由多块预制管片在盾尾内拼装而成，衬砌圆环的分块主要由管片制作、运输、安装等方面的实践经验确定，从制作、防水、拼装速度而言，管片分块越少越好，从运输及拼装方便而言，管片分块越多越好。管片的分块应该结合隧道所处地层情况、荷载情况、构造特点以及制作、运输、拼装等要求综合取定。

管片分块方法总体上讲有等分模式和不等分模式：等分模式下由于没有小封顶块，采用错缝拼装时管片整体刚度较为均匀，是一种理想的受力分块方式；不等分模式一环管片一般是由几块 A 型管片（标准块）、2 块 B 型管片（邻接块）和 1 块 K 型管片（封顶块）组成，一般情况下，标准块和邻接块的弧长是很接近的，封顶块的弧长一般为标准块和邻接块弧长的 1/4 ~ 1/3，其圆心角多为 10° ~ 17°。

5）管片的接头角与插入角

由于 K 型管片插入方式分两种，沿半径方向插入的角度称为接头角（θ_r），沿轴方向插入的角度称为插入角（θ_1）。见图 3-34。K 型管片的接头角度和插入角度必须根据截面内力传递、组装作业、施工条件和管片生产条件确定。

如果是半径方向插入型管片，对于其中的 K 型管片的接头角度（θ_r）依下式计算：

$$\theta_r = \theta_k / 2 + \theta_\omega$$

上式中的 θ_ω 是为便于 K 型管片的插入所需要的富裕角度，一般采用 2° ~ 5°，但在不妨碍操作的前提下，小一些为好。

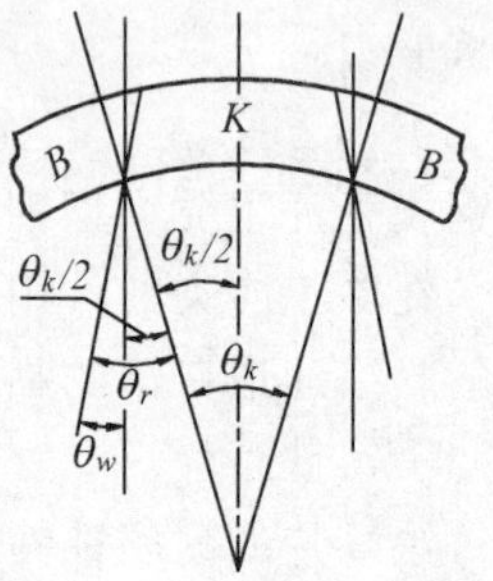

图 3-34 沿半径方向插入型管片

如果是轴方向插入型管片，其中的 K 型管片一般不需要接头角度（θ_r）。但是，考虑到包括盾构机长度在内的施工条件和管片接头与管片环之间的干扰，还是需要设定管片的插入角度（θ_1）。管片的插入角度多取决于施工条件，但是取 17° ~ 24° 的实例居多。

6）管片的楔形量

盾构在曲线段施工和蛇行修正时，需要使用一种幅宽不等的管片环（图 3-35），称为楔形管片环，当其宽度特别小呈窄板状时称为楔形垫板环。图中的 β 称为楔形角，Δ 为楔形管片环中最大宽度与最小宽度之差，称为楔形量。

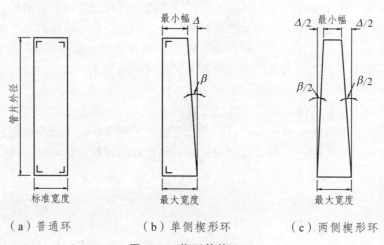

（a）普通环　　　　　（b）单侧楔形环　　　　　（c）两侧楔形环

图 3-35 楔形管片环

蛇行修正用楔形管片环的数量，会因工程区域内所包含的缓曲线和急曲线区段的比例、有无 S 形曲线等的隧道线路、影响盾构操作稳定性的周围围岩的情况而不同。通常，蛇行修正用楔形管片环数量大概是直线区间所需管片环数的 3% ~ 5%。

如果是可以将蛇行修正用楔形管片环作为缓曲线用楔形管片环使用，而且可以使用的缓曲线区间比较长时，楔形管片环的数量一般应为直线区间和这些缓曲线区间所需环数之和的3% ~ 5%。

楔形量除了根据管片种类、管片宽度、管片环外径、曲线外径、曲线间楔形管片环使用比例、管片制作的方便性确定外，还应根据盾尾操作空隙而定。总结过去的使用经验，绝大多数混凝土管片的楔形量在 75 mm 以内。对于直径大于 10 m 的或特殊形状的隧道，楔形量的确定还需进一步计算校核。

7）管片的拼装

盾构隧道管片的拼装方式有两种，即通缝拼装和错缝拼装，如图3-36所示。通缝拼装时，管片衬砌结构的整体刚度较小，导致变形较大、内力较小。而采用错缝拼装时，管片衬砌结构的整体刚度较大，导致变形较小、内力较大。同时错缝拼装时，要求纵向螺栓的布置能够进行一定角度的错缝拼装，因此，对于管片的分块设计要求比通缝拼装条件下较高。错缝拼装的拼转角度根据纵向螺栓的布置而定，可以两环一组错缝拼装，也可以三环一组错缝拼装。

一般情况下，一条线上需要 3 种管片环来模拟直线和曲线线形，但是为了减少管片模具，降低工程造价，而且方便管片的生产、运输和吊装等，提出了管片通用环的概念，将直线段上的管片环直接设计成楔形环，用两环楔形环一组错缝拼装来模拟直线线形。其基本拼装方式是：第一环 K 块在左侧水平位置（指的是 K 块的中心位置）；第二环 K 块在右侧水平位置（相当于第二环在第一环的基础上右转 180°）。同时还可以模拟曲线线形和用于蛇行修正，见图 3-37。我国西南交通大学地下工程系、铁二院和铁十六局共同设计了通用管片并首次应用于深圳地铁工程中，取得了良好的经济效益。

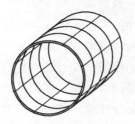 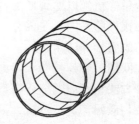

（a）通缝拼装　　　　（b）错缝拼装

图 3-36　管片的拼装方式

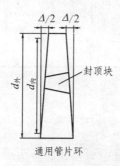 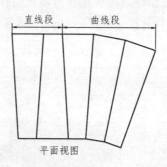

通用管片环　　　　　　平面视图

图 3-37　通用管片环布置图

管片的拼装方式和隧道的线路拟合有关联，线路拟合是通过不同的管片衬砌环组合来实现的，包括平、竖曲线两个方面。一般有 3 种管片组合方法来模拟线路，见表3-7，这 3 种管片组合方法应该说都是可行的。随着施工水平的提高，对于越江大断面隧道，建议采用通用管片环，减小模具数量，降低造价。

表 3-7　管片环组合方法

方　法	特　点
标准衬砌环、左转弯衬砌环和右转弯衬砌环组合	直线地段除施工纠偏外，采用标准衬砌环；曲线地段可通过标准衬砌环与左、右转弯衬砌环组合使用，以模拟曲线。此方法施工方便，操作简单
左转弯衬砌环和右转弯衬砌环组合	通过左转弯环、右转弯环组合来拟合线路，由于每环均为楔形，拼装时施工操作相对麻烦一些，欧洲常采用，国内暂未采用
通用管片环	通过一种楔形环管片模拟线路、曲线及施工纠偏，管片拼装时，衬砌环需扭转多种角度，封顶块有时会位于隧道下半部，工艺相对复杂，大大减小模具数量，降低造价

8）接头构造

管片的连接处一般称为接头，包括接缝、螺栓及其附近（包括螺栓孔）的部位。从管片接头力学特性出发，根据是否允许相邻管片间产生相对位移，可将管片接头分为柔性接头和刚性接头两类。柔性接头由于允许在相邻管片间产生微小转动和压缩，使得整个衬砌环能随内力而产生一定变形；刚性接头则主要通过增加螺栓数量等手段在构造上使接头刚度与构件本身相同。在以盾构法施工的装配式圆形衬砌设计中，目前主要采取减薄衬砌厚度、减弱接头刚度和增加接头数量等措施以达到增加衬砌柔性的目的。

接头按照加强连接件的不同，主要分为有螺栓接头、无螺栓接头和销钉连接等方式，此种划分涉及接头的不同力学和防水特性。国内盾构隧道的管片连接一般采用螺栓连接，而且螺栓是永久性的。在欧洲，管片接缝不考虑螺栓的作用，而是按弹性铰接接头进行整个结构的受力分析，与这种方法相对应的分析模型为铰接圆环模型；在国内，管片接头基本按与结构等强进行考虑，按匀质圆环进行分析，因此接头设计相对较强。增加管片接头的连接刚度有利于增强结构的整体性和控制结构的变形。

接头的选型不但要考虑到接头承载能力、防水能力及与整环匹配性、经济性和施工性等方面，还要使管片接头和环间接头相互协调，使接头紧固措施和接头面对接方法相协调。表3-8给出了目前使用的管片接头和环间接头的结构组合的实例。

表 3-8　接头构造实例及特征

接头类型 组　合	管片接头		环间接头		特　征
	对接方法	紧固方法	对接方法	紧固方法	
平板螺栓接头	全面对接	直螺栓	全面对接	直螺栓	
有榫管片	部分对接	斜螺栓	键　式	斜螺栓	环刚度小；不需紧固；斜螺栓施工用
高刚性构件与带销螺栓并用	全面对接	高刚性构件	全面对接	并用带销螺栓	环刚度大；拼装作业快速

接头类型 组 合	管片接头		环间接头		特 征
	对接方法	紧固方法	对接方法	紧固方法	
开尾销与快速 接头	全面对接	开尾销	全面对接	快速接头	环刚度大；拼装 机械化、快速化
KL 管片	键式	弯螺栓	键式	弯螺栓	环刚度小
凸凹型与销榫	凹形接头	销子	键式	销榫	环刚度小；拼装快
长螺栓	全面对接	长螺栓	全面对接	长螺栓	环刚度大
内表面光滑管片	全面对接；部分 对接；键式	水平开尾销	键式	销榫	可调环刚度；拼装 机械化、快速化

9）管片的注浆孔与吊装孔

管片上必须按需要设置注浆孔，以便能进行壁后注浆，通常多在每个管片上设置 1 个以上的注浆孔。不过，注浆孔数量的增加，会引起漏水量的增加。最近有通过从盾构机一侧进行同步壁后注浆，以减少注浆孔的趋势。注浆孔的孔径必须根据使用的注浆材料确定。一般采用内径 50 mm 左右。

管片上也应设置吊装孔，混凝土平板型管片和球墨铸铁管片大多将壁后注浆孔同时兼作吊装孔。而钢制管片则另行设置起吊用的配件。不管是哪种情况，其设计必须保证对搬运和施工时的荷载等来说都是安全的。还有，如果采用自动组装管片方式，要求将管片牢固地固定在组装机上。

3. 荷载计算

1）荷载理论

（1）普氏理论。

普洛托季雅克诺夫（М.М.Прод ъконов）认为，所有的岩体都不同程度地被节理、裂隙所切割，因此可以视为散粒体。但岩体又不同于一般的散粒体，其结构面上存在着不同程度的黏聚力。基于这些认识，普氏提出了岩体的坚固系数（又称为似摩擦系数）的概念：

$$f_m = \tan \varphi_0 \frac{\tau}{\sigma} = \frac{\sigma \tan \varphi + c}{\sigma} \qquad (3-1)$$

式中　φ_0，φ——岩体的似摩擦角和内摩擦角；

　　　τ，σ——岩体的抗剪强度和剪切破坏时的正应力；

　　　c——岩体的黏聚力。

普氏还提出了基于自然平衡拱概念的计算理论，从而确定围岩的松动压力。认为在具有一定黏聚力的松散介质中开挖坑道后，其上方会形成一个抛物线形的拱形洞顶，作用在支护结构上的围岩压力就是自然平衡拱以内的松动岩体的重力。而自然平衡拱的尺寸，及它的高度和跨度与 f_m 值和开挖宽度有关，其表达式为：

$$h_h = \frac{b_t}{f_m} \tag{3-2}$$

式中 h_h——自然平衡拱高；

b_t——自然平衡拱的半跨度。

在坚硬岩体中，坑道侧壁较稳定，自然平衡拱的跨度就是隧道的宽度，即 $b_t = b$（b 为隧道净宽度的一半，$b = B/2$），如图 3-38（a）所示；在松散和破碎岩体中，坑道的侧壁受扰动而滑移，如图 3-38（b）所示，自然平衡拱的半跨度也相应加大为：

$$b_t = b + H \tan\left(45° - \frac{\varphi_0}{2}\right) \tag{3-3}$$

式中 φ_0——岩体的似摩擦角，$\varphi_0 = \arctan f_m$。

围岩竖向的均布松动压力为：

$$q = \gamma h_h \tag{3-4}$$

围岩水平的均布松动压力（按朗肯公式计算）为：

$$e = \left(q + \frac{1}{2}\gamma h\right)\tan^2\left(45° - \frac{\varphi_0}{2}\right) \tag{3-5}$$

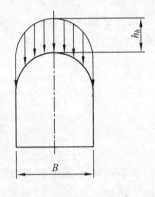
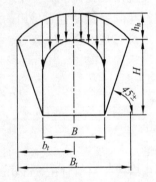

（a）自然平衡拱   （b）坑壁受扰动的情况

图 3-38 普氏自然平衡拱效应

（2）Terzaghi 理论。

由 Terzaghi 公式可知，当隧道的埋深增加到某个限值后，围岩竖向松动压力随埋深变化的幅度就趋近于零。虽然 Terzaghi 的卸拱理论根据松动土压而得出，从室内模型试验情况看，其理论在连续和黏性地层也有较强的适用性，因此在埋深较大的分析中主要采用 Terzaghi 理论，在埋深较小的分析中按全部或部分地层压力计算土层压力的方法，并保证最小土压等效高度不小于 1.5 倍隧道外径。

Terzaghi 松动土压基本式：

$$p_{vc} = \frac{B_1(\gamma - c/B_1)}{K_0 \tan\varphi}(1 - e^{-K_0 \tan\varphi \cdot H/B_1}) + p_0 e^{-K_0 \tan\varphi \cdot H/B_1} \tag{3-6}$$

式中　$B_1 = R_0 \cot\left(\dfrac{\pi/4 + \varphi/2}{2}\right)$；

p_{vc} ——Terzaghi 松动土压；

K_0 ——水平土压力和垂直土压力之比（通常取 $K_0 = 1$ 即可）；

φ ——土的内摩擦角；

p_0 ——上覆荷载；

γ ——土的重度；

c ——土的黏着力。

多层地层的情况：多层地层从上部地层开始依次分层计算各层的荷载 p_{vn}（n 号地层），而后将该层作为地表面，上荷载为 P，计算其下层的 P 值，最后求出隧道顶部的 p_{vc} 值，见图 3-39（b）。

$$p_{v1} = \frac{B_1(\gamma_1 - c_1/B_1)}{K_0 \tan\varphi_1}(1 - e^{-K_0 \tan\varphi \cdot H_1/B_1}) + p_0 e^{-K_0 \tan\varphi_1 \cdot H_1/B_1} \tag{3-7}$$

$$p_{vc} = \frac{B_1(\gamma_2 - c_2/B_1)}{K_0 \tan\varphi_2}(1 - e^{-K_0 \tan\varphi_2 \cdot H_2/B_1}) + p_{v1} e^{-K_0 \tan\varphi_2 \cdot H_2/B_1}$$

$$= \frac{B_1(\gamma_2 - c_2/B_1)}{K_0 \tan\varphi_2}(1 - e^{-K_0 \tan\varphi_2 \cdot H_2/B_1}) + \frac{B_1(\gamma_1 - c_1/B_1)}{K_0 \tan\varphi_1}(1 - e^{-K_0 \tan\varphi_1 \cdot H_1/B_1})e^{-K_0 \tan\varphi_2 \cdot H_2/B_1} +$$

$$p_0 e^{-K_0(\tan\varphi_1 \cdot H_1 + \tan\varphi_2 \cdot H_2)/B_1} \tag{3-8}$$

式中　$B_1 = R_0 \cot\left(\dfrac{\pi/4 + \varphi_2/2}{2}\right)$；

p_{v1} ——地层交界面的松动土压。

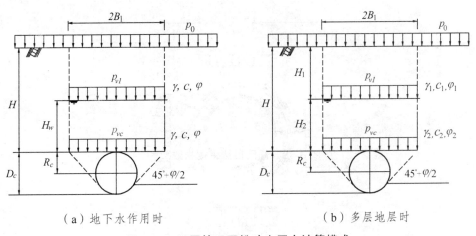

（a）地下水作用时　　　　　　　　（b）多层地层时

图 3-39　不同情况下松动土压力计算模式

2）荷载的分类与组合

衬砌设计时所要考虑的各种荷载，应根据不同的条件和设计方法进行假定，并根据隧道的使用目的，对设计所采用的荷载进行不同形式的组合，计算截面力。作用在盾构隧道上的荷载分类见表 3-9 所示。

表 3-9　荷载分类

荷载分类	荷载名称
主要荷载	① 竖向及水平土压力； ② 水压力； ③ 自重； ④ 隧道上部地层破坏棱体范围的设施及建筑物压力； ⑤ 地基反力
附加荷载	⑥ 内部荷载； ⑦ 施工荷载； ⑧ 地震的影响
特殊荷载	⑨ 包括邻近隧道施工和地基沉降对结果的影响及其他

主要荷载是设计时通常必须考虑的基本荷载。附加荷载是施工过程中和隧道完工后所承受的荷载，这是必须根据隧道用途加以考虑的荷载。此外，特殊荷载，则是根据地层条件、隧道的使用条件等必须予以特别考虑的荷载。

一般情况下，如果水平荷载相同，则垂直荷载大的将成为支配断面及构件的条件。设计时对于外水压力、土压力及地基反力等荷载，包括二次衬砌在内的结构模型的评价方面，就要求对荷载及结构体系的整体进行充分研究。

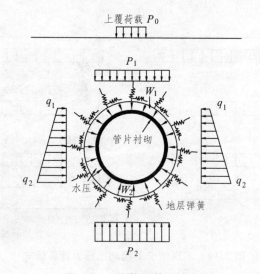

图 3-40　荷载计算示意图

（1）垂直和水平土压力确定。

① 垂直土压力。

将垂直土压力作为作用于衬砌顶部的均布荷载考虑，其大小宜根据隧道的覆土厚度、隧道的断面形状、外径和围岩条件决定。

$$P_{e1} = P_0 + \sum \gamma_i H_i + \sum \gamma_j H_j \qquad (3-9)$$

式中　P_{e1}——衬砌拱顶处垂直土压；

$\quad\quad P_0$——附加荷载；

$\quad\quad \gamma_i$——处于地下水位以上的 i 号地层土的重度，按湿重度计算；

$\quad\quad H_i$——处于地下水位以上的 i 号地层土的厚度；

$\quad\quad \gamma_j$——处于地下水位以下的 j 号地层土的重度，水土合算时按饱和重度计算，水土分算时，按浮重度计算；

$\quad\quad H_j$——处于地下水位以下的 j 号地层土的厚度；

$\quad\quad H$——覆盖层厚度，$H = \sum H_i + \sum H_j$。

日本土木学会的《隧道标准规范（盾构篇）及解释》中对垂直土压力的计算规定是：将垂直土压力作为作用于衬砌顶部的均布荷载考虑，其大小宜根据隧道的覆土厚度、断面形状、外径和围岩条件等来确定。对于以上条文的解释为：考虑长期作用于隧道上的土压力，如果覆土厚度小于隧道外径，一般不考虑地基的拱效应。但当覆土厚度大于隧道外径时，地基产生拱效应的可能性比较可靠，可以考虑在设计计算时采用松弛土压力。在砂性土中，当覆土厚度大于 $1D \sim 2D$（D 为管片环外径）时多采用松弛土压力。在黏性土中，如果由硬质黏土（$N > 8$）构成的良好地基，当覆土厚度大于 $1D \sim 2D$ 时多采用松弛土压力。对于中等固结的黏土（$4 < N < 8$）或软黏土（$2 < N < 4$），将隧道的全覆土作为土压力考虑的实例比较常见。

一般来说，当垂直土压力采用松弛土压力时，考虑施工时的荷载以及隧道竣工后荷载的变化，往往设定一个土压力的下限值。垂直荷载的下限值根据隧道的使用目的会有所不同，但在排水、电力及通信隧道中一般将其作为相当于隧道外径 2 倍覆土厚度的土压力，铁路隧道则采用隧道外径 1.0 倍 ~ 1.5 倍的覆土厚度的土压力值或采用 200 kN/m²。

② 水平土压力。

水平土压力考虑为作用在衬砌两侧，自拱顶至隧底沿横截面的直径水平作用的分布荷载，其大小根据垂直土压力与侧压力系数来计算。计算水平压力有两种方法：对于黏性土，水压力作为土压力的一部分考虑；对于砂性土和自立性好的硬质黏土及固结粉土，水压力与土压力分开考虑；对于中间土和岩质地层，可以将渗透系数 10^{-4} cm/s ~ 10^{-3} cm/s 作为分界值。在水压、土压合算时，地下水位以上用天然重度，地下水位以下用饱和重度；在水压、土压分算时，地下水位以上用天然重度，地下水位以下用浮重度。

侧压力系数的选定对设计截面力有很大影响，因此要充分考虑地基条件和荷载条件，同时还要参照类似工程进行慎重研究。对于水平土压，我国多按照地质勘察试验报告试验值来确定土体侧压力系数，当无试验值时，也有按照郎肯主动土压力或库仑主动土压力计算，从而确定水平侧向土压的。盾构施工过程中边推进边注浆，填充了衬砌环周围的建筑空隙；注浆材料凝固后使衬砌与土体间形成了一个强度较高的中间介质层，使侧压增加而超过静止土压力，给衬砌环提供了一定的被动压力，改善了结构的工作条件，所以实测的侧压力系数比理论计算的（水土合算）侧压力系数大。

日本土木学会常根据 N 值和土性通过经验取值表确定，如表 3-10 和 3-11 所示。

表 3-10　修正惯用法土体侧压力系数 λ

计算方式	土的种类		λ 值	N 值
水土分算	砂性土	非常密实	0.45	$30 \leqslant N$
		密实	0.45~0.55	$15 \leqslant N < 30$
		中密、疏松	0.50~0.60	$N < 15$
	黏性土	已固结	0.35~0.45	$25 \leqslant N$
		硬	0.45~0.55	$8 \leqslant N < 25$
水土合算		中硬	0.55~0.65	$4 \leqslant N < 8$
		软	0.65~0.75	$2 \leqslant N < 4$
		极软	0.75	$N < 2$

表 3-11　全周弹簧模型土体侧压力系数 λ

计算方式	土的种类		λ 值	N 值
水土分算	砂性土	非常密实	0.45	$30 \leqslant N$
		密实	0.45~0.50	$15 \leqslant N < 30$
		中密、疏松	0.50~0.60	$N < 15$
水土合算	黏性土	硬	0.40~0.50	$8 \leqslant N < 25$
		中硬	0.50~0.60	$4 \leqslant N < 8$
		软	0.60~0.70	$2 \leqslant N < 4$
		极软	0.70~0.80	$N < 2$

（2）外水压力。

对于承受较高水压的水下盾构隧道而言，国内外对外水压力的分析处理，主要有两类方法：一种是外水压力为作用于衬砌外缘的面力，另一种是外水压力当做渗透体积力。前一种是隧洞规范推荐的方法，也是设计人员常采用的，其概念简单，易于用结构力学法或弹性力学法进行分析计算；后一种采用渗流场理论，较符合外水压力作用的实际情况，且可以进一步用数值模拟技术来考虑渗流场与应力场耦合作用下的外水压力，但因其理论较为复杂，工程设计中较少采用。

对于土质隧道，我国《地铁设计规范》（GB 50157—2003）中明确规定："作用在地下结构上的水压力，可根据施工阶段和长期使用阶段过程中地下水位的变化，区分不同的围岩条件，按静水压力计算或把水作为土的一部分计入土压力。"设计计算水位应按照 100 年一遇水位进行计算，300 年一遇进行校核。

水土分算法中，水压力对于衬砌结构的作用模式有两种：径向水压、均布水压，如图 3-41 所示。

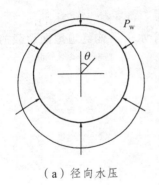
（a）径向水压

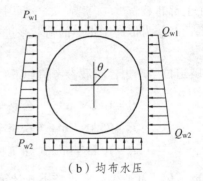
（b）均布水压

图 3-41　静止水压力计算模式

　　在评价地下水位对地下结构的作用时，最重要的三个条件是水头、地层特性和时间因素，具体的计算方法为：

　　① 施工阶段——无论砂性土或黏性土，都应根据正常地下水位按全水头和水土分算的原则确定。

　　② 使用阶段——可根据围岩情况区别对待。在渗透系数较小的黏性土层中的隧道，在进行抗浮稳定性分析时，可结合当地工程经验，对浮力作适当折减或把地下结构底板以下的黏性土层作为压重考虑，并可按水土合算的原则确定作用在地下结构上的侧向水压力；置于砂性土层中的隧道，应按全水头确定作用在地下结构上的浮力，按水土分算的原则确定作用在地下结构上的侧向水土压力。

　　（3）管片自重。

　　① 一次衬砌。

　　一次衬砌自重为作用在隧道横断面形心线上的竖向荷载，衬砌自重可按下式计算：

$$g = W /(2\pi R_c) \tag{3-10}$$
$$g = \gamma_c \times t \quad （若截面为矩形） \tag{3-11}$$

式中　　W——单位长度衬砌的重量；

　　　　R_c——衬砌的轴心半径；

　　　　t——衬砌厚度。

计算管片衬砌自重时所用的材料单位体积重量可参照表 3-12。

表 3-12　材料单位体积重

衬砌材料	钢筋混凝土管片	钢管片	铸铁管片
单位体积重/（kg/m³）	2 600	7 850	7 250

　　② 二次衬砌。

　　二次衬砌的施工一般都在管片环已具有某种稳定性后才进行，而且二次衬砌本身也是环形或拱形的，因此二次衬砌的自重由其自身承担，在一次衬砌设计时可不考虑二次衬砌的重力。但是，当将二次衬砌作为结构构件时，由一次衬砌与二次衬砌共同来承受土压力及水压力，此时按管片的同样思路考虑二次衬砌的自重。

（4）上部超载。

上部荷载作为传递于土中的荷载来进行评价，对于水下盾构隧道地面超载的计算有两种情况：

① 隧道位于岸边，超载参考值如下：

$$P_0 = 10 \text{ kN/m}^2 \quad （公路车辆荷载）$$

$$P_0 = 25 \text{ kN/m}^2 \quad （铁路车辆荷载）$$

$$P_0 = 10 \text{ kN/m}^2 \quad （建筑物重力）$$

② 隧道位于江心，超载可按下式计算：

$$P_0 = \beta \gamma_w (H_w - H) \tag{3-12}$$

式中　H_w——水位高度；

　　　H——覆土高度；

　　　β——水压力折减系数，根据隧道上覆地层的渗透性取值，对于非透水性地层 $\beta = 1$。

（5）地层抗力确定。

在荷载-结构模式理论上，隧道所受的水平侧向力分为水平主动荷载和地层抗力，地层抗力为隧道结构产生变形向土体挤压时产生的被动抗力，其值随位移增加而增大。在计算理论上，被动抗力的计算根据 Winkler 假定。

抗力系数通常被认为是常数，它与土层的软硬程度有关。土层越坚硬，能提供的抗力越大，所以抗力系数越大。但在盾构工程中抗力与诸多因素有关。影响盾构隧道侧向抗力的最主要因素有：

① 土层性质，即土层的软硬程度、含水量等；盾构隧道的埋置深度。

② 土层的先期固结状态；盾尾间隙填充物的填充质量。

③ 盾构推进时对地层的剪切、挤压、纠偏等所引起的土体的扰动。

④ 土体扰动以后，土层的主固结和次固结。

⑤ 土体的流变效应。

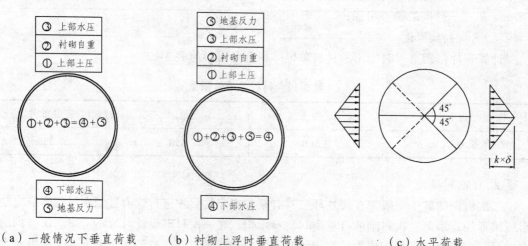

（a）一般情况下垂直荷载　　（b）衬砌上浮时垂直荷载　　（c）水平荷载

图 3-42　修正惯用法地层反力

地基反力系数根据计算模型的不同取值略有不同，参照日本规范，可按表 3-13、3-14 进行分类取值。修正惯用法在垂直方向以地基弹簧来评价不平衡力，按下部水压大小的不同分为两种情况考虑，如图 3-42（a）、3-42（b）所示；水平方向的地基反力要充分考虑隧道两侧的土质状况，按水土分算和水土合算来进行分类，由 N 值来求解地基反力系数与侧向土压力系数之间的关系。全周弹簧模型极坐标系下的地层反力按照管片半径方向及切线方向的变形量来评价，计算根据 Winkler 假定，地基弹簧模型有两种：一种是假定弹簧只能受压的部分地基弹簧模型；另一种是用弹簧可以受拉来评价地基主动土压力的全周弹簧模型，如图 3-43 所示。

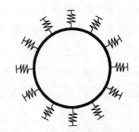

图 3-43　全周弹簧模型全周径向地层反力

表 3-13　修正惯用法模型水平方向地层抗力系数 k（×10⁶ N/m³）

土的种类		k	N 值
砂性土	非常密实	30 ~ 50	$30 \leqslant N$
	密　实	10 ~ 30	$15 \leqslant N < 30$
	中密、疏松	0 ~ 10	$N < 15$
黏性土	已固结	30 ~ 50	$25 \leqslant N$
	硬	10 ~ 30	$8 \leqslant N < 25$
	中　硬	5 ~ 10	$4 \leqslant N < 8$
	软	0 ~ 5	$2 \leqslant N < 4$
	极　软	0	$N < 2$

表 3-14　全周弹簧模型地层抗力系数 k_r × 隧道半径的值 R_c（×10⁶ N/m²）

土的种类		注浆硬化过程中	注浆硬化后	N 值
砂性土	非常密实	35 ~ 47	55 ~ 90	$30 \leqslant N < 50$
	密　实	21.5 ~ 35	28 ~ 55	$15 \leqslant N < 30$
	中密、疏松	0 ~ 21.5	0 ~ 28	$N < 15$
黏性上	已固结	> 31.5	> 46	$25 \leqslant N$
	硬	13 ~ 31.5	15 ~ 46	$8 \leqslant N < 25$
	中　硬	7 ~ 13	7.5 ~ 15	$4 \leqslant N < 8$
	软	3.5 ~ 7	3.8 ~ 7.5	$2 \leqslant N < 4$
	极　软	0 ~ 3.5	0 ~ 3.8	$N < 2$

注：注浆硬化过程指注浆 1 h 内；注浆硬化后指注浆 1 d 后。

（6）内部荷载。

内部荷载指待隧道建成之后作用于衬砌内侧的荷载，如盾构的后部台车和出渣车等与施工有关的各种机械设备等引起的荷载。当这些荷载作用于壁后注浆材料尚未硬化的管片环上时，必须检查管片环的稳定性。但是，在壁后注浆材料充分硬化之后，一般可认为这些内部荷载是由周围地基支持的，在进行荷载计算时可不考虑。但是，对于底板的支点、隧道内较大的集中荷载及隧道内的悬挂荷载等会对隧道衬砌强度和变形产生影响的内部荷载，应根据实际情况进行计算。受内水压作用的隧道，根据结构在不同阶段的受力特征，选择合理的受力模型进行分析。

（7）施工荷载。

从管片组装开始，到向盾尾空隙中压注的浆液硬化或为改良围岩而压注的化学浆液硬化为止这一期间内，作用在衬砌上的临时荷载统称为施工荷载。施工荷载因围岩条件和施工条件而异，难以确切的计算出具体数值，但应注意，在进行盾构施工时，假定施工荷载、检算管片的使用条件时，均应以有利于隧道施工为原则。

① 千斤顶推力。

千斤顶推力是在盾构向前推进过程中以反力的形式作用于管片上的临时荷载，施工中对管片影响最大。一般按照盾构实际装配的千斤顶的公称推力和对管片作用偏心距的组合来检算管片。当进行曲线施工时，有时在隧道的纵断面方向上将产生使其弯曲变形的荷载，对这一荷载要进行研究。

② 注浆压力。

向盾尾空隙压浆时，在管片注浆孔周围的压浆压力，作为偏载，暂时作用于衬砌结构。设计管片时，要考虑施工实际来确定注浆压力，通常可以选择最为危险的工况进行设计，一般压浆孔处的注浆压力为 0.1 MPa ~ 0.3 MPa。

③ 装配荷载。

利用螺栓孔和注浆孔等作为管片的起吊环时，往往在施工中用做各种设备的反力座，悬吊施工时的皮带运输机、安设防止衬砌变形用的拉杆等。日本土木学会、下水道协会的《盾构用标准管片》规定，对于混凝土类的管片，按将一环衬砌的重量增加 50% 的条件检算注浆孔的抗拔承载力。

④ 其他施工荷载。

如后援台车的自重、管片矫正器的千斤顶推力、切削头的扭矩。

（8）地震荷载。

一般认为隧道位于匀质地层中且覆盖层很厚时，在地震作用下隧道与地层共同振动，对地震力的检算多可省略。在下述条件下，地震对隧道影响较大，应慎重考虑：

① 围岩条件或衬砌结构突变时。

② 覆盖层厚度突变时。

③ 软弱地层中。

④ 隧道与竖井的连接部分。

⑤ 在松散的饱和砂层且覆盖层薄时。

⑥ 下方的基岩深度变化显著时。

有关地震荷载的具体计算方法将在后面小节中介绍。

（9）特殊荷载。

特殊荷载是根据周围地基条件、施工条件和隧道使用条件等必须特别考虑的荷载。主要包括因并行隧道的影响和在软弱地基中构筑隧道时伴随固结沉降而产生的垂直土压力的增大，以及伴随不均匀沉降而发生的隧道纵向变形，应充分研究以下问题：

① 当在隧道正上方或在附近施工新的建筑物，上部荷载产生很大变化时。

② 当在隧道正上方、正下方或在附近挖方，垂直土压力及水平土压力等荷载及地基反力系数等土体物理力学性质产生很大变化时。

③ 由于挖方等扰动了隧道的侧向地基，当侧向土压力及地层抗力产生很大变化时。

4. 结构内力计算

1）基本原则

盾构隧道应根据施工过程中的每个阶段和正常使用阶段的受力情况，选择最不利工况，根据不同的荷载组合，按承载能力极限状态和正常使用极限状态，对整体或局部进行受力分析，对结构强度、刚度、抗浮或抗裂性进行验算。

计算工况的选择应根据其工程地质和水文地质情况、覆土厚度、上覆荷载等边界条件加以确定。如果隧道的受力条件沿纵向变化较大，所有区段采用最不利工况进行设计则经济性较差，可以将隧道进行分段设计。衬砌横断面的设计计算应按照下列各控制断面进行：

（1）上覆地层厚度最大的横断面。

（2）上覆地层厚度最小的横断面。

（3）地下水位最高的横断面。

（4）地下水位最低的横断面。

（5）超载重最大的横断面。

（6）有偏压的横断面。

（7）地表有突变的横断面。

（8）附近现有或将来拟建新隧道的横断面。

2）计算模型

历史上盾构隧道的模型有多种，而经典的近年常用的模型有均质圆环模型、铰接圆环模型、梁-弹簧模型、梁-接头不连续模型等，这些模型都使用梁结构模拟管片的壳体结构，差别主要是对接头作用的考虑。这些模型将壳体管片看做梁结构，将三维问题简化成平面问题进行计算，即使梁-弹簧模型采用了三维结构的计算方式，但其计算结果给出的也只是平面上的内力。随着断面的增大和机械设备能力的提高，管片幅宽有增大趋势，从以往国外地铁盾构管片的 1 m 逐渐增加到 1.5 m，而目前水下大断面盾构管片取到了 2 m，按照以往的用平面梁模拟其结构受力的计算方法或计算模型，可能不能完全适应，加之其拼装方式有通缝和错缝，环向接头和纵向接头可能相互影响，衬砌结构受力更是复杂多变。不同模型尽管具有各自的特点，但也有许多共同之处，管片设计方法汇总如表3-15所示。

表 3-15 　各国盾构衬砌设计方法汇总

国　家	设计模型	设计水土压	地基抗力系数
澳大利亚	全周弹簧模型，Muir Wood 法，Curtis 法	σ_v = 全覆土重 $\sigma_h = \lambda\sigma_v$ + 静水压	平板荷载试验
奥地利	全周弹簧模型	浅埋：σ_v = 全覆土重，$\sigma_h = \lambda\sigma_v$； 深埋：太沙基公式	$k = E_s/r$，仅考虑径向
德　国	覆土≤2D，局部弹簧模型 覆土≥2D，全周弹簧模型	σ_v = 全覆土重， $\sigma_h = \lambda\sigma_v$（$\lambda = 0.5$）	$k = E_s/r$ 或 E_s/R_c 或 $0.5E_s/R_c$
法　国	全周弹簧模型，有限元法	σ_v = 全覆土或太沙基， $\sigma_h = \lambda\sigma_v$（$\lambda$ 取经验值）	$k = E/(1+\mu)r$
中　国	均质圆环法，弹性铰圆环法， 梁-弹簧模型	σ_v = 全覆土重或太沙基 $\sigma_h = \lambda\sigma_v$（$\lambda$ 取试验值）	垂直或平板荷载试验
日　本	惯用法和修正惯用法， 梁-弹簧模型	σ_v = 全覆土重或太沙基 $\sigma_h = \lambda\sigma_v$（$\lambda$ 取经验值）	按照 N 值和土性查表
西班牙	考虑地层与结构相互作用的 Buqera 法	不计黏着力的太沙基土压力	只考虑径向
英　国	全周弹簧模型法，Muir Wood 法	σ_v = 覆土重， $\sigma_h = (1+\lambda)/2\sigma_v$　$\lambda = K_0$	三轴试验
美　国	弹性地基圆环法	σ_v = 全上覆土重，$\sigma_h - \lambda\sigma_v$	室内试验

《地铁设计规范》（GB 50157—2003）在条文说明中对地铁盾构结构设计进行了简述：在软土 $N < 2 \sim 4$ 的地层中，通缝拼装条件下可采用自由变形的匀质圆环法，不考虑土体抗力和接头对整环刚度影响，这样有利于确保安全；在土体较硬，$N \geq 2 \sim 4$ 的地层中，通缝拼装条件下可采用理想弹性铰的多铰圆环法；在错缝拼装条件下，推荐采用考虑接头刚度影响修正的均质圆环模型和梁-弹簧计算模型。盾构隧道主要设计模型特点比较见表 3-16。

表 3-16 　盾构隧道主要设计模型特点比较

设计模型	简化方式	特　点	缺　点
完全刚度均质圆环	未考虑接头	解析解	应用较少
等效刚度均质圆环	等效考虑接头	参数经验取值	仍在应用
多铰圆环	用铰模拟管片接头 未考虑环间接头	可由公式编程计算	硬地层通缝可应用
梁-弹簧模型	模拟管片接头 模拟环间接头	横向结构模型；能体现结构承载机理	较成熟，应用较多
壳-弹簧模型	模拟三维管片接头 模拟三维环间接头 模拟三维管片	横向与纵向结构模型完全统一；能体现结构空间力学机理	研究中

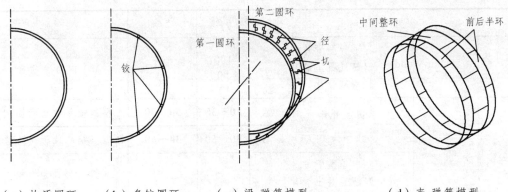

（a）均质圆环   （b）多铰圆环   （c）梁-弹簧模型   （d）壳-弹簧模型

图 3-44 管片衬砌结构计算力学模型

管片衬砌结构计算力学模型见图 3.44。

（1）均质圆环模型。

均质圆环模型是将管片衬砌圆环视做弹性均质圆环进行分析的，惯用法和修正惯用法均采用这种模型。

惯用法不考虑接头的柔性特征，将其作为混凝土截面进行计算，对均质圆环没进行刚度折减（即 $\eta=1$，$\xi=0$），即没考虑接头对整体刚度的折减和对局部弯矩的分配作用。管片结构与地层相互作用基于 Winkler 理论，假设地层反作用在水平方向 ±45°范围内按三角形形态分布。该模型在软弱地层中计算截面内力偏小，在地层条件较好时计算截面内力偏大。

修正惯用法采用刚度有效系数（$\eta<1$）来体现环向接头对整环刚度的影响，即不具体考虑接头的位置，仅降低衬砌圆环的整体抗弯刚度。当采用错缝拼装方式时，由于环与环间的刚度不一和接头咬合作用，出现了弯矩传递现象，见图 3-45，混凝土管片处出现了附加弯矩，在设计中又采用弯矩增大系数 ξ 来考虑，即用于管片设计的弯矩为 $(1+\xi)M$（M 为计算弯矩值），用于接头设计的弯矩为 $(1-\xi)M$，而设计的轴力值仍为计算轴力值 N，当采用通缝拼装方式时，$\xi=0$。对于抗力，修正的惯用法采用局部弹簧抗力取代假设三角形分布的地层抗力。该模型如果过低评价 η 值，则计算的衬砌环变形偏大，截面内力偏小，应充分研究该取值。η 和 ξ 的参考值见表 3-17。

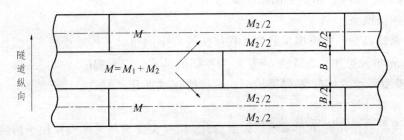

图 3-45 修正惯用法中环间接头弯矩传递

表 3-17 关于 η 和 ξ 的建议参考值

管片类型			η /%	ξ /%	备　　注
日本土木工程学会和日本下水道协会	平板型管片 钢筋混凝土管片 钢管片		100 （80）	0 （30）	（）内为参考值
地铁盾构工程	平板型管片 钢筋混凝土管片	A	10～30	50～70	A型：接头位于断面中间
		B	30～50	30～60	B型：接头位于内外边缘
	中子型管片 钢筋混凝土管片		—	—	接头形式为螺栓
	球墨铸铁管片		50～70	10～30	接头形式为螺栓
地面的错缝拼接试验结果			60～80	30～50	在地层内 η > 60～80， ξ < 30～50

（2）铰接圆环模型。

铰接圆环模型认为管片间接头不能传递弯矩，是一个可自由转动的铰，其弯曲刚度为 0，管片环的块与块之间通过自由铰接而连成一个多铰圆环。管片环本身是一非静定结构，在地层抗力作用下才成为静定结构。为了使管片环容易发生变形而获得良好的地层抗力，该模型管片环间多数采用通缝拼装，往往在地层稳定后将管片接头螺栓拆除而使管片接头能自由转动，这使管片接头与理论假定更加接近。该模型通常用在地层条件较好的岩层，接头无螺栓连接的欧洲盾构（或 TBM）隧道使用较多，如用在软弱地层中将会产生较大变形。

（3）梁-弹簧模型。

梁-弹簧模型就是在使用曲梁或直梁单元模拟管片的同时，也具体考虑接头的位置和接头刚度的一种计算模型，该模型采用接头抗弯刚度 K_θ 来体现环向接头的实际抗弯刚度。当采用通缝式拼装时，在理想情况下各环的受力情况相同，采用 1 环进行分析即可；当使用错缝式拼装时，因纵向接头将引起衬砌圆环间的相互咬合或位移协调作用，此时根据错缝拼装方式，除考虑计算对象的衬砌圆环外，还需将对其有影响的前后衬砌圆环也作为计算对象，采用空间结构模型进行分析（通常采用中间 1 个整环加前后 2 个半幅宽环进行计算），并用径向抗剪刚度 K_r 和切向抗剪刚度 K_t 来体现纵向接头的环间传力效果。由变形引起的地层被动抗力则通过径向和切向的"地层弹簧"进行模拟，代替原来三角形或月牙形分布的假定。这种模型在日本普遍使用，国内近几年也使用较多。

（4）梁-接头模型。

针对梁-弹簧模型不能模拟相邻管片在接头处发生的相对不连续变形量，引入非连续介质力学 Goodman 单元思想，建立点-点接触为特征的具有转动效应的一维接头单元模拟其连接效应。这种模型可看做是对梁-弹簧模型的一种修正或提升，本质是接近的。

（5）壳-弹簧计算模型。

壳-弹簧模型就是用壳单元来模拟弧形管片，用接头弹簧单元来模拟用于拼装衬砌的螺栓接头，用土弹簧单元来模拟地层对衬砌结构的地层抗力作用。仍采用荷载-结构模式。三维壳

-弹簧模型和梁-弹簧模型相比较，最大差别是可分析管片环衬砌结构在隧道纵向的力学分布变化特征，因此，需要妥善处理沿隧道纵向的位移边界条件。

建模采用由 1 个整环和 2 个半环结构组成的整环衬砌模型，并以中间整环为研究目标。前后 2 个半环既作为错缝拼装受力环结构，也作为中间整环的边界条件，不作为力学分析对象。为确保整环结构沿隧道纵向稳定，对两半环外侧边缘设置了沿隧道纵向的位移限制约束，管片接头弹簧单元沿管片纵缝密布在所有节点对上，每一端面上的所有旋转弹簧抗弯刚度之和等于管片接头抗弯刚度值；环间接头弹簧单元则按照环缝螺栓整环角度位置做相应布置，考虑径向剪切和环向剪切两种；地层抗力弹簧单元同样密布于壳面结构的所有节点上。

5. 管片细节设计

1）螺栓配置

螺栓接头部的螺栓配置必须能够确保衬砌构造所要求的强度和刚度。此外，还必须具备管片制作、拼装施工的方便性和良好的防水性。

管片拼装用的螺栓有管片连接螺栓和管环接头螺栓两种。接头通常是将数个螺栓配置为 1 排或 2 排。但应确保拼装管环使得螺栓紧固作业方便及螺栓配置不损坏管片的制作性、强度、刚度和防水性。

不管管片的种类和管片厚度如何，管片环连接螺栓大多为 1 排配置在离管片内侧 1/4 ~ 1/2 管片厚度的位置上。如果是钢制管片和球墨管片，一般从环接头面的防水上考虑，沿圆周方向，配置在各纵肋间距的中央。对混凝土平板型管片而言，目前的实际情况是：① 要求刚度大，减少截面缺损，避免管环接头和管片接头的锚固钢筋的碰撞等；② 根据经验确定周向间隔。对于中子型管片，原则上 1 个空格内使用 2 个螺栓。不管是哪种管片，都要考虑错接头拼装和曲线施工，管环连接螺栓在圆周方向上均应采用等间距（中子型管片上以 2 个螺栓为 1 组取等间距）配置。

2）注浆孔

管片上必须按需要配置注浆孔，以便能均匀地进行背后注浆。不过，注浆孔数量的增加，会引起漏水量的增加。此外，也有通过从盾构机一侧进行同步背后注浆的方法，以便减少注浆孔的数量。

注浆孔的孔径必须根据使用的注浆材料确定。一般内径在 50 mm 左右。

将注浆孔作为起吊环使用时，必须考虑作业的方便性和作业的安全性确定其形状、尺寸、材料和位置。

3）起吊环

由于搬运、拼装的需要，管片上必须考虑设置起吊环。

大多数混凝土平板型管片和球墨铸铁管片都将背后注浆孔同时兼做起吊环使用。而钢制管片则另行设置起吊用的配件。不管是哪种情况，其设计必须保证在搬运和施加施工荷载等情况下管片的安全性。还有，如果采用自动组装管片方式，要求将管片牢固地固定在拼装机上。为此，应增加管片上的特殊把手。

6. 二次衬砌设计

盾构隧道工程中的二次衬砌指当仅靠一次衬砌难以达到隧道的使用目的时，就通过在一次衬砌内侧浇注混凝土来满足设计的功能。二次衬砌的目的因隧道用途而有所不同，按照是否承受荷载，可以将采用二次衬砌的作用分为以下几类。

1）维护结构的二次衬砌

衬砌是以一次衬砌为隧道的主体结构，二次衬砌只起辅助维护作用。这种衬砌多在一次衬砌完工后到二次衬砌施工前的一段时间内来自地层的外荷载已达到极限值的土质情形下使用，一般情况下，基本上都省略了截面内力及应力的计算。但是，当采用内插管时，按来自一次衬砌的漏水所产生的外部水压力及二次衬砌的自重来设计。

2）起部分主体结构作用的二次衬砌

这种设计思想是将二次衬砌和一次衬砌合在一起看做是隧道的主体结构，比较符合当前盾构隧道使用二次衬砌的受力状况。这种结构形式适用于以下情况：

（1）由于土质原因，在二次衬砌施工前，作用于一次衬砌上的荷载尚未达到极限值。

（2）二次衬砌完工后又出现新增荷载（如内水压力增大）、局部作用有较大荷载。

（3）周围有开挖施工致使荷载发生变化。

（4）土压、水压存在历时效应。

（5）隧道轴向刚度需要加大等。此时要充分考虑一次衬砌与二次衬砌的接合状态，来计算两种衬砌的荷载分担、应力分担及其工作状态。

3）单独做主体结构的二次衬砌

一次衬砌只是二次衬砌施工前这一段时间内的临时结构物，此时一次衬砌主要承受水压力及施工荷载，而二次衬砌则承受土压力及水压力等永久荷载。在这种情况下，既可认为土压力之类的渐增荷载将减少部分极限荷载，也可将一次衬砌作为临时结构物按增加了容许应力来设计。显然采用这种折减荷载方法和增加容许应力的方法，其思想来源于山岭隧道中锚喷衬砌和二次衬砌的受力思想，很不符合目前管片衬砌的设计思想及受力情况，因而也难以将其用于实际设计。

3.3.3 盾构法水下隧道防水设计

1. 防水设计原则

盾构隧道衬砌结构防水设计应根据工程地质、水文地质、地震烈度、结构特点、施工方法和使用要求等因素进行。并遵循"以防为主、多道设防、刚柔结合、因地制宜、综合防治"的原则。"以防为主"体现了管片自防水、接缝防水能力。"多道防线"包含接缝防水、嵌缝防水、螺栓孔防水等。"因地制宜"是根据防水要求及地下水环境条件，做到针对性设防。"综合治理"指在结构设计、管片拼装、盾构掘进等环节上，都应与防水一起综合处理。

2. 防水设计

盾构隧道防水主要包括以下几方面：管片自防水、壁后注浆层防水、接缝密封垫和嵌缝槽防水、螺栓孔和注浆孔防水、二次衬砌防水等。管片和接缝防水是主体，壁后注浆和二次衬砌是辅助手段。

1）管片自防水

水下盾构隧道管片混凝土的强度等级通常大于或等于 C50，抗渗等级达到 S12，限制裂缝开展宽度小于或等于 0.2 mm。

混凝土管片宜采用水化热低、抗渗性高的普通硅酸盐水泥，可掺入优质磨细粉煤灰和粒化高炉矿渣微粉等活性粉料，配置以抗裂、耐久为重点的高性能混凝土，减缓碳化速度。当隧道处于侵蚀性介质的地层时，应采用相应的耐侵蚀混凝土或耐侵蚀的防水涂层。处于侵蚀性介质中的防水混凝土的耐侵蚀系数，不应小于 0.8，并根据腐蚀程度确定相应的防护等级和相应的措施。

运营期间管片的手孔、注浆孔应用微膨胀水泥封堵。

2）壁后注浆层防水

在衬砌管片与天然土体之间存在环形空隙，通过同步注浆与二次注浆充填空隙，形成一道外围防水层，有利于隧道的防水。同步注浆采用水泥砂浆，在管片拼装完成后进行；二次注浆主要采用水泥浆，但在隧道开挖对地表建筑物或管线影响较大地段，为及时回填空隙，减少地面沉降，可选择速凝型的水泥水玻璃双液浆。

3）接缝密封垫和嵌缝槽防水

接缝防水是水下盾构隧道的防水重点，应在接缝处进行多道设防，确保工程安全，同时还应辅以外侧加防腐涂层，保护管片衬砌结构不受外侧水体的腐蚀，确保结构安全。

（1）防水密封垫。

就材质而论，管片接缝防水密封垫材料主要分为沥青系材料、未硫化橡胶系列、硫化橡胶系列、发泡系列和聚氨酯系列等；就构造形式而言，防水密封垫材料主要分为单一材料制品和复合材料制品；就止水功能来分，防水密封垫材料可以分为非膨胀性材料和遇水膨胀性材料等，可以适应管片接缝的变形而保持水密性。

密封垫的止水机理是在管片压密后，靠橡胶本身的弹性复原力密封止水。为了使密封垫的弹性复原力能永久保持，除了与密封沟槽的设计之外，最重要的就是密封垫的断面设计。受到隧道用途、内径的影响，密封垫的断面设计可以采用多种形式。

管片防水密封垫设计对遇水膨胀密封材料的期望是：管片拼装完成的短期内的即刻止水是靠材料在接缝中的弹性复原力；管片衬砌承受水土压力后的长期止水则要靠其遇水膨胀机能。同时，严格控制密封垫的膨胀方向对其长期止水性能的保证大为有力。

综合国内外相关工程和材料研究成果可知，管片接缝防水密封垫的设计过程中，应重点考虑以下因素确定防水密封垫的材料、断面形式：

① 对止水所需的接触面压力，设计时应考虑接缝的张开量和错台量。

② 在设计确定的耐水压条件下，接缝处不允许出现渗漏。

③ 在推进油缸推力和管片拼装的作用力下，不致发生管片端面和角部损伤等弊病。

④ 要考虑远期的应力松弛和永久变形量。

目前国内外对管片接缝密封材料的研究主要集中于复合型材料，其主要原因在于复合形式材料有利于膨胀橡胶的单向膨胀，侧向受限，膨胀应力利于充分发挥，不仅加强了止水性，而且还减少了遇水膨胀树脂的溢出，有利于材料使用寿命的延长。

根据试验现象和试验数据可知，相同条件下，梯形断面的遇水膨胀橡胶抗水能力最好，在确定选用材料断面形式的基础上，考虑到若采用遇水膨胀材料，橡胶遇水所产生的膨胀力较大，可能会对管片产生不良影响，使管片破裂。

（2）遇水膨胀橡胶。

遇水膨胀橡胶是以天然橡胶、合成橡胶为基本材料，添加高吸水性树脂，按橡胶特定的硫化工艺加工，最终形成一种遇水可以膨胀，增强其在接缝中"防水、止水"能力的防水材料。遇水膨胀橡胶制品的膨胀倍率可以通过高吸水性树脂的添加量进行调整。

遇水膨胀橡胶的成品质量主要体现在：吸水后体积膨胀到设计要求的膨胀倍率；长期在水中浸泡无任何析出物；在有水和失水的环境条件下，可长期保持橡胶固有的弹性复原力。

遇水膨胀橡胶加入特种树脂的吸水膨胀结构，与海绵材料的单纯毛细管吸水现象和机理完全不同，其3种形态如下：

① 组成树脂基本成分的极性分子链与数目众多的水分子氢键相结合。被吸附的水分子，受压缩、吸引等机械力作用也不至于挤出，加热作用下也不易蒸发。

② 极性分子与非极性分子的表面吸附，即所谓的界面吸附现象。

③ 还有靠水表面张力的吸附现象，从而部分显示出比较容易的吸水与蒸发之间可逆循环过程。即遇水膨胀橡胶吸水后体积膨胀，水分蒸发后，体积会有限缩小，但不能复原到未膨胀之前的体积状态。

在限定的空间内，首先水分子以分子状态氢键相结合，其次靠界面吸附水分不断充实膨胀着的空间而产生膨胀压力。当水的浸透压力与树脂的膨胀压力相平衡时，吸水过程停止，膨胀现象结束。假若限定的空间扩大，则上述过程继续进行，直到膨胀了的空间完全堵塞为止。遇水膨胀橡胶的止水机理如图 3-46 所示。

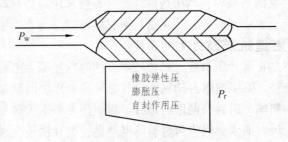

图 3-46　遇水膨胀橡胶的止水机理

图中，橡胶弹性压是密封材料受压缩时所产生的反力，非水膨胀与水膨胀密封材料都有弹性压。随着作用时间的增加，橡胶弹性压逐渐减小。

膨胀压是吸水后材料所产生的反力，只有水膨胀密封材料才有这个压力。自封作用压为水压作用时密封材料发生反力，这是止水所需的接面压力的分力，这个压力随着水压力的增加而增大。

4）螺栓孔防水

螺栓孔采用可更换的遇水膨胀橡胶密封圈作为螺栓孔密封圈。垫圈构造设计十分重要，设计过程中要考虑到多余材料在螺栓拧紧后的流失现象。螺栓孔采用可更换的遇水膨胀橡胶密封圈作为螺孔密封圈加强防水。管片开始拼装时，垫圈应紧贴在法兰面上，在压力作用下将材料挤入螺栓孔和螺栓四周，同时还应采用环形间隙注浆体作为隧道防水的加强层，以达到良好的密封效果。螺栓孔防水如图 3-47所示。

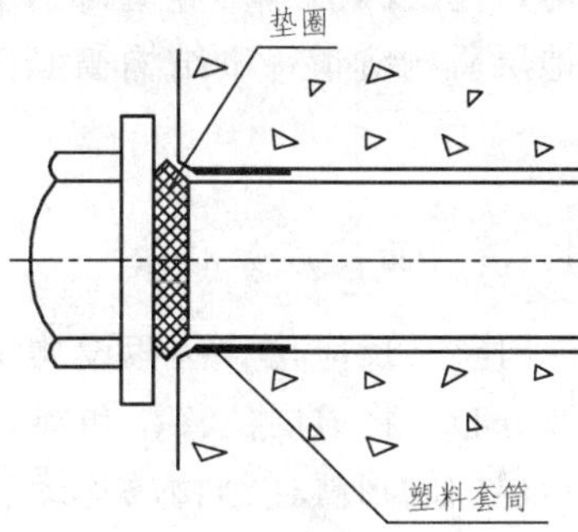

图 3-47　螺栓防水示意图

5）嵌缝防水

应用最广泛的嵌缝防水材料是橡胶、石棉和水泥的复合物等，这比早期嵌缝材料所使用的铅嵌缝便宜得多。复合式嵌缝材料通常以预制条的形式填入嵌缝槽，也可制成疏松的纤维状材料来嵌填不规则的缝隙，有时还需要在填嵌材料中添加少量水分。石棉水泥硬化后柔韧性较差，所以在衬砌适应土体荷载变形稳定后要再行嵌缝。在弹性密封垫寿命期满之后，虽然无法更换密封垫，但作为第二道防水线的嵌缝材料容易删除并重新嵌添新的嵌缝密封胶，保证隧道长期防水效果。

参考国内外相关工程经验，一般采用单组分亲水性聚氨酯密封胶、特殊齿形嵌缝条与遇水膨胀橡胶腻子等材料，施工中先将嵌缝槽洗刷干净，置入 PE 薄膜，最后用遇水膨胀橡胶腻子嵌填密实，如果嵌缝渗漏水时需先进行地下水的堵漏与引排后再嵌缝。对于施工中所出现的裂缝，建议剔除嵌入物重新密封。修补质量要满足隧道承受地层水压的要求。

6）二次衬砌防水

为了利用二次衬砌防止来自管片接头表面的渗水，必须考虑将二次衬砌本身作为防水层。然而，实际上二次衬砌上仍旧存在裂缝及施工缝处渗水而产生漏水的问题。由于二次衬砌的干缩及隧道完成后因荷载变动而开裂，目前尚无法避免。将二次衬砌作为防止初衬接头及螺栓产生腐蚀作用更为实际。

3.3.4　盾构法水下隧道抗震设计

盾构隧道在地震条件下的结构内力是地震荷载与常时荷载作用的叠加结果，盾构隧道抗震分析包括隧道横断面和纵断面抗震分析。目前，我国尚未形成比较系统和完整的地下结构抗震设计方法，通常采用的地震系数法是将惯性力乘以一个系数作为等效静荷载来考虑地震的作用，这对于惯性力影响较大的地表结构比较适合，但不能全面有效地反映和揭示地下结构，特别是处于水下且由管片通过环向和纵向螺栓拼装而成的盾构隧道的地震响应特性。地震对水下隧道的作用包括：地震引起的地基土和结构的变形；结构自重引起的惯性力；地震引起的土压力；地震时的动水压力。近年来，数值模拟、地震观测和动力模型试验证明：地震时地下结构的振动对地层的振动具有追随性，结构所产生的地震附加应力和变形主要是由地层的相对位移引起的。针对盾构隧道的地震响应特点，其抗震分析方法一般采用反应位移法，重要盾构隧道工程以及隧道结构、所处地形、地质条件复杂和发生突变地方的抗震分析方法采用动力分析法或者采用动力分析法进行校核。

均匀地层圆形盾构隧道衬砌结构横断面方向抗震分析可采用横向狭义反应位移法，非均匀地层盾构隧道衬砌结构横断面方向抗震分析采用横向广义反应位移法进行，具体方法如下。

1. 横断面反应位移法

横向狭义反应位移法假设均匀地层在地震荷载作用下，从基岩至表层地层位移响应呈简谐波分布，将地层位移差和周边剪切力作用于隧道进行计算（图 3-48、3-49）。日本根据均质地层中圆形隧道结构的运动微分方程，获得了如下的圆形盾构隧道抗震分析的近似解析公式。

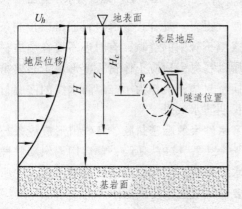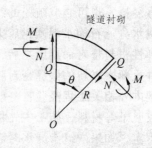

图 3-48 地层水平位移示意图   图 3-49 衬砌结构内力正负号约定

$$\begin{cases} M(\theta) = -\dfrac{1.3 \times 3\pi E_s I_s}{2RH} U_h \sin\left(\dfrac{\pi H_c}{2H}\right) C \sin(2\theta) \\[2mm] N(\theta) = \dfrac{1.3 \times 3\pi E_s I_s}{R^2 H} U_h \sin\left(\dfrac{\pi H_c}{2H}\right)\left(1 + \dfrac{G_s R^3}{6E_s I_s}\right) C \sin(2\theta) \\[2mm] Q(\theta) = -\dfrac{1.3 \times 3\pi E_s I_s}{R^3 H} U_h \sin\left(\dfrac{\pi H_c}{2H}\right) C \cos(2\theta) \end{cases} \qquad (3\text{-}13)$$

式中：$U_h(Z) = \dfrac{2}{\pi^2} S_v T_s \cos\dfrac{\pi Z}{2H}$。

表示地震时距地表深度为 Z 的地层水平位移，如图 3-48。其基岩面的选取标准为：剪切波速大于 300 m/s 时的地层，或者在黏性土中标准灌入度大于 25，砂性土中标准灌入度大于 50 的地层，可选做基岩面。

S_v——速度反应谱。

其余符号意义见图 3-48。

广义反应位移法首先根据工程场地的加速度时程获得地层的位移反应，再将隧道结构拱顶和拱底地层发生最大地震位移差及该时刻对应的地层周边剪切力作用于隧道实施计算，如图 3-50。

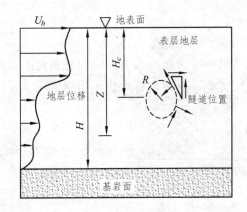

图 3-50 横向广义反应位移法地层位移示意图

2. 纵断面反应位移法

均匀地层圆形盾构隧道衬砌结构纵断面方向抗震分析采用纵向狭义反应位移法，穿越地形与地质条件突变区域盾构隧道衬砌结构纵断面方向抗震分析采用纵向广义反应位移法进行，具体方法如下所述。

纵向狭义反应位移法假设均匀地层的位移沿隧道轴向呈正弦波分布（图 3-51），在地震荷载作用下衬砌结构纵断面方向的内力可通过基于地层运动微分方程及等效刚度简化而获得的解析公式求出。设地震剪切波的传播方向与盾构隧道纵向夹角为 ϕ，当 ϕ 为 45°时，隧道所受轴力最大（图 3-52）。

最大轴向拉力和轴向压力为：

$$\begin{cases} N_{T\max} = \beta_T \alpha_C \dfrac{2\pi U'}{L'}(EA)_{\text{eq}}^T \\[3mm] N_{C\max} = \beta_C \alpha_C \dfrac{2\pi U'}{L'}(EA)_{\text{eq}}^C \end{cases} \tag{3-14}$$

式中 β_T，β_C——拉、压轴力系数。

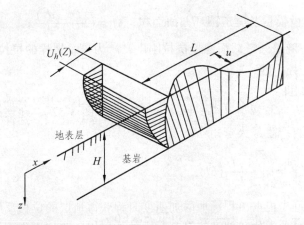

图 3-51 纵向广义反应位移法地层位移示意图

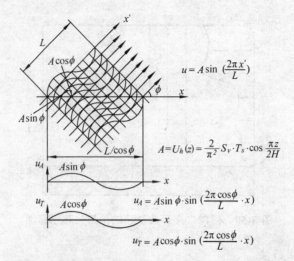

$$u = A \sin\left(\frac{2\pi x'}{L}\right)$$

$$A = U_h(z) = \frac{2}{\pi^2} S_v \cdot T_s \cdot \cos\frac{\pi z}{2H}$$

$$u_A = A \sin\phi \cdot \sin\left(\frac{2\pi\cos\phi}{L} \cdot x\right)$$

$$u_T = A \cos\phi \cdot \sin\left(\frac{2\pi\cos\phi}{L} \cdot x\right)$$

图 3-52 地震波斜向入射时沿隧道轴向和横向的分解

与隧道纵轴呈 45° 角入射时沿隧道轴线的波长为 $L' = \sqrt{2}L$。

地震波长 L 可按下式计算：

$$L = \frac{2L_1 L_2}{L_1 + L_2} \tag{3-15}$$

式中 L_1, L_2 ——表层和基层土层的剪切波波长，$L_1 = V_s T_s$，$L_2 = V_0 T_s$；

V_s, V_0 ——表层和基层土层的剪切波波速。

此时，地层水平位移 $U' = U_1(z)/\sqrt{2}$，$U_1(z)$ 计算见上式。

盾构隧道等效抗压刚度和抗拉刚度分别为：

$$\begin{cases} (EA)_{eq}^C = E_s A_s \\ (EA)_{eq}^T = \dfrac{E_s A_s}{1 + \dfrac{E_s A_s}{l_s K_J}} \end{cases} \tag{3-16}$$

式中 A_s ——衬砌弹性模量及隧道圆环截面面积，$A_s = \dfrac{\pi(D^2 - d^2)}{4}$；

$K_J = n \times k_j$ ——隧道圆环截面螺栓抗拉刚度，k_j 为单个螺栓的抗拉刚度，n 表示截面螺栓个数；

l_s ——衬砌环宽度。

当地震波的传播方向与隧道轴向一致（ϕ 为 0° 时，图 3-52），地层的振动方向与隧道的轴向垂直，隧道结构将产生最大弯矩：

$$M_{max} = \alpha_M \frac{4\pi^2 U}{L^2} (EI)_{eq} \tag{3-17}$$

式中 $\alpha_M = \dfrac{1}{1 + \left(\dfrac{2\pi}{\lambda_M L}\right)^4}$，$\lambda_M = \sqrt[4]{\dfrac{k_t}{(EI)_{eq}}}$，可取 $k_t = 1.0 G_s$；

U，L——地震波在地层中的振幅和波长。

盾构隧道等效抗弯刚度为：

$$(EI)_{eq} = \frac{\cos^3 \phi}{\cos \phi + (\pi/2 + \phi)\sin \phi} E_s I_s \qquad (3\text{-}18)$$

式中：ϕ 为中性轴与隧道中心水平线的夹角，由式 $\phi + \cot \phi = \pi\left(0.5 + \dfrac{K_J}{E_s A_s / l_s}\right)$ 求取。

纵向广义反应位移法首先根据工程场地的加速度时程计算地层的位移反应，再将时程内地层相对最大位移差作用于隧道进行计算，如图 3-53。

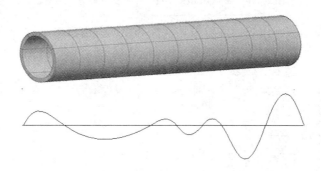

图 3-53　纵向广义反应位移法地层位移示意图

动力分析法将结构和土层作为一个整体建立运动微分方程，通过直接输入地震加速度时程曲线，计算各时刻结构的加速度、速度、位移和应力。

对水下盾构隧道纵断面方向进行动力分析时，考虑其线状结构的纵向特性、计算能力的可行性，可将盾构隧道简化成刚度沿纵向不变的连续体。

由于盾构隧道由管片通过环向螺栓连接成环后，再用纵向螺栓把各环通过通缝或错缝拼装而成，环间接头相对柔性，其纵向刚度是不一致的，因此把盾构隧道简化成刚度沿纵向不变的连续梁时必须考虑环间接头的影响，根据在拉压、剪切或弯矩作用下变位相等的原则，可以求得盾构隧道分别在拉压、剪切或弯矩作用下的刚度折减系数。以纵向拉压为例，把 m 环长度为 l_s 的管片等效成 m/n 环长度为 nl_s 管片的等价轴刚度示意图如图 3-54 所示。首先，在轴力为 N 的情况下实际伸长为 u_1，通过减少弹簧等效折减后的轴向伸长为 u_2，由 $u_1 = u_2$ 可以计算出轴向刚度折减系数 η_N。

$$\begin{cases} u_1 = \dfrac{m \cdot N \cdot l_s}{E_1 \cdot A_1} + \dfrac{m \cdot N}{K_{u1}} \\[3mm] u_2 = \dfrac{\dfrac{m}{n} \cdot N \cdot (nl_s)}{\eta_N \cdot E_1 A_1} + \dfrac{\dfrac{m}{n} \cdot N}{K_{u1}} \\[3mm] \eta_N = \dfrac{K_{u1}}{K_{u1} + \dfrac{E_1 A_1}{l_s}\left(1 - \dfrac{1}{n}\right)} \end{cases} \qquad (3\text{-}19)$$

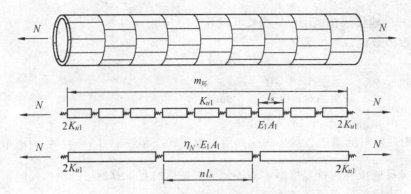

图 3-54　盾构隧道纵向拉压刚度等效示意模型

同理，可以获得盾构隧道纵向等效剪切刚度和纵向等效抗弯刚度折减系数 η_Q 和 η_M。

$$\begin{cases} \eta_Q = \dfrac{K_{s1}}{K_{s1} + \dfrac{G_1 A_1}{l_s}\left(1 - \dfrac{1}{n}\right)} \\[4mm] \eta_M = \dfrac{K_{\theta1}}{K_{\theta1} + \dfrac{E_1 I_1}{l_s}\left(1 - \dfrac{1}{n}\right)} \end{cases} \qquad (3\text{-}20)$$

式中：l_s 为盾构隧道管片的幅宽；EA 为管片环的轴向拉（压）刚度；K_{u1} 为隧道纵向接头轴向拉（压）弹簧的弹性系数；GA 为管片环的剪切刚度；K_{s1} 为隧道纵向接头剪切弹簧的弹性系数；EI 为管片环的弯曲刚度；$K_{\theta1}$ 为隧道纵向接头弯曲弹簧的弹性系数。

3.4　盾构法水下隧道施工

3.4.1　管片制造、存储与搬运

在盾构隧道中，管片作为最重要、最关键的结构构件，其性能的优劣将对盾构隧道的工程质量和使用耐久性能具有决定性的影响。盾构隧道管片的主要类型有钢筋混凝土管片、钢管片、铸铁管片、钢纤维混凝土管片、复合管片等。水下隧道通常采用大断面钢筋混凝土管片，管片相对较厚，幅宽较大，纵向接头较多，从而对管片的设计生产提出了更高的要求。

水下隧道工程通常承受较高水压，所以要求衬砌结构具有高抗渗、高强度、强抗腐等耐久性能。从材料功能划分上要求钢筋混凝土管片：保护层材料具有优良的抗渗性能；结构层和保护层的混凝土应具有优良的力学性能，满足设计强度要求；保护层和结构层材料应具有良好的体积稳定性；管片材料耐酸性气体腐蚀性强；同时，管片内衬层应具有良好的防火抗爆性能。

1. 管片制造

1）模具清理

盾构管片作为高精度的钢筋混凝土制品，管片的生产通常采用高精度钢模具。模具制造时应符合相关规定，做到模具便于支拆、具有良好的密封性能、不漏浆，保证模具具有足够的承载力、刚度和稳定性，并保证模具在规定的周转使用次数内不变形。

清理模具时应按照先内后外、先中间后四周的顺序进行模具清理，先用干净的抹布清理模具内表面附着杂物、浮锈，对于关键部位如手孔座、吊装孔座等需采用专用工具清除孔内污垢，最后利用压缩空气吹净模具内外表面的附着物。

2）喷涂脱模剂

选用质量稳定、适于喷涂、脱模效果好的高分子脱模剂，使用干净抹布均匀涂抹，要求涂层薄而匀，不得出现流淌现象，且做到模具夹角处无漏涂、积聚等现象。

3）组　　模

组模前应确保模具各部件、各部位洁净，脱模剂喷涂均匀，且钢模尺寸满足要求。组模时严禁反顺序操作定位及锁紧螺栓，以免模具变形导致精度损失。

4）钢筋骨架制作、入模

钢筋骨架制作前应检验钢材，确保钢材合格后按照设计要求进行加工焊接。在钢筋模具上进行钢筋骨架的焊接时应先排放箍筋，再在箍筋内圈插入各类主筋，然后焊接上下弧面的主筋，最后焊接各类构造钢筋。焊好的钢筋笼如图 3-55 所示。

钢筋骨架经检查合格并装上保护层垫块后，由桥吊把钢筋笼吊放入模具，吊装时应做到轻吊、轻放，不得与模具发生碰撞。钢筋骨架放入模具后要检查周侧、底部保护层厚度是否符合要求，如图 3-56 所示。

图 3-55　钢筋骨架

图 3-56　钢筋骨架入模

5）混凝土搅拌

采用全自动拌和站现场拌和混凝土时，为保证混凝土性能的稳定，应定期检验混凝土搅拌站上料系统和搅拌系统的电子称量系统，以保证机器运行精度。

6）混凝土浇筑振捣成型

采用分层灌筑混凝土，用龙门吊车将混凝土吊至模具上方，对准模具进行放料，使用振动器振捣混凝土，至混凝土表面不再上泛大气泡，然后填平中间处混凝土，视气温及混凝土凝结情况拆除盖板进行光面。

光面粗、中、细三个工序：① 粗，是指用压板刮平外弧面后进行粗磨；② 中，是为了使管片外弧面平整、光滑，待混凝土收水后使用灰匙进行光面；③ 细，是为了使表面光亮无灰印，用铁铲精工抹平。

7）管片养护及脱模

管片的养护分为 3 个阶段：① 蒸汽养护；② 水养护（7 d）；③ 自然养护。其中蒸汽养护分静停、升温、恒温、降温 4 个阶段，采用蒸汽养护可提高混凝土脱模强度、控制温度裂缝、缩短养护时间、缩短模具的周转周期。

混凝土振动成型后静停，当混凝土表面用手按压有轻微压痕时，将用于蒸养的帆布套套在模具上。管片混凝土预养护时间不宜少于 2 h，升温速度不宜超过 15 ℃/h，降温速度不宜超过 10 ℃/h，恒温最高温度不宜超过 60 ℃。出模时管片温度与环境温度差不得超过 20 ℃，如图 3-57 所示。

管片经蒸汽养护达到脱模强度后，方可脱模，如图 3-58 所示。脱模后管片水平吊至翻转架上翻转成竖直状态，再吊运到车间内的静停区降温处理，待管片的表面温度降至与大气温度温差 20 ℃ 以下时，用专用管片运输车运到养护水池浸水养护 7 d，如图 3-59 所示。

图 3-57　高温蒸养

图 3-58　脱　模

图 3-59　管片浸水养护

脱模时先将系杆螺栓拆除，并将混凝土残积物清除；然后拆松侧模的定位螺栓及端模的推进螺栓，将其退至原定位置；最后把管片用水平起吊架均匀吊起，从模具中脱出。拆模的过程中严禁捶打、敲击，起吊时吊钩钢丝力求做到铅垂，以免碰坏管片或模具。生产钢模时，应以凹字形式将编号印于钢模内弧面，当管片成型后将在管片内弧面印成清晰可见、整齐的不易被磨损的钢模编号；管片脱模后，应及时在管片内弧面及右侧面标示生产日期、生产编号、分块号等标记。

2. 管片的存放与运输

钢筋混凝土管片是跨江海水下盾构隧道的结构主体，管片保护层一旦开裂，Cl^-、SO_4^{2-}、Mg^{2+}、H_2O 等多种环境侵蚀性介质就可以较快地直接作用于钢筋，加快钢筋的腐蚀，大大降低跨江海盾构隧道的结构耐久性。因此，在管片的存放和运输过程中，应采取有效措施防止对管片损坏，确保管片的完整。

1）存　放

管片重量大，而且容易损坏，尤其是钢筋混凝土管片，在管片存放时应充分注意不要让管片产生有害的裂纹和永久性变形，因此需要选择适当的存放场所和存放方法，以免因存放场所不均匀下沉或者垫木变形而产生异常应力和变形，同时不要让油类、泥等异物污损管片。对于管片的接头配件等钢材部分，应采用合理的处理措施，确保其在存放过程中不发生腐蚀。在管片存放过程中应注意不要损坏防水条。对于遇水膨胀性防水条，在贴到管片上之前和之后，都要注意不要雨水等让其膨胀，要采取盖上防雨棚布等适当措施加以防水保护。

管片存放时应按适当的方式分别码放。采用内弧面向上的方法储存时，管片堆放高度不应超过6层；采用单片侧立方法储存时，管片堆放高度不得超过4层。且储存时，每层管片之间必须使用垫木，位置要正确适当。

2）运　输

运输时，贴在管片上的防水条、管片的棱线部分和拐角部分容易损坏，必须采取适当的防护措施以防损坏，同时在装卸等搬运作业时应缓慢、平稳进行，逐件搬运，起吊时也应加垫木或软物进行隔离。

管片接头和管片环接头上使用的螺栓、螺母、垫圈、螺栓防水用密封垫和防水条等附件，必须分别打包，注明品种、数量后再运输。运输和搬运过程中损坏的管片，必须按技术负责人的指示，作报废、修理等处理。

3. 管片检验、试验方法

1）管片外观和尺寸检验

测量检查管片外形尺寸，目视检验外观质量缺陷。

管片表面应光洁平整，无蜂窝、露筋，无裂纹、缺角，无气泡；轻微缺陷应修饰，止水带附近不允许有缺陷；螺栓孔应贯通，并符合弯曲弧度；灌浆孔应完整，无水泥浆等杂物；每块管片均应有唯一的标志。用游标卡尺对管片的宽度、厚度进行测量检验，各测量3点。成形管片控制误差见表3-18。

表 3-18　预制成型管片允许偏差

序号	项　目	允许偏差/mm	检验方法	检查数量
1	宽　度	±1	用尺量	3 点
2	弧弦长	±1	用尺量	3 点
3	厚　度	+3/−1	用尺量	3 点

2）混凝土强度试验

在试生产现场、中间试验时对混凝土进行抽样，作 1 d、7 d、28 d 强度试验，并出具试验报告。

3）混凝土抗渗试验

在中间试验时，制作混凝土抗渗试件，满 28 d 后，按《地下铁道工程施工及验收规范》进行抗渗试验，并出具试验报告，如图 3-60 所示。

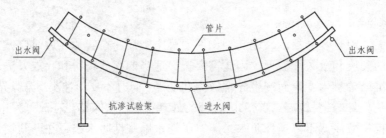

图 3-60　管片抗渗试验装置

4）管片试拼装试验

管片正式生产前及生产阶段中需进行 3 环水平拼装检验，如图 3-61 所示。每套钢模，生产一定数量的管片环后应按要求进行水平拼装检验 1 次，其结果应符合表 3-19 的要求。

表 3-19　管片水平拼装检验允许偏差

序号	项目	允许偏差/mm	检验频率	检验方法
1	环向缝间隙	2	每环测 6 点	塞尺
2	纵向缝间隙	2	每条缝测 2 点	塞尺
3	成环后内径	±2	测 4 条（不放衬垫）	用钢卷尺量
4	成环后外径	+6，−2	测 4 条（不放衬垫）	用钢卷尺量

图 3-61　管片 3 环水平拼装试验

管片生产工艺流程如图 3-62 所示。

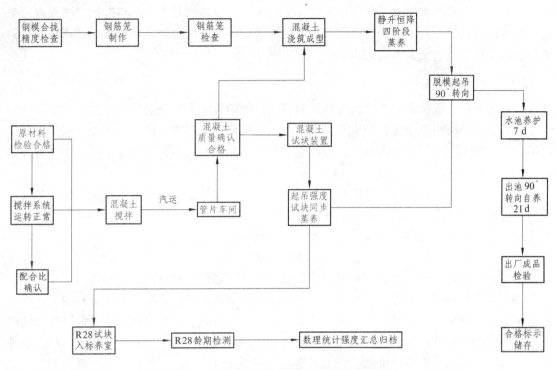

图 3-62　钢筋混凝土管片制作工艺流程图

3.4.2　盾构的始发与到达

盾构机掘进施工在始发阶段和到达阶段出现风险的概率很高，始发的好坏对整个工程的质量起决定性作用。随着过江、过海隧道项目逐渐增多，穿越地层地质条件越来越复杂，大直径、大深度下盾构机的始发与到达作为盾构掘进过程中的最关键的一道工序，盾构始发与到达施工中会对开挖面稳定产生不同程度的不利影响，易引发地表变形，甚至坍塌、地表冒浆等事故，尤为值得重视。

1．竖　井

竖井是水下隧道工程的重要组成部分，是施工的通道，有的竖井建成后也作为永久结构使用。

1）竖井分类

按使用目的可分为始发竖井、中间竖井、到达竖井。

始发竖井：盾构机组装、固定，附属设备、器械、材料的运输与安装，出渣、掘进物资供应，搁置起吊设备、供电设备等的场地。

中间竖井：用于中途改变盾构机掘进方向。

到达竖井：盾构机接收、盾构洞道连接的场地。

2）竖井形状

水下隧道竖井的深度大，作用在井壁环上的土压、水压均较大，从构造物的刚性方面来看，显然圆形是最有利的，其次可以考虑多边形断面，其刚度也较高。对于深度相对较小的竖井也可采用矩形断面，以增大内空的利用率。

3）竖井的构筑工法

（1）地下连续墙竖井工法：通过修筑地下连续墙的方法来构筑竖井的工法。在浇筑竖井时尤其要注意使接头部位接合密实不出现空隙或者接合不好等质量问题，可考虑在接头部位使用膨胀混凝土。由于竖井深度大，应特别注意井底隆起的问题，可考虑采用注浆法对井底进行加固。

（2）沉井竖井工法：用沉井法构筑竖井的工法。既适用于地上又适用于水中构筑竖井。在施工过程中如果方法不当，易造成涌水涌砂引起淹井事故。大深度、硬地层时很难确保高的施工精度，宜加强监测、纠偏，使竖井顺利下沉到位。

（3）沉箱竖井工法：用沉箱法构筑竖井的工法。

（4）排桩围护结构：由钢管板桩作挡土墙，框梁和底板为钢筋混凝土构造的竖井。

（5）新型材料墙体竖井（NOMST）：竖井的井壁由盾构机可直接掘削的材料构成，很好地解决了大深度情形下盾构的始发和到达部位在人工开凿时土体易出现塌方，危险性大的问题。该工法构筑墙体的材料具有较高的止水性能，因此可以不对始发和到达部位的挡土墙外部的土体进行加固，具有造价低、施工周期短、安全等优点。

2. 盾构机的始发

始发技术包括洞口端头加固处理、洞门破除、盾构始发基座、反力架设计加工、定位安装、负环管片的安设、入口及密封垫圈的安装、盾构组装、盾构始发方案、其他保证盾构推进用设备、人员、技术准备等，直到始发推进。

盾构始发过程主要问题：一是地层易出现涌砂涌水，二是如何在始发过程中保持开挖面稳定。主要的始发方法有地层加固法、拔桩法和直接切削临时墙法。

1）始发设备

盾构机进发的设备，包括始发基座、反力架、负环管片、入口及密封垫圈。以对其功能和构成作简单介绍。

始发基座：组装盾构机的平台，支撑盾构机，确保盾构机始发掘进处于理想的位置以及掘进过程的稳定。可以使用钢结构、钢筋混凝土结构、钢筋混凝土和钢结构组合基座。

反力架：提供盾构机推进时所需的反力。

负环管片：位于千斤顶与盾构机之间，传递盾构机向前推进的作用力。在组装时应特别注意，因其组装精度影响正式管片的真圆度。

入口及密封垫圈：入口是为了控制盾构机始发段轴线精度而在进发口处设置一个内径略大于盾构机外径的筒状物。为了防止盾构始发掘进时泥土、地下水及循环泥浆从筒体和洞门的间隙处流失，以及盾尾通过洞门后背衬注浆浆液的流失，在盾构始发时需安装洞门临时密封装置。

2）始发工法

常用的始发工法可以分为 3 类：

掘削地层自稳法：采用注浆加固法、高压喷射法、冻结法等加固掘削地层，使开挖面地层能够自稳，再将盾构机贯入开挖面

拔桩回填法 始发竖井采用双层挡土墙，随着盾构机的掘进依次起吊内外两层挡土墙

在竖井内设置隔墙，或者采用并列竖井，一半进行盾构机组装进发，在发盾构机推进到另一半回填，回填土起到了隔离支承作用

直接掘削井壁法，对竖井进发墙体进行处理，在不损坏道具的前提下直接掘削墙

对于盾构掘进始发的常用工法不再赘述，仅就水下隧道大深度特殊始发工法简要介绍如下：

（1）砂浆始发保护工法。

对始发保护部位的土体从地表直接进行挖掘，在盾构机掘进深度范围内浇注低强度水中不分离砂浆，并在砂浆上方固化护壁泥浆的工法。因砂浆固结强度足以抵抗该部位的侧向水、土压力，始发部位的土体在盾构掘进过程中可以保持自稳，使得盾构始发可以顺利进行，如图 3-63 所示。

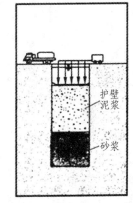

图 3-63　砂浆始发保护法示意图

该工法适应水下盾构隧道大深度、大口径的要求，安全性好、成本低、施工方便，施工噪声、振动、地下水污染小，但因作业时防止水泥向周围飞溅，应封闭地表，同时使用吸尘器。

施工程序如图 3-64 所示。

挖掘 ⟶ 清底淤泥 ⟶ 超声波测定 ⟶ 砂浆浇注 ⟶ 泥水固化

图 3-64　砂浆始发保护工法工序图

（2）掘削混凝土法。

始发墙是用预应力钢线加固石灰石混凝土构筑而成的，在始发时拔出预应力钢线，随后用盾构刀盘直接切削处于无筋状态的始发墙。选用的无筋石灰石混凝土可以有效地减小掘削刀盘的磨耗和受损程度。

该工法大大降低了人力拆除挡土墙作业的危险性。

3）始发作业流程

始发作业流程如图 3-65 所示。

3. 盾构机的到达

1）盾构的到达一般工法

（1）通过地基改良使地层自稳，当盾构机推进到竖井挡土墙外时拆除挡土墙，最后再推进至预定位置。此工法工种少、施工性好，但由于盾构的再推进易造成地层坍塌，多用于地层稳定性好的中小断面的盾构工程中。

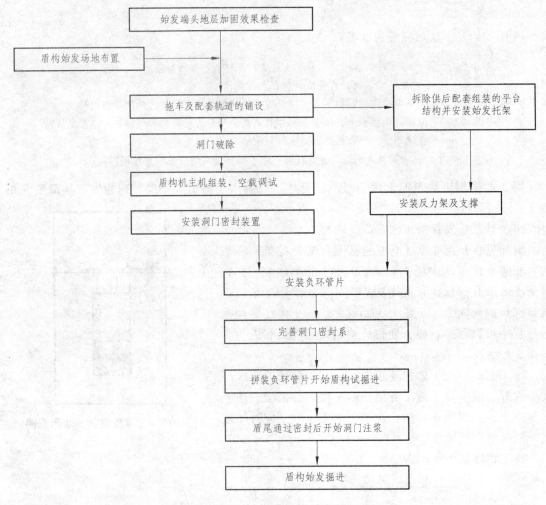

图 3-65　始发作业流程图

（2）对地层加固改良，在构筑物内设置易拆除的钢制隔墙，拆除挡土墙，将围岩改良体和隔墙间隙替换充填成水泥土或贫配比砂浆，将盾构机推进到构筑物内的隔墙前，拆除隔墙，完成到达过程。此工法避免了由于盾构机的再次推进而引发的地基坍塌，多用于大断面盾构工程中。

2）大深度下盾构的到达保护工法

（1）水中到达工法：在盾构机推进到竖井之前，在到达口设置临时墙，并将到达竖井充满水用以替代支撑抵抗侧向水、土压力，盾构机直接在水中推进到达后，排除井内存水。由于竖井中充满水，对盾构机到达前后的密封要求较严，可以采用事先在盾构外壳和到达墙间隙加压或注入止水管和道口密封圈的方法，以及采用埋入冻结管使间隙的土体冻结止水的方法。

（2）滑块工法：在采用压气沉箱法构筑竖井时在到达部位的竖井壁处设置钢制圆筒状滑块、导轨以及固定在竖井内侧的圆筒状钢制导口。在盾构机到达时交替牵引和掘进的同时，保持滑块和盾构机的间距直至盾构机到达预定位置。在盾构机上设置止水装置承担止水作用。此种工法与以往的工法不同，无需人力拆除挡土墙，有效地降低了人力操作的危险性。

（3）水下对接法：两台盾构相向掘进至接合地点正面对接后，拆卸盾构外壳内的结构和部件，并在盾壳内进行衬砌作业。采用水下对接法可以缩短工期，解决了在江、河湖、海底等难于设置竖井的地方设置竖井的问题。对接工法分为土木式对接和机械式对接。

土木式对接：在对接区域进行地层加固处理，提高地层强度和渗透性，以达到止水和防止地层失稳的目的，继而完成盾构内部拆卸并施作隧道衬砌。地层加固处理可在盾构到达对接地点前从地面进行，或者从隧道内部进行加固。对于水下隧道，限于环境条件所制，宜选择后者。从隧道内部加固的方法有化学注浆法和冻结法。一种是从两侧盾构内设置的超前加固设施同时对地层进行加固处理；另一种是仅从某一侧盾构内设置的加固设施进行超前地层加固处理，另一侧盾构到达后直接进入加固地层中。前者加固范围对称加固效果较好，后者加固的范围较大，且改良范围的形状不规则，效果不易控制。

机械式对接：使用经过特殊设计过的盾构进行掘进，在地层中直接进行对接的方法。机械式对接法中相向掘进的两台盾构一台为贯入盾构，另一台为接收盾构。两台盾构机相向掘进至较小距离时，停止推进，使一台盾构机贯入另一台盾构机内进行对接，将对接部位进行密封，即可进行盾构解体并在壳体内施作对接段衬砌。为顺利实现机械式对接，要求两台盾构必须有较高的贯通精度，不仅要求竖向和横向位置偏差小，还要求盾构刀盘竖直与水平倾角必须满足要求。另外，机械式对接还存在贯入环、刀盘及其外周辐条收缩机构出现故障的风险，但机械式对接一旦实现，其安全性和可靠性很高。

3）盾构到达的注意要点

（1）到达前测量：盾构到达前，要对洞内所有的测量控制点进行一次整体、系统的控制测量复测，对所有控制点的坐标进行精密、准确的平差计算。并以此为基准，用测量二等控制点的办法精确测量测站、后视点的坐标和高程。加强盾构姿态和隧道线形测量，根据复测结果及时纠正偏差，确保盾构机顺利地从到达洞口进入竖井接收架上。

（2）防水止水：为了防止注浆及地下水在盾构穿越洞门时泄漏，保证管片拼装质量，应做好洞门端头处理和洞门钢环及预埋件的安装等准备工作。在盾尾隔一定距离钻孔注入水溶性聚氨酯，进行整环封堵，并开仓检查刀盘前方涌水情况。加强同步注浆控制，加大同步注浆量，以早强、高强为目的调整注浆浆液的配比，密实填充尾隙。

（3）接收导轨与接收架的安装：盾构刀盘露出洞口后，应迅速清除洞口渣土，并考虑刀盘与接收架之间的距离与高差情况，安设盾构到达接收导轨。将导轨靠刀盘段做成楔形，保证盾构能顺利上导轨。

（4）对于地下水位高的大直径盾构，盾构到达最重要的是防止从洞门密封处发生涌水。

3.4.3　盾构法隧道施工组织管理

盾构法水下隧道施工面临比普通盾构隧道更多的问题，例如掘削面稳定、水下换刀具、长距离一次掘进、江中对接等，因此施工组织管理凸显其重要性。

1. 水下隧道施工重点、难点

水下盾构隧道通常断面较大、隧道较长，并且在水下隧道施工和运营中还要承受高水压的作用，其施工通常有以下重点、难点：

（1）盾构始发和到达。

盾构始发和到达时，开挖面平衡能力差，需要采用辅助工法加固地层。水下盾构隧道通常要求工作井较深，应采取可靠的措施保证重型设备正常施工。

（2）掘削面稳定。

盾构隧道断面增大之后，导致拱顶和底部的压力差也随之变大，刀盘内侧的土压力或者泥水压力很难平衡地层的侧向土压力和水压力，再加之高水压的作用，地下水的涌出以及泥砂等被带出会造成开挖面坍塌，进而导致地层变位。

（3）长距离穿越复杂地层及江中对接技术。

盾构断面大、掘进距离长，使得水下盾构隧道施工时会遇到复杂多变的地质条件，盾构施工所用的刀具必须具有较高的适应性，同时还要具备较高的耐磨性，最大可能地减少刀具磨损和换刀盘的次数。我国广东狮子洋隧道修建时采用了地中对接技术，两台盾构机同时从隧道两端相向掘进，最后在江中对接解体，江中对接技术难度极大。

（4）盾构隧道轴线控制。

复杂地质条件下的大直径盾构机姿态控制难度很大，盾构姿态控制将直接影响隧道轴线是否满足要求。尤其是在浅埋地段和近接施工地段，隧道轴线控制难度更大。

（5）隧道施工抗浮。

施工时由于隧道受地下水及泥浆的包裹，较长时间内处于悬浮状态，应特别注意隧道上浮。施工中应严格控制隧道轴线，使盾构尽量沿着设计轴线推进，同时应加强同步注浆。

（6）联络通道的施工。

在地下水丰富的条件下修筑联络横通道时，需要采用注浆法、固结法等辅助工法，施工难度和风险较大。

（7）工程中的防水。

盾构工作井与盾构隧道、联络通道与隧道、江中对接等接口较多，而且隧道经过地段地下水丰富、与江河存在水力联系，为承压水，在防水施工上存在一定困难。

2. 盾构隧道施工中的试推进和正常推进

试推进是指盾构刚刚开始掘进时通过不断地调整施工参数反复进行试验，其主要目的是收集盾构推进时的数据如推力、刀盘扭矩以及地表隆陷值等，在这些实际数据的基础上，得出开挖面的管理压力、同步注浆压力和注浆量等施工参数的合理值。试推进段要加强盾构隧道的轴线控制，掌握盾构机的方向控制特性。盾构正常推进是以试推进阶段得到的施工参数高效率地进行施工的阶段。

3. 盾构隧道施工中的线形管理

1）坑外测量

坑外测量是在盾构施工前通过在地上进行中心线测量和纵断面测量，建立基准点以进行线性管理。通过大地导线测量，以坐标值管理中心线测量的基准点，将竖井的中心点和曲线的 IP（交点）、BC（圆曲线起点）、EC（圆曲线终点）等点测设在地上。另外，水准测量的基准点是通过将一级水准点或将以此为基准的点作为原点来设置的。

2）坑内测量

将坑外测量所设置的中心线及水准点导入竖井下，并且要随着盾构的掘进依次将其延长到隧道坑内。这样可以掌握施工过程中盾构及管片的位置。

3）掘进管理测量

掘进管理测量是随着施工的进行，测量盾构及管片的位置，保证施工沿设计线路进行。其主要测量项目有盾构的位置、俯仰角度、偏转、侧倾、千斤顶冲程、盾尾空隙、管片位置等。将这些测量结果经过整理后反馈到下一环施工中，这就是其重要性所在。

4）掘进管理

管理盾构机的倾斜度和位置以及拼装管片位置对于盾构机掘进方向控制有重要作用。通过调整使用的千斤顶的台数可以调整盾构机的方向（偏航和俯仰），当地层较硬或在曲线施工中盾构方向调整幅度较大时，需要借助仿形刀超挖弯曲的方向。同时，调整盾构方向时必须确保盾尾空隙，盾尾空隙的减少可能导致拼装管片困难。圆形盾构扭转的修正是通过刀具的旋转产生扭转反力来实现的，异形盾构需要装备强制修正扭转的千斤顶。

4. 泥水盾构的掘进管理

泥水盾构掘进管理如图 3-66 所示。

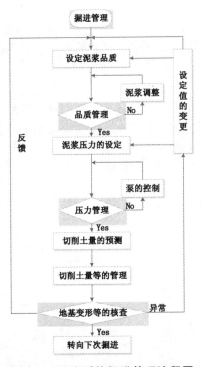

图 3-66　泥水盾构掘进管理流程图

1）掘削面稳定与泥浆的作用

泥水盾构通过刀盘后面的泥水压力来平衡掘削面的侧向土压力和水压力，从而保证掘削面的稳定。泥浆的作用有两个：① 保证掘削面稳定，在泥水压力作用下泥浆与掘削面接触后，泥浆中的细粒成分及水会渗透到掘削面土层的空隙中，因而地层的渗透系数逐渐变小，同时由于泥浆中的黏土颗粒带负电荷，地层中土颗粒带正电荷，泥浆中的黏土颗粒吸附在掘削面上形成了泥膜，泥浆最终不再向地层渗透，地层中的水也不会向泥浆中渗透，保证了掘削面的稳定。② 运送排放掘削泥砂，掘削下来的泥砂与泥浆混合搅拌后经过出浆管排至地表的泥水分离机构。

2）泥浆压力的管理

泥水压力通常按下式设定：

$$泥水压 = 地下水压力 + 土压力 + 预压力$$

盾构承压板上设有水压计，可以检测开挖面的水压力，盾构掘进时通过水压调节计变更送泥泵的转数控制泥水压力。旁泵运转时通过送泥管处的水压计检测送泥压力，也是通过水压调节计变更送泥泵的转数控制泥水压力。

3）掘削土量的管理

掘削土量的管理是利用送排泥系统上的流量计及密度计的观测数值，计算出挖掘量和干砂量，利用统计手法处理这些值来判断挖土量。

理论开挖量：

$$Q = \frac{\pi}{4} \cdot D^2 \cdot S_\mathrm{t} \tag{3-21}$$

式中　Q —— 计算开挖体积（m^3）；

　　　D —— 盾构外径（m）；

　　　S_t —— 掘进行程（m）。

工程施工时测到的开挖体积用下式表示：

$$Q_3 = Q_2 - Q_1 \tag{3-22}$$

式中　Q_1 —— 送泥流量（m^3）；

　　　Q_2 —— 排泥流量（m^3）；

　　　Q_3 —— 开挖体积（m^3）。

理论干砂量可用下式表示（据《盾构法的调查·设计·施工》）：

$$V = Q \cdot \frac{100}{G_\mathrm{s} \cdot \omega + 100} \tag{3-23}$$

式中　G_s —— 土颗粒的实际相对密度；

　　　ω —— 土体的含水比（%）。

工程施工时测到的干砂量用下式表示（据《盾构法的调查·设计·施工》）：

$$V_3 = V_2 - V_1 = \frac{1}{G_s - 1}[(G_2 - 1) \cdot Q_2 - (G_1 - 1) \cdot Q_1] \tag{3-24}$$

式中　V_1——送泥干砂量（m^3）；

$\quad\quad V_2$——排泥干砂流量（m^3）；

$\quad\quad V_3$——切削干砂量（m^3）；

$\quad\quad G_1$——送泥浆相对密度；

$\quad\quad G_2$——排泥浆相对密度。

当 $Q > Q_3$ 或者 $V > V_3$ 时，掘削面处于逸泥状态（泥浆或者泥浆中的水渗到土体中）；当 $Q < Q_3$ 或者 $V < V_3$ 时，掘削面处于喷水状态（因泥浆压力低，土体中的水流入泥浆）。

施工中通过掘削土量、盾构施工参数（推力和掘削扭矩等）、掘削面坍塌探查数据、地层变形量、背后注浆管理数据等参数来综合判断掘削面的稳定状况。

5. 土压盾构的管理

土压盾构掘进管理流程如图 3-67 所示。

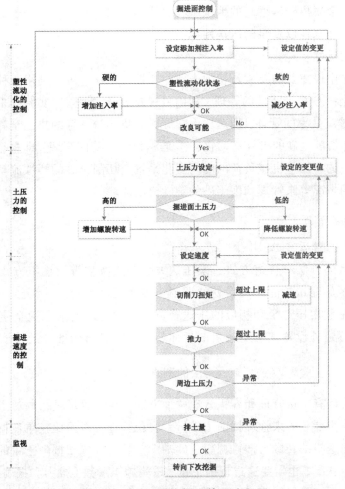

图 3-67　土压盾构掘进管理流程图

1）掘削面稳定与掘削泥土特性

土压盾构掘削面稳定的机理是：土压盾构推进时，掘削下来的土体进入土舱，盾构推进时压紧这部分土体来抵消刀盘前方的侧向土压力和水压力。掘削泥土需要具有一定压力抵抗掘削面上的土压和水压，也必须具有塑性流动性以保证排土顺畅，还必须具有一定抗渗性防止地下水从排土口喷出，通常需要注入添加剂来改善其塑性流动性和不透水性。

2）添加剂的管理

（1）添加剂的特性。

盾构施工中要根据切削土砂的土质和搬运方式选择合适的添加剂，添加剂要发挥其流动性，易于与切削土砂混合，不引起材料离析并且无公害。目前添加剂有矿物类、表面活性材料类、高吸水性树脂类和水溶性高分子类四类。矿物类添加剂可以使切削土砂成为具有流动性和不透水性的良好泥土，但也可能会使黏土和陶土的黏性不稳定以及切削土砂易成泥状。表面活性剂类添加剂可以改善切削土砂的流动性和不透水性，还可以防止粘附切削土砂以及消泡。高吸水性树脂类添加剂具有吸水特性，可以很好地防止高水压地层的喷涌，但是在海水、强酸强碱以及金属离子浓度高的地层中吸水能力有限。水溶性高分子类材料可以改善切削土砂的流动性和止水性以及泵的压送性。

（2）塑性流动化的管理。

土压盾构工法中最重要的要素是切削土砂的塑性流动化。可以利用三种方法来管理切削土砂的塑性流动化：① 排土特性的管理，利用目视及土样的坍落度实验等来掌握切削土砂的塑性流动化；② 螺旋效率的管理，即对比由螺旋输送机转数计算的排土量和掘进速度得到的计算排土量，推算切削土砂的塑性流动化；③ 盾构机械负荷的管理，即根据刀具压力、刀具扭矩、螺旋输送机的扭矩等机械负荷的时间变化来推定切削土砂的塑性流动化。实际工程中必须根据试推进的情况等来管理切削土砂的塑性流动化。

3）掘削土量的管理

（1）掘削土砂的搬运方式。

掘削土砂的搬运方法有轨道方式、泵压送方式和连续皮带运输机方式。轨道方式是先用皮带运输机将螺旋输送机的排土口处的掘削土砂送至后方台车，再经土砂搬运车运出隧道。泵压送方式是利用压送泵和相应的压送管道将掘削土砂连续压送至隧道外。连续皮带运输机方式是在隧道外设置皮带运输机的延伸装置，随着盾构推进延伸该装置将掘削土砂送至隧道外。

（2）掘削土量。

掘削土量的管理有重量管理和容积管理两种方法。重量管理是指通过土砂运输车的重量及在隧道内设置计量漏斗等来管理掘削土砂量。容积管理一般用比较单位掘进量的土砂运输车台数以及螺旋输送机的转数来推算掘削土砂量。实际上，根据掘削土量的管理很难确切地判断开挖面的稳定状况，也需要通过掘削土量、盾构施工参数（推力和掘削扭矩等）、掘削面坍塌探查数据、地层变形量、背后注浆管理数据等参数来综合判断掘削面的稳定状况。

6. 管片的拼装

管片的拼装有通缝拼装和错缝拼装两种形式。管片拼装先由隧道下部开始，依次在左右两侧交互拼装，最后拼装 K 块。管片拼装时首先收起拼装管片位置的盾构千斤顶，依靠管片拼装机夹持管片，通过拼装机上千斤顶的作用，将管片旋转、径向移动、轴向移动，经过慎重定位之后，用螺栓连接拼装管片，再将盾构千斤顶顶住该块管片。最后再用预定的紧固扭矩紧固螺栓，顺序是先紧固环向螺栓，再紧固纵向螺栓。

拼装管片时要严格管理不产生错台、缝隙，同时还要保持管片环呈真圆，管片环脱出盾尾之后，在水土压力及背后注浆压力作用之下易产生变形，除了紧固螺栓之外，在背后注浆材料硬化之前使用真圆保持器是有效地保持管片环成真圆的方法，当断面较大时，真圆保持装置上多装备使用千斤顶。目前管片的拼装大多是手工作业，其安全性较差，需要的组装人员多，组装的精度差，作业的效率低，由于这些缺点的存在，自动拼装装置的采用会逐渐得到重视。

7. 背后注浆

盾构施工时，由于盾壳本身的厚度、盾尾空隙以及超挖等的出现，使得管片与地层之间存在一定的空隙，这会造成地层变位，为了消除这一影响，要进行壁后注浆。壁后注浆还有将千斤顶的推力传递给土体、使作用在管片环上的水土压力均匀化、便于控制盾构方向、防止漏水、防止使用压气工法时漏气等作用。背后注入浆液要具备充填性好、流动性好、长距离压送不会导致材料离析、水密性好、早期强度均匀并且大于土体强度、有一定黏性、无公害等特性。

盾构工法中背后注浆压力的大小大致等于地层阻力强度（压力）加上 0.1 MPa ~ 0.2 MPa。另外，与先期注入压力相比，后期注入压力要比先期注入压力大 0.05 MPa ~ 0.1 MPa，并以此作为压力管理基准。背后注浆的注浆量可以按下式进行估算：

$$Q = V\alpha \tag{3-25}$$

式中　Q——注浆量；

　　　V——空隙量；

　　　α——注入率。

按照注浆的时期可以将背后注浆分为一次注浆和二次注浆。盾构推进产生尾隙时立即进行注浆是背后注浆的最佳时机，对于砂土地层、含黏性土少的砂土地层、软黏土地层这些易坍塌的地层，盾构推进产生尾隙的同时应当立即进行背后注浆，当地层较坚硬时并不一定进行同步注浆。一次注浆可以通过盾构上的注浆管或者管片的注浆软管完成。一次注浆时可能会由于浆液体积的减少造成尾隙未完全填充或者一次注浆时就没有完全填充尾隙，进而地层的松动范围扩大，进行二次注浆可以弥补这些缺陷。二次注浆的方式有直接压送式、中继设备式、洞内运输式和洞内拌浆式。

8. 二次衬砌施工

二次衬砌浇筑时通常采用移动式模板，浇注所用的混凝土用罐车送入洞内，但是罐车距离施工现场有一定间隔，混凝土养护的时间受到施工周期的限制而缩短。

二次衬砌浇筑时的注意事项：

（1）二衬浇筑时，模板受到浮力作用，必须采取措施防止模板上浮。

（2）二衬浇筑时通常采用振捣压实的工法，这可能导致上浮模板处的混凝土表面出现蜂窝麻面，除了注意振捣方法之外，还应在模板上设置排气孔。

（3）浇注两侧混凝土时，应对称进行左右浇筑。

（4）拱顶混凝土会向两侧流动，特别是在应用钢管片和球墨铸铁管片时，必须采取良好措施进行拱顶排气。

二次衬砌施工流程图如图 3-68 所示。

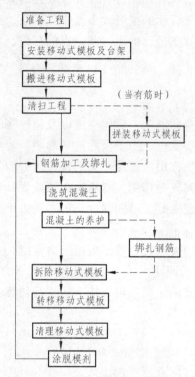

图 3-68 二次衬砌施工流程图

9. 安全及环境管理

1）防灾管理

隧道内发生火灾后，施工人员难于避难，产生的 CO 等可能会产生二次灾害，在地层中含有可燃性瓦斯气体时可能会引起爆炸，给施工造成危害。盾构隧道施工还可能遇到缺氧或硫化氢等有害气体浓度过高的情况，威胁工作人员生命安全。隧道施工中要进行环境测量，测量的项目有气温、通气量、CO_2 气体浓度、氧气浓度、H_2S 浓度、可燃性气体浓度等。隧道施工时要建立防灾设备：①隔一定距离要设置通话设备和报警设备等联络设备，这些设备以及通信线使用耐热耐火的电线；②隔一定距离配备携带式照明工具及其他避难工具如呼吸用保护面具等；③配置灭火器、灭火栓等灭火防火的设备；④存在可燃气的场合配置防爆设备。

2）通风管理

隧道施工时洞内会产生各种杂质气体，如 CO_2、H_2S 和可燃性气体等，隧道内还可能出现缺氧等情况，通风的目的就是用新鲜空气稀释这些杂质气体，确保施工人员安全以及施工环境卫生。盾构施工中多用强制通风的风管通风方式。通风量需要根据地质条件、盾构的形态和规模、施工方法和作业人数等确定。风管通风的方式有送气式、排气式和送气排气并用式三种方式。通风中常用的设备有鼓风机和风管。有效地维持计划通风量通常是通风管理的要点。

3）环境保护对策

施工中产生的噪声及振动都会影响周边环境，所采取的主要对策有：① 选择噪声小、振动小的工法及机械设备；② 机械上进行隔声防振处理，如安装消声装置和防振装置（橡胶及气垫等）等；③ 施工机械设备合理布局；④ 合理选择施工时间。

另外盾构施工可能会造成水质污染，施工时要选择合理的辅助工法，采用注浆法时要合理地选择浆液，污水的排放要符合相关标准。要尽可能做到施工产生的副产品的再生利用，例如施工产生的污泥可以经过物理改良和化学改良等中间处理后再做适当的处理。

3.4.4 辅助工法

1. 概　述

水下盾构隧道施工中采用辅助工法的目的是稳定地层和保护环境。

1）稳定地层的辅助工法

稳定地层的辅助工法包括：

（1）盾构始发、到达的辅助工法。

通常竖井壁为钢筋混凝土结构，盾构刀盘无法直接切削，盾构始发和到达时需要拆除竖井壁的对应部位，井壁拆除后裸露的土体若是软土，在主动土压力和水压力作用下很难维持自稳，这就需要采用辅助工法加固井壁外侧土体，以提高外侧土体的强度和抗渗性。可以采用的辅助工法有注浆法、高压喷射搅拌工法和冻结法。

（2）地中对接的辅助工法。

通常水下盾构隧道掘进距离较长，当中间不宜设置竖井造成盾构刀具磨损严重需要更换，或者是受到施工工期限制而必须从两端竖井始发相向掘进时，会应用到地中对接技术，如我国狮子洋隧道就采用了该技术。

地中对接技术工序复杂并且所需工期长，在此期间应该防止土体塌落和地下水侵入，因此需要采用辅助工法提高土体的强度和抗渗性。可以在地中对接之前就采用辅助工法对对接部位土体进行加固，也可以在盾构机内对周围土体进行加固。常用的辅助工法有注浆法、冻结法和高压喷射工法等。

（3）更换刀头时的辅助工法。

前面已经提到水下盾构隧道通常掘进距离较长造成刀具磨损严重，若中间不宜设竖井，需要用到带压更换刀具等技术。更换刀具前,需要先采用辅助工法加固地层防止涌水和坍方,常用的辅助工法有注浆法。

（4）联络通道修建时的辅助工法。

联络通道通常与集水、排水泵站并建,共同起着连接隧道、集水排水和防灾的作用。联络通道修建时要先破除主隧道相应部位的管片再进行开挖。由于水下隧道承受高水压作用,在联络通道修建前需要借助辅助工法加固地层,提高地层强度和渗透系数。水下隧道修建联络通道常用的辅助工法是冻结法。

2）保护环境的辅助工法

水下隧道岸边段可能靠近或者穿越地面建筑物,施工时需要借助辅助工法保护这些建筑物。

（1）直接保护法。

当隧道穿过建筑物桩基时,可以采用桩基托换技术,当隧道穿越小型建筑物时可以采用承压板法即预先在建筑物下方修建钢筋混凝土承压板来支撑建筑物。

（2）地层加固法。

地层加固法是指通过辅助工法加固地层,提高地层的强度和抗渗性,从而减少盾构隧道施工时地层的松动范围,防止地层变位,来达到保护建筑物的目的。辅助工法有注浆法和高压喷射搅拌法。注浆法是指向盾构施工周围地层和建筑物附近地层注入浆液使地层固结的办法。高压喷射搅拌法是指高压喷射注浆的同时搅拌地层使地层和浆液混合从而使地层固结的办法。

（3）截止墙法。

简单的理解就是在盾构扰动土体与建筑之间设立截止性隔墙,从而阻止地层变位向建筑物附近地层传递。截止墙可以用板桩法、地下连续墙法和高压喷射搅拌桩法等方法来构筑。

2. 冻结法

冻结法构思来源于天然冻结现象,它是指通过埋设在地层中的冻结管进行人工制冷将地层冻结成冻土帷幕,既提高了地层的强度,也可以阻止地下水的涌入,进而在冻土帷幕保护下进行地下工程施工。在水下盾构隧道施工中,冻结法可以应用在盾构始发及到达时竖井壁后土体的加固、联络横通道修筑时地层加固和江中对接时地层加固等方面。

冻结法有两种:一是冷却盐水法。冷却盐水法是通过盐水冷却器中的高压的阿摩尼亚等冷媒减压汽化吸收周围的盐水中的热量而使盐水冷却,冷却的盐水用泵送入冻结管,通过压缩机将减压汽化了的阿摩尼亚等冷媒压缩成为高压气体,在凝缩器中液化后再送入冷却器中汽化,经过反复的循环,地层中的热量被吸收,土壤被冻结。一是低温液化气法。低温液化气法是将液体氮等冷媒直接流入冻结管,在管中汽化并吸收地层中的热量,土壤被冻结,汽化后的气喷出地层放于大气中。低温液化气法冻结速度快但是造价比冷却盐水法高。

水下隧道承受较高的水压,在施工时注浆法和高压喷射法等工法可能会无法发挥作用,此时冻结法的优势便体现了出来。另外冻结法的截水性好、可靠性高,所需设备的体积小,施工不容易受地形条件限制。但是冻结法成本高,在地下水流速大于 1 m/d 或者地层含水率小于 0.3 m³/m³ 时将会失效,在地层温度较高或者地下水中盐分浓度较大时冻结效果差。水结冰后体积变大,所以地层冻结后体积将会膨胀,解冻后地层将会产生沉降。

3. 注浆法

注浆法是指向地层中压入浆液，浆液渗入地层后通过填充土体颗粒间隙或者地层中的裂隙，这些浆液可以生成凝胶或者固结体固结地层，提高地层的强度和渗透性。针对不同的地质条件，压注法的作用机理和效果不同：对于裂隙发育的硬质围岩，向围岩压注浆液之后，可以填充围岩的空隙，提高止水效果；对于砂质围岩，注入浸透性高的材料之后可以降低围岩的透水系数；对于割裂性黏性土，压注浆液后，可以压密周围的围岩，同时也降低了围岩的渗透系数。

注浆浆液种类繁多，可以分为水泥浆液、水玻璃浆液和高分子类浆液。

水泥浆液包括：① 一般性纯水泥浆液，由水泥和水混合拌制而成；② 膨润土水泥浆液，由膨润土、水泥和水按一定比例和顺序拌制而成；③ 带填料的水泥浆液，是在水泥或黏土水泥浆液中加入惰性粉状材料拌制而成；④ 特殊水泥浆液，如速凝型水泥基浆液、泡沫型水泥基浆液、提高渗透性的改性浆液、抗冲刷的水泥浆液等；⑤ 超细水泥浆液，经过将水泥浆材再次磨细提高水泥浆液的可注性，它可以注入细砂层中。

水玻璃浆液可以分为溶液型水玻璃浆液和悬浊型水玻璃浆液。溶液型水玻璃浆液又可以分为碱性溶液型水玻璃浆液和非碱性溶液型水玻璃浆液。由于水玻璃溶液呈碱性，在水玻璃溶液中加入凝胶剂后形成碱性溶液型水玻璃浆液，水玻璃溶液中加入酸性反应剂便可形成中性水玻璃。悬浊型水玻璃浆液可以分为碱性悬浊型水玻璃浆液、非碱性悬浊型水玻璃浆液、气液反应型水玻璃类浆液和复合型水玻璃类浆液四类。

高分子类浆液如丙凝、聚氨酯等，这类浆液对地层的强度和抗渗性的提高有理想的效果。

浆液的选择需要根据地质条件和周围环境而定。在砂质围岩中，可以选用溶液型的水玻璃，它能均匀浸透到砂粒之间加强砂粒之间的连续性；在黏性土环境下可以选用强度大的悬浮型水玻璃系材料，在注浆材料劈裂压注作用下挤密黏性土。当周围环境要求浆液无毒时宜选择中性水玻璃粒状浆液。当施工要求强度较高时可以选用超细水泥、硅粉等超细粒状浆液或者有机高分子类浆液。

注浆工法的选定可以参看表 3-20。

表 3-20　确定注浆工法的大致标准

工法分类	适应地层	理　由
① 双重钻杆过滤管法（单液）	适用于所有地层，特别是松砂层和黏土层	能防止向预定注入范围以外扩散，可把浆液停留在限定部位的短凝注入方式。在复杂的冲击软地层中注入，可防止浆液扩散，可使注入均匀密实，注入效果好。因此，适于压实度差的地层和在覆盖土浅的地方注入，但在压实度好的砂土层中存在渗透界限混合方式，喷比 2
② 双重钻杆过滤管法（双液）	适用所有上层，特别适于中等高密实的砂层和含有黏性土的砂层	这种方式一方面采用端凝浆液防止扩散，另一方面采用长凝浆液实现地层中小间隙的渗透。在高度压实的地层和含黏土较多的砂质地层中注入短凝，则出现注入效果不均匀的现象。这种情形下采用中凝与长凝和短凝的组合方式注入，注入效果好。 混合方式，喷比 1、1.5、2 中的任何一种均可。但通常把短凝选为 2，把长凝选为 1，或者喷比 1.5

工法分类	适应地层	理　由
③ 双层管双栓塞	适于所有砂质类地层	这种方式采取长凝浆液，低速缓慢注入，可获得较均匀的加固。与①、②两种方式比较，存在注入费用高、工期长的问题，因为是低压注入，所以适合在重要构造物的正下方和极近埋设物的位置上注入，对这些构造物的影响最小。 混合方式通常喷比为 1
④ CO_2 气液反应型复合注入人工法	所有砂地层	对周围环境无污染，安全性好
⑤ 同步复合注入工法	中、高密实的砂层和含有黏土的砂层	可避免双重钻杆瞬结注入工法的注入量与注入隆起的矛盾。同步复合注入工法可保证注入量符合设计要求，但无地层隆起
⑥ 高压喷射搅拌工法	不含砾石的砂土、黏土	按预定范围固结，固结强度高，抗渗性能好，成桩直径大。对周围影响小

4. 高压喷射搅拌工法

前面讲的注浆工法，是依靠浆液的渗透扩散或者是注浆压力的劈裂作用而达到加固地层的目的。但是这种工法最大的缺点是地层中的固结体的形状和位置不确定，导致这种工法可靠性较差。高压喷射搅拌工法克服了这一缺点，它利用高压射出的浆液破坏周围土体结构，并且将浆液与破坏的土体混合搅拌，形成具有高强度的固结体，便达到了加固地层的目的。旋喷是指高压射流为旋转喷射，定喷是指高压射流为定向喷射，摆喷是指高压射流成一定角度摆动喷射。

高压喷射搅拌工法加固土体的范围也就是高压射流所破坏的土体，可以通过调节高压射流的压力、浆液的注入速度和注入量，来调节土体加固范围，其加固地层可靠性较高。和注浆工法施工器具相比，高压喷射搅拌工法只是在高压泵和特殊喷嘴上有不同之处，它也具有设备轻便、受环境限制较小的优点。

高压喷射搅拌工法包括：① X-Jet 工法（交叉喷射工法），它使用多个射流按预定的角度交汇，射流交汇碰撞后能量消失无法切削地层，以此来控制加固位置；② JACSMAN 工法，它集机械搅拌和高压喷射于一身，在机械叶片搅拌土体的同时，从叶片端部高压喷射浆液切削土体；③ RJP 工法，它最大的特点是两次切削搅拌土体，搅拌均匀，可靠性好；④ MJS 工法，它的特点是喷射方向可以是水平、垂直或者任意方向。4 种工法示意图如图 3-69 所示。

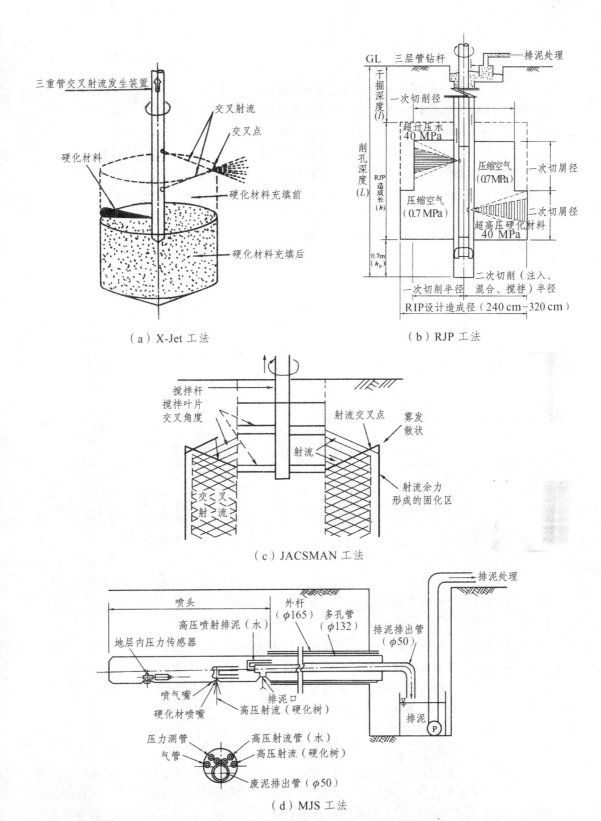

（a）X-Jet 工法

（b）RJP 工法

（c）JACSMAN 工法

（d）MJS 工法

图 3-69　高压喷射工法示意图

思 考 题

3-1　齿刀、贝形刀和盘形滚刀分别适用于什么样的地层？

3-2　泥水平衡式盾构和土压平衡式盾构的基本原理是什么？各有什么优缺点？

3-3　盾构隧道衬砌结构计算模型主要有哪几种，各有什么特点？

3-4　目前管片的拼装方式有哪两种？在选取目标环进行结构计算时应如何处理？

3-5　相同地层条件下，采用水土分算和水土合算两种荷载模式得到的内力计算结果是否相同？若不相同，那种模式得到的内力计算结果偏大（即对于结构设计更为保守）？

3-6　一个完整的盾构机施工流程包含哪些工序？

3-7　泥水平衡式盾构和土压平衡式盾构掘进管理的主要内容是什么？

第4章
沉管法水下隧道

4.1 概 述

4.1.1 沉管隧道的基本概念及设计原则

沉管隧道沉埋管节法（简称沉管法），也称预制管节沉放法，是沟通江河、海湾、海峡两岸的水下隧道施工方法的一种。根据国际隧道协会（ITA）沉管隧道和悬浮隧道工作组 1993年提供的报告，所谓沉管隧道（Immersed Tunnel），就是在修建隧道的江河或海湾或海峡的水底下预先挖掘好一条沟槽，把若干预制的管段，分别浮运到现场，一个接一个地沉放安装，在水下将其相互连接并正确定位在已经开挖的水下沟槽内，其后辅以相关工程施工，使这些管段组合体成为连接水体两端陆上交通的隧道型交通运输载体（图 4-1）。

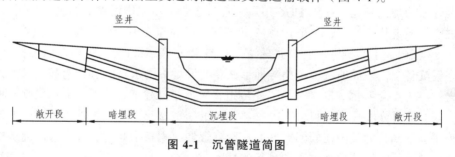

图 4-1 沉管隧道简图

沉管隧道技术综合了土木、建筑、机械、电气等各专业领域，因此在设计时必须以各种调查、试验等为基础，从整体观点出发慎重地进行研究，以便能满足其目的和功能。

目前我国沉管隧道的设计尚没有强制性的技术规范，现阶段沉管隧道修建参考桥梁技术规范，同时根据沉管隧道的特点来进行设计。这些特点是：结构重量和浮力的平衡；具有水密性构造；施工用的临时隔壁及水中接合构造等。因沉管隧道埋深浅，故应特别注意抗震性的设计。

4.1.2 沉管隧道的历史

世界沉管技术的研究始于 1810 年 Charles Wyatt 首次在伦敦进行的沉管隧道施工试验，但试验未能解决防水问题。1885 年在西特奈湾建成了自来水管；1894 年美国在波士顿建成下水管线，虽然它的直径只有 2.70 m，其原理与如今在沉管隧道施工中采用的一致。从那以后，1910 年完工的跨越美国与加拿大之间的底特律河铁路隧道是一个全新的起点，这是世界上第一条沉管建造的铁路隧道，之后美国修建了许多的沉管隧道。荷兰的第一座沉管隧道是 1937—1942 年在鹿特丹修建的马斯河隧道，这标志着欧洲开始使用沉管隧道。隧道最初的设计选用美国方案，为近似圆形的断面形状和双层钢壳结构，并设计为两个相邻的管孔。但荷兰承包商 Christani &Nielsen 公司提出了一个用矩形混凝土结构的替代方案后就摈弃了最初的设计方案。在 2×2 车道交通空间及自行车道和人行道（还有横向通风道）范围内，混凝土结构贴合得比较紧密，即世界上首次采用矩形钢筋混凝土管段建成的沉管隧道。从那时起，该施工方法在荷兰得到了进一步的运用和发展，从而也成为许多国家采用的方法。日本于 1944 年在大阪建成了通过竖井的电梯而穿越河底的沉埋隧道——庵治河隧道。1959 年加拿大成功采用水力压接法建成 Deas 隧道。根据国际隧协的统计资料，世界各国已建沉管隧道中，就沉管管段制作形式而言，有钢筋混凝土隧道和钢壳隧道；从使用功能上来看，有公路隧道、铁路隧道（包括地铁隧道）和公路、铁路两用隧道及人行隧道；就管段横截面形状来说，有矩形截面隧道、圆形及其组合形状隧道，如花篮形、八角形、马蹄形、椭圆形等；从规模上看，早期的沉管隧道多为双车道或 4 车道，从 20 世纪 60 年代中期起，陆续建成一些 6 车道隧道，到目前世界已建多条 6 车道和 8 车道的隧道，如荷兰的德赫特隧道，有 4×2 车道。值得一提的还有：美国旧金山海湾快速交通隧道，全长 5 825 m，由 58 节管节组成；比利时压珀尔隧道，宽达 53.1 m，全长 336 m；美国纽约东 63 街隧道，环境条件很差，海水流速非常急，达 2.7 m/s；我国香港东港跨港隧道，则是建于繁忙海港附近的沉管隧道。

在我国，沉管隧道技术研究起步较晚，但发展速度很快。上海在 20 世纪 60 年代初首次开展了沉管法的理论研究，并于 1976 年用沉管法建成了一座排污水下隧洞；广州于 1974 年正式开展沉管隧道技术研究；香港于 1972 年建成了跨越维多利亚港的城市道路海底隧道；台湾省于 1984 年建成了高雄港沉管公路隧道。1993 年年底建成的广州珠江隧道是我国大陆地区首次采用沉管工艺建成的城市道路与地下铁路共管设置的水下隧道，为我国大型沉管工程开创了先例。1995 年我国大陆地区第二座隧道在宁波甬江建成，该工程为克服软土地基的不利因素，施工采用分段联体预制法。2002 年建成的宁波常洪隧道，根据隧址特殊的地质水文特点，采用桩基础，为我国在软弱地基上建造沉管隧道积累了经验。上海外环隧道的成功建造，将我国的沉管隧道技术推向了一个新的高度。

从英国人最初的试验，到美国人修建了许多实际的沉管隧道，而荷兰人对美国技术引入时自己设计了一种新的方法，此项技术又由荷兰介绍到其他国家，使得沉管隧道技术不断进步。应该承认，各国的设计和施工技术都各具特点，设计施工的思路也迥然不同。沉管技术自从问世以来，就不断地被工程界改进和完善，是一种国际性的技术进步。荷兰于 20 世纪 60 年代发明了举世闻名的吉那止水带，使得水力压接法更加简洁有效；日本在荷兰吉那止水带的基础上研究开发了几种新型的止水带，还尝试过采用波纹型钢板用做二次止水带。在基础处理技术方面，丹麦于 20 世纪 40 年代发明出喷砂法，瑞典于 60 年代首先成功采用灌囊法，荷兰在 70 年代又发明了更为先进的压砂法，这都是沉埋技术中的重大革新。日本在 20 世纪 70 年代推出压注混凝土法和压浆法，在接头抗震方面也取得不少进展。过去在地震区修建隧道时，对地震缺乏特别的预防措施，而现在设计的接头可以有相当的挠度和纵向位移，在允许范围内对沉陷和温度影响也采取了类似的措施。近年来，随着现代科学技术的发展，激光测量仪、电子定位系统等先进设备已应用于施工中，使得沉管隧道质量更加优良，工期也大大缩短。沉管法的两项最为关键的技术——水力压接法和基础处理的压注法的成功解决，水下基础施工工艺过程及铺设管节方法的不断完善，使沉管隧道进入了快速发展阶段，从而拓展了沉管法的应用空间。沉管隧道在美国、日本、荷兰等国家的成功实例，沉管隧道结构形式、防水、基层处理、结构抗震等关键技术问题的成功解决，使得沉管建设隧道的方法日臻完善，沉管隧道成为跨江、海的重要手段，促进了世界各国的建设和技术发展。

4.1.3 沉管隧道的特征及种类

1. 沉管隧道的特征

与其他隧道相比，沉管隧道存在以下几个方面的优点：

（1）沉管隧道埋深浅，总长短，对航运干扰小。

（2）采用预制方式，沉管结构和防水层的施工质量均比其他施工方法易于做好。

（3）因沉管视比重小，对基底地质适应性强，不怕流砂。

（4）沉管断面形状选择自由度大，大断面容易制作，断面利用率高，可做到一管多用。

（5）隧道的施工质量容易保证，隧道接缝极少，漏水机会大为减少，防水技术比较成熟，而且对施工要求并不高，同时具有良好的自防水功能，实际施工质量易达到完全防水。

（6）隧道现场的施工期短。浇制管节大量工作均不在现场进行，一节 100 m~120 m 的管节 1 个月内可以完成出坞，沉埋连续作业。操作条件好，基本上没有地下作业，水下作业也极少，因此施工较为安全，且能保证施工精度。

（7）沉管隧道具有较好的经济性，这主要得益于沉管隧道的回填覆盖层薄，埋深浅，可以有效地缩短路线长度；另外，管节的集中制作效率高、节约资金。

沉管隧道存在的缺点：基槽开挖、疏浚作业对通航有一定干扰，施工受气象、水文等自然条件影响较大，占用的施工场地多等。

2. 沉管隧道的施工方式

沉管隧道的施工方式与施工场所的条件、用途、断面大小等因素有关，主要有钢壳方式和干船坞方式两种。钢壳方式是采用带钢外套的钢筋混凝土管节，即在钢外套内部，浇筑隧道混凝土壁及隧道底板。钢壳提供防水屏障，混凝土管段是整体结构，最后重量的大部分是由结构部件提供的。干船坞方式，即在隧址附近的岸边修建大型的干船坞，在干船坞中浇制混凝土管段，管段造好后浮运至施工现场沉放，干船坞在排水后继续制作下一批管段。就结构形式而言，前者一般为圆形断面，后者一般为矩形断面。两种施工方式的优缺点如下。

1）钢壳方式

美国通常采用这种结构形式。钢壳在船坞或船台等干区内制作，制作完毕后，其两端用临时挡水板密封，沿船台滑道滑行。钢壳漂浮于水上后，向舱室内浇注内部结构混凝土，直至管体浮运时有足够的稳定性为止。然后将钢壳管段拖至沉放现场，必要时加注更多的压重混凝土，使之沉放入槽。

（1）优点：

① 充分利用船厂设备，工期较短，在管段需要量较多时，更为明显。

② 管段外的钢壳既是灌注混凝土的外膜，又是防水层，在浮运过程中不易碰损。

（2）缺点：

① 在钢壳下水时，以及在浮态下进行混凝土灌注时，应力状态复杂，必须加强结构，因而耗钢量大，管段造价较高。

② 钢壳的制作需要大量在现场焊接，为了防止应变的产生，制作工艺复杂。沉设完毕后，如有渗漏，难以修理。

③ 钢壳本身的防锈问题至今未得到完善的解决。

2）干船坞方式

这种结构形式源于欧洲。在隧道现场附近开挖干坞，在干坞内制作管段，管段制成后，两端用临时端封墙封闭，向干坞内注水，将管段浮出干坞。该方式主要用于公路和铁路隧道。

（1）优点：

① 不用钢壳防水，节约大量钢材。

② 在隧道横断面中，空间利用率较高。建造多车道隧道时，尤为突出。

（2）缺点：

① 必须利用船坞，因此离现场较近地方是否存在合适位置是能否采用该方式的关键。

② 由于混凝土的防水性不能完全满足需要，因此常须另加充分的防水措施。

③ 制作管段时，要对混凝土施工工艺作些必要的调整，并采用一系列的严格措施，以保证干舷（管段浮在水上时，水面与管顶间的高差称为干舷）和抗浮安全系数。

3. 沉管隧道的断面形状及构造形式

典型的断面选择一般习惯以专门区域或国家以前成功的经验为基础，并受当地现场条件的制约（如美国多选择钢壳管段，西欧和北欧多选择混凝土管段，日本使用两种类型的管段）。

横断面形状视隧道的用途而定。在决定隧道横断面最终形状和尺寸时，设计者必须考虑：该隧道是用于铁路还是用于公路运输；共要求多少条轨道或车道；是单筒还是双筒或多筒；有什么样的通风要求；使用什么样的施工方法，等等。

沉管隧道的断面形状分为圆形、矩形及其他形状，具体情况如下。

1）钢壳方式圆形断面

对于承受水压、土压作用的圆形断面，轴力起控制作用，而弯矩较小，从受力角度考虑，沉设完成后，荷载作用下产生的弯矩较小，在水深较大时，比较经济；管段的底宽较小，基础处理比较容易。另一方面，圆形断面有效空间的利用率较低，需要的断面大，疏浚作业量增加。圆形及双圆形沉管隧道断面见图 4-2 和图 4-3。

（a）圆形

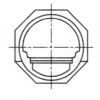
（b）八角形

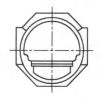
（c）花篮形

图 4-2　单圆形沉管隧道横断面

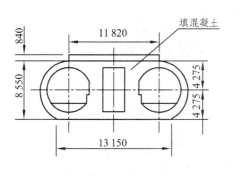
（a）单层钢壳圆形断面

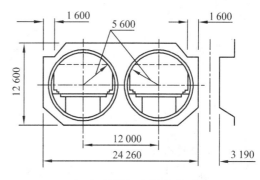
（b）双层钢壳圆形断面

图 4-3　双圆形沉管隧道横断面（尺寸单位：mm）

2）钢壳方式矩形断面

公路隧道等需要的断面大，矩形断面有效空间的利用率优于圆形断面。日本由于具有良好的造船设备而采用该方式的矩形断面，在处于悬浮状态的钢壳中施作混凝土，确保其刚度是很重要的，断面尺寸越大，相应的补强所需的钢筋量越多。

3）钢筋混凝土矩形断面

在干船坞上制作钢筋混凝土矩形断面没有其他的限制条件，可以制作大断面的管段，而且矩形断面有效空间的利用率较高。与圆形断面的受力相反，矩形断面在外压作用下的弯矩较大，需要的管壁厚度也大。另外，管段的断面大，其基础处理工作量也大。矩形断面见图 4-4。

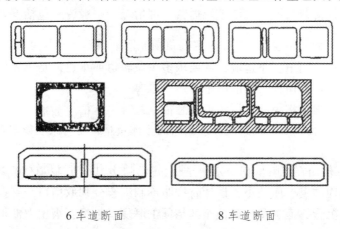
6 车道断面　　　　　　　　　　8 车道断面

图 4-4　矩形管段横断面

4）预应力混凝土矩形断面

由预应力产生的压缩应力使管段无裂缝，水密性很好是预应力混凝土管段的最大优点。此外，预应力混凝土使管壁厚度减小，重量减轻，疏浚作业量减少。但在管段制作中偏心预应力及防水的处理需要特别注意。

5）其　他

此外还有圆形和矩形的变形及组合断面形式，如眼镜形、八角形、马蹄形等。

4.2　沉管法水下隧道设计

4.2.1　概　述

沉管隧道底部埋置于经工程处理后的地基基础之上，管节之间以及管节与岸边竖井之间用接头相连。因此，沉管隧道段系两端搁置于竖井之内，埋置于回填土与回淤土之中，基底置于弹性地基基础上的水下长大链式结构。这种结构的设计与计算方法，与山岭隧道、盾构隧道相比有很大的差异。与其他构筑物相比，沉管隧道存在重量与浮力的平衡、水密性问题、隔断墙及水中对接等特点。另外，由于沉管隧道埋设于水中的地层且埋深较小，确保其抗震性也是设计中的重点。沉管隧道设计内容主要包括荷载组合、管段结构、临时端隔墙、管段接头、防水设计、基础设计、抗震设计、竖井和引道设计等。

沉管隧道的设计流程，可参考图 4-5。

4.2.2　荷载、允许应力、稳定性

1. 荷　载

沉管隧道的设计荷载应该考虑施工及运营全部情况，一般说来包括下列荷载及其组合。

1）永久荷载

（1）结构自重：一期恒载（管段本体结构重）。

（2）二期恒载：防锚层、压舱结构重。

（3）土压力：分为结构顶部土压和侧向土压。

① 顶部土压：一般为河床底到沉管顶面间的土体重量。在河床不稳定地区，还要考虑水位变迁的影响。

② 侧向土压：作用在沉管侧面上水平土压力也并非常量，在隧道建成初期，侧向压力较大，以后随着土的固结发展而减小，设计时按照不利组合分别取用。

（4）水压力：沉管隧道主要荷载，尤其是覆土厚度较小时，水压力常是最大荷载。水压力并非定值，常受高低潮位影响，还需考虑台风时和特大洪峰时的水压力。

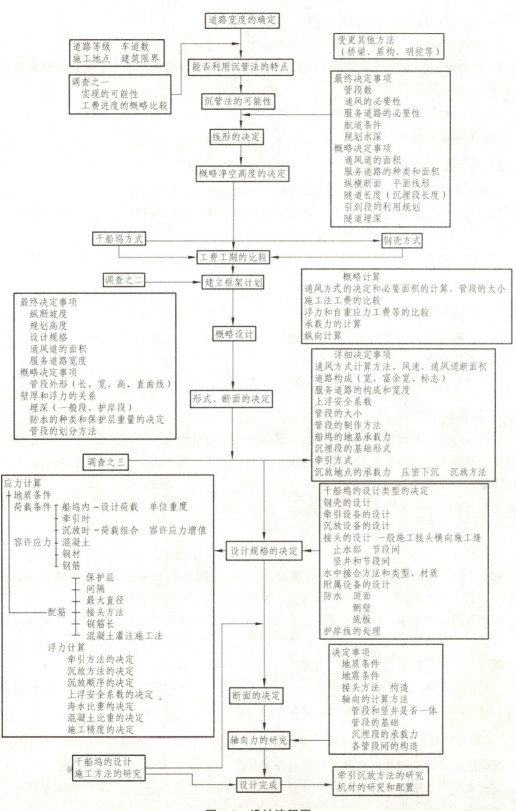

道路宽度的确定

道路等级　车道数
施工地点　建筑限界

变更其他方法
（桥梁、盾构、明挖等）

调查之一
　实现的可能性
　工费进度的概略比较

能否利用沉管法的特点

沉管法的可能性

线形的决定

概略净空高度的决定

最终决定事项
　管段数
　通风的必要性
　服务道路的必要性
　航道条件
　规划水深
概略决定事项
　通风道的面积
　服务道路的种类和面积
　纵横断面　平面线形
　隧道长度（沉埋段长度）
　引到段的利用规划
　隧道埋深

干船坞方式

钢壳方式

工费工期的比较

调查之二

建立框架计划

概略计算
通风方式的决定和必要面积的计算，管段的大小
施工法工费的比较
浮力和自重应力工费等的比较
承载力的计算
纵向计算

最终决定事项
　纵断坡度
　规划高度
　设计规格
　通风道的面积
　服务道路宽度
概略决定事项
　管段外形（长、宽、高、直曲线）
　壁厚和浮力的关系
　埋深（一般段、护岸段）
　防水的种类和保护层重量的决定
　管段的划分方法

概略设计

形式、断面的决定

详细决定事项
通风方式计算方法、风速、通风道断面积
道路构成（宽、富余宽、标志）
服务道路的构成和宽度
上浮安全系数
管段的大小
管段的制作方法
船坞的地基承载力
沉埋段的基础形式
牵引方式
沉放地点的承载力　压密下沉　沉放方法

调查之三

应力计算
　地质条件
　荷载条件　船坞内－设计荷载　单位重度
　　　　　　牵引时
　　　　　　沉放时－荷载组合　容许应力增值
　容许应力　混凝土
　　　　　　钢材
　　　　　　钢筋
　　　　　　保护层
　　　　　　间隔
　　　　　　最大直径
　　　　配筋　接头方法
　　　　　　钢筋长
　　　　　　混凝土灌注施工法
　浮力计算
　　牵引方法的决定
　　沉放方法的决定
　　沉放顺序的决定
　　上浮安全系数的决定
　　海水比重的决定
　　混凝土比重的决定
　　施工精度的决定

设计规格的决定

干船坞的设计类型的决定
钢壳的设计
牵引设备的设计
沉放设备的设计
接头的设计　一般施工接头横向施工缝
　　　　　　止水部　节段间
　　　　　　竖井和节段间
水中接合方法和类型、材质
附属设备的设计
防水　顶面
　　　侧壁
　　　底板
护岸线的处理

断面的决定

决定事项
　地质条件
　地震条件
　接头方法　构造
　轴向的计算方法
　管段和竖井是否一体
　管段的基础
　沉埋段的承载力
　各管段间的构造

轴向力的研究

干船坞的设计
施工方法的研究

设计完成

牵引沉放方法的研究
机材的研究和配置

图 4-5　设计流程图

（5）地基反力：其分布规律，遵照如下假定。

① 直线分布。

② 反力大小与各点沉降量成正比，即温克尔假定，又可分为单一系数和多种地基系数两种。

③ 假定地基为半无限弹性体，按照弹性理论计算反力。

（6）混凝土收缩应力。

2）可变荷载

包括汽车荷载、温度影响力、施工荷载、压舱水压力、地基不均匀沉降。

沉管内外壁之间存在温差，外壁基本上和周围土体一致，可视做恒温，而内壁的温度与外界一致，四季变化。一般冬季外高内低，夏季外低内高，温差将产生温度应力。由于内外壁之间的温度递变需要一个过程，一般设计需要考虑持续 5 d ~ 7 d 的最高温度和最低温度的温差。

3）偶然荷载

（1）沉船荷载：沉船抛锚及河道疏浚所产生的荷载，一般取为 50 kN/m²。

（2）爆炸荷载：隧道内汽车爆炸荷载，一般取为 100 kN/m²。

（3）地震荷载：按地震基本烈度设防。

4）其他荷载

包括拖运力、水浮力、接头水压力、抛锚力、船舶吸附力等。该部分荷载根据不同国家的具体情况及隧道修建所在地的实际情况有所变化，在结构受力分析时应根据现场调查资料进行选取。

2. 荷载的组合

根据管节在干坞内预制、浮运、沉放、对接、基础处理以及最后投入运营等不同阶段的受力状态，管节应按横向和纵向进行荷载组合（可能出现的最不利组合），并按规范选用不同的安全系数，施工期间还要考虑动水压力、风压力及施工中的特殊荷载。

荷载作用应根据结构构件的重要性采用不同的荷载分项系数进行荷载组合，我国尚无具体规范，日本现行的《沉管隧道技术手册（2002 年 10 月）》中在采用承载能力极限状态法时对荷载组合及荷载分项系数的规定见表 4-1，可作参考。

另外，美国麻省波士顿 Ted Williams 隧道（钢壳结构）和荷兰 Noord 隧道（钢筋混凝土结构）设计时，对荷载系数及结构后建验算时的应力增加系数规定分别如下。

1）荷载的最不利组合

沉管隧道设计时的基本荷载最不利组合由静载、回填土、超载和活荷载水平土压力及水压力组合而成。对荷载系数的规定，美国 Ted Williams 隧道采用 1.0，荷兰 Noord 隧道采用 1.5，极限状态设计时采用 1.7。

表 4-1 日本现行规范中荷载组合和荷载分项系数表

荷 载			正常使用极限状态	承载能力极限状态	
				基本荷载	地震荷载
永久荷载	管段自重		1.0	0.9～1.1	1.0
	管内压覆路基等自重		1.0	0.8～1.2	1.0
	上部荷载（垂直方向）		1.0	0.9～1.1	1.0
	水平荷载（水平方向）		0.7～1.0	0.8～1.2	1.0
	水压力	陆上段 最高水位 G.L	—	1.0	—
		陆上段 高水位 H.W.L	1.0	0.9～1.1	1.0
		水上段 最高水位 H.H.W.L	—	1.0	—
		水上段 高水位 H.W.L	1.0	1.1	1.0
地基反力			1.0	1.0	1.0
温度荷载			1.0	1.0	1.0

2）结构验算时的应力增加系数

结构验算时上述基本荷载和其他荷载组合时的应力增加系数也作了规定，美国 Ted Williams 隧道采用 1.25，而荷兰 Noord 隧道采用 1.5，但在考虑和温度荷载或地基不均匀沉降组合时采用 1.0。

3. 允许应力

根据结构形式及其重要性，考虑设计计算时的假定以及施工和维护方法，依照相关规范的规定确定材料的容许应力。

混凝土的容许应力：①用于沉管隧道的混凝土容许应力必须符合有关规范；②容许应力的确定不仅要考虑材料的性质，而且要考虑结构形式、结构的重要程度、设计计算中的假定以及施工和维修方法。水下浇注的混凝土的容许应力根据相似场地条件的经验来确定，混凝土的质量取决于浇注方法。

水下浇注混凝土的质量主要取决于施工情况，而通常施工的优劣性又难以判断。在日本公路协会的《高速公路桥梁的基础设计规范》的示例中规定，水下浇注混凝土的容许应力是在空气中浇注混凝土的 50%。

混凝土抗拉强度很低，在其拉应力超过某一限值的部位会出现裂缝。对于钢筋混凝土，由于设计分析时未计入混凝土的抗拉强度，钢筋混凝土的裂缝对抗力不会有特别问题。然而，大的裂缝会降低钢筋混凝土的防水性，从而导致钢筋的锈蚀，为此，对裂缝采取某些限制是必要的。裂缝宽度大小受钢筋尺寸以及混凝土覆盖层厚度的影响是复杂的。当钢筋的拉应力增大时，一般而言裂缝宽度会变大。因此，限制裂缝宽度的有效方法是限制钢筋的容许拉应力。一般而论，从防水角度出发裂缝的容许宽度应小于 0.1 mm，这个值从防锈的目的出发也是容许的。当构件经常浸入水中时，防锈要求裂缝容许宽度为 0.2 mm，当构件位于水面附近且受水的影响严重时为 0.15 mm。混凝土的标准规范规定了容许应力，同时规定当裂缝特别有害时容许应力值应降低。

4. 浮运及运营期间的稳定性

在沉管管段设计中，有一个与其他地下工程迥然不同的特点，即必须进行浮力设计。其内容包括干舷的选定和抗浮安全系数的验算。通过浮力设计，可以最后确定沉管结构的外廓尺寸。

1）干 舷

管段在浮运时，为了保持稳定，必须使管顶面露出水面。其露出高度称为干舷（h）。具有干舷的管段，遇到风浪而发生倾侧后，它就会自动产生一个反倾力矩 M_t（图4-6），使管段恢复平衡。一般矩形断面的管段，干舷多为 10 cm~15 cm，而圆形、八角形断面的管段，则多为 40 cm~50 cm。干舷高度不宜过小，否则稳定性差。但也不宜过大，因管段沉放时，需灌注过多的压载水，以消除这干舷所代表的浮力而使管段下沉。

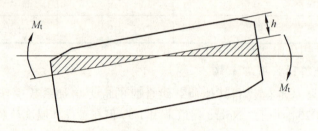

图 4-6　管段干舷与反倾力矩

管段制作时，混凝土重度和模板尺寸常有一定幅度的变动，而河（海）水重度也有一定幅度的变化。所以，在设计时应按最大的混凝土重度、最大的混凝土体积和最小的河水重度来计算干舷。

2）抗浮安全系数

在管段沉放施工阶段，应采用 1.05~1.10 的抗浮安全系数。管段沉放完毕后，抛土回填时，周围河水与砂、土混合，其重度增加，浮力亦相应增加。因此施工阶段的抗浮安全系数务必选用 1.05 以上。

在覆土完毕后的使用阶段，抗浮安全系数应采用 1.2~1.5，计算时一般不考虑两侧填土所产生的摩擦力。

设计时应按最小的混凝土重度和体积、最大的河水重度来计算各阶段的抗浮安全系数。

3）沉管结构的外廓尺寸

对沉管隧道，总体的几何设计只能确定隧道的内净宽度及车道净空高度。沉管结构的外廓尺寸，必须通过浮力设计才能确定。在浮力设计中，既要保证一定的干舷，又要保证一定的抗浮安全系数。

4.2.3　主体结构的设计

1. 概　述

沉管隧道的设计方法一般分为容许应力法和极限状态法两种。

近年来，沉管隧道的设计趋向于采用极限状态法进行设计。极限状态可分为承载能力极限状态和使用极限状态两种。承载能力极限状态为结构或结构构件达到正常使用或耐久性能的某项规定值。沉管隧道当采用极限状态法设计时，应根据结构和结构构件的性能要求进行设计和性能验算。结构和构件的要求性能可采用数值解析、现场结构试验和模型试验等方法来确定。

对于承载能力极限状态，结构构件采用下列极限状态设计表达式：

$$\gamma_0 S \leqslant R \qquad\qquad\qquad (4\text{-}1a)$$

式中　γ_0——结构重要性能系数；

　　　　S——承载能力极限状态荷载效应的设计值；

　　　　R——结构构件的承载能力设计值。

对于正常使用极限状态，结构构件采用下列极限状态设计表达式：

$$S \leqslant C \qquad\qquad\qquad (4\text{-}1b)$$

式中　S——正常使用极限状态的荷载效应组合值；

　　　　C——结构构件达到正常使用要求所规定的变形、裂缝宽度和应力等限值。

沉管隧道管节的结构计算主要由横向、纵向以及局部三大部分计算组成。横向计算是在沉管隧道管节中切取单位长度，将其当成平面应变进行计算；纵向计算是将所有管节连成一个大系统进行计算；局部计算是根据具体情况，检算沉管中局部的应力或变形控制部位。

2. 横向结构分析

横向计算沿沉管隧道纵向横切单位长度，按平面应变假定进行计算。施工阶段和运营阶段均有横向计算问题。施工阶段的计算，根据施工顺序的先后，主要有管段起浮、出坞与浮运、管段沉放与水力压接、基础构筑及覆土五个工况。运营阶段均按平面框架、底板下部为弹性支承进行横向计算，只是需要根据温度、水压、土压、列车、沉船等作用的情况考虑各种不同的荷载组合。此时的基本计算模式可参见图4-7。

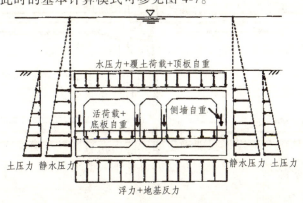

图 4-7　横断面荷载图式

图 4-8 为某双框钢筋混凝土沉管隧道断面荷载示意图。图 4-9、4-10 为计算结果示例。图 4-11 为德国埃姆斯河隧道的管段在最深点处截面的弯矩及配筋。

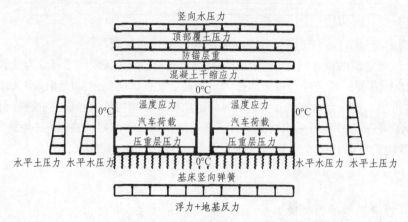

图 4-8 双框钢筋混凝土沉管隧道断面荷载示意图

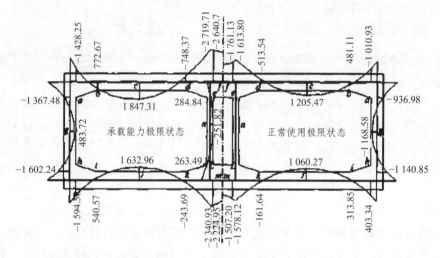

图 4-9 管段横断面各控制点弯矩包络图（单位：kN·m/m）

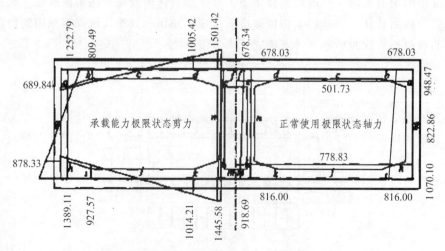

图 4-10 管段横断面各控制点剪力、轴力包络图（单位：kN/m）

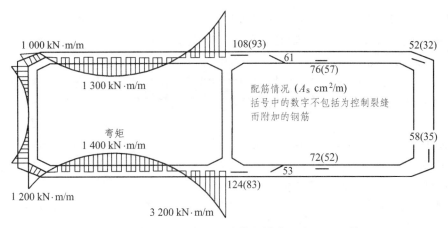

图 4-11 德国埃姆斯河隧道管段横截面弯矩及配筋

从横向计算的结果可知，运营阶段内力值一般均大于施工阶段，由此可见，横向结构应由运营阶段控制设计。

3. 纵向结构分析

从混凝土相对较低的抗拉强度和避免横向开裂这两个方面来看，了解混凝土管段的纵向性能是很重要的。其中，温度变化和纵向弯曲将对管段的应力产生一定的影响。

1) 由温度变化引起的混凝土应力

结构温度变化的增加或减少将导致纵向变形。这种结构温度的增减或板的厚度上产生弯曲应力在 - 1.0 MPa 到 + 1.0 MPa 之间变化。在外侧，夏季将会是拉应力，冬季则是压应力。

2) 纵向弯曲

超载的不连续性和地基沉降的不均匀性有相同的效果，两者均造成管段的纵向弯曲，可当做放在弹性地基上的梁来分析。管段纵向一定的差异沉降将使管段横向产生开裂，这些开裂有可能会贯穿底板和墙体的厚度。

混凝土中的横向裂缝可以通过在施工缝上提供延展性来避免。因为垂直施工缝不能传递混凝土拉应力，它将在早期开裂。因此，混凝土管段可以设计成比较低的纵向钢筋数量（与有伸缩缝的混凝土管段相似），必要的延展性应由中间接头和伸缩缝或施工缝来提供，以降低混凝土开裂的风险。

3) 临时施工缝

在管段的浮运和沉放阶段，管段承受的荷载是不均匀的。如当管段在海上浮运时，随着管段长度的增加以及受到波浪的影响，纵向弯曲也将增大，所以有些情况下需要设置临时施工缝。

对于整体管段，钢筋的应力必须安全地保持在弹性范围内，对有伸缩缝的管段，通常是在混凝土未受拉应力的情况下施加临时纵向预应力。

4) 永久性纵向预应力

纵向预应力可以均匀地施加在管段的整个高度上。施加纵向预应力可以增加垂直施工缝的受拉和弯曲能力，以保证在某些极端的情况下（诸如地震）施工缝不会张开。

沉管隧道纵向按弹性地基梁进行计算，即 $P = ky$，式中 k 为地基反力系数。在技术设计阶段，k 值应进行现场实测，并应考虑地基处理与基础处理情况求取。

具体计算时，运营阶段按体系转换前与体系转换后两种情况分别进行纵向结构计算，然后进行叠加，从而得到最终的纵向内力。体系转换前是指以每一节管段单独作为一个结构进行计算，此时，最终接头尚未形成，其荷载仅有抗浮系数为 1.05 时的恒载、设计平均水位、回填土的侧向土压力。而体系转换后是指所有管段串连一体，抗浮系数为 1.05～≥1.10 时的恒载、四周水位差（高水位或低水位与平均水位之差）、顶板上淤积土压力（包括由此引起的侧向土压力）、静载、活载以及温度、沉降、沉船等荷载作用组合的情况。

接头类型应属于半柔半刚性。如何较准确地反映接头的实际情况，是需要重点考虑的问题之一。采用既能受拉、受压，又能受弯、受剪，还能受扭的"不完全铰"，可以较好地模拟接头。

温度作用的纵向计算分为两部分，其一是纵向温度自约内力（或应力），其二是纵向整体结构温度内力，最后作用效应为两部分之和。

各板温度分布由外壁至内壁为直线（图 4-12），但相对于整个断面显然是折线，由于断面上的变形符合平面假定，从而产生自约温度内力（或应力）。整体结构温度内力是由于在温度作用下弹性地基上的各节管段变形协调所致。对自约温度内力，简单地可按一般平面假定进行计算；整体结构温度内力，则需先求得断面处平均温度及其作用点后，再求得上下翼缘处的温度，最后对整个沉管隧道段进行计算后求得。

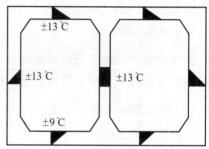

图 4-12　温度分布图

计算中还需考虑纵向设计坡度的影响，这样可使结果更符合实际情况。采用有限元法进行计算时，管段可假定为三维可变截面弹性地基实体梁单元，接头为三维旋转单元。

下面以一沉管隧道为例加以说明。

隧道由 19 节管段组成，每节管段长 110 m，两端与竖井相连。假定竖井沉降已基本稳定，管段之间以及管段与竖井之间接头均按不完全铰处理，则整个结构为 19 节管段并由 20 个不完全铰相连的置于弹性地基上的串连梁体。其纵向计算模型如图 4-13 所示（图中弹性支座为示例，并非表示一节管段仅有一个支座）。

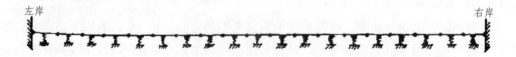

图 4-13　纵向计算模型

注：·表示不完全铰。

图 4-14 为该沉管隧道在基本荷载（恒载、水压、土压）作用情况下的内力计算结果图。

（a）弯矩图（单位：kN·m）

（b）剪力图（单位：kN）

图 4-14　基本荷载作用下的内力计算结果

图 4-15 为整体结构温度作用下的内力计算结果，其值在整个作用效应中占有相当大的比重，且作用范围往往是沉管段的全长。因此，较准确地确定温度场（图 4-12）是很重要的。

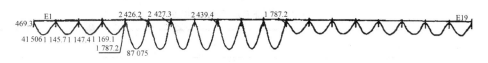

弯矩图（单位：kN·m）

图 4-15　整体温度作用下的内力计算结果

对沉船荷载的计算，偏安全地假设沉船方向与隧道管段纵向平行，其内力计算结果，如图 4-16 所示（沉船荷载 30 kN/m）。

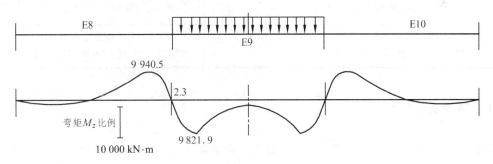

图 4-16　沉船荷载作用下计算结果

4. 局部结构分析

沉管段在施工与运营期间，存在许多局部受力区域，如施工期间的系缆柱、拉合座、鼻托、测量塔处的人孔及吊点等，运营期间接头处的水平剪切键、垂直剪切键、PC 拉索结构段及结构内部孔洞等。管段局部受力区均存在不同程度的应力集中，如果超过其强度极限，将危及管段的安全，为此需对这些部位进行专门的计算。以三维实体模型（图 4-17、4-18）、弹簧及单向受力杆对沉管隧道的接头进行模拟分析，求出接头处剪切键剪力、不均匀沉降、GINA 止水带的伸长量、PC 拉索拉力等控制值。

图 4-17　管段接头计算模型　　　　　图 4-18　管段半个接头计算模型

5. 管段结构的验算

管段结构的验算内容应根据对隧道的要求性能进行合理的决定，而且结构验算时还应根据管段结构形式和制作工艺的不同合理地选择验算项目。沉管隧道的要求性能和验算项目需对施工、正常使用、地震以及意外荷载作用时的几种不同工况条件进行验算。具体的要求性能和验算项目如表 4-2 所示。

表 4-2　不同工况条件验算表

工　况	要求性能	验算
施工时	管段漂浮、浮运和沉放的规定； 沉管制作、沉放时的承载力及变形性能	干舷、浮运系数； 承载力和变形量
正常使用时	设计荷载作用时的承载能力，变形的性能要求； 耐久性要求； 止水性能； 对火灾的安全性能	构件的端面承载力及变形量； 钢材的抗腐蚀量，混凝土裂缝宽度等； 接头的变形量和管段裂缝变形等； 耐火指标
地震和意外荷载作用时	地震和意外荷载作用的结构承载能力性能；接头的止水性能	结构及构件的端面承载力； 接头的变形量和形成的裂缝宽度

4.2.4　端隔墙的设计

在管段灌注完成，拆除模板之后，沉管段的两端部，因牵引、沉放的要求，须于管段两端离端面 50 cm ~ 100 cm 处设临时隔壁（端隔墙）。端隔墙的结构，因要承受施工中的水压，最好使之重量小，而且易于拆除。为此，其结构形式多是由止水板、桁架、加强肋等构成的钢结构。但也有钢筋混凝土的和钢筋混凝土板与支持钢桁架构成的。选择时，应考虑止水性、经济性、施工性等。近年较多采用钢筋混凝土端隔墙，其优点是变形较小、易于确保不漏水，但缺点是拆除端隔墙比较麻烦。沉管隧道工程实践表明，钢结构端隔墙方法仍较可取，其密封问题不难解决，钢板制作的端隔墙由端面钢板、主梁及横肋梁组成正交异性板（可用防水涂料封缝，或用多环橡胶密封环，其防漏效果相当可靠，水密性良好，并且装拆方便）。主梁采用 I 字型钢，上下两端与端部钢壳连接；主梁的翼缘与隔墙钢板相接，横肋采用角钢焊于封墙的外侧，见图 4-19。

在隔墙上设有实现水力压接的设施：鼻式托座（左右对称设置，前后端分别为上、下鼻托）、入孔钢门（密封防水）、给气阀（设于上部）、排水阀（设于下部）和拉合结构（左右对称设置）。入孔门应向外开启，相连的管段端隔墙上的入孔钢门位置要错开，以便于同时启开。沿门周边设止水带。

设计端隔墙时的荷载，主要是沉放时的水压。而最大静水压力，可按管段沉到槽底时的水压力计算。端隔墙虽说是短期服务的临时结构，但应充分承受此水压。拖运时的动水压力，一般不必考虑。

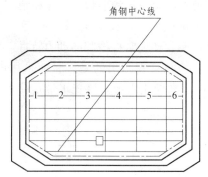

图 4-19　钢结构端隔墙

采用钢端隔墙时，一般采用与钢桁架结构同样的设计方法。止水板既承受板的应力，也承受桁架翼缘的应力，故应检算此应力。

支持端隔墙的结构，要能完全地承受水压，特别是与本体结构的安设方法，要给以充分的注意。

4.2.5　接头的设计

接头主要有 2 个用途：① 连接各个预制单元；② 对付不同的沉降、温度、蠕动和收缩造成的移动。

接头设计主要是确保接缝在应该起作用的伸缩范围内能够防水。就接头的防水设计而言，调查和确定接头的位移、方向对准及其容许误差限制是重要的，还应确定接头防水所能承受的最大水压、接头材料的性质及其使用寿命等。

1. 接头工法

沉管段在水中接合的方法，在沉管法的应用初期，多采用水中混凝土的方法。但自从橡胶密封垫的水压压接法开发后，便成为采用最多的工法。

沉管的接头部是沉管法最具特征的部分。在设计时，要保证具有良好的止水性能和能充分地传递力。在采用柔性接头时，要满足伸缩等必要的功能和施工性、经济性优越等条件。

2. 止水构造的设计

在管段的接头处，不管是哪种接头形式，都要进行止水构造的设计。一般说，橡胶密封垫的一次止水构造，是最基本的构造。

决定橡胶密封垫的材质、形状、尺寸时，要满足以下条件：止水构件材质的长期稳定性和耐久性；管段接合时，保证所规定的止水性；水压压接时具有合适的荷载——压缩变形特性；有永久的止水性能等。采用柔性接头时，要在设计伸缩量条件下，能确保止水性；接合后，对外侧水压保证安全等。

为满足这些要求，必须进行橡胶的材质试验、压缩特性试验、剪切试验、止水性能试验等。据此，决定最佳的形状、尺寸和硬度。一般说，橡胶的材质多采用天然橡胶和合成橡胶，其硬度为邵氏（SHORE）40度~60度。在设计橡胶密封垫时，还要注意橡胶的永久变形量。对柔性接头，还要掌握橡胶的动力特性。但根据调查，橡胶的动力压缩特性和静力特性相差很小。

　　应该特别指出的是，目前采用的各种形状的橡胶密封垫中，在初期止水上几乎都采用GINA橡胶止水带。该止水带是荷兰开发的，其形状和尺寸参见图4-20。

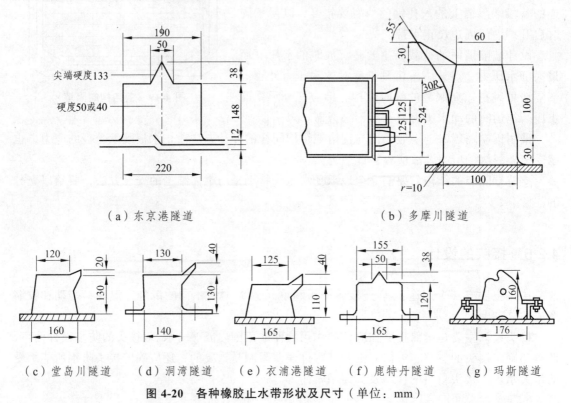

（a）东京港隧道　　　　　　　　　　　　（b）多摩川隧道

（c）堂岛川隧道　　（d）洞湾隧道　　（e）衣浦港隧道　　（f）鹿特丹隧道　　（g）玛斯隧道

图 4-20　各种橡胶止水带形状及尺寸（单位：mm）

　　止水带在水压接合状态处于压缩状态，对静水压有足够的止水能力。但是，在水压接合时，若止水带没有处于充分压缩状态或由于地震等原因，接头会张开，使压缩荷载释放，而降低止水性能，会产生漏水。此外止水带要长期使用，至少50年~100年，设置后更换也不容易，因此，在设计时，必须考虑橡胶的劣化问题。

　　二次止水装置（有时还有三次止水装置）是防止一次止水发生故障时而设置的具有止水构造的安全阀，要能承受外水压。

　　连续构造的接头是把止水钢板焊接在接头部，由于混凝土的灌注，刚性结构就能兼具止水构造。采用柔性接头时，在橡胶密封垫的内侧周围安设Ω形止水橡胶，其形状如图4-21。

3. 连续构造接头的设计

　　连续构造接头，如图4-22（a）所示，要扩大管段端部断面。在管段外周设置橡胶密封垫的止水装置，和本体形成同一断面的结构形式，也有如图 4-22（b）所示的形式。前者的刚度、强度几乎与本体相同。后者因结合处的断面小，要使强度与本体相同，要费些事；但

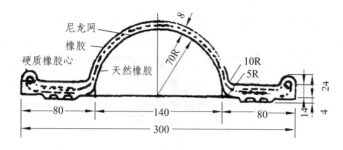

图 4-21　二次止水带形状及尺寸（单位：mm）

是管段端部无需扩大，外侧是等断面的，管段的制作较方便。连续构造接头在美国、加拿大等国采用较多，日本初期的沉管隧道也多采用。

使管段相互结合、传递力的方法有：沉放后用内部钢筋混凝土衬砌连接接头的方式和焊接钢板传力的方式。不管哪种方式，都要承受因地震、地层下沉、温度变化等造成的轴向拉力、压力、弯矩、剪力等。

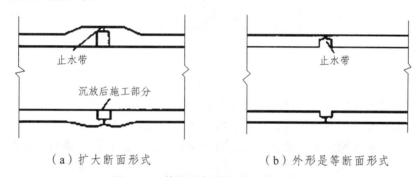

（a）扩大断面形式　　　　　　　（b）外形是等断面形式

图 4-22　管段端部的构造形式示意图

4. 柔性接头的设计

柔性接头是能使管段接头处产生伸缩、转动的结构，如图 4-23 所示，但不容许无限制的位移。要根据止水性及交通功能等，规定出容许的位移值，使接头的位移在容许范围之内。为满足接头位移件和管段内力不超过容许值的要求，要进行合理的控制，主要是决定接头的设置位置和接头刚性以及具体的接头构造。

柔性接头的设置位置，与构造条件（与异种构造的接续点）、地质条件（地层的下沉，地质和构造的变化点等）、地震条件等有关。应在充分研究的基础上决定。

从采用柔性接头的工程实例看，即使管段的接头采用刚性结合的，在竖井和管段的连接处，也多采用柔性接头。

柔性接头的刚性用弹簧系数表示。要分别设定拉伸、压缩弹簧系数，转动弹簧系数（垂直轴回转，水平轴转动），剪切弹簧系数（垂直方向、水平方向）等。研究扭转变形时，还要设定扭转弹簧系数。实际的柔性接头的刚性，因有约束压缩的构件存在和移动地点处各构件间摩擦的影响等，一般比计算值高些，应尽可能地按实际的构造进行计算。

作用在柔性接头上的断面力，要与接头构造决定的抗力进行比较，检查其安全性。拉伸阻力是根据接头处设置的钢材的抗拉强度计算的。压缩侧不能依赖橡胶密封垫的阻力，为避

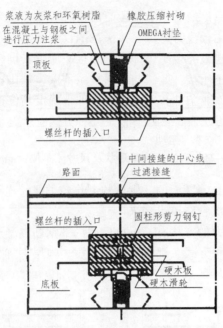

图 4-23　柔性接头构造

免过大的压缩，要设制动杆。弯曲阻力是按拉伸、压缩阻力计算出来的。剪切阻力，因采用抗剪键的构造，是由抗剪键和夹具的阻力计算出来的。

拉力会产生使接头张开的位移，这会造成止水上的问题。因为位移使橡胶密封垫的压力得到释放。因此，要限制此位移值，并设定有一定安全富余的容许位移值。根据既往试验推定，GINA 型橡胶密封垫的最大限度为 5 cm 左右。从防止隧道功能损坏的角度，剪切位移值（错动）一般都限制在 10 mm 以内。

日本的柔性接头的特点是在拉伸弹簧及阻力构件处设置 Ω 形钢板，如图 4-24 所示。也有采用 PC 钢丝束的。不管哪种形式，都要设抗剪键。

为确保地震时的安全性，采用柔性接头的隧道越来越多。实践证明，柔性接头能减轻地震时隧道的应力。

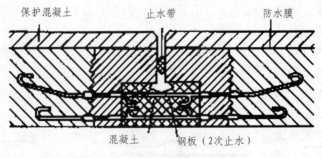

图 4-24　Ω 形钢板柔性接头

5. 最终接头

1）最终接头的施工方式

沉管隧道的接头，一般分为中间接头、与竖井连接的接头及最终接头三类，各类的结构形式有些差异，其中最终接头是最后一节管段与前设管段等的接头。与管段一般段的接头不完全相同。最终接头的水深比较浅时，可在接头范围设围堰，用内部排水方式施工。也可采用与水压压接相同的方法修建最终接头，即在最终接头周围安设橡胶密封垫的止水板，然后排出内部的水，使止水板水压压接。此法与水深关系不大，是比较合理的方法。

最终接头必须考虑施工作业条件和安全性，合理地确定其位置、结构和施工方法等。从目前采用的最终接头的施工方法看，大致有以下几种方式：干施工方式、水下混凝土方式、接头箱体方式、止水板方式、V形（楔形）箱体方式。各种方式的基本结构示意图见图4-25。各种最终接头的施工方法特征见表4-3。

表 4-3　最终接头施工方法的特征

最终接头方式	特征及要求	水下作业情况	接头形式	接头位置的通用性	实　例
干施工方式	接头干作； 较难用于深水处； 对围堰结构要求高	基本不需水下作业	基本采用刚性接头，也可根据需要采用柔性接头	水深比较浅时，可通用	东京港隧道
水下混凝土方式	在接头处设内模板浇注水下混凝土；对水下混凝土浇注后的防水要求高	模板设置和混凝土浇注均为水下作业	刚性接头	可用于最终接头	衣浦港隧道
接头箱体方式	应用水力压接方法推压预埋在连接井内的预制箱体结构，与管段连接；必须保证箱体制作精度和减小箱体滑移的阻力	基本无水下作业	柔性接头	可用于竖井和最后管体的连接部	多摩川隧道、川崎隧道
止水板方式	在接头外侧设有止水条的防水板，依靠水力压接止水后在管内干作接头；需在接头内设置短支撑，防止管段回退；必须保证防水板的止水效果	短支撑和防水板的设置在水下进行	刚性接头	水深比较浅时可通用	川崎隧道
V形（楔形）箱体方式	利用水压和自重进行连接；须准确估计接头结构体的长度；须确保防水橡胶的止水性能	接头长度的精确测量需在水下进行	刚性接头和柔性接头均可	与水深无关，可通用	大阪南港隧道

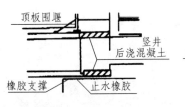

（a）干施工方式

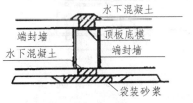

（b）水下混凝土方式

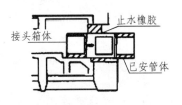

（c）接头箱体方式

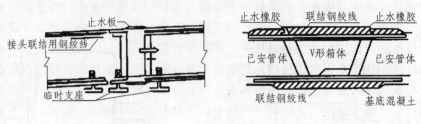

（d）止水板方式　　　　　　　　（e）V形箱体方式

图 4-25　最终接头方式示意图

2）最终接头的分类

根据沉管隧道最终接头在水中和岸上两个不同位置施工时，最终接头存在两种形式：水中最终接头和岸上最终接头，见图 4-26、4-27。

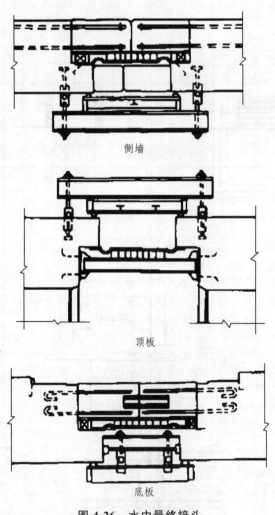

侧墙

顶板

底板

图 4-26　水中最终接头

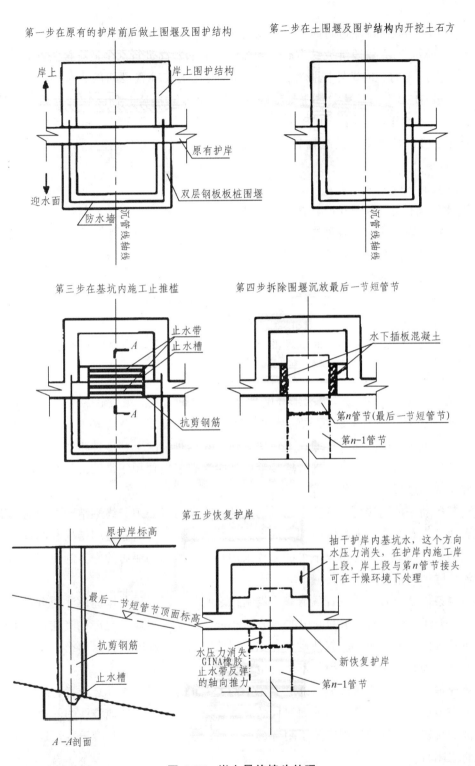

第一步在原有的护岸前后做土围堰及围护结构

第二步在土围堰及围护结构内开挖土石方

岸上

岸上围护结构

原有护岸

迎水面

双层钢板板桩围堰

防水墙

沉管线轴线

沉管线轴线

第三步在基坑内施工止推槛

止水带
止水槽

A

A

抗剪钢筋

第四步拆除围堰沉放最后一节短管节

水下插板混凝土

第n管节(最后一节短管节)

第n-1管节

第五步恢复护岸

原护岸标高

最后一节短管节顶面标高

抗剪钢筋

止水槽

A-A剖面

抽干护岸内基坑水,这个方向水压力消失,在护岸内施工岸上段,岸上段与第n管节接头可在干燥环境下处理

水压力消失
GINA橡胶
止水带反弹
的轴向推力

新恢复护岸

第n-1管节

图 4-27　岸上最终接头处理

（1）水中最终接头。

当在河（海）道进行沉管作业的工期要求很紧，而沉管隧道的两岸岸上段工程、沉管段

基槽开挖及管段预制可同时进行时，就需要在水中进行最终接头处理。管段沉放可从两侧完工的岸上段开始，所有管段沉放结束后，剩余约 2 m 的距离进行水中最终接头施工。

最终接头施工时，依靠外模板在水力压接的情况下实现管段间的止水性能，外模板一般由钢构件和 HEB 型（荷兰）橡胶带组成。管段沉放对接后，抽除相邻管段端封墙之间的水，由于外界水压的作用，HEB 型橡胶带被压缩，从而实现管段间的密封止水。在此前提条件下，进行最终接头的结构施工和混凝土浇注。上海外环路隧道的最终接头属于这种形式。

（2）岸上最终接头。

一侧岸上段工程、基槽开挖、管段预制同时进行，然后管段沉放对接由完工的一侧岸上段开始，向另一侧延伸，最后再施工另一侧岸上段结构。这种施工组织设计，一般是在利用一侧岸上段工程作为管段预制的干坞时采用，其最终接头处理就必须在岸上进行。在干坞施工时，需根据承受 GINA 橡胶止水带的反弹力要求，考虑一定的结构措施来承受反弹力。这些结构措施包括：灌浆基础形成黏结力，坞墩与管段侧墙间浇注水下混凝土等。宁波常洪隧道的最终接头属于这种形式。

最终接头处理时也可采用临时围堰的方法，抽干岸上段基坑内水后，进行最终接头处理。

3）最终接头的设计要求

最终接头用于沉管隧道岸边端部和陆地部分之间的接缝，最终接缝设计变化很大，取决于某些基本因素，例如管段沉放的顺序、地震影响、温度（热运动）以及不同的沉降。

如果首先沉放管段，通常接缝在干坞中施作，在这种情况下，部件相对简单。如果首先建造终端结构，那么必须备有插入管段接缝的连接装置，以便用正常的沉放步骤时可以连接第一节和（或）最后一节管段。

按地震运动来控制接缝及其防水细节的设计。终端管段必须与终端结构（如通风塔）连接。两者通常具有非常不同的固有震动周期，这种周期差异将引起终端结构和沉管隧道之间产生较大的相对移动，这种情况下可能需要采用具有三维运动能力的完美的地震接缝，旧金山横跨海湾隧道就采用了这种接缝。

当地层条件很差时，在沉管隧道和终端结构之间的不同沉降是接缝设计的重要方面。某些设计（如美国马里兰州巴尔的摩中的 Fort McHenry 隧道）曾通过允许在接缝处有不同沉降来避免沉管管段中的高应力。其他设计（如美国弗吉尼亚州汉普顿公路的第二座汉普顿公路隧道）曾设计为允许膨胀和收缩但不能发生垂直位移。

在沉放最后一节隧道管段后，通常要留下约宽 1m 的间隙，并且必须将它闭合。闭合接缝就是放在最后一节隧道管段与前面沉放的隧道管段（如像一个就地浇注的隧道）或与洞门结构之间的接缝。当隧道周围安装了闭合围板之后，这个间隙就可从隧道内面通过浇注钢筋混凝土将它闭合。

为了便于闭合围板的安装和不漏水，一般把最后一节隧道管段的端头和将要连接的结构做成长方形的外形。这样就可以把这两部分整体地连接起来或安设一个永久性伸缩接缝。

4.2.6 沉管隧道防水设计

1. 防水工法的种类

沉管隧道，几乎都是钢筋混凝土的，通常设在 10 m ~ 30 m 的水深处，受到 100 kPa ~ 300 kPa 的水压。因此，经常受到水的浸透，对混凝土的耐久性会产生不良影响。此外，要防止因开裂而漏水，故要有充分的水密性，为此，要采用各种防水方法。

防水方法大致有 2 大类：① 使结构物本身具有水密性的方法；② 在结构物外侧施作防水层的方法。

为使结构物本身具有水密性，要在具有水密性材料和配比上下工夫和防止开裂的发生。防止开裂的发生，在构件厚度很大的沉管管段中，要与大体积混凝土作同样考虑，其中防止温度开裂是重要的。因此，要采取预冷却、管道冷却等措施，来控制混凝土硬化时的温度。

本体完成后，为防止因地震、地层下沉等产生的开裂，导入预应力是最有效的。

总之，管段防水是以混凝土自防水为根本、以接头防水为重点的多道防水、综合治理的设计原则。管段防水与管段的结构形式有关，钢壳管段防水主要是管段之间接缝的防水，钢筋混凝土管段的防水则包括管段结构自身的防水、管段外防水和管段接头的防水三个方面。钢筋混凝土管段自身防水主要是通过调整混凝土的材料配比和组合方式，严格控制管段预制施工条件和严格控制混凝土结构裂缝宽度；管段外防水则是采用全包防水或部分外包防水的方式；管段接头密封防水一般采用"GINA"和"OMEGA"两种橡胶止水带进行防水处理。

2. 防水工法的选择

1）钢壳沉管隧道防水工法

钢壳沉管隧道钢板一般都较厚，因而钢板本身的防水性能能够达到一般水深的防水要求。钢壳的防水重点有 2 个：一是钢壳加工过程中的焊缝；二是钢壳在长期运营过程中的防腐蚀问题。

（1）焊缝处理。

在一般水深条件下，焊缝质量并不是由强度控制，而是由焊缝的水密性控制。因为当水深不是特别大时，钢壳在使用状态下的应力通常都不大，焊缝的水密性应满足在最高水压下仍具有一定安全储备的要求。

（2）钢壳的防腐保护。

钢壳的防腐措施是保证钢壳在长期运营条件下不至于因化学腐蚀、静电腐蚀而导致渗漏的主要办法。在杂散电流条件下，钢壳的防腐可以采用涂料防腐（如煤焦油环氧树脂涂刷钢壳）和镀惰性层的方法进行处理。在确定有杂散的直流电流存在时，如电气化的快速交通、轻轨交通、地铁交通隧道，除需要做好杂散电流处理之外，还可以为钢壳提供特殊的保护措施——感应电流阴极保护系统。

2）混凝土沉管隧道防水工法

对于混凝土管段隧道来说，有两种基本防水的设计原理。第一种是钢筋混凝土外附加防水层防水。第二种是使用外部防水层，而把管段分成一些分离的分段，使其能够防止产生混凝土收缩裂缝而达到防水要求。

（1）钢筋混凝土外附加防水层防水。

混凝土不是百分之百防水的，一些水会渗过密实的混凝土漏出。这种水可能是看不见的，因为水会在隧道结构的内表面被蒸发。如果水是咸的，盐将遗留在混凝土内，几年后，可能使结构内侧的钢筋发生锈蚀。为此，在有些条件下，在采取混凝土裂缝控制技术的基础上，还需要采用附加防水层进行防水。附加防水层有薄膜防水和涂料防水两种。

① 薄膜防水。

薄膜防水是将防水材料制成的薄膜安装在钢筋混凝土管段外部，起到防水作用。常用的薄膜有沥青薄膜和聚合物片材薄膜。

沥青薄膜一般是用聚酯树脂或玻璃纤维织品加固预制成的垫席状薄膜。制作期间可以把热的沥青粘在衬板上或以加热的沥青层粘铺在垫席上。这种沥青可以是热熔化的也可以是改性的聚合物沥青，后者比前者有更好的弹性。就隧道防水而言，改性聚合物沥青薄膜优于一般的沥青薄膜，因为它减少了塑性变形和降低了压紧板下的压力。这种薄膜必须完全粘附在其基底下的混凝土表面上，以防止水通过薄膜中的缝流入薄膜和混凝土结构之间的空隙。

沥青薄膜有以下优点：① 比钢板薄膜便宜；② 性能良好；③ 铺设两层薄膜比较耐用；④ 可以用来连接正常的缝隙；⑤ 可以铺设在难于安设钢板薄膜的顶板上。

沥青薄膜也存在下列缺点：① 边缘处防水和锚固混凝土保护层的螺栓处防水成功与否，取决于施工的经验；② 只有在结构混凝土经适当养护并已干燥后才能使用薄膜，因此在浇注混凝土和制造船坞灌水之间的时间需要密切协调；③ 不能在薄膜平面上传递剪力；④ 在伸缩缝上需要设专门的装置（如钢的 OMEGA 密封带或类似的装置）；⑤ 很难持久地且完全地粘贴在混凝土表面；⑥ 从薄膜中的一条裂缝处渗入的水可渗透到远离薄膜发生裂缝地方的隧道里。

聚合物片材薄膜可以是热塑性材料〔如聚氯乙烯（PVC）、聚乙烯（PE）、氯化聚乙烯（PEC）和聚异丁烯（PIB）〕或弹性材料〔如氯化硫化聚乙烯（CSM）、聚氯丁烯（氯丁橡胶）（CR）和异戊二烯—异丁烯（丁基橡胶）（IIR）〕。

利用热气或板焊可以把热塑性材料的接头焊接起来，这种操作非常简单。弹性材料的接头则是粘接的。而橡胶类型（氯丁橡胶、丁基等）材料可以用硫化连接，虽然相当昂贵，但是硫化作用提供了牢固的连接。由于这类薄膜非常薄，因此在施工期很容易发生机械破损。

聚合物片材薄膜的优点是：① 与沥青薄膜相比，成本低；② 在铺设布置上接头较少，可减少失误；③ 施工期间和施工后很少受到损坏；④ 能够保持较好的混凝土质量；⑤ 可减少施工时间；⑥ 有利于简明和直接的设计。

丁基橡胶薄膜的缺点是：① 存在片材接头的工艺问题；② 只埋设一层薄膜很容易损坏（特别是铺设后马上使用）；③ 超过时限片材也会出现脆裂和老化；④ 抗拉强度和抗穿刺强度不足；⑤ 难以持久地和完全地粘在混凝土表面上；⑥ 薄膜上的裂缝能使水渗透到远离薄膜出现裂缝处的隧道里；⑦ 薄膜的裂缝不可修复。

② 涂料防水。

在混凝土外使用防水涂料具有成本低、涂料联系没接头、可以传递剪力等优点。常用的涂料防水层可分为无机类防水涂料和有机类防水涂料。无机类防水涂料包括水泥基防水涂料、聚合物改性水泥基涂料、水泥基渗透结晶型涂料；有机涂料包括反应类型、水乳型、水泥聚合物基防水涂料。

（2）冷却混凝土以防止其开裂。

在底板上浇注边墙期间，由于水化热使边墙的温度增加。当边墙冷却下来时，冷却的底板阻碍边墙的收缩，并使混凝土中产生拉应力。当拉应力超过混凝土的极限强度时，将出现开裂。

为了防止此时温度的过急上升，可以减少水泥含量（275 kg/cm³），或用粉煤灰代替部分水泥，以及使用产生较小水化热（矿渣水泥含有65%以上的炉渣）的水泥。此外，外边墙下部在浇筑后的头几天可能冷却，这是用泵水通过浇筑的金属管来达到冷却。

这种控制方法刚好使在底板上方的混凝土的最高温度明显降低，使得从这个位置至墙体上部和顶板的未冷却的混凝土之间是一个逐渐上升的温度。此外，可以把每次浇注的长度限制到25 m左右。

与薄膜相比，冷却的成本低并且减少了施工时间。即使不能完全避免开裂，也可在干坞灌水之前对已出现的那些裂缝进行注浆。必须在没有水流的情况下进行注浆，否则裂缝仍将保持张开状态，水将继续流入隧道。

4.2.7　基础的设计

1. 基础构造形式的种类

常见的沉管隧道基础处理方法可分为两类：一是先铺法（刮铺法），即在管段沉设之前，先铺好砂、石垫层；另一类是后填法，如喷砂法、砂流法、囊灌法、压浆法、压混凝土法等，即先将管段沉设在预制在沟槽底上的临时支座上，随后再补填垫实。所以归结起来，沉管隧道的基础形式主要有：砾石基础、砂基础、灌浆基础、水下混凝土基础、桥台基础和桩基础。

2. 基础的设计方法

1）基础垫层压缩模量的计算

如果槽底地基是稳定的（若地基土过于软弱，则应作加固处理），基础垫层仅作"垫平"处理，那么基础垫层的压缩量应根据对垫层进行的荷载板模型试验的结果，求得在不同荷载条件下压缩量和密实度的参数，然后依据荷载板模型试验得出的 p-s（荷载-沉降量）曲线和 p-e（荷载-孔隙比）曲线，计算垫层压缩量。

2）砂基础垫层的抗地震液化设计

位于地震区的沉管隧道，一旦基础砂垫层地震液化，将会丧失或降低承载能力，产生超量沉陷或不均匀沉降，同时还将对管段产生一种浮托力，严重影响隧道正常使用。因此，基础砂垫层的液化问题是基础设计中要着重考虑的问题之一。

3）桩基础设计原则

管段桩基础设计时根据各桩均衡受力、变形协调的宗旨，除须考虑永久荷载外，还应考虑由于管段沉放后进行回填覆盖而产生的荷载，使桩承受负摩擦力，对垂直承载力造成影响。

另外，在沉管段采用桩基础时，会遇到一个地面建筑所碰不到的特殊问题，即桩群的桩顶标高在实际施工中不可能达到齐平，而管段又是在干船坞制作的，管段沉放后，无法保证各桩均匀受力，为解决该问题，在各国的沉管隧道中，曾采用过的方法主要有四大类：水下混凝土传力法、承台梁传力法、灌囊传力法和活动桩顶法。

4.2.8 竖井及附属设备设计

1. 竖井设计

竖井分别位于沉管隧道的两端，是沉管隧道和陆上隧道的接续点。对公路隧道，还具有风井的功能。对其他用途的隧道，多用于排水设施、电气设施、附属设施等的收容空间。竖井结构实例如图 4-28。

图 4-28　隧道竖井实例

竖井设计的主要任务是确保其稳定性。竖井的稳定，一般说是由完成后的地震时及施工时的稳定性所支配的。

在公路沉管隧道中，在竖井中通常要设置以下设备：通风、电力、监视控制及排水设备。而在铁路沉管隧道中，这些设备的规模都要小得多。

在竖井的工程实例中，通常采用以下基础形式：直接基础（新潟港隧道）；钢管桩基础（川崎隧道、东京港海底隧道）；现浇混凝土基础（川崎航道隧道）；钢管板桩基础（多摩川隧道）；沉箱基础（川崎、台场、多摩川等隧道）；复合基础（地下连续墙＋现浇混凝土基础——川崎隧道；钢管桩＋钢沉箱——临海道路隧道）。

总之，基础形式是多种多样的，要根据地质条件、隧道规模、埋深以及竖井功能的要求等条件选定。

2. 引道设计

引道设计，通常是明渠式的。此时，视引道深度的变化，可采用 U 形挡墙、L 形挡墙或反 T 形挡墙、重力式挡墙等多种形式的构造。采用挡墙形式的区间，其开挖深度一般不要超过 15 m。

陆上隧道，一般均采用明挖法施工。如深度很深，可采用沉箱法。

引道的设计特别要注意的是 U 形挡墙的上浮性。为此，要选定合理的经济的结构形式。

对上浮力的上浮安全系数，一般取 1.1 ~ 1.2。为此，可加大底板厚度或是底板伸出，于其上填土或设抗拔桩等。

4.2.9 抗震设计

沉管隧道的抗震设计中，采用地震系数法或反应位移法来进行隧道单个构、部件的抗震计算，进而通过动力分析法来检算整个结构系统的抗震稳定性，计算包括隧址的地形和地质状况的隧道的影响。目前我国尚没有相关规范，参照日本工程结构物抗震设计规范要求，沉管隧道的抗震设计系统可用图 4-29 所示的流程来说明。

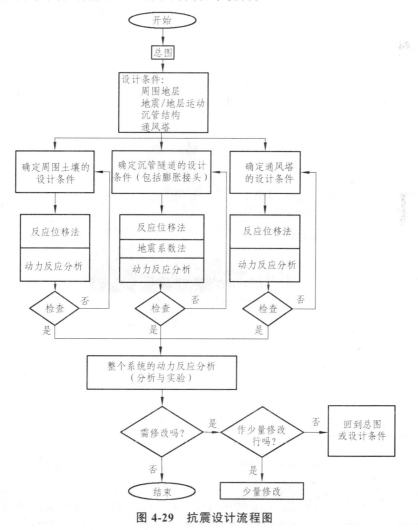

图 4-29 抗震设计流程图

1. 抗震设计的基本考虑

沉管隧道处于各种各样的特殊情况下，因此它的抗震设计有以下的基本考虑：

（1）在设计阶段选择路线、确定隧道长度及通风塔的位置时，仔细研究场地的地形和地质以及整个结构系统。应避开特别软弱的地层和可能引起诸如滑坡等地层破坏的区域以及存在不连续的地形和地质范围。同时应避免结构本身的不连续性。

（2）在沉管隧道的抗震设计中，应当考虑地层的位移差，对通风塔和其他附属结构则应考虑设计地震系数，除了沉管隧道部分，还需要采用动力分析来检算整个结构系统。

（3）在存在显著的结构不连续部分时，如管段间或管段与通风塔（或引道）之间的接头，应当检算其抗震性能，特别是其在地震前和地震后的防水能力。

（4）为了确保沉管隧道的安全，应当采取有利于维修和防震的有效预防措施，既应考虑维修和防震必需的机械设备和电气设备，也应考虑操作这些机械和设备的控制系统。

2. 设计地震动

沉管隧道抗震计算的设计地震动有地层位移和基岩加速度两种。

1）抗震设计中的地层位移

抗震设计中地层位移是在观测值的基础上，结合天然地层的地震响应和地质情况来确定。为了获得地震时的地层位移值，可采用以下方法：

（1）观测法。

这是一种基于野外观测结果来确定地层位移的方法。

（2）反应谱法。

地震时地面土层水平位移幅度可由下式求出：

$$U_h = \frac{2}{\pi^2} S_v T A_{oh} v_1 \tag{4-2}$$

式中　U_h——地表面的水平地层位移幅度（cm）；

　　　S_v——基岩处单位加速度的反应速度值［cm/（s·gal）］，参照日本规范，当固有周期T和地层的阻尼系数h确定时，该值可由图4-30或图4-31获得；

　　　T——表层地层的固有周期（s）；

　　　A_{oh}——基岩水平加速度（gal）；

　　　v_1——重要性系数，见表4-4。

表4-4　重要性系数

种　类	v_1
较高级公用隧道	1.0
其　他	0.8

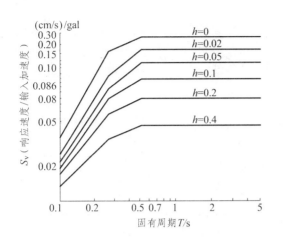

图 4-30　速度反应谱
（公共工程研究所，工程部）

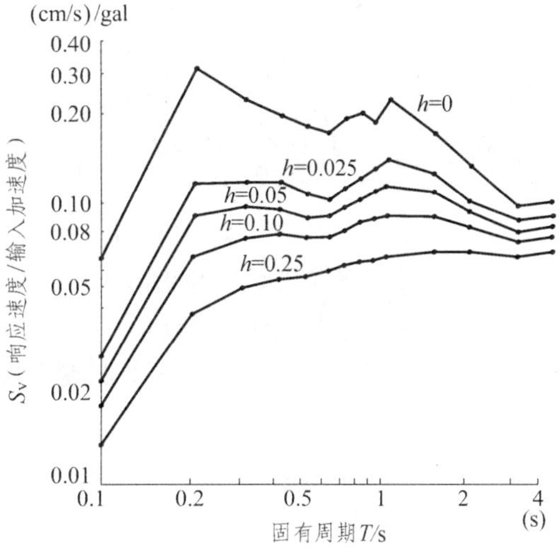

图 4-31　速度反应谱
（港口和码头研究所，交通部）

固有周期 T 由两种方法获得：① 由微震观测获得主周期的方法；② 用现场试验或实验室试验获得地层的剪切模量 G（或 S 波波速 v_s），然后利用地层厚度 H，通过公式 $T = 4H/v_s$ 来求得固有周期。地震时地面土层竖向位移幅度 U_v 是 U_h 的 1/4 ~ 1/2。

（3）换算正弦波谱法。

该方法中，沉管隧道的变形是通过地层沿沉埋结构纵向以正弦波方式传播的假定进行计算的。按照对于不同周期产生的正弦波的振幅（被称之为换算正弦波谱）以及扫描周期，反复计算沉埋结构的变形直至获得最大变形值。根据强地震地层运动记录得到换算正弦波谱。

2）抗震设计的基岩加速度

（1）根据规划隧道现场的地震震级和沉管隧道的重要程度来决定设计基岩表面的水平加速度。

（2）基岩的竖向加速度一般取水平加速度的 1/2。

设计基岩面的水平加速度可由下式求得：

$$A_{oh} = v_s \cdot A_o \tag{4-3}$$

式中　A_{oh}——设计基岩面的水平加速度；

　　　v_s——地震分布修正系数；

　　　A_o——基岩表面的标准基岩水平加速度（即等于 50 gals ~ 100 gals）。

3. 抗震设计的地震系数

（1）按照规划沉管隧道现场的地震震级、地层类型以及沉管隧道的重要性来确定设计水平地震系数。

（2）设计竖向地震系数约是设计水平地震系数的 1/2。

可用下列方法获得地震系数法中的设计水平地震系数。

① 设计水平地震系数：

$$K_h = v_z \cdot v_1 \cdot v_s \cdot K_{oh} \tag{4-4}$$

式中　K_h——设计水平地震系数；

　　　v_z——地震分布修正系数；

　　　v_1——重要性系数（见表 4-4）；

　　　v_s——地层条件系数（见表 4-5）；

　　　K_{oh}——标准设计地震系数（ = 0.2）。

② 设计竖向地震系数 K_v 为水平地震系数的 1/2。

表 4-5　地层条件系数 v_s

组　号	定义①	v_s 值
1	（1）第三纪或更老的地层（这以后定义为基岩） （2）基岩上厚度小于 10 m 的洪积层②	0.9
2	（1）基岩上厚度大于 10 m 的洪积层② （2）基岩上厚度小于 10 m 的冲积层③	1.0
3	深度小于 25 m，软弱层厚度小于 5 m 的冲积层④	1.1
4	上述意外的情况	1.2

注：① 上述定义不是很全面，地层条件的分类应充分考虑隧道现场情况。

　　② 洪积层意指密实的洪积层，如密实的砂土层、砾石层和卵石层。

　　③ 冲积层指的是由滑坡产生的新沉积层。

　　④ 软弱层指地震时可能突然改变特征的软黏性地层。

4. 设计计算方法

沉管隧道的抗震设计中，采用地震系数法或反应位移法来检算隧道单个构、部件的抗震稳定性，进而通过动力反应分析来检验整个结构系统的抗震稳定性，此处包括隧址的地形和地质状况的影响。下面介绍各设计计算方法。

1）反应位移法

（1）地层位移。

根据沉管隧道纵轴的高程来计算地层的位移。在离地面 x 深处的位移 $U(x)$ 值可按下式计算：

$$U(x) = \frac{2}{\pi^2} S_v T_g K_h \cos(\pi x / 2H) \tag{4-5}$$

式中　S_v——每单位地震系数的标准化反应速度；

　　　T_g——表层地层的自振周期；

　　　K_h——在基岩上的设计水平地震系数；

　　　H——表层地层厚度。

（2）轴线方向。

确定地震时周围地层的位移分布后，可把沉管隧道处理成一根梁并通过弹簧与地层连接（图4-32），其产生的轴向力及弯矩分别由式（4-6）及式（4-8）计算。

轴向力：

$$EAd^2Y_i/dx^2 - K_a(Y_s - Y_i) = 0 \qquad （4-6）$$

最大轴向应力(σ_a)可从式（4-6）得到：

$$\sigma_a = \pi EU_s/L \cdot [1 + EA/2K_a(2\pi/L)^2]^{-1} \qquad （4-7）$$

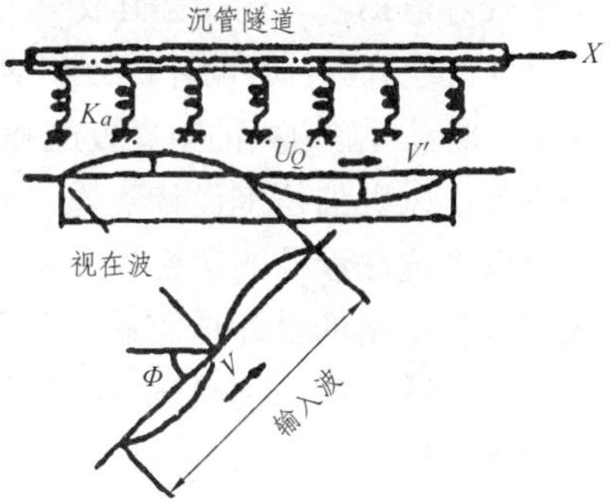

式中 EA——沉管隧道轴向刚度；

K_a——轴向力的弹簧常数；

Y_s——地层位移；

Y_i——沉管隧道位移；

L——波长；

E——杨氏模量；

U_s——最大地层位移。

图 4-32 弹簧支撑梁

弯矩：

$$EId^4Y_i/dx^4 - K_b(Y_s - Y_i) = 0 \qquad （4-8）$$

最大弯曲应力(σ_b)可从式（4-8）得到：

$$\sigma_b = 2\pi^2 DEU_s/L^2 \cdot [1 + EI/K_b(2\pi/L)^4]^{-1} \qquad （4-9）$$

式中 EI——沉管隧道弯曲刚度；

D——沉管隧道宽度；

K_b——弯曲弹簧常数。

（3）横断面。

当沉管隧道距地表较浅时（隧道底部平面一般距地表10 m～15 m），则每个隧道管段所在的地层相对于垂直方向上的位移与地表的位移不同。图4-33是对受周围地层变形影响的隧道横断面的计算模型，地层变形是由表层的剪切振动引起的。隧道管段构件用框架结构的一些梁来代替，而框架则通过剪切弹簧和轴向弹簧与周围地层相连接。沿框架的水平方向和垂直方向输入地层位移差。

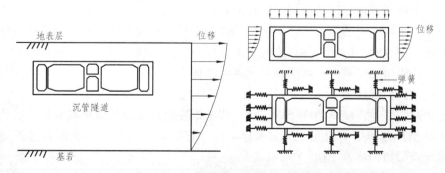

图 4-33 设计地震位移和计算模型

2）地震系数法

设计地震系数乘上结构和土体的自重可得到结构因地震引起的惯性力，其中惯性力是三向的，即 2 个横向（x、y 面）和 1 个垂直方向。

沉管隧道顶板上的覆盖压力等于覆盖土重量乘以（$1+k_v$），k_v 是垂直的设计地震系数。

根据惯性力进行的设计部分包括：地层滑移的稳定性计算，通风塔设计，引道设计，附属设施设计。地震时隧道内的附属设施和通风塔会产生很大的惯性力，必须提高其设计地震系数。

（1）通风塔的抗震设计。

通风塔抗震设计要考虑通风塔与沉埋结构的连接，从而保证整个结构的抗震性。通风塔在抗震分析中用的设计地震系数等于 K_h 乘以一个修正系数 β，该修正系数考虑了通风塔的响应。修正系数 β 的数值见图 4-34。当通风塔的固有周期小于 0.5 s 时 $\beta=1.0$。抗震设计应主要考虑其结构特点，而且应注意通风塔与沉埋结构或引道的连接位置的布置，不使结构中产生额外的横断面力。

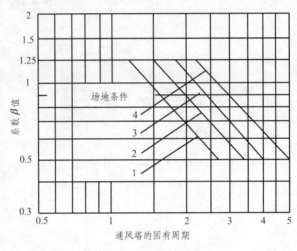

图 4-34　修正系数 β

（2）引道的抗震设计。

引道的抗震设计应注意引道与沉埋结构或通风塔的连接，以确保整体结构的抗震性。

其引道的抗震分析所用的设计地震系数应采用 K_h。

与沉埋结构相连的引道结构形式各异，如明挖回填法修建的隧道、沉箱作业和盾构作业的结构物以及半地下 U 形结构或挡土墙结构。在这类引道的抗震设计中，不仅要考虑引道的抗震性而且要考虑与引道相连接的沉埋结构的特性。

即使引道与沉埋结构的施工工艺不同，如果引道具有与沉埋结构相同的结构条件，如断面尺寸和刚度，那么对与沉埋结构相连的引道进行与沉埋结构相同程度的抗震分析。根据不同的结构形式，引道的抗震分析可采用其他相关的标准和规范。

（3）下层土的稳定性。

沉管隧道通常修建在软弱的底土中，而这些土壤在地震时容易液化或滑动。因此检算地震时影响沉埋结构范围之内的底土的地震稳定性是有必要的。（底土是指沉管隧道周围的原始地层，或沉管隧道的回填土层。）

下层土的稳定性分析采用假定滑动面的地震系数法。还需进一步通过动力分析得出的水平地层位移来分析其对沉埋结构产生的影响。在此基础上还要参考过去发生的地震破坏实例从而判断下层土的稳定性。

地震系数法中的滑动面假定为一个平行沉管隧道底面的平面，参考过去地震破坏实例和考虑到实际情况，作用在下层土的地震力限于地面以下 10 m 的范围内。在稳定性检算中，安全系数可取 1.1 或更高一点。计算时，将地表层简化为有 1 个自由度的弹塑剪振模型。

3）质量-弹簧模型分析方法

根据地震观测和动力模型试验结果，知道周围地层的动力状态和稳定性在沉管隧道的抗震设计中是很重要的因素，而且隧道设计中的关键因素不是地层的加速度，而是地层的位移，特别是沿隧道纵轴的相对位移。

据此，提出了几个计算地层地震反应的模型，地层和隧道的反应可采用数值积分法以时间系列进行计算。

最有效和最方便的计算模型之一是质量-弹簧模型（图 4-35）。在此模型中，假定基岩上的表面地层作剪切振动。

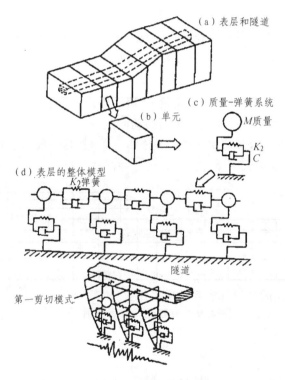

图 4-35　质量-弹簧模型

表面地层被分成多个垂直于隧道轴线的条带，每个条带用等效质量-弹簧系统（由一个质量、一个弹簧和一个把质量与基岩相连的减震器组成）代表。弹簧常数 K_3 是按系统自振周期与条带剪切振动第一个模式的固有周期一致来确定的。相邻的两个质量用弹簧和减震器连接到沿隧道轴线的另一质量上。

弹簧常数 K_2 与相邻地层条带之间轴向相对位移引起的推拉阻力或横向相对位移产生的剪切阻力有关。计算的反应方向不同，用的弹簧常数也不同。

根据此模型，表面地层反应可用下式计算：

$$[M]\{x\}_1 + [C]\{x\}_2 + [K]\{x\}_3 = -[M]\{e\} \qquad (4\text{-}10)$$

式中　$[M]$——质量矩阵；

　　　$[C]$——减震矩阵；

　　　$[K]$——K_1、K_2弹簧的刚度矩阵；

　　　$\{e\}$——输入的加速度；

　　　$\{x\}_1$——质量的加速度；

　　　$\{x\}_2$——速度；

　　　$\{x\}_3$——位移。

假定沉管隧道是由一个表示土层刚度的弹簧支撑的梁，并认为每个弹簧一端的位移与通过表面地层总的模型计算的地层位移相同。这样，就能确定隧道的地震反应，用这个模型可以估算柔性接头的影响或通风塔的影响。

4）有限元法

另一种有效的计算模型是有限元模型。地层用块单元或二维平面应力单元表示，沉管隧道用梁单元表示。这样可同时计算隧道和表层地层的地震响应。

图 4-36 是有限元模型的示意图。

最近的研究工作已进一步发展了上述质量-弹簧模型，得到了以下研究结果：

（1）表层地层的刚度和减震性质随地层的振动而改变。

（2）根据现场观测，地震波明显沿隧道轴线传播，主波速度一般为 1 000 m/s ~ 2 000 m/s。

（3）当在隧道表面施加很大的摩擦力时，就会在隧道与周围地层之间发生滑动。

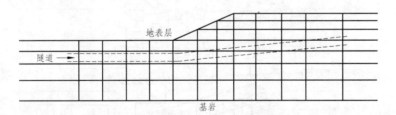

图 4-36　有限元模型示意图

4.3　沉管法水下隧道施工

4.3.1　施工顺序

沉管隧道的施工，大体上分为管段制作、基槽开挖与疏浚、管段的浮运沉放、管段水下连接、地基处理、覆土回填等施工工序（图 4-37）。

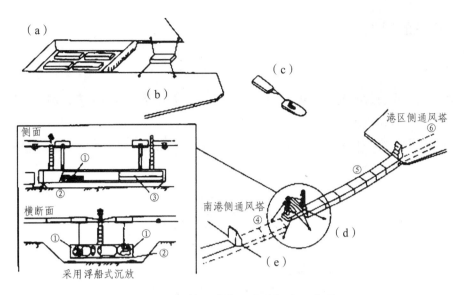

图 4-37　沉管隧道施工方法概念示意图

①—水平衡镇重箱；②—临时支撑用混凝土块；③—水平衡镇重物；

④—沉放预定部分；⑤—沉放管段；⑥—陆上隧道部分

图中（a）沉埋隧道的制作：在沉埋管道制作厂或干坞内制作。（b）舾装：将从船坞运出的沉管管段装上沉放作业用的锚索装置。（c）浮运：用拖船拖到沉放预定地点。（d）沉放作业：用沉放作业船沉放到预先浚挖好的沟槽内预定位置，与预先沉放的沉埋管段进行水中连接。（e）回填：用砂土回填。

沉管隧道，设计时必须充分考虑施工工艺要求。沉管隧道主要施工工序如图 4-38。

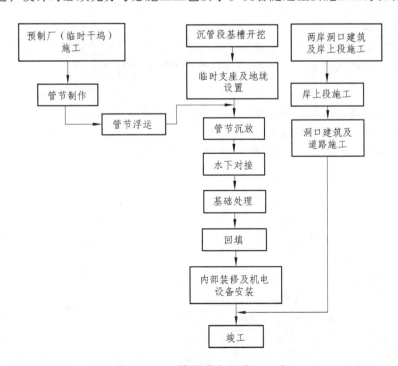

图 4-38　沉管隧道主要施工工序

4.3.2 管段的制作

1. 钢壳方式

钢壳管段制作通常是先在造船厂的码头、船台或岸壁等处预制钢壳，制成后沿着船台滑道滑行下水，然后在水上漂浮状态下灌注钢筋混凝土。这种管段的横断面，一般是圆形、八角形或花篮形的，隧管内只能设两个车道（图 4-39）。在建造四车道隧道时就需制作两管并列的管段。

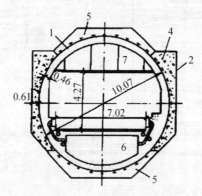

图 4-39 钢壳型沉管

1—8 mm 钢壳；2—6 mm 钢板；3—混凝土龙骨；4—水中混凝土；
5—压顶混凝土；6—送风道；7—排风道

钢壳由外侧钢板、横向桁架、纵向桁架、舱壁、衬垫组成。制造方法大体与船体的制造相同，通常采用分块拼接。钢壳制作完需进行质量检查，如尺寸、材料、焊缝等，特别是焊接部位的防水性。

钢壳制作完成后即可下水，下水方式可与船同样的方法经滑道下水，也可用起重机下吊入水。钢壳的浮运由拖船拖拉或推进，直到将其浮运到隧址处水面。

在随后的混凝土衬砌施工中，通常要在钢壳面上预留两个材料出入口，由此送入衬砌的混凝土材料及钢筋等。一般采用混凝土泵，并严格控制每一次浇筑量和浇注顺序，做到对称施工，待浇注完毕，搬出各种临时性材料后，封闭顶面上的预留出入口，这样，管段制作完毕。钢壳管段的制作步骤如图 4-40 所示。

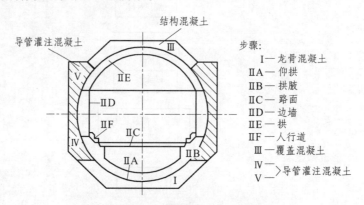

图 4-40 钢壳管段的制作步骤

2. 干船坞方式

干船坞方式制造管段的方法是在特定的场地（临时船坞）以固定状态的方式把沉管管段制作完，并用临时隔墙封闭管段两端，然后移向沉放处。如图 4-41 所示为东京高速海湾公路东京港隧道、东京港第二航道隧道平面图。

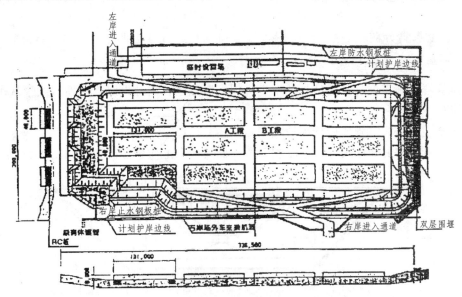

图 4-41　干船坞布置图

在干船坞中制作矩形混凝土管段的基本工艺，与地面上类似的钢筋混凝土结构的施工工艺大致相同，但采用浮运沉没施工方法，而且最终沉放在河底水中，因此对材料均匀性和水密性要求特别高，这是一般土建工程中所没有的。因而制造沉管除了从构造方面采取措施外，必须在混凝土选材、温控、模板等方面采取特殊措施。为了保证管段的水密性，在制作中管段混凝土的防开裂问题非常突出，因此对施工缝、变形缝的布置须慎重安排。纵向施工缝（横断面上的施工留缝），对于管段下端，靠近底板面一道留缝，应在底板面以上 30 cm～50 cm；横向施工缝（沿管段长度方向上分段施工时的留缝）需采取防水措施。为防止发生横向贯穿性裂缝，通常可把横向施工缝做成变形缝，每节管段由变形缝分成若干段，每段一般长15 cm～20 cm，如图 4-42、4-43 所示。

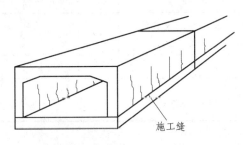

图 4-42　矩形混凝土管段的施工缝

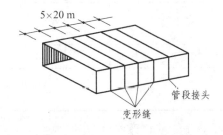

图 4-43　变形缝

干船坞灌水前必须将管段两端离端面 500 cm～100 cm 处设置临时端封墙。

干船坞的规模应根据施工组织、经济性、管节长度及管节数量等情况来决定。如果工期很紧，干船坞的规模要很大，在一次封堤中把所有管节全部预制完毕。如果沉管管段长、管节数多，也可以考虑分批预制管节。

4.3.3 基槽开挖与航道疏浚

1. 沉管基槽开挖

1）沉管基槽开挖的基本要求

在沉管隧道施工中，在隧址处的水底沉埋管段范围，需开挖沉管基槽，沉管基槽开挖的基本要求如下：

（1）槽底纵坡应与管段设计纵坡相同。

（2）沉管基槽的断面尺寸，应根据管段断面尺寸和地质条件确定，如图 4-44 所示。

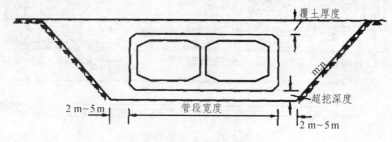

图 4-44 沉管基槽

① 沉管基槽的底宽，一般比管段底每边宽 2 m～5 m。这个宽余量应根据土质情况及基槽搁置时间、河道水流情况来确定，一般不宜定得太小，以免边坡坍塌，影响管段顺利沉入。

② 开挖基槽的深度，应为管顶覆土厚度、管段高度和基础所需超挖深度三者之和。

③ 沉管基槽开挖边坡坡度与土层地质条件有关，对不同的土层采用不同的边坡，表 4-6 所列为不同土层推荐用的边坡参考数值。此外，基槽留置时间长短、水流情况等因素均对基槽的边坡稳定有很大影响，不能忽视。

表 4-6 不同土层推荐用的边坡参考数值

土层种类	推荐用坡度	土层种类	推荐用坡度
硬土层	1：0.5～1：1	紧密细砂，较弱的砂夹黏土	1：2～1：3
砂砾、紧密的砂夹黏土	1：1～1：1.5	软黏土、淤泥	1：3～1：5
砂、砾夹黏土，较硬黏土	1：1.5～1：2	极稠软的淤泥、粉砂	1：8～1：10

2）沉管基槽开挖的方法

（1）水中基槽开挖方法。

一般采用吸扬机式挖泥船疏浚，用航泥驳运泥。当土层较坚硬，水深超过 20 m～25 m 时，可用抓斗式挖泥船配合小型吸泥船清槽及爆破。粗挖时亦可用链斗式挖泥船，其挖泥深度可达 19 m。对硬质土层可采用单斗式挖泥船。

（2）泥质基槽开挖方法。

一般分为两阶段（即粗挖和精挖）进行挖泥。粗挖时挖到离管底标高 1 m 处；精挖时应在临近管段沉放前开挖，以避免淤泥沉积（精挖的长度只需超前 2 节～3 节管段长度）。挖到基槽底设计标高后，应将槽底浮土和淤泥渣清除掉。

（3）岩石基槽开挖方法。

首先清除岩面以上的覆盖层，然后采用水下爆破方法挖槽，最后清礁。一般水底炸礁采用钻孔爆破法，可根据岩性和产状确定炮眼直径、孔距与排距（排距相互错开）。炮眼的深度一般超过开挖面以下 0.5 m，采用电爆网路连接起爆。水底爆破要注意冲击波对往来船只和水中作业人员的安全影响，其安全距离应符合相关规定，并加强水上交通管理，设置各种临时航标以指引船只通过。

2. 航道疏浚

航道疏浚包括临时航道改线的疏浚和浮运管段航道的疏浚。

1）临时航道改线的疏浚

临时航道改线的疏浚必须在沉管基槽开挖以前完成，以保证施工期间河道上正常的安全运输。

2）浮运管段航道的疏浚

浮运航道专门为管段从干船坞到隧址浮运而设置，在管段出坞拖运之前，航道要疏浚好，管段浮运航道的中线应沿着河道深水河槽航行，以减少疏浚挖泥工作量。管段浮运航道必须有足够的水深，根据河床地质情况，应考虑具有 0.5 m 左右的富余水深，并使管段在低水位（平潮水位）时能安全拖运，防止管段搁浅。

4.3.4 基础处理

基础处理方法的种类很多，这些方法适用于不同的地质条件及各国不同的国情，基础处理方法大致可分为先铺法和后铺法两大类，如图 4-45 所示。

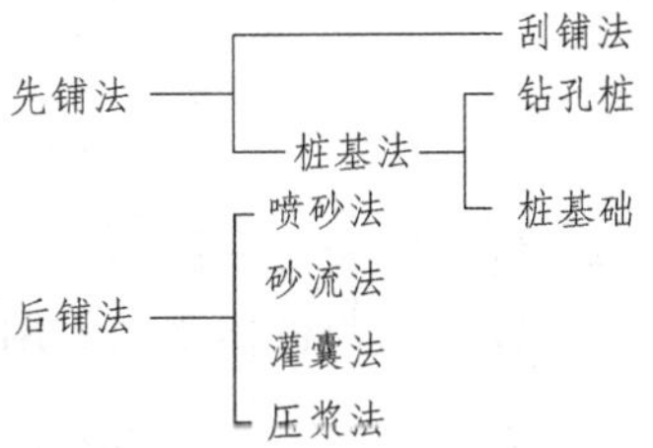

1. 刮铺法

刮铺法的主要工序为：浚挖沟槽时,先超挖 60 cm～80 cm，然后在槽底两侧打数排短桩安设导轨用以控制高程和坡度，通过抓斗或刮板船的输料管将铺垫材料投放到水底，如图 4-46，再用简单的钢刮板或刮板船刮平。

图 4-45 沉管基础处理方法

所用铺垫材料最好是 15 cm 左右的卵石和 1.3 cm～1.9 cm 粒径的砂砾。刮铺法的精度一般为：刮砂 ± 5 cm，刮石 ± 20 cm。

刮铺法的主要缺点是：须配置费用昂贵的专用刮铺设备；作业时间长，精度难以控制；在流速大、回淤快的河道或管段底宽超过 15 m 左右时，施工困难；施工作业时对航道有影响。

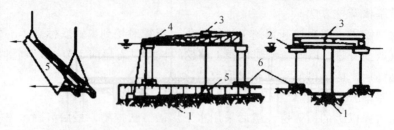

图 4-46　刮铺法

1—砂石垫层；2—驳船组；3—车架；4—桁架及轨道；
5—刮板；6—锚块

2. 桩基法

桩基法在西欧国家应用较普遍，用于地基土特别软弱，在隧道轴线方向上基底土层硬度变化大，会使管段产生不均匀沉降的场合，或列车通过时的振动会使砂性基础液化的场合，此时基础仅作"垫平"处理是不够的。

在水下做桩基并不简单。首先要考虑如何使桩的水平标高一致，使桩顶吻合在管段的底面。为此通常采用的办法有：

（1）水下混凝土传力法。

基桩打好后，先浇一二层水下混凝土将桩顶裹住，而后在其上水下铺一层碎石垫层，使沉管荷载经砂石垫层和水下混凝土层传到桩基上，如图 4-47。

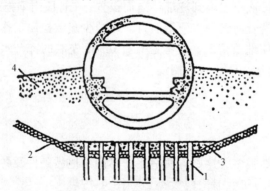

图 4-47　水下混凝土传力法

1—桩；2—碎石；3—水下混凝土；4—回填土

（2）砂浆囊袋传力法。

在管段底部与桩顶之间，用大型化纤囊袋灌注水泥砂浆加以垫实，使所有桩基能同时受力（图 4-48）。

（3）活动桩顶法。

可调桩顶法是在所有基桩顶端设一小段预制混凝土活动桩顶，在管段沉放完后，向活动桩顶与桩身之间的空腔中灌注水泥砂浆，将活动桩顶升到与管底密贴接触为止（图 4-49）。在基础顶部与活动桩顶之间，用软垫层垫实，垫层厚度按预计沉降来决定。在管段沉放完后，管段底与活动桩顶之间，灌注砂浆加以填实。

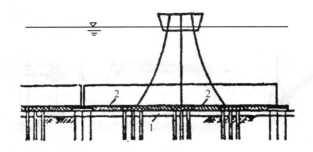

图 4-48 砂囊袋传力法

1—砂石垫层；2—砂浆囊袋

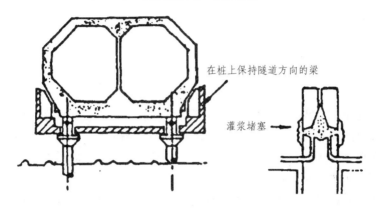

在桩上保持隧道方向的梁

灌浆堵塞

图 4-49 活动桩顶法

3. 喷砂法

喷砂法是用砂泵将砂水混合料通过管段外部侧面伸到管段底部的喷管向隧道底部和开挖槽坑之间的空隙喷砂。如没有任何辅助措施，喷入的砂子将会不规则地沉淀起来，也不能保证完全填满管段底部的空隙。通过在喷砂管的两侧设置吸水管可在管底形成一个规则有序的流动场，使砂子均匀沉淀。图 4-50 中间为喷砂管（100 mm），两侧为吸水管（80 mm）。

喷砂前，管段放置在临时支座上，通过设在隧道管段顶部的可移动门式台架上的砂泵向管底喷射。喷射时，喷管作扇形旋转移动。从吸水管回水中的含砂量可以测定砂垫的密实程度。喷砂时，从管段紧靠已沉放管段的前端开始，喷到后端时，用浮吊将台架移到管段的另一侧，再从后端向前喷填。图 4-51 所示为喷砂法。

在喷砂开始前，可采用这套喷砂设备的逆向作业系统把基槽底面上的回淤或松散的扰动土清除干净。这是喷砂法的优点之一。

砂的平均粒径一般控制在 0.5 mm 左右，砂水混合料中含砂量一般为 10%，有时可达到 20%，但是喷出的垫层比较疏松，孔隙比为 40% ~ 42%。

砂垫层的厚度一般约为 1 m，喷砂工作完成后，随即松开临时支座上的千斤顶，使管段全部重量（包括压载场）压到砂垫层上。这时产生的沉降量一般为 5 mm ~ 10 mm。当然最终下沉量将和砂垫层下部的软弱土体的承载力有关。

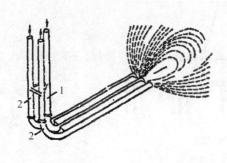

图 4-50　喷砂法原理

1—喷（砂）管；2—（回）吸管

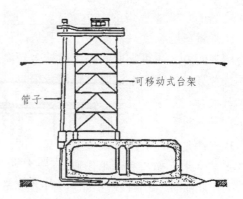

图 4-51　喷砂法示意图

可移动式台架

管子

4. 砂流法

砂流法是在设计韦斯特谢尔德河沉管隧道时发明的，其原理是依靠水流的作用将砂通过预埋在管段底板上的注料孔注入管段与基底间的空隙（图 4-52）。脱离注料孔的砂子在管段下向四周水平散开，离注料孔一定距离后，砂流速度大大降低，砂子便沉积下来，形成圆盘状的砂堆，随着砂子的不断注入，圆盘的直径不断扩大，高度越来越高。而在圆盘的中心，由于砂流湍急砂子无法沉积，会形成一个冲击坑。一段时间以后，圆盘形砂堆的顶部将触及隧道管段底面，砂盘中心压力使得砂流冲破防线，流向砂积盘的外围坡面。这样的过程不断重复，砂积盘的直径越来越大，砂流就是以这种方法填满整个管段下面的空隙的。为了保持砂流的流动，需要有一定的压力梯度，也就是说，圆盘中心冲击坑内的水压必须比砂积盘边缘的水压高，而流砂本身的压力下降是线性的。

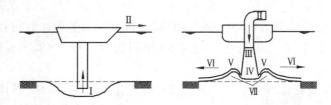

图 4-52　砂流法原理

Ⅰ—砂的提取；Ⅱ—砂的输入；Ⅲ—混合流的形成；Ⅳ—形成砂积盘；
Ⅴ—混合物在水下斜坡上溢出；Ⅵ—砂的流失；Ⅶ—砂的沉积和斜坡形成

冲击坑内的水压通常限制在 1 000 kN ~ 3 000 kN 以内，过高的水压会使沉管向上抬起，这就需要增加更多的压重水，施工费用也相应增加。而另一方面，砂流压力太小使砂盘的直径受到限制，这就意味着要增加更多的注料孔。因此，砂流压力需要试验确定得出最经济的方案。

5. 灌囊法

灌囊法是在砂石垫层面上用砂浆囊袋将剩余空隙垫实。采用这种方法时，砂石垫层与管段底部留出 15 cm ~ 20 cm 的空间，空囊（常用土工布制作）事先固定在管段底部与管段一起沉设，管段沉放到位后，即向囊袋内注入注浆材料，使囊的体积迅速膨胀，充填管段与下部地基之间的空隙。囊袋的大小按一次灌注量而定，一般以能容纳 5 m³ ~ 6 m³ 为宜，不宜太大。注浆材料的强度只需略高于地基土即可，但流动性要好。为了防止管段被顶起，灌注时除密切观测外，还可采取间隔（跳档）轮灌等措施。

这种方法的优点是注浆材料浪费很少，不容易流水稀释，充填效果好，密实度高。

6. 压浆法

压浆法是在灌囊法基础上发展起来的一种基础处理方法，它省去了较贵的囊袋、繁复的安装工艺、水上作业和潜水作业。

采用此法时，沉管段基槽亦须向下挖 1 m 左右，然后摊铺一层碎石（一般厚 40 cm ~ 50 cm），但不必刮平再堆设作为临时支座的碎石（道砟）堆。管节沉放对接结束后，沿着管节两侧边及后端底边抛堆砂、石混合料至离管节底面标高以上 1 m 左右，以封闭管节周边。然后从管节内部，用通常的压浆设备，经预埋在管节底板上带单向阀的压浆孔（直径 80 mm），向管节底部空隙压注混合砂浆（图 4-53）。压浆所用混合砂浆是由水泥、蒙脱石、砂和适量缓凝剂配成。蒙脱石亦可用黏土代替，其掺用目的是为了增加砂浆的流动性，同时又节约水泥。混合砂浆的强度只要 5 MPa 左右，且不低于地基原状土体的强度即可。

压浆法除具有砂流法的不干扰航道通行的优点外，还有不受水深、流速和潮汐等水文条件影响等优点。

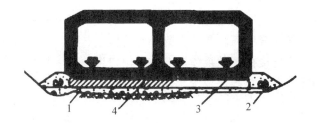

图 4-53 压浆法

1—碎石垫层；2—砂、石封闭槛；3—压浆孔；4—压入砂浆

4.3.5 管段的浮运与安全

一批管段在干坞浇注完成以后，便将它们浮起并拖运到施工现场或临时锚地。

管段的两端设有不透水的端封墙，以便浮起拖运。管段制作完成后，即加压载水，以防止管段在干坞灌满后浮起。

在管段拖运之前，为确定浮运过程中管段的特性和沉放设施，首先进行实验室模拟实验。

拖运及沉放期间管段的受力可按经验公式估算：

$$F = \frac{1}{2} C_w \gamma v^2 A \qquad (4-11)$$

式中　　C_w——阻力系数；

　　　　γ——水的重度；

υ——相对速度；

A——与水流垂直的管段吃水面积。

相对速度指管段相对于水流的速度。阻力系数取决于管段的形状、吃水深度与水深的关系、管段与水流横截面之间的关系等，一般为 1.3~6，在某些不利的情况下，甚至会超过 10。阻力系数很难通过理论计算确定，通常需要在水力实验室进行模型研究。确定了 C_w、γ、υ、A 等参数后，即可算出理论浮运拖力，并可按 1 HP = 100 N 转换成所需额拖船马力，以此作为确定拖船功率的参考依据。而实际所需功率比理论计算结果大得多，有时可达 2 倍。

整个拖运过程都与潮汐有关，通常根据潮汐的周期性变化确定最佳拖运时间，特别是浮运中的困难地段，保证在潮汐上有利的时刻通过。每次拖运之前，都要根据天文、气象及江河流量等预报资料对作业时间安排进行最后调整。根据建造沉管隧道的经验，在管段拖运阶段对自然条件的限制如下：风速 < 10 m/s；波高 < 0.5 m；流速 < 0.6 m/s~0.8 m/s；能见度 1 000 m。

在进行拖运前需检查浮运水道，必要时进行疏浚作业。通常用回声探测法进行水深检查。河道障碍物可能会损害管段的胶垫，一旦戳穿临时隔墙，则会造成灾难性的后果。

在不能用浮标以肉眼观测的方法标示航道的地方，需有导航船或自动导航系统导航。图 4-54 是两种导航系统的原理图。

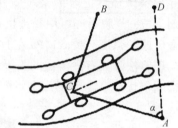

图 4-54　航运

系统 I：量测 CA/CB 的长度
系统 II：量测 AC 的长度及 α 角

在拖运的过程中通常有船只护航，以确保管段的安全。例如，香港公共交通地铁沉埋隧道在浮运管段时有四艘警卫艇护卫，两艘在前，管段两侧各一，另外在管段上留一组人员向外观察，防止接在管段系缆柱上或进出口塔上的托索（50 m）损坏，并注意大块漂流物碰撞管段。

4.3.6　管段沉放与接合

1. 管段的沉放方法与作业

1）管段的沉放方法

管段的沉放在整个隧道施工过程中占有相当重要的位置，沉放过程的成功与否直接影响到整个沉管隧道的质量。

到目前为止，所用过的沉放方法有多种，这些方法适用于不同的自然条件、航道条件、沉管本身的规模以及设备条件，可以概括为：

（1）分吊法。

沉放时用 2 艘~4 艘 100 t~200 t 起重船或浮箱提着预埋在管段上的 3 个~4 个吊点，逐渐将管段沉放到基坑中的规定位置。

早期主要采用起重船分吊法，后来又出现了以浮箱代替浮筒的浮箱分吊法。

浮箱分吊法的主要设备为 4 只 100 t~150 t 的方形浮箱，分前后两组，每组以钢桁架联系，并用 4 根锚索定位，管段本身另用 6 根锚索定位，后来发展为完全省掉浮箱上的锚索，使水上作业大为简化。图 4-55~4-57 分别示出了采用起重船、浮筒及浮箱的分吊法。

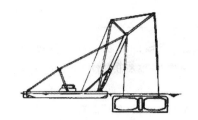

图 4-55　起重船吊沉法

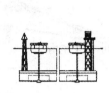
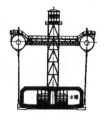

图 4-56　浮筒吊沉法

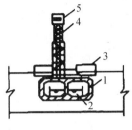

（a）就位前

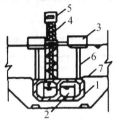

（b）加载下沉

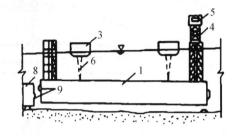

（c）沉放定位

图 4-57　浮箱吊沉法

1—管段；2—压载水箱；3—浮箱；4—定位塔；5—指挥室；6—吊索；
7—定位索；8—既设管段；9—鼻式托座

（2）扛吊法。

也称为方驳扛吊法，主要有四驳扛吊法和双驳扛吊法两种。具体做法是驳分布在管段左右，左右驳之间加设两根"扛棒"，"扛棒"下吊沉管，然后沉放。图 4-58 为双驳扛吊示意图，图 4-59 为四驳扛吊示意图。

（3）骑吊法。

骑吊法的主要沉放设备为水上作业平台，也称自升式作业台。其方法是将管段插入水上作业平台，使水上作业平台"骑"在管段上方，将其慢慢吊放沉设（图 4-60）。

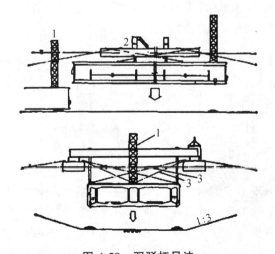

图 4-58　双驳扛吊法

1—定位塔；2—方驳；3—定位索

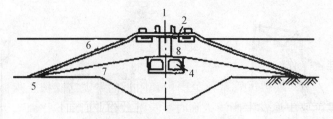

（a）方驳与管段定位

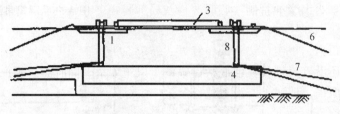

（b）管段沉放（立面图）

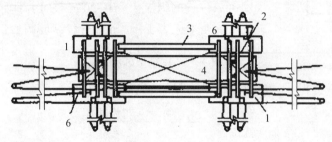

（c）管段沉放（平面图）

图 4-59　四驳扛吊法

1—方驳；2—"扛棒"；3—纵向联系桁架；4—管段；5—地锚；
6—方驳定位索；7—管段定位索；8—吊索

（4）拉沉法。

利用预先设置在沟槽中的地垄，通过架设在管段上面的钢桁架顶上的卷扬机牵引扣在地垄上的钢索，将其有 200 t～300 t 浮力的管段缓缓地拉下水。管段在水底连接时，以斜拉方式使之靠向前节既设管段（图 4-61）。

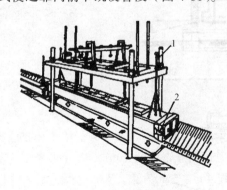

图 4-60　骑吊法

1—定位杆；2—拉合千斤顶

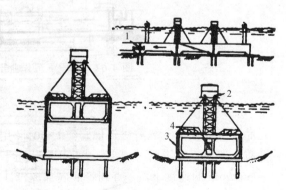

图 4-61　拉沉法

1—拉合千斤顶；2—拉沉卷扬机；
3—拉沉索；4—压载水

2）管段的沉放作业

管段沉放作业全过程可按以下 3 个阶段进行。

（1）沉放前准备工作。

沉放前的 1 d～2 d，须把沉管基槽范围内和附近的淤泥清除掉，保证管段能胜利地沉放到规定位置，避免沉放中途发生搁浅，临时延长沉放作业时间。

在管段沉放之前，应事先和港务、港监等有关部门商定航道管理有关事宜，并及早通知有关方面。同时，水上交通管制（临时改道及局部封锁）开始之后，须抓紧时间布置好封锁线标志，包括浮标、灯号、球号等。短暂封锁的范围：上下游方向各 100 m～200 m，沿隧道中线方向的封锁距离，视定位锚索的布置方式而定。为防止误入封锁区的船只与紧急抛锚后仍刹不住，有时还沿着封锁线在河底敷设锚链，以策安全。同时应事先埋设好管段与作业船组定用的水下地锚，地锚上需设置浮标。

（2）管段就位。

一般在管段浮运到距离规定沉放位置的纵向 10 m～20 m 处时，挂好地锚，校正方向，使管段中线与隧道中线基本重合，误差不应大于 10 cm，管段纵坡调整到设计纵坡。调整完毕后即可开始灌水压载，至消除管段全部浮力为止。

（3）管段下沉。

管段下沉的全过程，一般需要 2 h～4 h，因此应在潮位退到低潮或者平潮前 1 h～2 h 开始下沉。开始下沉时，水流速度宜小于 0.15 m/s，如流速超过 0.5 m/s，就要另行采取措施，如加设水下锚碇，使管段安全就位。

管段下沉作业，一般分为 3 个步骤进行，即初步下沉、靠拢下沉和着地下沉，如图 4-62 所示。

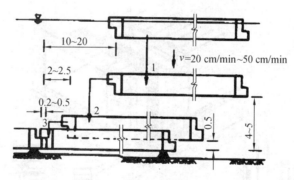

图 4-62　管段下沉作业步骤（单位：m）

1—初步下沉；2—靠拢下沉；3—着地下沉

① 初步下沉。

先灌注压载水至下沉力达到规定值的 50%（用缆索测力计测定），随即进行位置校正，待前后左右位置校正完毕后，再继续灌注压载水至下沉力达到规定值的 100%，然后使管段按不大于 30 cm/min 的速度下沉，直到管底底部离设计高程 4 m～5 m 为止。下沉过程中要随时校正管段位置。

② 靠拢下沉。

将管段沿既设管段方向平移至前节管段 2.0 m～2.5 m 处，再将管段下沉到管段底部一般离设计高程 0.5 m～1.0 m 处，并再次校正管段位置。

③ 着地下沉。

先将管段降至距设计高程 10 cm～20 cm 处（用超声波测距仪控制），再将管段继续前移至既设管段 20 cm～50 cm 处（用超声波测距仪控制），校正位置后，即开始着地下沉。一般在到最后 10 cm～20 cm 时，下沉速度要很慢，并应随时校正管段位置。着地时，先将管段前端上鼻式托座搁置在前节管段下鼻式托座上，然后将管段后端轻轻地搁置到临时托座上（其位置可以用管段内操纵千斤顶进行调整）。搁置好后，管段上各吊点同时卸载，先卸去 1/3 吊力，校正管段位置后再卸去 1/2 吊力，待再次校正管段位置后，卸去全部吊力，使管段下沉力全部作用在临时支座上。在有些工程实例中，再灌注压载水加压，使临时支座下的石渣堆得到进一步压实，石渣压实后再将压载水排掉。此时，就可以准备进行管段接头水下连接的拉合作业。

2. 管段的水下连接

管段的水下连接常用的有水下混凝土法和水力压接法。

1）水下混凝土法

进行水下连接时，要先在管段的两端安装矩形堰板，在管段沉放就位、接缝对准拼合、安放底部罩板后，在前后两块平堰板的两侧，安置圆弧形堰板，然后把封闭模板插入堰板侧边，形成由堰板、封闭模板、上下罩板所围成的空间，随后往这个空间内灌注水下混凝土，从而形成水下混凝土的连接（图 4-63）。等到水下混凝土充分硬化后，抽掉临时隔墙内的水，再进行管段内部接头部位混凝土衬砌的施工。

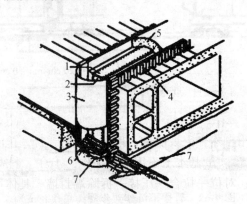

图 4-63　水下混凝土法

1—顶内模（钢板）；2—侧内模（钢板）；3—侧外模（弧形钢板）；4—端外模（型钢）；
5—水下混凝土；6—底内模；7—砂浆囊袋

水下混凝土法形成的接头是刚性的，一旦发生误差难以修补，并且该法工艺复杂、潜水工作量大，现已较少应用。

2）水力压接法

水力压接即利用作用在管段后端（亦称自由端）端面上的巨大水压力，使安装在管段前端（即靠近既设管段或风井的一端）端面周边上的一圈橡胶垫环（以下简称胶垫，在制作管段时安设于管段端面上）发生压缩变形，并构成一个水密性良好且相当可靠的管段间接头。

在管段下沉完毕后，先设法将新设管段拉向既设管段，并紧密靠上，使胶垫产生第一次压缩变形，并具有初步止水作用。随即将既设管段后端的端隔墙与新设管段前端的端隔墙之间的水（此时这部分已与外间隔离）排走。排水之前，作用在新设管段前、后二端隔墙上的水压力是相互平衡的。排水之后，作用在前端隔墙上的水压力变成一个大气压的空气压力，于是作用在后端隔墙上的几千吨乃至几万吨的巨大水压力，将管段推向前方，使胶垫产生第二次压缩变形。如图 4-64 所示。经二次压缩变形后的胶垫，使管段接头具有非常可靠的水密性。

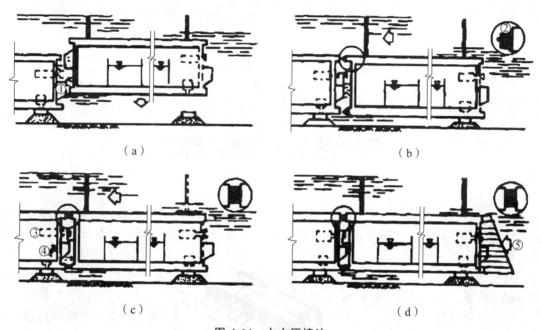

（a） （b）
（c） （d）

图 4-64　水力压接法

①—鼻式托座；②—接头胶垫；③—拉合千斤顶；④—排水阀；⑤—水压力

水力压接法是充分利用自然界巨大能量，甚为成功之一例。其优点是：① 工艺简单，施工容易；② 水密性切实可靠；③ 基本上不用潜水工作；④ 工、料费省；⑤ 施工速度快。

水力压接主要工序是：对位—拉合—压接—拆除端封墙。具体操作如下：

（1）对位。

管段在沉设时，基本上分成初次下沉、靠拢下沉和着地下沉三步进行作业。着地下沉时须结合管段连接工作进行对位。对位的精度，一般要求达到表 4-7 所列结果。

表 4-7　管段对位的精度

部　位　＼　方　向	水平方向	垂直方向
前　端	±2 cm	±1 cm
后　端	±5 cm	±1 cm

自从采用了"鼻式"托座之后,对位精度在施工中很容易控制。在国外的沉管隧道工例和我国上海金山沉管工程实践中,均有相同的体会。

(2)拉合。

拉合工序的任务是以一个较小的机械力量,将刚沉设的管段靠上前节既设管段(图4-65),使胶垫尖肋产生初步变形,使之能起初步止水作用。胶垫所应具有的初步止水能力,为肋尖变形后能于 2 kg/cm² 以上(具体量测视水深而定)的侧向压力作用下,既不歪倒,又不漏水。肋尖的高度多为 38 mm(个别工例亦有用到 50 mm 的)。拉合时,压缩 20 mm 后,一般便能达到初步止水。

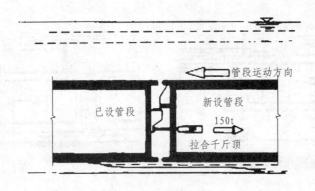

图 4-65　管段拉合

拉合时所需的机械力量不大,一般为每延米胶垫长度所需拉力 1 kg ~ 3 kg(多为 2 kg)。通常用安装在管段竖壁上带有锤形拉钩的拉合千斤顶进行拉合,如图 4-66 所示。拉合千斤顶的拉力一般为 200 kg ~ 300 kg(总拉力),行程为 100 cm 左右。拉合千斤顶可设 1 套或 2套,其位置应对称于管段的中轴线。采用 2 套 100 kg ~ 150 kg 拉合千斤顶的工例较多,因便于调节校正。

虽然采用拉合千斤顶的工例占绝大部分,但也不一定非此不可。用定位卷扬机代替拉合千斤顶进行拉合作业也是完全可行的。荷兰鹿特丹市地下铁道的江中沉管段,鲍脱莱克隧道和上海金山沉管工程都用定位卷扬机进行拉合。

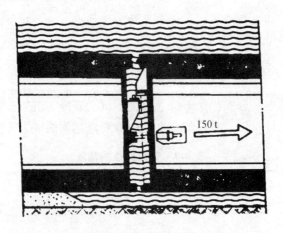

图 4-66　拉合千斤顶

（3）压接。

拉合完毕之后，可即打开既设管段后端封墙下部的排水阀，排泄前后二节沉管端封墙之间被胶垫所包围封闭的河水。排水开始不久，须即开启安设在既设管段后端封墙顶部的进气阀，以防端封墙受到反向的真空压力，因一般端封墙设计时，只考虑单向的水压力。

排水完毕后，作用到整环胶垫上的荷载（压力），等于作用于新设管段后端封墙和管段周壁端面上的全部水压力。在此压力作用下，胶垫必然进一步压缩。其压缩量一般为胶垫本体高度的 1/3 左右。胶垫的断面尺度和各部分的硬度，即按此压力（相对于每延米胶垫上 30 t ~ 400 t）和压缩变形量来设计。

（4）拆除端封墙。

压接完毕后，即可拆除前后二节管段间的端封墙。拆除端封墙后的各节既设管段，全部与岸上相通。因没有像盾构施工时那样的出土和管片运输的频繁行车，故铺设压载混凝土、路面，安装平顶、灯具等工作都可立即开始。此亦沉管隧道工期较短的一个重要原因。

4.3.7　回填及覆盖

回填工作是沉管隧道施工的最终工序，回填工作包括沉管侧面回填和管顶压石回填。沉管外侧下半段，一般采用砂砾、碎石、矿渣等材料回填，上半段则可用普通土砂回填。

如果管节沉放、连接完后，采用铺面刮平基础方式时，可随即进行回填；而采用灌砂法或临时支承法时，则要等到管节底部处理完，并落到基床上以后再回填。沉埋管节的回填方法必须考虑防止流水冲刷及航道疏浚、船舶抛锚、沉船时的防护、地震时的稳定等因素来决定。回填材料要采用易于获取、费用低、在地震时不易流动、投入后不会对水质有污染的材料。东京港隧道的回填采用了砂岩碎石，直径大于 0.15 m 的占 30% 以上。根据日本的实验，在管体上面除设 0.15 m 的钢筋混凝土保护层外，要回填 1.0 m ~ 2.0 m 的防护层。

此外，覆土回填工作还应注意以下几点：

（1）全面回填工作必须在相邻的管段沉放完后才能进行，采用喷砂法进行基础处理或采用临时支座时，则要等到管段基础处理完，落到基床上再回填。

（2）采用压注法进行基础处理时，先对管段两侧回填，但要防止过多的岩渣存落管段顶部。

（3）管段上、下游两侧（管段左右侧）应对称回填。

（4）在管段顶部和基槽的施工范围内应均匀地回填，不能在某些位置投入过量而造成航道障碍，也不得在某些地段投入不足而形成漏洞。

4.4　管理、安全对策

目前，世界各国用沉管施工方法已修建了 200 多座穿越江河、海底的交通隧道，在施工管理以及沉管隧道竣工后养护维修管理工作中都积累了丰富的经验，建立了比较合理的管理体制。这些经验对我们进行沉管隧道的安全营运是很有参考价值的。

本节主要介绍沉管隧道的工程管理以及营运时的养护维修管理方面的一些认识。

4.4.1　工程管理

沉管隧道的施工常常是在那些有可能受到其他活动干扰的地方进行的。其建造往往有几个施工现场：如两岸各有引入斜坡道，而且水上作业是在斜坡道之间的区域内进行，管段则在另外一个地方制造，所有这些作业都必须加以计划，以便周密地组织施工。

在技术经验丰富的人员指导下，所有各方之间建立良好的合作关系对工程是至关重要的。下面给出一些准则：

（1）必须在工程初期便将所有有关各方确定下来，并使他们熟知特定要求、技巧和分担的任务，而且必须涉及他们工作的各个方面。

（2）在工程初期必须建立一支由负责的关键人员组成的筹备组。这支队伍应包括各个学科的有经验的专家，而且必须由富有经验的隧道专家指导。

（3）由于设计与施工间是紧密联系的，从施工公司取得有关设计的初步输入资料是可行的。在工程开标前，施工的步骤没有必要制定得太详细。

（4）必须很好地组织与第三方的通信联系，特别是水上作业期间，为了避免发生可能引起的不良后果，需要有良好的通信。

（5）各方都必须了解所有已经取得的资料，而且必须去利用这些资料。

4.4.2　沉管隧道的维修管理

一般来说，沉管隧道的维修管理工作应包括下面两大部分：隧道主体结构物的维修管理和隧道附属设备的维修管理。

1. 隧道主体结构物的维修管理

隧道主体结构物的维修管理主要指沉管隧道的管段的维修管理。其中包括经常保养、综合维修和大修等。综合维修及大修主要是针对隧道内病害的整治而进行的。隧道结构物可能出现的病害有结构变形、结构裂损、结构漏水和路面破损及下沉等。对于沉管隧道，由于管段是在岸上干坞中预制的，在工艺和质量上都有较大的保证，所以管段本身出现裂损、漏水的现象比较少。但管段间的接头处是结构物的薄弱环节，由于某种原因可能会出现一些错动、开裂或漏水等变异现象。但总的来说，沉管结构本身的维修工作量是比较少的，这已被国外的沉管隧道的维修工作的经验所证实。对于沉管结构本身，主要是采用各种检测手段和目视或摄影等方法进行日常的检查和观测，如混凝土管壁是否有开裂，表面有无剥离、腐蚀等现象。

2. 附属设备的维修管理

沉管隧道的附属设备有通风井及通风设备、电力设备、照明设备、泵房的排水设备等。对这些附属设备要进行经常的检查、保养与维修，使它们经常处于良好状态。

下面以日本东京港沉管隧道的养护维修和管理情况作为参考。

1）经常性检查

经常性检查的项目、方法列于表4-8。

表4-8　经常性检查项目及方法

检查部位		检查项目	检查方法	检查频率	
				定期检查	巡回检查
主体	混凝土	开裂漏水	目视，开裂宽度测定	每年2次	每年2次
	端部钢壳	腐蚀漏水	目视、锤击检查	每年1次	每年1次
接头	接头的移动（相对位移）	轴向、垂直、水平向的伸缩量、温湿度	用游标尺测定接头的变化	每年2次	—
	Ω钢板	钢板腐蚀、焊接处的损伤	目视	每年1次	每年1次
	竖井至管体连接缆的锚固处	腐蚀	目视、锤击检查	每年1次	—
地层	地基下沉	管底和砂浆面的空隙、垂直位移；洪积砂粒层标高；洪积砂粒层的地下水位	下沉管、水准测量、下沉计、水位计	每年1次	—
	上载土砂	土砂的堆积	声波探测	每5年1次	—

2）地震时的检查

地震时的检查项目、方法列于表4-9。

3）火灾等异常事故发生时的检查

发生异常事故的检查项目、方法见表4-10。

4）其他检查

其他检查包括河床疏浚、船舶沉没等的检查。其检查项目、方法列于表4-11。

总之，在一定的管理体制条件下，要实施"勤检测、早发现、及时维护"的维修管理机制，及时发现变异或病害。

表 4-9 地震时的检查项目及方法

检查部位		需要检查的状态	检查项目	检查方法	主要事项
主体结构检查	混凝土构件	震度Ⅳ（20 gal～80 gal）以上的地震	开裂、漏水、剥离	参考经常性定期检查、目视及锤击检查	隧道横断面可能发生开裂，应注意检查
	钢构件	震度Ⅴ（80 gal～250 gal）以上的地震	漏水、变形	参考经常性定期检查、目视及锤击、变形量测	发生大规模地震时，Ω形钢板会因拉力而变形，应注意检查
接头构件检查	接头变形	震度Ⅲ（8 gal～25 gal）以上的地震	轴向伸缩量，上下、左右的位移量	参考经常性定期检查	在Ⅲ度地震时，实际上可实施经常性检查
	Ω钢板	震度Ⅳ以上的地震	Ω钢板的变形焊接处的损伤	目视检查、经常性检查	必要时应采取超声波探测
竖井至管段间连接缆的锚固处		震度Ⅵ（250 gal～400 gal）以上的地震	螺栓损伤，缆绳损伤	目视及锤击检查	螺栓、缆绳损伤时，应设置易于判断的标志
其他部位检查	沉管支持地层	震度Ⅲ以上的地震	与经常性检查相同	参考经常性检查	—
	上载砂土	震度Ⅳ以上的地震	确认覆土厚度（1.5 m以上）	参考经常性检查	—
	沉管移动	震度Ⅴ以上的地震	垂直方向上的移动、水平方向（蛇行）移动	参考经常性检查、测量方法	—
	地下水位	震度Ⅳ以上的地震	洪积砂粒层的地下水位	参考经常性检查	—
	地层下沉	震度Ⅳ以上的地震	管段位置的地层标高、洪积砂粒层的标高	参考经常性检查	—

表 4-10　发生异常事故时的检查项目及方法

异常事故	检查部位		需要检查的状态	检查项目	检查方法	注意事项
火灾发生时的检查	主体的检查	混凝土构件	火灾发生时必须进行	开裂、剥离	参考经常性检查、目视及锤击	—
		钢结构（端部钢板）	接头及其附近发生火灾时	变形	目视检查；有变形时，测定变形量	一般说，温度超过 20 ℃ 时，涂层开始变色劣化，可作为检查的大致标准
	接头的检查	Ω 钢板	接头及其附近发生火灾时	钢板变形、焊接处损伤	目视及锤击	—
爆炸事故时的检查	主体的检查	混凝土构件	事故发生时必须进行	开裂、漏水、剥离	参考经常性检查、目视及锤击	爆炸荷载一般是短期荷载，容许的荷载值由内壁的弯曲应力决定，其值约为 0.1 MPa
		钢结构（端部钢板）	接头及其附近发生事故时	漏水、变形	参考经常性检查，参考火灾发生时的检查	—
	接头的检查	Ω 钢板	接头及其附近发生事故时	钢板变形、焊接处损伤	参考经常性检查，参考火灾发生时的检查	—
异常潮位发生时的检查	主体的检查	混凝土构件	潮位在 HHWL（AP + 4.0 m）以上时	开裂、漏水	参考经常性检查	—
		钢结构（端部钢板）	—	漏水、变形	参考经常性检查、目视	—
车辆事故发生时的检查		混凝土构件	内壁等发现有冲击的痕迹时	开裂、剥离	参考经常性定期检查、目视及锤击	—

表 4-11　其他检查（河床疏浚、船舶沉没）项目及方法

检查条件	检查部位		需要检查的状态	检查项目	检查方法
船舶沉没及其他	主体结构检查	混凝土构件	锚落在隧道上，或可能有沉船时	开裂、漏水	参考经常性定期检查
	接头检查	接头变形量	隧道上有沉船时	轴向变形量，垂直、水平方向变形量	参考经常性定期检查
		钢板	—	钢板变形，焊接处损伤	参考地震发生时的检查
	其他检查	沉管移动	隧道上有沉船时	沉管水下移动	参考经常性检查
隧道内滞水时	—	接头变形量	隧道中央部有 1 m 以上的滞水时	轴向及垂直向变形量	参考经常性检查（测量）
		沉管移动	—	沉管的下沉量	参考经常性检查（测量）
土砂疏浚	—	—	为确保航道，或在隧道上进行疏浚作业	确保覆盖层厚度（1.35 mm）	参考经常性检查（测量）

思 考 题

4-1　什么是沉管隧道？沉管法有何特征？

4-2　沉管隧道的适用条件有哪些？它有何优缺点？

4-3　简述沉管隧道结构设计的方法和原则。

4-4　沉管隧道结构设计的关键点在哪些方面？

4-5　简述沉管运输中干舷设计的意义。

4-6　沉管隧道的施工分为几部分？常规的施工流程如何？

4-7　沉管法施工的特点是什么？

4-8　沉管法施工中管段防水有哪些措施？

4-9　沉管结构管段接头方式有哪几种？

4-10　管段沉放的浮力受哪些因素影响？设计中如何考虑？

4-11　简述沉管隧道管段间连接处理的方法。

4-12　沉管基础处理措施有哪些？

4-13　沉管隧道抗震设计的原则和方法是什么？

第5章
矿山法水下隧道

5.1 概　述

5.1.1 矿山法基本概念

矿山法一词因最早应用于矿山开采而得名。它常常与钻眼、爆破技术联系在一起，因此过去又被称为钻爆法。随着隧道开挖技术、支护及预支护技术、量测技术等技术进步，矿山法设计施工技术及应用得到了空前的发展，已成为水下隧道施工常用的主流施工方法之一。

矿山法隧道断面可以灵活设置，国外的水下隧道很多都采用矿山法施工。采用矿山法施工水下隧道，一般要求隧道大部分地段位于岩石地层之中，特别是对于水域部分更是要求如此。但是任何区域的地质条件均是非常复杂的，即使通过多方案比选确定的海底地段，也会或多或少地存在一些风化槽或断层破碎带，对于矿山法施工，由于设计施工经验均较为成熟，可以适应不同的地质条件变化。

尽管在山岭隧道施工中积累了大量的经验，但水下隧道和山岭隧道仍有着很大的区别，水下隧道区别于普通山岭隧道的一个显著的特点就是：隧道上方为无尽的水体，有着无限的水源对隧道进行补给，水下隧道通常由三段斜坡组成，如图 5-1 所示。在地下水渗流场和围岩应力场的共同作用下，围岩稳定性降低，支护结构所受荷载增大，严重时会造成围岩坍塌或者是突泥、涌水等灾害性事故，因此，渗水量的控制、涌水风险的控制、含水裂隙岩体的爆破方法的确定及隧道围岩的稳定性控制都会给水下隧道的修建带来巨大的挑战。

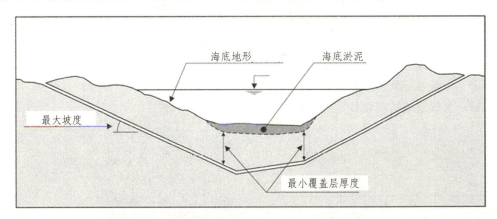

图 5-1　海底隧道典型断面图（Palmstrøm.，2003）

水下隧道与山岭隧道另一个区别就是防排水系统设计不同。防排水系统设计将直接决定水下隧道运营期排水费用和结构设计时水压力取值。山岭隧道一般采用人字形坡或单面坡，隧道内的渗漏水可以通过排水沟自流排出洞外；而水下隧道纵向为 U 字形坡，隧道的渗漏水沿隧道向洞内流，必须借助排水设备才能将水排出隧道，如图 5-2 所示。因此，在水下隧道防排水设计时必须考虑施工期间和运营期间的排水能力及排水费用。

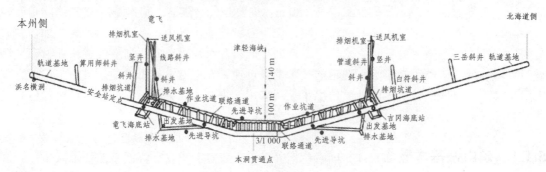

图 5-2　日本青函隧道概貌图

5.1.2　矿山法水下隧道的历史及技术发展

世界上最早采用矿山法修建的水下隧道是 20 世纪 40 年代日本修建的关门海峡隧道。世界上最长的采用矿山法修建的水下隧道是日本青函海底隧道。日本青函海底隧道穿过津轻海峡，如图 5-3 所示，全长 53.85 km，海底段长 23.3 km。作为世界上最长的水下隧道，其水平钻探、超前注浆加固地层、喷射混凝土等技术有巨大发展，尤其在处理海底涌水技术方面独具一格，为工程界所津津乐道。

图 5-3　日本青函隧道

图 5-4　挪威部分海底隧道位置分布

在过去30年里，挪威建成了40条海底隧道，如图5-4所示，其中24条是公路隧道，其他的主要是为近海石油工业服务，包括管道峒、电缆峒。北欧其他国家的3条海底隧道也采用了挪威海底隧道技术。挪威海底隧道多建在前寒武纪的硬岩中，最典型的是花岗片麻岩，用钻爆法开挖。挪威有较长的海岸线及大量的海湾与岛屿，大多数人生活在海岸附近，因此修建了较多的海底隧道。20世纪70年代末以来已建成40多座海底隧道，总长超过100 km，最长的一座隧道为4.7 km，最大水深达180 m。主要是公路隧道，其次是油/气管线隧道及输水隧洞，采用矿山法施工。挪威的海底隧道位于各种地质构造中，从典型的硬岩（如前寒武纪的片麻岩）到不坚实的千枚岩、质量不良的片麻岩和页岩等，几乎所有隧道均穿过海底明显的软弱地带。矿山法修筑水下隧道的技术发展迅速，在应对海底不良地质段施工方面，除应用注浆法之外，还针对不同地质情况，成功采用了冻结法，并根据不同地质情况和围岩条件，有的隧道可设或不设二次混凝土衬砌。

通过大量海底隧道工程建设，挪威形成了被称为"挪威海底隧道概念"的一整套技术，其中包括勘探、设计、施工和管理，同时也培养了一大批经验丰富、高水平的技术队伍。

中国目前也在积极修建水下隧道，以缓解交通压力。基于多年山岭隧道和城市浅埋暗挖地铁隧道施工的经验以及国外水下隧道的成功经验，我国成功修建了大陆第一座海底隧道——厦门翔安海底隧道，该隧道为6车道高速公路隧道，全长为26 050 m，跨越海域宽约4 200 m，采用钻爆暗挖法修建，也是目前世界上采用钻爆法施工的建设规模最大的海底隧道，该工程于2005年5月开工建设，于2010年完工（图5.5）。目前，我国采用矿山法修建（含规划中）的水下隧道还有武广铁路客运专线浏阳河隧道、青岛胶州湾海底隧道、大连湾水下隧道、湘江大道浏阳河隧道、台湾海峡海底隧道。

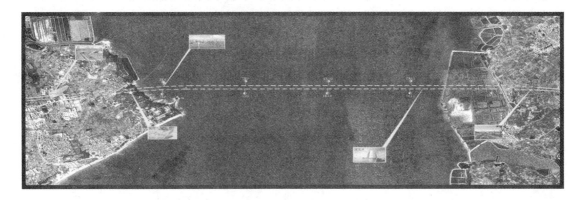

（a）平面图

（b）立面图

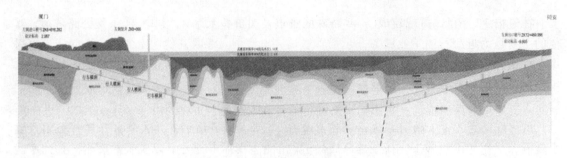

（c）剖面图

图5-5 厦门翔安海底隧道示意图

5.1.3 水下隧道应用矿山法的基本条件及特点

水下隧道工程施工方法应根据施工条件、围岩级别、埋置深度以及环境条件等，并考虑技术适用性、安全、经济、工期等多方面要求进行选择。

采用矿山法跨越水域时，其应用的基本条件是水域宽、隧道的埋深大、引道长。除此之外，通过对国内外众多水下隧道设计与施工情况的分析，总体上看，采用钻爆法施工水下隧道具有以下应用基本条件及特点：

（1）适用范围广，基本不受断面尺寸和形状的限制。

（2）适合各种地层条件。采用钻爆法施工水下隧道，一般要求隧道大部分地段应位于岩石地层之中，特别是对于水底部分更是要求如此。由于钻爆法设计施工经验均较为成熟，可以适应不同的地质条件变化，同时，当地质条件变化时，施工工艺可机动灵活，随之变化。

（3）施工设备的组装和工地之间的转移简单方便，可重复利用，降低成本。

（4）施工对环境影响小，不影响水面通航。采用钻爆法修建水下隧道不仅是对自然环境影响最小的建设方案，而且也是对周边生产生活影响最小的工程方案。

（5）能较好地抵御各种自然及战争灾害。钻爆法建设隧道方案不仅在运营后很少受气象条件影响，能保持连续通行，而且由于埋置深度大，在地震及战争时期具备较强的生命力。

（6）施工经验丰富，工程投资较低，易维护。

（7）比较水下隧道常用的两种施工工法，钻爆法最便宜，安全风险易控制；TBM（或盾构法）其次；沉管法因造价最贵，仅在特殊情况下采用。

与此同时，水下隧道矿山法施工也存在开挖速度低、超欠挖严重、爆破时对底层的扰动大、安全性差、作业场所环境相对恶劣、工人劳动强度大等缺点。

以上水下隧道矿山法应用基本条件及其施工特点，是矿山法区别于其他工法的主要特征，同样也是矿山法在水下隧道修建中采用与否的关键。

5.1.4 矿山法水下隧道难点及关键技术

采用矿山法修建水下隧道与山岭隧道有许多共性，我国在山岭隧道建设方面已经积累了丰富的经验和教训，这些宝贵的经验将为水下隧道的建设提供实践经验和技术保障，但同时水下隧道相比于山岭隧道尚存在一些特殊的难点及关键技术。

1. 洞顶顶板最薄控制厚度

跨海线路走向方案大致确定后，在隧道纵剖面设计时对隧道上方岩体最小覆盖层厚度，亦即隧道最小埋深的拟选，是影响水下隧道造价和安全的最重要的设计参数之一。一方面，覆盖层厚度越薄：水下隧道就越短，静水压力就越低，作用在衬砌上的势能荷载也越小，但是隧道施工作业面局部/整体性失稳与涌/突水患的险情加大；而因浅部地质条件较差，在辅助工法（如注浆封堵，各种预支护及预加固等）上的投入将急剧增加。另一方面，覆盖厚度越大，水下隧道长度加大，此时，作用于衬砌结构上的水头压力增大，但进入隧道的水量相对较小且可降下来。

选择最小岩石覆盖厚度通常采用以下途径和方法：工程类比分析和围岩稳定分析。

以钻爆法设计和修建的海峡铁路、公路隧道主要集中在日本和挪威。日本的关门和青函海底隧道，为世界海峡海底隧道修建历史上的里程碑，关门隧道海底长度 1.14 km，覆盖层平均厚度约 11 m，青函隧道海底长度 23 km，覆盖层平均厚度约 30 m，为两极端情况。挪威是世界上采用钻爆法修建海底隧道最多的国家，有大量的经验，特别是在海底隧道最小覆盖厚度问题上曾作了专门研究，有很好的借鉴作用，其海底隧道覆盖层厚度基本为 30 m 左右。

2. 地质勘察及施工过程中地质预测、预报技术

采用矿山法修建水下隧道的主要难点是隧道拱顶基岩覆盖层较薄，施工中由于水体通过裂隙渗流，特别是断层破碎带对隧道会产生较大压力，将增加发生塌方及涌水的危险性。在勘察过程中对隧道地质状况的准确评价十分重要，如覆盖层厚度、岩体风化界面位置、断层破碎带产状及破碎程度、区域内各层的物理力学性质，特别是饱和状态下的物理力学参数、渗透系数等，但是表面覆盖的水体降低了现阶段一般勘察方法的作用。水下地质勘察比山岭地质勘察难度更大、成本更高，而且准确性相对较低，不确定性较大，所以遇到未预测到的不良地质情况风险更大。地质资料不详实是影响水下隧道施工的重要因素，在隧道施工时必须进行超前地质预报。

3. 穿越水底断层、软弱地层不良地质段的关键技术

考虑顶部高水压的作用，水下隧道和山岭隧道的处理有所不同，施工过程中处理不好容易发生通透性的突水突泥问题，运营中轻则造成漏水严重，影响使用，重则产生高水压问题，对结构造成威胁，对工程产生较为不利的影响。

在应对水底不良地质段施工，穿越断层及软弱不良地层方面，目前各国经常采用的方法有注浆法、冻结法以及其他辅助方法。日本青函海底隧道在施工中根据地层性质和渗水情况，确定注浆范围，并使注浆带厚度延伸到松弛带外侧，采用全断面帷幕注浆，一般注浆范围为毛洞洞径的 2 倍~3 倍，在海底段为 3 倍。哥伦比亚 GUAVIO 水电站泄水渠穿越溶槽地段（溶槽宽约 80 m，水压高达 2.0 MPa）采用了导坑超前帷幕注浆扩挖法。我国厦门东通道海底隧道主要位于海底弱、微风化花岗岩中，穿越 3 条强风化基岩深槽和 4 号风化囊，而且微风化槽附近存在微风化岩破碎带，极易发生涌水、突水的现象，如图 5-6 所示。采用全断

面注浆法进行加固，帷幕注浆法对地层进行止水，气压法阻止泥水涌入，并且喷射注浆，形成水平旋喷式帷幕和水平旋喷搅拌帷幕改善围岩渗透系数等技术。

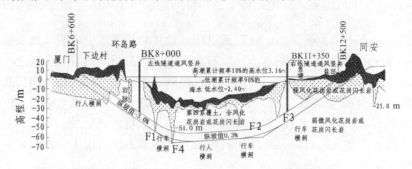

图 5-6　厦门翔安海底隧道工程地质纵断面图

挪威 OSLOFJORD 海峡隧道，在穿越断层破碎带时，通过超前探水发现：上部围岩含有黏土、砂子、卵石和块石等；下部围岩为碎石，并含有黏土，渗透系数较小，水压高达1.2 MPa。为了确保该工程如期完成，采用迂回式施工法，做了 350 m 长的辅助通道，断面面积为 47 m²。

冻结法优点是适应地层条件广，但缺点是可靠程度不高，造价高，周期长，融冻过程对地层破坏严重。因此采用先注浆后冻结的方法可以提高可靠度，降低造价和工期，该方法适于在注浆加固方法不能全部堵住水流的情况下采用，且完全有条件用于水下隧道穿越断层破碎带。尤其对于注浆法不能实现的渗透系数大于 10^{-4} cm/s 的断层泥，可以作为一种最后手段加以应用，以确保隧道安全可靠地穿越断层破碎带。该方法在我国用于隧道实例很少，并且也有其弱点和使用条件，主要问题是所用设备多，成本较高，对冻结本身的质量和施工准确性要求高；此外，冻结法要求地下水流速不能太大（不宜超过每天 2.0 m），否则土体将难以冻结。

4. 支护结构水荷载设计值的确定

水下隧道相比于山岭隧道，有个显著的特点就是存在一个相当高的水头压力、水源无限量供给，上受水体威胁，下受地下水影响，因而水的处理贯穿在施工的全过程中。作用于支护结构上的围岩压力可被地层拱作用降低，而静水压力荷载并不受此影响，不能用任何成拱作用来降低，可以说，水下隧道水压力设计值的大小是决定衬砌结构强度的关键，水压力设计值大小不仅与水头有关，还与地下水处理方式有关（全封堵方式和排导方式）。因此计算中要考虑渗流场和围岩应力场的交互作用，即岩石的渗流场和应力场的耦合作用，这又增加了问题的复杂性。很高的孔隙水压力会降低隧道围岩的有效应力，造成较低的成拱作用，从而影响地层的稳定性。

我国现行铁路和公路隧道设计规范在确定衬砌结构外水压力时，对地下水从"以排为主"的原则出发，不考虑水压力。但对于具有稳定高水头的水下隧道，如何确定作用在衬砌结构上的水压力，是一个复杂的问题。通常是参照水工隧洞设计规范和经验，根据开挖后地下水渗入情况，采用折减系数方法计算隧道衬砌的外水压力。但是，水工隧洞仅仅要求围岩的稳定性，并不需要控制地下水的排放量，通常采用隧洞附近的天然排水（溶洞）或人工排水等措施来减小其外水压力；而水下隧道不能自然排水，显然从设计理念上，水工隧洞与水下隧道存在一定差别。

5. 水下隧道爆破关键技术

隧道开挖过程中最引人关注的是围岩稳定性问题。水下隧道钻爆开挖产生的施工扰动主要是爆破作用，爆破产生的应力波和地震波在隧道围岩中形成损伤破坏，形成的灾害有：直接诱发顶或者掌子面的涌水和突泥、诱发底层的坍塌、增大隧道围岩的渗透性、引起拱顶掉块等。水底岩石经过海水长期浸泡，岩石物理力学性质发生了很大改变：如弹性模量、泊松比、岩体中纵波传播速度以及岩石中裂纹的临界应力强度因子等。岩体物理力学性质的改变使得炸药爆炸后对岩体的爆炸作用以及岩体对爆炸作用所激起的反应也发生改变。采用传统完整无水岩石爆破机理来分析含水裂隙岩体中爆破作用过程难免有失偏颇。因此，通过对含水裂隙岩体的爆破机理研究是矿山法修建水下隧道围岩稳定性的关键问题。另外，水下隧道覆盖岩层作为隧道中最薄弱的环节，需要防止爆破过量扰动而带来的顶板失稳，顶板安全厚度的确定需要从开挖扰动范围开始。

6. 耐腐蚀高性能海工混凝土

海洋大气和水环境是隧道衬砌钢筋混凝土所处最严峻的水文地质环境条件之一。长期受到含盐水质、生物、水中矿物质、高水压和围压等天然因素的持续作用，使锚杆、喷层、防水板和高碱性混凝土与钢筋等材料因物化损伤的积累与演化（腐蚀）而影响其耐久年限。第二次世界大战后的许多海工混凝土结构工程，有相当一些历时仅约 30 年，即已出现严重腐蚀而裂损破坏。

混凝土碳化和氯离子渗透引起钢筋锈蚀，是海工钢筋混凝土的主要破坏因素。对大跨偏压隧道衬砌属大偏压构件情况，且在已有初始裂纹并长期受围压作用和海水持续浸泡、腐蚀作用下，高性能海工混凝土材料的优化配制，是增强其耐久性的研究热点。

5.2 矿山法水下隧道设计

5.2.1 矿山法水下隧道总体设计

水下隧道总体设计的任务是在隧道定位勘察中确定轴线位置及洞口位置之后，根据相关的地形、地质、水文、测量资料以及使用要求等，具体地确定隧道的轴线形式、洞口位置、最小岩石覆盖层厚度和隧道断面形式等，使得水下隧道平、纵面设计符合国家交通规划要求及有关规范规定，并确定出经济合理的断面内轮廓，满足隧道使用功能要求。

1. 平面设计

水下隧道应依据相关地勘资料确定出隧道的平曲线线形。一般情况下，隧道内的线路最好采用直线。但是，如受到某些地形的限制，应采用较大的曲线半径，或是碰到不良地层时，往往采用多种形式曲线及与直线组合的方式绕过不良地层地带。

1）公路隧道

公路隧道设计规范规定，应根据地质、地形、路线走向、通风等因素确定隧道平曲线线形。当设为曲线时，不宜采用设超高的平曲线，并不应采用设加宽的平曲线。隧道不设超高的圆曲线最小半径应符合表 5-1 的规定。

表 5-1 不设超高的圆曲线最小半径

设计速度/（km/h） 路 拱	120	100	80	60	40	30	20
≤2.0%	5 500	4 000	2 500	1 500	600	350	150
> 2.0%	7 500	5 250	3 350	1 900	800	450	200

例如，厦门翔安公路海底隧道设计行车速度为 80 km/h，进口左线、右线、服务隧道分别采用 $R = 2 800$ m、$R = 5 000$ m、$R = 3 600$ m 的左偏圆曲线进洞，再以直线及 $R = 7 060$ m、$R = 7 000$ m、$R = 7 030$ m 的右偏圆曲线和 $R = 5 000$ m、$R = 5 052$ m、$R = 5 026$ m 的左偏圆曲线线形方式绕避 F1 风化深槽和 F4 风化囊后，以直线穿越海底 F2、F3 断裂带，最后以直线出隧道，见图 5-7。

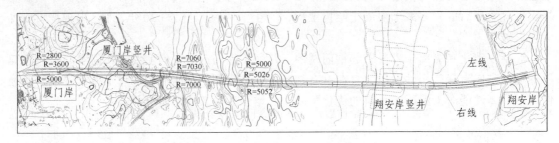

图 5-7　厦门翔安隧道平面布置图

当由于特殊条件限制隧道平面线形设计需设超高曲线时，其超高值不宜大于 4.0%，技术指标应符合《公路路线设计规范》有关规定。停车视距与会车视距应符合表 5-2 的规定。

表 5-2　公路停车视距与会车视距

公路等级	高速公路、一级公路				二、三、四级公路				
设计速度/（km/h）	120	100	80	60	80	40	60	30	20
停车视距/m	210	160	110	75	110	75	40	30	20
会车视距/m	—	—	—	—	220	150	80	60	40

2）铁路隧道

铁路隧道设计规范规定，隧道内的线路宜设计为直线，当因地形、地质等条件限制必须设计为曲线时，宜采用较大的曲线半径，慎用最小曲线半径。线路平面设计应重视线路曲线的平顺性。为了提高旅客乘坐舒适度，高速铁路设计规范给出了设计行车速度匹配的平面曲线半径，如表 5-3 所示。

表 5-3   平面曲线半径表   m

设计行车速度 /（km/h）	350/250	300/200	250/200	250/160
有砟轨道	推荐 8 000～10 000 一般最小 7 000 个别最小 6 000	推荐 6 000～8 000 一般最小 5 000 个别最小 4 500	推荐 4 500～7 000 一般最小 3 500 个别最小 3 000	推荐 4 500～7 000 一般最小 4 000 个别最小 3 500
无砟轨道	推荐 8 000～10 000 一般最小 7 000 个别最小 5 000	推荐 6 000～8 000 一般最小 5 000 个别最小 4 000	推荐 4 500～7 000 一般最小 3 200 个别最小 2 800	推荐 4 500～7 000 一般最小 4 000 个别最小 3 500
最大半径	12 000	12 000	12 000	12 000

注：个别最小半径值需进行技术经济比选，报部批准后方可采用。

2. 纵面设计

一般地，水下隧道地形分陆地、岸滩和水底三部分。陆地部分应着重抓好主要控制点的纵面高程，纵面设计应力求接坡顺适、跨越合理，对现有道路影响最小。岸滩和水底部分纵坡主要控制因素是水底岩层分布及相关地质情况，纵断面设计标高以水底部分最小岩石覆盖层厚度为依据。在确保施工安全可行的情况下，尽量抬高设计标高。缩短隧道长度，以节省工程投资。

水下隧道洞口标高以及埋深确定之后，隧道纵向坡度就决定了其长度。对于公路隧道要根据行车要求和通风能力，恰当地选定隧道的纵向坡度。坡度过大，隧道长度短，则行车条件差，特别是上坡车辆排废气量增多，通风量需要大，因而电能消耗也大；坡度过小，则隧道长度增加，施工费用和其他一系列问题也就增多。

水下隧道水底段坡度以 U 字形坡为主，水底段水位高，衬砌承受压力大，需考虑安全覆盖层厚度。隧道内渗漏水沿纵向向洞内流，缺点是：施工排水不便，在河（海）床中间要按设排水泵房，围岩不好时，对"防塌、防水"不利。

1）公路隧道

国外水下公路隧道的纵坡度，一般最大不大于 4%，最小不小于 0.2%，如埃及苏伊士运河水下公路隧道纵坡最大取 3.823%。英国公路隧道规范规定，最大纵坡（4%）适用于不重要的公路隧道。实践证明，水下隧道特别是长大水下公路隧道，纵坡大时，一方面会降低汽车行驶速度，另一方面，履带车辆或大型拖平车运载通过时有困难，且不宜急刹车。

我国公路隧道设计规范规定：隧道内纵面线形（纵坡）的最小值应以隧道建成后洞内水（包括漏水、涌水、渗水等）能自然排泄为原则，要求不得小于 0.3%，又考虑到隧道施工误差，一般最好不要小于 0.3%～0.5%。隧道纵坡的最大值应充分考虑：

（1）施工中出渣或材料运输的作业效率（纵坡太大则作业效率低下）。

（2）营运期车辆行驶的安全和舒适性。

· 181 ·

（3）营运通风的要求等因素，一般要求不大于3%。

在一些受地形地貌限制的特殊场合，水下隧道纵坡若强制要求不大于3%，可能导致展线非常困难，甚至不可能。在线形要求非常困难的情况下可适当放宽，但要求作如下技术论证：

（1）施工运输是否困难，装渣车、翻斗车等施工车辆的排污对洞内施工环境的影响程度。

（2）较大纵坡对车辆行驶安全性的影响。当长下坡且坡度较大时，容易发生交通事故。

（3）是否需增加过多的通风设备和营运费用。据国外试验和实测，纵坡超过3%时柴油车的烟尘排放将急剧上升，会导致通风设备的增加。因此，除短隧道外，均应作出评价。

国外尤其是欧洲在修建水下隧道时，由于河（海）床较深，有时不得不加大纵坡，甚至达到7%。对于大纵坡隧道，往往采取交通管制，禁止排污较大货车、柴油车驶入，或者增大机械通风规模。修建水下公路隧道时，应分析纵坡与汽车排污量关系后确定其纵面设计。

我国厦门翔安隧道陆地部分主要控制点是仙岳路、环岛路和环东海域公路的纵面高程，岸滩带和海域部分纵坡受海底岩层分布及相关地质因素控制，在厦门岸采用 –2.86%和 –2.48%的长坡段，海域段采用了0.54%上坡，在翔安岸采用了2.92%长坡段。服务隧道纵面设计与主洞一致，从控制横洞与主洞连接处的洞身高程及满足排水方面考虑，其设计标高与对应主洞设计标高约低20 cm。见图5-8。

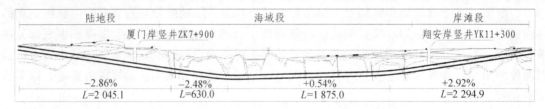

图5-8　厦门翔安隧道纵面图

2）铁路隧道

铁路隧道设计规范要求隧道纵坡设置应符合下列规定：隧道纵坡不宜小于3‰。位于长大坡道上长度大于400 m的隧道，其纵坡不得大于最大坡度按规定折减后的数值；位于长大坡道且曲线地段的隧道，应先进行隧道内线路最大坡度折减，再进行曲线坡度减缓。各种牵引种类的隧道内线路最大坡度折减系数应按表5-4的规定采用。

表5-4　电力、内燃机车牵引的隧道内线路最大坡度折减系数

隧道长度/m	电力牵引	内燃牵引
400 < L ≤ 1 000	0.95	0.90
1 000 < L ≤ 4 000	0.90	0.80
> 4 000	0.85	0.75

注：最大坡度折减系数不分单、双机牵引，也不分单、双线隧道。

我国高速铁路设计规范规定，区间正线的最大坡度不宜大于20‰，困难条件下，经技术经济比较，不应大于30‰。动车组走行线的最大坡度不应大于35‰。坡段间的连接应符合下列规定：正线相邻坡段的坡度差大于或等于1‰时，应采用圆曲线型竖曲线连接，最小竖曲

线半径应根据所处区段设计行车速度按表 5-5 选用，最大竖曲线半径不应大于 30 000 m，最小竖曲线长度不得小于 25 m。

表 5-5　最小竖曲线半径

设计行车速度/（km/h）	350	300	250
最小竖曲线半径/m	25 000	25 000	20 000

3. 最小岩石覆盖层厚度

合理确定隧道岩石覆盖厚度十分重要，这是水下隧道最重要的参数之一。水下隧道水底段埋深问题，关系到工程成败。水底段衬砌埋深的深浅，影响到防护能力和隧道长度，影响到工期和工程造价。如果覆盖层过于薄弱，水下隧道施工过程中就可能发生严重的失稳问题和河（海）水涌入的危险，即使不发生，也会导致辅助工法的投入增大；如果覆盖层厚度太厚，不仅会使作用于衬砌结构上的水压力增大，而且也会使水下隧道的长度增加。水下隧道覆盖层厚度选定不仅是一个安全问题，而且也是一个经济问题。最小覆盖厚度应该考虑围岩稳定性和隧道涌水量。一般应根据防护要求、围岩稳定情况及施工方法等来确定隧道埋深。

在国内，武广客运专线浏阳河隧道，隧道洞顶覆盖厚度为 19.1 m ~ 23.8 m。厦门翔安隧道，深海地段顶板岩石厚度不小于 15 m，潮间地段顶板岩石厚度不小于 10 m；在确保施工安全可行的情况下，尽量抬高设计标高，缩短隧道长度，以节省工程投资。在国外，日本青函海底隧道位于水深 140 m 处，其最小岩石覆盖层厚度为 100 m，该厚度是根据当时日本水下采煤安全规程确定的，即隧道最小埋深不小于 60 m。鉴于日本水下采煤安全规程并没有考虑水深这一因素，最后为了安全起见，将该隧道最小覆盖层厚度定为 100 m。而日本关门海底隧道海地段平均覆盖层厚度仅为 11 m。国内外水下隧道的最大水深与埋深的关系见表 5-6。

表 5-6　水下隧道的最大水深与埋深的关系

隧道名称	最大水深/m	最大埋深/m	比　值	地质条件
青函隧道	140	100	0.71	第三纪沉积岩
丹麦海峡隧道	60	66	1.1	
挪威海峡隧道	40	40	1.0	片麻岩、千枚岩
关门隧道	22	20	0.91	
舞鹤隧道	14	26	1.85	花岗岩
厦门翔安隧道	20	30 ~ 40	1.5 ~ 2.0	花岗岩
浏阳河客专隧道	15	19.1 ~ 23.8	1.27 ~ 1.58	泥质粉砂岩、泥岩、含砾砂岩

挪威作为世界上采用矿山法修建海底隧道最多的国家，累计建成超过 100 km 长度的海底隧道，这些隧道大部分位于火成岩和变质岩等比较坚硬的岩层，针对水下隧道最小岩石覆盖层厚度问题，挪威专家曾做过专门的研究，提出了一些经验值（表 5-7）。NILSENB 对挪威近 20 多条海底隧道工程最小岩石覆盖层厚度进行了统计分析，并给出两条统计经验曲线，如图 5-9 所示。图 5-10 为目前各国主要海底隧道最小岩石覆盖层厚度的统计结果。

表 5-7　挪威海底隧道最小岩石覆盖层厚度经验值

海面至基岩面水深/m	最小岩石覆盖厚度/m		最大坡度/%
	围岩质量好	围岩质量差	
0～25	25	30～35	2.0
25～50	30	35～40	2.6
50～100	35	40～50	3.8
100～200	40	45～60	6.0

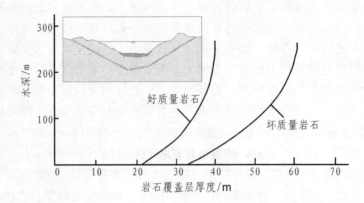

图 5-9　挪威海底隧道最小岩石覆盖层厚度

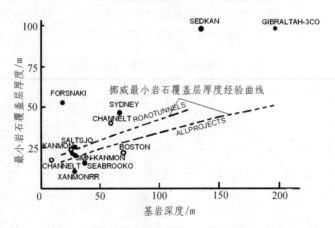

图 5-10　各国主要海底隧道最小岩石覆盖层厚度

　　一般说，隧道埋深由最差地质地段所决定。日本青函隧道埋深 100 m，就是由断层破碎带决定的。在一般地质条件下，埋深是由海水最深处决定的。埋深通常采用最大海水深度的 0.8～1.0。

　　此外，参考英法海峡服务隧道经验，分析覆盖层厚度与渗入水量之间的关系（图 5-11）。可以得出在一定深（厚）度下，渗入水量增加会逐渐趋于一个极限。据此，可确定出一个最佳的覆盖层厚度，这种研究是合理确定隧道线路与覆盖层厚度的一个先决条件。

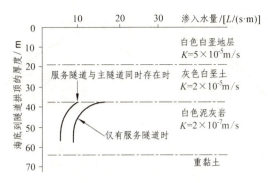

图 5-11 英法海峡隧道服务隧道覆盖厚度与渗入水量关系

4. 横断面设计

1）断面形式及大小

水下隧道横断面形状一般有圆形、类圆形、扁平圆形、马蹄形等，应根据地质条件、水压大小、荷载条件、幅员要求、通风方式和施工方法等综合对比确定。矿山法水下隧道断面形式主要是以类圆马蹄形或扁平圆马蹄形为主，如图 5-12、5-13 所示。隧道设计断面大小的区分，参照表 5-8。

表 5-8 隧道断面尺寸划分标准

划　　分	净空断面积/m²
超小断面	< 3.0
小断面	3.0 ～ 10.0
中等断面	10.0 ～ 50.0
大断面	50.0 ～ 100.0
超大断面	> 100.0

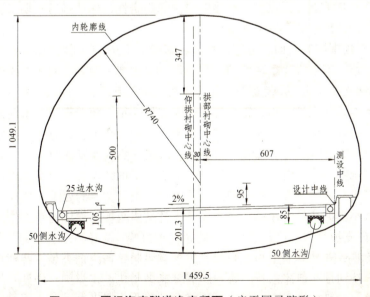

图 5-12 厦门海底隧道净空断面（扁平圆马蹄形）

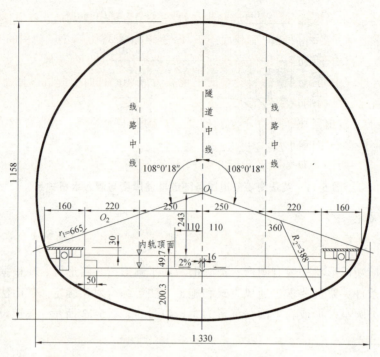

图 5-13　客专浏阳河隧道净空断面（类圆马蹄形）

2）隧道衬砌的选择原则

（1）一般应优先采用复合式衬砌，对于地下水较少的Ⅰ、Ⅱ级围岩地段，依据实际工程情况可选用单层衬砌。

（2）衬砌结构类型的选择应综合考虑地质、埋深、地面建筑、地下水等环境条件、断面形状与大小、防水要求、使用功能、施工方法与施工措施等因素。

（3）衬砌设计应综合考虑地质条件、地下水类型、断面形状、支护结构、施工条件等，并应充分利用围岩自承能力。衬砌应有足够强度和稳定性，保证隧道长期安全和耐久性。

（4）衬砌支护结构应满足以下基本要求：

① 必须能与周围围岩大面积地牢固接触，即保证支护-围岩体系作为一个统一的整体工作。接触状态好坏，不仅改变了荷载的分布图形，也改变了两者之间相互作用的性质。

② 重视初期支护作用，并使初期支护与永久支护相互配合，协调一致地工作。过去只把永久支护作为基本承载支护结构，完全忽视初期支护作用。随着支护技术的发展，逐步把初期支护与永久支护合并考虑，初期支护亦作为永久支护一个重要部分，喷锚支护就是一例。

③ 允许隧道-支护体系产生有限制的变形，以充分协调地发挥两者的共同作用。这就要求对支护结构的刚度、构造给予充分的注意，即要求支护结构有一定柔性或可缩性，要允许坑道支护结构产生一定的变形，这是理论上的要求，也是实践的要求。这样可以充分发挥围岩承载作用而减小支护结构的作用。综合来讲，就是使两者更加协调地工作。

④ 必须保证支护结构架设及时。由于隧道支护过晚，会导致围岩暴露、产生过度的位移而濒临破坏（极限平衡）。因此，应在坑道围岩达到极限平衡之前开始发挥作用，旨在控制围岩的初始位移，特别是在埋深小、围岩差的情况下，尤其重要。

（5）任何类型的衬砌结构均必须满足使用功能要求，具体有：

① 运营安全要求。包括强度、变形和耐久性等 3 个方面，也就是在隧道使用年限内，隧道结构应能可靠地承受各种可能的荷载而不破坏，且不应出现影响正常使用的变形、裂缝等。对于高速铁路隧道，由于隧道内运行高速列车，其振动作用大，列车风大，空气压力波动频繁，在长期运营过程中局部细微的裂缝可能出现疲劳破坏，进而引起混凝土掉块，对行车安全构成威胁，因此，结构的抗裂性能尤其重要。

② 防水要求。隧道防水等级要求达到一级，衬砌表面无湿渍。为保证隧道的防水效果，隧道结构自身应具有一定的防水能力。

③ 美观要求。所谓美观要求，也就是结构表面应平整、光滑，整体形状应满足"稳重、安全"的表观感觉。

3）隧道衬砌的形式

隧道衬砌结构类型的选择应综合考虑地质、埋深、地面建筑、地下水等环境条件、断面形状与大小、防水要求、使用功能、施工方法与施工措施等因素。

（1）复合式衬砌。

复合式衬砌结构一般由中间设置隔离层（防水）的内、外二层结构组成，内层结构与外层结构之间可以传递压力，但一般不传递剪力。外层结构一般采用喷锚支护，内层结构一般采用模筑混凝土（或钢筋混凝土）衬砌。复合式衬砌结构具有以下优点：防水性能好，从工程实践经验看，在地下水发育地段复合式衬砌结构的防水性能明显优于整体式衬砌；外层结构采用喷锚支护，能适应围岩变形和充分发挥围岩自身的承载能力，具有良好经济性；内层结构采用模筑混凝土，既可以保证隧道内表面光滑平整，也进一步提高了结构的安全性。

（2）单层衬砌。

单层衬砌结构一般采用由单层或多层混凝土构成的支护体系，支护层与衬砌层是一体的，各层间能够充分传递剪力的支护体系，其基本构造示于图 5-14。

单层衬砌不等同于喷锚衬砌，喷锚衬砌仅是单层衬砌的一种。单层衬砌可以是单层的，也可以是多层的，可以是模筑混凝土，也可以是喷混凝土或喷纤维混凝土，其组合形态多种多样。单层衬砌与复合式衬砌本质的区别就是各支护层间不设置隔离层（防水板），其承载机理是：支护层与衬砌层的力学

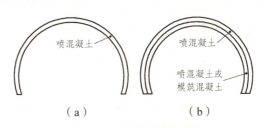

图 5-14　单层衬砌概念图

动态是一体的，各层间能够充分传递剪力，组成共同承载体系。这样在同等程度荷载条件下，单层衬砌比复合式衬砌薄，能够减少开挖量和衬砌坊工量。同时取消了防水板，取而代之的是具有一定防水能力的防水混凝土喷层或模筑层，施工操作方便，有利于缩短工期。单层衬砌的应用由来已久，在有节理易超挖的岩层内，采用钢纤维喷混凝土这种革新的永久加固和最终支护方法的工程实例逐年增加。在水下隧道中采用喷混凝土或钢纤维喷混凝土，作为永久支护的设计施工已广为工程界接受。

支护结构的基本作用：保持坑道断面的使用净空；防止围岩质量的进一步恶化；承受可能出现的各种荷载；使坑道支护体系有足够的安全度。因此，任何一种类型的支护结构都应具有与上述作用相适应的构造、力学特性和施工可能性。

4）衬砌结构设计参数

支护参数设计原则：初期支护承担施工阶段全部荷载，二次衬砌承担由于初期支护可能劣化而作用于二次衬砌上的荷载或由于围岩蠕变、环境条件变化等引起的附加荷载以及作为安全储备。衬砌结构设计参数取值主要是以工程类比法设计为主，并对各种结构断面采用相应的计算方法进行验算，并应根据现场围岩量测信息对支护参数作必要的调整。

时速 350 km、250 km ~ 300 km 的双线铁路隧道排水型复合式衬砌支护参数见表 5-9、5-10。3 车道公路隧道（以厦门翔安海底隧道为例）排水型复合式衬砌支护参数见表 5-11。

表 5-9　时速 350 km 的双线铁路隧道排水型复合式衬砌支护参数表

衬砌类型	初期支护								二次衬砌		预留变形量/cm
	喷混凝土	钢筋网（Φ8）		锚杆		钢架		拱墙/cm	仰拱/底板/cm	
	部位/厚度/cm	网格间距/cm	设置部位	长度/m	间距/m（环×纵）	规格	间距/m			
Ⅱ 无仰拱	拱墙/10	—		2.5	1.5×1	—	—	35	/30*	3 ~ 5
Ⅱ 有仰拱	拱墙/10			2.5	1.5×1			35	35/	3 ~ 5
Ⅲ	拱墙/15	25×25	拱部	3.0	1.2×1	—	—	40	55/	5 ~ 8
Ⅲ 偏	拱墙/18	20×20	拱部	3.0	1.2×1	型钢	1.0（拱墙）	40*	55*/	5 ~ 8
Ⅳ	拱墙/25 仰拱/15	20×20	拱墙	3.5	1.0×1	格栅	1.0（拱墙）	45*	55*/	8 ~ 10
Ⅳ 加	全环/25	20×20	拱墙	3.5	1.0×1	格栅或型钢	1.0（全环）	45*	55*/	8 ~ 10
Ⅳ 偏	全环/25	20×20	拱墙	3.5	1.0×1	型钢	0.8（全环）	50*	60*/	8 ~ 10
Ⅴ	全环/28	20×20	拱墙	4.0	1.0×0.8	格栅或型钢	0.6 ~ 0.8（全环）	50*	60*/	10 ~ 15
Ⅴ 加	全环/28	20×20	拱墙	4.0	0.80×1.0	型钢	0.6（全环）	50*	60*/	10 ~ 15
Ⅴ 偏	全环/28	20×20	拱墙	4.0	0.80×1.0	型钢	0.5（全环）	55*	65*/	10 ~ 15

注：①表中带*号表示为钢筋混凝土；②所有拱墙喷射混凝土中掺加合成纤维；③加强衬砌用于浅埋隧道段；④喷射混凝土强度等级 C25，钢筋混凝土强度等级 C35，素混凝土强度等级 C30。

表 5-10　时速 250 km ~ 300 km 的双线铁路隧道排水型复合式衬砌支护参数表

衬砌类型	初期支护							二次衬砌		预留变形量/cm
	喷混凝土	钢筋网（Φ8）		锚杆		钢架				
	部位/厚度/cm	网格间距/cm	设置部位	长度/m	间距/m（环×纵）	规格	间距/m	拱墙/cm	仰拱/底板/cm	
Ⅱ 无仰拱	拱墙/8	—	—	2.5	局部	—	—	35	/30*	3 ~ 5
Ⅲ	拱墙/15	25×25	拱部	3.0	1.2×1	—	—	40	55/	5 ~ 8
Ⅲ偏	拱墙/18	20×20	拱部	3.0	1.2×1	型钢	1.0（拱墙）	40*	55*/	5 ~ 8
Ⅳ	拱墙/25 仰拱/10	20×20	拱墙	3.5	1.0×1	格栅	1.0（拱墙）	45*	55*/	8 ~ 10
Ⅳ加	全环/25	20×20	拱墙	3.5	1.0×1	格栅或型钢	1.0（全环）	45*	55*/	8 ~ 10
Ⅳ偏	全环/25	20×20	拱墙	3.5	1.0×1	型钢	0.8（全环）	50*	60*/	8 ~ 10
Ⅴ	全环/28	20×20	拱墙	4.0	1.0×0.8	格栅或型钢	0.6 ~ 0.8（全环）	50*	60*/	10 ~ 15
Ⅴ加	全环/28	20×20	拱墙	4.0	0.80×1.0	型钢	0.6（全环）	50*	60*/	10 ~ 15
Ⅴ偏	全环/28	20×20	拱墙	4.0	0.80×1.0	型钢	0.5（全环）	55*	65*/	10 ~ 15

注：① 表中带*号表示为钢筋混凝土；② 所有拱墙喷射混凝土中掺加合成纤维；③ 加强衬砌用于浅埋隧道段；④ 喷射混凝土强度等级 C25，钢筋混凝土强度等级 C30，素混凝土强度等级 C25。

表 5-11　3 车道公路隧道（以厦门翔安海底隧道为例）排水型复合式衬砌支护参数表

衬砌类型	围岩级别	拱顶最大水压/MPa	初期支护				二次衬砌
			锚杆	钢筋网	喷射混凝土	钢架	
Sm（明洞）	—	填土 6 m	—	—	—	—	C30 钢筋混凝土 80 cm
S1	Ⅰ级海域	0.65	—	—	C25 喷射混凝土厚 5 cm	—	厚度 50 cm、无仰拱、C45 素混凝土
S2a	Ⅱ级海域	0.65	φ25 注浆锚杆 L=3.0m	—	C25 喷射混凝土厚 8 cm	—	厚度 50 cm、无仰拱、C45 素混凝土
S2b	Ⅱ级海域	0.65	φ25 注浆锚杆局部	—	C25 喷射混凝土厚 8 cm	—	厚度 60 cm C45 素混凝土
S3a	Ⅲ级陆域	0.65	φ25 注浆锚杆 L=3.0 m	Φ8 钢筋网单层 20×20 cm	C25 喷射混凝土厚 15 cm	—	厚度 60 cm C30 素混凝土
S3b	Ⅲ级海域	0.65	φ25 注浆锚杆 L=3.0 m	Φ8 钢筋网单层 20×20 cm	C25 喷射混凝土厚 15 cm	—	厚度 60 cm C45 素混凝土

衬砌类型	围岩级别	拱顶最大水压/MPa	初期支护				二次衬砌
			锚杆	钢筋网	喷射混凝土	钢架	
S4a	Ⅳ级陆域	0.35	ϕ25注浆锚杆 L=3.5 m	Φ8钢筋网 双层 20×20 cm	C25喷射混凝土厚28 cm	18工字钢 间距50 cm	厚度50 cm C30钢筋混凝土
S4b	Ⅳ级海域	0.65	ϕ25注浆锚杆 L=3.5 m	Φ8钢筋网 双层 20×20 cm	C25喷射混凝土厚28 cm	18工字钢 间距50 cm	厚度60 cm C45钢筋混凝土
S5a	Ⅴ级洞口	—		Φ8钢筋网 双层 20×20 cm	C25喷射混凝土厚30cm	20b工字钢 间距50 cm	厚度55 cm C30钢筋混凝土
S5b	Ⅴ级陆域	0.35	ϕ25注浆锚杆 L=4.0 m	Φ8钢筋网 双层 20×20 cm	C25喷射混凝土厚30 cm	20b工字钢 间距50 cm	厚度55 cm C30钢筋混凝土
S5c	Ⅴ级浅滩	0.35	ϕ25注浆锚杆 L=4.0 m	Φ8钢筋网 双层 20×20 cm	C25喷射混凝土厚30 cm	20b工字钢 间距50 cm	厚度55 cm C45钢筋混凝土
S5d	Ⅴ级海域	0.65	ϕ32注浆锚杆 L=4.0 m	Φ8钢筋网 双层 20×20 cm	C25喷射混凝土厚30 cm	20b工字钢 间距50 cm	厚度70 cm C45钢筋混凝土

时速 350 km 的双线铁路隧道防水型复合式衬砌内轮廓断面与排水型完全相同,但根据水压力大小调整了仰拱深度与厚度,其支护参数见表 5-12。对于防水型隧道,二次衬砌承受的水压力为主要荷载,一般大于围岩压力,为提高经济性,支护参数设计原则为:初期支护按保证施工安全和控制地面沉降的要求确定,二次衬砌承担全部围岩压力和水压力。

表 5-12　时速 350 km 的防水型复合式隧道（以客专浏阳河铁路隧道为例）结构支护参数表

断面类型	初期支护										二次衬砌 C35钢筋混凝土		适用条件（拱顶以上水压力）/m	仰拱加深深度/cm
	网喷 C25 合成纤维混凝土		喷 C25 钢纤维混凝土		钢架			锚杆						
	厚度/cm	合成纤维/(kg/m³)	厚度/cm	钢纤维/(kg/m³)	位置	规格/mm	间距/m	位置	长度/m	间距/m	拱墙/cm	仰拱/cm		
Ⅳa	22	1.2	—	—	全环	150 Φ22	0.6	拱墙	3.5	1.0×1.0	45	55	0~18	0
Ⅳb	拱部22 仰拱10	1.2	—	—	拱墙	150 Φ22	0.75				45	65	18~30	0
Ⅳc	拱部22 仰拱10	1.2	—	—	拱墙	150 Φ22	0.75				50	70	30~50	50
Ⅳd	拱部22 仰拱10	1.2	—	—	拱墙	150 Φ22	0.75				55	80	50~70	50
Ⅴa	25	1.2	—	—	全环	I20a	0.6	拱墙	4	1.0×1.0	50	65	0~30	0
Ⅴb	25	1.2	—	—	全环	I20a	0.6				55	70	30~50	50
Ⅴc	25	1.2	—	—	全环	I20a	0.6				60	80	50~70	50

注:①断面类型中Ⅳ、Ⅴ指围岩级别;②仰拱加深深度指相对于排水型隧道轨面至仰拱内侧最低点深度。

5）建筑限界

（1）公路隧道。

公路隧道的建筑限界，不仅要提供车辆行驶空间，还要考虑行驶的安全、快捷、舒适和防灾等，因此要求设计中应充分研究各种车道与公路设施之间的空间关系，任何部件（包括通风、照明、安全、临控和内装等附属设施）均不得侵入隧道建筑限界之内。

建筑限界由车道宽度、侧向宽度、余宽、检修道或人行道组成，如图 5-15 所示。

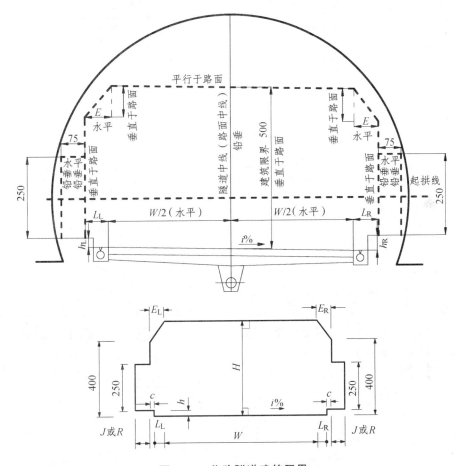

图 5-15　公路隧道建筑限界

注：H—建筑限界高度；W—行车道宽度；L_L—左侧向宽度；L_R—右侧向宽度；C—余宽；J—检修道宽度；R—人行道宽度；h—检修道或者人行道宽度；$E_L = L_L$；E_R—建筑限界右顶角宽度，当 $L_R \leqslant 1\,\mathrm{m}$ 时，$E_R = L_R$，当 $L_R > 1\,\mathrm{m}$ 时，$E_R = 1\,\mathrm{m}$。

各级公路隧道建筑限界基本宽度应按表 5-13 执行，并规定建筑限界高度：高速公路、一级公路、二级公路取 5.0 m；三、四级公路取 4.5 m。

隧道内轮廓设计除应符合隧道建筑限界的规定外，还应满足洞内路面、排水设施、装饰的需要，并为通风、照明、消防、监控、营运管理等设施提供安装空间，同时考虑围岩变形、施工方法影响的预留富裕量，使确定的断面形式及尺寸符合安全、经济、合理的原则。公路等级和设计速度相同的一条公路上的隧道断面宜采用相同的内轮廓。

表 5-13 公路隧道建筑限界横断面组成最小宽度

公路等级	设计速度/(km/h)	车道宽度 W	侧向宽度 L		余宽 C	人行道 R	检修道 J		隧道建筑限界净宽		
			左侧 L_L	右侧 L_R			左侧	右侧	设检修道	设人行道	不设检修道、人行道
高速公路 一级公路	120	3.75×2	0.75	1.25			0.75	0.75	11.00		
	100	3.75×2	0.50	1.00			0.75	0.75	10.50		
	80	3.75×2	0.50	0.75			0.75	0.75	10.25		
	60	3.50×2	0.50	0.75			0.75	0.75	9.75		
二级公路 三级公路	80	3.75×2	0.75	0.75		1.00				11.00	
	60	3.50×2	0.50	0.50		1.00				10.00	
	40	3.50×2	0.25	0.25		0.75				9.00	
四级公路	30	3.25×2	0.25	0.25	0.25						7.50
	20	3.00×2	0.25	0.25	0.25						7.00

注：① 3 车道隧道除增加车道数外，其他宽度同表；增加车道的宽度不得小于 3.5 m。

② 连拱隧道左侧可不设检修道或人行道，但应设 50 cm（120 km/h 与 100 km/h）或 25 cm（80 km/h 与 60 km/h 时）余宽。

③ 设计速度为 120 km/h 时，两侧检修道宽度均不宜小于 1.0 m；设计速度为 100 km/h 时，右侧检修道宽度不宜小于 1.0 m。

（2）铁路隧道。

① 200 km/h 客货共线隧道内轮廓。

单线隧道内轮廓：隧道一侧设置宽 125 cm 的救援通道。另一侧设置宽 125 cm 的水沟、电缆槽，当列车在隧道内停车时也可作为救援通道使用。救援通道底面与内轨顶面齐平，其内轮廓形状如图 5-16 所示。

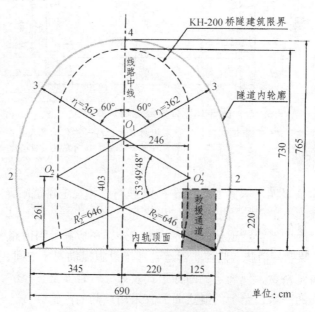

图 5-16 200 km/h 单线隧道内轮廓

双线隧道内轮廓：隧道两侧各设宽 125 cm 的救援通道。救援通道底面高出内轨顶面 30 cm，其内轮廓形状如图 5-17 所示。

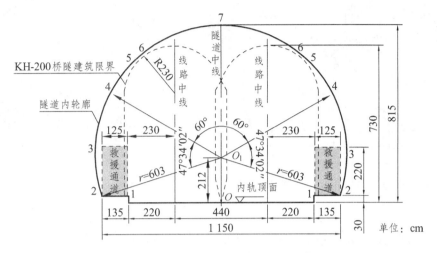

图 5-17　200 km/h 双线隧道内轮廓

② 250 km/h 客货共线单、双线隧道内轮廓。

设计行车速度目标值为 250 km/h 时，单线隧道不应小于 58 m²，双线隧道不应小于 90 m²。其内轮廓形状如图 5-18、图 5-19 所示。

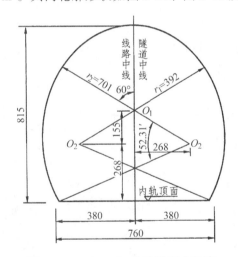

图 5-18　250 km/h 单线隧道内轮廓

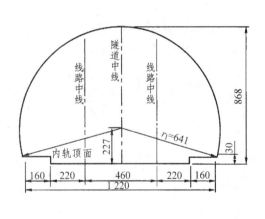

图 5-19　250 km/h 双线隧道内轮廓

③ 300 km/h、350 km/h 客货共线单、双线隧道内轮廓。

设计行车速度目标值为 300 km/h、350 km/h 时，单线隧道不应小于 70 m²，双线隧道不应小于 100 m²。其内轮廓形状如图 5-20、图 5-21 所示。

高速铁路隧道内轮廓内安全空间、救援通道、技术作业空间概念及几何尺寸如下说明。

④ 安全空间。

安全空间（又称安全区）是为铁路内部员工和特殊情况下养护人员预留的，安全区内包括靠衬砌侧安放施工设施或开关柜空间。

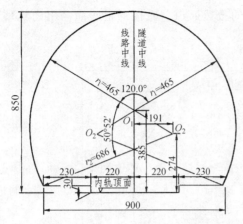 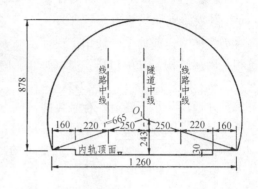

图 5-20　300 km/h、350 km/h 单线隧道内轮廓　　图 5-21　300 km/h、350 km/h 双线隧道内轮廓

对于行车时速 250 km、300 km 和 350 km 的隧道，安全空间符合下列规定：

- 安全空间应设在距线路中线 3.0 m 以外，单线隧道在救援通道一侧设置，多线隧道在双侧设置。

- 安全空间的宽度不应小于 0.8 m，高度不应小于 2.2 m。

⑤ 救援通道。

对于行车时速 250 km、300 km 和 350 km 的隧道，设置救援通道符合下列规定：

- 单线隧道单侧设置，双线隧道双侧设置，救援通道距线路中线不应小于 2.3 m。

- 救援通道的宽度不宜小于 1.5 m，在装设专业设施处可适当减少；高度不应小于 2.2 m。

- 救援通道走行面不应低于轨面，走行面平整、铺设稳固。

200 km/h 及以上客运专线隧道救援通道见图 5.22。

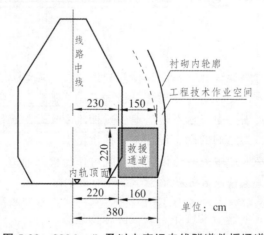

图 5-22　200 km/h 及以上客运专线隧道救援通道

⑥ 技术作业空间。

技术作业空间用于安放施工辅助设施，作为预留加强衬砌或安装隔声板等的空间。该空间内允许在有限的长度范围内设置一些设备，如接触导线张力调整器和接触导线以及接头的紧回装置等。技术作业空间沿隧道衬砌内轮廓环向设置，其宽度为 0.3 m。隧道的施工误差不应占用技术作业空间。

6）相关结构

（1）公路隧道。

为了使隧道能够正常使用，保证车辆安全运行，公路隧道除上述主体建筑物外，还要修筑相关附属结构。其中包括：通风竖井、服务隧道、横向通道等。

① 通风竖井。

竖井通风是水下隧道一种有效的通风方式，其通风方式由通风计算决定。竖井建筑设计在满足竖井功能的情况下，尽量考虑建筑造型。

如图 5-23 所示，厦门翔安公路隧道的竖井均位于浅海区域。平均水深一般在 2 m ~ 3 m。其中，厦门岸竖井距厦门端洞口 1.31 km，设置于左线隧道 ZK7＋900 上方，对左线主洞进行送排风，同时还作为右线行车隧道在紧急情况下的排烟通道。

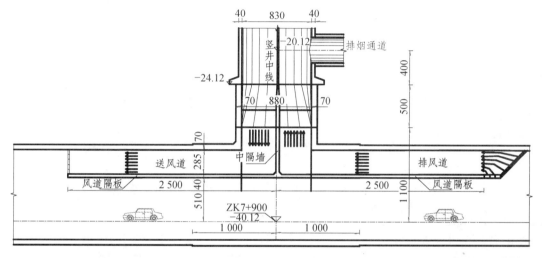

图 5-23　厦门岸通风竖井布置图

② 服务隧道。

服务隧道作为紧急避难通道和日常维护检修通道，其建筑限界是根据建设方要求及保证其正常发挥设计功能的原则，在多方案对比分析的基础上拟定的。设置服务隧道理由是：

● 超前地质勘探的要求：由于水下隧道地质勘探难度大，准确性相对低，利用服务隧道可有效地探明地质情况，为主洞的动态设计施工提供依据。

● 断面合理利用的要求：服务隧道设置后，既可作为检修通道，又可作为管线通道，缩小行车主洞的面积，减少设备检修对隧道营运的干扰。

● 双回路电力线和供水管过江的要求：隧道方案应考虑有关市政管线的布设，如这些管线布设在行车主洞内，势必加大主洞断面，且检修时会严重影响隧道的正常营运，甚至关闭交通，因此有必要设置服务隧道。

③ 横向通道（横洞）。

按照《公路隧道设计规范》（JTGD70—2004）要求，行人横洞设置间距为 250 m ~ 500 m，行车横洞设置间距为 500 m ~ 1 000 m。横洞应尽可能设置在围岩较好地段，当实际地质情况有变化时，可适当调整横洞位置。横洞与主隧道连接处施工时，应注意施工方法，尽量减少对围岩的扰动。如图 5-24 所示为厦门翔安海底行车横洞与主洞、服务隧道的位置关系。

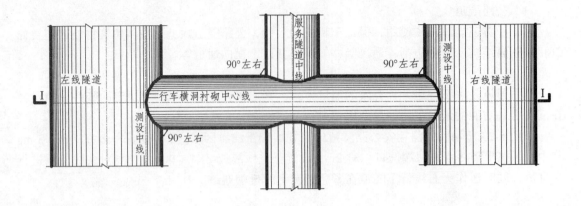

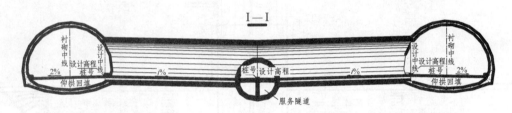

图 5-24　厦门翔安海底行车横洞与主洞、服务隧道的位置关系

（2）铁路隧道。

在水下隧道掘进长度长、工期条件比较紧张的情况下，可设置辅助坑道。如浏阳河隧道为满足工期要求、施工场地以及逃生救援等实际情况，隧道设置了三竖井和一斜井，竖井及斜井可在水下隧道施工中发挥"一井多用"的作用，解决了诸多难题，经济效益十分可观。

① 竖井。

考虑浏阳河隧道为凹形纵坡长大隧道，为加强隧道的防灾与逃生能力在隧道最低点处设置疏散定点，设计考虑在隧道内轨顶面标高最低处的竖井前后各 200 m 范围内隧道中线两侧 40 m 各设置局部疏散通道。为施工方便，3 个竖井均采用矩形断面形式，且位于线路正上方。竖井的内净空尺寸为 8 m × 16.8 m，3 个竖井深度分别为 50.07 m、53.85 m、51.03 m。图 5-25、5-26 为竖井结构布置图。

② 斜井。

浏阳河隧道斜井位于线路前进方向左侧并平行于线路走向，与左线线路中线距离 87.5 m，井底与线路正交，如图 5-27 所示。斜井综合坡度 8.43%，斜长 652.57 m。斜井采用无轨运输单车道断面，井底 XDK0 + 000 ～ + 128 及 XDK0 + 386 ～ + 416 段设置错车道。

疏散通道结合斜井设置，线路方向左右两侧在其与正洞衔接段错开 20 m，并在线路里程 DⅡK1566 + 598 处下穿正洞后接入斜井井底车场。废水泵房设在隧道内轨顶面标高最低点处斜井内，将洞内水引入废水泵房后通过斜井抽排至地表进入城市排水系统。

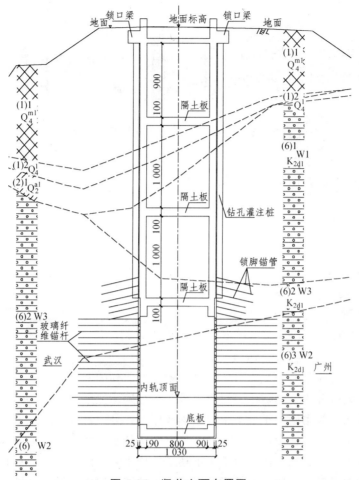

图 5-25　竖井立面布置图

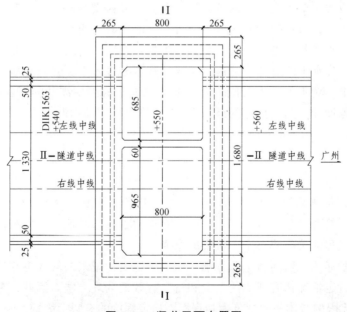

图 5-26　竖井平面布置图

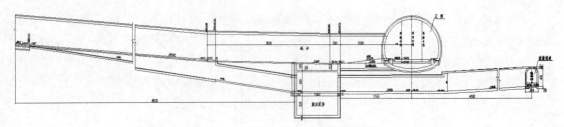

图 5-27 斜井及疏散通道纵断面布置图

5.2.2 矿山法水下隧道结构设计

1. 概 述

随着隧道衬砌结构理论的发展,各国学者提出了许多计算模型,主要可以分为以下 4 类:① 以工程类比为依据的经验法;② 以测试为依据的实用法(包括收敛-约束法、现场和试验室岩土力学试验、应力(应变)量测以及室内模型试验);③ 作用-反作用模型(如弹性地基框架、弹性地基圆环),此模型也可称为荷载-结构法或简称结构力学法;④ 连续介质模型。目前,隧道结构设计中使用最多的模型是荷载-结构模型,其中,对于含水地层中水、土压力如何确定,学术界和工程界看法各异。

如何确定水压力荷载模型是隧道工程设计者经常遇到的基本问题之一。水下隧道按控制地下水方法的不同可分为完全防水型衬砌及排水型衬砌。完全防水型衬砌需承受全部地下水静水压力;而排水型衬砌则由于地下水限量排放原因,导致衬砌背后水压力计算,呈现复杂变化。现行铁路和公路隧道设计规范在确定衬砌结构外水压力时,对地下水从“以排为主”出发,不考虑外水压力影响。但是对于水下隧道的排水型衬砌,由于其具有地层条件勘测复杂、水头高度相对稳定、围岩内水体都是承压水等特点,造成作用在衬砌结构上外水压力不可忽略,但也不应按照全水头压力进行计算,那会造成衬砌结构造价提升,现实工程应根据衬砌结构实际水压力,对衬砌背后水压力进行有效的折减。现行铁路隧道设计规范仅指出围岩级别应考虑地下水的状态进行修正,没有明确规定在结构荷载计算中如何考虑水压力。

为了合理地设计水下隧道支护结构,需要从围岩分级入手,并研究地下水对围岩级别的影响。在此基础上,对水下隧道支护结构“荷载-结构”模型中涉及的围岩压力、外水压力,以及二次衬砌结构设计,给出具体的计算方法。

2. 围岩分级

1)概 述

经过准确判定的围岩级别是隧道或其他地下工程结构设计和施工中不可缺少的基础资料。一个完善的、符合工程实践的围岩分级,对于改善隧道或地下工程结构设计,发展新的施工工艺,降低工程造价等都有十分重要的意义。

隧道工程所赋存的地质环境千差万别,它给隧道工程带来的问题也是各式各样的,人们不可能对每一种特定情况都有现成的经验和行之有效的处理方法。因此,有必要根据一个或几个主要指标将无限的岩体序列划分为具有不同稳定程度的有限个级别,这就是围岩分级。其目的是：作为选择施工方法的依据；进行科学管理及正确评价经济效益；确定结构上的荷载（松散荷载）；给出衬砌结构的类型及其尺寸；制定劳动定额、材料消耗标准的基础，等等。

围岩分级在当前以经验判断为主的技术水平的情况下，显得尤为重要。从使用的角度，要求比较理想的分级方法是：① 准确客观，有定量指标，尽量减少因人而异的随机性；② 便于操作使用，适合一般勘测单位所具备的技术装备水平；③ 最好在挖开地层前得到结论。

2）围岩分级的因素指标及其应用

围岩分级是在不断实践和对围岩地质条件逐渐加深了解的基础上发展起来的。不同国家、不同行业根据各自工程特点提出了各自的围岩分级原则。在充分研究影响隧道围岩稳定性的因素后，就可以来分析那些因素或其组合作为分级指标，用什么方法能可靠地确定它们，以及这些分级指标与围岩稳定性的关系等。作为隧道围岩分级的指标，大体上有以下几种：

（1）单一的岩性指标。

包括岩石的抗压和抗拉强度、弹性模量等物理力学参数，以及如抗钻性、抗爆性等工程指标。在某些特定目的的分级中，例如，为确定钻眼功效、炸药消耗量的分级，即可采用相应的工程指标作为分级标准。在土石方工程中，为了划分岩石的软硬、开挖的难易，也可采用岩石的单一的岩性指标进行分级。

在单一的岩性指标中，多采用岩石的单轴饱和抗压强度作为基本的分级指标，除了试验方法较方便外，从定量上看也是比较可靠的。然而，单一的岩性指标只能表达岩体特征的一个方面，因此，用来作为分级的唯一指标是不合适的。

（2）单一的综合岩性指标。

它表明指标是单一的，但反映的因素却是综合的。单一的综合岩性指标多与地质勘察技术发展有关。随着工程地质勘探方法的发展，这些单一的综合岩性指标被直接用于分级或与其他的指标综合考虑用于分级。

① 岩体的弹性波传播速度。它既可反映岩石的力学性质，又可表示岩体的破碎程度。因为，岩体的弹性波传播速度与岩体的强度和完整状态成比例。完整的花岗岩的弹性波速度为5.0 km/s 以上，而破碎和风化极严重的花岗岩，其弹性波速度则小于 3.4 km/s。

在弹性波速度基础上再综合考虑与隧道开挖及土压有关的因素（岩性、含水及涌水状态、风化、龟裂破碎状态等），可对围岩进行分级。在我国铁路隧道围岩分级中指出，如有岩体的弹性波传播速度时也可作为分级的依据，确定地给出它与分级的关系，见表5-14。

表5-14　弹性波（纵波）速度与铁路隧道围岩分级的关系

围岩级别	I	II	III	IV	V	VI
弹性波（纵波）速度/(km/s)	>4.5	3.5～4.5	2.4～4.0	1.5～3.0	1.0～2.0	<1.0，饱和状态小于1.5

② 岩石质量指标（RQD）。它是反映岩体破碎程度和岩石强度的综合指标。所谓岩石质量指标是指在某一岩层中，用钻孔连续钻取的岩芯中，长度大于 10 cm 的芯段长度与该岩层中钻探总进尺的比值，以百分数表示，或称岩芯采取率：

$$RQD(\%) = \sum l_i / L \times 100\% \qquad (5\text{-}1)$$

在以 RQD 为单一指标的分级中，RQD 与分级的关系见表 5-15。岩石质量指标也常常被用于复合性指标分级方法中。

表 5-15　岩石质量指标 RQD 与分级的关系

岩体状态	质量评价	RQD/%
无裂隙的	特　好	90~100
致密的、微裂隙的	好	75~90
块状的、裂隙发育的	一　般	50~75
松散的、裂隙极发育的	不　好	25~50
粉末、细砂状	极　差	0~25

③ 岩体的坚固系数。它是反映岩石强度和岩体构造特征的综合性指标。它反映在开挖过程中岩体各个方面的相对坚固性，如人工破碎岩石时的破碎性、钻炮眼或钻孔时的抗钻性、对炸药的抗爆性、支撑上的压力等。在大多数岩石中，这些物性（抗钻性、抗爆性、强度等）是可以互换的，即强度大的，抗爆性及抗钻性也高，反之亦然。

岩体的坚固系数可以用下式计算：

$$f_m = Kf \tag{5-2}$$

式中　　f_m——岩体的坚固系数；

　　　　K——考虑岩体构造特征和风化程度的折减系数；

　　　　f——岩石坚固系数。

岩石的坚固系数是岩石强度指标的一个反映，确定它的主要方法是：

$$f = R_c / 10 \tag{5-3}$$

式中　　R_c——岩石的单轴抗压强度（MPa）。

岩体坚固系数也称普氏系数，在前苏联的"岩石坚固系数"分级法（或谓之"f"值分级法，或普氏分级法）和我国 20 世纪 50—60 年代地下工程中得到广泛应用。岩体坚固系数与围岩分级关系示于表 5-16。岩体坚固系数也用于围岩压力理论计算的普氏计算法中。

表 5-16　岩体坚固系数分级

岩体坚固系数 f_m	围岩地质特征	岩层名称	重度 γ /(kN/m³)	内摩擦角 φ /°
≥15	坚硬、密实、稳固、无裂隙和未风化的岩层	很坚硬的花岗石和石英岩，最坚硬的砂岩和石灰岩	26~30	>85
≥8	坚硬、密实、稳固，岩层有很小裂隙	坚硬的石灰岩和砂岩、大理岩、白云岩、黄铁矿，不坚硬的花岗岩	25	80
6	相当坚硬的、较密实的、稍有风化的岩层	普通砂岩、铁矿	24~25	75

岩体坚固系数 f_m	围岩地质特征	岩层名称	重度 γ /(kN/m³)	内摩擦角 φ /°
5	较坚硬的、较密实的、稍有风化的岩层	砂质片岩、片状砂岩	24～25	73
4	较坚硬的，岩层可能沿着层面和沿着节理脱落，已受风化的岩层	坚硬的黏板岩，不坚硬的石灰岩和砂岩、软砾岩	25～28	70
3	中等坚硬的岩层	不坚硬的片岩，密实的泥灰岩，坚硬胶结的黏土	25	70
2	较软岩石	软片岩、软石灰岩，冻结土、普通泥灰岩、破碎砂岩，胶结的卵石	24	65
1.5	较软或破碎的地层	碎石土壤、破碎片石、硬化黏土、硬煤、黏结的卵石和碎石	18～20	60
1.0	软的或破碎的地层	密实黏土、坚硬的冲积土、黏土质土壤、掺砂土、普通煤	18	45
0.6	颗粒状的和松软的地层	湿砂、黏砂土、种植土、泥炭、软砂黏土	15～16	30

（3）多因素定性和定量的指标相结合。

多因素定性和定量指标相结合的方法用于围岩分级，是目前国内外应用最多的。包括早期应用较广的太沙基的分级法；我国国家标准的工程岩体分级、铁路隧道规范中的围岩分级、军用物资洞库锚喷支护技术规定中的围岩分类（级）等都属于这类范畴。这类方法的优点是正确地考虑了地质构造特征、风化状况、地下水情况等多种因素对坑道围岩稳定性的影响，并且建议了各级围岩应采用的施工方法及支护类型。

（4）多因素组合的复合指标。

这是一种用 2 个或 2 个以上岩性指标或综合岩性指标所表示的复合指标，被用于多种因素进行组合的分级方法中。这种分级法认为，评价一种岩体的好坏，既要考虑地质构造、岩性、岩石强度，还要考虑施工因素，如掘进方向与岩层之间关系、开挖断面大小等，因此需要建立在多种因素分析基础之上。例如，岩石质量"Q"法分级、我国国防工程围岩分级等，都属于这一范畴。这种分级法优点很多，只是部分定量指标仍需凭经验确定。

复合指标因考虑多种因素影响，故对判断隧道围岩稳定性相对合理和可靠。而且，还可根据工程对象要求选择不同指标。例如，为判断岩石的弹性、塑性、脆性性质，可选用变形系数和弹性波传播速度 2 个指标。复合指标定量化主要是通过试验或现场实测来确定，一些凭经验确定的定量指标，实质上却带有很大的主观因素。基于以上分析，可以得到如下结论：

① 应选择对围岩稳定性有重大影响的主要因素，如岩石强度、岩体完整性、地下水、地应力、软弱结构面产状及它们的组合关系等作为分级指标。

② 选择测试设备比较简单、人为性小、科学性较强的定量指标。

③ 主要分级指标要有一定的综合性，最好采用复合指标，以便全面、充分地反映围岩的

工程性质，并应以足够的实测资料为基础。

总之，正确地选择分级指标，是搞好地下洞室围岩分级的关键，应给予充分注意。

（5）地下水对隧道级别的修正。

大量的施工实践表明，地下水是造成施工塌方、使隧道围岩丧失稳定的最重要的因素之一，因此，在围岩分级中不能忽视地下水的影响。地下水对围岩的影响主要表现在：

① 软化围岩。使岩质软化、强度降低，对软岩尤其突出，对土体则可促使其液化或流动，但对坚硬致密的岩石则影响较小，故水的软化作用与岩石的性质有关。

② 软化结构面。在有软弱结构面的岩体中，水会冲走充填物或使夹层软化，从而减少层间摩阻力，促使岩块滑动。

③ 承压水作用。承压水可增加围岩的滑动力，使围岩失稳。

根据单位时间的渗水量可将地下水状态分为 3 级，如表 5-17。

表 5-17　地下水状态的分级

级　别	状　态	渗水量/［L／（min·10 m）］
I	干燥或湿润	< 10
II	偶有渗水	10 ~ 25
III	经常渗水	25 ~ 125

根据地下水状态对围岩级别的修正如表 5-18。

表 5-18　地下水影响的修正

地下水状态分级	围岩级别					
	I	II	III	IV	V	VI
I	I	II	III	IV	V	—
II	I	II	IV	V	VI	—
III	II	III	IV	V	VI	—

3）典型的围岩分级方法

（1）工程岩体分级标准。

由水利部长江水利委员会、长江科学院等 5 个不同部门单位共同完成的勘探、勘察分级中最高层次的基础标准，被确认为国家标准，1995 年 7 月 1 日起执行。岩体基本质量分级，应将岩体基本质量的定性特征和岩体基本质量指标（BQ）相结合，按表 5-19 确定。

表 5-19　岩石坚硬程度的定性划分

名　称		R_b/MPa	定性鉴定	代表性岩石
硬质岩	坚硬岩	> 60	锤击声清脆，有回弹、震手，难击碎； 浸水后，大多无吸水反应	未风化至微风化的： 花岗岩、正长岩、闪长岩、辉绿岩、玄武岩、安山岩、片麻岩、石英片岩、钙质胶结的砾岩、石英砂岩、硅质石灰岩等

名　称		R_b/MPa	定 性 鉴 定	代 表 性 岩 石
硬质岩	较坚硬岩	30～60	捶击声较清脆，有轻微回弹、震手，较难击碎； 浸水后，有轻微吸水反应	1. 弱风化的坚硬岩； 2. 未风化至微风化的：熔结凝灰岩、大理岩、板岩、白云岩、石灰岩、钙质胶结的砂岩等
软质岩	较软岩	15～30	捶击声不清脆，无回弹，较易击碎； 浸水后，指甲可划出印痕	1. 强风化的坚硬岩； 2. 弱风化的较坚硬岩； 3. 未风化至微风化的：凝灰岩、千枚岩、砂质泥岩、泥灰岩、泥质砂岩、粉砂岩、页岩等
	软岩	5～15	捶击声哑，无回弹，有凹痕，易击碎； 浸水后，手可掰开	1. 强风化的坚硬岩； 2. 弱风化至强风化的较坚硬岩； 3. 弱风化的较软岩； 4. 未风化的泥岩等
	极软岩	<5	捶击声哑，无回弹，有较深凹痕，手可捏碎； 浸水后，可捏成团	1. 全风化的各种岩石； 2. 各种半成岩

表 5-20　岩体完整性指数与定性划分的岩体完整程度的对应关系

J_V/(条/m³)	<3	3～10	10～20	20～35	>35
K_v	>0.75	0.55～0.75	0.35～0.55	0.15～0.35	<0.15
完整程度	完　整	较完整	较破碎	破碎	极破碎

表 5-21　岩体基本质量分级

基本质量级别	岩体基本质量的定性特征	基本质量指标（BQ）
Ⅰ	坚硬岩，岩体完整	>550
Ⅱ	坚硬岩，岩体较完整； 较坚硬岩，岩体完整	451～550
Ⅲ	坚硬岩，岩体较破碎； 较坚硬岩或软硬岩互层，岩体较完整； 较软岩，岩体完整	351～450
Ⅳ	坚硬岩，岩体破碎； 较坚硬岩，岩体较破碎至碎； 较软岩或软硬岩互层，且以软岩为主，岩体较完整至破碎； 软岩，岩体完整至较完整	251～350
Ⅴ	较软岩，岩体破碎； 软岩，岩体较破碎至碎； 全部极软岩及全部极破碎岩	≤250

岩体基本质量指标（BQ），根据分级因素的定量指标 R_b 和 K_v，按下式计算：

$$BQ = 90 + 3R_b + 250K_v \qquad (5\text{-}4)$$

式中　BQ——岩体基本质量指标；

　　　R_b——岩石单轴饱和抗压强度；

　　　K_v——岩体完整性指数。

需要说明的是，采用实测值。在不具备进行试验的条件下，可用实测的岩石点荷载强度指数（$I_{s(50)}$）的换算值，按下式确定：

$$R_b = 22.82I_{s(50)}^{0.75} \qquad (5\text{-}5)$$

使用式（5-4）时，应遵循下述的限制条件：

当 $R_b > 90K_v + 30$ 时，应以 $R_b = 90K_v + 30$ 和 K_v 代入式（5-4）计算 BQ 值；

当 $K_v > 0.04R_b + 0.4$ 时，应以 $K_v = 0.04R_b + 0.4$ 和 R_b 代入式（5-4）计算 BQ 值。

求出 BQ 值后，查表 5-21，即可定出岩体基本质量分级。

当根据岩体基本质量的定性特征和岩体基本质量指标（BQ）确定的级别不一致时，应通过对定性划分和定量指标的综合分析，确定岩体基本质量级别。必要时应重新进行测试。

地下工程岩体在详细定级时，还要结合不同类型工程的特点，考虑地下水状态、初始应力状态、工程轴线走向的方位与主要软弱结构面产状的组合关系等必要的修正因素，对岩体基本质量指标 BQ 进行修正，并且修正后的值仍按表 5-21 确定岩体级别。岩体基本质量指标修正值$[BQ]$，按下式计算：

$$[BQ] = BQ - 100(K_1 + K_2 + K_3) \qquad (5\text{-}6)$$

式中　$[BQ]$——岩体基本质量指标修正值；

　　　BQ——岩体基本质量指标；

　　　K_1——地下水影响修正系数；

　　　K_2——主要软弱结构面产状影响修正系数；

　　　K_3——初始应力状态影响修正系数。

K_1、K_2 和 K_3 值，可分别按表 5-22、表 5-23 和表 5-24 确定。无表中所列情况时，修正系数取零。$[BQ]$出现负值时，应按特殊问题处理。

各级岩体的自稳能力按表 5-25 评估，其物理力学系数按表 5-26 选择。

表 5-22　地下水影响修正系数 K_1

地下水出水状态　　　　　　　　　BQ	> 450	351 ~ 450	251 ~ 350	≤ 250
潮湿或点滴状出水	0	0.1	0.2 ~ 0.3	0.4 ~ 0.6
淋雨状或涌流状水，水压小于、等于 0.1 MPa，或单位出水量小于、等于 10 L/（min·m）	0.1	0.2 ~ 0.3	0.4 ~ 0.6	0.7 ~ 0.9
淋雨状或涌流状水，水压大于 0.1 MPa，或单位出水量大于 10 L/（min·m）	0.2	0.4 ~ 0.6	0.7 ~ 0.9	1.0

表 5-23　主要软弱结构面产状影响修正系数 K_2

表 5-23　主要软弱结构面产状影响修正系数 K_2

结构面产状及与洞轴线的组合关系	结构面走向与洞轴线夹角 < 30° 结构面倾角 30° ~ 75°	结构面走向与洞轴线夹角 > 60° 结构面倾角 > 75°	其他组合
K_2	0.4 ~ 0.6	0 ~ 0.2	0.2 ~ 0.4

表 5-24　初始应力状态影响修正系数 K_3

初始应力状态 ＼ BQ	> 550	451 ~ 550	351 ~ 450	251 ~ 350	≤ 250
极高应力区	1.0	1.0	1.0 ~ 1.5	1.0 ~ 1.5	1.0
高应力区	0.5	0.5	0.5	0.5 ~ 1.0	0.5 ~ 1.0

表 5-25　地下工程岩体自稳能力

岩体级别	自　稳　能　力
Ⅰ	洞径 ≤ 20 m，或长期稳定，偶有掉块，无坍方
Ⅱ	洞径在 10 m ~ 20 m，可基本稳定，局部可发生掉块或小坍方； 洞径小于 10 m，可长期稳定，偶有掉块
Ⅲ	洞径在 10 m ~ 20 m，可稳定数日至 1 个月，可发生小至中坍方； 洞径在 5 m ~ 10 m，可稳定数月，可发生局部块体位移及小至中坍方； 洞径小于 5 m，可基本稳定
Ⅳ	洞径大于 5 m，一般无自稳能力，数日至数月内可发生松动变形、小坍方，进而发展为中至大坍方。埋深小时，以拱部松动破坏为主；埋深大时，有明显塑性流动变形和挤压破坏。 洞径小于或等于 5 m，可稳定数日至 1 个月
Ⅴ	无自稳能力

表 5-26　岩体物理力学参数（《工程岩体分级标准》）

岩体基本质量级别	重度 γ /(kN/m³)	抗剪断峰值强度		变形模量 E/GPa	泊松比 μ
		内摩擦角 φ /°	黏聚力 c /MPa		
Ⅰ	> 26.5	> 60	> 2.1	> 33	< 0.2
Ⅱ		50 ~ 60	1.5 ~ 2.1	20 ~ 33	0.2 ~ 0.25
Ⅲ	24.5 ~ 26.5	39 ~ 50	0.7 ~ 1.5	6 ~ 20	0.25 ~ 0.3
Ⅳ	22.5 ~ 24.5	27 ~ 39	0.2 ~ 0.7	1.3 ~ 6	0.3 ~ 0.35
Ⅴ	< 22.5	< 27	< 0.2	< 1.3	> 0.35

（2）铁路隧道围岩分级。

我国铁路行业经过多年实践，并结合国内外对围岩分级研究成果，提出符合自身特点和现代施工设计水平的隧道围岩分级标准，并纳入隧道勘察设计规范。它是多参数分级法，着重引入结构面、断层、岩性、岩体结构等因素。

根据以上分级因素及指标，给出围岩主要工程地质特征、结构特征和完整性及围岩弹性纵波速度等要素。《铁路隧道设计规范》将单、双线铁路隧道围岩划分为 6 级，见表 5-27。

表 5-27　铁路隧道围岩分级

级别	围岩主要工程地质条件		围岩开挖后的稳定状态（单线）	围岩弹性纵波速度 /（km/s）
	主要工程地质特征	结构特征和完整状态		
I	极硬岩（单轴饱和抗压极限强度 $R_c > 60$ MPa）：受地质构造影响轻微，节理不发育，无软弱面（或夹层）；层状岩层为巨厚层或厚层，层间结合良好，岩体完整	呈巨块状整体结构	围岩稳定，无坍塌，可能产生岩爆	> 4.5
II	硬质岩（$R_c > 30$ MPa）：受地质构造影响较重，节理较发育，有少量软弱面（或夹层）和贯通微张节理，但其产状及组合关系不致产生滑动；层状岩层为中层或厚层，层间结合一般，很少有分离现象，或为硬质岩石偶夹软质岩石	呈巨块或大块状结构	暴露时间长，可能会出现局部小坍塌，侧壁稳定，层间结合差的平缓岩层，顶板易塌落	3.5 ~ 4.5
III	硬质岩（$R_c > 30$ MPa）：受地质构造影响较重，节理发育，有层状软弱面（或夹层），但其产状及组合关系尚不致产生滑动；层状岩层为中层或薄层，层间结合差，多有分离现象；或为硬、软质岩石互层	呈块（石）碎（石）状镶嵌结构	拱部无支护时可产生小坍塌，侧壁基本稳定，爆破震动过大易坍塌	2.5 ~ 4.0
	软质岩（$R_c = 15$ MPa ~ 30 MPa）：受地质构造影响轻重，节理较发育；层状岩层为薄层、中厚层或厚层，层间结合一般	呈大块状结构		
IV	硬质岩（$R_c > 30$ MPa）：受地质构造影响极严重，节理很发育；层状软弱面（或夹层）已基本被破坏	呈碎石状压碎结构	拱部无支护时可产生较大的坍塌，侧壁有时失去稳定	1.5 ~ 3.0
	软质岩（$R_c = 5$ MPa ~ 30 MPa）：受地质构造影响严重，节理发育	呈块（石）碎（石）状镶嵌结构		
	土体：1. 具压密或成岩作用的黏性土、粉土及砂类土；2. 黄土（Q_1、Q_2）；3. 一般钙质、铁质胶结的碎石土、卵石土及大块石土	1 和 2 呈大块状压密结构；3 呈巨块状整体结构		
V	岩体：软岩，岩体破碎至极破碎；全部极软岩及全部极破碎岩（包括受构造影响严重的破碎带）	呈角砾碎石状松散结构	围岩易坍塌，处理不当会出现大坍塌，侧壁经常小坍塌，浅埋时易出现地表下沉（陷）或坍塌至地表	1.0 ~ 2.0
	土体：一般第四系坚硬、硬塑黏性土，稍密及以上、稍湿或潮湿的碎石土、卵石土、圆砾土、角砾土、粉土及黄土（Q_3、Q_4）	非黏性土呈松散结构，黏性土及黄土呈松软结构		

级别	围岩主要工程地质条件		围岩开挖后的稳定状态（单线）	围岩弹性纵波速度 /（km/s）
	主要工程地质特征	结构特征和完整状态		
VI	岩体：受构造影响严重呈碎石、角砾及粉末、泥土状的断层带		围岩极易坍塌变形，有水时土砂常与水一齐涌出，浅埋时易坍塌至地表	< 1.0（饱和状态的土 < 1.5）
	土体：软塑状黏性土、饱和的粉土、砂类土等	黏性土呈易蠕动的松软结构，砂性土呈潮湿松散结构		

（3）公路隧道围岩分级。

我国公路隧道以铁路隧道围岩分级标准为基础，经过长期的工程实践，并参考国内外有关围岩分级成果，针对公路隧道的特点，提出了适合我国公路隧道实情的围岩分级标准。

现行公路隧道设计规范采用以定性描述和定量分析相结合的围岩基本质量指标 BQ 值法，考虑了影响围岩稳定性的地质、力学及施工因素，并在大量经验数据基础上，用逐步回归、逐步判别等方法建立并检验围岩基本质量指标 BQ 的计算公式。这种定性与定量相结合方法，相互校核、检验，减少了定性描述的主观因素影响，提高了分级的准确性。

公路隧道将围岩分为 6 级，给出了各级围岩的主要工程地质特征、结构特征和完整性等指标，并预测了隧道开挖后可能出现的坍方、滑动、膨胀、挤出、岩爆、突然涌水及瓦斯突出等失稳的部位和地段，给出了相应的工程措施。见表 5-28。

公路隧道围岩分级表中"级别"和"围岩主要工程地质条件"栏，不包括特殊地质条件的围岩，如膨胀性围岩、多年冻土等。层状岩层的层厚划分为：

厚层：大于 0.5 m；

中层：0.1 m ~ 0.5 m；

薄层：小于 0.1 m。

公路隧道设计规范中，还提出按岩石质量指标（RQD）、岩体弹性波纵波速度 V_p、岩体完整性系数 I 的围岩分级，可供参考。见表 5-29。

（4）隧道施工中围岩分级快速评价方法。

隧道围岩分级是一项动态的系统工程，在勘察和设计阶段，受勘察手段、工作量和自然地质条件的限制，设计者对围岩级别的划分是较粗的，还可能出现围岩级别判断失误的现象。只有开挖暴露出来的地质状态，才能比较客观、可靠地揭示施工过程中出现的一些现象和问题，才能最大程度地反映围岩的稳定性状态，进而获得较为准确的围岩级别。因此，在施工阶段，利用各种量测和观测到的实际资料对围岩进行及时分级，为隧道工程的动态设计提供科学依据，就显得非常重要。

岩体具有复杂的结构，因此，施工期间的地质工作对于准确地评价围岩工程性质，确定合理开挖方式和支护参数具有重要作用，这也是隧道工程信息化施工的重要环节之一。为此，提出了一种可用于隧道施工期间围岩级别鉴定的快速评价方法。该方法以定量与定性相结合、多专家评分的方式在开挖掌子面现场进行观察、量测及评价，无需复杂试验或测量以及繁杂计算，可迅速得出评价结果。

表 5-28　公路隧道围岩分级

围岩级别	围岩或土体主要定性特征	基本质量指标 BQ 或修正质量指标 $[BQ]$
I	坚硬岩，岩体完整，巨整体状或巨厚层状结构	> 550
II	坚硬岩，岩体较完整，块状或厚层状结构； 较坚硬岩，岩体完整，块状整体结构	451～550
III	坚硬岩，岩体较破碎，巨块（石）碎（石）状镶嵌结构； 较坚硬岩或较软硬岩，岩体较完整，块状体或中厚层状结构	351～450
IV	坚硬岩，岩体破碎，碎裂结构； 较坚硬岩，岩体较破碎至破碎，镶嵌碎裂结构； 较软岩或软硬岩互层，且以软岩为主，岩体较完整至较破碎，中薄层状结构 土体：1. 压密或成岩作用的黏性土及砂性土； 　　　2. 黄土（ Q_1、Q_2 ）； 　　　3. 一般钙质、铁质胶结的碎石土、卵石土及大块石土	251～350
V	较软岩，岩体破碎； 软岩，岩体较破碎至破碎； 极破碎各类岩体，碎、裂状，松散结构 一般第四系的半干硬至硬塑的黏性土及稍湿至潮湿的碎石土、卵石土，圆砾、角砾土及黄土（ Q_3、Q_4 ）。非黏性土呈松散结构，黏性土及黄土呈松软结构	≤250
VI	软塑状黏性土及潮湿、饱和粉细砂层、软土等	

表 5-29　按 RQD、V_p、I 的围岩分级

参数＼级别	I	II	III	IV	V	VI
RQD/%	> 95	85～95	75～85	50～75	25～50	< 25
V_p/(km/s)	> 4.5	3.5～4.5	2.5～4.0	1.5～3.0	1.0～2.0	< 1.0，< 1.5（饱和黏土）
I	0.8～1.0		0.6～0.8	0.4～0.6	0.2～0.4	< 0.2

① 评价标准。

隧道施工期间围岩分级就是对开挖揭露出来的围岩性质和构造特征进行鉴定，快速评价方法遵循现行隧道规范的分级标准。

a. 岩石（岩块）的强度。

岩块的强度反映岩石的坚硬程度，岩块的强度越大，岩块越坚硬，承载能力越大，是影响岩体工程性质的主要因素。

b. 岩体中节理、裂隙等结构面的发育程度。

岩体与岩块的主要差别在于岩体中含有大量的结构面（如节理、裂隙、层理、断层等），结构面的存在破坏了岩体的完整性，结构面越密集，岩体越破碎，岩体的强度越小、稳定性

越差。大部分分级方法中都将岩体的完整性作为一个主要因素。结构面的发育程度可以采用节理间距、结构面组数、单位体积岩体中含有的结构面数量等量化指标来表示。

c. 结构面的性质和状态。

结构面的性质主要指它的抗剪强度和抗拉强度，通常结构面越粗糙，其抗剪强度越大。结构面的状态表示结构面的延展性、连续性、是否含有充填物以及充填物的类型和厚度，含有较厚泥质充填物的结构面的抗剪强度较没有充填物时明显减小。

d. 岩体的风化程度。

新鲜未风化的岩体强度远远大于强风化岩体的强度，风化程度对岩体强度的影响十分明显，因此，在围岩分级中应该适当考虑其作用。

e. 地下水对围岩质量的影响。

水对岩体性质的影响比较复杂，一般情况下，软岩遇水后易发生软化，强度降低，硬岩则不太明显。水对结构面的性质影响较大，当结构面中含有泥质充填物时，含水后抗剪强度将会大大降低，结构面中水压的作用将使法向应力减小，从而导致抗剪能力的降低。

f. 结构面的产状与隧道轴线的关系。

围岩中主要结构面的产状（倾向和倾角）对隧道围岩稳定性的影响取决于隧道轴线与结构面产状之间的相互关系，当隧道轴线平行于结构面走向时，若结构面倾角较陡，则对围岩稳定非常不利。

现行隧道设计规范主要以岩石坚硬程度和完整性指标评价岩体质量，并适当考虑地下水、地应力以及结构面产状的影响。由此可见，岩石坚硬程度、岩体完整性、地下水是围岩分级中必须考虑的重要因素。

② 围岩快速评价指标。

根据影响围岩工程质量的主要因素分析结果，可以初步确定分级指标的名称和数量，即一般情况下应该将主要因素作为围岩分级的评价指标。然而考虑到隧道施工的具体特点和隧道内掌子面附近的具体条件，在确定分级指标时还应该考虑以下几个方面的因素：

a. 所有指标应能够在隧道内通过简单方法获取，无需用复杂的仪器测试或复杂的试验获得，只有如此，才能保证快速得出分级结果，对隧道施工的影响最小。

b. 所有指标应直观形象，其含义应易于理解，以便现场工程技术人员掌握使用。

c. 分级方式简单，无需复杂的计算，在现场就可以迅速得出分级结果。

d. 分级指标应尽可能与公路隧道设计规范采用指标相同，但评价方式可以不同，这样不仅可以使分级结果与规范更好地保持一致，而且更便于现场获取。

根据以上要求，确定了采用以下 7 个指标作为围岩快速评价指标：

a. 掌子面状态。

b. 岩石强度。

c. 风化变质程度。

d. 岩体结构类型。

e. 节理裂隙条数。

f. 主要结构面对稳定性的影响。

g. 地下水。

这 7 个指标虽与现行隧道设计规范中分级指标不完全相同，但基本上包含了规范分级标准中所有指标。新增的 2 个指标（掌子面状态和岩体结构类型）主要是为了更好地用于施工现场。实际上在规范中有关各级围岩的定性描述中，也包括了围岩稳定性和结构特点的内容。因此，可以说这 7 个分级指标都属于规范中采用的指标，仅仅是对每个指标的评价方式不同。

③ 围岩快速评价指标的量化方法。

各指标的评分标准原则上应根据大量实际工程统计资料分析来确定，各分级指标评分值与其重要性有关，越重要的指标，其分值越大。参照国内外其他分级标准，结合工程经验，制定出各分级指标的评分值，表 5-30 为围岩快速评价评分表。

表 5-30　围岩快速评价评分表

掌子面观察项目	开挖地点的围岩状态					评分
掌子面状态（A）	能自己稳定	自稳，但正面局部掉块	需留核心土	需超前支护和采取大规模支护措施	其 他	
评 分	12~15	8~12	4~8	1~4	0~1	
岩石强度（B）	锤击反弹、强烈锤击沿裂隙裂开	锤击易裂开，呈小片、薄片状	锤击易崩裂	不能锤击，用指甲可崩成碎片	土砂状	
评 分	12~15	8~12	4~8	1~4	0~1	
风化变质程度（C）	未风化、新鲜	微风化，沿裂隙变色风化，强度稍稍降低	弱分化，整体变色风化，强度大大降低	强风化，部分土砂化、黏土化	全风化，整体土砂化、黏土化	
评 分	8~10	6~8	3~6	0~3	0	
岩体结构类型（D）	整体状或巨厚层状结构	块状或厚、中层状结构	镶嵌破碎状结构或中薄层状结构	裂隙块状结构或破碎结构	散体状结构	
评 分	10~15	7~10	4~7	2~4	0~2	
节理裂隙条数（E）（条/m）	<1	1~2	3~5	6~10	>10	
评 分	12~15	8~12	4~8	1~4	0~1	
主要结构面对稳定性的影响（F）	结构面走向与洞轴夹角70°~90°，结构面倾角为70°~90°，节理闭合	结构面走向与洞轴夹角50°~70°，结构面倾角为50°~70°，节理部分张开	结构面走向与洞轴夹角30°~50°，结构面倾角为30°~50°，节理张开	结构面走向与洞轴夹角<30°，结构面倾角<30°，裂隙有充填物	其他组合，充填物厚度>5mm，节理连续	
评 分	12~15	9~12	5~9	2~5	0~2	
地下水（G）	无	稍湿润	渗水	滴水	流水	
评 分	10~15	7~10	4~7	2~4	0~2	
评分合计						

围岩快速评价评分表 5-30 是以掌子面状态、岩石强度、风化变质程度、岩体结构类型、节理裂隙条数、结构面产状影响、地下水共计 7 个指标来评价围岩工程质量，这种评分方式可以最大限度地减少人为因素，保证分级结果的确定性，大大提高了可操作性。

④ 围岩定量分级标准。

根据表 5-30 所列评分标准可得出围岩各项分级指标评分值，所有分级指标评分值之和将作为围岩定量评价指标。该指标数值为 0~100，数值越大，说明围岩质量越好。

根据国内外代表性分级系统的做法，采用了简单区间划分的方式进行围岩级别划分。具体分级标准见表 5-31。

表 5-31　围岩级别划分标准

评分值	0~15	16~30	31~45	46~60	61~80	81~100
围岩级别	Ⅵ	Ⅴ	Ⅳ	Ⅲ	Ⅱ	Ⅰ

⑤ 围岩定性分级方法。

为了使分级结果更准确可靠，除了按照表 5-30 所示标准进行定量评价外，还需要根据规范中定性描述对围岩进行定性分级，如表 5-32 所示为定性描述评价表。应当指出，表中未反映地下水、结构面产状、地应力影响。在使用时应根据三者具体情况，考虑适当折减。

3. 围岩压力

1）围岩压力的基本概念

广义地讲，可将围岩二次应力状态的全部作用称为围岩压力。这种作用在无支护洞室中出现在洞室周围的部分区域内（围岩中），在有支护结构的洞室中，表现为围岩和支护结构的相互作用（出现在支护结构及围岩中），这种荷载作用的概念和分配过程在围岩-结构计算模式中得到了充分的体现。目前一般工程中所认为的围岩压力，是指由于洞室开挖后的二次应力状态，围岩产生变形或破坏所引起的作用在衬砌上的压力。

通常由变形岩体引起的挤压力叫做形变压力，而把由坠落、滑移、坍塌岩体重力产生的压力叫做松动压力，两者统称为围岩压力。形变压力是由围岩弹塑性变形所引起的作用在支护衬砌上的挤压力，可用弹塑性理论来计算。对于比较软弱的围岩，一般均具有塑性变形和流变特性。当洞室开挖以后，围岩变形随时间而发展，往往会持续一个比较长的时期。在支护与围岩密贴情况下，这种继续发展着的塑性变形会对支护产生较大的形变压力。随着形变压力逐渐加大，支护结构对围岩所提供的支护抗力也在逐渐加大。当支护结构强度满足形变形成的应力时，围岩与支护的共同变形则逐渐稳定，因而保持了洞室稳定。然而，破碎松散围岩条件下，洞室开挖后却不能保持自稳，易发生坍塌；由结构面切割的坚硬的岩体，开挖后在围岩表面一定范围内也会形成松动、滑移或坠落的坍塌体。当洞室支护后，由于支护结构与围岩间不易密贴，这些坍塌体作用在支护衬砌背后，形成松动压力。

2）围岩压力的主要类型

围岩压力按作用力发生的形态，一般可分为如下几种类型。

表 5-32　围岩定性分级表

围岩级别	岩石坚硬程度	岩体完整程度	岩体结构类型	围岩自稳能力	评分区间	评分
I	坚硬岩	岩体完整	巨整体状或巨厚层状结构	跨度 20 m，可长期稳定，偶有掉块，无塌方	81~100	
II	坚硬岩	岩体较完整	块状或厚层状结构	跨度 10 m~20 m，可基本稳定，局部可发生掉块或小塌方；跨度 10m，可长期稳定，偶有掉块	61~80	
	较坚硬岩	岩体完整	块状整体结构			
III	坚硬岩，较坚硬岩或较软硬岩层	岩体较破碎，岩体较完整	巨块（石）碎（石）状镶嵌结构，块状体或中厚层结构	跨度 10 m~20 m，可稳定数日至 1 个月，可发生小至中塌方；跨度 5 m~10 m，可稳定数月，可发生局部块体位移及小至中塌方；跨度 5 m，可基本稳定	46~60	
IV	坚硬岩	岩体破碎	碎裂结构	跨度 5 m，一般无自稳能力，数日至数月内可发生松动变形、小塌方，进而发展为中至大塌方。埋深小时，以拱部松动破坏为主；埋深大时，有明显塑性流动变形和挤压破坏。	31~45	
	较坚硬岩	岩体较破碎至破碎	镶嵌碎裂结构			
	较软岩或软硬岩互层，且以软岩为主	岩体较完整至较破碎	中薄层状结构			
	1. 压密或成岩作用的粘性土及砂性土；2. 黄土；3. 一般钙质、铁质胶结的碎石土、卵石土、大块石土			跨度小于 5 m，可稳定数日至 1 个月	31~45	
V	较软岩，软岩，极破碎各类岩体	岩体破碎，岩体较破碎至破碎，极破碎各类岩体	裂隙块状结构，碎裂状结构，散体状结构，碎、裂状、松散结构	无自稳能力，跨度 5 m 或更小时，可稳定数日	16~30	
	一般第四系的半干硬至硬塑的黏性土及稍湿至潮湿的碎石土、卵石土、圆砾、角砾土及黄土。非黏性土呈松散结构，黏性土及黄土呈松软结构				16~30	
VI	软塑状黏性土及潮湿、饱和粉细砂层、软土等			无自稳能力	0~15	

注：本表不适用于特殊条件的围岩分级，如膨胀性围岩、多年冻土等。

（1）形变压力。

形变压力是由于围岩变形受到与之密贴的支护如锚喷支护等的抑制，而使围岩与支护结构在共同变形过程中，围岩对支护结构施加的接触压力。所以形变压力除与围岩应力状态有关外，还与支护时间和支护刚度有关。

按其成因可分为下述几种情况：

① 弹性变形压力。当采用紧跟开挖面进行支护施工方法时，由于存在着开挖面"空间效应"而使支护受到一部分围岩的弹性变形作用，由此而形成的变形压力称为弹性变形压力。

② 塑性变形压力。由于围岩塑性变形（有时还包括一部分弹性变形）而使支护受到的压力称为塑性变形压力，这是最常见的一种围岩变形压力。

③ 渗流变形压力。在围岩内的渗流体积力使围岩产生变形，这一变形受到衬砌的约束，因而围岩内的渗流荷载也同样作用于衬砌，对于水下隧道，这也是常见的一种围岩变形压力。

④ 流变压力。围岩产生显著的随时间增长的变形或流动。压力是由岩体变形、流动引起的，有显著的时间效应，它能使围岩鼓出、闭合，甚至完全封闭。

形变压力是由围岩变形表现出来的压力，所以形变压力的大小，既决定于原岩应力大小、岩体力学性质，也决定于支护结构刚度和支护时间。

（2）松动压力。

由于开挖而松动或坍塌的岩体，以重力形式直接作用在支护结构上的压力称为松动压力。松动压力按作用在支护上的力的位置不同，分为竖向压力和侧向压力。松动压力常通过下列3种情况发生：

① 在整体稳定的岩体中，可能出现个别松动掉块的岩石。

② 在松散软弱的岩体中，坑道顶部和两侧边帮冒落。

③ 在节理发育的裂隙岩体中，围岩某些部位沿软弱面发生剪切破坏或拉坏等局部塌落。

（3）膨胀压力。

当岩体具有吸水、应力解除等膨胀性特征时，由于围岩膨胀所引起的压力称为膨胀压力。它与形变压力的基本区别在于它是由吸水、应力解除等膨胀引起的。

（4）冲击压力。

冲击压力是在围岩中积累了大量的弹性变形能以后，由于隧道的开挖，围岩约束被解除，能量突然释放所产生的压力。

由于冲击压力是岩体能量的积累与释放问题，所以它与高地应力和完整硬岩直接相关。弹性模量较大的岩体，在高地应力作用下，易于积累大量的弹性变形能，一旦破坏原始平衡条件，它就会突然猛烈地大量释放。

3）影响围岩压力的主要因素

根据围岩变形和破坏的特点，影响洞室稳定性及围岩压力的因素很多，归纳起来，可分为地质因素和工程因素两方面。地质因素系自然属性，反映洞室稳定性的内在联系；工程因素则是改变隧道稳定状态的外部条件。借助于采用合理的工程措施，影响和控制地质条件的变化和发展，充分利用有利的地质因素，避免和削弱不利的地质因素对工程的影响。

（1）地质方面的因素。

岩体是由各类结构面切割而成的岩块所组成的组合体，因此，岩体的稳定性和强度往往由软弱结构面所控制。影响洞室稳定性及围岩压力的地质因素主要有以下几点：

① 岩体的完整性或破碎程度。对于围岩稳定性及压力，岩体的完整性重于岩体的坚固性。

② 各类结构面，特别是软弱结构面的产状、分布和性质，包括充填情况、充填物性质等。

③ 地下水的活动状况。

④ 对于软弱岩层，其岩性、强度值也是一项重要的因素。

在坚硬完整的岩层中，洞室围岩一般处于弹性状态，仅有弹性变形或不大的塑性变形，且变形在开挖过程中已经完成，因此，这种地层中不会出现塑性形变压力。支护的作用仅仅是为了防止围岩掉块和风化。裂隙发育、弱面结合不良及岩性软弱的岩层，围岩都会出现较大的塑性区，因而需要设置支护，这时支护结构上会出现较大的塑性形变压力或松动压力。地层处于初始潜塑状态时支护结构上会出现极大的塑性形变压力。

（2）工程方面的因素。

影响洞室稳定性及围岩压力的工程方面的主要因素有洞室的形状和尺寸、支护结构的形式和刚度、洞室的埋置深度及施工中的技术措施等。

① 洞室的形状和尺寸。包括洞室的平面、立体形式、高跨比、矢跨比及洞室尺寸等。

洞形与围岩应力分布有着密切的关系，因而与围岩压力也有关系。一般的，圆形或椭圆形洞室产生的围岩压力较小，而矩形或梯形则较大。洞形的选择，应视地质情况而定。例如，若地压均匀来自洞室四周，圆形最好；若来自顶部方向，高拱形较好；若来自两侧时，宜采用平拱形。虽然从理论方面来说，围岩应力与洞形有关，而与其几何尺寸无关，即，只要洞室形状不变，跨度大小与围岩应力分布无关。但实际上，洞室形状不变，随着跨度增大围岩压力也会发生变化，且影响还比较大。特别是大跨度洞室，容易发生局部塌落和不对称地压，这种支护结构是很不利的受力状态。

② 支护结构的形式和刚度。

在不同的围岩压力下，支护具有不同的作用，例如：在松动压力作用下，支护主要是承受松动或塌落岩体的自重，起着承载结构的作用；在塑性形变压力下，支护主要用来限制围岩的变形，起着维持围岩稳定的作用。在通常情况下，支护同时具有上述两种作用。

目前采用的支护有两种形式：一种称为外部支护，一种称为内承支护（自承支护）。外部支护就是通常的衬砌，它承受松动或塌落岩体自重所产生的荷载，在密实回填的情况下，也能起到维持围岩稳定的作用。内承支护或自承支护是通过化学或水泥灌浆、锚杆、喷混凝土等方式加固围岩，利用增强围岩的自承能力，从而增强围岩的稳定性。

支护形式、支护刚度和支护时间（开挖后围岩暴露时间的长短）对围岩压力都有一定影响。洞室开挖后随着径向变形的产生，围岩应力产生重分布，同时，随着塑性区扩大，围岩所要求支护反力也随之减小。所以，采用喷混凝土支护或柔性支护结构能充分利用围岩自承能力，使围岩压力减小。但是，支护的柔性要适度，因为当塑性区扩展到一定程度出现塑性破裂，c、φ 值相应降低，围岩松动，这时，塑性形变压力就转化为松动压力，且可能达到很大的数值。支护刚度不仅与材料和截面尺寸有关，而且还与支护形式有关。实践表明，封闭型支护比不封闭型支护具有更大的刚性。对于有底鼓现象的洞室，宜采用封闭型支护。

③ 洞室的埋置深度或覆盖层厚度。

隧道埋深对围岩压力有显著的影响。对于浅埋洞室，围岩压力随着深度的增加而增加；对于深埋洞室，因为埋深直接关系到侧压力系数的数值，特别是埋深很大时，还可能出现潜塑性状态，因此，埋置深度与围岩压力也有关系。

④ 施工中的技术措施。

施工中技术措施得当与否，对洞室稳定性及围岩压力都有很大影响。例如：爆破造成围岩松动和破碎程度；成洞开挖顺序和方法；支护及时性，围岩暴露时间；超欠挖情况，即对设计的洞形、尺寸改变的情况等均对围岩压力有很大的影响。此外，洞室的几何轴线与主构造线或软弱结构面的组合关系，相邻洞室的间距，时间因素等对围岩压力也有影响。

综上所述，影响围岩压力的因素较多，正确地全面分析这些影响因素，并分清主次，才能正确地得出围岩压力的大小及其分布规律。

4）浅埋隧道围岩压力的确定方法

在隧道埋深较浅时，如进、出口段，开挖的影响会波及地表，无法形成自然平衡拱。当隧道埋深小于表5-33所列数值时，或埋深小于（2.0~2.5）倍自然平衡拱高度时，应按浅埋隧道围岩压力的确定方法计算围岩压力。

表 5-33　浅埋隧道埋深值

围 岩 级 别	Ⅲ	Ⅳ	Ⅴ
单线隧道覆盖深度/m	5~7	10~14	18~25
双线隧道覆盖深度/m	8~10	15~20	30~35

（1）考虑两侧岩体挟持作用时的计算方法。

当隧道埋深符合表5-33条件，且大于自然平衡拱高度时，隧道上方松动范围内土体的滑移要受到两侧未滑移土体的挟持作用（图5-28）。从分析浅埋隧道围岩体运动的规律入手，建立浅埋隧道围岩压力的计算公式。

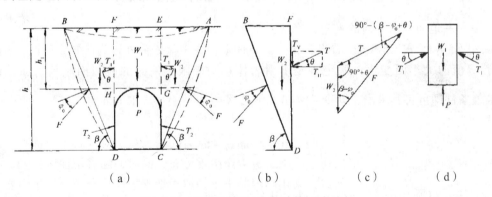

图 5-28　浅埋隧道开挖滑动体受力分析

以地面水平为例。从松散介质极限平衡角度，对施工过程中岩体运动情况进行分析：若不及时支护，或施工时支护下沉，会引起洞顶上覆盖岩体 *FEGH* 的下沉与移动，而且它的移动受到两侧其他岩体的挟持，反过来又带动了两侧三棱体 *ACE* 和 *BDF* 下滑，形成 2 个破裂面。为了简化，假定它们都是与水平面成 β 角的斜直面，如图 5-28（a）中 *AC* 和 *BD*。研究洞顶上覆盖岩体 *FEGH* 的平衡条件，即可求出作用在支护结构上的围岩松动压力。

作用在下滑岩体 *FEGH* 上力为：岩体重力 W_1，两侧棱体 *ACE* 和 *BDF* 给予它的挟持力 T_1，以及隧道支护结构给予它的反力。反言之，也就是围岩给支护结构的荷载 *P*。其中只有 W_1 是已知的，而 T_1 和 *P* 都是未知的，所以，不可能从总的图式中解出作用在支护结构上的

荷载 P，需要逐一分块解出这些未知力。

先研究左侧三棱块 BFD。画出其分离体（图 5-28（b）），其中 W_2 是三棱体 BFD 的重力，其大小与破裂角 β 有关，为：

$$W_2 = \frac{1}{2} \gamma \times \overline{BF} \times \overline{DF} = \frac{1}{2} \gamma h^2 \frac{1}{\tan \beta} \quad (\text{kN}) \tag{5-7}$$

式中　γ——围岩重度。

由图 5-28（c）中力多边形的三角关系（正弦定理）可知：

$$\frac{T}{\sin(\beta - \varphi_0)} = \frac{W_2}{\sin[90° - (\beta - \varphi_0 + \theta)]} \tag{5-8}$$

式中　φ_0——围岩的（计算）摩擦角；

θ——顶板土体两侧摩擦角。

将式（5-7）代入，并化简，则得：

$$T = \frac{1}{2} \gamma h^2 \frac{\lambda}{\cos \theta} \tag{5-9}$$

式中的 λ 为侧压力系数：

$$\lambda = \frac{\tan \beta - \tan \varphi_0}{(\tan \beta - \tan \alpha)[1 + \tan \beta(\tan \varphi_0 - \tan \theta) + \tan \varphi_0 \tan \theta]} \tag{5-10}$$

式中　α——地面与水平面的夹角，当地面水平时 $\alpha = 0$。

从式（5-8）、式（5-9）中看出，在一定条件下，式中除 β 值外皆为已知，所以，T 值只是随着 β 值的大小而变化。假定 β 是下滑岩体达到极限平衡时的破裂面倾角，那么根据 T 的极值条件即可将其求出，即令 $\dfrac{\mathrm{d}T}{\mathrm{d}\beta} = 0$，解之得：

$$\tan \beta = \tan \varphi_0 + \sqrt{\frac{(\tan^2 \varphi_0 + 1)(\tan \varphi_0 - \tan \alpha)}{\tan \varphi_0 - \tan \theta}} \tag{5-11}$$

再来研究洞顶上方岩体 $FEGH$，画出其分离体，如图 5-28（d）所示。其中 $W_1 = \gamma h_1 B$；T_1 是三棱体给岩体 $FEGH$ 的挟持力。显然，它随施工方法的不同，而在下列范围内变化，由式（5-9）可知：

$$\frac{1}{2} \gamma h_1^2 \frac{\lambda}{\cos \theta} \leqslant T_1 \leqslant T = \frac{1}{2} \gamma h^2 \frac{\lambda}{\cos \theta} \tag{5-12}$$

为安全起见，可取：

$$T_1 = \frac{1}{2} \gamma h_1^2 \frac{\lambda}{\cos \theta} \tag{5-13}$$

根据平衡条件，即可求出围岩总的竖向压力 P：

$$P = W_1 - 2T_1 \sin\theta = \gamma\, h_1 B - \gamma\, h_1^2 \lambda \tan\theta \qquad (5\text{-}14)$$

换算为地面水平时的竖向均布压力（图 5-29）：

$$q = \frac{P}{B} = \gamma\, h_1 \left(1 - \frac{\lambda h_1 \tan\theta}{B} \right) \qquad (5\text{-}15)$$

式中　B——坑道跨度；

　　　h_1——洞顶岩体高度；

　　其余符号同前。

需要指出，洞顶岩体 $FEGH$ 与两侧三棱体之间摩擦角 θ 与破裂面 AC、BD 上岩体似摩擦角 φ_0 是不同的，因为 EG、FH 面上并没有发生破裂，所以 $0 < \theta < \varphi_0$，它与岩体物理力学性质有密切关系，是一个经验数字。θ 与围岩似摩擦角 φ_0 的关系（表 5-34）是根据隧道埋深情况和地质地形资料，通过检算一些发生地表沉陷和衬砌开裂的隧道之后推荐的，可供实际工作时使用。

表 5-34　各类岩体的 θ 值

围岩级别	I	II	III	IV	V	VI
$\varphi_0/°$	> 78	70 ~ 78	60 ~ 70	50 ~ 60	40 ~ 50	30 ~ 40
$\theta/°$		$0.9\varphi_0$		$(0.7 \sim 0.9)\varphi_0$	$(0.5 \sim 0.7)\varphi_0$	$(0.3 \sim 0.5)\varphi_0$

由此可见，式（5-10）中的 λ 值是与围岩级别有关的参数 β、φ_0、θ 的函数。若水平侧压力按梯形分布，其标准值计算公式为（图 5-29）：

$$e_i = \lambda\, \gamma\, h_i \qquad (5\text{-}16)$$

式中　e_i——结构高度范围内任意点 i 的水平侧压力标准值；

　　　γ——结构高度范围内围岩的重度；

　　　h_i——结构高度范围内任意点 i 至地表高度。

若水平侧压力按均匀分布，则：

$$e = \frac{1}{2}\lambda\, \gamma\, (h_1 + h) \qquad (5\text{-}17)$$

式中　h——地面到洞底岩体高度。

当地面倾斜，且隧道外侧拱肩至地表垂直距离小于最小垂直距离（偏压）时，其围岩松动压力计算公式中应考虑地形的影响。此时作用在洞顶的竖向压力需根据式（5-14）原理求其合力（图 5-30），再假定偏压分布图与地面坡一致，根据梯形荷载面积（图 5-30）等于合力的关系，即可求出梯形分布荷载的最大和最小值。详细计算方法见有关文献。

（2）全自重型的计算方法。

当 $h_1 < h_a$（h_a 为深埋隧道竖直荷载计算高度）或小于自然平衡拱高度时，式（5-15）中取 $\theta = 0$，即可得到超浅埋隧道围岩压力的计算公式。

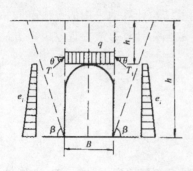
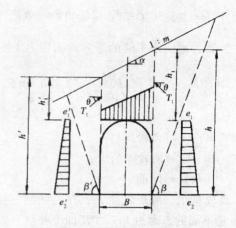

图 5-29　地面水平时计算示意图　　　　　图 5-30　地面倾斜时计算示意图

① 竖向围岩压力：

$$q = \sum \gamma_i h_i \qquad (5\text{-}18)$$

式中　q——竖向围岩压力；

　　　γ_i——每层地层的土体重度；

　　　h_i——每层地层的厚度。

由于围岩条件不同，有时作用于明挖法施工的填土隧道上的竖向土压力会出现类似于埋管的现象，使其值大于隧道上方土柱的重力。《给水排水工程结构设计规范》（GB 50069—2002）规定埋管的竖向土压力较全土柱重力大 10%～12%。

② 水平侧压力。由于水平侧向围岩压力的作用可能改善衬砌的受力状态，在计算围岩的水平侧压力时应特别慎重。

$$\begin{cases} e_1 = \gamma\, h_1 \lambda \\ e_2 = \gamma\, h \lambda \end{cases} \qquad (5\text{-}19)$$

式中　e_1，h_1——洞顶侧压力和洞顶埋深；

　　　e_2，h——洞底侧压力和洞底埋深；

　　　λ——侧压力系数。

对于全自重型的侧压力系数可用朗肯公式计算：

$$\lambda = \tan^2(45° - \varphi_0 / 2) \qquad (5\text{-}20)$$

若用内摩擦角 φ 和黏聚力来表示计算摩擦角时，可用下式计算侧压力：

$$e_i = q_i \tan^2\left(45° - \frac{\varphi}{2}\right) - 2c \tan\left(45° - \frac{\varphi}{2}\right) \qquad (5\text{-}21)$$

若用上式计算出的侧压力小于零时，则不计入小于零的那部分侧压力。

当 $h_1 \geqslant (2.0 \sim 2.5) h_a$ 时，应使用深埋时的有关计算公式。

5）深埋隧道围岩松动压力的计算方法

在隧道工程中，计算其上作用荷载的方法与其他的结构计算中采用的方法不同，通常不能通过公式准确计算得出，在很大程度上需依靠经验数据，计算方法为现象模拟方法。

铁路隧道设计规范推荐方法如下所述。

竖向均布（压力）作用：

$$q = \gamma h_a \qquad\qquad （5\text{-}22）$$

式中　q——竖向围岩压力；

　　　γ——围岩重度；

　　　h_a——计算围岩高度。

当为单线铁路隧道时：

$$h_a = 0.41 \times 1.79^S \qquad\qquad （5\text{-}23）$$

式中　S——围岩级别的等级，如 II 级围岩 $S = 2$。

当为双线及以上隧道时：

$$h_a = 0.45 \times 2^{S-1} \times \omega \qquad\qquad （5\text{-}24）$$

式中　ω——开挖宽度影响系数，以 $B = 5\,\mathrm{m}$ 为基准，B 每增减 $1\,\mathrm{m}$ 时围岩压力的增减率，$\omega = 1 + i(B-5)$。当 $B < 5$，取 $i = 0.2$；当 $B > 5\,\mathrm{m}$，取 $i = 0.1$。

水平均布压力如表 5-35。

表 5-35　围岩水平均布作用压力

围岩级别	I ~ II	III	IV	V	VI
水平均布压力	0	$< 0.15q$	$(0.15 \sim 0.3)q$	$(0.3 \sim 0.5)q$	$(0.5 \sim 1.0)q$

对于单线铁路隧道，用极限状态法进行结构设计计算。对于双线铁路隧道，用破损阶段法进行结构设计计算。由于开挖宽度增加，会加大衬砌上荷载。因此，围岩压力计算公式中加入了宽度影响的权重。由于跨度的增加和高度的增加是不等价的，为简化公式，规定式（5-22）~ 式（5-24）应用条件限制在采用矿山法施工的深埋隧道。此外，该公式不适宜用在有显著偏压力及膨胀性压力的围岩。

在按荷载结构模型计算结构的内力时，除要确定匀布围岩压力的数值外，重要的是要考虑荷载分布的不均匀性。对于图 5-31 中所示非匀布压力用等效压力检算结构内力，即非匀布压力的总和应与匀布压力的总和相等的方法来确定各荷载图形中的最大压力值。

在通常情况下，可以垂直和水平匀布压力图形为主计算结构内力，并用偏压及不均匀分布荷载图形进行校核，较好的围岩着重于用局部压力校核结构内力。

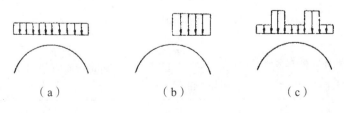

（a）　　　　　　　（b）　　　　　　　（c）

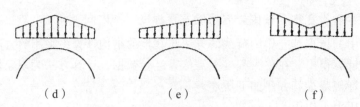

图 5-31 不均匀荷载的分布特征

另外，还应考虑围岩水平压力非均匀分布的情况。当地质、地形或其他原因可能产生特殊的荷载时，围岩松动压力的大小和分布应根据实际情况分析确定。

4. 水下隧道外水压力的确定

水下隧道围岩压力的计算与普通山岭隧道近乎相同，水下隧道设计的另一个重要问题是衬砌设计时要考虑外水荷载。与普通山岭隧道相比，水下隧道除了实际覆盖层以外还有很高的外水荷载，水荷载大小直接关系到支护结构设计安全性。在水土合算时，计算时岩（土）体重度要采用饱和重度，而当采用水土分算时，岩（土）体重度要采用浮重度。

采用水土分算方式计算水下隧道地层压力时，外水压力不能够完全按照全水头计算或者不考虑外水压力的影响，随防排水方式、支护结构渗透水情况等的不同，外水压力与静水压力时全水头会有一定程度上的差别。目前，衬砌外水压力计算方法可以归结为以下几种。

1）折减系数法

所谓折减系数法，就是指作用衬砌上外水压力水头与地下水位线相对于隧道中心的高度之比。外水压力折减系数法主要可分为 3 类：① 只考虑围岩渗透系数、岩溶发育程度等；② 考虑围岩渗透性与衬砌轮廓受力特征，如考虑围岩渗透性与所谓"衬砌轮廓与受水面积"等；③ 综合考虑各种影响水压力因素，主要包括围压、衬砌渗透性及隧道尺寸、作用水头等因素。

（1）只考虑围岩渗透性的单一因素。

只考虑围岩渗透性的单一因素类型主要出现在水工隧洞界，《DL_T5195—2004 水工隧洞设计规范》根据隧洞开挖后地下水渗流程度给出了表 5-36 的水压力折减系数表。

表 5-36 外水压力折减系数（DL_T5195—2004 水工隧洞设计规范）

级别名称	地下水活动状态	地下水对围岩稳定的影响	建议的 β_e 值
1	洞壁干燥或潮湿	无影响	0～0.20
2	沿结构面有渗水或滴水	软化结构面的充填物质，降低结构面的抗剪强度。软化软弱岩体	0.1～0.40
3	沿裂隙或软弱结构面有大量滴水、线状流水或喷水	泥化软弱结构面的充填物质，降低其抗剪强度，对中硬岩体发生软化作用	0.25～0.6
4	严重滴水，沿软弱结构面有小量涌水	地下水冲刷结构面中的充填物质，加速岩体风化，对断层等软弱带软化泥化，并使其膨胀崩解及产生机械管涌。有渗透压力，能鼓开较薄的软弱层	0.40～0.80
5	严重股状流水，断层等软弱带有大量涌水	地下水冲刷带出结构面中的充填物质，分离岩体，有渗透压力，能鼓开一定厚度的断层等软弱带，并导致围岩塌方	0.65～1.0

邹成杰采用经验类比法，按围岩岩溶的发育程度、洞内滴（涌）水程度给出了水压力折减系数，具体如下：

① 根据水文地质情况选取折减系数。

该方法主要是根据地质结构、岩溶发育程度及岩体透水性等因素选择折减系数。可以按表 5-37 取值。

表 5-37　按岩体岩溶发育程度确定的折减系数经验值

岩溶发育程度	弱岩溶发育区	中等岩溶发育区	强岩溶发育区
β	$0.1 \sim 0.3$	$0.3 \sim 0.5$	$0.5 \sim 1.0$

② 天生桥二级电站经验法。

在天生桥二级电站采用了如下的经验方法，见表 5-38。

表 5-38　天生桥二级电站折减系数经验值

隧道岩体水文地质条件	潮湿渗水洞段	渗水滴水洞段	滴水、脉状涌水洞段	管道涌水及大量涌水洞段
ρ	$0.1 \sim 0.3$	$0.3 \sim 0.5$	$0.5 \sim 0.8$	$0.8 \sim 1.0$

只考虑围岩渗透系数的单一因素水压力折减系数估算类型，适合于混凝土衬砌渗透系数为常数的情形，例如水工隧道，而不适用于设置防水板的公路、铁路隧道。

③ 根据岩体的渗透性等级确定外水压力折减系数。

在隧洞工程前期勘察设计阶段，可根据岩体渗透性确定外水压力折减系数；施工阶段根据地下水溢出状态确定外水压力折减系数，并对前期成果进行验证和修正。首先求得隧洞沿线的地下水位，然后根据隧洞上覆岩体的透水性，对地下水头乘以折减系数，折减系数与岩体透水性有关，见表 5-39。

表 5-39　岩体渗透性外水压力折减系数

岩土体渗透性等级	渗透系数（K）/（cm/s）	渗透率（q）/Lu	外水压力折减系数（β_e）
极微透水	$K < 10^{-6}$	$q < 0.1$	$0 \leqslant \beta_e < 0.1$
微透水	$10^{-6} \leqslant K < 10^{-5}$	$0.1 \leqslant q < 1$	$0.1 \leqslant \beta_e < 0.2$
弱透水	$10^{-5} \leqslant K < 10^{-4}$	$1 \leqslant q < 10$	$0.2 \leqslant \beta_e < 0.4$
中等透水	$10^{-4} \leqslant K < 10^{-2}$	$10 \leqslant q < 100$	$0.4 \leqslant \beta_e < 0.8$
强透水	$10^{-2} \leqslant K < 100$	$100 \leqslant q$	$0.8 \leqslant \beta_e < 1$
极强透水	$100 \leqslant K$		

（2）考虑围岩渗透特性与衬砌轮廓受力特征。

江西水利水电勘测设计院根据围岩破碎度、透水性、混凝土衬砌质量、灌浆和排水措施等，提出了地下水运动损失系数 δ 和实际面积作用系数 δ_1 的参考值，见表 5-40、表 5-41。

表 5-40 地下水运动损失系数 δ 经验值

岩体透水性	无排水	有排水
围岩透水性较强，洞中有流水	0.8~1.0	0.5~0.8
围岩透水性较弱，洞中有滴水	0.6~0.8	0.4~0.7
围岩透水性较弱，洞中无滴水	0.4~0.6	0.3~0.5

注：表中的"无排水"、"有排水"是指是否设置系统的排水系统，诸如排水廊道和排水转孔等。

表 5-41 衬砌外表面的实际面积作用系数 δ_1 的经验值

岩体透水性	未灌浆段	回填灌浆段
围岩破碎，裂隙很发育	0.8~1.0	0.6~0.9
围岩破碎，裂隙较发育	0.6~0.8	0.5~0.7
围岩完整，裂隙不发育	0.4~0.6	0.3~0.5

外水压力折减系数：

$$\beta = \delta \cdot \delta_1 \tag{5-25}$$

蒋忠信在已有的岩溶隧道水压力折减系数的基础上，考虑到岩溶对地下水运动所致水头损失和对所谓"衬砌作用面积"的影响会改变水压力，将水压力折减系数调整成与渗透系数的数量级相对应的等差数列，结果如表 5-42。

表 5-42 根据岩溶强度的水头折减系数 β 值

岩溶强度	岩溶类型	透水性	渗透系数 k/(m/d)	折减系数 β
微 弱	溶孔型	微弱透水	<0.01	<0.1
弱	裂隙型	弱透水	0.01~0.1	0.1~0.2
			0.1~1	0.2~0.35
中 等	隙洞-洞隙型	透 水	1~10	0.35~0.55
强	管道-强洞隙型	强透水	>10	0.55~1.0

（3）综合考虑各种影响水压力因素。

以往对公路、铁路隧道衬砌所受水压力没有给予足够的重视。因此，遇到类似问题时，多数还是借用《水工隧洞设计规范》中的有关经验和规定。但在水工隧洞规范中，并没有考虑衬砌渗透特性的不同对水压力折减系数的影响。所以，其适用性在公路、铁路隧道中受到了很大的限制。东北勘测院及有关单位曾提出了按围岩渗透系数和混凝土渗透系数的比值来确定衬砌水压力折减系数，如表 5-43 所示。

表 5-43 按围岩的渗透系数和混凝土衬砌渗透系数的比值确定的折减系数

K_r/K_1	0	∞	500	50~500	5~10	1
β	0	1	1	0.86~0.94	0.3~0.6	0.03~0.08

该方法是根据原东北设计院及有关单位的成果，根据岩体渗透系数 K_r 和衬砌渗透系数 K_l 的比值大致给出外水压力折减系数 β，见表 5-43。

实际上，隧道衬砌外水压力的影响因素不仅仅是岩石与衬砌的相对渗透性、隧道尺寸及作用水头等，岩体中初始渗流场，特别是隧道附近的天然排水（如溶洞）或人工排水及防渗措施对外水压力的影响也不可忽视。张有天提出衬砌水压力应该表示为：

$$F = \beta_1\beta_2\beta_3\gamma_w h \tag{5-26}$$

式中：β_1 为初始渗流场水压力修正系数；β_2 为衬砌与围岩渗透性相对关系修正系数；β_3 为考虑工程措施对衬砌外水压力的修正系数。

综上，虽然确定衬砌外水压力作用系数的方法大多是经验或半经验性的，但是均考虑了地下水渗流有关的围岩、衬砌的渗透性，围岩的裂隙性及隧道防排水体系等影响因素。

2）理论解析方法

日本青函隧道水压力的计算视围岩为均质、各向同性的弹塑性体，其中作用的初始应力视为静水压力状态。根据图 5-32 的隧道围岩模型，运用达西（Darcy）定律推导出了作用在衬砌及注浆加固圈区域内的孔隙水压力。

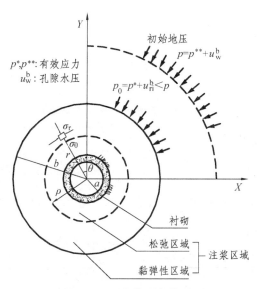

图 5-32　隧道围岩模型

在下列边界条件下分别为：

当 $r = \rho$ 时，$h = h_\rho$；当 $r = b$ 时，$h = h_b$。

则 $\nabla^2 h = 0$ 的解，可由下式给出：

$$h = \frac{h_b - h_\rho}{\ln(b/\rho)}\ln\left(\frac{r}{\rho}\right) + h_\rho \tag{5-27}$$

此外，设这个区域的透水系数为 k_e，则隧道径向流量为：

$$Q = 2\pi k_e (h_b - h_\rho)/\ln(b/\rho) \tag{5-28}$$

同样，松弛区域内的水头在其边界条件下为：

当 $r=a$ 时，$h=0$；当 $r=\rho$ 时，$h=h_\rho$。

则可给出：

$$h = h_\rho \ln(r/a) \ln(\rho/a) \tag{5-29}$$

即隧道内壁按不能止水处理。

松弛区域的流量为：

$$Q = 2\pi k_p h_p / \ln(\rho/a) \tag{5-30}$$

式中　k_p——松弛区域的渗透系数。

根据上述结果，注浆区域的孔隙水压 u_w 的分布可表示如下：

在黏弹性区域 $(\rho \leqslant r < b)$ 内

$$u_w = (u_w^b - u_w^\rho) \ln(r/\rho) / \ln(b/\rho) + u_w^\rho \tag{5-31a}$$

在松弛区域 $(a \leqslant r < \rho)$ 内

$$u_w = u_w^\rho \ln(r/a) / \ln(\rho/a) \tag{5-31b}$$

式中，$u_w^b = I_w h_b$，$u_w^\rho = I_w h_\rho$，I_w 是水的单位体积重量。

因为两区域的流量相等，故有下列关系：

$$\frac{u_w^\rho}{u_w^b} = 1 / \left[n \frac{\ln(b/\rho)}{\ln(\rho/a)} \right] + 1 \tag{5-32}$$

式中，$n = k_p / k_e$。

当不存在松弛区域，注浆区域完全是弹性区域的情况时，孔隙水压分布由下式给出：

$$u_w = u_w^b \ln(r/a) / \ln(b/a) \tag{5-33}$$

3）渗流场与应力场耦合分析方法

学者们已经指出：隧道衬砌外水荷载是作用于地下水位以下整个空间的渗流体积力，应按渗流荷载增量理论分析隧道应力外水荷载作用下的隧道应力。水工隧道建议的外水压力估算方法的第一种方法就是"渗流场分析方法"。从渗流理论出发计算水对围岩和衬砌的作用可以直接通过分析隧道开挖、施作衬砌后地应力和地下水渗透力对围岩和衬砌的耦合作用，用耦合作用来分析隧道衬砌结构受力和围岩的稳定性。

围绕岩体渗流场与应力耦合场耦合模型，Noorishad（1982，1989）提出了多孔连续介质渗流场与应力场耦合场模型；Oda（1986）以节理统计为基础，运用渗透张量法，建立了岩体渗流场与应力场耦合模型；Ohnishi 和 Ohtsu（1982）研究了非连续节理岩体的渗流与应力耦合方法；仵彦卿和张倬元（1994，1995）提出了岩体渗流场与应力场耦合的集中参数模型和裂隙网络模型。这些模型促进了岩体水力学向定量化方向发展。

5. 二次衬砌结构的计算分析

水下隧道主体结构设计使用年限通常为100年,结构设计标准、设计方法等应与之相适应。根据二次衬砌结构在运营期间承受水压力情况,复合式衬砌结构可分为防水型衬砌和排水型衬砌两种形式,前者二次衬砌承受全部水压力,后者承受部分水压力。对于同一条水下隧道,防水型复合式衬砌与其排水型衬砌内轮廓断面可以设计为完全相同,但应根据其水压力大小调整仰拱深度与厚度。

采用防水型复合式衬砌隧道的最大水压力一般不超过60 m,当水压力超过60 m时宜采用排水型衬砌。对于水压力小于0.6 MPa,考虑水压力的作用,按以下原则进行:① 在地下水位以下的防水型隧道的二次衬砌及仰拱的设计中,应考虑水压。② 水压应根据极限状态设定。③ 水压作用在衬砌的图心线的半径方向,如图5-33所示。

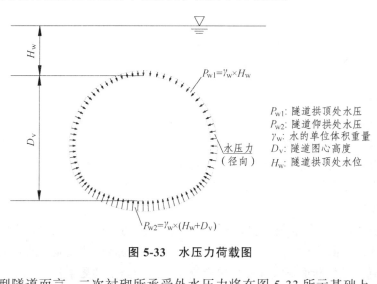

图5-33 水压力荷载图

对于排水型隧道而言,二次衬砌所承受外水压力将在图5-33所示基础上,采用折减系数方法计算从P_{w1}至P_{w2}各点的外水压力。折减系数η将根据围岩、衬砌的渗透性、围岩与衬砌相对渗透性、围岩的裂隙性及隧道防排水体系等影响因素,予以确定。

1)计算模型

二次衬砌计算采用荷载-结构模型,衬砌采用弹性梁单元模拟,初期支护对二次衬砌的约束采用无拉弹簧单元模拟。计算模型如图5-34(a)、图5-34(b)所示。荷载及荷载组合为围岩压力+水压力+结构自重+基底反力,各作用的组合系数取1.0。此外,对于铁路隧道还应考虑道床压力,而对于公路隧道则考虑路面荷载。

2)计算荷载

(1)围岩压力。

围岩压力根据深浅埋条件按《铁路隧道设计规范》(或《公路隧道设计规范》)中的有关公式计算。对于浅埋隧道,侧向围岩压力按梯形分布。对于地下水位以下的围岩,应按浮重度计算围岩压力。

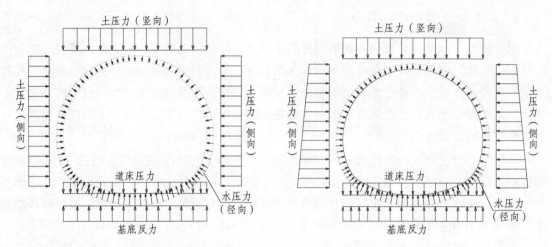

（a）深埋隧道二次衬砌结构计算模型　　　　　（b）浅埋隧道二次衬砌结构计算模型

图 5-34　防水型复合式衬砌内衬结构计算模型

（2）外水压力。

对于防水型衬砌，水压力可采用常水位进行计算，但必须计入全水头的作用力。由于初期支护与二次衬砌之间设置了全封闭防水板，而防水板不可能与初期支护密贴，二者之间的间隙将形成"水袋"，传递全部水压力。因此，为安全计，水压力大小取至地下水位。

隧道结构设计使用年限一般为 100 年，对于 1% 频率的高水位或低水位可作为特殊荷载考虑，此时结构的安全系数可适当降低，以提高工程的经济性。

（3）强度校核。

二次衬砌按现行的《铁路隧道设计规范》（或《公路隧道设计规范》）采用破损阶段法进行结构强度检算，根据破损阶段法的设计要求，应使结构满足承载能力的要求，结构安全系数 $K \geqslant 2.0$，以确保结构断面形式和支护参数满足安全、经济的要求。

3）仰拱的合理深度及曲率

与排水型隧道不同，防水型复合式衬砌隧道的仰拱承受较大的水压力，其内力一般远大于拱墙，因此，必须对仰拱的不同深度和曲率进行对比计算，寻求合理的深度与曲率。随着水压力的加大，仰拱的开挖深度和曲率应相应加大。以武广客运专线浏阳河隧道为例，经计算，当拱部水压力为 30 m 时，二次衬砌可采用目前的铁路客运专线隧道通用参考图（通隧（2005）0301），但仰拱配筋需加强；当拱部水压力为 50 m 时，如仍采用通隧（2005）0301的仰拱深度与曲率，则仰拱厚度需 1.0 m，且配筋量较大，而将仰拱开挖深度增加 0.5 m 后，仰拱曲率也相应加大，仰拱厚度可减小至 0.7 m，具有较好的经济性。

4）防水型衬砌与排水型衬砌结构受力特征

如图 5-35 和图 5-36 所示，某水下隧道分别采用两种衬砌结构形式的弯矩图。通过比较可以看出：抗水压衬砌的边墙墙角和仰拱处弯矩很大，是控制结构配筋的截面；排水型衬砌结构形式的受力模式与防水型结构的受力不同，结构受力小，最大弯矩发生在结构拱部，结构仰拱受力相对于拱部不是控制截面。

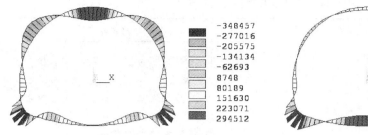

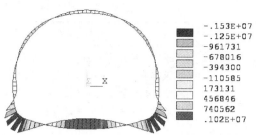

图 5-35　排水型衬砌弯矩　　　　　　　　　　图 5-36　防水型衬砌弯矩

针对抗水压衬砌，通过水压力对结构影响敏感性分析可知：结构受力最大部位在仰拱和边墙脚处；不考虑水压力时弯矩较大部位在结构拱部，结构设计时应取不利工况的最大值作为配筋依据。为抵抗水压力，仰拱的结构厚度比拱部的结构厚度大，且仰拱的配筋增加较多。

抗水压衬砌浅埋结构形式采用仰拱不加深断面可以满足受力要求，在深埋时采用加深结构仰拱的断面形式，使得结构更为圆顺、受力更为合理，断面配筋满足经济性要求。

5.2.3　矿山法水下隧道防排水设计

1. 概　述

水下隧道位于江、海水位之下，一般情况下水位较高，水源较充足。渗水压力可能导致水通过高渗透性地层或与开阔水面有渠道相连的地层大量渗入，使隧道承受显著的水压力。水下隧道的渗水问题远比普通陆地隧道严重得多，处理起来也困难得多。长期渗漏水不仅损害隧道内的建筑装修和面层美观，还会造成隧道潮湿，引起金属构件锈蚀，甚至导致机电设备不能正常运转，影响行车安全。由于渗入的水会腐蚀水泵、排水管道、电器设备等，这些设备的更换周期就要缩短，从而增加运行和维护费用。

从衬砌结构受力角度上看，水下隧道不仅承受围岩压力，还要承受很高的水荷载，而防排水方式将直接决定作用在衬砌结构上的水压力。水压力设计值的大小是决定衬砌结构强度的关键因素之一，它不仅与地下水水头有关，还与隧道防排水方式有关。

水下隧道工程中，对地下水的处理有排导方式和全封堵方式两种。排导方式可以使作用在衬砌上的水压力折减，从而使衬砌结构设计更加经济，但需处理好地下水排放量的控制问题，以降低施工期和运营期排水费用。全封堵方式由于衬砌要承受同地下水水头基本相当的水压力，一般适于埋深较浅、地下水位较低的隧道。

根据国外经验，通常情况下，当水头小于 60 m 时，可采用全封闭排水方案；当水头大于 60 m 时，宜采用限量排放方案。两种不同防排水方案特点见表 5-44。

防排水系统的合理性和可靠性是水下隧道设计和安全运营的关键，也是控制运营费用的主要部分。对于水下隧道，应尽可能减少施工期和运营期的排水量及排水费用，因此，不论全封堵衬砌还是限量排放衬砌，首先要求在建设过程中采取"以堵为主、限量排放"的原则进行治理。堵水注浆圈、自防水衬砌结构、分区防水系统和隧道排水系统有机组合，共同构成水下隧道的防排水系统。

表 5-44　防排水方案特点比较表

比较项	限量排放方案	全封闭方案
特　点	① 初支与防水板之间设排水系统，结构渗水直接排入隧底排水沟内； ② 渗水量要有限制，需要加固破碎岩体，使渗透系统控制在可排范围内，同时注浆材料要有一定的耐久性； ③ 排水系统需要冲洗等保持畅通	① 二衬和防水板之间设排水系统，将少量结构渗水排入隧底排水沟内； ② 对防水板材料性能、耐久性要求高，防水材料搭接要求密实耐久； ③ 结构承受水压力大
施工难度	排水系统施工要求高，但难度不大	对防水板的施工工艺要求较高，无钉铺设等难度大
对结构的影响	加速初支溶出腐蚀，初支结构密实性差，可能产生渗流量加大和沙化现象	水压需按全水头计算，衬砌厚度大，且结构长期承受高水头压力，对结构耐久性不利
投　资	初期支护耐久性要求稍高，增加投资，但二次衬砌厚度减薄，两者平衡后造价接近，增加运营抽水费用	一次性投资较大
后期运营风险可控性	渗漏量变化，随时可以观察到是否会出现突水情况，二次衬砌受海水影响小，腐蚀慢	突水无法预知。防水板没有做到完美无缺，很多地方渗漏，二次衬砌作为最后一道防线腐蚀加快，补救起来困难

水下隧道各防排水结构/构件及其主要功能如下：

（1）围岩注浆止水：以堵为主，通过注浆止水将隧道开挖面周围的涌水和渗水封堵在结构外。

（2）初期支护自防水：采用抗渗混凝土，将围岩的少量渗漏水堵在初期支护结构之外。

（3）排导系统：将初期支护难以堵住的有限渗流水，通过预埋排水管（盲管）引入边墙侧沟或横向排水管排出隧道。

（4）铺设防水板：将少量渗水封堵在二次衬砌混凝土之外。

（5）施工缝、沉降缝防水：水下隧道施工缝、变形缝一般采用背贴式止水带、中埋式膨胀橡胶止水条等进行自防水。

（6）分区防排水：采用分区防水形式自防水，防止一处渗漏四处窜水的后患。

（7）隧道纵向采用新型分区防排水技术，防止含砂土的水沿防水板与初期支护、二次衬砌界面纵向串流，减少其影响范围，以及在排水过程中达到堵浑排清的目的。

完善的隧道防排水设计是搞好隧道防排水工程的前提。

2. 水下隧道防排水体系

1）围岩注浆堵水

（1）围岩注浆堵水概念。

围岩注浆堵水是将注浆材料按一定的配比制成的浆液，通过一定的方式压入隧道围岩或衬砌壁后的空隙中，经凝结、硬化后起到堵水和加固围岩作用的一种施工方法。在水下隧道工程建设中，围岩注浆堵水可在隧道开挖后通过径向或超前围岩钻孔注浆来完成。隧道洞周注浆加固圈是隧道防排水体系的第一道防线，在排水量控制方面起着重要的作用。搞好隧道围岩注浆，不仅有利于防止隧道在运营期间渗漏，而且有利于改善隧道施工环境，实现"干施工"，保证隧道各道施工工序的施工质量。

（2）围岩注浆的优点。

水下隧道与一般山岭隧道最显著的差异就是涌水源是无限的江、海水，注浆对防止隧道涌水并加强岩体强度是必不可少的。尤其在断层破碎带、节理裂隙发育的地带，更应通过超前注浆（或全断面帷幕注浆），在隧道洞室四周形成注浆加固堵水圈，封闭基岩中输水裂隙和涌水空间。注浆范围的基本要求是使注浆带厚度延伸到围岩松弛带外侧。

如果在富水区段放弃围岩注浆堵水，放任地下水外泄，可能造成以下3点不良后果：

① 洞内排水会破坏地下水的原有平衡，造成地下水资源流失。

② 地下水外泄可能冲蚀围岩裂隙和软弱夹层，不利于围岩稳定。

③ 地下水携带大量泥砂，不利于隧道排水通畅。

而在富水区段采用围岩注浆堵水的好处在于：

① 围岩注浆充填围岩裂隙、封堵渗水通道、在隧道周围形成隔水保护圈，防止地下水外泄并减轻隧道结构外水压力，在渗流水量较大或达到一定标准的区段，采用各种注浆方法可使围岩中的裂隙被充填，渗流通路堵塞，最终使地下水在围岩之外寻求通路并建立新的平衡，使地下水水位得以恢复并长期得以保持。围岩注浆在隧道外形成一个环形保护圈层，大大增强围岩抗渗能力，减少地下水向隧道区域汇集、渗出，可以显著地减轻隧道外水压力。

② 注浆是较锚喷更为积极主动的加固围岩措施。经过围岩注浆，岩层中的裂隙被浆液充填，浆液固化后变成了岩块之间的胶结材料，从而使围岩的力学性质得到改善，抵御地压的能力增加，减小了作用在衬砌结构上的永久荷载。在某种程度上，注浆加固围岩较锚喷加固围岩更为积极主动。例如，注浆加固围岩可在开挖之前进行，注浆使整个围岩内部得以胶结与密实。而锚杆仅在开挖后随围岩变形才起到加固作用，况且锚杆在安装多年后还可能失效。喷射混凝土也只是在围岩表面加固围岩。

对于水下隧道富水区段，尽量采用注浆法封堵地下水，并借此加固围岩。对于局部的小出水点，当其对施工无碍时，可考虑将其排出。这样才能真正体现层层设防、综合治理思想。

（3）影响围岩注浆堵水效果的因素。

注浆堵水效果的好坏，直接关系到水下隧道施工和运营安全，而注浆堵水的效果，关键在于注浆材料和相应的注浆参数。

2）注浆材料的选取

（1）注浆材料的分类。

注浆材料主要分为水泥浆、水泥系浆液和药液系三大类。其中水泥浆又可分为水泥浆液、水泥砂浆和水泥黏土浆液三种；水泥系浆液可分为水泥-水玻璃系、水玻璃-矿渣＋水泥系两种；药液系材料也可分为水玻璃系和高分子系两种。具体注浆材料分类如图5-37所示。

（2）注浆材料的选取原则。

注浆材料在很大程度上直接影响到堵水防渗和固结的效果，并关系到压浆工艺、工期及工程费用。选择压浆材料时，主要应注意下列各点：

① 浆液在受压的岩层中具有良好的渗入性，即在一定的压力下，能渗到一定宽度的裂隙或孔洞中去。

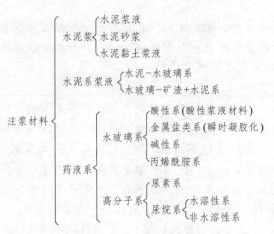

图 5-37 注浆材料分类

② 浆液凝结成结石后，应具有一定强度和黏结力。

③ 为便于施工和增大浆液的扩散范围，浆液须具有良好的流动性。

④ 浆液具有良好的稳定性，以免过早地产生沉淀，影响浆液的压注。

⑤ 应尽可能采用固体颗粒材料（水泥浆液、水泥玻璃浆液）。只有在固粒材料浆不能达到压浆处理的要求，如岩层裂隙细微注浆困难或涌水量大、流速大时，才考虑采用化学浆液。

⑥ 压浆所用材料尚应根据地层条件选择。

⑦ 浆液压注性和应用范围，不仅取决于浆液本身性能和岩层渗透系数、裂隙大小或岩体颗粒尺寸，并且与注浆压力、泵量和压注方式等注浆工艺也有关。因此，选择时应根据各种因素综合考虑，选用一种或几种最合适的注浆材料和配方配合使用，以充分发挥各种材料的特点，达到合理的技术经济指标。

3）注浆浆液

常用注浆浆液：水泥浆液、水泥-水玻璃浆液及各种化学浆液，如铬木素、丙凝浆液等。

（1）水泥浆液。

水泥浆液具有结石体强度高、工艺简单、浆液配制容易、材料来源丰富、成本较低等优点，也存在颗粒较粗、易沉淀析水、稳定性差、浆液凝结时间较长、易被水冲失、早期强度较低和结石率低等不足。一般常用水泥浆液的水灰比为 4：1～0.5：1。稀浆黏度低，易于压注，但强度亦低、凝结时间长、稳定性和结石率都不好；浓浆则相反。因此，在满足注浆工艺和岩层压注性需要的前提下，应尽量使用浓浆。

水泥浆液适用范围：

① 粗砂和裂隙宽度大于 0.15 mm～0.2 mm（或大于水泥粒径的 3 倍以上）的岩层。

② 单位吸水量大于 0.01 L/(min·m^2)的岩石或渗透系数大于 1 m/d～10 m/d 的岩层。

③ 地下水流速不大于 80 m/d～100 m/d，若超过时，可在浆液中掺加速凝剂。

④ 地下水的化学成分不妨碍水泥浆的凝结和硬化。

（2）水玻璃浆液。

水玻璃注浆是将水玻璃溶液和胶凝剂同时灌入地层，混合后产生化学胶凝反应，充填岩石孔隙，生成固结体，以达到防渗的目的。水玻璃亦称硅酸钠，是由二氧化硅和氧化钠组成的。水玻璃胶凝剂主要有金属离子类、酸类和有机类。主要的胶凝剂如表 5-45 所示。

表 5-45　常用水玻璃胶凝剂

名　称	分子式		名　称	分子式
金属离子类	氯化钙	$CaCl_2$	无机酸类	硫　酸	H_2SO_4
	偏铝酸钠	$NaAlO_2$		磷　酸	H_3PO_4
	硫酸铝	$Al_2(SO_4)_3$		碳　酸	$CO_2 \cdot H_2O$
	氯化镁	$MgCl_2$		硫酸铵	$(NH_4)_2SO_4$
	石　膏	$CaSO_4$		氯化铵	NH_4Cl
	碳酸氢钠	$NaHCO_3$	有机物类	草　酸	$(COOH)_2$
	碳酸氢钾	$KHCO_3$		醋　酸	CH_3COOH
	高锰酸钾	KM_nO_4		亚　砜	$(CH_3)_2CO$
	亚硫酸氢纳	$NaHSO_3$		乙二醛	$(CHO)_2$
	磷酸二氢钠	NaH_2PO_4		碳酸乙烯	$C_3H_4O_3$

（3）水泥-水玻璃浆液。

① 水泥-水玻璃浆液注浆的优点。

料源丰富，结石率高，强度高。水泥、水玻璃材料来源广泛，价格低廉。水泥-水玻璃浆液结石率可达 100%，结石体抗压强度可达 10 MPa ~ 20 MPa，结石体渗透系数为 10^{-3} cm/s。

无毒，不污染环境，可灌性好，易于配制，注浆设备简单。

浆液的凝固时间可以准确调节。因此可控制浆液的扩散范围。在水泥-水玻璃浆液中加入少量（小于 3%）的磷酸或磷酸氢二钠，浆液即缓凝；加入少量（小于 15%）白灰或增加浆液温度，浆液即速凝。

条件适应性强。对于 0.2 mm 以上裂隙和 1 mm 以上粒径的砂层，改变水玻璃与水泥配合比或改变水泥稠度，均能适用。在动水条件下注浆，被水冲走或稀释或排挤变位的程度甚小，不至于对注浆浆液的凝固产生大的影响。结石体在地层中因不与空气接触，不会受温度影响。在地下水中不含腐蚀性物质，浆液结石体不会因失水而干裂，不产生强度下降问题。水泥浆和水玻璃溶液混合后立即发生反应，很快形成具有一定强度的固结体。随着反应连续进行，结石体强度不断增加，早期强度主要是水玻璃反应的结果，后期强度主要是水泥水化反应的结果。

② 水泥-水玻璃浆液应用。

水泥-水玻璃浆液除含水泥、水玻璃、水等原料外，为了调节浆液的胶凝时间、结石体强度以及施工操作等，掺入其他原料。浆液凝结时间主要根据岩层与涌水情况、扩散半径、温度和施工技术等确定，影响浆液施工速度的主要因素有：水泥品种和有效时间、水泥浆的水灰比、水玻璃浓度、水泥浆和水玻璃的体积比以及温度。

（4）化学浆液。

化学浆液由各种化学物质配制而成。各种化学药品一般都具有一定毒性，在配制操作时必须注意安全，特别是不要使浆液伤害眼镜和皮肤。操作人员必须有防护用具，如防护眼镜、胶手套、口罩等，并注意加强通风，工作人员应在上风处操作，每次工作完毕均应洗澡。化学药品的储藏、保管应有专门库房，并由专人负责。

① 铬木素浆液。

铬木素浆液是由亚硫酸盐法造纸的纸浆废液（主要成分是木质素磺酸盐）、固化剂重铬酸钠和促凝剂氯化物、硫酸盐等（其中以三氯化铁效果最好）织成。浆液黏度低，凝胶时间可以控制在十几秒到几十分钟之间，凝胶体化学性能稳定、浸水膨胀、抗渗性好，固砂体强度较高、材料来源广、成本低。

② 丙凝浆液。

丙凝浆液是以丙烯酰胺为主剂，配以其他材料，以水溶液压入岩层，通过氧化-还原体系的引发作用，发生聚合反应，形成具有弹性的、不溶于水的高分子硬性凝胶，达到堵水和固结岩体的作用。缺点是目前料源少、成本高，而且凝固体的强度低。较好的办法是先压入水泥、水玻璃类浆液，使孔隙达到一定程度的闭塞，然后再用丙烯酰胺等化学浆液压注，这样，可以减少化学浆液用量，降低成本并提高凝固的强度。

4）注浆参数的选定

围岩注浆止水效果主要体现在注浆扩散半径和注浆范围内的围岩渗透系数两方面。随着注浆加固圈渗透系数降低和厚度增加，隧道涌水量会明显降低，但并不是渗透系数越低、厚度越大，涌水量就越小，而是存在一个界限值。当注浆圈渗透系数降低到某个数量级、厚度达到某一值时，再降低渗透系数、增大厚度，对涌水量的控制已经不明显了。现实中，控制注浆效果的参数主要有注浆扩散半径、注浆压力、浆液浓度和浆液注入量等4种，当这4种参数达到合理的值时，才能得到较好的注浆效果。

（1）注浆扩散半径。

在隧道开挖前进行注浆加固，可有效降低围岩渗透系数，减小涌水量。高水头地下水在加固圈中的渗流也会消耗掉大量的能量，这意味着加固圈将承受大部分外水压力，衬砌背后的水压力就会大大减小。在进行注浆加固时，如果注浆加固范围太小，就达不到堵水、稳定围岩的效果；如果范围太大就会造成材料浪费，增加预算，不经济。所以，确定合理的注浆加固范围对水下隧道的建设至关重要。

浆液扩散半径（浆液的有效范围）与岩石裂隙大小、浆液黏度、凝固时间、注浆速度和压力、压注量等因素有关。在孔隙性岩层中比较规则、均匀，在岩层裂隙中是不规则的。在其有效扩散范围内浆液充塞、水化后的固体能有效地封堵渗水。浆液的扩散半径随岩层渗透系数、压浆压力、压入时间的增加而增大；随浆液浓度和黏度的增加而减少。施工中对压浆压力、浆液浓度、压入量等参数可以人为控制与调整，对控制扩散范围可以起到一定作用。

（2）注浆压力。

注浆压力大小影响注浆效果，其大小决定于涌水压力（开挖工作面静水压力、突水的动压力）、裂隙大小和粗糙程度、浆液的性质和浓度、要求的扩散半径等。一般压力越高，浆液充填饱满，结石体强度高、不透水性好，并能增大扩散半径以减少注浆孔数。但压力过高，会使裂缝扩大，浆液流失过远以及工作面冒浆等。

（3）浆液浓度。

围岩裂隙越大，用浆也越浓。在每段每次压浆时应先稀后浓，同一分段多次压浆时，则先浓后稀。浆液浓度的选择根据岩层吸水率 q 来确定。吸水率越大，岩层透水层越强，则浆液宜浓，吸水率 q 为单位时间内每米钻孔在每米水压作用下的吸水量，可通过压水试验按下式计算：

$$q = \frac{Q}{H \cdot h} \quad [\mathrm{L/(min \cdot m^2)}]$$ （5-34）

式中　Q——单位时间内钻孔吸水量（L/min）；

H——试验时所使用的压力（m）；

h——试验钻孔长度（m）。

一般水泥浆液起始浓度较高，特别在初期压浆阶段，因稀释浆液结石率低，并增大扩散半径，延长压浆时间。常用的水泥浆液浓度为 1.5：1 ~ 0.5：1。采用浓浆、高压力，堵水效果好，并能缩短压浆时间。

（4）浆液注入量。

为获得良好的堵水效果，必须注入足够的浆液量，确保一定的有效扩散范围。但浆液注入量过大，扩散范围太远，就浪费浆液材料。

浆液注入量 Q，可根据扩散半径及岩层裂隙率进行粗略估算，作为施工参考。

$$Q = \pi r^2 h \eta \beta \quad (\mathrm{m^3})$$ （5-35）

式中　r——浆液扩散半径（m）；

h——压浆段长度（m）；

η——岩层裂隙率，一般取 1% ~ 5%；

β——浆液裂隙内的有效充填系数，一般为 0.3 ~ 0.9，视岩层性质而定。

3. 自防水衬砌结构

1）初期支护

在水下隧道设计施工中，应重视初期支护的防水作用。由于初期支护厚度较薄，一般不大于 25 cm，且采用喷射作业，其均匀性和密实度一般较差，难以抵抗较高的水压力。在水下隧道中一方面应提高初期支护的抗渗性，另一方面应加强初期支护背后注浆治理渗漏水。但应注意的是，当初期支护的抗渗性提高后，初期支护要按承受一定水压设计。如厦门海底隧道初期支护的抗渗指标为 S8，经计算 F4 风化深槽段初期支护承受的水压为全水头的 30%。因此，厦门海底隧道初期支护按承受 30% 水压设计。

2）无纺布

主要用以保护防水板不被施工和运行期的外力刺破，也可用来排水。无纺布应具备一定的抗化学腐蚀和抗老化的能力。

3）防水层

在水下隧道工程建设中，在复合式衬砌中设置防水层是隧道防水技术的核心之一。防水层由防水板及其垫层组成。防水板的作用是将地层渗水拒于二次衬砌之外，以免水与二次衬砌接触并通过二次衬砌中的薄弱环节渗入隧道。垫层的主要作用是保护防水板，使防水板免遭尖锐物的刺伤，同时充当喷射混凝土与二次衬砌间的渗水下排通道。

近年来，隧道防水材料发展很快，防水层的铺设工艺也在不断改进，其中以双缝焊接和免钉穿防水板铺设工艺最具代表性。这些新材料、新工艺的推广应用，使隧道防水技术有了长足进步，并取得了较好的防水效果。但是，由于隧道防水工程的复杂性，尽管新建隧道采用了新材料、新工艺，但仍有不少隧道出现了一定程度的渗漏，且随着时间推移，渗漏量有不断增加的趋势。这表明，置于复合式衬砌中的防水板在其服务期间会受到一定程度的损伤，并使地下水经防水板损伤处与二次衬砌接触，导致隧道渗漏。

防水层是隧道防排水体系的重要组成部分，是保证隧道防水功能的重要措施。防水层既起到将地层渗水隔于二次衬砌之外的作用，又对初期支护与二次衬砌起到隔离作用，使初期支护喷射混凝土对二次衬砌模筑混凝土的约束应力减少，从而避免二次衬砌混凝土产生裂缝，提高二次衬砌混凝土的防水抗渗能力。水下隧道应选用具有较大厚度、较大幅宽及较高的拉伸强度、断裂延伸率和抗穿刺性能的防水板。另外还要在每个防水封闭区内设置 2 个 ~ 3 个预埋注浆管，注浆管固定在防水层表面，便于后续注浆堵漏处理。对于防水层的铺设，有全包防水和半包防水两种，对全包防水和半包防水的模型试验表明，半包段衬砌应变较全包段小，半包情况下衬砌受力较为有利，建议水下隧道工程采用半包防水。

4）二次衬砌

混凝土衬砌是隧道防水的最后一道防线。根据结构受力的不同，混凝土衬砌厚度一般为 30 cm ~ 60 cm。目前一般在衬砌混凝土设计中都要求其抗渗等级达到 S6。如果混凝土配比得当，施工中振捣充分，不出现漏浆和走模等意外情况，完工后衬砌不出现裂缝，在壁后水压不是特别大的情况下，渗水是不易从衬砌的外侧渗至衬砌的内侧的。然而，事实上目前许多隧道在建成后，衬砌的一些部位仍出现了渗漏水现象，特别是在衬砌施工缝处更是容易发生渗漏。这表明隧道的混凝土衬砌在设计、施工等方面仍有待改进，应通过合理设计、精心施工，使混凝土密实不裂，使施工缝的防排水构造合理，保证整个混凝土衬砌防水可靠。

5）施工缝与变形缝防水

随着防水混凝土的应用，大大改善了隧道渗漏水状况。只要防水混凝土衬砌施工质量得到保障，渗水一般都不会从混凝土表面透出，施工缝与变形缝则成为隧道渗漏水的多发部位。

水下隧道施工缝与变形缝防水主要有 3 种方法，分别是设置膨胀橡胶止水条、橡胶止水带和膨胀橡胶止水条、止水带综合设置。

水下隧道施工缝与变形缝防水的具体构造及防水处理方法：

（1）施工缝防水。

施工缝在防水板侧设带注浆管的背贴式止水带与防水板焊接（图 5-38），在二次衬砌混凝土断面中部设带注浆管的遇水膨胀橡胶止水条，在二次衬砌混凝土表面 3.8 cm、深 2.5 cm 宽设水泥基渗透结晶型防水涂料。在纵向施工缝和环向相交处是容易出现渗漏水的地方，各在 4 个方向 1.2 m ~ 1.5 m 范围内涂设遇水膨胀液型密封剂。

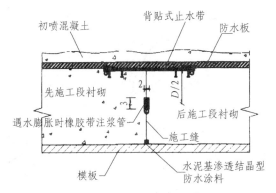

图 5-38　施工缝防水处理

（2）变形缝（沉降缝）防水。

在靠防水板侧设带注浆管的背贴式止水带，在二次衬砌混凝土中部设带注浆管的中埋式橡胶止水带，并在环向变形缝与纵向施工缝处设遇水膨胀单液型密封剂。在二次衬砌混凝土表面 3.8 cm × 2.5 cm（深×宽）设水泥基渗透结晶型防水涂料，如图 5-39、图 5-40 所示。

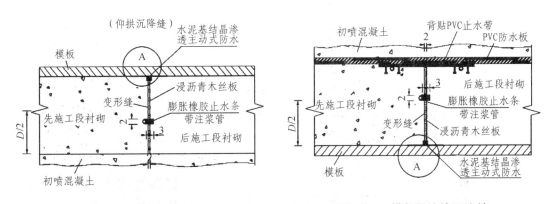

图 5-39　仰拱沉降缝　　　　　　　　图 5-40　拱部及边墙沉降缝

4. 隧道排水网络系统

1）隧道排导系统的组成

隧道排水体系，一般由隧道衬砌外排水系统和隧道内排水系统两大部分组成。衬砌外排水系统的作用是将围岩渗水、穿过初期支护被二次衬砌阻挡的渗水，疏导、汇集并引排到排水管沟；隧道内排水系统的作用则是将衬砌外排水系统汇集的地下渗水、路面运营清洗水、消防污水和其他废水引排到隧道外。

（1）隧道衬砌外排水系统。

隧道衬砌外排水系统主要是由环间排水盲管、纵向排水管和横向排水管等组成，参见图 5-41。水下隧道衬砌外排水系统泄水途径如图 5-42 所示。

隧道内排水系统中各部情况如下：

① 环向排水盲管。

环向排水盲管的作用是在岩面与初期支护喷射混凝土之间、初期支护喷射混凝土与防水

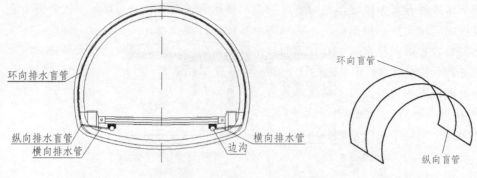

图 5-41　水下隧道排水系统设置

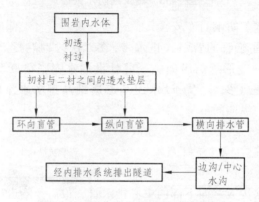

图 5-42　隧道排水系统的泄水途径

板之间提供过水通道（图 5-43），并使之下渗汇集到纵向排水管。工程上使用的环向排水管通常为涂塑弹簧外裹玻璃纤维布或塑料滤布构成，称为弹簧排水管，直径为 5 cm ~ 8 cm。

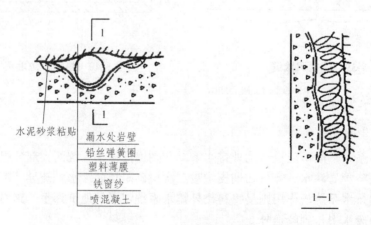

图 5-43　环向排水盲管

② 纵向排水管。

纵向排水管是沿隧道纵向设置在衬砌底部外侧的透水盲管。常用的纵向排水管是直径为 10 cm 的弹簧排水盲管或带孔软式透水管。纵向排水管作用是将环向排水管和防水板垫层下的水汇集并通过横向排水管排出。纵向排水管应按一定的排水坡度安装，中间不得有凹陷、扭曲等，以防泥砂在这些位置淤积、堵塞排水管。在安装前，用素混凝土整平安装基面。

地下水处理方式为排导类型时要设置纵向排水管，有时在全封堵地下水处理方式中也要考虑设置纵向排水管。根据广州、深圳等高水位地区地铁设计施工经验，即便采用全封堵方式，也需要设置纵向排水管，并在纵向排水管上每隔一定距离设横向排水管排出纵向排水管中水，完全不考虑给水以出路则二次衬砌的渗漏几率非常大。因此，在厦门海底隧道工程中，全封堵处理地下水地段设置了纵向排水管。

③ 横向排水管。

横向排水管位于衬砌基础和路面的下部，布设方向与隧道轴线垂直，是连接纵向排水盲管与中央排水管的水力通道。横向排水管通常为硬质塑料管。施工中先在纵向盲管上预留接头，然后在路面施工前接长至中央排水管。对横向盲管的检查，主要是接头应牢靠、密实，保证纵向盲管与中央排水管间水路畅通，严防接头处断裂，致使纵向盲管排出之水在路面下漫流，造成路面翻浆冒水，影响行车安全；其次是在横向盲管上部应有一定的缓冲层，以免路面荷载直接对横向盲管施压，造成横向盲管破裂或变形，影响其正常的排水能力。

④ 中央排水管。

中央排水管将衬砌背后渗水汇集排出隧道，进入路基排水边沟。中央排水管采用带孔预制混凝土管段拼接而成，纵向间隔一定距离设置沉砂井和检查孔。其主要作用一是集中排放由上游管路流来的地下水，二是通过其上部众多小孔（12 mm 左右）疏排路基中的各种积水。

（2）隧道内排水系统。

从围岩渗出的地下水，经疏导后进入隧道的纵向排水盲管，再经与纵向盲管相通的横向盲管流入路面两侧的排水沟或路面下部的中心排水管，最后经隧道出水口排出隧道。

2）隧道排导系统施设的条件

采用何种防排水设计方案直接影响到隧道结构的设计和以后的运营。水下隧道对地下水的处理方式可以分为全封堵和排导方式两种类型。

采用全封堵类型时，原则上不设置衬砌背后地下水排导系统。为了排除隧道营运过程中产生的水及因施工不良而引起的局部渗漏水，隧道也可设置排水沟。这种情况下衬砌结构要承受同地下水位相应的水压力，如果水头较高，则结构长期承受高水头压力，对结构耐久性不利。而且，这对防水板材料性能、耐久性要求高，不仅一次投资大，而且突水无法预知。

采用排导类型时，在衬砌背后设置包括盲管、透水填层等地下水排导系统，其特点是作用在衬砌上水压力可以折减，从而使得衬砌结构经济合理，同时可大大减少二次衬砌渗漏的几率。采用排导方案要考虑的问题是初期支护防腐蚀、排导系统防堵塞以及地下水排放量控制。

两种地下水处理方式相比，全封堵方式衬砌要承受同地下水水头基本相当的水压力，因此当隧道埋深较大、地下水水头较高时，一般都不采用全封堵方式。根据国外技术规范以及水下隧道工程建设经验，采用全封堵方式隧道，地下水位一般小于 60 m，从技术上可将 60 m 作为临界值。实际上对于水下隧道，完全避免渗水是不可能的也是不必要的，主要工作是降低渗水，达到可以接受的水平。

5. 分区防水系统

在水下隧道修建中，隧道周围的地下水不能像山岭隧道那样通过纵向排水管自然排出，所以，水下隧道经常采用封闭型（全包型）防水方式，即用防水层在隧道横断面将隧道全周包裹。在这种情况下，为了防止已经穿过防水层的渗水在衬砌段背后沿隧道纵向窜流，并从衬砌防水的薄弱环节渗漏至隧道净空，工程界开发了分区防水技术。其指导思想是，在隧道铺设了防水层后，在防水层上每隔一定的间距粘贴或焊接垂直于防水层的止水条带，然后浇筑衬砌混凝土。由于止水条带具有一定的高度和刚度，即使有的衬砌段背后有渗水，这些渗水也只能在一定的范围内纵向窜流。如果，在一个防水分区内恰巧衬砌混凝土的防水性能很好，那么，即使在该分区内防水层有损伤，该分区也不会发生渗漏，从而大大地降低了隧道的渗漏机会。最近，分区防水技术也在一些水下隧道的防水中得到应用。如图 5-44、5-45 所示。

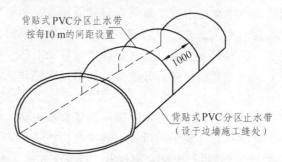

图 5-44　分区防水处理示意图

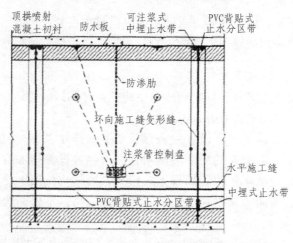

图 5-45　分区防水平面示意

6. 分区防排水系统

分区防排水系统作为水下隧道的一种新型防排水方案，其在水下隧道工程中已经得到了一定程度上的应用。其设计理念主要为：

（1）水下隧道是一个细长结构物，其往往不是完全位于距河床、海床一定距离的岩石地层处，更多的情况是沿隧道纵向，在隧道的进出口两端埋深较浅，或者是采用明洞方式，因而沿纵向隧道的埋深是不断变化的。实际工程中，根据隧道拱顶距离地下水水位、河流或海水水平面的距离采用不同的衬砌结构。在拱顶与水位线的距离较小时，可采用防水型衬砌结构；而在距离较大时，为了防止衬砌由于承受较大的水压力而致使其出现破坏，则采用排水型衬砌，对地下水进行适量的排放，以此来减小衬砌背后所承受的水压力。

（2）由于水下隧道沿纵向所穿越的地层条件十分复杂，存在断层、破碎带、风化深槽等地质条件较为薄弱的地带，为了防止由于地下水的排放造成洞周土体的流失，在这些地段多采用防水型隧道衬砌，而在其他地质条件较好处，则可以考虑采用排水型衬砌结构，减小衬砌结构承受的水压力。

在以上的两种情况下，沿隧道纵向同时采用了防水型衬砌结构和排水型衬砌结构，这两种类型的衬砌结构是通过一定长度的隔离段联系起来的，隔离段的设置是为了防止含砂土的水沿防水板与初期支护、二次衬砌界面纵向串流，减少其影响范围，以及在排水过程中达到堵浑排清的目的，实现分区防排水。

5.2.4 矿山法水下隧道抗减震设计

1. 抗减震理论与分析方法

地下结构的动力响应研究所采用的理论主要有两类，即波动理论和振动理论。波动理论是研究地震作用的主要理论之一，一直在地下结构抗震中被广泛采用，建立了很多模型，主要包括地震波沿地下结构纵轴传播和垂直于纵轴的横向传播两大类模型，如 St.Johe 法、SCRTD 法、SFBART 法、Shukla 法、福季耶娃法等。振动理论是以求解结构运动方程为基础，把介质的作用等效为弹簧和阻尼，再将它作用于结构，然后如同分析地面结构模型一样进行分析；波动理论以求解波动方程为基础，把地下结构视为无限线弹性（或弹塑性）介质中孔洞的加固区，将整个系统（包括介质与结构）作为对象进行分析，不单独研究荷载，以求解其波动场与应力场。两种理论具体的计算方法有数值计算法、解析法、简化计算法。

地下结构抗震设计计算方法是随着对地下结构动力响应特性认识的不断发展，以及近年来历次地震中地下结构震害的调查、分析总结以及相关研究的不断深化而发展的。

地下结构抗震设计计算的理论分析方法可以分为横断面抗震计算方法、纵向抗震计算方法和三维有限元整体动力计算法等 3 种，每种又可以细分，见图 5-46。

在研究地层变化对隧道减震的影响时，采用有限元方法。该方法可以考虑较多因素作用，如各种不同的地震波作用、不同的本构模型、不同的减震层厚度及形式、不同的地形等情况。

2. 抗震、减震设计

为了减轻隧道结构的地震灾害，主要有两条途径，即抗震和减震。过去常常采用抗震技术，即通过增加隧道结构刚性来抵御地震的作用，但隧道结构具有追随地震时地层变形的动力特征，如提高隧道结构的刚性，地震时，隧道结构的内力就会增大。因此，对隧道结构来说，抗震设计只是解决问题的一种手段，但不是唯一的手段。通常在隧道结构中设置特殊构造，来降低地震时隧道结构的内力，这也是一种比较好的方法，即所谓的减震方法。抗震是通过改变隧道结构本身的性能（刚度、质量、强度、阻尼等），如减小隧道结构的刚性，使之易于追随地层的变形，从而减小隧道结构的反应；减震是在隧道结构与地层之间设置减震层，使地层的变形难于传递到隧道结构上，从而使隧道结构的地震反应减小。

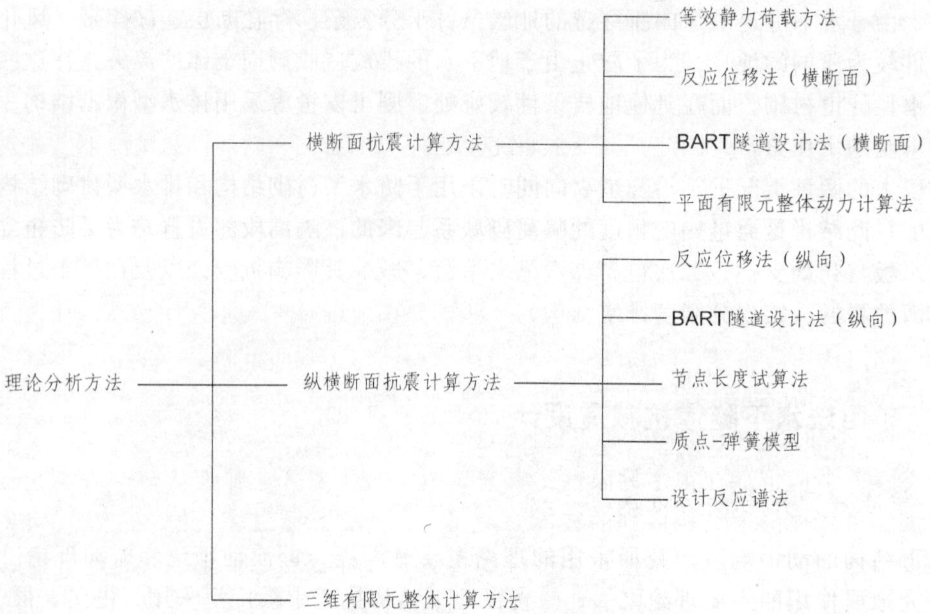
理论分析方法
横断面抗震计算方法
等效静力荷载方法
反应位移法（横断面）
BART隧道设计法（横断面）
平面有限元整体动力计算法
纵横断面抗震计算方法
反应位移法（纵向）
BART隧道设计法（纵向）
节点长度试算法
质点-弹簧模型
设计反应谱法
三维有限元整体计算方法

图 5-46 隧道抗震问题分析方法分类

1）抗震设计

主要是通过改变隧道结构刚度、质量、强度、阻尼等动力特性来改变隧道结构抗震性能，减轻隧道结构的地震反应。这种方法主要有以下几种情况：

（1）减轻质量。

采用轻骨料混凝土，减轻混凝土的质量，从而减小隧道结构的地震反应，但轻骨料混凝土的强度较低，为此，在轻骨料混凝土中添加钢纤维等以提高其强度。如陶粒混凝土、陶粒钢纤维混凝土就属于这种材料。

（2）增加强度和阻尼。

采用钢纤维混凝土，提高混凝土延性、抗折性、抗拉性、韧性等，使隧道结构在地震中大量吸能耗能，减轻地震反应。如钢纤维喷混凝土、钢纤维模筑混凝土衬砌等，就属于这种措施。

采用聚合物混凝土，增加混凝土的柔韧性、弹性和阻尼，使隧道结构吸收地震能量，减轻地震反应。如聚合物混凝土、聚合物钢纤维混凝土等。

在隧道结构中添加大阻尼材料，使其成为大阻尼复合结构，也可以得到很好的减震效果。增加阻尼有两种方法：一种方法是在隧道结构衬砌表面或内部增加阻尼，通过隧道结构的拉伸或剪切变形来耗能减震。另一种方法是在隧道结构的接头部位施设减振装置，在地震中，这些减振装置耗能减震，从而避免隧道结构进入非弹性状态或发生损坏。

（3）调整隧道结构刚度。

① 采用柔性结构。

大大减小隧道结构的刚度，即做成柔性结构，这样做虽然能有效地减少隧道结构的加速度反应，减少地震荷载，但位移过大，可能会影响隧道结构的使用，也可能使隧道结构内部装饰和辅助设施等遭受严重破坏。并且，在不可遇见的荷载或轻微地震作用下嫌刚度不足，影响正常使用。这种做法在软弱围岩情况下可能还不能满足静力要求，因此很难推广应用。

隧道设计中采用喷混凝土、锚杆、钢纤维喷混凝土支护等属于该类结构，这类支护结构和围岩的联系更加紧密，因此，其变形将完全受控于围岩，在软弱围岩情况下，地震时，围岩变形较大，则该类支护结构与围岩间的动土压力将增大，支护结构本身的位移、加速度等也将增大，此时，这类结构的耐震性将受到威胁，因此该类结构还有待于进一步研究。

② 延性结构。

适当控制隧道结构的刚度，使结构的某些构件在地震时进入非弹性状态，并且具有较大的延性，以消耗地震能量，减轻地震反应，使隧道结构"裂而不倒"。这就是"延性结构"。这种方法在很多情况下是有效的。例如，当隧道中采用管片式衬砌时，在管片的接头部位安装特殊螺栓，此时的隧道结构就属于延性结构。

该类隧道结构也存在很多局限性：首先，由于接头进入非弹性状态，将使隧道结构的变形增大，可能使隧道结构内部的装饰、附属设备遭受严重破坏，损失巨大。其次，当遭遇超过设计烈度的地震时，将使重要部位的接头非弹性变形严重化，在地震后难以修复，或在地震中严重破坏，甚至倒塌，其震害程度难以控制。所以，"延性结构"的应用受到了很大限制。

对于隧道结构抗震，一直有刚柔之争，即刚性衬砌和柔性衬砌哪一个耐震性能好，试验结果表明，在横向地震荷载作用下，刚性、柔性和延性三种结构中：

位移：延性结构最大，柔性结构较大，刚性结构最小。

加速度：延性结构最小，柔性结构次之，刚性结构最大。

周围土压力：延性结构最小，柔性结构次之，刚性结构最大。

结构内力：延性结构最小，柔性结构次之，刚性结构最大。

可见，对于隧道结构抗震来说，柔性结构优于刚性结构，延性结构优于柔性结构。但延性结构和柔性结构的位移都较大。因此，在隧道结构中限制了延性结构和柔性结构的使用。

2）减震设计

在隧道结构周围安装减震器或回填减震材料构成的减震系统称为整体减震，这种结构具有较高的减震效果。

5.3 矿山法水下隧道施工

5.3.1 矿山法水下隧道施工方法

1. 概　述

水下隧道的开挖方法直接影响到工程造价、工期及工程的安全，在确定开挖方法时要综合考虑多种因素，如：隧道所在区域的地质情况、顶板厚度、围岩压力及地下水管情况。目前我国已经建成的江河海水下隧道，除盾构法施工外，矿山法施工也成为主流的施工方法。

矿山法是近年来广泛使用的经济、快速的开挖方法，它能适应于各种断面的隧道，将整个断面分部开挖至设计轮廓，并随即进行支护，使开挖达到预定的效果。

用矿山法修筑水下隧道时要满足下述要求：

（1）在一般情况下，要根据工程地质和水文地质资料先进行探水、堵水、加固围岩，再行开挖。

（2）对于水的处理，应采用以堵为主、以排为辅的方针。就是水下隧道竣工交付使用后，也应以此原则为准。

（3）开挖时尽量减轻爆破震动对围岩的影响，特别是河底段施工时要及时进行支护和衬砌，断层破碎带地段的临时支护不宜拆除，衬砌背后回填必须密实。

（4）河底段软地层或破碎带的临时支护和永久衬砌，应采取封闭型结构，以防水压和岩（土）压力。最好的形式是圆形或椭圆形结构。

在水下隧道施工中，按地质条件不同，开挖可采用机械开挖与弱爆破相结合的方法。水下隧道Ⅱ～Ⅴ级围岩主要采用光面及微震爆破施工，施工中可根据不同的围岩情况合理调整装药量及炮眼的布置，以达到预期的效果，要求施工中应采用具有自动安全功能的多臂钻孔台车，以达到炮眼的精确定位。而机械开挖法的优点是避免了由于钻爆法爆破作业引起的围岩的松动，它适合于软弱围岩的开挖。无论用钻爆或机械开挖，必须严格控制，达到成型好、对地层扰动最小的要求，对开挖暴露面及时进行地质描述和喷锚支护，施工全过程应在对周边位移的监控下进行，并及时反馈、修正设计和施工方法。

为保证按期完成施工任务，必须针对不同的地质、围岩，制定不同的开挖方法，实现快速施工。一般情况下，水下隧道多为饱水软弱围岩隧道，施工时应遵循"注浆先行，加强支护，控制变形，优化工序，快速封闭"的原则。

2. 矿山法主要支护手段与施工顺序

矿山法以喷射混凝土、锚杆支护为主要支护手段，因锚杆喷射混凝土支护能够形成柔性薄层，与围岩紧密粘结的可缩性支护结构，允许围岩有一定的协调变形，而不使支护结构承受过大的压力。

施工顺序可以概括为：开挖→一次支护→二次支护。

开挖：在安装锚杆的同时，在围岩和支护中埋设仪器或测点，进行围岩位移和应力的现场测量；依据测量得到的信息来了解围岩的动态，以及支护抗力与围岩的相适应程度。

开挖作业的内容依次包括：钻孔、装药、爆破、通风、出渣等。开挖作业与一次支护作业同时交叉进行，为保护围岩的自身支撑能力，第一次支护工作应尽快进行。为了充分利用围岩的自身支撑能力，开挖应采用光面爆破（控制爆破）或机械开挖，并尽量采用全断面开挖，地质条件较差时可以采用分块多次开挖。一次开挖长度应根据岩质条件和开挖方式确定。岩质条件好时，长度可大一些，岩质条件差时长度可小一些，在同等岩质条件下，分块多次开挖长度可大一些，全断面开挖长度就要小一些。一般在中硬岩中长度为 2 m～2.5 m，在膨胀性地层中为 0.8 m～1.0 m。

第一次支护作业包括：一次喷射混凝土、打锚杆、联网、立钢拱架、复喷混凝土。

在隧道开挖后，应尽快地喷一层薄层混凝土（3 mm～5 mm），为争取时间，在较松散的围岩掘进中第一次支护作业是在开挖的渣堆上进行的，待把未被渣堆覆盖的开挖面的一次喷射混凝土完成后再出渣。

按一定系统布置锚杆，加固围岩，在围岩内形成承载拱，由喷层、锚杆及岩面承载拱构成外拱，起临时支护作用，同时又是永久支护的一部分。复喷后应达到设计厚度，并要求将锚杆、金属网、钢拱架等覆裹在喷射混凝土内。

完成第一次支护的时间非常重要，一般情况应在开挖后围岩自稳时间的二分之一时间内完成。目前的施工经验是松散围岩应在爆破后 3 h 内完成，主要由施工条件决定。

在地质条件非常差的破碎带或膨胀性地层（如风化花岗岩）中开挖隧道，为了延长围岩的自稳时间，为了给一次支护争取时间，安全地作业，需要在开挖工作面的前方围岩进行超前支护（预支护），然后再开挖。

在安装锚杆的同时，在围岩和支护中埋设仪器或测点，进行围岩位移和应力的现场测量：依据测量得到的信息来了解围岩的动态，以及支护抗力与围岩的相适应程度。

一次支护后，在围岩变形趋于稳定时，进行第二次支护和封底，即永久性的支护（或是补喷射混凝土，或是浇注混凝土内拱），起到提高安全度和增强整个支护承载能力的作用，此支护时机可以由监测结果得到。如果底板不稳，底鼓变形严重，必然牵动侧墙及顶部支护不稳，所以应尽快封底，形成封闭式的支护，以谋求围岩的稳定。

矿山法施工工序流程如图 5-47 所示。

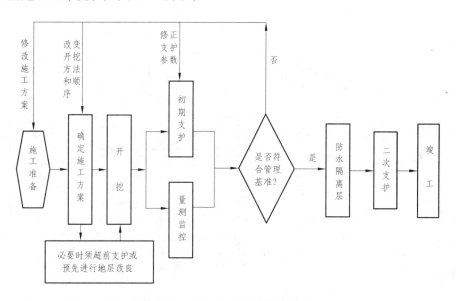

图 5-47　矿山法施工工序流程图

3. 矿山法主要开挖方法

水下隧道施工就是要挖除坑道范围内岩体，并尽量保持坑道围岩的稳定。围岩的稳定主要取决于围岩本身工程地质条件，无疑开挖对围岩稳定状态有直接重要的影响。

隧道开挖的基本原则是：在保持围岩稳定或减少对围岩的扰动的前提条件下，选择恰当的开挖方法和掘进方式，并尽量提高掘进速度。即在选择开挖方法和掘进方式时，一方面应考虑隧道围岩地质条件及其变化情况，选择能很好地适应地质条件及其变化并能保持围岩稳定的方式和方法；另一方面应考虑坑道范围内岩体的坚硬程度，选择能快掘进，并能减少对围岩扰动的方法和方式。

选择开挖方法时，应对隧道断面大小及形状、围岩工程地质条件、支护条件、工期要求、工区长度、机械设备能力、经济性等相关因素进行综合比较。采用恰当的开挖方法，尤其应与支护条件相适应。

水下隧道矿山法施工，按开挖隧道的横断面分部情形来分，主要可分为台阶法、分部开挖法以及其他开挖方法。

1）台阶法开挖

台阶开挖法一般是将设计断面分上半断面和下半断面两次开挖成型。台阶法包括长台阶法、短台阶法和超短台阶法等3种，其划分是根据台阶长度来决定的，如图5-48所示。

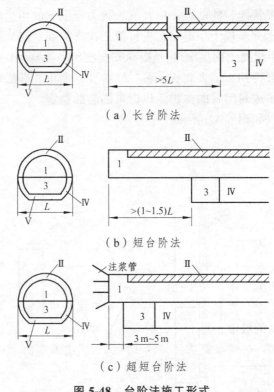

（a）长台阶法

（b）短台阶法

（c）超短台阶法

图 5-48　台阶法施工形式

1，3—开挖；Ⅱ，Ⅳ，Ⅴ—衬砌

至于施工中究竟应采用何种台阶法，要根据初次支护形成闭合断面的时间要求（围岩越差，闭合时间要求越短），上断面施工所用的开挖、支护、出渣等机械设备施工场地大小的要求两个条件来决定。在软弱围岩中应以前一条件为主，兼顾后者，确保施工安全。在围岩条件较好时，主要考虑是如何更好地发挥机械效率，保证施工的经济性，故只要考虑后一条件。

各种台阶法如下：

（1）长台阶法。

长台阶法开挖断面小，有利于维持开挖面的稳定，适用范围较全断面法广，一般适用Ⅱ～Ⅳ级围岩。上、下断面相距较远，一般上台阶超前50 m以上或大于5倍洞跨。

① 长台阶法的作业顺序。

上半断面开挖：

- 用两臂钻孔台车钻眼、装药爆破，地层较软时亦可用挖掘机开挖。
- 安设锚杆和钢筋网，必要时加设钢支承、喷射混凝土。
- 用推铲机将石渣推运到台阶下，再由装载机装入车内运至洞外。
- 根据支护结构形成闭合断面时间要求，必要时在开挖上半断面后，建筑临时仰拱。
- 形成上半断面的临时闭合结构，然后在开挖下半断面时再将临时仰拱挖掉。但从经济观点看，最好不这样做，而改用短台阶法。

下半断面开挖：

- 用两臂钻孔台车钻眼、装药爆破。装渣直接运至洞外。
- 安设边墙锚杆（必要时）和喷混凝土。
- 用反铲挖掘机开挖水沟，喷底部混凝土。

② 优缺点及适用条件。

有足够的工作空间和相当的施工速度，上部开挖支护后，下部作业就较为安全，但上下部作业有一定的干扰。相对于全断面法来说，长台阶法一次开挖的断面和高度都比较小，只需配备中型钻孔台车即可施工，而且对维持开挖面稳定也十分有利。所以，它的适用范围较全断面法广泛，凡是在全断面法中开挖面不能自稳，但围岩坚硬不要用仰拱封闭断面的情况，都可采用长台阶法。

（2）短台阶法。

短台阶法适用于Ⅲ～Ⅴ级围岩，台阶长度小于 5 倍但大于 1 倍～1.5 倍洞跨。上下断面采用平行作业。

短台阶法的作业顺序和长台阶相同。

优缺点及适用条件：短台阶法可缩短支护结构闭合的时间，改善初次支护的受力条件，有利于控制隧道收敛速度和量值，所以适用范围很广，Ⅲ～Ⅴ级围岩都能采用，尤其运用于Ⅳ、Ⅴ级围岩，是新奥法施工中经常采用的方法。缺点是上台阶出渣时对下半断面施工的干扰较大，不能全部平行作业。为解决这种干扰可采用长皮带机运输上台阶的石渣；或设置由上半断面过渡到下半断面的坡道，将上台阶的石渣直接装车运出。过渡坡道的位置可设在中间，也可交替地设在两侧。过渡坡道法通常用于断面较大的双线隧道中。

（3）超短台阶法。

超短台阶法是全断面开挖的一种变异形式，适用于Ⅴ～Ⅵ级围岩，上台阶仅超前 3 m～5 m，只能采用交替作业。

优缺点及适用条件：由于超短台阶法初次支护全断面闭合时间更短，更有利于控制围岩变形。在水下隧道施工中，超短台阶法适用于膨胀性围岩和土质围岩，要求及早闭合断面的场合。当然，也适用于机械化程度不高的各级围岩地段。缺点是上下断面相距较近，机械设备集中，作业时相互干扰较大，生产效率较低，施工速度较慢。在较弱围岩中施工时，应特别注意开挖工作面的稳定性，必要时可对开挖面进行预加固或预支护。

（4）三台阶法/三台阶临时仰拱法。

Ⅳ级围岩段采用三台阶法开挖，Ⅳ级围岩断层破碎带及影响带、节理密集带和Ⅴ级围岩段采用三台阶临时仰拱法施工。将隧道分成三部分开挖，施工时先开挖上台阶，待开挖到一定长度后再同时开挖中台阶及下台阶，形成上、中、下三台阶同时并进的施工方法，如图5-49所示。将隧道断面分上、中、下台阶开挖，爆破施工分三次进行，可以减小爆破对围岩的扰动，保护围岩，上台阶开挖后为中下台阶的开挖创造临空面，降低炸药消耗，同时三台阶开挖可减小隧道开挖后的空间效应，初期支护能尽早施工，可充分发挥围岩的自稳、自承能力，获得安全的地下空间。

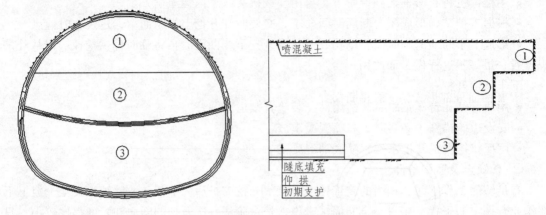

图 5-49　三台阶法

（5）三台阶七步法。

三台阶七步法是以弧形导坑开挖留核心土为基本模式，分上、中、下三个台阶七个开挖面，如图5-50所示，各部位的开挖与支护沿隧道纵向错开、平行推进的施工方法。三台阶七步法适用于开挖断面为 $100 \text{ m}^2 \sim 180 \text{ m}^2$，具备一定自稳条件的Ⅳ、Ⅴ级围岩地段隧道的施工。

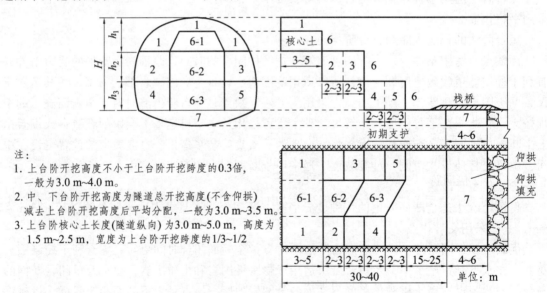

注：
1. 上台阶开挖高度不小于上台阶开挖跨度的0.3倍，一般为3.0 m~4.0 m。
2. 中、下台阶开挖高度为隧道总开挖高度(不含仰拱)减去上台阶开挖高度后平均分配，一般为3.0 m~3.5 m。
3. 上台阶核心土长度(隧道纵向)为3.0 m~5.0 m，高度为1.5 m~2.5 m，宽度为上台阶开挖跨度的1/3~1/2

图 5-50　三台阶七步法

三台阶七步法具有下列技术特点：

① 施工空间大，方便机械化施工，可以多作业面平行作业。部分软岩或土质地段可以采用挖掘机直接开挖，工效较高。

② 在地质条件发生变化时，便于灵活、及时地转换施工工序，调整施工方法。

③ 适应不同跨度和多种断面形式，初期支护工序操作便捷。

④ 在台阶法开挖的基础上，预留核心土，左右错开开挖，利于开挖工作面稳定。

⑤ 当围岩变形较大或突变时，在保证安全和满足净空要求前提下，可尽快调整闭合时间。

2）分部开挖法

分部开挖法是将隧道断面分部开挖逐步成型，且一般将某部超前开挖，故也可称为导坑超前开挖法。分部开挖法可分为3种方案：台阶分部开挖法、单侧壁导坑法、双侧壁导坑法。

（1）台阶分部开挖法。

又称环形开挖留核心土法，该法常用于Ⅵ级围岩单线和Ⅴ～Ⅵ级围岩双线隧道掘进。

① 开挖面分部形式：一般将断面分成为环形拱部、上部核心土、下部台阶等三部分，如图5-51所示。

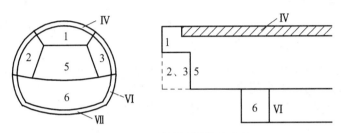

图5-51 环形开挖留核心土法

1,2,3,5,6—开挖；Ⅳ，Ⅵ，Ⅶ—衬砌

② 施工作业顺序：

• 用人工或单臂掘进机开挖环形拱部，或根据断面的大小，环形拱部又可分成几块交替开挖。

• 安设拱部锚杆、钢筋网或钢支承、喷混凝土。

• 在拱部初次支护保护下，用挖掘机或单臂掘进机开挖核心土和下台阶，随时接长钢支承和喷混凝土、封底。

• 根据初次支护变形情况或施工安排建造内层衬砌。

由于拱形开挖高度较小，或地层松软锚杆不易成型，施工中不设或少设锚杆。环形开挖进尺为0.5 m～1.0 m，不宜过长。上部核心土和下台阶的距离，一般双线隧道为1倍洞跨，单线隧道为2倍洞跨。

③ 优缺点及适用条件：在台阶分部开挖法中，因为上部留有核心土支挡着开挖面，而且能迅速及时地建造拱部初次支护，所以开挖工作面稳定性好。与台阶法一样，核心土和下部开挖都是在拱部初次支护保护下进行的，施工安全性好。这种方法适用于一般土质或易坍塌的软弱围岩中。与超短台阶法相比，台阶长度可以加长，减少上下台阶施工干扰；而与下述的侧壁导坑法相比，施工机械化程度较高，施工速度可加快。虽然核心土增强了开挖面的稳定，但开挖中围岩要经受多次扰动，而且断面分块多，支护结构形成全断面封闭的时间长，这些都有可能使围岩变形增大。因此，它常要结合辅助施工措施对开挖工作面及其前方岩体进行预支护或预加固。

（2）单侧壁导坑法。

① 开挖面分部形式：一般将断面分成3块，即侧壁导坑1、上台阶3、下台阶5，如图5-52所示。

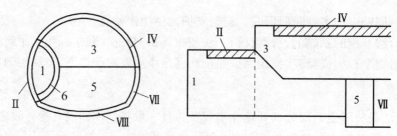

图 5-52 单侧壁导坑法

1，3，5，6—开挖；Ⅱ，Ⅳ，Ⅶ，Ⅷ—衬砌

侧壁导坑尺寸应本着充分利用台阶的支承作用，并考虑机械设备和施工条件而定。一般侧壁导坑宽度不宜超过 0.5 倍洞宽，高度以到起拱线为宜，这样，导坑可分二次开挖和支护，不需要架设工作平台，人工架立钢支承也较方便。导坑与台阶的距离没有硬性规定，但一般应以导坑施工和台阶施工不发生干扰为原则，所以在短隧道中可先挖通导坑，而后再开挖台阶。上、下台阶的距离则视围岩情况参照短台阶法或超短台阶法拟定。

② 开挖侧壁导坑，并进行初次支护（锚杆加钢筋网、锚杆加钢支承、钢支承、喷射混凝土），应尽快使导坑的初次支护闭合。施工作业顺序为：

• 开挖上台阶，进行拱部初次支护，使其一侧支承在导坑的初次支护上，另一侧支承在下台阶上。

• 开挖下台阶，进行另一侧边墙的初次支护。

• 拆除导坑临空部分的初次支护。

• 建造内层衬砌。

③ 优缺点及适用条件：单侧壁导坑法是将断面横向分成 3 块或 4 块，每步开挖的宽度较小，而且封闭型的导坑初次支护承载能力大，所以，单侧壁导坑法适用于断面跨度大，地表沉陷难于控制的软弱松散围岩中。

（3）双侧壁导坑法。

又称眼镜工法，双侧壁导坑法适用于 V ~ Ⅵ 级围岩双线或多线隧道掘进。

① 开挖面分布形式一般将断面分成 4 块，即左、右侧壁导坑 1，上台阶 3，下台阶 5，如图 5-53 所示。

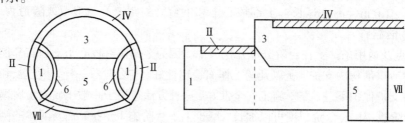

图 5-53 双侧壁导坑法

导坑尺寸拟定原则同前，但宽度不宜超过断面最大跨度 1/3。左、右侧导坑错开的距离，应根据开挖一侧导坑所引起的围岩应力重分布的影响不致波及另一侧已成导坑的原则确定。

② 施工作业顺序为：

• 开挖一侧导坑，并及时地将其初次支护闭合。

• 相隔适当距离后开挖另一侧导坑，并建造初次支护。

- 开挖上部核心土，建造拱部初次支护，拱脚支承在两侧壁导坑的初次支护上。
- 开挖下台阶，建造底部的初次支护，使初次支护全断面闭合。
- 拆除导坑临空部分的初次支护。
- 建造内层衬砌。

③ 优缺点及适用条件：当隧道跨度很大，地表沉陷要求严格，围岩条件特别差，单侧壁导坑法难以控制围岩变形时，可采用双侧壁导坑法。现场实测表明，双侧壁导坑法所引起的地表沉陷仅为短台阶法的1/2。双侧壁导坑法虽然开挖断面分块多，扰动大，初次支护全断面闭合的时间长，但每个分块都是在开挖后立即各自闭合的，所以在施工中间变形几乎不发展。双侧壁导坑法施工安全，但速度较慢，成本较高。

3）其他工法

（1）中隔壁法（CD）。

中隔壁法是单侧壁导坑取至1/2开挖宽度的分部开挖法。被证明是通过软弱大跨度隧道的最有效的施工方法之一，它适用于Ⅴ～Ⅵ级围岩的双线隧道。中隔墙开挖时，应沿一侧自上而下分为二或三部进行，每开挖一步均应及时施作锚喷支护、安设钢架、施作中隔壁。之后再开挖中隔墙的另一侧，其分步次数及支护形式与先开挖的一侧相同。

中隔壁法施工要求：各部开挖时，周边轮廓应尽量圆顺，减小应力集中；各部的底部高程应与钢架接头处一致；后一侧开挖应及时形成全断面封闭；左右两侧纵向间距一般为30 m～50 m；中隔壁设置为弧形或圆弧形，如图5-54所示。

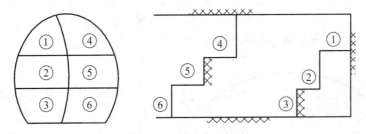

图5-54　中隔壁六部法

中隔壁法适用于断面跨度大、地层变形量要求较小的软弱围岩中隧道施工。

（2）交叉中隔壁法（CRD）。

交叉中隔壁法是分部开挖相似于中隔壁法的带有临时仰拱的分部开挖法。适用于Ⅴ～Ⅵ级围岩双线或多线隧道。采用自上而下分为二至三部开挖中隔墙的一侧，及时支护并封闭临时仰拱，待完成①～②部后，即开始另一侧③～④部开挖及支护，形成左右两侧开挖及支护相互交叉的情形。如图5-55所示。

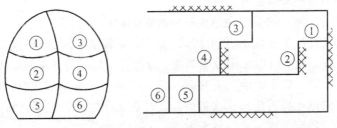

图5-55　交叉中隔壁法

采用交叉中隔壁法施工，除满足中隔壁法的要求外，尚应满足：设置临时仰拱，步步成环；自上而下，交叉进行；中隔壁及交叉临时支护，在灌注二次衬砌时，应逐段拆除。

（3）导坑超前法。

Ⅱ～Ⅴ级围岩段采用下中导坑先行，而后扩大断面的开挖方法。如图5-56，其优点是超前的下导坑既可以起到超前探水及地质预报的作用，又可以成为扩大断面爆破时临空面，减少了爆破对洞周围岩的震动。

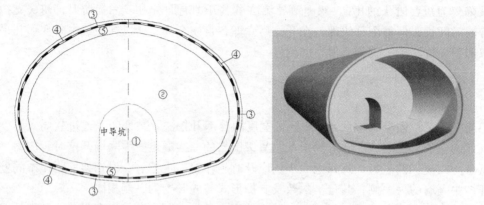

图 5-56 Ⅱ～Ⅴ级围岩（中导洞）开挖图式

（4）机械开挖法。

机械开挖法的优点是避免了由于钻爆法爆破作业引起的围岩松动，它适合于Ⅴ～Ⅵ级软弱围岩的开挖。如图5-57所示，采用中隔壁导坑法机械开挖，可消除爆破对洞周围岩的震动，保证在不良围岩环境下水下隧道的施工安全。

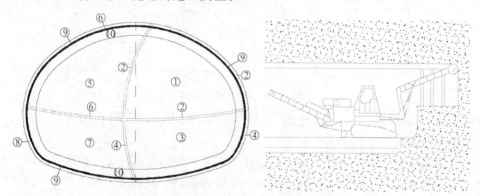

图 5-57 中隔壁导坑机械开挖图式

（5）掌子面超前玻璃纤维锚杆加固法。

水下隧道工程设计施工的关键在于控制周边围岩的渗透水量，减小开挖对围岩的扰动，控制隧道周边围岩及开挖工作面围岩的变形，其中，确保掌子面的稳定性是至关重要的。

为了促使掌子面稳定，可以采用分割断面、分部开挖施工方法（如短台阶法、三台阶法、环形开挖预留核心土法、双侧壁导坑法）；甚至还需对各小断面加以闭合的临时钢支撑，断面开挖完成后拆除临时钢支撑再施作二次衬砌。此过程工序繁琐，在拆除临时钢支撑的过程中极易增加洞周位移，甚至造成不应有的塌方等。

在掌子面不能获得稳定的情况，开挖要采用上述分割断面的方法或缩短一次开挖进尺。但有时就是分部开挖或缩短进尺也不能确保掌子面的稳定，因此在这种情况下，必须借助辅助工法确保掌子面稳定，以达到施工安全的目的。

管棚、小导管等洞周预加固手段可有效地提高拱部和掌子面稳定性。但在水下隧道某些不良地质地段，需要施设正面锚杆直接加固掌子面，才能达到稳定掌子面的目的，围绕掌子面核心土加固及其挤出变形控制技术被称为隧道岩土控制变形分析方法（ADECO-RS），在我国又被称为"新意法"。如图 5-58 所示，在 V 级围岩地段，采用三台阶临时仰拱法施工，配合超前玻璃纤维锚杆加固掌子面。

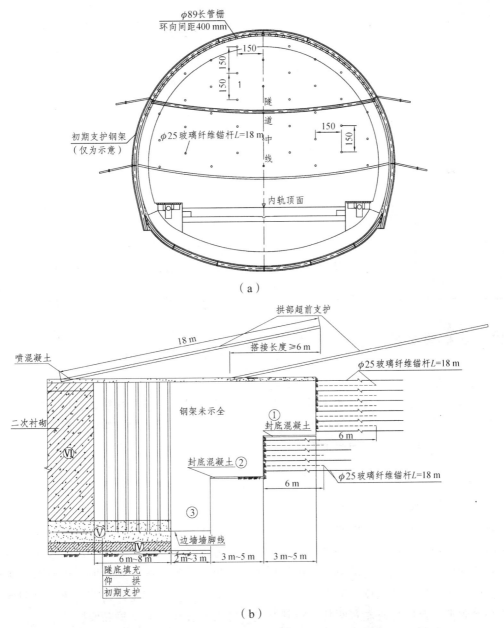

图 5-58　采用超前玻璃纤维锚杆加固掌子面（三台阶临时仰拱法）施工图

ADECO-RS 工法是以掌子面超前核心岩土的变形与隧道的稳定性为主要评价目标，设计和施工都是以此为基础进行确定。它不但考虑到了隧道后方的变形影响，同时重点考虑前方掌子面的变形对隧道稳定性的影响，而新奥法则没有考虑前方掌子面核心岩土的影响，两者区别见表 5-46。

表 5-46　新意法与新奥法对照

类	别	ADECO-RS 法	新奥法
不同点	岩土观点	重视掌子面前方核心土的稳定性	重视掌子面稳定性
	洞体量测	重视掌子面超前核心岩土的收敛变形和挤压变形的量测	仅对开挖隧道洞身，进行变形量测
	超前支护	强调掌子面超前核心岩土的施工控制、岩体强度的改善	注重开挖轮廓线外的预加固，不考虑对超前核心土加固
	断面开挖	以实现全断面开挖及快速施工为目标	采用分割断面分步开挖以及缩短进尺
	工　期	可以在设计时较准确地预测完成时间	设计阶段只能依据工序及经验估计时间
	设计、施工、量测关系	强调了预收敛量和洞身的收敛量测、及时反馈设计调整参数的动态设计	不进行预收敛量测，仅对洞身量测，属开挖后测量，因此动态设计及时性相对较弱
最重要的区别		强调了对超前核心岩土的控制、量测、动态设计，突出了机械化全断面和均率开挖的理念	没有对超前核心岩土的控制，更偏重分步开挖的手段

5.3.2　矿山法水下隧道施工技术与工艺

隧道施工技术与工艺，是涉及技术与工艺及组织与管理的一项十分重要和复杂的工作，其目的是要保证工程按设计要求的质量、计划规定的进度和低于设计预算或合同价格的成本，安全顺利地完成施工任务。它贯穿于工程准备阶段、施工阶段到竣工验收阶段全过程。

水下隧道（以公路隧道为例）施工组织框图，如图 5-59 所示。

针对不同的地质、围岩、断面大小选取不同的开挖方法，制定不同的施工技术及工艺。

1. 台阶法开挖工艺

Ⅲ～Ⅳ级围岩采用台阶法开挖，必要时采用短台阶法。台阶长度一般不超过 1 倍洞直径，上台阶高度根据地质情况、隧道断面大小和施工机械设备情况确定，以 2 m～2.5 m 为宜。上台阶施作钢架时，采用扩大拱角或施作锁脚锚杆等措施，控制围岩和初期支护变形。下台阶在上台阶喷射混凝土达到设计强度的 70% 以上时开挖。当岩体不稳定时，缩短进尺和台阶长度，必要时上下台阶分成左右两部分错开开挖，并及时施作初期支护和仰拱。

为保证开挖轮廓圆顺、准确，维护围岩自身承载力，减少对围岩扰动，拱部及边墙采用光

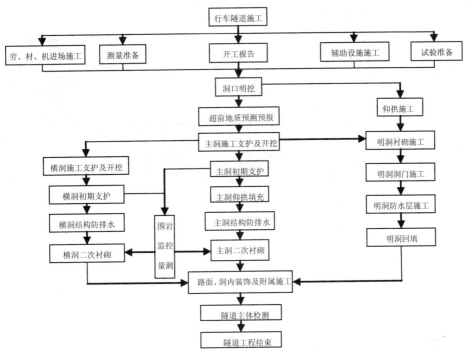

图 5-59 水下隧道施工组织框图

面爆破。上半部用简易工作台架、风钻钻孔；下半部断面用风钻或凿岩台车钻孔。上断面用反铲挖掘机或人工扒渣至下断面，下断面由装载机装渣，用带废气净化装置的自卸汽车运渣。全断面液压衬砌钢模台车衬砌。台阶法施工工艺流程见图 5-60；施工断面示意如图 5-61 所示。

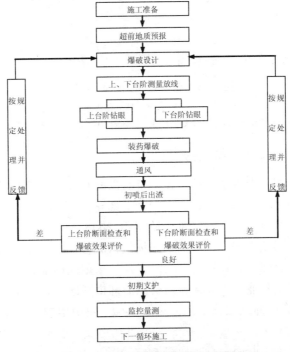

图 5-60 台阶法施工工艺流程图

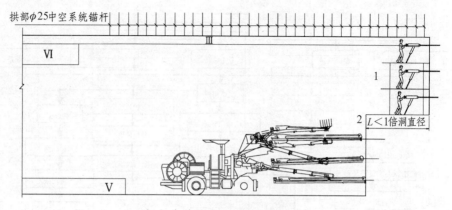

（a）台阶法施工纵断面示意图

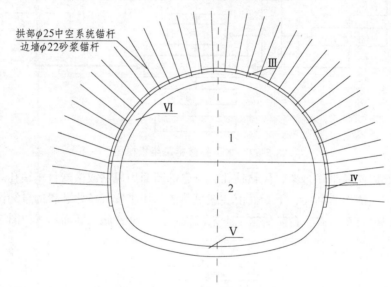

（b）台阶法施工横断面示意图

图 5-61　台阶法施工断面示意图

1—上台阶；2—下台阶；Ⅲ—拱部初期支护；
Ⅳ—边墙初期支护；Ⅴ—仰拱；Ⅵ—拱墙衬砌

2. 三台阶法/三台阶临时仰拱法开挖工艺

Ⅳ～Ⅴ级围岩段采用三台阶法开挖，Ⅳ～Ⅴ级围岩断层破碎带及影响带、节理密集带采用三台阶临时仰拱法施工。拱部采取超前支护。上部导坑采用弱爆破，中、下台阶采用控制爆破开挖，减少对围岩的扰动；①、②部台阶间距 30 m～50 m，②、③部台阶间距 10 m～20 m。各部开挖后及时封闭掌子面，喷网锚格栅钢架联合支护作业，施作临时仰拱。拱脚、中、下台阶墙角增设锁脚锚杆，初期支护及时成环。采用风动凿岩机钻孔，非电毫秒雷管微差起爆，喷射机械手湿喷作业。第③部台阶开挖后仰拱紧跟。各部实行平行作业。

三台阶法/三台阶临时仰拱法施工工艺见图 5-62，图中虚框内工序为三台阶临时仰拱法施工内容。

三台阶临时仰拱法施工断面示意，如图 5-63 所示。

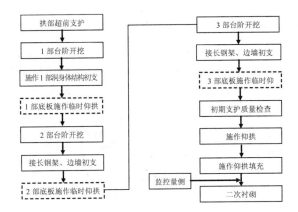

图 5-62　三台阶法/三台阶临时仰拱法施工工艺流程图

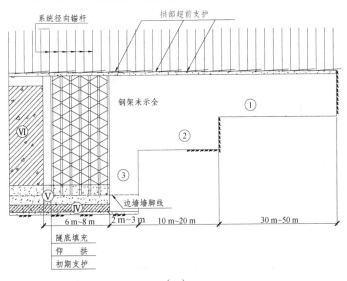

（a）

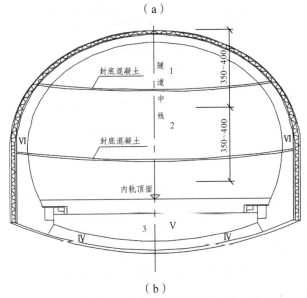

（b）

图 5-63　三台阶临时仰拱工法施工断面示意图

3. 双侧壁导坑法开挖工艺

采用双侧壁导坑法开挖施工时,各分部位掌子面之间要错开一定距离,一般为 5 m~8 m,以减少小齐头开挖相互间的影响引起地表较大沉降。施工时拱部采取超前支护,采用弱爆破开挖,以减少对围岩的扰动;各部开挖后及时封闭掌子面,喷网锚型钢钢架联合支护作业,施作临时仰拱。拱脚、下台阶墙角增设锁脚锚杆,初期支护及时成环。采用风动凿岩机钻孔,非电毫秒雷管微差起爆,喷射机械手湿喷作业。2、4 号洞室开挖后仰拱紧跟。双侧壁导坑法施工工艺见图 5-64,施工断面示意如图 5-65 所示。

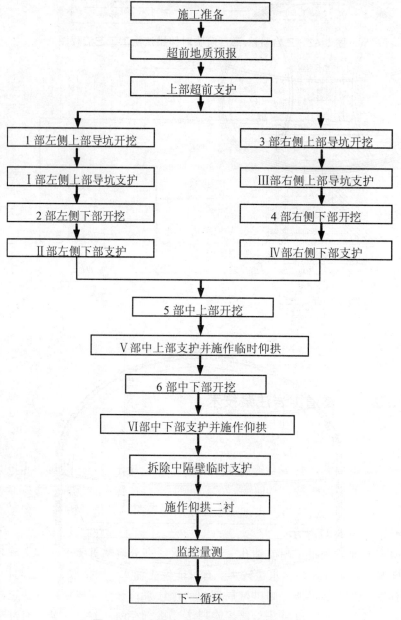

图 5-64 双侧壁导坑法施工工艺流程图

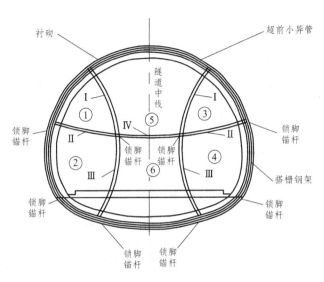

施工步骤及说明

步骤一：
1. 施作超前小导管，注浆加固地层；
2. 开挖1号洞室；
3. 施作初期支护及锁脚锚杆，1号洞室初期支护封闭。

步骤二：
1. 开挖2号洞室；
2. 施作初期支护及锁脚锚杆，2号洞室初期支护封闭。

步骤三：
1. 施作超前小导管，注浆加固地层；
2. 开挖3号洞室；
3. 施作初期支护及锁脚锚杆，3号洞室初期支护封闭。

步骤四：
1. 开挖4号洞室；
2. 施作初期支护及锁脚锚杆，4号洞室初期支护封闭。

步骤五：
1. 施作超前小导管，注浆加固地层；
2. 开挖5号洞室；
3. 施作初期支护及临时仰拱，5号洞室初期支护封闭。

步骤六：
1. 开挖6号洞室；
2. 施作初期支护及仰拱，6号洞室初期支护封闭。

步骤七：
拆除Ⅲ号临时支护，施作仰拱二衬。

步骤八：
拆除Ⅰ、Ⅱ、Ⅳ号临时支护，铺设防水层，灌注二衬。

图 5-65 双侧壁导坑法施工断面示意图

5.3.3 矿山法水下隧道围岩注浆技术

1. 注浆方法与注浆方式

矿山法水下隧道围岩注浆主要解决两个问题：① 一般地段：通过围岩超前注浆，有效降低围岩渗透系数，减小涌水量，增加围岩的稳定性。② 特殊不良地段：通过专项注浆加固设计施工，安全顺利穿过饱水软弱不良地层（如断层破碎带、风化囊槽等）。各类注浆方法适用范围及优缺点，如表 5-47 所示。

通常根据超前地质预报（超前钻孔、红外探水、高分辨率直流电法等）确定掌子面前方地层含水量情况，若前方地层含水量较大，有可能发生涌水，则采取全断面超前预注浆措施，若只是局部有发生涌水的可能，则进行局部超前预注浆；开挖完成后就尽快进行初期支护施工，并进行围岩径向注浆，进一步封堵渗水通道，进行径向注浆后，若仍有部分地段渗水，则进行补注浆。

表 5-47　隧道注浆方法的比较

序号	名　称	说　明	适用范围	优缺点
1	全断面封闭预注浆	钻孔分布在开挖面内及轮廓线外一定距离，注浆形成一个整体	水下隧道、深基坑地下工程	优点：效果好 缺点：工作量大
2	周边半封闭预注浆	在工作面周边布孔，浆液在开挖轮廓线外形成堵水帷幕	隧道、地基基坑，能自然排水	优点：快速 缺点：针对性不强
3	小导管注浆	将带孔的钢花管作为注浆管，浆液通过钢管进入地层	松散软弱岩层	优点：方便灵活 缺点：支护范围短
4	围截注浆	在出水口一定范围内布孔注浆，先外后内最后顶水注浆封堵涌水	集中涌水	优点：效果明显 缺点：适于局部
5	充填注浆	在支护背后与地层之间存在空隙，浆液充填加固和堵水	衬砌支护背后	优点：填充密实 缺点：需要探测
6	径向固结注浆	衬砌或一次支护完成后，通过注浆加固围岩，增强支护抗力	隧道围岩	优点：堵水并加固效果好

注浆方式根据水压大小、成孔难易程度，进行选择。注浆方式可分为分段式注浆和全孔一次性注浆，其中分段式又分前进式和后退式注浆，如表 5-48 所示。一般情况下，当岩石裂隙发育、钻孔涌水量较大时，采取前进式分段注浆方式；当岩石裂隙不够发育、钻孔涌水量较小时，采取后退式分段注浆方式。

表 5-48　注浆方式比较

名　称		施工方法	适应范围	优缺点	使用条件
分段注浆	前进式	钻孔注浆交替，钻一段注一段	岩体破碎，涌水量大	优点：效果显著 缺点：进度慢	断层带，风化槽
	后退式	无注浆管	岩体完整，用止浆塞	优点：速度快 缺点：容易漏浆	裂隙带
		有注浆管	破碎、软弱地层，大涌水量	优点：可靠性高 缺点：费用高	进出口，风化槽
全孔一次注浆		一次钻孔，由孔口注入	成孔条件好的岩层	优点：工艺简单 缺点：扩散不均匀	一般地段

2. 注浆施工工艺

1）超前小导管注浆施工工艺

采用超前小导管注浆施工时，导管孔钻打前，进行孔位测量放样，孔位测量做到位置准确，钻孔要按放样进行，并设方向架控制钻孔方位，使孔位外插角度符合设计要求。钻孔完成后，要用高压风、水清洗，吹冲干净孔内砂尘及积水，所有钻孔完成进行检验。为避免串浆和方便检查注浆效果，超前小导管的每环小导管均采用跳孔施工，先进行偶数孔的钻孔和注浆施工，然后进行奇数孔的钻孔和注浆施工，同时可作为偶数孔注浆效果的检查孔。超前小导管注浆施工工艺流程如图 5-66 所示。

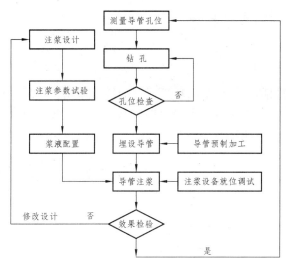

图 5-66　超前小导管施工工艺流程图

2）超前帷幕注浆施工工艺

超前帷幕注浆具有堵水效率高、耐时久等特点，且兼有加固地层的作用，是水下隧道围岩加固止水的重要技术手段。日本的青涵海底隧道，我国的厦门海底隧道、浏阳河隧道等，都采用了全断面或帷幕注浆方式进行围岩堵水和地层加固，并取得了较多的成功经验。超前帷幕注浆施工工艺流程如图 5-67 所示。

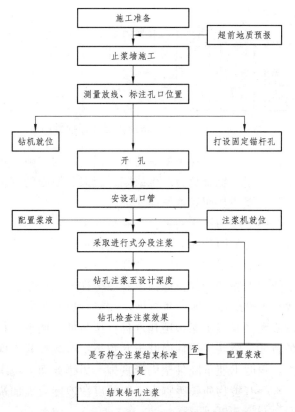

图 5-67　超前帷幕注浆施工工艺流程图

5.3.4 矿山法水下隧道支护技术

1. 水下隧道支护结构的腐蚀

水下隧道支护结构长期受到地下水环境侵蚀的持续作用，导致锚杆、喷层、防水板和高碱性混凝土以及钢筋等支护构件材料因物化损伤的积累与演化（腐蚀）而影响其耐久性。水下隧道支护结构可能发生腐蚀破坏类型及造成的因素如图 5-68 所示。

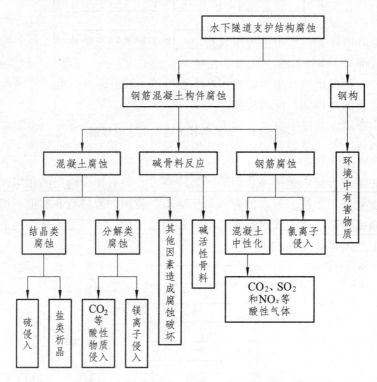

图 5-68　水下隧道支护结构腐蚀类型及因素

混凝土是多孔物质，含有从毛细孔到凝胶孔一系列孔径的空隙，水泥石与骨料之间也会存在微小的裂缝，在施工过程中也难免会产生缺陷，所以环境中的有害物质会渗入混凝土内部，使钢筋表面的钝化膜破裂，从而导致钢筋腐蚀。

钢筋腐蚀后，导致混凝土结构性能的劣化、破坏，主要表现为：

（1）钢筋的腐蚀导致钢筋截面积的减少，从而使得钢筋的力学性能下降。

（2）钢筋腐蚀导致钢筋和混凝土之间的结合强度下降。一方面，导致锚杆的支护力学性能下降；另一方面，不能把钢筋所受的拉伸强度有效传递给混凝土。

（3）由于腐蚀产物的体积是基体体积的 2 倍～6 倍，腐蚀产物在混凝土和钢筋之间积聚，对混凝土的挤压力逐渐增大。混凝土保护层在这种挤压力的作用下，拉应力逐渐加大，直到开裂。混凝土保护层的破坏一般表现为顺筋开裂和空鼓层裂。混凝土保护层破坏后，一方面使钢筋与混凝土界面结合强度迅速下降甚至完全丧失，另一方面环境中氯离子、二氧化碳及参加腐蚀反应的氧气、水等有害物质长驱直入，钢筋腐蚀速度大大加快，结构物迅速破坏乃至丧失功能。

2. 复合式衬砌耐久性

相比于普通山岭隧道，矿山法水下隧道仍采用以复合式衬砌为主的支护体系，但鉴于其地下水环境可能存在的腐蚀影响，应着重解决初期支护及二次衬砌耐久性与施工工艺。初期支护通常采用锚杆、喷射混凝土、钢架等和钢筋网的组合支护工艺，有时也用到钢纤维喷射混凝土。

1）初期支护中金属构件的耐久性

（1）锚杆支护。

锚杆支护是隧道施工过程中维护围岩稳定、保证施工安全的重要支护手段之一，是喷锚支护的主要组成部分。锚杆是唯一从内部补强围岩的手段。它可以提高裂隙围岩的抗剪强度，也可以改善围岩的物性指标，更可以将一些不连续的岩块联系在一起，它基本上不占用作业空间，施工性好，因此得到广泛的应用。

锚杆形式主要决定其锚固方式，如表 5-49 及图 5-69 所示，主要有全面锚固方式、摩擦锚固方式和全面锚固方式及头部锚固方式并用三种类型。其中，全面锚固方式使用最普遍。

表 5-49　锚杆的锚固方式

锚固方式	锚固方法	特征	适用范围	概念图
全面锚固方式	孔内填充锚固材料，插入锚杆锚固的方法,锚固材料采用水泥砂浆；锚固插入中压注锚固材料锚固的方法。锚固材料采用水泥或树脂	因用锚固材料锚杆全长锚固，锚杆全长能够约束围岩。视围岩条件、孔壁的自稳性等，有各种特性	硬岩、中硬岩、软岩、土砂围岩到膨胀性围岩都可采用	螺母／垫板／锚杆／锚固剂
摩擦锚固方式	用锚固密着孔壁产生的摩擦力的锚固方法	采用套管方式时，因强行插入比钻孔大的锚杆，或采用膨胀型时，用高压水压注使钢管膨胀，而获得瞬时的支护功能	套管式的适用于涌水多的硬岩，膨胀型的适应范围广	φ26 mm～37 mm（膨胀前）　φ41 mm～54 mm（膨胀后）
并用方式	锚杆头部采用机械式固定而后压注砂浆的锚固方法。或在全面锚固方式中填充锚固材料时，头部用速凝药包的锚固方法	头部机械锚固，压注砂浆，施工比较麻烦。因施工不当，药包的作用不能发挥	在膨胀性围岩或需要预应力的场合比较有效	螺母／垫板／速凝剂／锚固剂／锚杆

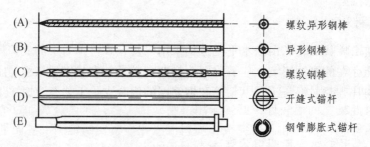

图 5-69 锚杆的基本类型

锚杆的锚固方式原则上采用全面锚固方式，但应根据围岩条件等选择适合方式。涌水多的围岩或钻孔不能自稳的围岩，除摩擦锚固方式外，也有采用口部设置布袋，用锚固材料确实充填的锚固方法。在围岩强度显著低的情况，孔壁不能自稳时，自钻孔型的锚固是很有效的。摩擦锚固方式利用摩擦力发挥锚固作用，能快速及时起到锚固支护作用，在软弱（赋水）不良地层中，具有良好的适应性。

（2）钢架（格栅与钢支撑）支护。

钢架很少单独使用，多数场合是与喷混凝土组合使用的。当围岩软弱破碎严重、自稳性差时，开挖后要求早期支护具有较大的刚度，以阻止围岩的过度变形和承受部分松弛荷载，需要使用钢架对隧道围岩进行支护。钢架主要分为型钢拱架（钢支撑）和格栅拱架两种：格栅钢架只有与混凝土并用，才能发挥其支护作用，而且不能立即发挥承载作用；而钢支撑可以立即、独立地发挥承载作用，其支护的刚度和强度都比格栅大。

钢支撑的架设工艺要求，与格栅基本相同。但是，格栅钢架能完全被喷射混凝土包裹而成为一体，形成类似的钢筋混凝土结构，喷射混凝土能充满格栅及其与围岩的所有空隙；而钢支撑的背面常常不能完全被喷射混凝土充填密实，从而使初期支护不能与围岩很好地共同作用。为有效提高钢架自身的耐久性，应尽可能使喷射混凝土充满钢架且初期支护密贴围岩（不留或少留空隙）以减少地下水中有害成分的渗透通道，还需要对钢架采取有效的防腐处理措施。

（3）钢筋（架）支护耐久性。

对于锚杆、钢架等金属支护构件，防腐蚀措施分为采用耐腐蚀筋材、钢筋（架）表面防腐蚀处理和阴极保护三种类型。

① 采用耐腐蚀筋材：主要分为 2 类，一类为耐蚀低合金钢筋材料，另一类为非金属"纤维筋"材料，前者用做锚杆、钢架金属支护时加工不便，后者需要对其支护力是否满足设计要求以及其施工性依据现场实际情况加以确认，这两者经济成本均较高。

② 钢筋（架）表面防腐蚀处理：具体方法有环氧粉末涂层、热浸锌（光亮型）涂层和其他有机或无机涂层等。环氧粉末涂层对钢锚杆锚固强度影响较大，可采用锚杆上另设"倒刺"的方法提高握裹力。光亮热浸锌涂层对握裹力无明显的影响，光亮锌在灌浆料中稳定性较好，防腐蚀性能也较好。另外，采用纤维布外裹钢筋形成复合筋材，也具有优良的防腐能力。

③ 阴极保护：一种用于防止金属在电介质（海水、淡水及土壤等介质）中腐蚀的电化学保护技术。对于水下隧道初期支护钢筋（架），主要采用分散型牺牲阳极保护方式。该方法可采用普通筋材，无需日常维护管理，但会增加造价。

2）喷射混凝土支护及其耐久性

喷射混凝土是隧道施工中最基本的支护形式和方法之一，因其与围岩密贴，实现对开挖后隧道快速封闭，且能渗入围岩裂隙，封闭节理，加固结构面，从而提高围岩整体性和自承、自稳能力，在隧道施工中被广泛使用。

为保证喷射混凝土的耐久性，必须采用湿喷施工工艺，除速凝剂外包括水在内的所有集料组分在送入喷射机前拌和制备完成，喷射混凝土应密实、饱满、表面平顺，其强度应达到设计要求，并且要达到较低透水性。经验证明，若喷射混凝土施工质量较差，如喷层较薄（小于 3 cm）或强度小于 35 MPa 的混凝土在潮湿区域会产生脱落，有些在海水作用下将失去强度。

在有水地段喷射混凝土时应采取如下施工措施：

（1）改变配合比，增加水泥用量。先喷干混合料，待其与水隔离后，逐渐加水喷射，喷射时由远而近，逐渐向涌水点逼近，然后在涌水点处安设导管将股水引出，再在导管附近喷射。

（2）当涌水地点不多时，采用开缝摩擦锚杆进行导水处理后再喷射混凝土；涌水严重时，可设置泄水孔，边排水边喷射。

（3）严格控制喷射机的工作风压。

（4）合理选择喷射混凝土配合比，适当减少最大骨料的数量，使砂石料具有一定的含水率，呈潮湿状。

（5）掌握好喷头处的用水量，提高喷射操作熟练程度和技术水平。

（6）掺入粉尘抑制剂和采用特殊结构的喷头。

在软弱破碎围岩隧道中，采用钢纤维喷射混凝土支护效果，优于采用挂钢筋网喷射混凝土情况，尤其是能实现快速施工。因此，可采用钢纤维喷射混凝土代替挂钢筋网喷射混凝土初期支护，在防水性能较好的喷射混凝土情况下，钢纤维不会遭到侵蚀。

3）二次衬砌支护耐久性

提高二次衬砌支护耐久性的关键是如下两个方面：

（1）应尽量采用不设或少设钢筋的素混凝土、合成纤维混凝土，并对其进行防腐处理；必须使用时应采用浸锌工艺及环氧浸涂工艺，使钢筋表面形成保护层，并保证其保护层厚度不小于 7 cm；其钢筋（架）表面防腐处理工艺如前所述。

（2）增强二次衬砌混凝土强度等级、抗渗等级以提高混凝土抵抗有害物质的渗透性能，降低混凝土中有害物质（如氯离子）的含量。具体措施如下所述。

① 改善混凝土孔隙结构。

在传统的混凝土原材料中掺加高效减水剂，以及一种或一种以上的矿物掺和料制成，利用高效减水剂和矿物掺和料的特性，可在不影响混凝土的和易性及坍落度的前提下，使混凝土水灰比降至 0.40 以下，显著降低孔隙率、细化孔结构，提高环境中有害物质的抗渗性，从而达到高强、高耐久目的。掺入的高效减水剂，可吸附于水泥颗粒表面，减少其多余电荷，使絮凝结构解体，解放束缚于其中的水分，使水泥颗粒在拌和物中散开，可以显著降低拌和物需水量，减少骨料（或钢筋）/水泥石界面区以及水泥石本身的连通毛细孔道。粉煤灰与矿渣不同掺和料共掺，可使混凝土水化进程中火山灰效应的时段分布更为合理，优势互补，效应叠加，非常有利于混凝土微孔结构和界面结构的进一步改善。掺有粉煤灰、磨细矿渣的混凝土，其孔隙细化过程较长，随龄期的增长，无害孔将逐步增加，有害孔继续减少，孔结构在较长时期仍将得到进一步改善。

② 提高与氯离子的结合能力。

由于矿渣粉、粉煤灰等火山灰质掺和料的解絮、分散、增浆、微集料效应以及水化后期的火山灰活性效应，可以显著细化混凝土的孔结构；掺和料的 C_3A 含量比水泥高得多、硫酸根含量以及水化产物的碱性比水泥低，使得磨细矿渣、粉煤灰混凝土具有非常优越的氯离子结合性能。因此使用矿渣粉、粉煤灰等火山灰质掺和料混凝土具有高的抗氯离子渗透能力，从而能有效延长结构在氯盐污染环境中的使用寿命。

5.3.5 矿山法水下隧道防排水技术

由于水下隧道纵剖面成"U"形，地下涌水不能自流排出，反而会积聚在水底段隧道衬砌四周，隧道的渗漏水沿隧道向洞内流，必须借助排水设备才能将水排出隧道。因此，只要隧道衬砌存在空洞和缝隙，有压力的地下水就会渗（涌）入隧道，造成极大的危害。

对于水下隧道，一般情况下宜采用"以堵为主，限量排放"的防排水原则。其中，"以堵为主"是指采用注浆加固圈、衬砌自防水以及防水板等措施，将围岩内的渗漏水堵在二次衬砌以外；"限量排放"是指采用排导系统等措施，将渗漏至衬砌外的水排出隧道。

分区防排水系统是通过在防水层上设置一定间距的止水条带，以防止衬砌段背后可能出现的渗水沿隧道纵向窜流的一种新型防排水技术措施。

1. 围岩注浆堵水施工技术及工艺

1）注浆工艺

水泥浆液（单液）注浆工艺和水泥-水玻璃浆液（双液）注浆工艺，分别如图 5-70 和图 5-71 所示。

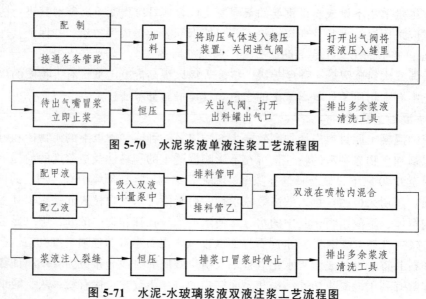

图 5-70 水泥浆液单液注浆工艺流程图

图 5-71 水泥-水玻璃浆液双液注浆工艺流程图

2）注浆施工

施工前，根据注浆工艺要求（单液或双液）配备应有的机具设备，并视工作条件，做好注浆站的选址与布置，进行试泵与注水试验。安装注浆管路和止浆塞、止浆岩盘，然后制浆，开始压注。注浆步骤如下：

（1）注浆管路系统试运转：安排设备就绪，接好管路系统，作注浆前试运转。用1.5倍~2倍注浆终压值对系统进行吸水试验检查，并接好风、水、电；检查管路系统耐压性，有无漏水；检查管路连接；检查设备机况是否正常，使设备充分"热身"。试运转时间一般为20 min。

（2）注浆药液：根据主材浓度、反应剂种类，具有特定的配合比，一般可按每1 000 L混合液的标准配合比。注浆作业是分盘进行混合，分成A、B液的配合比按总量200 L或400 L进行混合。为实现连续注浆，须配备1个~2个贮浆桶。

（3）注浆顺序：一般先压注内圈孔，后压注外圈孔（在双排孔或多排孔条件下），先压注无水孔，后压注有水孔。根据降水漏斗原理，从拱顶顺序向下压注，如遇窜浆或跑浆，则间隔一孔或几孔灌压。

（4）注浆压力控制：注浆管路一般都短于20 m，且弯头少，进出浆口的高差也在6 m以内，因此，注浆压力的管路损失很小（在0.1 MPa以内），可认为注浆压力就是视在泵压值，由注浆泵的油压控制调节。

（5）浆液配比控制：配比受凝胶时间直接控制，其控制原则一般是先稀后浓，逐级变换。

（6）凝胶时间控制：通过配比调节两台注浆泵的流量控制系数，凝胶时间变化用C∶S来控制，它比用调节浆液浓度来控制凝胶时间的方法快速、简单、容易、有效，只需操作泵上两个按钮就可实现，如需2 min以上的凝胶时间，可再掺加缓凝剂来控制。

（7）按注浆结束标准，结束注浆。

2. 自防水衬砌结构施工

1）防水混凝土施工

自防水衬砌防水的关键是提高混凝土密实度，同时防止混凝土开裂，特别是贯通开裂。因此，应通过调整配合比，掺加外加剂、掺和料配制而成。其防水性能是按抗渗等级确定的。一般情况下，防水混凝土抗渗等级不得小于S6。防水混凝土的施工配合比应通过试验确定，抗渗等级应比设计要求提高一级（0.2 MPa）。防水混凝土抗渗等级，应符合表5-50的规定。

表5-50　防水混凝土抗渗等级

工程埋置深度/m	抗渗等级
<10	S6
10~20	S8
20~30	S10
30~40	S12

防水混凝土的环境温度，不得高于80 ℃；处于侵蚀性介质中防水混凝土的耐侵蚀系数，不应小于0.8。防水混凝土结构底板的混凝土垫层，强度等级不应小于C15，厚度不应小于

100 mm，在软弱土层中不应小于 150 mm。为了防止或减少混凝土裂缝的产生，在配制混凝土时，加入一定量的钢纤维或合成纤维，可有效地提高混凝土的抗裂性。

2）水泥砂浆防水施工

在采用结构自防水隧道中，为避免在大面积浇注防水混凝土过程中留下缺陷，往往在防水混凝土结构内外表面抹上一层砂浆，以弥补缺陷，提高隧道的防水抗渗能力。应用于隧道防水层的防水砂浆是通过严格的操作技术或掺入适量的防水剂、高分子聚合物等材料，以提高砂浆的密实度，达到抗渗防水目的一种重要的刚性防水材料。

（1）施工准备。

① 砂浆调制。砂浆的调制必须称料准确，不得随意增加和减少用水量。

② 配合比。素灰的拌和方法是先将水泥放入桶中，然后加水搅拌均匀。

水泥砂浆最好用搅拌机拌和，无搅拌机时可采用人工拌和。机械搅拌时，先将水泥和砂倒入干拌，待色泽一致后加水搅拌均匀，加水搅拌时间一般为 1 min ~ 2 min。人工搅拌时，先在拌板上将水泥和砂干拌均匀，然后加水搅拌均匀。

拌和好的砂浆要盛入不吸水、不漏浆的容器内。运输中要防止发生离析现象，否则在现场要进行二次搅拌，运输的路程不易过长，确保砂浆在施工完毕前不发生初凝现象。

（2）施工工艺。

① 清理基层：包括清面、浇水、填缝、铺平等工作。顺序是先顶部，再立墙，后地面，这样便于操作，且能提高工效。

② 操作要领：

• 顺序：按顶部、立墙、地面的顺序施工，如工程量较大，可采取分段留茬施工。

• 抹结合面：在基层上抹 2 mm ~ 3 mm 水泥浆（水灰比 0.6 左右）。使基层与防水层能结合牢固，要求随拌随抹，否则水泥浆随时间延长而凝固，起不到结合作用，反而使层间隔离。

• 抹防水层：水泥砂浆防水层，有底层与面层两遍抹法、三层抹面法、四层抹面法，两层之间不宜跟得太紧，以防开裂。

揉搓和擀压：揉搓是在抹水泥浆层时，待砂浆初凝（回浆后）时用木屑均匀揉搓，使水泥浆与砂子颗粒间结合均匀，同时使砂浆形成麻面，以利下次抹面结合。擀压是在面层抹完后，接近终凝时，使用铁抹子擀压收浆，不宜过早也不宜过迟。过早会把水泥浆挤压到面层表面，从而使砂浆层内部灰浆比例失调；过迟，水泥砂浆已结硬，达不到擀压密实目的。揉搓和擀压间隙时间，应根据施工现场温度高低和气温条件而确定。

3）细部构造防水施工

细部构造（如防水混凝土的变形缝、后浇带、穿墙管、桩头等部位）为防水的薄弱环节，具有结构复杂、防水工艺繁琐、施工难度大等特点，稍有不慎就会造成渗漏，应采取措施，精心施工。

（1）变形缝施工要点。

当变形缝与施工缝均用外贴式止水带时，其相交部位宜使用图 5-72 所示专用配件。外贴式止水带的转角部位宜使用图 5-73 所示专用配件。

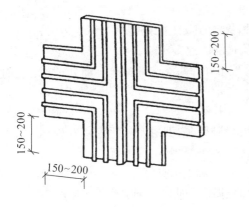

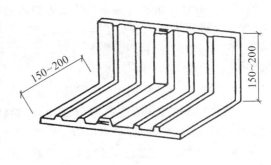

图 5-72　外贴式止水带在施工缝处
专用配件

图 5-73　外贴式止水带在转角处的变形缝
相交处专用配件

止水带宜采用遇水膨胀橡胶与普通橡胶复合的复合型橡胶条、中间夹有钢丝或纤维织物的遇水膨胀橡胶条、中空圆环形遇水膨胀橡胶条。当采用遇水膨胀橡胶条时，应采取有效的固定措施，防止条胀出缝外。缝上粘贴或涂刷涂料前，应在缝上设置隔离层，再行施工。变形缝通常做成平缝，缝内填塞用沥青浸渍的毛毡、麻丝或聚苯乙烯泡沫、纤维板、浸泡过沥青的木丝板等材料，并嵌油膏或密封材料。

变形缝的防水措施是埋设橡胶或塑料止水带，止水带的埋入位置要准确，圆环中心线应与变形缝中心线重合。固定止水带的一般方法是：用细铁丝将其拉紧后绑在钢筋上，在浇注混凝土时，要随时防止止水带偏离变形缝中心位置。底板变形缝的宽度一般为 20 mm～30 mm，其构造如图 5-74 所示。墙体变形缝的宽度一般为 360 mm，其构造如图 5-75 所示。

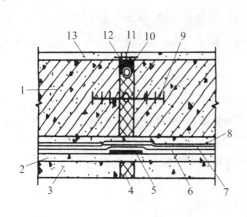

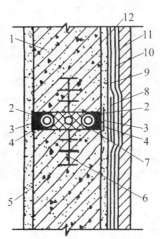

图 5-74　底板变形缝防水构造

图 5-75　墙体变形缝防水构造

1—底板；2—10%UEA 水泥浆找平层；3—混凝土垫层；
4—填缝材料；5—附加卷材；6—卷材防水层；
7—纸胎油毡保护层；8—细石混凝土保护层；
9—橡胶或塑料止水带；10—背衬材料；
11—密封材料；12—隔离条；
13—水泥砂浆面层

1—结构墙体；2—隔离条；3—密封材料；4—背衬材料；
5—水泥砂浆面层；6—橡胶型或塑料型止水带；
7—填缝材料；8—附加卷材；9—卷材防水层；
10—石油沥青纸胎油毡保护层；
11—有机软层；12—水泥砂浆找平层

（2）施工缝的技术规定。

水平施工缝浇注混凝土前，应将其表面浮浆和杂物清除，先铺净浆，再铺 30 mm ~ 50 mm 厚 1:1 水泥砂浆或涂刷混凝土界面处理剂，并及时浇注混凝土。

① 垂直施工缝浇注混凝土前，应将其表面清理干净，并涂刷混凝土界面处理剂，及时浇注混凝土。

② 采用中理式止水带时应确保位置准确、固定牢靠。

③ 在施工缝位置附近有回弯钢筋时，应做到钢筋周围的混凝土不受松动和损坏。钢筋上油污、水泥砂浆及浮锈等杂物应清除。

④ 从施工缝处继续浇注混凝土时，应避免直接靠近缝边浇注。振捣时，宜向施工缝处推进，并距缝 80 mm ~ 100 mm 处停止振捣，但应细致地加强捣实，使新、旧混凝土紧密结合。

（3）后浇带施工技术规定。

① 后浇带的接缝处理应遵照如下技术要求：

• 施工缝浇注混凝土前，应将表面清除干净，并涂刷水泥净浆或混凝土界面处理剂，及时浇注混凝土。

• 选用的遇水膨胀止水条应具有缓胀性能，其 7 d 膨胀率应不大于最终膨胀率的 60%。

• 遇水膨胀止水条应牢固地安装在缝表面或预留槽内。

• 采用中埋式止水带时，应确保位置准确、固定可靠。

② 后浇带混凝土施工前，后浇带部位和外贴式止水带应予以保护，严防落入杂物和损伤外贴式止水带。

③ 后浇带应采用补偿收缩混凝土浇注，其强度不应低于两侧混凝土。

④ 后浇带应在两侧混凝土龄期达到 42 d 后再施工，其混凝土养护时间不得少于 28 d。

4）卷材防水层施工

卷材防水层是水下隧道常用防水方法，它采用高聚物改性沥青防水卷材或高分子防水卷材和与其配套的黏结材料（沥青胶或高分子胶黏剂）胶合而成的一种单层或多层防水层。

（1）找平层施工技术要求。

① 水下隧道找平层的平整度与屋面工程相同，表面应清洁、牢固，不得有疏松、尖锐棱角等凸起物。

② 找平层的阴阳角部位，应该做成圆弧形，圆弧半径参照屋面工程的规定：合成高分子防水卷材的圆弧半径应不小于 20 mm；高聚物改性沥青防水卷材的圆弧半径应不小于 50 mm；非纸胎沥青类防水卷材的圆弧半径为 100 mm ~ 150 mm。

③ 铺贴卷材时，找平层应基本干燥。

④ 将要下雨或雨后找平层尚未干燥时，不得铺贴卷材。

（2）卷材防水层的设置方法。

卷材外防水层的铺贴，按其保护墙施工先后顺序及卷材设置方法可分为"外方外贴法"和"外方内贴法"。外方外贴法是待结构边墙施工完成后，直接把防水层贴在防水结构外墙表面，最后砌保护墙的一种卷材防水层设置方法。外方内贴法是在结构边墙施工前，先砌保护墙，后将卷材防水层贴在保护墙上，再浇注边墙混凝土的一种卷材防水层设置方法。

（3）防水卷材黏结方法。

防水卷材的黏结按其施工方法的不同，可以分为热施工法和冷施工法（表 5-51）。

表 5-51　卷材防水层黏结方法

施工法		概　要
热施工法	热玛蹄脂黏结法	首先熬制玛蹄脂，趁热浇洒在基层或已铺贴好的卷材上，立即在其上铺贴一层卷材
	热熔法	采用火焰加热器熔化热熔型卷材底层的热熔胶进行卷材的粘贴
	热风焊接法	采用热空气焊枪进行卷材搭接接合，一般还要辅以其他施工方法
冷施工法	冷黏法　冷玛蹄脂黏结法	直接喷涂冷玛蹄脂进行卷材与基层、卷材与卷材的黏结，不需要加热
	冷黏法　冷胶黏剂黏结法	涂刷冷胶黏剂进行卷材与基层、卷材与卷材的黏结，不需要加热
	自黏法	采用常用自黏胶的卷材，不用热施工，也不用涂刷胶结材料，施工时撕去卷材底面的隔离纸，靠其底面的自黏胶直接粘贴卷材。有时辅以热风加热器加热搭接部位
机械固定	机械钉压法	采用镀锌钉或铜钉等固定防水卷材
	压埋法	卷材与基层大部分不黏结，上面采用卵石等压埋，但搭接缝及周边要全粘

防水卷材还可根据卷材与基层粘贴面，分为满贴、条贴、点贴、空铺等几类（表 5-52）。

表 5-52　卷材与基层黏结法

黏结法	概　要
满贴法	也称全贴法，卷材铺贴时，基层上满涂胶黏剂，使卷材与基层全部黏结
条贴法	铺贴卷材时，卷材与基层采用条状黏结，要求每幅卷材与基层黏结面不少于 2 条，每条宽度不小于 150 mm 卷材之间满贴
点贴法	铺贴卷材时，卷材与基层采用点状黏结，要求黏结 5 点/m²，每点面积为 100 mm×100 mm，卷材之间仍为满贴，黏结面积不大于总面积
空铺法	铺贴卷材时，卷材于基面仅在四周 800 mm 的宽度内黏结，其余部分不黏结

（4）保护层的施工。

卷材防水层经检查合格后，应及时做保护层。平面卷材防水层保护层宜采用 50 mm ~ 70 mm 厚 C15 细石混凝土，顶板卷材防水层上细石混凝土保护层其厚度不应小于 70 mm，防水层为单层卷材时，在防水层与保护层之间应设置隔离层，底板卷材防水层上的细石混凝土保护层厚度不应小于 50 mm。

5）涂膜防水层施工

涂膜防水层施工具有较大的适用性，无论是形状复杂的基面，还是面积窄小的节点部位，凡是可以涂刷到的部位，均可以作涂膜防水层。涂膜的施工工艺如下：

（1）涂刷前准备工作：

① 基层的清理、修补工作应符合要求，其中基层的干燥程度应视涂料产品的特性而定，溶剂型涂料基层必须干燥，水乳型涂料基层干燥程度可适当放宽。

② 配料。采用双组分或多组分涂料时，配料应根据涂料生产厂家提供的配合比现场配制，严禁任意改变配合比。

③ 涂膜防水施工前，须根据设计要求的涂膜厚度及涂料含量确定（计算）每平方米涂料用量及每道涂刷用量以及需要涂刷的遍数。如一布涂，即先涂底层，铺加胎体增强材料，再涂面层，施工时就要按试验用量，每道涂层分几遍涂刷，而且面层至少应涂刷 2 遍以上，合成高分子涂料还要保证涂层达到 1 mm 厚才可铺设胎体增强材料，以有效地、准确地控制涂膜厚度，从而保证施工质量。

④ 涂刷防水涂料前须根据其表干和实干时间确定每遍涂刷的涂料用量和间隔时间。

（2）喷涂（刷）基层处理剂。涂刷基层处理剂时，应用刷子用力薄涂，使涂料尽量刷进基层表面毛细孔中，并将基层可能留下的少量灰尘等无机杂质，像填料一样混入基层处理剂中，使之与基层牢固接合。

（3）涂料涂刷可采用刷涂，也可采用机械喷涂。涂布立面最好采用薄涂法，涂刷应均匀一致，涂刷平面部位时要注意控制涂料的均匀，避免造成涂料难以刷开、厚薄不匀现象。水下隧道结构有高低差时，平面应按"先高后低，先远后近"的原则涂刷。立面由上而下，先转角及特殊部位、应加强部位，再涂大面。同层涂层的相互搭接宽度宜为 30 mm ~ 50 mm。涂层防水层的施工缝应注意保护，搭接缝宽度应大于 100 mm，接涂前应将接槎处表面处理干净。

（4）胎体增强材料可以是单一品种的，也可以采用玻纤布和聚酯毡混合使用。如果混用时，一般下层采用聚酯毡，上层采用玻纤布。胎体增强材料铺设后，应严格检查表面是否有缺陷或搭接不足等现象。如发现上述情况，应及时修补完整，使它形成一个完整的防水层。

（5）收头处理。为防止收头部位出现翘边现象，所有收头均应密封材料压边，压边宽度不得小于 10 mm。收头处的胎体增强材料应裁剪整齐，如有凹槽时应压入凸槽内，不得出现翘边、皱褶、露白等现象，否则应先进行处理后再涂密封材料。

（6）涂膜保护层的施工。保护层材料的选择应根据设计要求及所用防水涂料的特性而定。

6）塑料（橡胶）防水板防水层施工

图 5-76 为防水板施工工艺图。

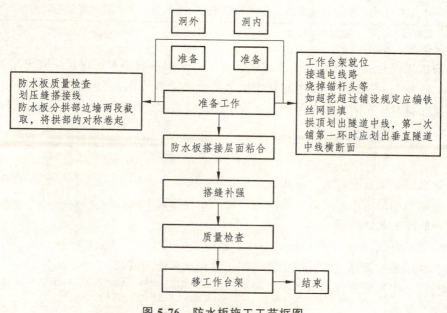

图 5-76　防水板施工工艺框图

在水下隧道中，防水板置于初期支护和二次衬砌之间，多采用无钉铺设法进行防水板铺设。无钉铺设法是指在喷混凝土面上用明钉铺设法固定缓冲层，然后将防水层热焊或黏合在缓冲垫层上，在防水层上就没有被穿透的铆钉孔（图5-77）。

（1）铺设前的准备。

详细检查初期支护表面，清除钢筋头、网片、铁丝等凸出、尖锐的物体及编织袋等杂物，防止将防水板刺破、损坏。检查喷锚面是否平整，平整度应符合$1/10 < D/L < 1/6$要求（D为初期支护基层相邻两凸面凹进去的深度，L为初期支护基层相邻两凸面间距）。如平整度不符合要求，应采用细石混凝土找平。

（2）塑料（橡胶）防水层铺设与焊接。

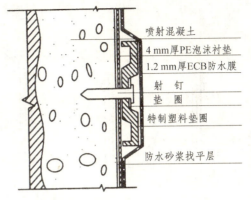

图 5-77　无钉防水板铺设示意图

防水板铺设与焊接须由专业技术工人施工操作，以保证施工质量。防水板施工过程如下：

① 将防水板横向中线同缓冲层中线对齐重合，然后向两边展铺，一边展铺一边固定，固定点间距拱部 0.5 m～1.0 m，边墙 1.0 m～1.5 m，展铺时要顺基面铺开，不要将塑料板绷得太紧，以防止灌注混凝土时膨紧防水板，使防水板与围岩基面不密贴，甚至撕裂防水板。然后用压焊器防水板热合于塑料垫圈上。

② 防水板的悬挂和续接。该道工序是防水设置的重要环节，它直接关系到防水效果的好坏。在铺设防水板时，边铺边将其与暗钉焊接牢固，两幅防水板的搭接宽度为 100 mm，搭接缝为双焊缝，单条焊缝的有效焊接宽度不小于 10 mm，焊接严密，不得焊焦焊穿。环向铺设时，先拱后墙，下部的防水板应压住上部防水板。

③ 防水板采用自动爬行热合机双焊缝焊接或热熔焊接，两种焊接方式如图5-78所示。防水板焊接在热熔垫片上表面焊接前将防水板铺设平整、舒展，并将焊接部位的灰尘、油污、水滴擦拭干净，焊缝接头处不得有气泡、褶皱及空隙，而且接头处要牢固，强度不得小于同一种材料；防水板之间搭接宽度为 10 cm，双焊缝的每条缝宽 2 cm，2 条焊缝间留不小于 1.5 cm 宽的空腔作充气检查用。焊缝处不允许有漏焊、假焊，凡烤焦焊穿处必须用同种材料片焊贴覆盖。防水板搭接要求呈鱼鳞状，以利排水。

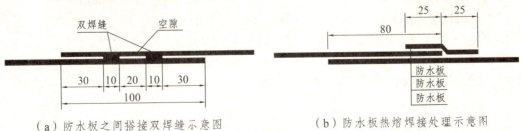

（a）防水板之间搭接双焊缝示意图　　　（b）防水板热熔焊接处理示意图

图 5-78　防水板搭接示意

3. 水下隧道排水施工

排水型隧道须做好衬砌背后排水系统，使水流通畅地排出。在隧道设置防排水系统后，围岩内的水体透过初衬，渗入到初衬与二衬间的透水垫层（无纺布）；通过初衬与防水板之间环向盲管，流向纵向排水管（盲管）汇集；然后依次流入横向排水管、边沟或中心排水沟，最终经隧道内排水系统排出隧道。隧道衬砌排水系统构造见图 5-79。

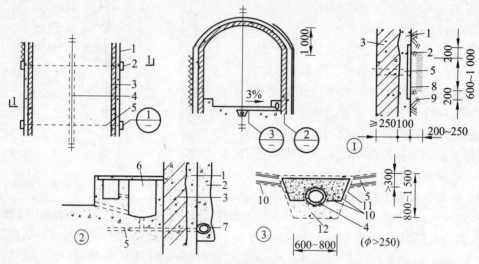

图 5-79　衬砌背后的排水构造

1—初期支护；2—盲沟；3—主体结构；4—中心排水盲管；5—横向排水管；6—排水明沟；
7—纵向集水盲管；8—隔浆层；9—引流孔；10—无纺布；
11—无砂混凝土；12—管座混凝土

1）衬砌背后排水系统

围岩渗漏水可通过盲沟、盲管（导水管）、暗沟导入基底衬砌背后的排水系统中排出。

（1）采用盲沟排水时，盲沟的设置应符合下列规定：

① 盲沟宜设在衬砌与围岩间。拱顶部位设置盲沟困难时，可采用钻孔引流措施。

② 盲沟沿洞室纵轴方向设置的距离，宜为 5 m ~ 15 m。

③ 盲沟断面的尺寸应根据渗水量及洞室超挖情况确定。

④ 盲沟宜先设反滤层，后铺石料，铺设石料粒径由围岩向衬砌方向逐渐减小。石料必须洁净、无杂质，含泥量不得大于 2%。

⑤ 盲沟的出水口应设滤水篦子或反滤层，寒冷及严寒地区应采取防冻措施。

（2）采用盲管（导水管）排水时，盲管（导水管）的设置应符合下列规定：

① 盲管（导水管）应沿隧道、坑道的周边固定于围岩表面。

② 盲管（导水管）的间距宜为 20 m，当水较大时，可在水较大处增设 1 道 ~ 2 道；盲管（导水管）与混凝土衬砌接触部位应外包无纺布。

2）基底排水系统

排水暗沟可设置在衬砌内，宜采用塑料管或塑料排水带等。基底排水系统由纵向集水盲管、横向排水管、排水明沟、中心排水盲管组成。

（1）纵向集水盲管设置技术要求：

① 应与盲沟、盲管（导水管）连接畅通。

② 坡度应符合设计要求，当设计无要求时，其坡度不得小于 0.2%。

③ 宜采用外包加强无纺布的渗水盲管，其管径由围岩渗漏水量的大小决定。

④ 纵向排水管施工前质检要求：

• 排水管材质及规格检查。

• 管身透水孔检查。

⑤ 纵向排水管施工中质检：

• 安装坡度检查。

• 包裹安装检查。

• 与上下排水管的连接检查。

（2）横向排水管的设置技术要求：

① 宜采用渗水盲管或混凝土暗槽。

② 间距宜为 5 m ~ 15 m。

③ 坡度宜为 2%。

（3）排水明沟的设置技术要求：

① 排水明沟纵向坡度不得小于 0.5%。隧道长度大于 200 m 时宜设双侧排水沟，纵向坡度应与线路坡度一致，但不得小于 0.1%。

② 排水明沟的断面尺寸视排水量大小按表 5-53 选用。

③ 排水明沟应设盖板，排污水时应有密闭措施。

④ 在直线段每 50 m ~ 200 m 及交叉、转弯、变坡处，应设置检查井，井口须设活动盖板。

⑤ 在寒冷及严寒地区应有防冻措施。

表 5-53 排水明沟断面尺寸

通过排水明沟的排水量 /（m³/h）	排水明沟净断面/mm	
	沟 宽	沟 深
50 以下	300	250
50 ~ 100	350	350
100 ~ 150	350	400
150 ~ 200	400	400
200 ~ 250	400	450
250 ~ 300	400	500

（4）中心排水盲管的设置技术要求：

① 中心排水盲管宜采用无砂混凝土管或渗水盲管，其管径应由渗漏水量大小决定，内径不得小于 250 mm。

② 中心排水盲管的纵向坡度和埋设深度应符合设计规定。

③ 中央排水管安装前外观检查：

• 预制管段的规整性。

• 管壁的强度。

④ 中心排水盲管施工中质量检查：

● 中央排水管基础检查。中央排水管因隧道所在地区的不同，埋置深度为 0.5 m～2.0 m。施工时先挖基槽，整平基础，然后再铺设管段，最后回填压实。其中最重要的一个环节是处理管段基础，在软岩或断层破碎带区段施工中，应将不良岩（土）体用强度较高的碎石替换，并用素混凝土找平基面，使基础既平整又密实，为管段顺利铺设创造条件。施工中应特别注意检查基础的坡度，不仅总体坡度应符合要求，而且局部的几个管段间也应符合要求，尽量避免高低起伏。

● 管段铺设检查。管段铺设时，首先要保证将具有透水孔的一面朝上。管段逐个放稳后，再用水泥砂浆将段间接缝密封填实。待砂浆凝固后，应逐段进行通水试验，发现漏水，及时处理。之后用土工布覆盖管段透水孔，在横向盲管出口处注意与中央排水管的连接方式。回填时注意保护管段的稳定及其上部透水性。

（5）环向排水盲管。

① 渗水量对环向排水盲管的影响。

● 当围岩渗水严重时，岩面与初期支护喷射混凝土之间、初期支护喷射混凝土与防水板之间都应当设置环向排水盲管，渗水较少时，只在初期支护喷射混凝土与防水板间设置，如果没有渗水或渗水极少，则可以不设。

● 当围岩渗水严重时，环向排水盲管的纵向间距小，渗水量少时，纵向间距加大。

② 环向排水盲管的施作。

● 按要求布设环向盲管，要保证基本间距，局部涌水量大时还应适当加大其密度。

● 安装时盲管应尽量紧贴渗水岩壁，尽量减小地下水由围岩到盲管的阻力。

● 盲管布置时沿环向应尽量圆顺，尤其在拱顶部位不得起伏不平。

● 盲管安装时应先用钢卡等固定，再用喷射混凝土封闭。最后应检查盲管与下部纵向排水盲管的连接，确保盲管下部排水畅通。

（6）缓冲排水层选用的土工布应符合下列要求：

① 具有一定的厚度，其单位面积质量不宜小于 280 g/m³。

② 具有良好的导水性。

③ 具有适应初期支护由于荷载或温度变化引起变形的能力。

④ 具有良好化学稳定性和耐久性，能抵抗地下水或混凝土、砂浆析出水的侵蚀。

一般说，伴随隧道开挖多会出现涌水。此时如在衬砌背后滞留涌水，会在衬砌背后形成过大的水压，造成衬砌的开裂，对隧道结构产生不良的影响。特别是开裂处的漏水能够降低衬砌的耐久性，也会促进隧道内设施的腐蚀和冬季结冰，对行车的运行造成威胁，也增加了维修管理的难度。这些危害在施工中可能出现，在运营后也可能出现。因此，使衬砌面不漏水，就必须采取适当的排水措施。中央排水管及导水管是永久性结构物，施工后的检查和补修都极为困难，因此，要对基础的稳定性、排水坡度确保管路结合的确实性、良好的过滤材料等，给以充分的注意。在进行铺底混凝土施工时要注意不要堵塞盲管。

4. 分区防排水施工

为防止防水板穿破出现渗流和窜流，设置分区防排水。按模板长度设为一个防水分区（10 m），在二衬施工缝处设背贴式止水带，将渗流或窜流水隔开，并在 10 m 中间设防渗肋条。每一防水分区在左右边墙下部设注浆管控制盘，每个控制盘带5根注浆管。依据分区防水思想，工程上有不同的实施方法。隧道中常用的有分贴止水条法和背贴止水带法。

1）分贴止水条法

分贴止水条法阻止渗水沿隧道纵向窜流的材料是几何上呈线状的塑料条带，该条带在其横断面上呈"凸楞"状，如图5-80。施工时，用热合法或冷粘法将其固定在防水板上，并保证在止水条与防水板之间结合缝密不透水。在浇筑衬砌混凝土后，"凸楞"状止水条的躯干置于混凝土中，两个止水带间为一个防水分区。因为环向施工缝常是隧道渗漏水的发生位置，所以"凸楞"止水条一般固定在环向施工缝两侧各0.5 m范围内。目前工程上应用的此止水条的高度为50 mm，宽度为10 mm。

2）背贴爪式止水带法

背贴爪式止水带法的断面形状如图5-81。隧道衬砌模板就位前，在衬砌施工缝的位置，用热合法或冷粘法将止水带固定在防水板上，同样要保证止水带与防水板的界面密不透水，然后将衬砌混凝土端头模板尽量置于止水带宽度中央，然后浇筑衬砌混凝土。施工结束后，背贴爪式止水带既防止了施工缝渗漏水，又阻止了衬砌段之间渗水纵向窜流。目前，工程上采用的背贴爪式止水带材质多为PVC。止水带宽度一般在300 mm左右，爪高50 mm。

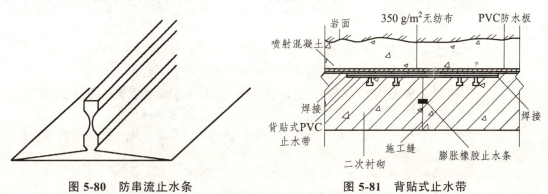

图 5-80　防串流止水条　　　　　　图 5-81　背贴式止水带

3）分区防水的进一步完善

分区防水可较好地预防渗水在防水板与衬砌混凝土之间的纵向窜流，减少隧道的渗漏水机会。但在设计理念方面与施工操作方面仍有进一步完善的必要。

（1）分区内设渗水下排通道。

隧道防水分区以衬砌段为单位进行。如果在一个分区内渗水已经穿过防水板，而设计中未考虑这部分渗水下排通道，渗水会在防水板与衬砌之间积聚并可能将其压力升高。在长期高水压作用下，衬砌段可能会发生渗漏。因此，有必要在防水分区内，即一个衬砌段内，至少设置一根向下的排水管。这样，只要该分区内的水压达到一定程度，排水管势必导通，从而减少渗水压力并进而防止隧道渗漏。

（2）完善止水条、带安装工艺。

分区防水的止水条、带安装在已铺设防水板上进行。由于隧道内施工条件较差，不论是用热合法还是冷粘法，施工效果都不甚理想。理论上希望防水板与止水条、带之间密不透水，在工程实践中往往难以做到。特别是一些工程过分依赖分区防水而忽视了施工缝的严密设防，从而导致环向施工缝渗漏。因此，有必要考虑止水条、带的工厂化安装。此外，实施精细施工，给止水带准确定位，也是保证施工质量的重要措施。

思 考 题

5-1 矿山法水下隧道与普通山岭隧道相比有何不同，其应用基本条件、特点以及关键技术是什么？

5-2 如何确定矿山法水下隧道的最小岩石覆盖层厚度？

5-3 矿山法水下隧道衬砌的形式有哪几种？与普通山岭隧道相比有何不同，如何选择？

5-4 矿山法水下隧道围岩分级方法有哪些？地下水对隧道围岩稳定性影响如何，怎样进行围岩级别的修正？

5-5 相比于普通山岭隧道，矿山法水下隧道作用荷载有何不同，如何确定其围岩压力？

5-6 矿山法水下隧道地下水的处理方式主要有哪几种，其设计理念如何？不同防排水模式下，如何确定水下隧道外水荷载的设计值？

5-7 防水型衬砌与排水型衬砌结构受力特征有何不同？

5-8 矿山法水下隧道防水型二次衬砌结构的计算图示是怎样的？并绘制二次衬砌结构设计流程。

5-9 水下隧道防排水体系组成如何？分区防排水系统的设计理念是什么？

5-10 水下隧道结构防水技术主要有哪些？各自施工要点有哪些？

5-11 新奥法施工的关键技术如何？何谓新意法，其技术理念与新奥法有何不同？

5-12 与普通山岭隧道相比，矿山法水下隧道施工方法如何选择？

5-13 绘制水下隧道主要施工技术及流程框图，并给出三台阶法及三台阶临时仰拱法的开挖施工工艺。

5-14 矿山法水下隧道支护技术的要点是什么？

5-15 矿山法水下隧道需要进行超前注浆加固条件是什么？其作用如何？不同地质条件超前注浆加固参数如何确定？

5-16 矿山法水下隧道防排水施工技术要点是什么？

第3篇　水下隧道运营设施

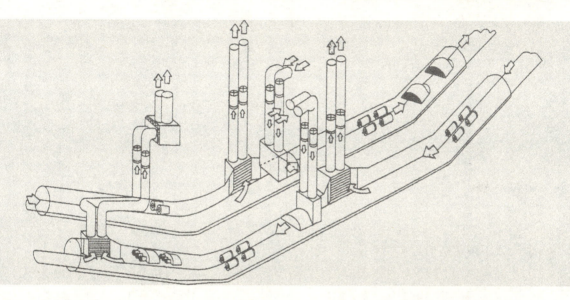

第6章
水下隧道运营通风

6.1 概　述

6.1.1　隧道通风的必要性和目的

1. 有害污染物的种类

（1）汽油车在隧道内行驶时，排出的有害气体中，CO 对人体健康的危害最大。因为 CO 与血液中的血红蛋白形成氧碳血红蛋白的结合力很强，达到 300 倍于氧气和血红蛋白的结合力，使血红蛋白失去运输氧的能力，不能将氧输送给肌体各组织，导致各组织缺氧，危及生命。

（2）柴油车排出的烟雾（VI）恶化行车环境，使隧道内能见度降低，影响驾驶员交通安全。随着对道路服务水平的要求的不断提高，在保证停车视距的情况下，还要保证舒适性。

（3）氮氧化物是柴油机排出的主要有害成分之一。空气中的氮和氧在爆燃条件下，瞬时高温、高压能使空气中氮与氧化合，生成 NO，这是吸热反应，爆燃温度越高，反应越快，生成的 NO 也越多。但在汽缸内，正常燃烧的温度条件下，氮与氧不发生化合反应。当温度下降后，汽缸内生成的 NO 遇 O_2 即可生成 NO_2。

根据铁道部的现场调查，在隧道内接触氮氧化物的平均浓度为 19.4 mg/m^3（接触 45 min）时，只有少数人出现不适感，平均浓度为 54.4 mg/m^3 时，全部作业人员都有不适感，其中以胸闷、呼吸困难为最多，其次为头晕、黏膜刺激等症状。

（4）SO_2 为具有强烈的辛辣刺激性气味的气体，相对密度 2.264，易溶于水。它进入呼吸道后大部分在上呼吸道生成亚硫酸和硫酸，被气管吸收，对上呼吸道产生强烈刺激性，引起各种炎症，能分布至全身组织，破坏细胞。二氧化硫对人体健康状况的影响因其浓度不同而有所不同。

此外，还有丙烯醛及剧毒的铅和致癌的苯等有害物，这里不再逐一叙述。近年来，世界各国都在努力使汽油无铅化，以降低对大气环境的影响。

2. 有害污染物的来源

隧道内有害污染物主要来自运行车辆、隧道围岩和火灾，其中运行车辆产生的有害污染物是日常性的，是隧道内空气的主要污染源。

（1）运行车辆排放的污染物。

汽油车排出的气体含有一氧化碳、碳化氢、氧化硫、醛等对人体有害的成分。其中，一氧化碳具有高度毒性，且在排气中所占的比例很大，是最危险的成分。柴油车除排放对人体有害的气体外，还排放大量的游离碳素（煤烟），严重影响隧道内的能见度和舒适性。

（2）隧道围岩排放的有害气体。

在山岭隧道中，有的隧道围岩会放出有害气体，如甲烷、硫化氢等。这些气体的散放量与围岩中的有害气体的含量及衬砌结构对围岩的封闭性有关。一般隧道围岩中有害气体含量低、散发量小，所以，目前在隧道的运营通风中很少考虑围岩排放的有害气体的影响。

（3）火灾产生的有害气体和烟雾。

火灾会产生大量的 CO 和烟雾。隧道内火灾会使隧道环境急剧恶化，造成人员伤亡、交通中断或引发恶性交通事故。

3. 通风的目的

对于短隧道，由于受自然风和交通风的影响，一般来说有害气体的浓度不会积聚得太高，不会对司乘人员的健康和行车安全构成威胁。但是，对于长大隧道，自然风和交通风对隧道内空气的置换作用相对较小，如不采取措施，隧道内有害气体的浓度就会逐渐升高，其中的 CO 浓度达到一定量值时就会使人感到不适以致窒息；柴油车排出的烟雾将不断恶化行车环境，使隧道内能见度降低。因此，必须根据隧道的具体条件，采用适当的通风方式，将新鲜空气随风流一起送入隧道、稀释有害气体，使其浓度降至规定的指标以内。

隧道通风的目的就是通过改变隧道内空气的组成成分和气候条件，使之满足人员工作和车辆运行的卫生和安全要求，以保证隧道正常运营，当隧道发生火灾时，以限制火灾蔓延，为扑救工作创造条件。

6.1.2 有害气体的容许浓度

1. CO 容许浓度

一旦 CO 进入人体过多，氧气在血液中的输送量就不足，氧碳血红蛋白饱和度超过 10%后，就会引起不同程度的中毒症状；饱和度为 10% ~ 20%时，就会引起轻度头痛；饱和度达到 20% ~ 30%时，将引起剧烈头痛。

为了防止隧道内 CO 对人健康的影响，消除 CO 等有害气体产生的各种异味，许多国家都开展了隧道内 CO 稀释标准的研究。隧道内 CO 的稀释标准是隧道通风设计的最基本指标之一。

研究表明，当血液中氧碳血红蛋白饱和度达到 10%时，只会引起轻度头痛，当人返回正常空气中后，能完全消除头痛并不留后遗症。世界上设置机械通风的第一条隧道为美国纽约哈得逊河下霍兰（Holland）隧道，CO 设计浓度为 400 ppm。运营实践表明，在隧道较短时，车辆在隧道里的行驶时间仅几分钟，该设计浓度是满足人体健康的卫生标准。随着隧道长度的增加，且为了提高运营舒适性，一些发达国家仍对隧道的 CO 稀释标准提出了很高的要求，例如荷兰规定的标准确保人乘车通过隧道时，氧碳血红蛋白饱和度不超过 5%。此外，瑞士要求短于 1 km 隧道，CO 浓度低于 250 ppm；长于 3 km 隧道，CO 浓度低于 200 ppm。英国要求隧道 CO 浓度低于 250 ppm。日本要求隧道 CO 浓度低于 100 ppm。

我国参考国外隧道的 CO 稀释标准，结合我国的国情，在 2000 年颁布的《公路隧道通风照明设计规范》（JTJ026.1—1999）中对隧道 CO 的稀释标准作了如下规定：① 横向与半横向通风的隧道，CO 设计浓度按表 6-1 取值；纵向通风的隧道，CO 设计浓度按表所列的各值提高 50 ppm 取值。② 交通堵塞时（隧道内车辆均以怠速行驶，平均速度不大于 20 km/h）时，阻滞段的平均 CO 设计浓度可取 300 ppm，经历的时间不超过 20 min，阻滞段的长度不宜大于 1 km。③ 人车混合行驶的隧道，CO 设计浓度应按表 6-2 取值。

表 6-1　CO 设计浓度 δ

隧道长度/m	≤1 000 m	≥3 000 m
δ /ppm	250	200

表 6-2　人车混行隧道 CO 设计浓度 δ

隧道长度/m	≤1 000 m	≥3 000 m
δ /ppm	150	100

国内通过多座运营隧道的通风测试表明，隧道内实际的 CO 浓度离表 6-1 和表 6-2 的设计浓度相当远，同时结合世界道路协会公路隧道运营技术委员会（PIARC C5）2004 年报告《公路隧道汽车尾气排放和需风量》的建议，国内在即将颁布的通风设计细则中，将 CO 设计浓度降至表 6-3 的浓度，而将交通堵塞时的设计浓度降为 150 ppm。

表 6-3　CO 设计浓度 δ

隧道长度/m	≤1 000 m	≥3 000 m
δ /ppm	150	100

2. 烟雾的容许浓度

烟雾浓度表示烟雾对空气的污染程度，是影响隧道内能见度的重要指标之一，通过测定 100 m 距离烟雾的光线透过率来确定；在隧道通风中习惯用衰减系数 K 来表达能见度，称烟雾浓度。为保证隧道内行车安全，应保证隧道内有足够的能见度。一些国家规定的隧道内烟雾容许浓度为：法国 0.005 m^{-1}，日本 $0.007.5$ m^{-1} ~ 0.009 m^{-1}，瑞士 0.009 m^{-1}，英国 0.01 m^{-1}。而 PIARC 2004 年报告《公路隧道汽车尾气排放和需风量》中将正常运营及交通阻塞状态下的容许限制取为 0.005 m^{-1} ~ 0.007 m^{-1}，特殊的交通阻塞及停滞状态可取到 0.009 m^{-1}。随着我国柴油机技术的发展，为建设节约型社会和改善资源环境，除大型的载重柴油车将会越来越多外，柴油轿车的比例也会逐年增加，2020 年可能达 30%。因此，公路隧道内应严格控制烟雾的浓度。考虑到不同的光源具有不同的穿雾能力，我国《公路隧道通风照明设计规范》（JTJ026.1—1999）对隧道内的烟雾设计浓度作了如下规定：① 采用钠灯光源时，正常情况下烟雾设计浓度按表 6-4 取值，若采用荧光灯光源时，烟雾设计浓度应提高一级。② 当烟雾浓

度达到 $1.2 \times 10^{-2}\ m^{-1}$ 时，对隧道采用交通管制措施。③进行隧道养护维修时，现场烟雾浓度不大于 $3.5 \times 10^{-3}\ m^{-1}$。

表 6-4 烟雾设计浓度 K

计算行车速度/(km/h)	100	80	60	40
K/m^{-1}	0.006 5	0.007	0.007 5	0.009

为保证行车安全，并参考国外资料，设计时可将 100 km/h 的设计浓度降至 $0.005\ m^{-1}$。隧道运营中，隧道内的行车速度与各级公路不同的服务水平有关，运行速度往往小于设计车速，在进行设计浓度取值时应特别注意。

3. NO$_2$ 的容许浓度

国外提出采用 NO$_x$ 或 NO$_2$ 浓度作为洞内空气质量判别标准，主要是针对洞口或排风口周围的环境标准。PIARC1999 年提出 NO$_2$ 的浓度判别标准为 1 ppm，法国提出洞内平均 15 min NO$_2$ 的限制标准为 0.4 ppm，比利时则以 0.5 ppm 作为 20 min NO$_2$ 的平均标准，而比利时和瑞典将 0.2 ppm 作为 60 min NO$_2$ 的平均限值。

4. 铁路隧道的污染物容许浓度

根据《铁路隧道通风运营通风设计规范》（TB10068—2000）规定：内燃机车牵引的运营隧道内空气的卫生标准应满足下列要求：列车通过隧道后 15 min 后，空气中一氧化碳浓度小于 30 mg/m³，氮氧化物（换算成 NO）浓度小于 10 mg/m³。电气运营的隧道内的卫生标准除应符合上述规定外，其湿度应小于 80%，温度应低于 28 ℃，臭氧浓度应低于 0.3 mg/m³，含有 10%以下的游离二氧化硅的粉尘浓度小于 10 mg/m³。

6.1.3 隧道内气候参数

1. 密　度

单位体积中空气的质量称为密度。即：

$$\rho = \frac{m}{V} \tag{6-1}$$

式中　ρ——密度（kg/m³）；

m——流体的质量（kg）；

V——流体质量为 m 时所占的体积（m³）。

密度与外界条件有关，对于理想气体满足以下关系：

$$\rho = \frac{P}{RT} \tag{6-2}$$

式中　P——大气压力（Pa）；

R——气体常数，对于空气 $R = 287\ \text{J/(kg·K)}$；

T——空气的绝对温度（K）。

在温度 $t = 0\,°\text{C}$、压力 $P = 101\ 325\ \text{Pa}$ 的条件下，海平面处空气的密度为 $1.293\ \text{kg/m}^3$。

2. 温　度

隧道内气候受地热影响，隧道内空气可能明显高于地表大气温度。对于埋深较小的隧道，受气流的影响，隧道内空气温度可能低于地表大气温度。当隧道内空气温度与地表气温差别很大时，会引起洞内工作人员出现不良反应。

隧道内空气的降温可通过增大风量来实现，增温则需要采取空气加热的方式。我国大部分隧道受地热影响不大，只有少数深埋特长隧道需专门考虑地热的影响。

3. 风　速

隧道内空气和大气的交换是通过空气流动来实现的，空气流动的速度直接影响到通风的效果，风流速度与通风量成正比。在机械通风中，靠提高风速增大风量，因此，隧道内的风速经常大于地表大气的自然风速。

风速过大会引起以下不良后果：扬起隧道内积聚和车辆附着的尘粒，影响隧道内能见度和舒适性，因此，要求隧道内做好防尘和降尘工作；加快隧道内水分蒸发，使空气干燥；引起人体不适；增大风阻，从而增加通风费用。

在满足通风要求的情况下，风速越小越好。我国《公路隧道通风照明设计规范》（JTJ026.1—1999）对隧道内的设计风速做了规定：单向交通隧道设计风速不宜大于 10 m/s，特殊情况下可取 12 m/s；双向交通隧道设计风速不应大于 8 m/s，人车混合通行的隧道设计风速不应大于 7 m/s。

4. 湿　度

对于地下水贫乏、衬砌不出现渗漏的隧道，由于通风风速大，水分蒸发快，空气湿度比洞外小；如果地下水丰富或衬砌出现渗漏，隧道内空气湿度则比洞外大。空气湿度过大或过小，人在隧道内工作都会感到不适，因而需要采取措施调节空气湿度。增大空气湿度的办法是在隧道内洒水，可结合防尘、降尘综合考虑；降低空气湿度的办法有衬砌防渗堵漏、加强隧道通风等。

5. 压　力

空气分子无规则的热运动对容器壁面产生的压强，习惯上叫做空气的绝对静压。绝对静压具有在各个方向上强度相等的特点，不论空气静止还是流动，绝对静压都存在。地表大气的绝对静压习惯叫做大气压力。

流动的空气具有一定的动能，风流中任一点除有静压外，还有动压。动压因空气运动而产生，恒为正值并具有方向性。

风流的全压即该点静压和全压的叠加。隧道中由于进出口风流全压力不同，引起风流的流动。

总之，隧道内气候和地表气候有明显不同，主要表现为风速、湿度、温度及压力变化上。隧道内的这些气候变化会引起人体的种种不适甚至疾病，因此改善隧道内气候条件也是隧道特别是长大隧道运营管理的一个重要课题。

6.1.4　隧道内空气流动规律

1. 风流的流动特性

1）空气的不可压缩性

当作用在空气上的压力发生变化时，随着压力的增加，空气的体积将减小，密度增大，空气的这种特性称为压缩性。严格地讲，空气是可压缩的。但在常压的情况下，若空气体积的变化不足以影响计算结果的精度时，则此种体积变化可忽略不计，视空气为不可压缩的。

在隧道通风计算中，由于通风压力一般都在常压范围内，隧道内的温度和压力变化也不大，隧道内的气体通常均假定为不可压缩气体。

2）空气的黏滞性

流体具有黏滞力的性质称为流体的黏滞性，其作用表现为对于流体流动和剪切力的一种抵抗本领。

当运动的流体层与层之间的速度不同时，由于分子之间存在着引力，产生相互的摩擦，速度大的层带动速度小的，层与层之间的摩擦力叫黏滞力，也叫内摩擦力。流体分子与固体壁面间也存在引力，当流体沿着固体壁面流动时，破坏了原来分子运动的方向，要克服它们之间的引力，在固体壁面上所形成的这种力也是一种黏滞力，或称外摩擦力。

3）空气的紊流状态

流体的流动分为层流和紊流两种流态。

雷诺最早做了圆管内水流特性的实验发现，当水流速度较低时，圆管截面水一层一层地流动，各层互不干扰和相混，平行于轴线各自沿直线向前流动，此时的流动状态称为层流。当流速增加到一定值以后，层流开始破坏，流体质点有了与主流方向垂直的横向流动，能从这一层运动到另一层。速度再增大，层流完全破坏，处于完全无规则的乱流状态，此时的流动称为紊流。而层流和紊流间有一过渡状态的流动。

流体力学的一些实验认为，当雷诺数大于 1×10^5 时，圆管内水流出现完全的紊流状态。根据《公路隧道通风照明设计规范》（JTJ026.1—1999），隧道的风流速度应大于 2.5 m/s，隧道内风流流动几乎全是紊流。

4）风流的稳定性

根据风流在流动过程中任一质点所受压力和速度变化的情况，可分为稳定流与不稳定流两大类。稳定流在流动过程中，任一点的压力和流速不随时间而变化，压力和流速只是流动点坐标的函数。反之称为不稳定流。

隧道内的风流，大部分情况属于稳定流。可简化为稳定流，由此计算的结果符合工程要求，计算也比较简便。

2. 风流流动的基本方程

1）连续性方程

当空气可视为连续介质时，它在运动中将保持质量守恒，根据这一原则可以推出运动过程中空气的密度和速度的变化规律。

取一段长度为 dx 的管段，如图 6-1 所示，断面 1—1 的过流面积为 A，断面 2—2 的过流面积为 $\left(A+\dfrac{\partial A}{\partial x}dx\right)$，断面 1—1 上的气流平均速度为 v，密度为 ρ，在断面 2—2 上为 $\left(v+\dfrac{\partial v}{\partial x}dx\right)$ 和 $\left(\rho+\dfrac{\partial \rho}{\partial x}dx\right)$。管段的侧壁没有气体流入和流出，所以根据质量守恒条件，在 dt 时间间隔内，所研究管段中气体质量的增量应等于在该时间间隔内通过断面 1—1 流入的质量与通过断面 2—2 流出的质量之差，由此列出微分方程，略去高阶微量，整理得：

$$\frac{\partial(\rho A)}{\partial t}+\frac{\partial(\rho A v)}{\partial x}=0 \tag{6-3}$$

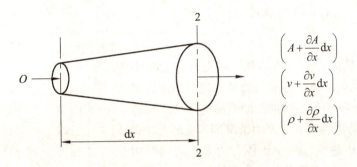

图 6-1 推导连续性方程简图

上式称为气体一维运动连续性微分方程。对横断面积不变的隧道，式中 A 为常量，则：

$$\frac{\partial \rho}{\partial t}+v\frac{\partial \rho}{\partial x}+\rho\frac{\partial v}{\partial x}=0 \tag{6-4}$$

在研究隧道通风问题时，如隧道中的空气密度和速度不随时间而变，即恒定流动，则式（6-4）中，$\dfrac{\partial(\rho A)}{\partial t}=0$，于是 $\dfrac{\partial(\rho A v)}{\partial x}=0$，则：

$$\rho_1 A_1 v_1 = \rho_2 A_2 v_2 = \rho A v \tag{6-5}$$

在气流的速度 v 小于 50 m/s 的情况下，气体流动过程的密度变化可以忽略，即 $\rho_1=\rho_2$，此时（6-5）变为：

$$A_1 v_1 = A_2 v_2 = A v = Q \tag{6-6}$$

式中　Q——气流的流量（m^3/s）。

对管道分流，如图 6-2 所示。

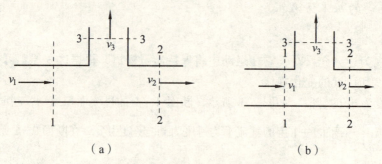

图 6-2　三通管道分流及汇流

则恒定气流的连续性方程应写为：

$$A_1 v_1 = A_2 v_2 + A_3 v_3 \tag{6-7}$$

对于汇流管道，则：

$$A_1 v_1 + A_3 v_3 = A_2 v_2 \tag{6-8}$$

2）动量方程

动量方程是理论力学中的动量定理在流体力学中的具体体现，它反映了流体运动的动量变化与作用力之间的关系，其特点在于不必知道流动范围内部的流动特征，而只需知道其边界面上的流动情况即可。因此，它可用来方便地解决急变流动中流体与边界面之间的相互作用问题，以及通风工程各分流与汇流处的静压差与流量、风速之间的关系问题。

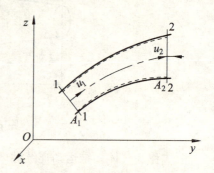

图 6-3　推导动量方程简图

定常不可压缩总流流束如图 6-3 所示：流动方向取为自然坐标 s 的正向，取图中 1—1 和 2—2 两过流断面之间的虚线所示的总流流束为控制体，则总控制面中只有 A_1、A_2 两过流断面上有动量交换。因此，对于定常 $\left(\dfrac{\partial}{\partial t} \int_V \bar{\rho} u \mathrm{d}V = 0 \right)$ 不可压缩（ $\rho = $ 常数 ）总流欧拉型积分形式的动量方程可简化为：

$$\sum \vec{F} = \int_A \rho \vec{u} u \mathrm{d}A = \rho \left(\int_{A_2} \vec{u_2} u_2 \mathrm{d}A_2 - \int_{A_1} \vec{u_1} u_1 \mathrm{d}A_1 \right) \tag{6-9}$$

由于流体速度 u 在过流断面上的分布一般难以确定，需用断面平均速度 υ 代替 u 计算总流的动量。引入动量修正系数 β——实际动量与按 υ 计算的动量之比，即：

$$\beta = \frac{\int_A u^2 \mathrm{d}A}{\upsilon^2 A} \tag{6-10}$$

β 值的大小与总流过流断面上的速度分布有关，一般流动的 $\beta = 1.02 \sim 1.05$，但有时可达到 1.33 或更大，在工程计算中常取 $\beta = 1.0$ 。考虑定常不可压缩总流的连续性方程 $A_1 v_1 = A_2 v_2 = A v = Q$ ，则式（6-9）成为：

$$\sum \vec{F} = \rho Q \left(\beta_2 \overrightarrow{v_2} - \beta_1 \overrightarrow{v_1} \right) \tag{6-11}$$

这就是定常不可压缩总流的动量方程。

因为动量方程是矢量方程，所以应用时通常是利用它在坐标轴上的投影式。为方便起见，建立坐标系时常将不要求的作用力或动量与坐标轴垂直。另外，写投影式时应特别注意各项的正负号。

3）能量方程

（1）流体的一维运动方程。

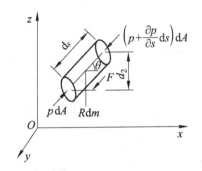 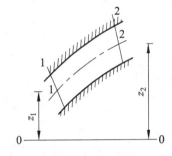

图 6-4　一维运动方程简图　　　图 6-5　推导恒定流动的伯努利方程

沿流体的流线方向取一微柱体，如图 6-4 所示，微柱体的长度为 $\mathrm{d}s$ ，断面面积为 $\mathrm{d}A$ ，质量为 $\mathrm{d}m$ 。单位质量所受阻力为 F ，微柱体两端面所受压力分别是 $p\mathrm{d}A$ 和 $\left(p + \dfrac{\partial p}{\partial s} \mathrm{d}s \right) \mathrm{d}A$ ，微柱体的速度为 v' 。

根据牛顿第二定律，可写出流体一维运动的能量方程：

$$\frac{\partial v'}{\partial t} + v' \frac{\partial v'}{\partial s} + \frac{1}{\rho} \frac{\partial p}{\partial s} + g \frac{\partial z}{\partial s} + F = 0 \tag{6-12}$$

（2）恒定流动的伯努利方程。

在隧道通风中，气流的密度变化可以忽略，可认为 $\rho = $ 常量。如图 6-5，当通风机正常工作时隧道中气流为恒定流动，于是 $\dfrac{\partial v'}{\partial t} = 0$ ，$\dfrac{\partial v'}{\partial s} = \dfrac{\mathrm{d}v'}{\mathrm{d}s}$ ，$\dfrac{\partial p}{\partial s} = \dfrac{\mathrm{d}p}{\mathrm{d}s}$ ，代入式（6-12），沿 1 点积分到 2 点，令 $\displaystyle\int_s F \mathrm{d}s = h'_f$ ，则有：

$$\frac{v_1'^2}{2} + \frac{p_1}{\rho} + g z_1 = \frac{v_2'^2}{2} + \frac{p_2}{\rho} + g z_2 + h'_f \tag{6-13}$$

上式称为恒定流沿流线的伯努利方程。它只适用于沿同一流线的各点。式中 $v'^2 / 2$ 、p_1 / ρ 、$g z_1$ 各项分别表示单位质量流体所具有的动能、压力能和位能；h'_f 表示阻力 F 所做的功，它引起机械能损失并转化为热能。其物理含义是流体在流动过程中保持能量守恒，所以伯努利方程又称为不可压缩流体的能量方程。

由于在同一过流断面上气流各点的流速 v、压力 p 及位置高度 z 各不相同，求出上述各量在过流断面上的平均值，可导出适用于总流各断面之间能量关系的伯努利方程为：

$$\frac{\alpha v_1'^2}{2} + \frac{p_1}{\rho} + gz_1 = \frac{\alpha v_2'^2}{2} + \frac{p_2}{\rho} + gz_2 + h_f'$$ （6-14）

上式称为恒定流总流的伯努利方程。式中各项是单位质量流体的平均能量，各项的单位均为 $N \cdot m/kg = m^2/s^2$；称为压头损失。

隧道通风模型试验及现场观测表明，在隧道横断面上各点气流的流速分布比较均匀，因此可取 $\alpha = 1$。

如在气流的 1—1 断面和 2—2 断面之间有通风机工作，通风机输给单位体积气体的能量为 H，则伯努利方程应写为：

$$\frac{\rho v_1^2}{2} + \frac{p_1}{\rho} + \gamma z_1 + H = \frac{\rho v_2^2}{2} + \frac{p_2}{\rho} + \gamma z_2 + \rho h_f$$ （6-15）

式中　H —— 风机的全压（Pa）。

若令 $\rho h_f = H_f$，它表示单位体积流体克服阻力所做的功，单位与 H 同，是通风设计中常用的量。则：

$$\frac{\rho v_1^2}{2} + P_1 + \gamma z_1 + H = \frac{\rho v_2^2}{2} + P_2 + \gamma z_2 + H_f$$ （6-16）

6.2　隧道需风量计算

公路隧道需风量即隧道所需的新鲜空气量，要求能稀释隧道内的有害气体与烟尘，使隧道内空气质量达到安全卫生标准；而铁路隧道的需风量则与牵引方式密切相关。

6.2.1　公路隧道需风量计算

公路隧道需风量与隧道交通量、交通组成、车速、车况、隧道长度、允许的有害气体浓度与能见度、坡度等因素有关，它是隧道通风设计计算的核心。隧道需风量计算是一项实践性很强的工作，设计计算的通风量由于受到诸多因素的影响，需要在长期运营管理中进行调整。在国内通风设计中，通风量按照稀释隧道内空气中的 CO 和烟雾达到通风标准分别计算，取其中较大者作为隧道需风量。按照规范方法计算需风量时，应注意以下几点：

（1）通风设计时，车辆有害气体的排放量以及与之对应的交通量，都应有明确的远景设计年限，两者应相匹配。

（2）计算近期的需风量及交通通风力时应采取相应年份的交通量。

（3）确定需风量时，应对计算行车速度以下各工况车速按 10 km/h 为一档分别进行计算，并考虑交通阻滞状态，取其较大者作为设计需风量。

（4）在双向交通隧道中，上坡较长方向的交通量按设计交通量的60%进行计算。

1. CO排放量及稀释需风量

（1）隧道中CO的排放量应按式（6-17）计算：

$$Q_{co} = \frac{1}{3.6 \times 10^6} \cdot q_{co} \cdot f_a \cdot f_h \cdot f_{iv} \cdot L \sum_{m=1}^{n} (N_m \cdot f_m) \qquad (6\text{-}17)$$

式中　　Q_{co}——隧道全长CO排放量（m^3/s）；

　　　　q_{co}——CO基准排放量［$m^3/(veh \cdot km)$］，取 $0.007\ m^3/(veh \cdot km)$；

　　　　f_a——考虑CO的车况系数，按表6-5取值；

　　　　f_h——考虑CO的海拔高度，按图6-6取值；

　　　　f_{iv}——考虑CO的纵坡-车速系数，按表6-7取值；

　　　　L——隧道长度（m）；

　　　　f_m——考虑CO的车型系数，按表6-6取值；

　　　　n——车型类别数；

　　　　N_m——相应车型的设计交通量（辆/h）。

表6-5　考虑CO的车况系数 f_a

适用道路等级	f_a
高速公路、一级公路	1.0
二、三、四级公路	1.1~1.2

表6-6　考虑CO的车型系数 f_m

车型	各种柴油车	汽油车			
		小客车	旅行车、轻型货车	中型货车	大型客车、拖挂车
f_m	1.0	1.0	2.5	5.0	7.0

表6-7　考虑CO的纵坡-车速系数 f_{iv}

v_t/(km/h) ＼ i/%	-4	-3	-2	-1	0	1	2	3	4
100	1.2	1.2	1.2	1.2	1.2	1.4	1.4	1.4	1.4
80	1.0	1.0	1.0	1.0	1.0	1.0	1.2	1.2	1.2
70	1.0	1.0	1.0	1.0	1.0	1.0	1.0	1.2	1.2
60	1.0	1.0	1.0	1.0	1.0	1.0	1.0	1.0	1.2
50	1.0	1.0	1.0	1.0	1.0	1.0	1.0	1.0	1.0
40	1.0	1.0	1.0	1.0	1.0	1.0	1.0	1.0	1.0
30	0.8	0.8	0.8	0.8	0.8	1.0	1.0	1.0	1.0
20	0.8	0.8	0.8	0.8	0.8	1.0	1.0	1.0	1.0
10	0.8	0.8	0.8	0.8	0.8	0.8	0.8	0.8	0.8

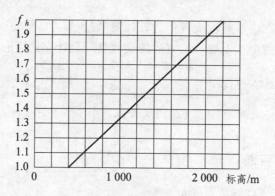

图 6-6　考虑 CO 的海拔高度系数 f_h

考虑汽车 CO 排放量逐年递减，计算中 CO 基准排放量以 2000 年为起点，各目标年份每年按 1% ~ 2% 递减。

（2）稀释 CO 的需风量：

稀释 CO 的需风量应按式（6-18）计算：

$$Q_{\text{rep(co)}} = \frac{Q_{\text{co}}}{\delta} \cdot \frac{p_0}{p} \cdot \frac{T}{T_0} \times 10^6 \tag{6-18}$$

式中　$Q_{\text{rep(co)}}$——隧道全长稀释 CO 的需风量（m^3/s）;

p_0——标准大气压（Pa），取 101 325 Pa;

p——隧址设计气压（Pa）;

T_0——标准气温（K），取 273 K;

T——隧道夏季设计气温（K）。

2. 烟雾排放量及稀释需风量

（1）隧道内烟雾排放量应按式（6-19）计算：

$$Q_{VI} = \frac{1}{3.6 \times 10^6} \cdot q_{VI} \cdot f_{a(VI)} \cdot f_{h(VI)} \cdot f_{iv(VI)} \cdot L \cdot \sum_{m=1}^{n_D} (N_m \cdot f_{m(VI)}) \tag{6-19}$$

式中　Q_{VI}——隧道全长烟雾排放量（m^2/s）;

$q_{(VI)}$——烟雾基准排放量 $[\text{m}^2/(\text{veh} \cdot \text{km})]$，取 2.5 $\text{m}^2/(\text{veh} \cdot \text{km})$;

$f_{a(VI)}$——考虑烟雾的车况系数，按表 6-8 取值;

$f_{h(VI)}$——考虑烟雾的海拔高度系数，按图 6-7 取值;

$f_{iv(VI)}$——考虑烟雾的纵坡-速度系数，按表 6-9 取值;

L——隧道长度（m）;

$f_{m(VI)}$——考虑烟雾车型系数，按表 6-10 取值;

n_D——柴油车车型类别数;

N_m——相应车型的设计交通量（辆/h）。

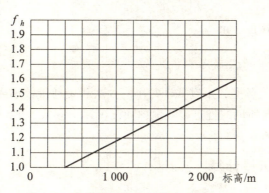

图 6-7　考虑烟雾的海拔高度系数 $f_{h(VI)}$

表 6-8　考虑烟雾的车况系数 $f_{a(VI)}$

适用道路等级	$f_{a(VI)}$	适用道路等级	$f_{a(VI)}$
高速公路、一级公路	1.0	二、三、四级公路	1.2 ~ 1.5

表 6-9　考虑烟雾的纵坡-车速系数 $f_{iv(VI)}$

v_t /(km/h)	隧道行车方向纵坡 i/%								
	−4	−3	−2	−1	0	1	2	3	4
80	0.30	0.40	0.55	0.80	1.30	2.60	3.7	4.4	—
70	0.30	0.40	0.55	0.80	1.10	1.80	3.10	3.9	—
60	0.30	0.40	0.55	0.75	1.00	1.45	2.20	2.95	3.7
50	0.30	0.40	0.55	0.75	1.00	1.45	2.20	2.95	3.7
40	0.30	0.40	0.55	0.70	0.85	1.10	1.45	2.20	2.95
30	0.30	0.40	0.50	0.60	0.72	0.90	1.10	1.45	2.00
10 ~ 20	0.30	0.36	0.40	0.50	0.60	0.72	0.85	1.03	1.25

注：根据服务水平等级，当运行速度介于表中两车速之间时，采用内插法取值。

表 6-10　考虑烟雾的车型系数 $f_{m(VI)}$

柴 油 车			
轻型货车	中型货车	重型货车、大型客车、拖挂车	集装箱车
0.4	1.0	1.5	3 ~ 4

（2）稀释烟雾的需风量按下式计算：

$$Q_{rep(VI)} = \frac{Q_{VI}}{K} \qquad (6\text{-}20)$$

式中　$Q_{rep(VI)}$——隧道全长稀释烟雾的需风量（m³/s）；

K——烟雾设计浓度（m^{-1}）。

3. 稀释空气中异味的需风量

隧道空间不间断换气频率，不宜低于每小时 5 次；交通量较小或特长隧道，可采用每小时 3 次 ~ 4 次。采用纵向通风的隧道，隧道内换气风速不应低于 1.5 m/s。

6.2.2　铁路隧道需风量计算

目前铁路隧道的牵引方式主要为电力牵引和内燃机车牵引两种方式。

1. 内燃机牵引隧道需风量

内燃机车牵引的隧道，运营通风设计时，需要的通风量是按等于隧道内体积进行计算的，即列车通过隧道后，将全隧道空气更换一次，这种方法被简称为挤压理论。当列车通过后，活塞风将带走一段烟气，隧道内所需风量应能满足在通风时间内将剩余的烟气排出洞外。需要的通风时间原则上应根据最小行车间隔确定。

当无竖井等旁通道的隧道内有自然风时，列车在隧道内运行，其活塞风速 v_{m} 与自然风阻力系数 ξ_{n} 可按下式计算：

$$v_{\mathrm{m}} = v_{\mathrm{T}} = \frac{1 - \sqrt{\dfrac{\xi_{\mathrm{m}}}{K_{\mathrm{m}}} \pm \dfrac{\xi_{\mathrm{n}}}{K_{\mathrm{m}}}\left(\dfrac{v_{\mathrm{n}}}{v_{\mathrm{T}}}\right)^2\left(1 - \dfrac{\xi_{\mathrm{m}}}{K_{\mathrm{m}}}\right)}}{1 - \dfrac{\xi_{\mathrm{m}}}{K_{\mathrm{m}}}} \tag{6-21}$$

$$\xi_{\mathrm{n}} = 1.5 + \frac{\lambda L_{\mathrm{T}}}{d} \tag{6-22}$$

式中　v_{n}——自然风速，可按对通风不利的自然反风 1.5 m/s 计；

　　　ξ_{n}——隧道内自然风阻力系数。

注：式（6-21）中，当隧道内自然风向与列车运行方向相同时取负号，反之取正号。

列车尾出洞时烟气末端（即烟气界面）距隧道出口的距离，即排烟长度 L_{q}，可按式计算：

$$L_{\mathrm{q}} = K_{\mathrm{i}}\left(1 - \frac{v_{\mathrm{m}}}{v_{\mathrm{T}}}\right)L_{\mathrm{T}} \tag{6-23}$$

式中　K_{i}——活塞风修正系数，取 1.1。

列车尾出洞后，隧道内排烟需风量可按式（6-24）计算：

$$Q_{\mathrm{e}} = K_{\mathrm{i}}\left(1 - \frac{v_{\mathrm{m}}}{v_{\mathrm{T}}}\right)\frac{FL_{\mathrm{T}}}{t_{\mathrm{q}}} \tag{6-24}$$

式中　t_{q}——通风排烟时间（s）。

2. 电力牵引隧道需风量

电力机车牵引隧道运营通风的通风标准尚待确定，目前该类隧道的通风设计是参考秦岭隧道设计原则而进行设计的。秦岭隧道通风按 90 min 将隧道内污染空气排出，换为新鲜空气，并分别核算 60 min 和 45 min 的通风能力。

6.3　通风阻力及通风动力

6.3.1　摩擦阻力与局部阻力

隧道内风流流动时，必须提供一定的通风压力，以克服隧道内风流的通风阻力。所谓通风阻力，是指气体流动时需要克服气体层间或气体与管道壁面的阻力。隧道的通风阻力分为摩擦阻力和局部阻力两类。

1. 摩擦阻力

摩擦阻力是管道（风道）周壁与风流互相摩擦以及风流中空气分子间的扰动和摩擦而产生的阻力。它与风流流程有关，所以也叫沿程阻力、内摩擦阻力，引起的风压损失称为摩擦阻力损失，也叫沿程阻力损失。

摩擦阻力可按下式计算：

$$\Delta P_r = (\lambda_r \cdot L / D_r) \cdot v_r^2 \cdot \rho / 2 \tag{6-25}$$

式中　ΔP_r——隧道内通风阻力（N/m^2）；

　　　λ_r——隧道摩擦阻力系数；

　　　D_r——隧道断面当量直径（m），$D_r = 4 \times A_r$/隧道断面周长；

　　　v_r——隧道内风速（m/s）。

2. 局部阻力

风流流经隧道的某些局部地点，如突然扩大或缩小、转弯、分岔以及障碍物的地方。由于速度或方向突然变化，风流产生剧烈的冲击，形成涡流，从而损失能量。造成这种冲击与涡流的阻力称为局部阻力，所产生的风压损失就叫局部阻力损失。通常包括隧道出入口、隧道断面突然扩大或缩小处的局部阻力。局部阻力可表示如下：

$$\Delta P_r = \xi_i \cdot v_r^2 \cdot \rho / 2 \tag{6-26}$$

式中　ξ_i——各处局部阻力系数。

将摩擦阻力与局部阻力合起来可用下面的式子表示：

$$\Delta P_r = (1 + \xi_e + \xi_i + \lambda_r \cdot L / D_r) \cdot v_r^2 \cdot \rho / 2 \tag{6-27}$$

式中　ΔP_r——隧道内通风阻抗力（N/m²）；

　　　　ξ_e——隧道入口局部阻力系数。

研究通风阻力对通风设备选型、风道设计及通风管理具有十分重要的意义。在给定隧道（风道）条件及通风量时，所计算的通风阻力就是通风机应具备的最小通风压力；相反在给定通风压力和通风量时，通风阻力可作为风道设计的依据。

6.3.2　自然风压

1. 自然风压的概述

隧道内自然风流是指在无机械作用的条件下隧道内空气定向流动的一种现象。当隧道内自然风流稳定时，就可以利用自然风流进行隧道通风，称之为隧道自然通风。隧道自然通风是一种最经济的通风方式。相反，如果隧道内自然风流不稳定且风量小，则需要利用通风机械进行隧道通风，称之为机械通风。在机械通风的情况下，隧道内自然风流可能是通风的动力，也可能是通风的阻力。因此，研究和认识隧道内自然风流对隧道通风具有重要意义。

2. 隧道内的自然风压的形成

隧道内形成自然风压的原因有三：隧道内外的温度差（热位差）、隧道两端口的水平气压差（大气气压梯度）和隧道外大气自然风的作用。

当隧道两洞口有高程差时，两洞口间的大气压力不同。但是，若隧道内外空气密度一致，且洞口间没有水平气压梯度与大气风时，则单纯由高程差所形成的气压差并不能使空气流动，因为高洞口的大气压力加位能恰好与低洞口相等。

1）热位差

当隧道内外温度不同时，隧道内外的空气密度就不同，从而产生空气的流动，用压差来表示称为热位差。

热位差的计算式为：

$$\Delta h_t = (\rho_a - \rho_n)gz \tag{6-28}$$

式中　ρ_a——隧道内空气的平均密度（kg/m³）；

　　　　ρ_n——隧道外两洞口间空气的平均密度（kg/m³）；

　　　　z——隧道两洞口间的高差（m）；

　　　　g——重力加速度，$g = 9.81$ m/s²。

2）大气气压梯度

大范围的大气中，由于空气温度、湿度等的差别，同一水平面上的大气压力也有差别，这种气压的差异，气象上以气压梯度表示。所谓气压梯度，就是在垂直于等压线的一个向量上，取子午线 1° 或 111.1 km 为一个单位距离，在单位距离内气压变化的大小叫做一个气压梯度值。

3）隧道外的大气自然风

隧道外吹向隧道洞口的大气，遇到山坡后，其动压的一部分可转变为静压。此部分动压的计算方法，当无试验资料时，可根据隧道外大气自然风的方向与风速按下式计算：

$$\Delta h_v = \frac{\rho}{2}(v_a \cos\alpha)^2 \tag{6-29}$$

式中　v_a——隧道外大气自然风速；

　　　α——自然风向与隧道中线的夹角（°）。

当有试验资料时可按下式计算：

$$\Delta h_v = \delta \frac{\rho}{2} v_a^2 \tag{6-30}$$

式中　δ——系数，它与风向、山坡倾斜度、表面形状、附近地形以及洞口形状、尺寸等因素有关，由试验确定。

6.3.3　交通风的作用

交通风，是指车辆在行驶过程中所携带的风。在隧道内这种现象特别明显，运动中的车辆很像一个活塞，所以又称为活塞风，而把这种效应称为活塞效应。

1. 公路隧道的交通通风力

行驶中的汽车，在其正面形成一个超压区，而后面形成一个负压区，由于空气有一定的附着力，所以汽车的侧面也会携带一定的空气。实测表明，单辆汽车在隧道内行驶过程中，部分空气围绕汽车形成一个小的环流，超压区的空气会流向负压区。由于汽车正面投影面积远小于隧道断面积，其活塞效应并不明显，其正面推动力、后面吸引力和侧面的携带作用是形成交通风的主要因素。一辆汽车行驶过程中形成的有效超压很小，远不足以推动隧道内整个空气柱及摩阻，无法形成交通风。只有足够数量的汽车组成的车队才可以形成。很明显，汽车的正面投影面积越大，其推动力也越大；汽车的行驶速度越大，其推动力也越大；汽车的数量越多，其推动力越大。所以，交通风的大小与汽车的数量、汽车的正面投影面积、大型车的混入率以及行驶速度有密切的关系。交通通风压力的计算如下式：

$$\Delta P_t = \frac{A_m}{A_r} \cdot \frac{\rho}{2} \cdot n_+ \cdot (v_{t+} - v_t)^2 - \frac{A_m}{A_t} \cdot \frac{\rho}{2} \cdot n_- \cdot (v_{t-} + v_r)^2 \tag{6-31}$$

式中　ΔP_t——交通通风压力（N/m²）；

　　　n_+——隧道内与 v_r 同向的车辆数（辆），$n_+ = N_+ \cdot L \cdot (3\,600 \cdot v_{t+})$；

　　　n_-——隧道内与 v_r 反向的车辆数（辆），$n_- = N_- \cdot L \cdot (3\,600 \cdot v_{t-})$；

　　　v_r——隧道设计风速（m/s）；

　　　v_{t+}——与 v_r 同向的各工况车速（m/s）；

　　　v_{t-}——与 v_r 反向的各工况车速（m/s）；

A_m ——汽车等效阻抗面积（m^2）；

A_r ——隧道净空面积（m^2）；

ρ ——空气密度（kg/m^3）。

其中汽车等效阻抗面积计算如下：

$$A_m = (1 - r_1) \cdot A_{cs} \cdot \xi_{cs} + r_1 \cdot A_{c1} \cdot \xi_{c1} \qquad (6-32)$$

式中　A_{cs} ——小型车正面投影面积（m^2），可取 2.13 m^2；

ξ_{cs} ——小型车空气阻力系数，可取 0.5；

A_{c1} ——大型车正面投影面积（m^2），可取 5.37 m^2；

ξ_{c1} ——大型车空气阻力系数，可取 1.0；

r_1 ——大型车比例。

2. 铁路隧道的活塞风

列车在隧道中行驶，其前后端的压力差，即活塞压力，可按下式计算：

$$P_m = K_m \frac{\gamma}{2g_n} (v_T - v_m)^2 \qquad (6-33)$$

式中　P_m ——活塞压力（Pa）；

g_n ——重力加速度；

v_T ——列车速度（m/s）；

v_m ——活塞风速度（m/s）；

γ ——空气重度（N/m^3）；

K_m ——活塞作用系数，其值：

$$K_m = \frac{N l_T}{\left(1 - \dfrac{f_T}{F}\right)^2} \qquad (6-34)$$

其中　l_T ——列车长度（m）；

N ——隧道列车阻力系数，单线隧道取 86×10^{-4}（1/m）；

f_T ——列车平均断面积（m^2）；

F ——隧道断面积，隧道断面积有变化时，F 值按分段长度加权平均计。

（1）当隧道为单一的通道，无自然风等其他压源，也无竖井等旁通道时，列车在隧道内运行，其活塞风速度 v_m 与活塞风阻力系数 ξ_m 可按下式计算：

$$v_m = v_T \frac{1}{1 + \sqrt{\dfrac{\xi_m}{K_m}}} \qquad (6-35)$$

$$\xi_m = 1.5 + \frac{\lambda(L_T - l_T)}{d} \qquad (6-36)$$

式中　ξ_m ——活塞风阻力系数；

L_T——隧道长度（m）；

l_T——列车长度（m）；

λ——摩擦系数（达西系数）；

d——隧道断面当量直径（m）。

（2）当无竖井等旁通道的隧道内有自然风时，列车在隧道内运行，其活塞风速 v_m 与自然风阻力系数 ξ_n 可按下式计算：

$$v_{tn} = v_T \frac{1 - \sqrt{\dfrac{\xi_m}{K_m} \pm \dfrac{\xi_n}{K_m}\left(\dfrac{v_n}{v_T}\right)^2 \left(1 - \dfrac{\xi_m}{K_m}\right)}}{1 - \dfrac{\xi_m}{K_m}} \tag{6-37}$$

$$\xi_n = 1.5 + \frac{\lambda L_T}{d} \tag{6-38}$$

式中　　v_n——自然风速，可按对通风不利的自然反风 1.5 m/s 计；

ξ_n——隧道内自然风阻力系数。

注：式（6-37）中，当隧道内自然风向与列车运行方向相同时取负号，反之取正号。

列车尾出洞时烟气末端（即烟气界面）距隧道出口的距离，即排烟长度 L_q，可按式计算：

$$L_q = K_i \left(1 - \frac{v_m}{v_T}\right) L_T \tag{6-39}$$

式中　　K_i——活塞风修正系数，取 1.1。

列车尾出洞后，隧道内排烟需风量可按下式计算：

$$Q_e = K_i \left(1 - \frac{v_m}{v_T}\right)\frac{F L_T}{t_q} \tag{6-40}$$

式中　　t_q——通风排烟时间（s），为上坡列车车尾出洞后至通风排烟完成的时间。

在双向隧道需风量计算原理基本相同，只是有些参数取值不同，这里不再详述。

6.3.4　通风机及其选择

1. 射流风机

射流风机（隧道风机）是一种特殊的轴流风机，主要用在公路、铁路及地铁等隧道的纵向通风系统中。射流风机（隧道风机）一般悬挂在隧道顶部或两侧，不占用交通面积，不需另外修建风道，土建造价低；风机容易安装，运行、维护简单，是一种很经济的通风方式。

射流风机构造上包括集流器、消声器、整流体、主机、叶轮和电动机六大部分（图 6-8）。前后集流器采用流线型改善了进出口流场，减小压力损失，使风机具有高的运行效率；消声器一般为两层圆筒结构，内筒为穿孔板，外筒由钢板滚圆焊接而成，中间充填专用的防水吸声材料，消声器配在风机段两端；整流体为流线型的，可使风机内流场得到优化，提高风机的运行效率，降低风机的噪声；主机有钢板滚圆、焊接的外壳，两端的法兰使消声器方便地与风机段连接；内部安装电动机和叶轮，定位凸缘保证风机叶顶间隙一致，射流风机的配套电机采用鼠笼全封闭式电机，可正常运行 20 000 h，为满足火灾通风排烟的要求，风机电机应适应高温运行要求。

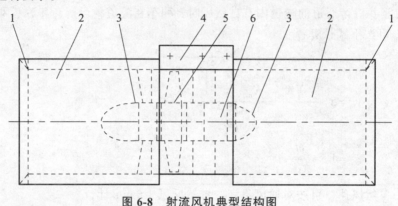

图 6-8 射流风机典型结构图

1—集流器；2—消声器；3—整流体；4—主机；5—叶轮；6—电机

按气体流动方向来分，射流风机仍属于轴流式风机类型，主要是靠气流所产生的升压，以压力方式使隧道空间获得某一确定的气流状态，以满足通风需要。射流风机作为轴流风机一种特例，具有以下显著特点：

（1）射流风机装在隧道中运行时，是将隧道中的小部分气流吸入经风机获得动能后喷出高速射流，并与周围气流间形成速度梯度很大的区域和在气流质点之间进行动量交换，使喷射出的气流减速，同时卷吸周围的气流，将其引向射流方向。因此射流风机出口风速愈高，则产生的动能较大，推动隧道内的气流的流动较快。

（2）隧道所需的通风量，随运营期的交通量、交通工况、自然风等条件而变化。为降低通风能耗，要求风机提供的风量是可调节的。大功率轴流风机虽可多台并联，靠投入运营的台数来调节供风量，但台数有限，供风量的调节梯度大、范围小。射流风机的叶片安装角在现场是不可调的，而靠调节运营的风机台数来调节风机供风量，以满足隧道通风需要。

（3）射流风机虽具有外形尺寸小、布置安装方式机动灵活的优点，但安装在隧道建筑限界与拱顶间的有限空间内，风机顶面距隧道拱顶的距离、成组风机间的横向及纵向间距的大小都会影响射流风机效能的发挥。

（4）射流风机具有良好的可逆转性能，双向风机正反向运转的流量比可达 95%以上，这是其他类型轴流风机所无法比拟的。这种良好的可逆转性能可使射流风机有效地适应隧道内车流走向、自然风流向和有害气体在隧道内分布的变化，以达到降低能耗的目的。

（5）长隧道纵向式通风系统由几台乃至数十台射流风机组成，因此能依据近远期的交通量分期安装设备，节省一次性投资。

射流风机的性能以其施加于气流的推力来衡量，风机产生的推力在理论上等于风机进出口气流的动量差，射流风机的理论推力为：

$$F = \rho \cdot A_j \cdot v_j^2 \cdot \left(1 - \frac{v_r}{v_j}\right) \tag{6-41}$$

式中　F——射流风机推力（N）；

　　　A_j——射流风机出口面积（m^2）；

　　　V_j——射流风机出口风速（m/s）；

其余符号意义同前。

上述公式是 20 世纪 60 年代德国马丁教授按动量方程结合能量方程推导后简化得出的，经有关方面实验室与隧道现场试验已为国外公路隧道通风界公认而广泛应用。

考虑射流风机的安装影响，射流风机在隧道里产生的升压力为：

$$F = \rho \cdot \frac{A_j}{A_r} \cdot v_j^2 \cdot \left(1 - \frac{v_r}{v_j}\right) \cdot \eta \tag{6-42}$$

式中　η——射流风机安装位置损失折减系数，可按表 6-11 取值。

表 6-11　射流风机安装位置损失折减系数

Z/D_j	1.5	1.0	0.7	图示
η	0.91	0.87	0.85	

在公路隧道中，射流风机可按每组 2 台~4 台布置，悬挂在隧道拱顶，图 6-9（a）是双车道隧道中每组安装 2 台风机的示意图。而铁路隧道受顶部空间的限制，射流风机往往安装在隧道两侧（图 6-9（b）），为不侵入建筑限界和影响行车安全，需要把隧道断面适当加宽，称为壁龛式集中安装。

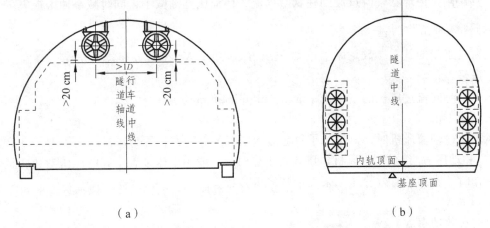

（a）　　　　　　　　　　　（b）

图 6-9　射流风机安装图

2. 大型轴流风机

大型通风机有两类，即离心式通风机和轴流式通风机。在隧道通风中，一般需要大风量、低风压的通风机。轴流式通风机符合这种要求，其体积较离心式通风机小，效率也高，所以通常使用轴流式通风机。

1）轴流风机的构造

轴流风机如图 6-10 所示，主要由工作轮、圆筒形外壳、集流器、整流器、前流线体和环形扩散器所组成。集流器和前流线体的作用是使空气均匀地沿轴向流入主体风筒内，以减少气流冲击。工作轮是由固定在轮轴上的轮和毂以及等距安装的翼形叶片组成，叶片的安装角 θ 可以根据需要来调整（图 6-11）；一个动轮与其后的一个整流器（固定叶轮）组成一段，为提高产生的风压，有的轴流风机安有两段动轮。工作轮是使空气增加能量的唯一旋转部件，当动轮叶片在空气中快速扫过时，由于翼面（叶片的凹面）与空气冲击，给空气以能量，产生正压力，空气则从叶道流出，翼背牵动背面的空气，而产生负压力，将空气吸入叶道，如此一吸一推造成空气流动。空气经过动轮时获得了能量，即动轮的工作给风流提供了全压。

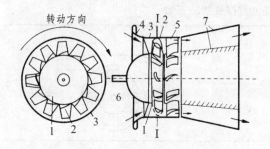

图 6-10　轴流风机构造图

1—工作轮；2—叶片；3—圆筒形外壳；4—集流器；
5—整流器；6—前流线体；7—环形扩散器

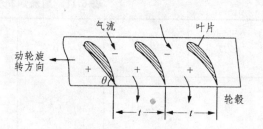

图 6-11　轴流风的叶轮安装角

θ—叶片安装角；t—叶片间距

整流器用来整直由动轮流出的旋转气流，以减少涡流损失。环形扩散器是轴流风机的特有部件，其作用是使环状气流过渡到柱状空气流，使动压逐渐减小，同时减小冲击损失。

2）轴流风机工作的基本参数

轴流风机工作的基本参数是风量 Q_{ft}、风压 H_f、功率 N、效率 η 和转速 n 等。

（1）风量 Q_{ft}。

表示单位时间流过风机的空气量（m^3/s、m^3/min 和 m^3/h）。

（2）风压 H_{ft}。

当风流流过轴流风机时，风机给予每立方米空气的总能量，称为风机的全压 H_{ft}（Pa），由静压 H_{fs} 和动压 H_{fv} 组成。当风机作压入式工作时，一般用全压来表示它的风压参数，而作抽出式工作时，常用"有效静压"来表示其风压参数。

（3）功率 N。

风机的有效功率 N（kW）为：

$$N = \frac{H_f Q_f}{1\,000} \tag{6-43}$$

计算风机的有效功率，采用风机的全压值时，称为有效全压功率；采用风机的静压值时，称为有效静压功率。

（4）效率 η。

风机轴上的功率 N 因为有部分损失而不能全部传给空气，所以提出效率 η 来表示风机工作的优劣。风机的效率分为全压效率 η_t 和静压效率 η_s。

全压效率
$$\eta_t = \frac{H_{ft}Q}{N} \tag{6-44a}$$

静压效率
$$\eta_s = \frac{H_{fs}Q}{N} \tag{6-44b}$$

3）轴流风机个体特性曲线

轴流风机在实际工作情况下的实际风量与实际风压、功率和效率的关系曲线，称为风机的特性曲线。由于风机的类型不同及叶片形状、叶片角度等不同，其特性曲线各异，因此每台风机具有自己的特性曲线，称为风机的个体特性曲线。它分为个体风压特性曲线及个体功率特性曲线（图 6-12）。

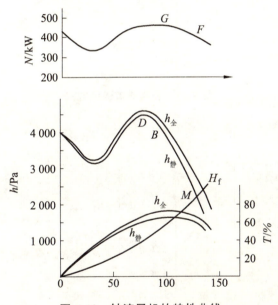

图 6-12　轴流风机的特性曲线

从上图可以看出，轴流风机的风压曲线有马鞍性的驼峰与背谷，其驼峰随叶片安装角度的增大而增大，驼峰顶点为 D，在 D 点以右曲线单调下降，属于风机的稳定工作阶段。D 点以左为不稳定阶段，在该段工作时，会引起风机的工作风量、风压、电动机功率的急剧波动，甚至发生震动和不正常的噪声，严重时会破坏风机。因此，要避免风机在该区段工作。轴流风机在稳定工作段内，功率随风量的增加而减少，因此，轴流风机应在风量最大时启动，此时功率最小。

轴流风机工作的合理性应从工作的稳定性、经济性和效率方面进行分析，为使风机安全经济运转，必须使通风机在整个服务期内的工作点都在合理的工作范围内。从经济的角度，隧道轴流风机的工作效率不应低于 80%。

6.4 运营通风方式及计算

6.4.1 概 述

1. 运营通风方式

按车道空间的空气流动方式，公路隧道和铁路隧道的通风方式分别如图 6-13 和图 6-14 所示。

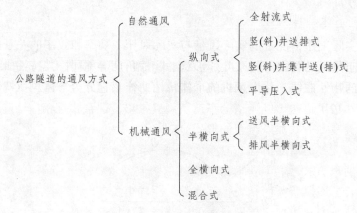

图 6-13 公路隧道通风方式

图 6-14 铁路隧道通风方式

2. 自然通风

这种通风方式没有通风设备，是利用存在于洞口间的自然风压和汽车行驶的活塞作用产生的交通通风力或者火车行驶产生的活塞风，达到通风目的的一种方式。对于公路隧道而言，对较短的隧道通风有可能采用这种方式。对双向交通的公路隧道，交通通风力有可能相互抵消，所以适用的隧道长度受到限制，目前规范推荐用下式作为区分自然通风与机械通风的界限：

$$L \cdot N \geqslant 6 \times 10^5 \tag{6-45a}$$

式中 L——隧道长度（m）；

N——设计交通量（辆/h）。

对于单向通车的公路隧道，建议采用下式作为区分自然通风与机械通风的界限：

$$L \cdot N \geqslant 2 \times 10^6 \qquad (6\text{-}45b)$$

对于铁路隧道而言，当不用通风设备，完全靠列车的活塞作用及其剩余能量与自然风的共同作用，可完成隧道的排烟换气要求时，应选择自然通风，否则选择机械通风。内燃机车牵引的单向行车隧道，长度在 2 km 以上宜设置机械通风；双线隧道在隧道长度与行车密度之积大于 100 时宜设置机械通风。电力机车牵引的隧道，当客运专线长度大于 20 km、客货共线隧道长度大于 15 km，宜设置机械通风。

3. 机械通风

按风流的方向分为纵向式、横向式、半横向式和混合式。横向式需要送风道和排风道，空气从风道吹出口送出，在隧道横断面内流向排风道。半横向式处于横向式与纵向式之间，仅设送风道，空气从送风道送出经隧道的车道从洞口排出。混合式是相应于隧道的具体条件将纵向式与横向式等基本方式加以组合的形式。

纵向式通风，空气是沿隧道轴向净空内流动，不设置风道，建设和管理费用相对较低，是目前较经济的通风方式。尤其是对单向交通的公路及铁路隧道，在 100%地利用了交通通风力（活塞风）后，通风所需的动力显著降低。在隧道长度大时，需要较大的风速，改善通风效果。为保证行车安全，规定单向行车的公路隧道内风速不宜大于 10 m/s，而双向行车隧道内风速不宜大于 8 m/s。当隧道达到一定的长度后可通过增多竖（斜）井送排风来扩展纵向通风的长度，而对于双向行车的隧道则通过施工平导送风来扩展纵向通风的长度。根据隧道轴向空气流动的原理，公路及铁路隧道中纵向式通风方式如图 6-13 及 6-14 所示。

横向式通风的风流在隧道横断方向流动，因此有害气体的浓度在隧道内分布均匀且通风稳定。从防灾方面看，横向式通风有利于在隧道发生火灾时烟雾蔓延的处理。但该方式需要设送风道和排风道，增加建设和运营费用。半横向式通风只设置送风道，新鲜空气经送风道送入，经两端洞门排出，比横向式通风经济。混合式通风是根据隧道的具体条件和特殊要求，由竖井与其他通风方式组合成最合理的通风系统。如有纵向式与半横向式的组合、横向式和半横向式的组合等各种方式。

综观各国公路隧道通风方式的演变，20 世纪 80 年代以前，从采用最稳定的通风方式出发，在长大公路隧道中，以瑞士、奥地利和意大利为代表修建的隧道多采用横向式或半横向式通风。由于横向式通风土建规模大，维修管理费用高，而单向交通的隧道中，纵向式通风能合理利用交通通风力，具有效果好、建设投资少、运营费用低的特点。因此，20 世纪 80年代后，公路隧道通风方式基本分为两大派：欧洲仍然以半横向、全横向居多，而亚洲以日本为代表，进入了纵向式通风的全盛时期。

对于纵向通风的长度，国外最初限于 1 km 左右，而后逐渐应用于 2 km 以上的长隧道。目前国外至少有 40 座长度 3 km 以上的公路隧道采用了纵向式通风，长度最长已超过 20 km。截至 2000 年，日本是世界上修建公路隧道最多的国家，从 20 世纪 80 年代开始，通过增设通风竖（斜）井及静电吸尘技术的运用，将纵向式通风应用于多座长大公路隧道中。近年来，欧洲各国的通风理念也有所改变，在单向行驶的隧道中纵向通风方式也逐渐成为主流。奥地利巴拉斯基隧道和陶恩隧道的二期工程就是典型的例子；挪威从 1987—2000 年间也在多座长大公路隧道中采用了纵向式通风。

公路隧道在我国大量出现仅有近 20 年的历史，其通风方式也经历了由全横向、半横向式向纵向式逐渐过渡的过程。如 1987 年建成的上海打浦路隧道（2 761 m）、1990 年建成的延安东路隧道（右洞，长 2 261 m）采用的是全横向式通风。1990 年建成的深圳梧桐山隧道左线（2 238 m）采用半横向通风。1989 年国内首次在七道梁隧道（1 560 m）中采用全射流纵向通风。1989 年铁道第二勘测设计院根据日本《道路公团设计要领》，将成渝高速公路中梁山隧道（左洞 3 165 m，右洞 3 103 m）和缙云山隧道（左洞 2 528 m，右洞 2 478 m）设计为半横向式通风。1990 年通过赴日考察及中外专家的咨询论证，将两隧道的通风方式变更为下坡隧道全射流纵向通风，上坡隧道竖井分段纵向通风。在国内首次将纵向通风技术运用于 3 000 m 以上的公路隧道。随后，铁山坪隧道（2 801 m）、延安东路隧道（左洞，2 300 m）、谭峪沟隧道（3 470 m）、木鱼槽隧道（3 610 m）、梧桐山隧道右洞（2 270 km）等都采用了纵向通风方式。通过近 10 年的运营表明，该种通风方式十分成功。

受隧道内的纵向风速限制，纵向通风方式分为无竖井全射流纵向式通风和有竖（斜）井的纵向式通风。目前国际上将 4 000 m ~ 5 000 m 作为不设竖井的纵向通风的极限长度。实际工程中，国内已有北碚隧道（4 020 m）、华蓥山隧道（4 706 m）、凉风垭隧道（4 085 m）、秦岭Ⅲ号隧道（4 930 m），使用全射流通风方式的长度超越 4 000 m。为拓展纵向式通风的适用长度，需在隧道中部设置竖（斜）井。在有竖（斜）井的纵向通风方式中，送排组合式通风具有能有效利用活塞风、适用长度长的优点，是特长隧道纵向通风方式的发展方向。1986 年日本在关越隧道一期工程中使用成功后，先后将其运用于第二神户（1988 年，7 175 m）、关越隧道二期工程（1990 年，11 010 m）等多座长度超过 5 km 的隧道。挪威也先后在 Gudvanga（1991 年，11 428 m）和 Laerdal（2000 年，24 510 m）等隧道中采用。国内 1997 年在大溪岭—湖雾岭隧道（4 116 m）使用成功后，相继在秦岭终南山隧道（18 300 m）、秦岭Ⅰ号及Ⅱ号隧道（分别为 6 144 m 和 6 125 m）、雁门关隧道（5 200 m）、雪峰山隧道（6 890 m）、括苍山隧道（左洞 7 929 m、右洞 7 869 m）、羊角隧道（6 800 m）等隧道中采用。

近年来西部地区，受地形、埋深及交通量的限制，在 4 km 以上双向行车的特长公路隧道中，平导分段纵向式通风也开始采用。这是一种新型的通风方式，川藏公路二郎山隧道（4 176 m）是首次采用平行导坑通风的公路隧道。该通风方式有效利用了平行导坑，具有良好的防灾效果，愈来愈受到关注。国道 317 线鹧鸪山隧道（4 423 m）是采用该通风方式的第二座隧道，雀儿山隧道、白芷山隧道也采用这种通风方式。目前，国内已建立了特长公路隧道中进行分段纵向式通风的理念，通过多座竖（斜）井或平导的应用，将纵向通风方式应用于长度近 20 km 的隧道。

我国铁路隧道采用的运营通风方式在 20 世纪 50 年代—60 年代主要有洞口风道式（分有无帘幕 2 种）、喷嘴式、斜井式和竖井式。按已经投入运营方式的 134 座隧道统计，采用最多的通风方式是无帘幕洞口风道式，共 85 座，占 63.5%；其次是洞口帘幕式（即设帘幕的洞口风道式），共 37 座，占 27.6%；喷嘴式和斜井式各占 5 座，分别占 3.7%；竖井式仅 2 座，占 1.5%。

20 世纪 70 年代末至 80 年代初，射流通风技术在国外的公路隧道中已有广泛的应用，我国铁路隧道在 80 年代后期开始引进此项技术。1987 年柳州局科研所和铁科院西南分院等单位，向铁道部申报"单线隧道射流通风研究"立题，获部批准。1988—1989 年，以枝柳线牙已隧道为对象进行射流通风研究，获得了成功。以此为标志，我国铁路隧道运营通风进入一个射流通风的新时代。由于射流通风具有不可比拟的优越性，我国 20 世纪 80 年代中期以后修建的铁路隧道，运营通风设计几乎采用了射流通风技术。目前铁路隧道采用机械通风的原则是：

（1）正常运营通常采用纵向式通风。
（2）当隧道较长或有特殊要求时，可采用分段纵向式通风。
（3）维修作业时宜采用固定通风与移动通风相结合的方式。

6.4.2 纵向式通风

1. 全射流纵向式通风

全射流通风是隧道纵向通风方式的一种，它是在隧道顶部布置一定数量的射流风机，由风机吹出高速气流，将能量传递给隧道内空气柱，引起纵向通风气流，进行诱导通风的一种方式。该通风方式具有投资少、能耗低、设备简单和使用方便的优点，在国内外得到广泛应用。对于全射流通风的适用长度，日本《道路公团设计要领》（通风篇）中规定，双向行车的隧道为 1 km 左右，单向行车的隧道为 2 km 左右；我国《公路隧道通风照明设计规范》（JTJ026.1—1999）中则为，双向行车的隧道 1.5 km 左右，单向行车的隧道 2.5 km 左右。实际工程中，西班牙的 Cadi 隧道（双向行车）使用该通风方式已突破 5 km。20 世纪末本世纪初，随着全射流通风技术研究的深入和实用效果的现场测试验证，国内公路隧道全射流通风技术迅速超过 4 000 m，应用到 5 000 m 左右的隧道，甚至阶段性地突破 6 000 m。重庆的高速公路隧道建设在国内具有代表性，目前有 12 座长度在 4 000 m 到 6 000 m 之间的特长隧道采用了全射流通风，中兴隧道（6 095 m，人字坡）使用全射流通风突破 6 000 m，纵坡为 1.7% 的万开高速铁锋山 2 号隧道（6 022 m）中阶段性地使用全射流通风。

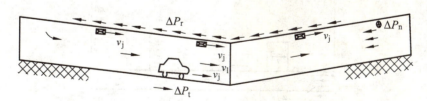

图 6-15 射流风机纵向通风模式图

全射流风机纵向通风模式如图 6-15，当隧道风流稳定后，隧道通风系统的总动力等于总阻力，由伯努利方程可导出下式：

$$\Delta P = \Delta P_r \pm \Delta P_n \pm \Delta P_t \qquad\qquad (6\text{-}46)$$

式中　ΔP——射流风机提供的通风压力；

　　　ΔP_r——隧道摩擦阻力和出入口局部阻力损失；

　　　ΔP_n——自然风等效压差，当为通风阻力时为正，反之为负；

ΔP_t——交通通风力，当为通风阻力时为正，反之为负。

2. 竖（斜）井集中（送）排风式通风

纵向式通风是最简单的通风方式，它是以自然通风为主，不满足需要时，用机械通风加以补充，是最经济合理的，但是隧道过长就不经济。如果在隧道中间设置竖（斜）井就可以弥补这个缺点，因而，常常用竖井对长隧道进行分段。竖（斜）井集中送（排）通风方式多用于对向交通隧道，此时竖（斜）井宜设置在中间，多数情况下受地形条件限制，很难刚好在中间设置竖井。当竖（斜）井分割的两段不等长时，将会出现两端隧道通风阻抗不等的情况，此时需要用射流通风机调整两段压力，使其在竖井底部进风口处的负压达到所需要的平衡状态，从而使两段的需风量刚好满足要求。此时，需要采用试算法逐步趋近，也可用网络理论进行计算。集中排出通风模式见图6-16。

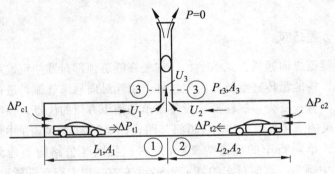

图 6-16　集中排出通风模式图

当水下隧道位于城市时，隧道出口污染物的排放将对城市环境产生重大污染。因此对于出口一侧有较严格的环境要求时，城市单向行车的公路隧道常常采用竖井集中排出式通风。当采用盾构法施工城市越江隧道时，盾构竖井可作为运营集中排风竖井，如上海复兴路越江隧道、南京长江隧道、武汉长江隧道（图6-17）和杭州庆春路越江隧道。

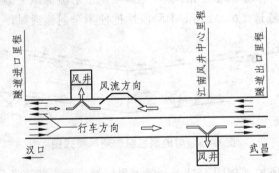

图 6-17　武汉长江隧道通风模式图

以集中排风纵向通风为例计算如下所述。

集中排风方式所需风压：

$$\Delta P = \Delta P_0 + \Delta P_s \qquad (6-47)$$

式中　ΔP_0——隧道洞口的空气与通风井底部隧道内空气的压力差；

ΔP_s——竖井的摩擦及出入口损失。

ΔP_0 的计算采用下式：

$$\Delta P_0 = \Delta P_r \pm \Delta P_t \pm \Delta P_n \tag{6-48}$$

式中符号意义同前，上述三部分根据其对通风有利与否决定取正值或负值。ΔP_0 的计算应分别考虑通风井左右侧所需压差，取其较小值作为设计值。这样，这一区段的压力就会超过所需压力，从而造成该区段风量大于所需通风量，此时可在另一区段上安设射流风机以增大其风量。

3. 送排组合纵向通风

当隧道采用排出式与送入式两种功能的通风方式时，称为竖（斜）井排送式纵向通风，该通风方式能有效利用交通通风压力，适用于单向行车的特长隧道。竖（斜）井排送式纵向通风方式有排风井和送风井，排风井用于排出一侧隧道的污染空气，送风井用于向隧道内送入新鲜空气（图 6-18）。通过增设竖（斜）井，该方式有效拓展了纵向通风长度，日本东京湾海底隧道、厦门翔安路海底隧道和青岛胶州湾海底隧道均采用了该通风方式。

送排组合通风模式如图 6-18 所示。采用这种通风方式时，在排风口与送风口之间的短道内一般会存在风流，称之为短道风流。短道风流有两种可能流动的方向，即与隧道内整体风流流动方向一致或相反，一致时称短道风流为顺流，相反时称短道风流为回流，设计中通常要求短道内为顺流。如图 6-19 所示。

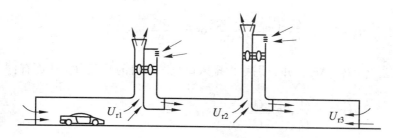

图 6-18 送排组合通风模式图

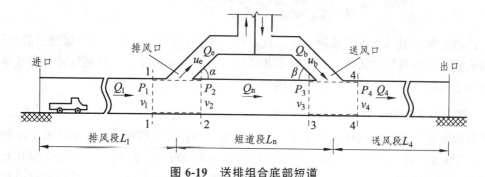

图 6-19 送排组合底部短道

1）送排风口升压力计算

在短道顺流情况下，在排风口和送风口分别取图中虚线所示的控制体，并分别在隧道轴线方向（向右为正）建立动量方程，则有：

$$\begin{cases} A(P_1 - P_2) = \rho Q_3 v_2 + \rho Q_e v_e \cos\alpha - \rho Q_1 v_1 \\ A(P_3 - P_4) = \rho Q_4 v_4 - \rho Q_b v_b \cos\beta - \rho Q_b v_3 \end{cases} \qquad (6\text{-}49)$$

式中　A——隧道的断面积；

P_1，P_2，P_3，P_4——断面 1、2、3、4 的静压；

v_1，v_2，v_3，v_4——断面 1、2、3、4 的风速；

Q_1，Q_2，Q_3——断面 1、4 及短道内的风量；

v_e，Q_e——排风口的风速与风量；

v_b，Q_b——送风口的风速与风量；

α，β——排风道、送风道的外端（段）与隧道的交角；

ρ——空气的密度。

根据连续性方程，$Q_s = Q_1 - Q_e$，注意到

$$v_2 = \frac{Q_3}{A} = v_1 \left(1 - \frac{Q_e}{Q_1}\right)$$

代入式（6-49）整理，可得：

$$P_1 - P_2 = 2 \cdot \frac{Q_e}{Q_1} \cdot \left(\frac{Q_e}{Q_1} - 2 + \frac{v_e}{v_1}\cos\alpha\right) \cdot \frac{\rho v_1^2}{2} \qquad (6\text{-}50)$$

同理可得：

$$P_3 - P_4 = 2 \cdot \frac{Q_b}{Q_4} \cdot \left(2 - \frac{Q_b}{Q_4} - \frac{v_b}{v_4}\cos\beta\right) \cdot \frac{\rho v_4^2}{2} \qquad (6\text{-}51)$$

令 $P_2 - P_1 = \Delta P_e$，$P_4 - P_3 = \Delta P_b$，并分别称为排风口与送风口的升压力。从而有：

$$\begin{cases} \Delta P_e = 2 \cdot \dfrac{Q_e}{Q_1} \cdot \left(2 - \dfrac{Q_e}{Q_1} - \dfrac{v_e}{v_1}\cos\alpha\right) \cdot \dfrac{\rho v_1^2}{2} \\[3mm] \Delta P_b = 2 \cdot \dfrac{Q_b}{Q_4} \cdot \left(\dfrac{Q_b}{Q_4} + \dfrac{v_b}{v_4}\cos\beta - 2\right) \cdot \dfrac{\rho v_4^2}{2} \end{cases} \qquad (6\text{-}52)$$

送排组合纵向通风系统的风量与压力控制比较复杂。设计中，首先应根据隧道的交通量、交通组成和隧道的几何特征等，计算隧道各区段的有害气体浓度，再根据稀释有害气体的需要，确定隧道的各区段风量，并计算风压。

2）隧道内有害气体浓度

短通顺流情况下，分别计算出隧道入口至断面 1 范围内（排风段）车辆排放 CO 的总流量 Q_{co1}，断面 4 至隧道出口范围内（送风段）车辆排放 CO 的总流量 Q_{co4}。对于车辆在短道内排放的 CO 的总流量 Q_{co3}，在纵坡不变或变化不大的情况下，可以根据排风段和短道长度的比例关系进行简化处理，为：

$$Q_{CO3} = Q_{CO1} \cdot \frac{L_S}{L_1} \qquad (6\text{-}53)$$

假定隧道入口处全为新鲜空气，CO 浓度为 $\delta_{\text{入口}} = 0$。

隧道入口至断面 1，CO 浓度呈线性递增，断面 1 处 CO 浓度为：

$$\delta_1 = \frac{Q_{\text{CO1}}}{L_1} \tag{6-54}$$

经排风口分流后，断面 2 处 CO 浓度与断面 1 处相当，为：

$$\delta_2 = \delta_1 = \frac{Q_{\text{CO1}}}{Q_1} \tag{6-55}$$

断面 3 处 CO 浓度为：

$$\delta_3 = \frac{Q_{\text{CO1}}}{Q_1} \cdot \left(\frac{Q_1}{Q_1 - Q_e} \cdot \frac{L_s}{L_1} + 1 \right) = \delta_1 \cdot \left(\frac{Q_1}{Q_1 - Q_e} \cdot \frac{L_s}{L_1} + 1 \right) \tag{6-56}$$

断面 4 处与断面 3 处的 CO 流量相当，为 $Q_{\text{co2}} + Q_{\text{co3}}$，则断面 4 处 CO 浓度为：

$$Q_4 = \frac{Q_{\text{CO2}} + Q_{\text{CO3}}}{Q_4} = \frac{Q_{\text{CO2}} + Q_{\text{CO3}}}{Q_B + Q_b} \tag{6-57}$$

断面 4 至隧道出口间 CO 浓度线性递增，出口处 CO 浓度为：

$$\delta_{\text{出口}} = \frac{Q_{\text{CO2}} + Q_{\text{CO3}} + Q_{\text{CO4}}}{Q_4} = \frac{Q_{\text{CO2}} + Q_{\text{CO3}} + Q_{\text{CO4}}}{Q_B + Q_b} \tag{6-58}$$

6.4.3 半横向式通风及横向式通风

纵向式通风的污染浓度不均匀，进口处最低，出口处最高。而半横向式通风，可使隧道内的污染浓度大体上接近一致。送入式半横向通风是半横向通风的常用形式，新鲜空气经送风管直接吹向汽车的排气孔高度附近，对排气直接稀释，这对后续车有利。如果有行人时，人可以吸到最新鲜的空气。污染空气是在隧道上不扩散，经过两端洞门排出洞外。国内较早修建的穿越黄浦江的上海打浦路隧道、延安东路隧道均采用了半横向通风方式。

对向交通时，不论是送入式还是排出式，如果两个方向交通流量相等，两洞口的气象条件也相同时，在隧道中点，空气是静止的，风速为零，这一点称为中性点。除这一点以外风速向两洞口呈直线增加（或减小）。对于污染浓度分布，送风式各处是相同的，而排风式中性点处最大。如果交通流强度不等，或两洞口的气象条件发生变化，则中性点的位置也随之变动。单向交通时，送风式的中性点多半移至入口以外。排风式的中性点，则靠近出口，污染浓度和对向交通时一样，中性点附近的污染浓度高。

在水下隧道中，为了使隧道内不产生过大的纵向风速，可采用横向式通风。这种通风方式同时设置送风管道和排风管道，隧道内基本不产生纵向流动的风，只有横方向的风流动。在对向交通时车道的纵向风速大致为零，污染物浓度的分布沿隧道全长大体上均匀，但是在单向交通时，因为交通风的影响，在纵向能产生一定的风速。污染物浓度由入口至出口有逐渐增加的趋势，一部分污染空气能直接由出口排向洞外，这种排风量有时占很大比例。但通常情况下，可以认为送风量与排风量是相等的，因而设计时也把送风管道和排风管道的断面积设计成同样的。

1. 送（排）风机的压力计算

横向式及半横向式通风系统中，送风系统是由送风塔吸进新鲜空气，经过通风机升压，然后经过连接风道将空气送入隧道的送风管道，再经过通风孔将空气送入车道空间。污染后的空气由洞口或排风孔排出洞外，因而计算通风机压力是比较复杂的。

送风型半横向或横向通风方式送风机的压力为送风井送入的空气，经联络风道、风道、行车道到洞口或排风孔之间的各种压力损失的总和，并考虑 1.1 的安全系数，由下式决定：

$$送风机总压力 = 1.1 \times [行车道内压(送风道末端处) + 必要末端压力 +$$
$$风道静压差 + 风道始端动压 +$$
$$联络风道压力损失] \qquad (6\text{-}59)$$

排风型半横向或横向通风方式排风机的压力为由洞口或送风道流入行车道内的空气，经排风孔、风道、联络风道，到排风井排出的压力损失的总和，并考虑 1.1 的安全系数，由下式决定：

$$排风机总压力 = 1.1 \times (必要始端压力 + 风道静压差 - 风道末端压力 +$$
$$联络风道压力损失 + 出入口动压) \qquad (6\text{-}60)$$

隧道两洞口间由自然风、温差等引起的压差已包括在必要始（末）端压力内。此时的通风系统压力分布如图 6-20 和图 6-21。

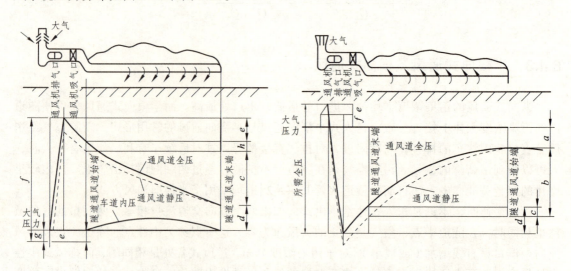

图 6-20　送风式风道系统压力分布　　　　图 6-21　排风式风道系统压力分布

2. 送风道静压差与始端动压

若送风道断面积 A_b（m^2）沿轴向为定值，并假定向车道内所送风为均布风量 q_b，则送风道的风压计算如下。

取风道风流方向为 X 轴正向，风道始端为原点，又 $X=0$，风道末端 $X=L$。

风道始端：

$$
\begin{cases}
\text{均布送风量} & q_b = \dfrac{Q_{bi}}{L} \\[3mm]
\text{风\quad 速} & v_{bi} = \dfrac{Q_{bi}}{A_b} \\[3mm]
\text{送风道始端动压} & p_b = \dfrac{\rho}{2} v_{bi}^2 \\[3mm]
\text{送风道两端静压差} & P_{bi} - P_{bo} = K_b \dfrac{\rho}{2} v_{bi} \\[3mm]
& K_b = \dfrac{\lambda L}{3D_b} - 1
\end{cases}
\qquad (6\text{-}61)
$$

3. 排风道静压差与末端动压

若风道断面积 A_e 沿轴向不变，并假定由车道向风道内排风为均布风量 q_e，则排风道的风压计算如下。

取风道风流方向为 X 轴正向，风道始端为原点，$X=0$，风道末端 $X=L$。

风道末端处：

$$
\begin{cases}
\text{均布排风量} & q_e = \dfrac{Q_{eo}}{L} \\[3mm]
\text{风\quad 速} & v_{eo} = \dfrac{Q_{eo}}{A_e} \\[3mm]
\text{排风道末端动压} & p_e = \dfrac{\rho}{2} v_{eo}^2 \\[3mm]
\text{排风道静压差} & P_{ei} - P_{eo} = K_e \dfrac{\rho}{2} v_{eo}^2 \\[3mm]
& K_e = \left(\dfrac{\lambda L}{3D} + 2 \right)
\end{cases}
\qquad (6\text{-}62)
$$

4. 送风道必要末端压力

送风道必要末端压力过去曾按瑞士通风专业委员会提出的计算公式计算，后通过一些高速公路实测，确定为 150 Pa。由气象变化引起的洞口间压差 ΔP_n 已经包含在内。

5. 排风道必要始端压力

排风道必要始端压力取决于排风道始端静压的原点值，原则上可取 100 Pa。由气象变化引起的洞口间压差 ΔP_n 已经包含在内。

6. 车道内压

横向式通风车道内压为零。半横向式按均布风量 q_b [$m^3/(s \cdot m)$] 送风的半横向通风的车道内压计算如下：

风道末端处车道内压：单洞口送风时可取此值为零。

车道内轴向风速：设离中性点的距离为 x，则有：

$$v_{rx} = \frac{q_b}{A_r} x \tag{6-63}$$

单向行车时车道内静压 P_{rx}：

在逆风段（隧道入口—中性点）

$$P_r^* - P_{rx1} = \left(\frac{\lambda_r}{3}\frac{x_1}{D_r} + 2\right) \cdot \frac{\rho}{2}v_{rx1}^2 + \alpha\frac{x_1}{L}\frac{\rho}{2}\left(v_t^2 + v_t v_{rx1} + \frac{1}{3}v_{rx1}^2\right) \tag{6-64}$$

式中　x_1——从中性点向隧道入口取的距离；

P_r^*——中性点的静压；

v_t——车速；

α——活塞作用系数，$\alpha = \frac{A_e}{A_r}\frac{NL}{v_t}$。

在顺风段（中性点—隧道出口）：

$$P_r^* - P_{rx2} = \left(\frac{\lambda_r}{3}\frac{x_2}{D_r} + 2\right) \cdot \frac{\rho}{2}v_{rx2}^2 + \alpha\frac{x_1}{L}\frac{\rho}{2}\left(v_t^2 + v_t v_{rx2} + \frac{1}{3}v_{rx2}^2\right) \tag{6-65}$$

式中　x_2——从中性点向隧道出口取的距离。

双向行车时车道内静压 P_{rx}（取上、下行交通量相等）为：

$$P_r^* - P_{rx} = \left(\frac{\lambda_r}{3}\frac{x}{D_r} + 2\right) \cdot \frac{\rho}{2}v_{rx}^2 + \alpha\frac{x}{L}\frac{\rho}{2}\left(v_t^2 + v_t v_{rx} + \frac{1}{3}v_{rx}^2\right) \tag{6-66}$$

7. 联络风道压力损失

连接送排风机与大气及送排风井等的联络风道的压力损失，可按下式计算：

$$\begin{aligned}
P_e &= \sum \xi_n \frac{\rho}{2}v_n^2 + \sum \lambda_n \frac{L}{D_n}\frac{\rho}{2}v_n^2 \\
&= \sum \frac{\rho}{2}v_{bi}^2\left[\sum \xi_n P\left(\frac{A_b}{A_n}\right)^2 + \sum \lambda_n \frac{L}{D_n}\left(\frac{A_b}{A_n}\right)^2\right]
\end{aligned} \tag{6-67}$$

式中　v_{bi}——隧道风道始（末）端风速；

ξ_n——局部阻力系数；

λ_n——摩擦阻力系数；

v_n——各部位的风速；

A_n——各部位的风道面积；

A_b——隧道风道始（末）端断面积。

横向式通风的造价很高，设计时一般需要调整通风道断面积，反复试算，才能得到经济的设计。

6.4.4　混合式通风

根据某些特殊的需要，由上述几种基本通风方式组合而成的通风方式称为混合式通风。世界上用混合式通风的隧道不乏先例，是可以利用的方式。其混合方式有很多种，但应符合一般性的设计原则，既经济，又实用。水下隧道纵断面上由于受高程的限制往往中间部分高程低，两侧高程高，又具有多个变坡点，为了充分利用各种通风方式的优点，采用的混合式通风方式较多，如宁波甬江水底隧道中间段采用了半横向式通风，两端则采用了纵向通风方式（图 6-22）。

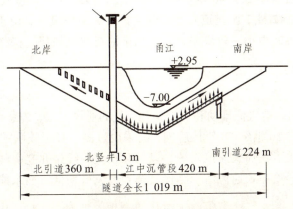

图 6-22　宁波甬江水下隧道通风模式

另外，为了防灾救援的需要，有些隧道，火灾时的通风方式和正常情况下的通风方式不同，出现了将纵向通风与半横向通风结合起来的混合通风方式，如杭州钱江隧道，正常运营采用纵向通风，而火灾排烟则采用独立排烟道半横向集中排烟通风。

6.4.5　铁路隧道的通风方式

1. 20 世纪 80 年代前铁路隧道通风方式

如前所述，我国铁路隧道采用的运营通风方式在 20 世纪 50 年代—60 年代主要有洞口风道式（分有无帘幕 2 种）、喷嘴式、斜井式和竖井式。按已经运营方式设计的 134 座隧道统计，采用最多的通风方式是无帘幕洞口风道式，计 85 座，占 63.5%；其次是洞口帘幕式（即设帘幕的洞口风道式），计 37 座，占 27.6%；喷嘴式和斜井式各占 5 座，分别占 3.7%；竖井式仅 2 座，占 1.5%。至 20 世纪 80 年代后期，引进射流风机纵向通风技术后，铁路隧道增加了一种射流通风方式。

1）无帘幕洞口风道式

无帘幕风洞口道式通风（均为吹入式）在我国铁路隧道运营通风中运用最为广泛，它具有工程简单、便于管理的特点，对长度 2 km～3 km 的单线隧道非常实用。因此从设计、运营考虑，提出了减少风道与隧道的夹角，减少风道面积增大出口风速，从而达到减少短路风流的目的。同时对风流也提出了比较切合实际的计算方法。此后洞口风道式通风便得到了广泛的应用。例如 20 世纪 70 年代修建的枝流铁路，长度在 3 km 以下的永茂 2 号等 10 座隧道均采用了无帘幕洞口风道式通风。成昆、襄渝、南疆等线一些中长隧道运营通风设计中也采用了这一通风方式。

2）洞口帘幕式

设置运营通风的隧道，当其长度超过 4 km 时，无帘幕洞口风道式通风漏风率会明显增大，照成通风效果不佳。洞口设置帘幕则能显著增加有效风量。设有帘幕时，风道口面积一般较大，所需风机动力也较低，受外界自然影响小，在各种气候条件下通风效果稳定。

我国洞口帘幕式通风经历了 40 多年的发展历程。1957 年在丰沙线 2 号、12 号、16 号、18 号、35 号、39 号和 42 号 7 座隧道安置了洞口帘幕式通风设置，由于缺乏经验，帘幕启闭不灵，漏风量大，风机能力小，效果差，又因用柴油机驱动风机，操作不便，遂将上述 7 座隧道通风设置拆除。

3）喷嘴式

喷嘴式通风是利用高速气流推动和引进新鲜空气的通风方式，为意大利人萨卡斗首创，故又称萨卡斗式。我国在 20 世纪 50 年代后期，就采用过洞口环形喷嘴式通风。1958 年在石太线东武庄隧道首次建成了喷嘴式通风系统，以后又在宝成线站儿巷等隧道进行了设计、施工和试验工作。洞口环形喷嘴式通风由于结构复杂和通风效率低，而未能推广，仅在 4 座隧道建成使用过。

4）斜井式

此种通风方式与洞口风道式通风的原理相同，只是利用斜井辅助坑道作风道。在长林线枫叶岭隧道、湘黔线新牌隧道、襄渝线旬阳隧道等 5 座隧道运营通风设计中采用了斜井式通风，但实际使用不多。

5）竖井式

宝成线秦岭隧道（长 2 364 m）设计了竖井式运营通风，后因采用电力牵引未用。京承线夹马石隧道（长 2 387 m）是我国铁路隧道中唯一利用竖井经行运营机械通风的隧道，但由于效果不好，利用率很低，加之隧道漏水，通风机械设备安装不久就腐蚀损坏，此种通风方式也就未能推广。

2. 铁路隧道射流通风技术的应用

20 世纪 70 年代末至 80 年代初，射流通风技术在国外的公路隧道已有广泛的应用，我国铁路隧道在 80 年代后期开始引进此项技术。1987 年柳州局科研所和铁科院西南分院等单位，向铁道部申报"单线隧道射流通风研究"立题，获部批准。1988—1989 年，以枝柳线牙已隧道为对象进行射流通风研究，获得了成功。以此为标志，我国铁路隧道运营通风进入一个射流通风的新时代。

由于射流通风具有不可比拟的优越性，我国20世纪80年代中期以后修建的铁路隧道，运营通风设计几乎采用了射流通风技术。例如京九线五指山隧道和金温线石笕岭隧道；焦枝铁路新龙门双线隧道，全长2 540 m，也成功地利用射流通风技术解决了隧道运营通风问题。西康线秦岭特长隧道虽然是电力牵引，由于需要解决洞内湿度、臭氧、粉尘超过卫生标准问题，也采用了射流风机纵向诱导式通风方案。凡此等等都说明，射流通风在我国方兴未艾，大有发展前景，并有取代以往通风方式的趋势。

目前我国铁路隧道运用射流通风技术可分为以下两种类型。

1）全射流通风

铁路隧道在20世纪80年代末90年代初使用射流通风技术后，已建成的铁路隧道射流通风装置大多数为全射流通风，先后在长达18 km的秦岭隧道、20 km的乌鞘岭隧道中采用了全射流通风技术。新修建的广深港客运专线狮子洋隧道长10.8 km，属大型水下隧道，上下行隧道分别在进出口明挖段内布置一组射流风机，进行全射流通风。

2）组合式射流通风

在长度超过4 km的隧道，单一采用射流风机进行通风，往往需要增加大量的风机台数，引起效率降低，管理不便。这时可采用组合式射流通风，即在洞口风道设置大型轴流风机，洞内设置射流风机。轴流风机供应隧道所需风量，射流风机主要起调节风流、防止漏风的作用（图6-23）。例如横南线分水关隧道就设计了这种通风方式。枝柳线彭莫山隧道原设计为有帘幕的洞口风道式通风，1995—1997年改造成为组合式射流通风。

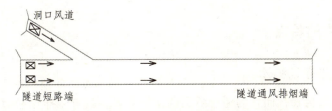

图6-23　洞口射流＋风道式通风方案示意图

1995—1997年，柳州局科研所又以交柳线彭莫山隧道帘幕式通风改造为研究对象，将射流通风和洞口风道吹入式通风相结合（即组合式射流通风）来解决4 km以上长隧道的通风问题，取得令人满意的效果。经测试，彭隧通风改造后，开2台轴流风机和8台射流风机，列车尾出洞后仅需9.7 min，就可以使隧道内有害气体浓度达到卫生标准，实现长隧道的无帘幕通风。

由于射流通风在我国已取得较充分的技术储备，它的应用前景是相当广阔的：

（1）在新建铁路干线、支线，除一次性电气化的线路外，长度在2 km～4 km的隧道均可采用全射流通风装置。

（2）对于长度超过10 km的电力机车牵引特长隧道，可以采用射流风机纵向式通风解决洞内换气问题，如秦岭隧道和乌鞘岭隧道等。

（3）射流通风不仅在新建铁路隧道中得到广泛运用，对于运营铁路隧道通风系统的改造更新也显示出它的优越性。

6.5 火灾下的通风

6.5.1 隧道火灾的危害

隧道是在地下通过挖掘、修筑而成的建筑空间，其外部被岩石或土包围，只有内部空间，无外部空间；由于施工困难、造价高等原因，与外部相连的通道少，而且宽度、高度等尺寸较小。这样的构造对外部发生的各种灾害具有较强的防护能力，但对于发生在自身内部的灾害，要比地面上危险的多。同时，人们处于封闭式空间时方向感较差，对内部情况不太熟悉，很容易迷路。因此，一旦发生火灾，混乱程度比地面上严重得多，救援和紧急疏散都存在着极大的困难。

引发隧道火灾的原因，除了隧道电气设备线路老化、短路外，还有机械碰撞、摩擦引起火花引燃车站和车厢内易燃的装饰材料或其他化学药品，乘客吸烟、携带易燃易爆的物品等。此外，地震和战争灾害的次生灾害也可产生火灾。火灾事故造成了巨大的经济损失和极其不良的社会影响：例如公路隧道火灾方面，典型的案例有 1998 年中国盘陀岭第二公路隧道火灾，1999 年勃朗峰公路隧道火灾，1999 年托恩公路隧道火灾，2000 年圣哥达公路隧道火灾，2002 年中国甬台温公路猫狸岭隧道火灾，2002 年巴黎 A86 双层隧道火灾以及 2005 年弗雷瑞斯公路隧道火灾等；地铁火灾方面，典型的案例有 1969 年北京地铁万寿路至五棵松区间发生火灾，1987 年伦敦国王五十字街地铁车站火灾，1995 年巴库地铁火灾以及 2003 年大邱地铁火灾等；铁路隧道火灾方面，2008 年宝成铁路 109 隧道火灾，英吉利海峡海底隧道曾分别在 1996 和 2006 年发生过火灾，而 2008 年又一次发生火灾。

6.5.2 火灾发生的特点

1. 火灾发生具有随机性

隧道为静止的结构物，而作为通行隧道的车辆而言，具有多样化和随机变化的特点，因此受外部的影响隧道火灾有不可预见性，致使其具有随机发生的特点。

2. 火势发展快

隧道本身是一个狭长的通道，隧道内发生的火灾多数情况下都会受到纵向风的影响，当然火势的发展速度也受车辆着火部位、燃烧物质等因素的影响。隧道火灾火势发展快，火灾初起阶段在 10 min 以内，如果在初起阶段未能采取很好的措施扑救，火灾会迅速发展至猛烈阶段，酿成大火致使扑救困难。

3. 烟雾大、扩散快

由于隧道结构物的制约和限制，加之受通行车辆尾气的影响，隧道内空气中氧含量与洞外比相对较低，隧道内发生火灾后，会产生大量的不完全燃烧产物（如 CO），形成浓烟迅速扩散。据测试，一般火场烟的蔓延速度是火的 6 倍，将隧道内发生的火灾看做是一个火源点，因受隧道空间的影响，烟的扩散速度相当惊人，一般会在火灾发生后 5 min 左右开始扩散，15 min 时浓度最大，烟的扩散使能见度降低，并且蔓延的浓烟中夹杂的 CO 是无色、无味、有强烈毒性的可燃气体，危害性极大。在火灾造成人员伤亡之中，被烟雾熏死的所占比例很大，一般是被火烧死者的 4 倍~5 倍，因此这一典型特点应引起人们的足够重视。

4. 人员疏散困难

当高温浓烟的流动方向与人员逃生方向一致时，烟气的流动扩散速度比人群的疏散逃生速度快得多，所以人们就在高温浓烟的笼罩下逃生，能见度大大降低，心理更加恐慌。同时，烟气中的有些气体，如氨气、氟化氢和二氧化硫等的刺激性使人的眼睛睁不开，可能会使人晕倒在地或盲目逃跑，造成伤亡。

6.5.3 通风的目的

隧道内一旦发生火灾，正常通风应改变为事故通风，此时的通风应达到的目的是：

（1）通风必须有利于人员逃生避难。风速的大小应尽量减少传到人体上的热负荷，还要避免因纵向风流的湍流和涡流作用而使烟雾弥漫，最大限度地给人员避难创造条件。

（2）通风应避免和尽量减少火场高温气体的扩散，防止炽热气流引燃火场以外的车辆，使火场扩大。

（3）通风应有利于消防队员救火，使消防队员能从上风向接近火场，开展灭火工作。当人员通过人行横通道进入另一个平行隧道或平导时，应能防止着火隧道的烟气进入人行横通道及相邻隧道。

6.5.4 火灾排烟控制

隧道内纵向风速与烟雾形态及分布有密切关系，根据日本在 20 世纪 80 年代的试验，两辆小轿车相撞后燃烧，当风速小于 0.5 m/s 时，在前 8 min 以内，在距火场 700 m 范围内上半部是层状烟雾，下半部是由洞口流向火场的新鲜空气，对人员的避难逃生有利。若洞内风速大于 1.5 m/s，则下风方向由于涡流作用，整个隧道烟雾弥漫，据资料，即使烟雾浓度在 5% 以下，通视距离也只有几米，不利于人员撤离。勃朗峰隧道火灾后也总结出双向交通条件下，洞内风速应≤1.5 m/s，以避免产生混乱。对于火灾烟流的分布，当有纵向通风时，火灾点两侧的烟流不对称；当纵向通风很小时，火灾点两侧的烟流基本对称。因此，对于双向行车隧道，火灾后两端均有人员和车辆的撤离，应控制烟流不向隧道任一端迅速扩散。

在单向行车的纵向通风的公路隧道中，位于火灾下游者应尽量利用车辆撤离，以加快撤离速度；火灾上游人员和车辆通过横通道撤离到另一隧道。为保证人员及车辆的安全撤离，需要对隧道进行强制通风。纵向通风时通过压力风流改变热气流的平衡。如果风量充足，则将使所有的热烟气流向火灾下游。如果风量不足，上层的热风流将发生回流。火灾后不使火灾烟流发生回流的风速即称为临界风速，临界风速的大小受诸多因素的影响，包括火灾热释放率、隧道的坡率、几何形状等。临界风速可以根据以下公式计算：

$$v_{c} = K_{g}K\left[\frac{gHQ}{\rho_0 c_{\mathrm{p}} AT_{\mathrm{p}}}\right]^{\frac{1}{3}} \tag{6-68}$$

其中 K_{g} 为坡度修正系数，当火灾发生在隧道平坡或上坡段时， $K_{g}=1.0$ ；当火灾发生在隧道下坡段时， $K_{g}=1+0.037\,4(\tan\theta)^{0.8}$ ，式中 θ 为隧道坡度倾角， $\tan\theta$ 取下坡段坡度的绝对值，以百分比数值表示。式中 g 、 c_{p} 、 T_{p} 、 ρ_0 、 H 、 A 、 Q 分别为重力加速度、空气比热、烟流最高温度、流向火灾区风流密度、火灾热释放率、隧道的面积和隧道的高度。

公路隧道当采用横向和半横向排烟时，火灾排烟风量应大于火灾烟雾的生成量。通常 1 辆小客车、1 辆大客车或 1 辆重载货车、1 辆油罐车的火灾烟雾生成量分别为 20 m³/s ～ 30 m³/s、60 m³/s ～ 80 m³/s 和 100 m³/s ～ 300 m³/s。

6.5.5　隧道防火措施

有许多研究表明，火灾中人的死亡原因大都是浓烟导致的窒息，而非被火直接烧死。各国在隧道防火的研究工作中，针对不同情况提出了相应的防火措施。

（1）长的隧道应划分防火分区。《公路隧道通风照明设计规范》（JTJ026.1—1999）建议防火分区长度取 1 000 m，是基于与避难横通道所处位置基本对应而提出来的。各个防火分区应有相应的排烟要求及人车逃离方案。长隧道的通风井与隧道之间所有相通的门均应做成甲级防火门，耐火极限达 1.2 h。

（2）设置机械通风的隧道，应视隧道内火灾点的位置确定送排风风向，应尽量缩短火灾烟雾在车道内的行程。

（3）通风设备在设计选型时，必须考虑到发生火灾时排烟的要求，具备高温情况下维持一定工作时间的能力，并可远距离遥控启动。排烟风机应按重要负荷供电，设两个互为备用的电源，末端应能自动切换。

总之，隧道消防设计贯彻"以防为主、防消结合"的方针。要做到立足于防灾进行设计，同时隧道内一旦出现火灾，必须做到早发现，及早扑灭，避免小火酿成大灾。对于隧道内发生的初期火灾，采取"自救为主，外援为辅"的原则，确保使隧道使用者能够方便地使用隧道内的消防报警和灭火设备。一旦发生较大火灾，应为隧道内人员提供基本的逃生手段。

6.6　通风网络及应用

6.6.1　风道的联结形式

地下工程中风流的引进、分布、汇集和排出是通过许多彼此相通的风道进行的。风流通过的风道所构成的网络，称为通风网络。

通风网络按其联结形式分为 3 种基本结构：串联网络、并联网络、角联网络。

所谓串联（图 6-24），就是各条风道首尾依次连接。这种网络的通风阻力大，而且串联的风道越多，总风阻越大。另外的一个缺点是各工作地点的风量不易调节，污风串联。因此应尽量避免串联通风，当条件不允许而又必须采用串联时，也应采取相应的净化措施。

两个或两个以上的风道在同一连接点分开，然后又在另一个连接点汇集，其中没有交叉风道，这种通风网络叫并联网络（图 6-25）。由两条风道组成的并联网络称为简单并联通风网络，两条以上风道组成的并联网络称为复杂并联通风网络。并联通风网络的总风阻比任意分支的阻力都小，而且各分流中的空气都是新鲜的，不像串联风道中的风流，后面的受前面的污染。此外，并联通风网络易于人工调节风量，控制风道中火灾事故。实际工作中应尽量采用并联通风。

若两条并联风道之间有一条对角风道使两条并联风道相通的网络，称为简单角联网络（图 6-26），用两条以上对角风道的叫做复杂角联。角联网络的特点是对角风道的风向不稳定，或者无风。

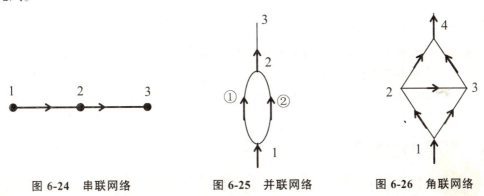

图 6-24　串联网络　　　　图 6-25　并联网络　　　　图 6-26　角联网络

6.6.2　风流在网络中的流动规律

1. 质量守恒定律

在单位时间内，任一节点流入和流出空气质量的代数和为零。

$$\sum_{j=1}^{n} \rho_{ij} Q_{ij} = 0 \quad (j \in i, \ i = 1, 2, \cdots, m) \tag{6-69}$$

式中　ρ_{ij}——第 i 个节点上的第 j 条风路中的风流密度（kg/m³）；

　　　Q_{ij}——第 i 个节点上的第 j 条风路中的风流流量（m³/s）。

2. 能量守恒定律（风压平衡定律）

在任何闭合回路（或网孔）上所发生的风流能量转换的代数和为零。

$$\sum_{j}^{n} h_{ij} = \sum_{j}^{n} H_{ftij} + p_{mi} + \sum_{j}^{n} p_{Jij} + \sum_{j}^{n} p_{tij} \quad (j \in i, \ i = 1, 2, \cdots, n-m+1) \tag{6-70}$$

式中　h_{ij}——风网中第 i 个回路上第 j 条风路中的阻力（Pa）；

H_{ftij}——风网中第 i 个回路上第 j 条风路中主风机风压（Pa）;

p_{mi}——风网中第 i 个回路上的自然通风力（Pa）;

p_{Jij}——风网中第 i 个回路上第 j 条风路中射流风机风压（Pa）;

p_{tij}——风网中第 i 个回路上第 j 条风路中的交通通风力（Pa）。

当回路中无主风机、自然通风力与射流风机作用时，上式变为：

$$\sum_{j}^{n} h_{ij} = 0 \quad (j \in i, \ i = 1, 2, \cdots, n-m+1) \tag{6-71}$$

式（6-71）表明，风网中任一网孔的风压代数和为零。

3. 通风阻力定律

对于处于完全紊流状态的风流，其阻力遵守平方关系：

$$h_i = R_i Q_i^2 \quad (i = 1, 2, \cdots, n) \tag{6-72}$$

式中　R_i——风网中第 i 条风路中的风阻值（N·s²/m⁸);

Q_i——风网中第 i 条风路中的风流流量（m³/s);

h_i——风网中第 i 条风路中的阻力（Pa）。

6.6.3　通风网络的解算

1. 串联通风网络

根据风量连续定律，在串联网络中，各条风道的风量相等，得：

$$Q = Q_1 = Q_2 = Q_3 = \cdots = Q_n \tag{6-73}$$

根据风压损失叠加原理，串联网络的总风压降为各条风道通风阻力之和：

$$h = h_1 + h_2 + h_3 + \cdots + h_n \tag{6-74}$$

根据阻力定律，串联网络的总风压等于各条风道的风阻之和。

即　　　$RQ^2 = RQ_1^2 + RQ_2^2 + RQ^2 + \cdots + RQ_n^2$

$$R = R_1 + R_2 + R_3 + \cdots + R_n \tag{6-75}$$

2. 并联通风网络

根据风量连续定律，并联网络总风量为各分支风道的风量和。

$$Q = Q_1 + Q_2 + Q_3 + \cdots + Q_n \tag{6-76}$$

根据风压平衡定律，并联网络的总通风阻力等于各分支风道的通风阻力。

$$h = h_1 = h_2 = h_3 = \cdots = h_n \tag{6-77}$$

$$\frac{1}{R} = \frac{1}{R_1} + \frac{1}{R_2} + \frac{1}{R_3} + \cdots + \frac{1}{R_n} \tag{6-78}$$

3. 角联网络

简单角联网络中角联分支的风向完全取决于两侧各邻近风道的风阻比，而与其本身的风阻无关。通过改变角联分支两侧各邻近风道的风阻，就可以改变角联分支的风向。而对于复杂角联网络，其角联分支的风向的判断，一般通过通风网络解算确定。角联分支一方面具有容易调节风向的优点，另一方面又有出现风流不稳定的可能性。角联分支风流的不稳定不仅容易引发灾害事故，而且可能使事故影响范围扩大。

6.6.4　通风网络的应用

通风网络确定后，风流在风机作用下按风流在通风网络流动的规律流动，此时，一部分隧道内可能风量不足而另一些隧道内的风量过剩，这就需要对通风网络进行调节。在地下工程中，常用调节方法有增阻调节法、降阻调节法、辅助扇风机调节法。

1. 增阻调节法

增阻调节，是在并联网络中以风阻大的风道的阻力值为依据，在阻力小的风道中增加一个局部阻力，使两并联风道的阻力达到平衡，以保证各风道的风量按需供给。通常采用风窗来实现增阻调节，调节风窗就是在风门或风墙上开一个面积可调的小窗口，当风流流过窗口时，由于突然收缩和突然扩大而产生一个局部阻力，调节窗口的面积，可使此项局部阻力和该风道中所需增加的局部阻力值相等。

2. 降阻调节法

降阻调节法是以阻力较小的风道的阻力值为基础，降低阻力大的风道的风阻值，以使并联网络中各风道的阻力平衡。风道中的风阻包括摩擦风阻和局部风阻。当局部风阻较大时应首先考虑降低局部风阻。摩擦风阻与摩擦阻力系数成正比，与风道断面积的三次方成反比。因而降低摩擦风阻的主要方法是改变支架类型（即改变摩擦阻力系数）和扩大风道面积。

扩大风道断面，在总风量不变的情况下，若风道断面扩大一点，风阻将会减少很多；由于摩擦风阻与摩擦阻力系数成正比，为降低风阻，可采用摩擦阻力系数小的支架代替摩阻系数较大的支架。降阻调节的优点是风道的总风阻减少，若风机性能不变，将增加总风量。它的缺点是工程量大、工期长、投资大，有时需要停产施工。因此，在采用扩大风道断面和改变支架形式措施之前，应根据具体情况，结合风机性能曲线进行分析、计算，确认有效及经济合理时，才确定降阻调节措施。

3. 射流风机调节法

当两并联隧道（或风道）的风压相差悬殊，用增阻和减阻调节法不合理或不经济时，可在通风阻力大的隧道（或风道）中安设射流风机克服一部分阻力，达到调节风量的目的。用射流风机调节时，应将射流风机安设在阻力大（风量不足的）的隧道（或风道）中，且射流风机所造成的有效压力应等于两并联风道的阻力差值。射流风机的风量应等于该风道所需通过的风量。

6.7 通风附属工程

除射流纵向通风方式以外，其他几种通风方式一般都需要修建通风井、通风机房、联络风道、隧道内风道，并安装通风机，才能形成完整的通风系统。其中通风井与通风机房的规划与设计至关重要。

6.7.1 通风井

通风井是连接隧道与地表的通道。通风井可以是垂直的、倾斜的或水平的。垂直的叫竖井，倾斜的叫斜井，水平的叫平行导坑。选择哪一种通风井要根据地形确定，原则是隧道与地表连接的距离短，连接方便。水下隧道常用竖井和平行导坑，斜井较为少见。

在一条隧道中可以只设一个通风井，也可以设多个通风井。设通风井的多少与选择的通风方式以及划分的通风区间段等有关。通风井多，风机台数增加，管理分散，管理人员增多，通风井的建设和风机的安装费用增加；通风井少，则可能造成通风系统不合理，风机能耗高。

确定通风井的位置及数量既要考虑通风系统简单，建设和安装费用少，又要考虑通风系统运行可靠，运营管理费用低。通常利用隧道施工井作为通风井，这就要求在确定施工井的位置时要考虑到通风井的各种要求。此外，设计时还要注意避免污染空气的回流与排放废气对环境的污染。对于水下隧道，通风井的位置一般在水中，可采用在水中筑岛修建通风竖井，通常为了减少通风竖井的长度，可将通风竖井布置在靠近岸边的地方。

对于地处城镇的隧道，竖井换风塔的设计应根据所处位置，注意防止排风扩散对周围大气环境的不良影响，必要时应对此影响作出评价并采取防范措施。其调查和评价内容应包括排气的上升高度、排出角度、扩散宽度、扩散浓度以及井位附近的大气主导风向等。

6.7.2 通风机房

通风机房也是隧道通风的重要设施。规划与设计时除注意通风机房的功能要求外，还要使其位置合适、结构可靠、外观协调、便于养护维修与运营管理。通风机房可分为地面通风机房和地下通风机房。

1. 地面通风机房

当采用集中式送入式或横向式通风时，通风机房可设置在隧道洞口处，设在洞口处又可分为在两洞口间设置和路堑单侧设置两种形式。设置在洞口时，应根据地面线路、隧道洞门、洞外地形和景观，合理选择通风机房的位置、形式。通风机房设置在两洞口之间时，尤其应当注意与洞门和两侧路线的协调，避免对车辆行驶产生不良影响。

当采用竖井、斜井通风时，通风机房可设置在地面，也可设置在洞内，国外 20 世纪 90 年代以前，多数采用地面通风机房的形式，我国修建的少数几座通风竖井也采用地面形式。地面通风机房具有施工难度小、造价较低的特点，同时，由于竖（斜）井出口位置较高，也存在破坏地表环境、维修管理不变的缺点。

2. 地下通风机房

在竖井、斜井通风中，当地面设置通风机房有困难时，可将通风机房设置在竖（斜）井底部与隧道连接的位置。采用地下通风机房，便于维护管理和工作人员出入，避免地表环境的破坏。但同时应注意通风机房的防水、防潮、防尘、降噪、温度调节及通风排烟等。20 世纪 90 年代以后，这种形式的通风机房在国外（尤其是日本）得到广泛应用，国内秦岭终南山隧道是采用地下风机房的第一座隧道，近年来地下风机房在公路隧道中应用得越来越多。

由于水下隧道地理位置及水文地质的特殊性，以采用地面风机房为主。通风机房的大小要根据风机的大小、台数确定，要便于安装各种供配电设备、控制装置和监测仪表，便于检修，保证工作人员有一个良好的环境。

6.7.3　联络风道

联络风道是连接通风机与通风井的通道。通风机安装在联络风道上向通风井内送风，或向地表排风。联络风道可以是设在通风井底部的通道，也可以是在地表上砌筑的和井口相通的一种通道。因为联络通道直接和通风机的进风口或出风口相连，所以联络风道的大小要根据风机的型号以及安装要求确定。对于横向通风方式，火灾时顶隔板直接承受高温，结构易于变形、剥落，从而导致漏风甚至更加严重的后果，如果风道及顶隔板一旦破损，其修补或更换将非常困难，因此，应特别重视其结构的耐久性。

为了在火灾时不停风机，又能迅速改变隧道内风流方向，联络风道与风机的连接应有两种方式：一种是正常连接方式，实现隧道的正常送风；另一种仅在火灾时使用，它需要在风机和联络通道之间再设一个通道，并用一些控制装置来控制，实现火灾时的通风。

思 考 题

6-1　隧道内的有害气体有哪些？隧道运营通风的目的是什么？

6-2　隧道内风流的流动满足哪些流动规律？

6-3　说明公路隧道与铁路隧道通风需风量计算的异同。

6-4　简述公路隧道和铁路隧道的运营通风方式。

6-5　隧道火灾情况下的通风目的是什么？与运营通风有何区别？

6-6　某越江公路隧道长 4 300 m，单向行车，行车速度 80 km/h，设计远期年限交通量为 36 750 辆/日，设计交通组成如表 6-12。隧道横断面积为 92.7 m²，隧道纵坡为 $-4.5\%/510$ m，$-3.05\%/1\,210$ m，$2.45\%/1\,790$ m，$2.17\%/790$ m。试进行该隧道的运营需风量计算、通风方式的选择及通风设备的选型及布置。

表 6-12　设计交通组成　　　　　　　　　　　　　　　　　　　%

小 客	大 客	小 货	中 货	大 货	集装箱
48.26	11.46	7.26	9.64	14.21	9.17

第7章
水下隧道运营消防、照明、供配电

7.1 水下隧道消防

火灾是火失去控制而蔓延的一种灾害性燃烧现象，其表现的主要危害包括高温、毒性、恐怖性和减光性。水下隧道具有投资大、超长、超大等特点，隧道内车辆和人员密集，疏散和救援困难，一旦发生火灾并得不到有效控制，将可能造成重大的人员伤亡、财产损失和社会影响。因此，水下隧道的消防安全问题受到各方面人员的高度重视。

7.1.1 火灾自动报警系统

1. 火灾自动报警系统构成

火灾自动报警系统是人们为了早期发现火灾并及时采取有效措施，而设置在建筑中或其他场所的一种自动消防报警设施。隧道火灾自动报警系统包括触发器件、火灾报警装置、火灾警报装置以及具有其他辅助功能装置组成的火灾报警系统。如图 7-1 所示，当火灾探测器或手动报警按钮发出报警信号，系统接收到火灾报警信号时，系统发出火灾警报信息，并实施相应的消防联动措施。

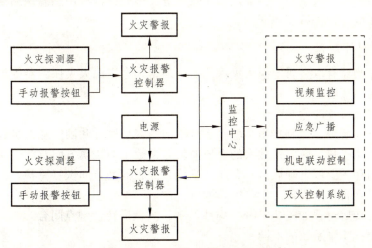

图 7-1 火灾自动报警系统构成

2. 火灾探测器的分类

火灾探测器可以按火灾参数和结构造型进行分类。

1）按火灾参数分类

火灾燃烧是一种伴随着有光、热的化学反应过程，燃烧产生的一般现象包括热（温度）、燃烧气体、烟雾、火焰。根据不同的火灾燃烧现象研制的火灾探测器，包括感烟火灾探测器、感温火灾探测器、可燃气体探测器、感光火灾探测器以及复合火灾控测器。

感烟火灾探测器：通过响应悬浮在大气中由于燃烧或热解产生的固体或液体微粒的一种火灾探测器，其探测原理为火灾燃烧初期产生的气溶胶或烟雾粒子可以改变光强，减小电离室的离子电流以及改变空气电容器的解电常数半导体的某些性质进行火灾探测。

感温探测器：响应异常温度、温升速率和温差等参数的火灾探测器。它可分为定温火灾探测器、差温火灾探测器和差定温火灾探测器。

可燃气体探测器：检测可燃气体如甲烷、天然气和液化石油气等的探测器。用于可燃气体探测器的传感元件主要有铂丝、铂钯和金属氧化物半导体等几种。

感光探测器：响应火焰辐射出的红外、紫外、可见光的火灾探测器，目前广泛使用红外火焰型和紫外火焰型探测器。

复合探测器：同时响应烟、温、气、光、声等火灾参数中的两个或两个以上的火灾探测器。主要有感温感烟火灾探测器、感光感烟火灾探测器、感光感温火灾探测器等。

2）按结构造型分类

按照火灾探测器结构造型特点，可以分为线型探测器和点型探测器两种。

线型探测器是一种响应连续线路周围火灾参数的探测器，其警戒范围为某一线路周围。

点型探测器是探测元件集中在一个特定位置上，一种响应某点周围火灾参数的装置，其警戒范围为某一点周围。

3. 常用火灾探测器的原理

水下隧道经常存在大量粉尘、油烟和水蒸气等，因此，常选用感温探测器，本书对几种感温火灾探测器的原理进行简单介绍。

1）点式定温探测器

点式定温探测器有双金属定温火灾探测器、易熔合金定温火灾探测器等类型，下面简单介绍双金属片定温探测器。

（1）利用双金属片的弯曲变形。

如图 7-2（a）所示，探测器由热膨胀系数不同的双金属片和固定触点组成，当环境温度升高时，双金属片受热，膨胀系数大的金属向膨胀系数小的金属方向弯曲，使触点闭合，输出报警信号。当环境温度下降后，双金属片复位，探测器又自动恢复原状。

（2）利用双金属片的反转。

双金属片反转后位置如图 7-2（b）虚线所示，圆盘反转使触点闭合。

（3）利用金属膨胀系数的不同。

如图 7-2（c）用膨胀系数大的金属外筒和膨胀系数小的内部金属板组合而成，由于外筒的膨胀系数大于金属板，根据其膨胀系数的差使触点闭合。

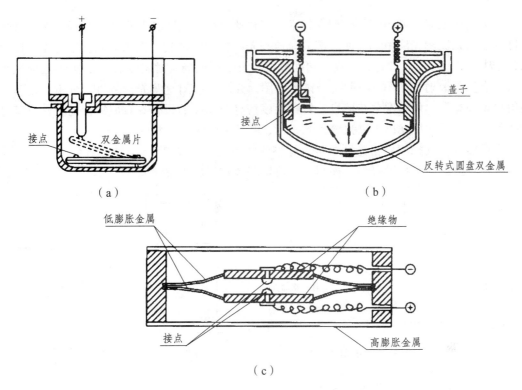

（a）

（b）

（c）

图 7-2　双金属片点式定温探测器

2）点式差温探测器

差温火灾探测器指升温速率超过预定值时就报警的火灾探测器。如图 7-3 为膜盒式差温探测器，主要结构包括感热室、膜片、泄漏孔及触点等构成，感热外罩与底座形成密闭气室，有一小孔（泄漏孔）与大气连通。火灾发生时，感热室内的空气随着周围的温度急剧上升，并迅速膨胀，使感热室内的空气来不及从泄漏孔流出，致使室内气体压力增高，膜片受压使触点闭合，发出报警信号。

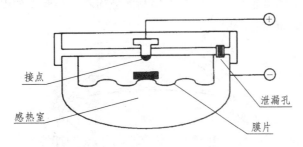

图 7-3　膜盒式差温探测器

3）点式差定温探测器

差定温探测器综合了差温式和定温式探测器两种作用原理。

4）线性光纤感温火灾探测器

线型光纤感温火灾探测器是分布式光纤温度探测（DTS）技术在火灾报警领域的具体应用，它以光纤拉曼（Raman）散射技术为基础，结合了高频脉冲激光、光波复用、光时域反射、高频信号采集及微弱信号处理等技术。将探测光纤铺设于待测空间，光纤主机将激光光束脉冲发射到探测光缆中，脉冲大部分能传到光纤末端并消失，但部分光会沿着光纤反射回来，反射光谱包含与入射光波一致的瑞利散射以及带有现场实时温度信息的拉曼-反斯托克斯散射和布里渊散射，如图7-4散射光谱示意图，光纤主机对这些光信号进行分析和处理，从而得出整条光纤上的温度分布信息。将该温度信息与预设的报警参数值进行比较，当满足报警条件时，光纤主机发出火灾报警声光指示，并传向火灾报警控制器。

光纤感温火灾探测器由光纤主机、探测光缆组成，如图7-5。其中，光纤主机负责光纤信号处理、报警和参数设置等，探测光缆负责现场的温度采集。

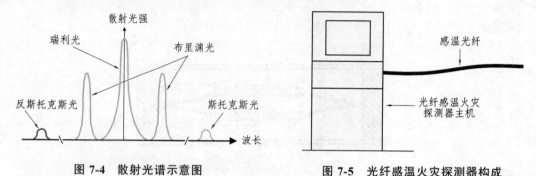

图 7-4 散射光谱示意图   图 7-5 光纤感温火灾探测器构成

4. 火灾探测器的选择和布设

火灾探测器选择设置得是否合理，会直接影响整个系统的响应效果，火灾探测器选择的一般原则应综合考虑火灾的特点、安装场所环境特性、安装高度等条件。当空间有大量粉尘、水雾滞留、产生腐蚀性气体时，不宜选用离子感烟探测器；当燃烧产生阴燃，不宜选用感温探测器；温度在 0 ℃ 以下场所，不宜选用定温探测器；正常情况下温度变化大的场所，不宜选用差温探测器。

火灾探测器的安装高度与火灾探测器的类别有一定的关系，不同火灾探测器的安装高度要求不同。火灾探测器的设置数量，应考虑探测区域面积、探测器的保护面积。图7-6为某水下隧道火灾探测器的布设。

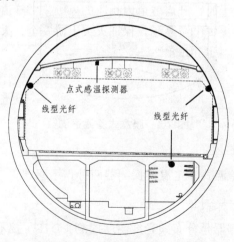

图 7-6 火灾探测器的布设

7.1.2　火灾烟气控制

火灾对人体的危害主要是火灾产生的烟气和高温，其中火灾烟气是造成人员伤亡的主要因素。

1. 火灾烟气特性

火灾烟气造成人员的主要危害包括缺氧、减光性、毒性和恐怖性等。火灾烟气的毒害性、减光性是生理危害，而恐怖性是心理危害。

1）火灾烟气的毒害性

隧道火灾燃烧大部分为不完全燃烧，将产生大量的有毒有害气体，如 CO、CO_2、HCN、HCL、H_2S 等，人员呼吸进有害烟气后将造成正常的生理机能紊乱。同时火灾烟气温度较高，又含有烟灰粒子，人体吸入后可能灼伤呼吸道和影响心肺功能。

2）火灾烟气的减光性

火灾产生的大量浓烟，将降低疏散空间的能见度，同时烟气对人眼也有一定的刺激作用，使人睁不开眼睛，从而妨碍人们寻找正确的疏散路径，降低人们在火场中的疏散速度。

3）火灾烟气的恐怖性

火灾产生的大量浓烟、高温和火焰，使人们产生恐怖感，给疏散过程的人们带来巨大的心理压力，有时甚至失去理智，惊慌失措，造成人员挤死或踩伤的严重后果。

2. 火灾烟气控制方式

隧道火灾烟气的控制方式包括纵向排烟方式、横向排烟方式和集中排烟方式等。

1）纵向排烟方式

现阶段我国长大公路隧道营运通风的主要形式为纵向通风方式（图7-7），包括全射流通风方式、集中送（排）式和竖（斜）井送排式等。纵向通风方式是从一个洞口直接引进新鲜空气，由另一洞口把污染空气排出的方式。对应隧道营运时的纵向通风排出污染物，火灾时也采用纵向排烟，即火灾发生时，开启隧道内相应的风机，沿隧道行车方向施加纵向流动的通风风速，阻止火灾烟气向火灾上游蔓延，保证火灾上游安全，火灾烟气将沿隧道下游纵向流动，通过隧道出口或竖（斜）井排出。

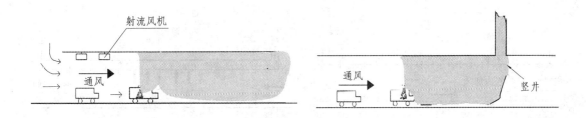

（a）纵向隧道出口排烟　　　　　　　　（b）纵向竖（斜）井排烟

图7-7　纵向通风排烟示意图

纵向排烟方式实施的关键因素为临界风速，临界风速就是刚好使得烟气逆流消失，烟气运动变为沿火源下游方向的完全单向蔓延的纵向风速。采用临界风速控制烟气的流动，既能防止向上游回流的烟气危害火源上游阻塞的车辆和行人，又避免了风速过大而加大火灾燃烧的规模，造成更大的火灾损失。

临界风速的大小受火灾的热释放速率、隧道截面积、坡度以及高度等影响。可用公式（6-68）来进行相应的计算。

2）横向排烟方式

隧道横向通风方式包括半横向通风和全横向通风方式，火灾时的横向排烟与隧道正常营运通风时的烟雾组织基本一样。当发生火灾时，开启排风道和送风道风机，火灾烟气沿隧道横向流动，烟流通过排风道排出。图7-8为隧道半横向通风排烟示意图，图7-9为全横向通风排烟示意。

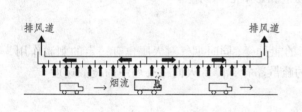

图 7-8　半横向通风排烟方式　　　　　　图 7-9　全横向通风排烟方式

3）集中排烟方式

纵向通风方式工程造价和营运成本低，能有效利用活塞风，在我国已广泛采用。但纵向通风排烟方式在隧道单洞双向交通发生火灾时，以及隧道发生二次事故引起火灾时，不能有效解决排烟等问题。横向通风排烟方式排气沿隧道断面横向流动，能有效解决单洞双向交通以及二次事故引发的火灾事故时排烟，但该方式工程造价和营运成本高，不能有效利用活塞风等缺点，现已经采用较少。

为解决上述问题，在一些重大隧道工程，提出了集中排烟方式，该方式是在纵向通风方式的基础上利用隧道内的富余空间加设排烟通道，其通风排烟模式为：在隧道正常营运阶段，排烟道一般不使用，关闭排烟阀门，进行纵向营运通风；在火灾工况条件下，利用专用排烟道，采用集中排烟方式进行排烟，集中排烟与横向排烟的区别在于该方式只开启火源附近的排烟阀门，对火源附近的火灾烟气进行集中抽排，起到良好的排烟作用。如图7-10所示。

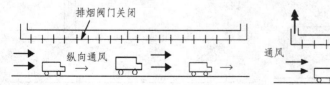

（a）正常营运阶段通风　　　　　　　　（b）火灾时集中排烟

图 7-10　集中排烟方式

7.1.3 消防灭火系统

水下隧道的消防灭火系统包括灭火器、消火栓、固定式水成膜泡沫灭火装置、水喷雾灭火系统以及泡沫-水喷雾联用系统等。

1. 灭火器

灭火器是扑救初期火灾的重要消防器材，它轻便灵活，移动方便，操作简单，在各类场所广泛使用。灭火器的种类可按充装的灭火剂类型、驱动灭火器的压力方式和灭火器移动方式进行分类。现按扑灭不同火灾种类的灭火剂类型介绍常用的灭火器。

1）水型灭火器

水是常用、廉价的灭火剂，水可以单独用来灭火，也可以在其中添加化学物质配制成混合液使用，提高灭火效率。

水型灭火器一般用来扑救固体火灾，不能用来扑救电气设备火灾（水喷雾、细水雾除外），只有在电气设备断电后才可以使用。

水溶性液体，如乙醇、乙醚等火灾可直接用水灭火，水与它们混合，有冲淡的作用，使火灾得到控制或扑灭。非水溶性液体，且密度大于水的，可用水来扑救，这时水在液面形成一个覆盖层。但当可燃液体比水轻时，如汽油、煤油等，由于它漂浮在水面上，可能造成火灾蔓延。

水型灭火器不能扑救与水发生化学反应的物质，这些物质主要有：活泼金属及其合金类、金属粉末类、金属氢化物类、金属碳化物类、硼氢化物类、金属氰化物类、金属硅化物类、有机金属化合物类、金属硫化物类。

2）泡沫灭火器

泡沫灭火器喷射出的泡沫是一种体积较小、表面被液体包围的气泡群，相对密度为0.001~0.5。泡沫的比重远远小于一般可燃液体的比重，因而可漂浮在液体的表面，形成泡沫覆盖层。同时，泡沫又具有一定的黏性，可以黏附于一般可燃固体的表面。

常用的泡沫灭火剂包括蛋白泡沫灭火剂、氟蛋白泡沫灭火剂、抗溶性泡沫灭火剂、水成膜泡沫灭火剂。其中水成膜泡沫灭火剂在扑救油品火灾时效果显著，现阶段在隧道内广泛使用。

3）干粉灭火器

干粉灭火剂又称化学粉末灭火剂，是一种干燥、易于流动的固体粉末。干粉灭火剂的种类较多，大致可分为3类：

（1）普通干粉。

以碳酸氢钠为基料的干粉，用于扑灭易燃液体、气体和带电设备的火灾。

（2）磷铵干粉。

磷铵干粉又称为多用干粉，可用于扑灭可燃固体、可燃液体、可燃气体及带电设备的火灾。

（3）以氯化钠、氯化钾、氯化钡、碳酸钠等为基料的干粉，用于扑灭轻金属火灾。

4）二氧化碳灭火器

二氧化碳在常温常压下是一种无色、略带酸味的气体，重于空气，不燃烧也不助燃。经过压缩液化的二氧化碳从钢瓶喷射出来后，其体积急剧膨胀，降低可燃物周围或防护空间内的氧浓度，产生窒息作用而灭火。另外，由于二氧化碳液体的汽化作用，吸收周围部分热量，起到冷却作用。

二氧化碳不含水、不导电、无腐蚀性，对绝大多数物质无破坏作用，可以用来扑灭精密仪器和一般电气火灾。还适用于扑救可燃液体和固体火灾，对不能用水灭火以及受到水、泡沫、干粉等灭火剂的沾污容易损坏的固体物质火灾特别有效。

但二氧化碳不宜用来扑灭金属钾、钠、镁、铝等及金属过氧化物（如过氧化钾、过氧化钠）、有机过氧化物、氯酸盐、硝酸盐、高锰酸盐等氧化剂火灾。

5）卤代烷灭火剂

卤代烷灭火剂灭火效率高、用量省、易汽化、空间淹没性好、洁净、不导电，对扑灭高压电气设备火灾较好，对油类、有机溶剂、精密仪器、文件档案等火灾的扑救均有效。但由于卤代烷灭火剂灭火过程中要产生氯原子、溴原子，对大气臭氧层有破坏作用。现在已经逐渐不使用卤代烷灭火剂。

对于水下隧道多以扑灭油类火灾居多，常选用泡沫灭火器、干粉灭火器，如磷酸铵盐干粉灭火器。水下隧道的灭火器一般应成组设置在灭火器箱内，每组设 2 具～3 具灭火器，灭火器箱可装在隧道侧墙内，纵向间距不应大于 50 m。

2. 消火栓

消火栓利用消防给水管网的供水实施灭火的重要消防设施，包括水枪、水带、供水管道等。消火栓一般安装在灭火箱内，消火栓的间距应由计算确定，但一般不大于 50 m。消火栓栓口直径为 65 mm，水枪喷嘴口径不小于 19 mm，每根水带长度不应超过 30 m。水枪的充实水柱长度可按下式计算：

$$S_k = \frac{H_1 - H_2}{\sin a} \qquad (7\text{-}1)$$

式中　　S_k ——水枪的充实水柱长度（m）；

　　　　H_1 ——隧道高度（m）；

　　　　H_2 ——消火栓安装高度（m）；

　　　　a ——水枪喷射角，一般取 45°。

3. 水成膜泡沫灭火系统

水成膜泡沫灭火系统是利用水成膜泡沫灭火剂进行灭火的消防设施。水成膜泡沫灭火剂是以氟碳表面活性剂、泡沫添加剂和适量的有机溶剂制成的发泡剂，是一种无毒、无味、不易腐败的高效灭火剂。水成膜泡沫灭火除具有一般泡沫灭火的作用外，还在燃烧表面形成一层水膜，与泡沫层共同封闭燃烧液表面，隔绝空气，形成隔热屏障，阻止燃烧液继续升温、汽化和燃烧。

水成膜泡沫灭火系统能较好地阻止液体火灾的蔓延。根据水成膜泡沫灭火机理、车辆火灾特点以及灭火要求，水下隧道一般采用水成膜泡沫灭火系统和泡沫＋水喷雾联用灭火系统。

4. 水喷雾灭火系统

水喷雾灭火系统是利用水雾喷头在一定水压下将水流分解成细小水雾滴进行灭火或防护冷却的一种固定式灭火系统。该系统是在自动喷水系统的基础上发展起来的，不仅能够扑救固体火灾，还可扑救液体火灾和电气火灾，同时可用于灭火、控火和防护冷却。

水喷雾灭火系统由水源、供水设备、管道、雨淋阀组、过滤器和水雾喷头等组成。其工作原理为：当隧道内发生火灾后，火灾探测器报警，启动该区域雨淋阀，水流指示器报警，消防水泵动作，打开该区域或近邻区域整组水雾喷头进行灭火或冷却。

1）水雾喷头基本参数设计

（1）水雾喷头的流量计算。

水雾喷头的流量，可根据水雾喷头的工作压力和流量系数计算：

$$q = K\sqrt{10P} \tag{7-2}$$

式中　q——水雾喷头的流量（L/min）；

　　　P——水雾喷头的工作压力（MPa）；

　　　K——水雾喷头的流量系数，取值由生产厂家提供。

（2）保护对象的水雾喷头的数量。

保护对象的水雾喷头的数量可根据保护对象的保护面积和保护对象的设计喷雾强度计算：

$$N = \frac{S \cdot W}{q} \tag{7-3}$$

式中　N——保护对象水雾喷头的计算数量；

　　　S——保护对象的保护面积（m²）；

　　　W——保护对象的设计喷雾强度［L/(min·m²)］。

2）水雾喷头布置

合理地布置水雾喷头，可以使喷雾均匀地完全覆盖保护对象，确保喷雾强度。水雾喷头的平面布置方式可为矩形或菱形。当按矩形布置时，水雾喷头之间的距离不应大于 1.4 倍水雾喷头的水雾锥底圆半径；当按菱形布置时，水喷喷头之间的距离不应大于 1.7 倍水雾喷头的水雾锥底圆半径。水雾锥底圆半径（图 7-11）应按下式计算：

$$R = B \cdot \tan\frac{\theta}{2} \tag{7-4}$$

式中　R——水雾锥底圆半径（m）；

　　　B——水雾喷头的喷口与保护对象之间的距离（m）；

　　　θ——水雾喷头雾化角（°），θ 的取值范围为 30°、45°、60°、90°、120°。

水下隧道内行车空间净空一般比较大，为满足喷雾直接喷射并完全覆盖保护对象表面的要求，水雾喷头一般交错布置在隧道侧墙上部，如图 7-12 所示。

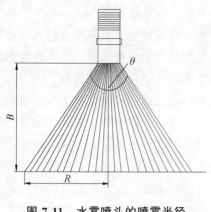

图 7-11　水雾喷头的喷雾半径

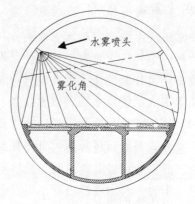

图 7-12　水下隧道水雾喷头布置

7.1.4　疏散及交通诱导设施

1. 疏散通道

隧道是两端开口的地下管状构造物，在营运过程中可能遭遇各类突发事件，如交通事故、火灾等危险，为保证隧道内人员和车辆的安全，必须设置一定的疏散通道，以供紧急情况下的人员疏散和逃离。根据国内外水下隧道的基本结构，疏散设施有多种形式，大体可划分为横向疏散通道和竖向疏散通道类型。

1）横向疏散通道

横向疏散必须有两管以上隧道（主隧道＋主隧道或主隧道＋服务隧道）的结构形式，在两主隧道或主隧道与服务隧道之间设置横向连通的疏散通道，当某一隧道发生突发事件，人员和车辆可以通过设置的横向疏散通道进入另一隧道或服务隧道。如图 7-13 所示。横向疏散

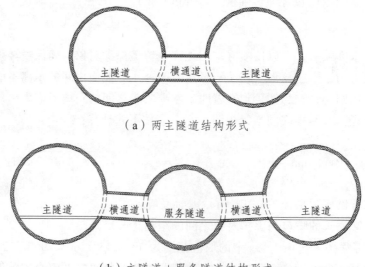

（a）两主隧道结构形式

（b）主隧道＋服务隧道结构形式

图 7-13　横向疏散通道

通道包括人行横通道和车行横通道两类，人行横通道主要疏散隧道内的人员，车行横通道主要疏散隧道内的车辆，其中人行横通道结构较小，一般为宽 2.0 m、高 2.5 m 左右，车行横通道空间较大，一般达到宽 4.0 m、高 5.0 m 左右。横向疏散通道的设置间距，需综合考虑人员疏散荷载、疏散方式以及修建难易程度等，不同水下隧道工程的横向疏散通道纵向间距差距较大，从几十米到几百米不等。

2）竖向疏散通道

水下隧道修建横向疏散通道时，其施工风险大，工程投资高，为保证水下隧道发生突发事件下的人员安全和提高隧道防灾救援水平，在大断面水下隧道可设置竖向疏散通道。当隧道为单层行车时，利用隧道内行车道以下空间建成纵向逃生通道，每隔一定间距设置竖向疏散通道，当隧道行车层发生火灾时，可通过竖向疏散通道，逃离行车层，远离火灾。当隧道设置为上下双层车道时，利用竖向疏散通道可连接上下两层通道互为疏散。竖向疏散通道包括疏散滑梯和疏散/救援楼梯。

滑梯应采用人性化 S 流线型、变坡度设计，确保逃生人员的顺利、安全下滑，如图 7-14（a）所示。疏散/救援楼梯一方面为人员疏散提供安全出口，另一方面为消防救援人员提供进入事故现场的救援通道，疏散楼梯设计时，临空侧应设置楼梯扶手，当楼梯较高时，中间可设置 1 处休息平台。

竖向逃生通道的疏散口是人员疏散的关键通道之一，尺寸大小既要考虑到逃生时的通行能力，又要顾及对公路层车道的影响，同时安全口盖板的自重也需妥善处理，盖板的打开具有电动和手动开启及闭合的双重功能。安全盖板的上、下部位和连接通道均设置明显的紧急疏散标志。盖板处均应设置明显的禁停线标志，任何情况下车辆不得停在安全疏散口的上部，如图 7-14（b）所示。

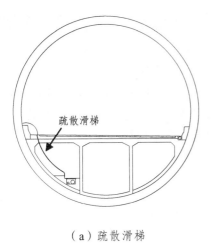

（a）疏散滑梯　　　　　　　　　（b）隧道疏散口

图 7-14　竖向疏散通道

2. 交通诱导控制设施

隧道内的交通监控设施主要包括交通监测、交通控制及诱导设施等。隧道交通监测设施主要用于检测隧道内交通信息，监视隧道运营状况，包括车辆检测器、摄像机、视频监视控制设备等。良好的交通监测设施能及时发现隧道内的交通事故、交通堵塞等情况，减少隧道管理人员的反应时间，提高整个隧道防灾救援的水平。交通控制及诱导设施是水下隧道监控系统中的一个子系统，它的主要任务是根据隧道内交通流信息处理结果，判断隧道的运营状态，并根据相应的状态做出处理，提供诱导信息诱导洞内车辆和司乘人员以最佳方式驶离隧道，从而保证洞内车辆安全行驶，达到提高隧道通行能力的目的。交通控制及诱导设施包括交通信号灯、车道指示器、可变信息标志、可变限速标志以及交通区域控制单元等。交通监控设施应有效地管理交通，尽可能地避免二次事故的发生。

1）摄像机

闭路电视系统负责对隧道全段进行监视。正常情况下用以掌握交通状况，异常情况时用于捕获隧道内突发事件发生时的现场图像，以供事故处理决策人员在远程监视事故现场处理情况，实施正确营救、疏散的具体方案。水下隧道在隧道内和隧道入、出口处均设置摄像机，隧道外摄像机设在距隧道入、出口外 100 m ~ 400 m 处，能清楚地监视洞口全貌和交通状况。隧道内摄像机设置应能全程监视，直线段设置间距不大于 150 m，曲线段设置间距可根据实际情况适当减少，特殊位置如紧急停车带、行车横洞等处可增设摄像机。

2）车辆检测器

车辆检测器主要用于自动检测隧道内的交通参数，为制订交通控制方案提供依据。

3）交通信号灯

为红、绿、黄、绿箭头四显示信息机。红灯为禁行信号，绿灯为通行信号，黄闪灯为注意行驶过渡信号，红灯加绿箭头为绕行指示信号。

4）车道指示器

车道指示器用于表示隧道内各车道交通运行状况，车道指示器由红、绿两色灯组成，表示指示车辆通行和禁止。

5）可变情报板

为指示车辆即将进入的隧道状况，在隧道入口处设可变情报板。可变情报板可显示汉字、字母、数字及简单图形。显示内容一般为存入的十多种固定内容，根据调整车流的需要自动显示或由值班员手动输入编号，也可以由计算机实时编制显示内容。

6）有线广播系统

有线广播系统也是在隧道内出现紧急状况时，供隧道监控中心指挥人员向隧道内行车人员发布信息，组织疏导车辆及人员的调度手段。

7.2 水下隧道照明

水下隧道照明不同于一般道路照明，有其明显的特殊性。当隧道外亮度高、隧道内亮度低时，驾驶人员进入隧道时，视觉对黑暗条件有一定的适应时间，看不清楚隧道内部情况，称之为"暗适应";当驾驶人员驶出隧道，前方突然出现一个很亮的出口，又会产生眩光，一段时间后，才能看清楚路面，称之为"明适应"；同时隧道照明还存在闪烁效应，这是由于照明灯具的间距布置不当引起隧道内亮度分布不均而造成周期性的明暗交替环境：这些因素都给隧道行车带来安全隐患。因此，合理的水下隧道照明设计对隧道的运营安全具有重要的作用。

7.2.1 照明基本概念和照明质量

1. 照明基本概念

为便于更好地学习水下隧道照明系统，首先了解一些相关的基本概念。

光通量：单位时间内光辐射能量的大小，说明光源发光能力的基本量，单位为流明（lm）。1 lm 是发光强度为 1 cd（坎德拉）的均匀点光源在 1sr（球面度）内发出的光通量。

发光强度（光强）：发光强度指在某方向上取微小立体角发出的光能量与微小立体角的比值（光通量的角密度），表征发光体在空间不同方向上光通量的分布密度特性。单位为坎德拉（cd），1cd 相当于光源 1sr（球面度）的立体角发出的光能为 1 lm。

照度：单位面积被照场所接受的光通量，用来表示被照面上光的强弱。单位为勒克斯（lx），1 lx 即在 1 m² 的面积上均匀分布 1 lm 光通量的照度值，或者是一个光强为 1cd 的均匀点光源，以它为中心在半径为 1m 的球表面上各点的照度值。

亮度：发光体在给定方向单位投影面积上的发光强度，称为发光体在该方向上的亮度，其单位是尼特（nt），1 nt = 1 cd/m²。

2. 照明质量

隧道内照明质量的好坏，直接影响驾驶人员的行车安全，我们可以通过路面亮度、眩光情况以及诱导性反映隧道内照明质量。

1）路面亮度

（1）路面平均亮度 L_{av}。

为看清楚隧道内的障碍物，隧道路面必须达到一定的亮度值，当路面亮度越高，眼睛的对比灵敏度越好，越容易察觉障碍物。为衡量隧道内的整体亮度水平，可以用路面平均亮度值来表示。

（2）亮度总均匀度 U_0。

为使路面上所有区域都有足够的亮度和对比度，可以通过亮度总均度来衡量。

$$U_0 = \frac{L_{min}}{L_{av}} \qquad (7\text{-}5)$$

式中　U_0——路面亮度总均匀度；

　　　L_{min}——计算区域内路面最小亮度（cd/m²）。

（3）纵向均匀度 U_L。

为了提高视觉舒适性，要求沿各车道中心线有一定的纵向均匀度。纵向均匀度是沿中心线局部最小亮度和最大亮度的比值：

$$U_L = \frac{L'_{min}}{L'_{max}} \qquad\qquad (7\text{-}6)$$

式中 U_L——路面亮度总均匀度；

   L'_{min}——路面中线最小亮度（cd/m²）；

   L'_{max}——路面中线最大亮度（cd/m²）。

2）眩光限制

隧道照明的眩光可以分为两类：失能眩光和不舒适眩光。失能眩光是一种生理过程，表示由生理眩光导致辨别能力降低的一种度量。不舒适眩光是在眩光感觉中的动态驾驶条件下，对道路照明设施的评价，该眩光降低驾驶员驾驶运行的舒适程度。不舒适眩光是一种心理过程。

3）诱导性

为保证交通安全，必须沿着道路恰当地选择和安装灯杆、灯具，给驾驶员提供有关道路前方走向、线型、坡度等视觉的信息，实现信息诱导。诱导性分为视觉诱导和光学诱导两类，对道路照明来讲，光学诱导的作用要大于视觉诱导的作用。

7.2.2   隧道照明设计

《铁路隧道设计规范》指出全长 1 000 m 及以上的直线隧道和全长 500 m 及以上的曲线隧道应设置照明设备。《公路隧道通风照明设计规范》指出长度大于 100 m 的隧道应设置照明设备。因铁路隧道照明相对简单，本节以公路隧道为例介绍隧道照明的设计。公路隧道照明系统主要由入口段照明、过渡段照明、中间段照明、出口段照明和应急照明组成。其中中间段照明为基本照明，即保证在一定交通量的条件下所必需的洞内亮度值；入口段和过渡段由入口加强照明灯具进行照明，目的在于减轻司机从亮度较高的洞外驶入洞内时的不适应感；而出口段加强照明的目的在于减轻司机从洞内驶入亮度较高的洞外时的不适应感，出口加强照明和入口加强照明在隧道外亮度不高时可以关闭；应急照明目的在于保证隧道突然断电时的照明。

1. 亮度曲线

驾驶员在白天所要求的路面亮度变化曲线，称为亮度曲线，如图 7-15 所示，由接近段、入口段、过渡段、基本段和出口段构成。

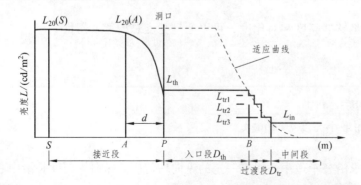

P—洞口（或棚口）；
S—接近段起点；
A—适应点；
d—适应距离；
$L_{20}(S)$—洞外亮度；
$L_{20}(A)$—适应点亮度；
L_{th}—入口段亮度；
L_{tr1}、L_{tr2}、L_{tr3}—过渡段亮度；
L_{in}—中间段亮度

图 7-15   隧道各照明段亮度与长度

2. 基本照明

1）基本亮度（L_{in}）

在公路隧道照明的区段中，基本段照明也叫中间段照明，其任务是保证停车视距。基本段照明水平与能见度、行车速度以及交通量等因素有关。在正常条件下，基本段的亮度 L_{in} 按照表 7-1 取值。

表 7-1　基本段亮度（L_{in}）

设计车速 /（km/h）	L_{in}/（cd/m²）	
	双车道单向交通 $N > 2\,400$ 辆/h 双车道双向交通 $N > 1\,300$ 辆/h	双车道单向交通 $N \leqslant 700$ 辆/h 双车道双向交通 $N \leqslant 360$ 辆/h
100	9.0	4
80	4.5	2
60	2.5	1.5
40	1.5	1.5

当双车道单向交通在 700 辆/h 到 2 400 辆/h 之间，双向交通在 360 辆/h 到 1 300 辆/h 之间，且通过隧道的时间超过 135 s 时，可按表 7-1 的 80% 取值。人车混行的隧道，基本段亮度不低于 2.5 cd/m²。

2）亮度总均匀度（U_0）

路面亮度总均匀度应不低于表 7-2 所示值，当交通量为其中间值时，可内插。

表 7-2　路面亮度总均匀度（U_0）

设计交通量 N/（辆/h）		U_0
双车道单向交通	双车道双向交通	
$\geqslant 2\,400$	$\geqslant 1\,300$	0.4
$\leqslant 700$	$\leqslant 360$	0.3

3）亮度纵向均匀度（U_L）

隧道路面中线亮度纵向均匀度应不低于表 7-3 所示值，当交通量为其中间值时，可内插。

表 7-3　亮度纵向均匀度（U_L）

设计交通量 N/（辆/h）		U_L
双车道单向交通	双车道双向交通	
$\geqslant 2\,400$	$\geqslant 1\,300$	0.6～0.7
$\leqslant 700$	$\leqslant 360$	0.5

3. 入口段照明

1）入口段亮度（L_{th}）

入口段亮度可按式（7-7）计算：

$$L_{th} = k \cdot L_{20(s)} \tag{7-7}$$

式中　L_{th}——入口段亮度（cd/m^2）；

　　　$L_{20(s)}$——洞外亮度（cd/m^2），当无实测资料可查时，可按表 7-4 取值。

　　　k——入口段亮度折减系数，可按表 7-5 取值。

表 7-4　洞外亮度 $L_{20(s)}$　　　　　　　　　　　　　　　　　　cd/m²

天空面积百分比	洞口朝向或洞外环境	v_t /（km/h）			
		40	60	80	100
35% ~ 50%	南洞口	—	—	4 000	4 500
	北洞口	—	—	5 500	6 000
25%	南洞口	3 000	3 500	4 000	4 500
	北洞口	3 500	4 000	5 000	5 500
10%	暗环境	2 000	2 500	3 000	3 500
	亮环境	3 000	3 500	4 000	4 500
0	暗环境	1 000	1 500	2 000	2 500
	亮环境	2 500	3 000	3 500	4 000

表 7-5　入口段亮度折减系数

设计交通量 N /（辆/h）		k			
		设计车速 v_t /（km/h）			
双车道单向交通	双车道双向交通	100	80	60	40
≥2 400	≥1 300	0.045	0.035	0.022	0.012
≤700	≤360	0.035	0.025	0.015	0.01

2）入口段长度（D_{th}）

入口段长度和行车速度、坡度、隧道净空高度等因素有关，具体可按式（7-8）计算。

$$D_{th} = 1.154 D_s - \frac{h - 1.5}{\tan 10°} \tag{7-8}$$

式中　D_{th}——入口段长度（m）；

　　　h——洞口内净空高度（m）；

D_s——照明停车视距（m），可按表7-6取值。

表7-6　照明停车视距 D_s　　　　　　　　　　　　　　　　　　　　m

纵坡（%） v_t/（km/h）	-4	-3	-2	-1	0	1	2	3	4
100	179	173	168	163	158	154	149	145	142
80	112	110	106	103	100	98	95	93	90
60	62	60	58	57	56	55	54	53	52
40	29	28	27	27	26	26	25	25	25

3）连续隧道的入口段照明

当两座隧道间的行驶时间按计算行车速度考虑小于 30 s，且通过前一座隧道内的行驶时间大于 30 s 时，后续隧道入口段亮度可做折减，其折减率可按表7-7取值。

表7-7　后续隧道入口段亮度折减率

两隧道之间行驶时间/s	< 2	< 5	< 10	< 15	< 20
后续隧道入口段亮度折减率/%	50	30	25	20	15

4. 过渡段照明

在公路隧道中，介于入口段与基本段之间的照明区段称为过渡段。过渡段由 TR_1、TR_2、TR_3 三个照明区段组成，对应的亮度可按表7-8取值。过渡段的长度可按表7-9取值。

表7-8　过渡段亮度

照明段	TR_1	TR_2	TR_3
亮度	$L_{tr1} = 0.3L_{th}$	$L_{tr2} = 0.1L_{th}$	$L_{tr3} = 0.035L_{th}$

表7-9　过渡段长度 D_{tr}

设计车度 v_t/（km/h）	D_{tr1}/m	D_{tr2}/m	D_{tr3}/m
100	106	111	167
80	72	89	133
60	44	67	100
40	26	44	67

5. 出口段照明

在单向交通隧道中，应设置出口段照明，长度取 60 m 为宜，亮度宜取中间段亮度的 5 倍。在双向交通隧道中，可不设出口段照明。

7.2.3　隧道照明计算

隧道照明计算需综合考虑隧道净空断面形式、路面材料、灯具类型和规格、灯具布置和安装以及灯具的养护等情况，隧道照明的质量主要是用路面的照度和亮度值来评价的，现分别介绍其计算方法。

1. 照度计算

照明计算的方法较多，如经验表格法、等照度曲线法、利用系数法、数值计算方法等。此处介绍《公路隧道通风照明设计规范》推荐的数值计算方法。如图7-16所示。

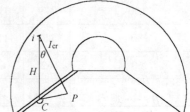

图 7-16　灯具光强计算

1）灯具在某点产生的照度

某一灯具在隧道内路面某点产生的水平照度可按下式计算：

$$E_{Pi} = \frac{I_{cr}}{H^2} \cos^3 \theta \cdot \frac{\phi}{1\,000} \cdot M \qquad (7\text{-}9)$$

式中　E_{Pi}——灯具在路面 P 产生的水平照度（lx）；

　　　θ——P 点对应的灯具光线入射角（°）；

　　　I_{cr}——灯具在计算点 P 的光强值（cd）；

　　　M——灯具的养护系数，无资料时可取 0.6 ~ 0.7；

　　　ϕ——灯具额定光通量（lm）；

　　　H——灯具光源中心至路面的高度（m）。

多个灯具在 P 点产生的照度可按下式计算：

$$E_p = \sum_{i=1}^{n} E_{pi} \qquad (7\text{-}10)$$

式中　E_p——P 点的水平照度（lx）；

　　　n——灯具数量。

2）路面平均水平照度

路面某一区域内的平均水平照度，等于区域内所有计算点水平照度之和除以计算点数。很明显，考虑的点数越多，计算出的平均照度越精确。

$$E_{av} = \frac{\sum_{p=1}^{m} E_p}{m} \qquad (7\text{-}11)$$

式中　E_{av}——路面平均水平照度（lx）；

　　　m——计算区域内计算点总数。

2. 亮度计算（图7-17）

1）灯具在某点产生的亮度

某一灯具在隧道内路面某点产生的亮度可按下式计算：

$$L_{pi} = \frac{I_{cr}}{H^2} r(\beta, \theta) \qquad (7-12)$$

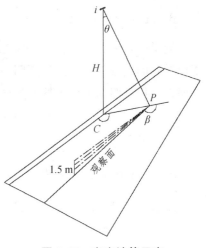

图7-17 亮度计算示意

式中 L_{pi}——灯具 i 在计算点 P 产生的亮度（cd/m²）；

$r(\beta, \theta)$——简化亮度系数；

β——观察面与光入射面之间的角度。

多个灯具在 P 点产生的亮度可按下式计算：

$$L_p = \sum_{i=1}^{n} L_{pi} \qquad (7-13)$$

式中 L_p——P 点的亮度（cd/m²）。

2）路面平均水平亮度

按下式计算：

$$L_{av} = \frac{\sum_{p=1}^{m} L_p}{m} \qquad (7-14)$$

式中 L_{av}——计算区域内路面的平均亮度（cd/m²）。

7.2.4 隧道照明灯具及其布置

1. 隧道照明光源的选择

应根据隧道内的环境和通风情况来选择隧道的照明光源，通常选用光效好、透雾性能好和使用寿命长的光源。隧道照明中选用的光源一般是高压钠灯、荧光灯或荧光高压汞灯。目前实际工程中大多使用的是高压钠灯。

2. 隧道照明灯具的选择

隧道内空气污染严重，烟雾大，透明度低，空气湿度大，因此对于隧道照明灯具的选择宜使用可靠性高的封闭型和密闭型灯具。

（1）防护等级不低于 IP65。

（2）具有适合隧道特点的防眩装置。

（3）灯具结构便于更换灯泡和附件。

（4）灯具零部件具有良好的防腐性能。

（5）灯具配件安装易于操作，并能调整安装角度。

3. 隧道照明环境

隧道内路面、墙面、顶棚面应的亮度越高，分布越均匀，对驾驶员的视觉和舒适感越好。要使道路的线形清楚，隧道照明应采用配光截止角较大的照明灯具，即不仅主光束射向车道路面，以保证路面上有足够的亮度，并且其他部分的光射到墙壁上。通常墙面采用高反射率的材料，可增加墙面亮度和墙面与路面的对比度，这样可以提高驾驶员对公路线形以及障碍物的识别能力。

4. 隧道照明灯具的布置

隧道照明灯具的布置应考虑不要使直接进入驾驶员眼睛的光线过多，否则将使驾驶员产生眩光和不舒适感。

1）照明灯具的布置依据

应根据灯具的配光、路面平均照度、亮度均匀度及频闪和眩光要求，本着安全、经济、方便的原则进行综合决策。

2）照明灯具的布置形式

照明灯具安装通常采用贴顶式或嵌入式，其布置通常有 3 种形式：对称布置、交错布置和中间布置，如表 7-10 所示。

表 7-10 照明灯具的布置形式

	布置形式	图示
A	中间布置	
B	交错布置	
C	对称布置	

3）顶侧和侧壁布置

为了避免灯具不连续的直射光由侧面进入驾驶室造成"闪光"，应尽量将灯具装在墙面与天花板顶轴线之间的位置，距路面以上 4 m 为宜，采用对称或交错布置方式；中间布置方式灯具的维修较困难；考虑夜间降低照度，减少开灯数量，从亮度分布考虑，采用对称布置为好；为改善墙面亮度均匀性，宜采用交错布置。

7.3 水下隧道供配电

7.3.1 隧道供配电系统的要求

水下隧道的供配电系统是保障隧道正常运营的重要组成部分，其系统运行应做到安全、可靠、优质、经济、方便检修，同时应满足当前用电负荷的要求，又要适应将来的发展，并处理好局部与全局、当前与长远的关系。因此，水下隧道供配电系统应满足以下要求。

1. 安全性

供配电系统的安全性是指电能在隧道各系统的供应、分配和使用过程中，不应发生任何人身伤亡事故、设备损坏事故和电能引起的其他事故。

2. 可靠性

供配电系统的可靠性是指电能的供应与分配满足隧道各机电系统对供配电可靠性即不中断供电的要求。一旦供配电系统发生突然停电故障，将会引起隧道的通风、照明、监控、消防等系统瘫痪，从而失去对隧道交通运行的监视与控制功能。因此，为了满足供电系统的供电可靠，要求电力系统至少具备一定的备用容量。

3. 优质性

供配电系统的优质性是指应满足交通机电系统设备对供电电压、频率、波形、电流等参数的质量要求。电力系统中如果电源容量不足或缺少带负荷调压设备，可能会造成电力系统超出电压变动幅度，在低电压状况下运行的情况。当低电压运行时，可能造成照明设备不能正常发光，电动机转矩下降，运行中温度上升，烧毁电动，也可能造成大面积停电。

4. 经济性

供配电系统的经济性是指在满足隧道用电要求的前提下，系统的建设成本和运行费用要低，利用效率要高，并尽可能地节约电能和减少用于输送电能的传输线路中的有色金属消耗量。

7.3.2 隧道供配电系统的构成

隧道供配电系统一般由变电所、高压供电线路、低压配电线路、不间断电源系统（UPS）、柴油发动机和接地系统等组成。

1. 变电所

电力在发电厂生产，通过输电网络送到负荷中心供各种用电设备使用，所以需要将电厂集中送来的电力经过变压分配到各个用电设备。变电所的任务是接受电能、交换电压和分配电能，它由变压器和各级电压的配电装置等组成。

2. 高压供电系统

隧道的外部电源一般采用 10 kV 的供电电源，其交流电源一般自室外 10 kV 架空线路分线开关下端经交流铠装电缆引至高压配电室电源电线柜，然后由电缆出线柜经高压电缆引至变压器。隧道属于一级负荷，通常采用高压双回路（来自不同的供电回路）供电、高压计量、低压无功补偿的供电方式。

3. 低压配电系统

设置在变电所内的低压配电装置，由组合式抽屉柜或封闭式开关柜组成。低配电采用 380 V/220 V、50 Hz 变压器中性点直接接地系统。隧道内通风、照明、监控、消防及生活用电设置单独的回路。

4. 不间断电源系统（UPS）

为保证设备用电的可靠性和电能质量，必须设置 UPS 系统。UPS 不间断电源系统是一套将交流电变为直流电的整流/充电装置和一套把直流电再转变为交流电的 PWM 逆变装置。一旦市电中断，蓄电池立即对逆变器供电以保证 UPS 电源交流输出电压供电的连续性。当电力发生故障时，UPS 在柴油发电机完全启动前取代外部电源，继续向用电设备供电。

5. 柴油发电机

柴油发电机组供电系统是为了外部电源停电情况下设置的备用电源，主要提供隧道火灾通风、基本照明、监控、消防等一级负荷所需要的电能。市电停电时先由 UPS 过渡，再通过连锁及自动切换系统接至备用发电机，以此提高供电系统的供电可靠性。备用发电动系统同时配备手动切换装置，以供测试之用。

6. 接地系统

将电气设备或电气装置的某一部分经接地线连接到地称为"接地"。"电气装置"是一定空间中若干相互连接的电气设备的组合。"电气设备"是指发电、变电、输电和机电设备。

7.3.3 隧道电力负荷分级及计算

1. 隧道电力负荷分级

电力负荷就是指某一时刻各类用电设备消耗电功率的总和，单位用千瓦（kW）表示。由于隧道不同用电设备的重要性不同，在隧道供电中应区别对待。隧道电力负荷应根据供电可靠性和中断供电在社会、经济上所造成的损失或影响程度确定负荷等级。表 7-11 为公路隧道重要电力负荷分级。对于一级负荷应由两个电源供电，当一个电源发生故障时，另一个电源就应不致同时受到损坏。一级负荷容量不大时应优先采用从邻近的电力系统取得第二低压电源，亦可采用应急发电机组作为备用电源。对于隧道一级负荷中特别重要负荷，除上述两个电源外，还必须设置不间断电源装置（UPS）作为应急电源，并严禁将其他负荷接入应急供电系统，隧道二级负荷的供电系统宜由两回线路供电。对于铁路隧道牵引负荷、消防等都属于一级负荷。

表 7-11　公路隧道重要电力负荷分级

序　号	电力负荷名称	负荷级别
1	应急照明 电光标志 交通监控设施 通风及照明控制设施 紧急呼叫设施 火灾检测、报警、控制设施 中央控制设施	一级[1]
2	消防水泵 基本照明 排烟风机	一级
3	通风机[2]	二级
4	其余隧道电力负荷	三级

注：[1] 该一级负荷为特别重要负荷。
　　[2] 此处系指除作为一级负荷以外的其他通风机。

2. 电力负荷计算

负荷计算的目的就是合理地选择供配电系统中的导线、开关、变压器等设备，使供电系统能够在正常条件下可靠运行。由于设备用电的随机性，电力负荷是随时变化的，而变化的负荷又不便于计算。若假想一持续不变的负荷 P_{js}，其热效应与同时间内实际变动负荷所产生的热效应相等，那么按该不变负荷 P_{js} 选择的电气设备和导线电缆，其发热温度也不会超出设备长期工作允许的发热温度，因此，该等效负荷称为计算负荷 P_{js}。实际中确定计算负荷的方法有：需要系数法、二项式法、利用系数法等。其中需要系数计算较为简便，应用范围广泛，尤其适用于变、配电所的负荷计算，下面讲解需要系数法。

采用需要系数法计算用电设备负荷的方法是将用电设备总功率乘以需要系数 K_d 来求出计算负荷。

用电设备的计算负荷 P_{js} 与用电设备功率总和 $\sum P_r$ 之比称为需要系数 K_d。

造成用电设备的 P_{js} 与 $\sum P_r$ 差别的主要因素有：

（1）并非供投入使用的所有用电设备任何时候都会满载运行，引入负荷系数 K_β。

（2）电器设备的额定功率与输入功率不一定相等，引入电气设备的平均效率 η_{mv}。

（3）由于用电设备本身以及配电线路有功率损耗，引入一个线路平均效率 η_L。

（4）同一用电设备组的所有设备不一定同时运行，引入一个同时系数 K_L。

需要系数可以表示为：

$$K_d = \frac{K_\beta K_L}{\eta_{nv}\eta_L} \qquad (7\text{-}15)$$

实际中，很难通过上述系数来取得需要系数，而是通过实际运行系统的统计及经验得出需要系数。

7.3.4 隧道电力电缆

电力电缆的基本结构由线芯（导体）、绝缘层、屏蔽层和保护层四部分组成。选择合适的隧道电力电缆截面和敷设方式对保证供电系统的安全、可靠、经济的运行具有重要的作用。

1. 导线和电缆截面的选择

导线和电缆截面的选择应综合考虑发热条件、电压损耗、经济电流密度以及机械强度等条件，具体如下：

（1）电线和电缆通过的正常最大负荷电流产生的发热温度，不应超过其正常时的最高允许温度。

（2）电线和电缆通过正常最大负荷电流时产生的电压损耗，不应超过正常运行时允许的电压损耗；输送距离较短的高压线路，可不进行电压损耗检验。

（3）高压线路及特大电流的低压线路，一般应按规定的经济电流密度选择导线和电缆的截面，以使线路的年运行费用接近最小，节约电能和有色金属。

（4）导线的截面不应小于最小允许截面；对于电缆，不必校验机械强度，但需校验短路稳定度。

2. 敷设方式

隧道内电缆的敷设方式可分为下部电缆沟、上部电缆桥架等方式。隧道内电缆沟应配置电缆托架，强电侧和弱电侧应设置不同托臂间距。为避免火灾对通信干线造成损坏并保证火灾时通信线路的畅通，通信干线宜敷设在隧道电缆沟或电缆管道内。电缆桥架宜采用钢制梯式桥架，桥架安装一般位于隧道拱顶两侧，宜水平安装，严禁超限。

思 考 题

7-1 水下公路隧道照明系统的构成有哪些？

7-2 隧道照明灯具的布置形式有哪些？

7-3 简述水下隧道不同排烟方式的优缺点。

7-4 简述双金属片定温探测器的原理。

第4篇 水下隧道设计与施工实例

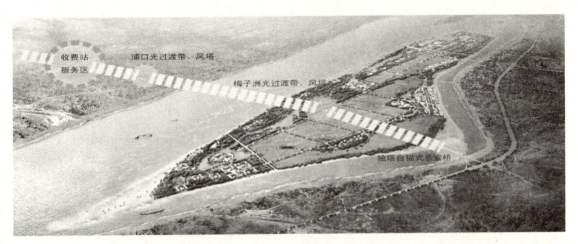

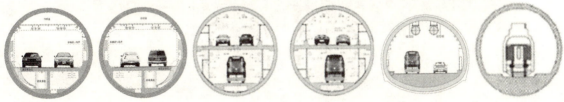

第8章
盾构法水下隧道设计与施工实例

8.1 公路盾构法水下隧道工程实例

8.1.1 武汉长江隧道

1. 工程概况

武汉长江隧道位于武汉长江一桥、二桥之间，上距长江大桥 3.9 km，下距长江二桥 3.1 km，是一条解决内环线内主城区过江交通的城市主干道。隧道全长 3 600 m，其中盾构段 2 550 m，隧道内设双向四车道，设计车速 50 km/h。盾构隧道内径为 10.0 m，外径为 11.0 m。武汉长江隧道被誉为"万里长江第一隧"，是当时国内水压力最高、一次推进距离最长的大直径盾构隧道之一；是国内大直径盾构首次在全断面砂层中施工的隧道，并在国内首次设置双道防水密封垫和排烟专用风道的盾构隧道。隧道沿线地面建筑物密集，并且以浅覆土下穿省级文物保护建筑，环境保护要求高，技术难度大。武汉长江隧道于 2004 年 11 月开工建设，于 2008 年 12 月通车营运。武汉长江隧道平面图见图 8-1。

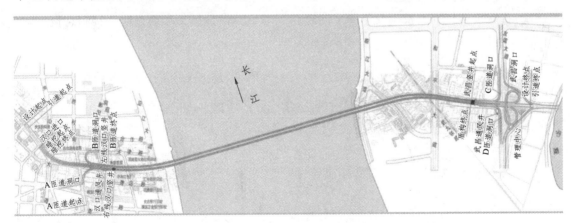

图 8-1　武汉长江隧道平面图

2. 地质概况

武汉长江隧道盾构穿越的地层主要为中密粉细砂、密实粉细砂，底部中间为卵石层及强风化泥质粉砂岩夹砂岩和页岩之间，局部见中密中粗砂、密实中粗砂、可塑粉质黏土层。盾构两端接近竖井处的地层为软塑粉质黏土层、中密粉土层。在总开挖体积中，粉细砂和中粗砂层约占 84.6%（石英含量约为 66%），卵石层约占 0.6%，泥质粉砂岩夹砂岩和页岩占约 2.1%，其余为粉质黏土层。

隧道段地表水主要为长江河流，地下水主要为第四系孔隙潜水、孔隙承压水及基岩裂隙水。粉细砂水平渗透系数为 8.0×10^{-4} cm/s ~ 6.0×10^{-3} cm/s，垂直渗透系数为 1.0×10^{-4} cm/s ~ 9.0×10^{-4} cm/s；中粗砂水平渗透系数为 9.0×10^{-3} cm/s ~ 7.0×10^{-2} cm/s，垂直渗透系数为 7.0×10^{-3} cm/s ~ 5.0×10^{-2} cm/s。

工程场地地震基本烈度为 6 度。100 年基准期超越概率 10% 的基岩峰值加速度为 69.5 cm/s^2，超越概率 2% 的基岩峰值加速度为 143.1 cm/s^2。

3. 工程设计

1）主要技术标准

（1）几何设计标准：

① 道路等级：大城市主干道。

② 计算行车速度：50 km/h。

③ 车道数：双向四车道。

④ 限界：车道宽度 3.5 m，路缘带宽度 0.5 m，侧向宽度 0.75 m，车道净高 4.5 m。

⑤ 最大纵坡：一般不超过 4.5%，困难条件下不超过 6.0%。

⑥ 最小平曲线半径：$R = 400$ m（设超高时为 200 m）。

⑦ 最小竖曲线半径：凸曲线 $R = 1\,350$ m；凹曲线 $R = 1\,050$ m。

（2）结构设计标准：

① 荷载等级：城-A 级。

② 抗震设防标准：按 100 年基准期超越概率 10% 的地震动参数设防，按超越概率 2% 的地震动参数验算。

③ 人防等级：按 6 级人防抗力设计。

④ 隧道设计服务年限：100 年。

⑤ 设计洪水位：按百年一遇水位设计，按 300 年一遇水位校核。

⑥ 隧道营运期抗浮安全系数：$K \geq 1.1$。

⑦ 防水等级：二级。

⑧ 两岸防洪设施应满足武汉市防洪设计标准。

2）工程平面布置

武汉长江隧道工程起点位于大智路与铭新街平交口，下穿中山大道、胜利街、鲁兹故居（省级文物）、汉口江滩公园入口后进入长江，过长江后在武昌临江大道上岸，并下穿和平大道和友谊大道，终点位于规划沙湖桥的北端。工程在武昌岸和汉口岸设置多条进出隧道的匝道。江中段盾构隧道之间的净距应不小于 1.0D（D 为隧道外径），盾构进出洞位置处，隧道净距为 0.5D。主要工程有汉口匝道、隧道、武昌匝道、管理中心以及风塔等。

3）工程纵断面设计

隧道纵断面设计的关键因素是如何确定江中段的隧道埋置深度。要确定江中段隧道埋置深度，首先需要预测河床未来可能发生的最大冲刷深度。最大冲刷深度与洪水流量及水位过程、含砂率、隧址上下游河段的河床稳定条件等因素有关。设计采用300年一遇洪水作为水流条件，含砂率考虑三峡工程投入运营后对下游河水含砂率的影响。最大冲刷深度采用河床演变分析、河工模型试验和冲刷数值模拟计算三者相结合的方法进行研究。

在确定河床可能最大冲刷深度后，江中段盾构隧道结构顶部高程的确定应同时满足施工阶段和营运阶段的要求。施工阶段为了保证盾构掘进安全，结构顶高程主要取决于施工阶段河床最低高程、保证安全掘进以及满足结构抗浮要求的最小覆土厚度。一般而言，施工阶段覆土厚度，在江中段高渗透性的粉细砂地层施工，盾构顶部最小覆土厚度要求不小于1.0D，特殊条件下不小于0.7D。运营阶段为保证结构运营安全，在考虑河床可能冲刷的最大深度、航道通航深度、锚击入土安全深度等的前提下，覆土厚度应满足结构抗浮稳定要求。按此要求隧道埋设深度需要满足300年一遇洪水冲刷条件，隧道抗浮安全系数≥1.1。

工程实际采用的最大纵坡：主线为4.34%，匝道为6%。

4）盾构段隧道横断面布置

在综合考虑建筑限界、防灾救援、营运设备布置、内装修、施工误差和预留变形等因素后，确定圆形隧道内径为10.0 m。隧道在横断面上分为3层，顶部为排烟道，中间为行车道，底部采用中隔墙分为左右两部分，左侧为逃生通道，右侧为设备廊道。图8-2为其断面布置形式方案。

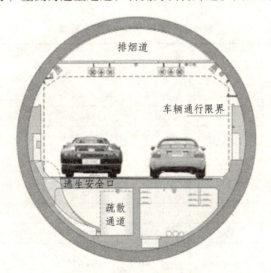

图8-2　断面布置形式方案

5）盾构隧道段的结构设计

（1）结构设计主要参数：

① 衬砌类型：采用单层钢筋混凝土管片衬砌，混凝土强度等级C50。

② 衬砌环形式：通用楔形环错缝拼装。

③ 衬砌环分块方式：采用等分9块的方式，分块形式为6A（40°）+2B（40°）+K（40°）。

④ 衬砌环环宽：2 m，设置双面楔形。

⑤ 管片厚度：0.5 m。

⑥ 管片环缝、纵缝的连接：管片环与环之间每环均匀布置 36 颗 M36 纵向直螺栓，每环的块与块之间设置 4 颗 M30 环向弯螺栓。螺栓机械等级 6.8 级～8.8 级。

（2）结构计算：

① 横断面计算。

盾构所穿越地层变化较大，在大部分地段为粉质黏土、粉细砂、中粗砂等软弱地层，但在江中局部地段盾构底部位于密实卵石层和强风化、中风化泥质粉砂岩、页岩，在隧道断面上将出现上部分位于软弱砂层中，侧压力较大，而下部断面位于岩层中，基床系数较高的情况。故在结构计算时根据隧道所处地层的变化选择不同的断面分别进行计算，各个计算断面的分布见表 8-1。

表 8-1　计算断面分布表

序　号	里　程	钻孔编号	特　点
计算断面一	LK2 + 970	Jz03-Ⅲ-13	汉口浅埋粉质黏土层，水土合算
计算断面二	LK3 + 955	Jz03-Ⅲ-31	江中埋深最大处，水土分算
计算断面三	LK4 + 220	Jz03-Ⅲ-37	江中隧道底风化层，水土分算
计算断面四	LK4 + 500	Jz03-Ⅲ-84	岸边段埋深最深处，水土分算
计算断面五	LK5 + 000	Jz03-Ⅲ-46	武昌浅埋粉质黏土层，水土合算

结构计算采用梁-弹簧模型和修正惯用法计算模型，采用修正惯用法计算时，取刚度折减系数 $\eta = 0.75$，$\xi = 0.3$。主要计算结果见表 8-2。

表 8-2　管片结构计算成果表

项　目	计算断面一	计算断面二		计算断面三		计算断面四	计算断面五
		高水位 ($h_w = 44.6$ m)	低水位 ($h_w = 24.5$m)	高水位 ($h_w = 49.1$m)	低水位 ($h_w = 28.9$m)		
隧道埋深/m	12.5	21.4	21.4	16.2	16.2	39.25	14.3
水土荷载模式	水土合算	水土分算	水土分算	水土分算	水土分算	水土分算	水土合算
地面荷载/kPa	20	—	—	—	—	20	20
弹性抗力系数/MPa	14.0	25	25	30	30	30	11.0
侧压力系数	0.5	0.34	0.34	0.45	0.45	0.45	0.61
最大正弯矩/kN·m	743.6	598	576.8	338.3	315.12	1 465.4	674.4
最大正弯矩对应轴力/kN	− 2 303.4	− 6 472.4	− 4 380.2	− 6 632.8	− 4 531	− 7 164.4	− 2 744.2
最大负弯矩/kN·m	− 490.1	− 395.5	− 362.7	− 252.4	− 220.7	− 852.0	− 465.4
最大负弯矩对应轴力/kN	− 3 016	− 7 214	− 5 106.6	− 7 143.7	− 5 006	− 8 751.2	− 3 407
单点最大变形/mm	8.2	6.1	6.1	7.5	7.5	13.0	5.8
最大接缝张开量/mm	2.8	2.6	2.6	1.51	1.51	3.17	2.38

② 隧道纵向计算。

纵向计算主要研究在静力作用下盾构隧道纵向的变形、不均匀沉降以及结构内力变化。计算模型采用弹性地基梁模型，即将盾构隧道简化成刚度沿纵向不变的连续梁。为考虑纵向接头对隧道刚度的影响，采用刚度折减系数的方式处理。

6）盾构段隧道的防水设计

（1）管片自防水。

管片自防水的关键在于混凝土配置及质量控制。隧道管片的混凝土等级为 C50，抗渗等级为 P12，限制最大裂缝宽度≤0.2 mm。

管片采用高性能硅酸盐水泥，掺入二级以上优质粉煤灰和粒化高炉矿渣等活性粉料配置以抗裂、耐久为重点的高性能混凝土，并且在管片混凝土外表面涂刷水泥基渗透结晶型防水涂料，利用它与混凝土毛细孔或裂隙中的氧化钙反应形成结晶，封闭缝隙。

（2）接缝防水设计。

武汉长江隧道承受最大水压力约为 0.57 MPa，且大部分地段位于强透水地层中，为此，管片接缝采用双道密封垫止水，即内外侧各设置一道弹性密封垫。外侧弹性密封垫采用 EPDM（三元乙丙橡胶），内侧弹性密封垫采用遇水膨胀橡胶。

密封垫应保证在管片接缝张开量为 6 mm、错位为 15 mm、水压力为 1.2 MPa 的作用下不漏水。其防水性能和耐久性能必须经试验确定。

（3）嵌缝设计。

采用特殊齿形嵌缝条与遇水膨胀橡胶腻子，施工中先将嵌缝槽洗刷干净，置入 PE 薄膜，最后用遇水膨胀橡胶腻子嵌填密实，嵌缝渗漏水时需先进行地下水的堵漏与引排后再嵌缝。对于施工中所出现的裂缝，应剔除嵌入物重新密封。

7）隧道的抗震设计措施

根据结构计算，盾构隧道的设计可以满足抗震需要，但为了加强盾构隧道的抗震性能，需要采取相应的减震措施。

（1）盾构隧道的纵向拉伸量主要产生在隧道纵向接头处，因此增强盾构隧道纵向接头的变形能力是减震的有效措施。纵向接头采用直螺栓、加长纵向螺栓长度、在接头处加弹性垫圈等方式吸收位移，从而达到减震的目的。

（2）在盾构隧道接头处采用回弹能力强的止水弹性胶片，且适当增加胶片的厚度，施加预应力紧固，可达到地震时有效止水的目的，保证隧道的正常运营。

（3）在盾构隧道与竖井的接合部位适当设置变形缝，增加接头柔性。

8）隧道的通风设计

（1）通风标准。

考虑到武汉长江隧道交通量大、高峰时段不明显、隧道内长期处于超饱和运行状态的特点及经济性，采用的通风卫生标准见表 8-3。

隧道内火灾规模按 20 MW 设计，根据隧道内纵坡情况，采用纵向排烟时，要求隧道内风速不小于 3 m/s。

表 8-3 设计采用的通风卫生标准

交通工况	车速/（km/h）	CO 浓度/ppm	烟雾浓度/m⁻¹
正 常	50	100	0.007 5
慢 速	30	125	0.007 5
全段阻塞	20	150（15 min）	0.009 0
局部阻塞	10（局部）	150（15 min）	0.009 0
双向行驶	30	150	0.007 5

（2）非火灾情况下的通风方式选择。

根据本工程特点，隧道通风采用分段纵向通风方式，其中左线隧道利用汉口通风井排风，右线隧道利用武昌通风井排风。

（3）火灾情况下的通风方式选择。

考虑到本隧道位于老城区，洞口外道路狭窄，容易造成隧道内的交通堵塞，因此在盾构段隧道顶部设置专门的火灾排烟风道。排烟风道沿隧道方向每 60 m 设置一处开口（开口处设置火灾排烟阀），当火灾发生时，开启火灾点附近的排烟阀，将烟雾抽至排烟风道内再排出洞外。

9）隧道逃生救援系统

盾构隧道段在行车前进方向左侧利用路缘带和防撞侧石空间设置逃生滑道，逃生滑道间距 80 m。紧急情况下，隧道内司乘人员从逃生滑道进入隧道底部的逃生通道，再从隧道竖井出地面；消防救援人员沿火灾点后方的车道层或从底部逃生通道进入火灾现场。

明挖隧道段每隔 200 m 设置左右线隧道之间的横通道，横通道采用防火门关闭。紧急情况下隧道内司乘人员和消防救援人员均从非事故隧道通过横通道进入火灾现场。

4. 工程施工

1）盾构机械选型与主要技术参数

根据武汉长江隧道工程特点，考虑到水压高、地层透水性强、隧道直径大、下穿建筑物多、对沉降控制要求严格，且在江底需局部切入基岩，因此左、右线隧道各采用一台复合式泥水平衡盾构施工，盾构机工厂组装情况见图 8-3。盾构机主要技术参数见表 8-4。

图 8-3 武汉长江隧道盾构机

表 8-4 武汉长江隧道盾构机主要技术参数表

刀盘	直径	11 370 mm
刀具	双刃滚刀	20 把
	切刀	226 把
	刮刀	16 把
	齿刀	7 把（可以替换滚刀）
	超挖刀	2 把
推进系统	推进油缸	2×27 个
	行程	2 800 mm
	推进速度	50 mm/min
	最大推力	120 687 kN（350 bar）
	额定扭矩	5 948 kN·m/2.23 r/min
	最大扭矩	8 915 kN·m/1.5 r/min
	托困扭矩	15 155 kN·m
	工作压力	7.5 bar
破碎机	驱动	液压
	最大破碎粒径	800 mm
盾尾	密封	4 道
	盾尾注脂管	2×10 个
管片安装机	控制方式	无线和有线控制
	旋转角度	+/−200
人员舱	工作压力	7.5 bar
	工作人员数	主舱 3 人，应急舱 2 人
注浆系统	注浆泵数量	3
	注浆泵能力（KSP20）	60 m³/h（3×20）
	砂浆罐容量	21m

2）总体施工方案

根据本工程的特点、重点、难点和工期要求，在工程总体施工安排时以前期工程、两岸明挖暗埋隧道、盾构工作井、盾构隧道为主线条，辅以道路工程、机电设备安装工程、其他工程为次线条组织施工。根据工程各阶段的施工特点制订阶段节点目标，充分考虑各主要工序施工人员、工程材料和施工材料、大型关键机械设备的流水作业和整体施工的均衡性，并考虑场地条件、地形地貌、环境条件以及施工方法的不同，将工程划分为 6 个工区：武昌明挖隧道工区、汉口明挖隧道工区、盾构隧道工区、机电安装工区、预制构件厂和其他工程工区。

3）盾构段施工方案

（1）总体方案。

两台盾构均在武昌工作井组装和始发，向北掘进并穿越长江，在汉口工作井接收和拆除。

盾构始发采用整体始发方式。

（2）管片生产。

全隧道共需生产 2 560 环管片，采用 4 套管片模具制作。管片在混凝土预制厂生产，采用人工操作钢筋弯曲机、弯弧机、切断机、调直机和焊接机等加工钢筋笼，轨道平板车桥式起重机运输、起吊钢筋笼入模，人工安装管片预埋件，混凝土拌和站拌制混凝土，轨行式平板车配合桥吊运输、起吊混凝土储料斗下放入模，管片模具自带的附着式振捣器振捣混凝土。人工抹面，模具内采用蒸养方式，达到设定强度后，人工配合桥式起重机起吊管片脱模，然后由环片翻转机、轨道平板车配合走行式门式吊机将管片放入水池养护 7 d，水养后由门式吊机、环片翻转机配合轮式叉车将管片放于堆放场，再进行喷淋养护 7 d。

（3）工作井端头地层加固。

盾构机始发、到达工作井端头地层主要为第四系冲积层的黏土、粉土、粉质黏土及淤泥质黏土且地下水位较高，地层自稳性差，需对端头地层进行加固。加固方式采用旋喷注浆和深井降水相结合的方式。

（4）盾构机组装、始发、掘进、拆卸。

采用人工配合 1 台 100 t 履带吊机和 300 t 门式吊机安装盾构机始发基座、明挖区段内的轨道和下井组装。盾构机组装、调试时安装洞门临时密封装置。在组装、调试完成后，安装反力架、负环管片进行始发试掘进；试掘进 100 m 后，盾构进入正常掘进阶段；盾构到达汉口盾构工作井前 50 m 为盾构到达掘进段，盾构机在到达段慢速掘进到达汉口盾构工作井。在汉口工作井由 100 t 履带吊机配合 300 t 履带吊机拆卸吊出。如图 8-4、8-5 所示。

图 8-4 武汉长江隧道盾构始发

图 8-5 武汉长江隧道盾构到达

盾构掘进时，泥水舱内的泥渣经管道输送至洞外，通过由 8 台泥水分离设备组成的一级泥水分离处理系统进行分离后，泥浆排到泥浆调解槽经过改良后输送到掌子面循环利用。经振动筛、旋流器、脱水筛分离出的渣土排入弃渣槽，采用装载机将其装入运输车外运到弃渣场。泥水分离处理系统主要由 8 台 500 m³/h 的泥水分离设备和 4 000 m³ 的泥水分离处理池组成。

（5）盾构隧道施工运输、通风、排水、通信、供电、供水等。

盾构隧道施工水平运输采用 43 kg/m 钢轨铺设单线，900 mm 轨距，在隧道中部设置 1 组错车道，35 t 电瓶车牵引列车运输，每列列车由 2 节管片车和 2 节砂浆罐车组成。每台盾构机配置 2 列列车负责管片、砂浆及管线等材料的水平运输。垂直运输由 2 台 32 t 轨行式门式吊机承担下材料、下管片等垂直运输任务。

盾构隧道采用压入式通风，分别采用 SDF-No12.5 型轴流式风机配合 ϕ1 500 mm 的拉链式软风管通风。

施工排水采取盾构机自带地污水泵配合 ϕ150 mm 钢管将污水排到盾构井积水坑内，然后排自场地内的污水处理池中。

施工通信采用在施工现场安装 2 台 50 门的程控交换机实现施工现场与盾构机及各部位的联系。

施工供电：洞内采用 10 kV 高压供电，从施工场地内的高压配电柜接入，经盾构机变压器后由配电柜分配，供应到盾构隧道各用电部位。

施工供水：在明挖隧道内设循环水池，从市政供水管网接入点用 Φ150 mm 钢管作供水管供水，分别用 2 根 ϕ150 mm 配合水泵供应隧道内用水，隧道内流出的水经冷却塔冷却后排到循环水池循环使用。

8.1.2　南京长江隧道

1. 工程概况

南京长江隧道位于南京长江大桥与三桥之间的纬七路，上距长江三桥 10.2 km，下距长江大桥 9.5 km，连接南京江北的滨江路与江南的清河路。工程采用"左隧右桥"的结构形式，总长 5 853 m。其中长江左汊：从江北的清河路至江中梅子洲，采用隧道方案修建，隧道建筑长 3 930 m，其中盾构段长度 3 022 m。长江右汊：江中梅子洲到江南滨江路，采用桥梁方案修建，桥梁长 705 m。桥隧之间采用路基过渡。

该工程为双向六车道的城市快速路，设计时速 80 km。隧道采用盾构法施工，盾构隧道外径 14.5 m，内径 13.3 m。

工程于 2005 年 9 月开始试验段施工，于 2010 年 5 月通车营运。该隧道直径并列世界上第二，是当时国内水压力最大的盾构隧道之一，最大水压力为 0.65 MPa，也是国内在砂层中一次推进距离最长的隧道，同时是国内最长的盾构法城市快速路隧道和国家 863 计划示范工程。

2. 地质条件概况

南京长江隧道主要穿越的地层以淤泥质粉质黏土、淤泥质粉质黏土夹粉土、粉土和粉细砂为主，局部地段穿越中密的砾砂和圆砾地层。地下水主要为第四系松散岩类孔隙水和碎屑岩类孔隙-裂隙水，隧道穿越的粉细砂及卵砾石层渗透系数达 2.06×10^{-4} cm/s ~ 2.22×10^{-4} cm/s。工程场地地震基本烈度为 7 度，100 年基准期超越概率 2% 的地震烈度为 8 度。

3. 工程设计

1) 工程总体布置

工程主要由江北浦口接线道路、收费广场、左汊隧道、梅子洲地面道路、梅子洲疏解工程、右汊桥梁工程、管理中心以及服务区等组成。

左汊隧道由浦口岸边段（含引道段和明挖暗埋段）、浦口盾构工作井、盾构隧道段、梅子洲盾构工作井、梅子洲岸边段（含明挖暗埋段和引道段）组成，隧道全长 3 930 m，其中盾构段长 3 022 m。隧道平纵面布置见图 8-6。

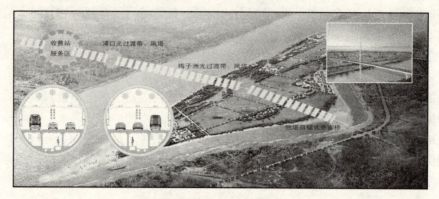

（a）隧道平面示意图

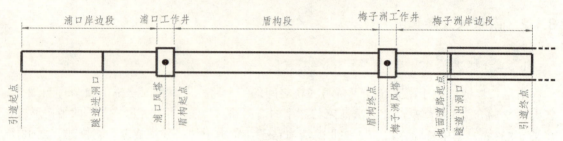

（b）隧道平面布置图

图 8-6　隧道平纵面布置示意图

2）工程平纵断面设计

盾构隧道段采用双管单层方案，平面分左右线，左右线起终点分别为浦口引道起点和梅子洲引道终点处，平面设计遵循以下原则：

（1）为减少超大直径盾构隧道并行施工的相互影响，江中段盾构隧道净距取 1.25D（D 为隧道直径，14.5 m）。

（2）工作井处，盾构隧道净距取 0.5D ~ 0.6D。

（3）为减少工作井施工对防洪的影响，工作井距离长江防洪堤堤脚距离不小于 100 m。

江中段盾构隧道结构顶部高程的确定应同时满足施工阶段和营运阶段的要求。施工阶段为了保证盾构掘进安全，结构顶高程主要取决于施工阶段河床最低高程、保证安全掘进以及满足结构抗浮要求的最小覆土厚度。根据本工程的地质条件，施工阶段盾构顶部最小覆土厚度要求一般不小于 1.0D，靠近梅子洲处为减小最大坡度采用 0.8D。营运阶段为保证结构营运安全，在考虑 300 年一遇洪水可能冲刷的最大深度、航道通航深度、锚击入土安全深度等的前提下，覆土厚度应满足抗浮安全系数 ≥1.1 的要求。

工程实际采用的最大纵坡为 4.5%。

3）盾构段隧道横断面设计

盾构隧道横断面由车道板分为上下两大部分：车道板以上部分为行车道层，主要用于行车；车道板以下部分为服务层，设置有电缆廊道和疏散救援通道。

每孔隧道上部行车道层中部布置单向三车道行车空间，车道净高 4.5 m，车道宽 3.5 m + 2 × 3.75 m = 10.75 m，路缘带宽度 0.5 m，侧向净宽 0.75 m，总宽 12.25 m。其中 3.5 m 宽车道主要用于小汽车通行，3.75 m 宽车道可通行大型车和小汽车。行车建筑限界两侧设置设备箱，隧道照明灯具、水喷雾、广播、摄像机、射流风机等挂设在隧道拱部行车道上方。

隧道道路结构由中间预制矩形箱涵、两侧现浇牛腿以及路面板组成。预制箱涵与管片同步拼装，主要满足隧道同步施工需要，其宽度根据管片运输车辆行驶所需宽度确定为 4.5 m。路面层由混凝土基层和沥青面层组成，最大厚度 35 cm。

服务层由中间预制箱涵分隔为 3 部分，行车前进方向左侧为疏散滑道，中间孔利用预制箱涵设置为疏散救援通道，右侧为管线廊道。疏散救援通道又根据功能需要分为 2 部分：靠近疏散滑道一侧，宽 1.6 m，为人员疏散通道；靠近电缆廊道一侧，宽 2.4 m，为维修、消防专用通道。疏散通道路面标高高于维修消防通道 0.45 m，使消防通道与疏散通道有效分离，有利于防灾救援。疏散通道下方预留 220 kV 电缆通道。横断面布置见图 8-7。

4）盾构隧道段的结构设计

盾构隧道结构主要设计标准与武汉长江隧道基本相同。主要设计参数如下：

（1）衬砌类型：采用单层钢筋混凝土管片衬砌，混凝土强度等级为 C60。

（2）衬砌环形式：通用楔形环错缝拼装。

（3）衬砌环分块方式：采用 7 + 2 + 1 分块方式，即 7 块标准块、2 块邻接块和 1 块封顶块，标准块与邻接块所对应的圆心角相同，封顶块圆心角为标准块的 1/3，见图 8-8。

（4）衬砌环环宽：2 m，设置双面楔形。

（5）管片厚度：0.6 m。

（6）管片环缝、纵缝的连接：管片环与环之间每环布置 28 组共 42 颗 M30 纵向斜螺栓（每组螺栓根据需要设置 1 颗或 2 颗），每环的块与块之间设置 3 颗 M36 环向斜螺栓。螺栓机械等级为 6.8 级 ~ 8.8 级。斜螺栓连接见图 8-9。

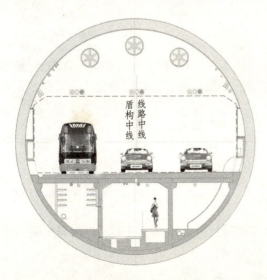

图 8-7　隧道横断面布置图

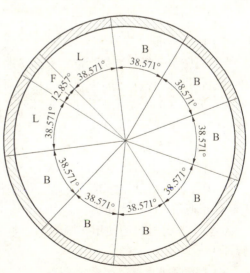

图 8-8　隧道管片分块图

图 8-9　斜螺栓连接形式图

5）管片衬砌结构的原型试验

由于首次在高水压强透水地层修建超大直径盾构隧道，为充分掌握结构的力学特征，除进行详细的理论计算外，还进行了整体结构原型加载试验。

试验装置采用西南交通大学自主研发的"多功能盾构隧道结构体试验系统"装置。该设备可以独立导入水压与土压，从而实现对盾构隧道管片衬砌结构在施工与营运期间实际水土压力的真实加载，正确反映水压、土压单独变化时对管片衬砌结构的作用特性。原型试验见图 8-10。

图 8-10　南京长江隧道管片衬砌结构原型加载试验

6）盾构隧道段的防水设计

（1）防水标准。

本隧道防水等级为二级标准。根据《地下工程防水技术规范》（GB 50108—2001），防水标准的量化指标为：不允许漏水，结构表面可有少量湿渍，总湿渍面积不应大于总防水面积的 6‰，任意 100 m² 防水面积上的湿渍不超过 4 处，单个湿渍的最大面积不大于 0.2 m²。整条隧道的平均渗漏量不大于 0.05 L/(m²·d)，任意 100 m² 的渗漏量不大于 0.1 L/(m²·d)。

（2）防水技术要求。

① 管片单块检漏标准：在 0.8 MPa 水压下，保持压力≥3 h，渗水厚度≤5 cm。

② 弹性密封垫设计标准：当弹性密封垫产生相对最大错位 15 mm、最大张开量 8 mm、100 年使用期间，其在水压力 0.7 MPa 下均不渗漏。

③ 防水密封材料的使用年限为 100 年（通过橡胶材料的热老化试验，以阿累尼乌斯公式验证）。

（3）接缝防水。

管片所有环缝和纵缝均设置内外两道防水密封垫，管片外侧密封垫由 EPDM（三元乙丙橡胶）表面复合遇水膨胀橡胶制成，内侧密封垫采用聚醚聚氨酯橡胶制成。管片环、纵缝内侧预设嵌缝槽，以备必要时局部嵌填或进行引排水。

7）盾构隧道段的防火设计

隧道两侧装饰板以上隧道结构部位设置防火板，形成防火内衬。隧道的耐火等级为一级，防火保护的标准为：在 RABT 标准火灾温升曲线下，管片结构表面温度应小于 250 ℃。

8）隧道抗震设计

（1）抗震设计原则。

① 抗震设计标准：按 100 年基准期超越概率 10% 的地震动参数设计，按超越概率 2% 的地震动参数验算。并在结构设计时采取相应的构造措施，以提高结构的整体抗震能力。

② 地下结构抗震设计，主要是保证结构在整体上的安全，允许局部出现裂缝和塑性变形。

③ 结构应具有必要的强度和良好的延展性，特别是应加强管片间的连接。

（2）抗震计算。

① 横向抗震分析。

南京长江隧道横向抗震分析主要采用反应位移法和拟静力法。

② 纵向抗震分析。

隧道纵向抗震分析采用瞬态动力学分析方法进行三维计算。分析过程中对盾构隧道纵向刚度和边界条件都作了适当处理，并利用行波理论分别进行了剪切波和压缩波作用下盾构隧道纵向内力与变形的计算分析。如图 8-11 ~ 8-13 所示。

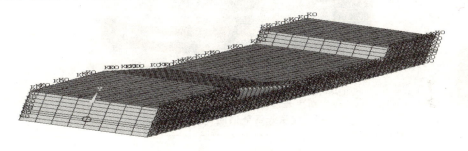

图 8-11　纵向抗震整体模型示意图

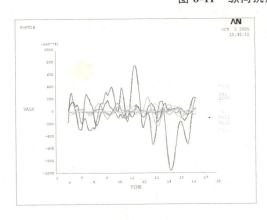

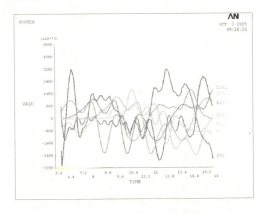

图 8-12　隧道截面弯矩时程曲线　　　　图 8-13　隧道截面轴力时程曲线
（剪切波，10%）　　　　　　　　　　（压缩波，10%）

根据隧道环、纵向抗震分析的计算结果，在验算地震条件下，隧道纵向最大弯矩为 15 000 kN·m，相应环缝张开量为 2.12 mm，混凝土最大拉应力为 1.9 MPa，结构混凝土与钢筋、防水均可以满足设计要求。

4. 工程施工

1）推进线路

本工程盾构隧道段长 3 022 km，根据工期要求采用 2 台盾构机先后由浦口工作井向梅子洲工作井掘进。

2）盾构机械选型及主要技术参数

考虑到南京长江隧道工程具有水压高、地层透水性强、隧道直径大的特点，采用泥水平衡盾构施工，见图 8-14。盾构机主要技术参数见表 8-5。

图 8-14　南京长江隧道"扬子一号"盾构机

表 8-5　南京长江隧道盾构机主要技术参数

名　称	规　格	备　注
盾　体		
前盾直径	14 930 mm	不含堆焊层
后盾直径	14 900 mm	
工作水压	7.5 bar	盾体轴心位置
气压调节装置	2 个	调节精度为 0.02 bar
碎石机	1 个	DN1200 mm，最大强度 200 MPa
盾　尾		
直　径	14 870 mm	
盾尾密封系统	3 道密封刷和 1 道弹簧板	
紧急盾尾密封系统	1 个	充气式紧急密封系统（空气操作）
注浆管	6＋6 根（备用管）	集成在盾尾里、快速连接

名 称	规 格	备 注
刀 盘		
直 径	14 960 mm	
刀 具	118 把刮刀，63 把可更换刮刀，12 把铲刀（4 片/把，螺栓连接）＋12 把铲刀（1 片/把，焊接），32 把齿刀，2 把超挖刀（行程 0～40 mm）	可以在大气压状态下从刀盘臂内进行可更换刀具的更换工作
刀盘驱动		
密封设计工作压力	7.5 bar	
额定扭矩	34 735 kN·m	1.0 r/min
	23 003 kN·m	1.5 r/min
最高扭矩	39 945 kN·m	1.0 r/min
	26 454 kN·m	1.5 r/min
脱困扭矩	45 155 kN·m	
推进油缸		
数 量	28 对油缸	
油缸行程	3 000 mm	
额定推力	185 253 kN	325 bar
最大推力	199 504 kN	350 bar
管片拼装机　CEN 标准		
类 型	中间支撑式	液压驱动
抓取系统	真空吸盘式	95%～98%
自由度	6	
回转角度	＋/－200°	比例控制
注浆系统		
注浆泵数量	3 个	自动和人工控制
注浆泵容量	3×20 m³/h	
最大注浆压力	30 bar	

3）盾构始发及接收

南京长江隧道盾构始发段地层主要为淤泥质粉质黏土、淤泥质粉质黏土夹粉土，到达段地层主要淤泥质粉质黏土、粉细砂。场地地下水丰富、水位高，覆土浅，为保证盾构进出工作井时地层稳定与有效防水和防止涌水涌砂，施工中采取如下对策：

（1）加固地层。

盾构始发工作井端头地层采用搅拌桩加固，在凿除洞口地下连续墙的时候，发现有渗漏水现象，为确保安全，地下连续墙背土层设置单排冻结管对地层冻结，见图 8-15。

盾构接收工作井端头地层采用旋喷注浆与深井降水相结合的方式，洞口地下连续墙凿除后，再向接收工作井内注水，以平衡工作井外侧水压，当盾构机完全进入工作井后再抽干井内积水，见图 8-16。

图 8-15　盾构机始发井示意图

图 8-16　盾构机接收井示意图

（2）盾构始发与到达段浅覆土掘进。

盾构始发、到达段覆土浅，始发段最小覆土 5.0 m，到达段最小覆土 8 m。浅覆土掘进易产生以下问题：

① 由于竖向压力较小，盾构推进时易"上飘"。

② 由于覆土层薄，泥水易串出地面"冒浆"，破坏泥水平衡。

③ 由于盾构顶部覆土浅，给泥水舱水压控制增加难度。水压力波动大，会增加正面土体的扰动，导致正面土体的流失。

因此，施工中采取了严格控制开挖面泥水压力、加强同步注浆、加强地表监控量测等措施。

4）盾构穿越长江的施工安全措施

（1）保持开挖面泥水压力稳定。

在掘进过程中，必须严格保持泥水压力的稳定，防止因设备故障和人为操作失误而引起的压力剧烈波动。特别在覆土厚度小于 15 m 时，较为剧烈的压力波动可能造成开挖面坍塌，进而产生河床面坍陷、盾构无法掘进的风险。在每次调整压力后，需进行试掘进，并安排专人观察盾尾漏浆情况，待确定盾尾无泥水逸漏后，方可正式调整，进行正常掘进。

（2）防止盾尾漏浆。

盾尾漏浆系由于盾尾油脂压力、黏性等达不到预期要求或密封刷破坏所引起，盾尾漏浆一旦发生，不仅对洞内作业环境有影响，严重时可能使大量的泥砂进入隧道，进而引起管片错台与开裂。施工中采取的控制措施有：

① 提高同步注浆质量。每环掘进前需对同步注浆浆液进行小样试验，严格控制初凝时间，在同步注浆过程中，合理掌握注浆压力，使注浆量、注浆流量与掘进参数形成最佳参数匹配。

② 盾尾油脂压注。盾尾油脂应定期、定量、定位压注。当发现盾尾有少量漏浆时，应对漏浆部位及时进行补压盾尾油脂。

③ 保持盾尾间隙的均衡。管片应居中拼装，以防盾构与管片之间的空隙一边过分增大，一边又太小，造成盾尾间隙的不均衡而降低盾尾密封效果甚至损坏盾尾密封刷。

5）洞内同步施工

盾构段施工是整个隧道工期的主轴线，采取同步施工可大大提高隧道施工效率，缩短内部结构的施工工期。南京长江隧道的同步施工方案采用后续台车行走于预制箱涵两侧的方案，其他路面结构在盾构机后配套后部一定距离采用现浇方式施工。

6）管片预制

在盾构始发工作井附近新建管片预制厂，负责全隧道的管片预制及中间箱涵的预制。根据施工进度要求，管片采用 6 套钢模制作。管片采用多层叠加平放的方式进行临时存放。

7）高水压条件下常压换刀技术

南京长江隧道在砂层及圆砾地层中进行长距离掘进，且隧道断面大，刀盘及刀具磨损严重。又由于水压力高，带压更换刀具不仅难度大，而且十分危险。为此，在世界上首次采用常压换刀技术，顺利解决了高水压条件下刀具更换难题。常压换刀的技术方案为：对可以更换的刀具进行特殊设计，并在气垫仓内和刀盘辐条仓预留封闭门，换刀人员从封闭门进入常压辐条舱，操作经过特殊设计的刀盘的密封系统，更换刀具。见图 8-17。

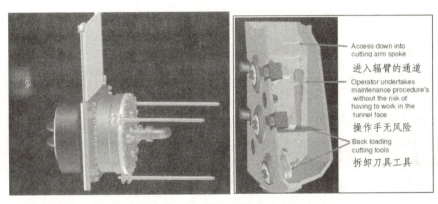

图 8-17　常压换刀原理示意图

8.1.3　日本东京湾海底隧道

1. 工程概况

东京湾海底隧道是横贯东京湾公路的一部分，它把位于首都圈内的干线公路——东京湾海岸公路、东京外围环形公路、首都中央联络汽车诸路和东关东汽车联成一体，构成广阔领域的干线公路网。

日本横贯东京湾公路西端连接产业区域的神奈川县川崎市，东端连接自然田园区域的叶县木更津市，全长为 15.1 km，其海上部分由三大段组成：一为船舶航行较多的川崎侧，长为 9.6 km 的海底隧道；二为处在水深较浅的木更津侧，长为 4.4 km 的海上桥梁；三为川崎侧岸边浮岛的引道部分。整条长度为 9.6 km 的海底隧道由 8 台直径为 14.14 m 的超大型泥水平衡盾构在海底地层中穿越贯通。盾构机长为 13.5 m、重达 3 200 t，是当时世界上最大的盾构机械。

隧道设计速度为 80 km/h，近期为双向四车道，远期扩展为双向六车道。近期隧道为双管盾构隧道，外径为 13.9 m，隧道一次衬砌环由 11 块管片用螺栓联结而成，每块管片厚 0.65 m，宽 1.5 m，长约 4 m，二次衬砌厚 0.35 m，为钢筋混凝土结构。

工程于 1966 年由日本的建设省开始调查起，经 1976 年日本道路公团继续进行调查，并于 1986 年成立了横贯东京湾公路工程公司。工程于 1989 年着手开始建设，1996 年 8 月全线贯通，于 1997 年 12 月竣工并投入营运。其主要工程布置图见图 8-18。

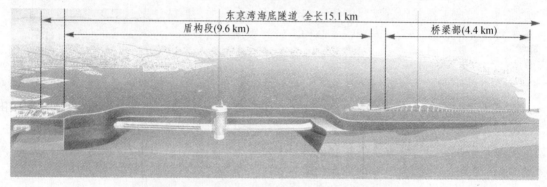

图 8-18　东京湾海底隧道主要工程布置图

2. 工程地质概况

1) 地形以及地质概况

东京湾公路所处位置的海底，最大水深约 28 m，在海湾中央处。从西面川崎侧到海峡中央，属于极软弱的冲积黏土层，其厚度按海底面算起为 20 m ~ 30 m，在其下为洪积土层。木更津侧，海底地层以比较密实的砂层为主，深度一般为 80 m ~ 90 m。

隧道段平均覆盖厚度仅有 15 m 左右，隧道穿越的地层以软弱的冲积、洪积黏性土层（N 值仅在 0 ~ 12）为主，木更津人工岛一端，夹有洪积砂土层（N 值为 20 ~ 70）。

2) 地震活动的情况

东京湾地区地震活动频繁，从公元 818 年到 1867 年，东京湾地区共发生过约 32 次重大地震。1868 年以来又发生了 23 次破坏性的大地震，其中包括 1923 年发生的关东大地震（里氏 7.9 级）。图 8-19 展示了从 1885 年到 1979 年以东京湾中央为中心、半径为 300 km 范围内发生的大地震（即震级大于或等于 6.5 级的地震）的震源分布。

3. 隧道工程设计

本隧道的设计、施工条件可谓前所未有的，特别是工程处在东京湾地震多发地域，隧道位置又处在深度较大的海底，穿越非均匀地层。针对诸多技术性问题，曾邀请了众多机构的调查研究委员会，对东京湾地区的固有特性进行积极调查、实验和研究。此外，还进行了多种方案的比选、设计标准的制定以及各种结构抗震性能的试验研究，最后才确定了最佳的设计方案。

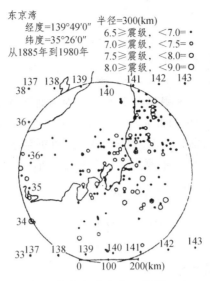

東京湾
经度=139°49′0″
纬度=35°26′0″
从1885年到1980年

半径=300(km)
6.5≥震级，<7.0=•
7.0≥震级，<7.5=○
7.5≥震级，<8.0=○
8.0≥震级，<9.0=○

图 8-19 1885—1979 年以东京湾为中心，半径 300 km 范围内地震分布
（大于或等于 6.5 级）

1）隧道设计的条件

就本隧道设计而言，无论是其结构规模，还是技术难度，都有其明显的特点，并且无先例可循。经综合分析，本隧道设计、施工上所遭受到的各种问题，可归纳成以下八大特点的设计条件：

（1）隧道外径 $D = 13.9$ m，是当时不曾出现过的大直径隧道。

（2）隧道位置处在海底下平均深度约 15 m 的地层中。覆盖层厚度在海底部分为 1D；处在人工岛地基斜坡的覆盖层厚度仅有 0.7D（D 为隧道直径）。

（3）隧道洞身以及覆盖层全为极其软弱的土质，而且在人工地基（斜坡段部分）和自然地基分界处，地层土质有明显的变化。

（4）隧道底部处在海平面以下 50 m ~ 60 m 深处，所受到的最大水压力高达 0.6 MPa。

（5）隧道处于地震活动十分频繁并且发生过大规模地震的地域。

（6）盾构机单头掘进长达 2 000 m，最后要求与对面掘进的盾构在海底实现对接。

（7）为了缩短工期，力求实现相关工种的同步施工、工程作业的自动化和机械设备的高速化。

（8）设置在海上的盾构临时设施和处在海上输送施工器材的栈桥，皆需充分考虑到海上气象条件的恶劣性。

2）隧道衬砌结构设计

（1）衬砌结构设计的安全措施。

根据本隧道大直径、高水压、地层软弱、有遭遇大地震可能等特点，在进行衬砌结构设计时采取以下措施：

① 管片采用错缝拼装。

为了提高隧道衬砌环对软弱地基变形的抵抗和增强抗震性能，管片采用错缝拼装方式，封顶管片按纵向插入方式进行。

② 设置双层衬砌。

在管片衬砌的内侧增设一层钢筋混凝土内衬。但在管片结构计算时，不考虑内衬的共同作用，全部荷载皆由外层管片衬砌承受。

③ 进行接头刚度试验。

管片衬砌结构计算方法，系采用梁-弹簧模型。对常规计算法（假定环的刚度相同）所设定的 η、ζ（刚度有效系数、弯矩增加系数）进行验证。接头弹簧系数 K_θ、K_s 按照考虑轴力而进行的管片接头弯曲实验及剪切实验结果取得。通过利用全尺寸管片的接头性能对比实验（1:1 实体实验），选定长螺栓钢筋混凝土板式管片接头结构，管片间、环与环之间螺栓的预设轴力，分别为螺栓容许值的 80%、60%。

④ 接缝采用直螺栓连接。

管片衬砌接头要求具有高度的刚性和屈服强度。不论是纵缝或是环缝，皆是采用直螺栓连接。此种接头刚性强、耐久性强，并能使拼装作业自动化操作。此外，此种接头可提高抗震性能，并能取得较高的经济指标。

⑤ 偏于安全选取荷载条件。

管片衬砌结构要承受全部荷载，为使设计偏于安全，对衬砌周围的水土压力分别进行考虑。对人工地基和黏性土地基是按水、土合算方式进行；对砂质地层则按水、土分算原则进行，此外在垂直荷载计算中，则考虑整个覆盖土层厚度。

（2）衬砌结构主要设计参数。

管片衬砌环外径 13.9 m，内径 12.6 m，管片厚度 0.65 m，环宽 1.5 m。衬砌环由 11 块管片组成，其中 A 型块（标准块）8 块，B 型块（邻接块）2 块，K 型块（封顶块）1 块。内部现浇钢筋混凝土二次衬砌，厚度为 0.35 m，其作用是增加整个衬砌环的自重，以加强抗浮能力，同时还有防灾的目的。

图 8-20、8-21 为东京湾海底隧道结构示意及管片结构。

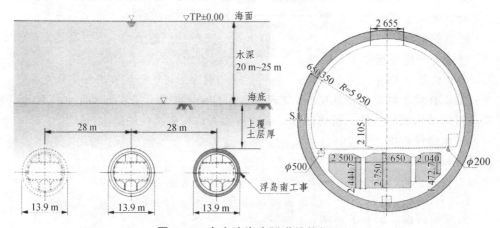

图 8-20　东京湾海底隧道结构概况

3）隧道工程抗震设计

考虑到隧道位于地震活动频繁的地域，隧道的抗震设计方面增设"反应位移法"来进行地震响应分析的验证，以确认地震时隧道结构的稳定性。衬砌结构抗震设计原则及主要抗震措施如下：

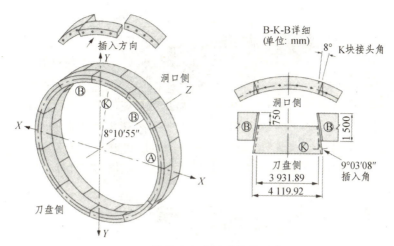

图 8-21 东京湾海底隧道管片结构图

（1）隧道的地基是软弱地层，但不会液化和泥浆化，故不需要对地基进行加固等特别的处理。

（2）隧道衬砌环和竖井的连接处应做成地震时能吸收变形能的柔性结构。

（3）人工岛斜坡段前端的人工加固地基与原有的软弱地基的交界地段，为缓和由于地基刚度急剧变化而造成的应变集中，隧道的轴向应设置成柔性结构。

（4）内衬要设置一定数量的连续钢筋，而在外层管片衬砌的特定接头处应避免变形集中。

（5）为安全起见，环与环之间的接头受力不考虑设置内衬结构的有利影响。

图 8-22 为隧道抗震结构布置，图 8-23 为隧道抗震大变形环。

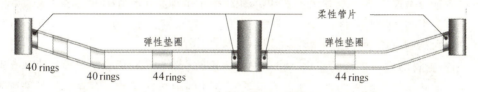

图 8-22 隧道抗震结构布置图

4）防水设计

本隧道工程处于软弱黏性地层，承受高达 0.6 MPa 的水压力且在海水腐蚀的不利环境中，为了提高衬砌结构的耐久性、抗腐蚀性，必须着重考虑衬砌结构的防水设计。

（1）防水设计原则。

① 隧道衬砌结构的防水是以管片衬砌的自防水为主，为防止万一有渗漏，在管片衬砌和内衬之间设置防水板，防水板的材质和规格由实验结果来确定。

② 为提高内外两层衬砌结构的抗渗性和耐久性，在上述两种结构的混凝土配比中，水泥用量的 1/2 以高炉矿渣水泥来替代。

③ 管片衬砌接缝弹性密封垫的形状和材料组成，必须具有耐久性，并对可能形成的渗水，水流通路采取必要防水措施。

④ 对于已浇筑的内衬混凝土，必须予以精心养护，以防止热收缩和干收缩引起的裂缝。

⑤ 必须研究开发能和渗透水起反应的防水添加剂。

⑥ 做好管片衬砌背后的注浆工序也是结构防水方面的重要环节。

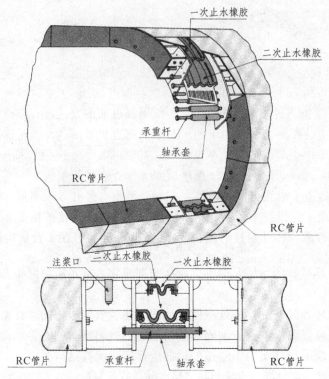

图 8-23　隧道抗震大变形环

（2）防水措施的实施。

防水措施应考虑以下几个方面：管片衬砌的密封材料、管片衬砌背后的注浆材料、二次注浆材料、逆止阀、防水板材料、管片衬砌混凝土、防水密封垫。如图 8-24 所示。在施工实施中主要防水措施有以下几项：

① 用密封材料进行接缝的止水。密封材料的层数、形状、材质，均须根据水压实验和水膨胀特性、水膨胀物质的淋溶性等实施有关质量变化的耐久性实验，并在螺栓外侧配置一层宽幅的水胀性密封圈。

② 注浆孔周围的止水尤为重要，注浆孔栓塞形状、材料以及逆止阀，按能承受 1 MPa 水压进行设计。

③ 在管片衬砌和内衬之间，敷设引水型防水板，以确保隧道内部的止水。

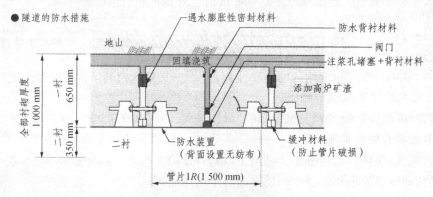

图 8-24　隧道防水示意图

4. 盾构机对接

1）对接方案

该隧道全部采用泥水平衡式盾构施工，盾构机分别由日立造船、川崎重工、三菱重工、三井造船、小松、石川岛重工、日立建机等制造。掘进机外径 14.14 m，主机长 13.5 m；盾构掘进千斤顶 48 只，推进速度 45 mm/min。为探测掘进面前方是否有障碍物以及监视掘进面情况，设置了地下雷达探测装置。为了便于与对面掘进机对接，设置了探查钻孔装置和冻结管等装置。整个掘进作业全面纳入计算机管理，主要由 3 个大的系统来承担，即盾构掘进综合管理系统、掘进方向自动控制系统、掘进面前方探查与控制系统。

另外，为保证隧道平纵线形的正确性，在洞外测量、竖井导入测量、洞内测量、掘进控制测量等方面均采用了先进技术。盾构机从隧道两侧掘进，对接的精度非常重要。当初从机械误差及测量误差考虑，预计对接时错位误差为 200 mm，但在 2 台盾构机到达相对面距离为 50 m 处时错位误差为 180 mm，经过调整，对接时仅为 5 mm。

对接钻探采用了无线电放射性同位素（R1）技术（犹如医生的听诊器）。对接工程顺序为：

（1）先期到达预定位置的盾构机停止掘进，撤除盾构机封隔墙后方部分设备，安装探测钻头。

（2）后期到达的盾构机在相距 50 m 处停住，先到盾构机向后到盾构机钻探，采用无线电放射性同位素（R1）技术测定两机相对错位量，即第一次钻探（探测传感器设置于钻杆前端）。

（3）后到盾构机根据此错位量边修正盾构机错位量边掘进。

（4）后到盾构机掘进到 30 m 处时，第二次钻探测定相对错位量。

（5）再次边修正边掘进，在对接前夕，其刀刃面非常缓慢地靠近对方刀刃面，其间空隙为 0.3 m。

（6）对后到盾构机进行解体，并作冻土保护（地基改良）工程准备。

（7）当两机之间空隙为 0.3 m 时，对该接合部的地层施作 2 m 厚的环状冻结处理。冻结管直径 89 mm、长 4 m、按 1 m 间距共 48 根，呈放射状，从先到盾构机前面斜向插入地层中，进行冻结。另外，为了使盾构机周围地层完全达到冻结程度，在 2 台对向的盾构机前端 2.5 m 范围内设置了紧贴式冻结管。为了缩短工期，该冻结管是在盾构机工厂制作时预先安装上去的（一般的情况是掘进完成后在现场临时安装的）。为了确认冻结温度，分别从 2 台盾构机各插入 8 根测温管。待冻结厚度达到 2 m 时，开始拆除盾构机密封墙。

（8）冻结作业中非常重要的是冻结对隧道主体的影响，即冻结后土体体积增大，是否会造成盾构机变位，或引起管片环开裂。为此，设置了沉降观测器进行观测，并通过冻结温度和速度来控制。

2）对接作业顺序

盾构机对接设备见图 8-25。整个对接及贯通施工的作业顺序：

（1）由先到盾构机实施钻探，后到盾构机根据钻探结果边修正边掘进，到对接位置，然后拆除盾构机密封墙后方的设备（即第一次解体）。如图 8-26。

（2）插入放射式冻结管，对地中接合部实施冻结，使其形成冻土，同时继续进行第一次解体的工作。如图 8-27。

（3）第一次解体工作完成后，剩下密封墙，在两盾构机刀刃盘面之间焊接。型钢制止水板（暂时留下密封墙是为了防止万一的情况发生）。如图 8-28。

（4）钢止水板焊接工作完成后，对刀刃面周边部位进行补强，然后拆除密封墙以及盾构机其他机械部分（即第二次解体）。如图 8-29。

（5）在海中对接部设置 3 环钢制管片，经铺设防水板后，浇筑二次衬砌，然后，对冻土进行强制解冻，并实施衬背注浆。如图 8-30。

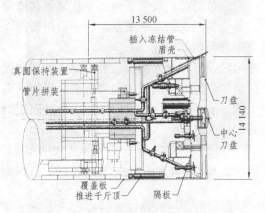

图 8-25　东京湾海底隧道盾构机对接设备

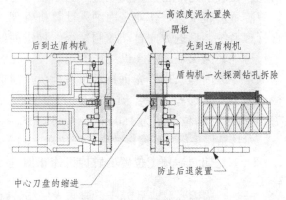

图 8-26　对接第一步示意图

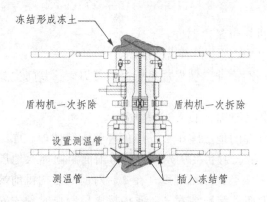

图 8-27　对接第二步示意图

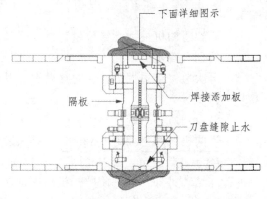

图 8-28　对接第三步示意图

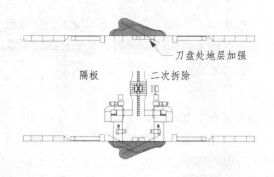

图 8-29　对接第四步示意图

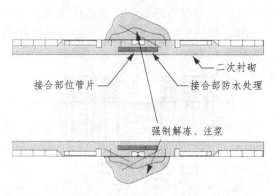

图 8-30　对接第五步示意图

5. 人工岛施工方案

1）日本川崎人工竖井

川崎人工竖井位于隧道中部，水深为 28 m；人工岛形状为一座直径 98 m 的圆筒形建筑，围护结构形式：2.8 m 厚、119 m 深的地下连续墙。如图 8-31、8-32 所示。

图 8-31　日本川崎人工竖井（兼风井）效果图　　**图 8-32　日本川崎人工竖井（兼风井）施工过程**

海底底层情况及改良方法：海底表层约 24 m 厚的软黏土，采用挤压砂桩法（SPC 改良）和深层水泥拌和法（DW 改良）进行软基加固；TP-55 m 附近是 N 值为 0 的软弱冲积黏性土，TP-70 m 处是砂质土和黏性土交替成层的洪积土层。在此层以下 TP-110 m ~ 130 m 附近，是含有 1 m ~ 3 m 厚的黏性土薄层和 N 值在 50 以上的砂性土层。

施工方法（图 8-33）：沿井壁的内外两圈先打设两道锁口钢管桩墙，钢管桩墙由内外两圈钢框架（导架结构）做支持。在两道钢管桩墙之间填以特制的混合土，然后进行钢筋混凝土地下连续墙的施工。

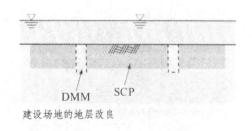

第一步　海床加固

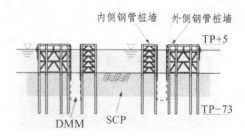

第二步　施工两道钢管桩墙

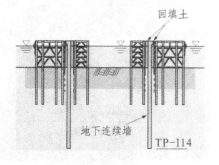

第三步　回填土并施工地连墙

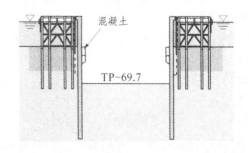

第四步　拆除内侧的钢管桩墙

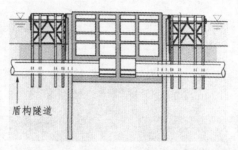

第五步　盾构始发，施工内部结构

图 8-33　川崎人工竖井施工工序图

地下连续墙完成后，需把内圈导架结构的基桩切断，然后用大型浮吊撤除内圈的导架，并同时拆除内圈的钢管桩墙及填筑的混凝土等。

在地下连续墙形成的井壁以内进行排水后，即开始岛心海底的挖掘工作。由于挖掘深度达到海底面以下 40 m，故设计深井排水，以防基底隆起。

内部挖掘工作完毕后，对地下连续墙的内侧面要进行平面平整，并在两块地下连续墙连接处采取防水措施，地下连续墙的顶部和中部均有水平圈梁。

最后施工人工竖井井壁内海底隧道通风塔的钢筋混凝土结构。

人工竖井的作用：在隧道施工中起到四孔隧道的盾构始发基地的作用，而在隧道营运期则主要起到通风的功能。

2）木更津人工岛

木更津人工岛位置处在川崎人工竖井东面海上，长达 1 400 m，宽为 100 m，是作为隧道和桥梁连接部分、以回填土方式筑造的人工岛。如图 8-34 所示。

地质条件：从海底面到 TP-30 m 附近是冲积层，在此层之下是洪积层。冲积层上部是 N 值为 0 的软弱黏性土层（Acl 层），厚度 1 m～4 m，分布在全岛区域。冲积层的下层是砂层土层（Asl 层），其 N 值为 3～22；冲积层的底层是洪积层（D3 层），是砂与粉细砂相互成层。一直延伸到 TP-60 深度附近，砂层的 N 值为 40～60，粉细砂层的 N 值亦在 20 以上。TP60～90 层是 D4 层，此层土性质和 D3 层相似，亦为砂与粉细砂相互成层的地层。

结构形式：由两大部分组成，西面是斜坡道路段，东面是平坦部分地段。人工岛道路两侧设有护岸结构挡土，在斜坡道路段的护岸形式有抛石式、单排钢管桩式、双排钢管桩式和护套式四种式样。在平坦部分，采用格型钢板桩围堰的护岸结构，共设置 48 个由钢板桩组成的圆形结构。每个圆形结构采用 140 根 37 m 长的钢板桩在工厂组装而成，然后由起重船吊至现场，就位后采用蒸气打桩机一次打入设计深度，最后在圆形结构内填筑砂和碎石。

图 8-34　日本木更津人工岛

8.2 铁路盾构法水下隧道工程实例

8.2.1 广深港铁路客运专线狮子洋隧道

1. 工程概况

狮子洋隧道位于广深港铁路客运专线东涌站至虎门站之间，穿越珠江入海口的狮子洋，河面宽度 6 100 m。为高速铁路隧道，设计行车速度 350 km/h，采用盾构法施工。隧道全长 10.8 km，盾构段采用双孔结构，内径 9.8 m，外径 10.8 m，主体采用"7 + 1"分块方式的通用楔形环钢筋混凝土单层管片衬砌。全隧道共设置左右线之间的联络横通道 25 处，其中盾构段 21 处（含人行横通道 19 处、通信基站横通道 2 处），盾构隧道段采用 4 台复合式泥水平衡盾构施工，并于水下地层中两两对向对接。

狮子洋隧道是中国第一条铁路水下隧道；是世界上行车速度目标值最高的水下隧道；是目前国内最长的水下隧道；是国内水压力最大的水下隧道，最大水压力为 0.67 MPa；是国内第一条进行水下对接施工的盾构隧道，也是国内首次在隧道内设置内衬的水下隧道。同时还是国家 863 计划示范工程。隧道效果图见图 8-35。

狮子洋隧道于 2006 年 5 月开工建设，2011 年 3 月全线贯通。

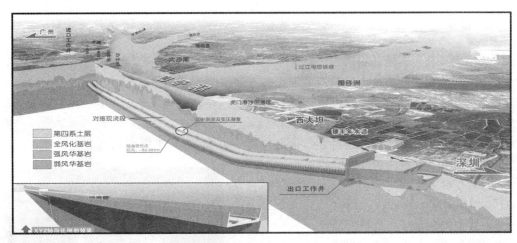

图 8-35　狮子洋隧道效果图

2. 工程地质与水文地质概况

隧道通过地层主要为：素填土、淤泥质土、粉质黏土、粉细砂、中粗砂、全风化至弱风化泥质粉砂岩、粉砂岩、细砂岩、砂砾岩。盾构隧道大部分处于强至弱风化砂岩和砂砾岩中，部分地段位于淤泥质土、粉质黏土及粉细砂中。盾构穿越基岩（W2）、半岩半土、第四系覆盖物地层的长度分别占掘进长度的 72.8%、13.2%、14.0%。基岩的最大单轴抗压强度为 82.8 MPa，石英含量最高达 55.2%，岩石地层的黏粉粒（≤75 μm）含量为 26.1% ~ 55.3%。

地下水主要为第四系地层的孔隙水和白垩系岩层的裂隙水，具承压性，地下水补给充足。穿越的地层中粉砂、细砂、中砂、粗砂是强透水，渗透系数为 9.5×10^{-4} cm/s ~ 1.88×10^{-2} cm/s，基岩裂隙水在裂隙发育地段渗透系数为 3.53×10^{-2} cm/s ~ 6.39×10^{-2} cm/s，在裂隙较不发育地段渗透系数为 4.4×10^{-4} cm/s ~ 1.08×10^{-3} cm/s。地下水对混凝土及混凝土中钢筋具溶出型弱至中等侵蚀。狮子洋地质剖面见图 8-36。

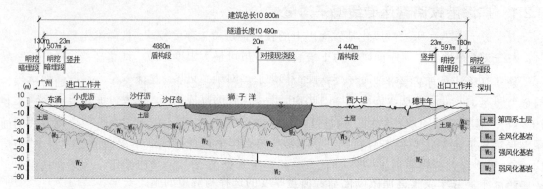

图 8-36　狮子洋地质剖面图

根据物探、钻探成果资料，隧址处未揭示到大的断裂破碎带，物探仅在里程 DIK38 + 086、DIK38 + 150、DIK39 + 541 及 DIK39 + 738 附近存在物探异常带。

工程场地地震基本烈度为 7 度，100 年基准期超越概率 10% 和 2% 的基岩峰值加速度分别为 97.61 cm/s^2、175.42 cm/s^2。

3. 工程设计

1）主要技术标准

（1）铁路等级：客运专线。

（2）正线数目：双线。

（3）设计速度：基础设施按 350 km/h 设计。

（4）线间距：采用双孔单线结构，线间距根据盾构施工要求确定。

（5）最小曲线半径：7 000 m。

（6）最大坡度：20‰。

（7）牵引种类：电力。

（8）列车运行方式：自动控制。

（9）行车指挥方式：综合调度。

2）总体设计

（1）隧道平面设计。

线路在出东涌站后，沿广州规划控制的铁路廊道行进，在沙公堡以 7 000 m 的曲线半径右转进入隧道，然后以直线下穿小虎沥、小虎岛、沙仔沥、沙仔岛（距离沙仔岛码头上游 50 m）、八塘尾水道、狮子洋水道、虎门港沙田港区 6 号泊位、规划虎门港的监管保税仓库后，以 7 000 m 曲线半径右转下穿沿江高速公路后出地面。隧道工程范围全长 10.8 km，其中曲线段长 2 819 m，占隧道全长的 26%。

（2）隧道纵断面设计。

本隧道纵断面设计的主要控制因素有 2 个：一是下穿小虎沥河床处为粉细砂层，必须考虑河床冲刷深度的影响，根据河床演变分析及河工模型试验结果，当覆土厚度不小于 8 m 时，可以满足 300 年一遇洪水冲刷后的运营抗浮安全要求，也可以满足施工安全要求；二是如何合理确定狮子洋主河流段的隧道埋置深度。

① 狮子洋段隧道埋置地层的选择。

由于狮子洋主河床段微风化基岩面以上的软弱地层覆盖厚度较薄，且微风化基岩面起伏很大，如将隧道顶埋置于河床面以下约 1 倍洞径处，虽可最大限度地减小线路高差，降低线路纵坡，但盾构隧道大部分地段均需穿越软硬不均地层，对施工进度、施工安全、控制高速铁路隧道的不均匀变形等方面均极为不利。因此，根据本工程的具体条件，应尽可能将隧道埋置于微风化的基岩中。为此，隧道纵断面的设计原则是：线路自两岸以 20‰ 最大坡度迅速下潜，以最短的长度通过软弱地层和软硬不均地层，到达微风化基岩后，再以较平缓的坡度通过主河床。

② 微风化基岩覆盖厚度的选择。

狮子洋主河床段隧道顶微风化基岩覆盖厚度的选择与隧道的施工安全、结构受力、防水设计等密切相关。根据暗挖隧道的设计理论，当覆盖厚度超过某一值后，围岩自身可以形成稳定的承载拱，亦即隧道处于"深埋"状态，围岩"松弛"压力不再随覆盖厚度的增加而增加，但水压力却随埋深的增加而加大。因此，合理的基岩覆盖厚度应该是：使隧道处于"深埋"所需的最小覆盖厚度。

设计中按《铁路隧道设计规范》，取围岩级别为 IV 级，计算的深埋最小基岩覆盖厚度为15 m。当然，由于盾构法隧道施工对围岩扰动小，且支护及时，其"松弛"压力和最小覆盖厚度应小于《铁路隧道设计规范》的计算值，但考虑到本工程同时还具有以下不利条件：① 水压力大，河床面以上最大水深约 30 m，隧道开挖后将形成较大的渗流压力；② 左、右线隧道的净间距仅为 1 倍洞径，不可避免存在相互影响；③ 需进行地中对接和横通道施工。因此，基岩最小覆盖厚度取 15 m。

据此确定的隧道纵断面设计方案为：线路出东涌站后，在 DIK32 + 600 处以 2 950 m 长、20‰ 的下坡进入隧道，并下穿小虎沥、小虎岛、沙仔沥到达沙仔岛；然后以 3 750 m 长、3‰ 的下坡通过沙仔岛进入狮子洋深水航道下；接着以 1 700 m 长、3.5‰ 的上坡通过狮子洋航道和虎门港沙田港区 6 号泊位；最后以 3 276.9 m 长、20‰ 的上坡通过规划虎门港的监管保税仓库，在沿江高速公路东侧出洞。

（3）盾构隧道内轮廓设计与横断面布置。

高速铁路盾构隧道内轮廓的设计需综合考虑隧道限界、净空有效面积（轨面以上）、疏散救援通道、各种沟槽管线及设备的布置等。

隧道建筑限界采用当时适用的《新建时速 300 ~ 350 公里客运专线铁路设计暂行规定》中的建筑限界及基本尺寸。隧道内单侧设置贯通的救援通道，宽度 1.5 m，高度 2.2 m，距离线路中线 2.3 m。隧道内轮廓拟定过程中，按规定预留技术作业空间 300 mm，结构变形及施工误差取 150 mm。

隧道最小净空有效面积主要根据隧道空气动力学效应确定。在不考虑空气动力效应的情况下，满足隧道建筑限界、疏散通道、各种沟槽管线及设备布置所需的隧道净空有效面积为 60 m^2，而设计暂行规定所要求的单线隧道净空有效面积为 70 m^2。由于盾构隧道直径的加大对施工难度与工程造价影响较大，结合空气动力学效应研究成果，并参考国外类似工程经验，单线隧道净空有效面积采用 65 m^2。

根据以上要求，拟定狮子洋隧道的内轮廓直径为 9.8 m，隧道横断面布置见图 8-37。

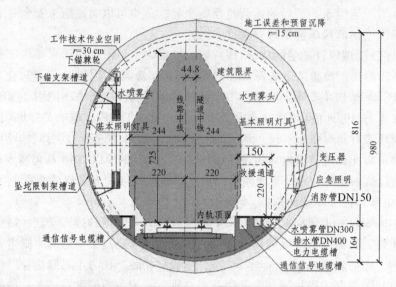

图 8-37 狮子洋隧道内轮廓及横断面布置图

3）隧道空气动力学效应分析及缓解措施

（1）隧道最大瞬变压力控制标准及列车密封指数（τ）要求。

① 最大瞬变压力控制标准。

高速列车通过隧道时，车内压力变化舒适性标准国际上还没有统一的标准，我国在这方面的研究也较少。考虑到广深港铁路客运专线除狮子洋隧道为双孔单线隧道外，其余均为双线隧道，为使问题简化，该隧道设计时不探讨瞬变压力控制标准的选择问题，而按如下原则进行空气动力学问题的处理：考虑到本隧道为整个客运专线的一部分，要求其瞬变压力控制标准不低于其余双线隧道，从而不至于对列车密封指数提出特殊要求，以此确定隧道内净空有效面积。经初步核算，国内同标准的客运专线铁路双线隧道的最大瞬变压力控制标准约为 0.8 kPa/3 s。

② 对列车密封指数 τ 的要求。

设计采用一维、非定常、可压缩流动模型和特征线方法，通过数值计算求解隧道压力波和列车内的压力变化。计算时考虑了运营速度分别为 300 km/h 和 350 km/h，运行列车分别为德国 ICE（计算中取列车长 300 m、断面积 10.4 m²、周长 11.4 m）和日本高速列车（计算中取列车长 300 m、断面积 12.6 m²、周长 13.2 m）四种情况，计算结果见表 8-6。

表 8-6 最大瞬变压力舒适性标准为 0.8 kPa/3 s 时所需 τ 值

车　　型	列车速度/（km/h）	隧道断面积/m²	τ
德国 ICE	300	65	5.0
	350	65	6.5
日本	300	65	5.9
	350	65	8.9

由上表可见，采用舒适性标准 0.8 kPa/3 s 时，列车密封性不小于 9 s 就可以满足要求，目

前法国、德国和日本的高速列车的密封性都能满足该要求，预计我国的高速列车也能满足该密封性要求。

（2）洞口微气压波及缓冲结构。

由于狮子洋隧道洞口位于城市规划建设区，隧道进出口附近均按有建筑物考虑，取隧道出口微压波压力峰值的标准为：距隧道出口中心 20 m 处小于 20 Pa。

按德国 ICE3 型列车考虑，即使不考虑隧道长度和无砟轨道道床结构产生的不利影响，取列车运行速度为 300 km/h 进行计算，隧道出口区域产生的微压波压力峰值约 75 Pa，超出了上述微压波压力峰值标准。为控制微压波问题所产生的影响，按行车速度 300 km/h 制定减缓措施，并预留行车速度 350 km/h 的减缓条件。经分析计算，设计采用的缓冲结构如下：

① 在每孔隧道列车入口段的顶部及边墙依照隧道空气动力学规律布置多个不同尺寸的方形或圆形开口，其中左线隧道开口参数如表 8-7 所示。开口沿隧道纵向的长度对缓解效果有明显影响，因此在开口的长度方向设置滑板，以便运营期可以根据实测情况调节开口长度。该措施可以在初始压缩波的形成阶段降低其最大压力梯度，减小出口微压波压力峰值。

表 8-7　列车入口段隧道缓冲结构开孔位置及几何尺寸表

开口序号	开口起始位置距隧道入口的距离/m	开口形状	开口尺寸/m	开口面积/m²	备注
1	3	矩形	8×3.2	25.6	长度可调
2	14	矩形	8×2.0	16.0	长度可调
3	28	矩形	6×2.0	12.0	长度可调
4	40	矩形	5×2.0	10.0	长度可调
5	51	矩形	4×2.0	8.0	长度可调
6	65	圆形	ϕ3.2	8.0	350 km/h 预留，暂封闭
7	78.7	圆形	ϕ2.7	5.7	350 km/h 预留，暂封闭
8	92.4	圆形	ϕ2.2	3.8	350 km/h 预留，暂封闭

② 在每孔隧道列车出口段的顶部及边墙依照隧道空气动力学规律布置多个不同尺寸的方形或圆形开口，其中左线隧道开口参数如表 8-8 所示。开口处同样设置滑板，以便运营期根据实测结果进行调整。该措施使得压缩波传播至隧道出口附近以后，一部分从该处分流出去，从而降低压缩波的最大压力梯度，减小出口微压波压力峰值。

表 8-8　列车出口段隧道缓冲结构开孔位置及几何尺寸表

开口序号	开口起始位置距隧道入口的距离/m	开口形状	开口尺寸/m	开口面积/m²	备　注
1	214.6	圆形	ϕ2.2	3.8	350 km/h 预留，暂封闭
2	201.4	圆形	ϕ2.7	5.7	350 km/h 预留，暂封闭
3	188.2	圆形	ϕ2.2	8.0	350 km/h 预留，暂封闭
4	142	矩形	8×1.6	12.8	长度可调
5	131	矩形	8×1.6	12.8	长度可调
6	11	矩形	8×1.0	8.0	长度可调

4）盾构隧道结构设计

（1）衬砌结构类型选择。

参考国内外盾构隧道修建的成功经验及分析计算结果，衬砌结构采用有一定刚度的单层管片衬砌可以很好地控制圆环的变形、接缝张开量及混凝土裂缝开展量等，能够满足铁路客运专线隧道的运营要求。同时单层衬砌还具有施工工艺简单、工期短、投资省等优点。但考虑到狮子洋隧道浅埋段穿越淤泥质土、细砂、含砂黏土及砾砂等软弱地层，一旦发生列车脱轨撞击或火灾，有可能造成隧道的整体垮塌，同时高速铁路隧道由于洞内空气压力变化剧烈、行车所产生的洞内瞬时风速极高，普通防火层和防火板极有可能掉落而影响行车安全，因此对隧道进出口软弱地层和软硬不均地层地段采用双层衬砌，即在管片衬砌内侧再现浇 25 cm 厚的钢筋混凝土衬砌（图 8-38），其余地段采用单层钢筋混凝土管片衬砌。

（2）管片结构设计主要参数。

① 衬砌类型：以单层钢筋混凝土管片衬砌为主，混凝土强度等级为 C50，局部采用双层衬砌。

② 衬砌环形式：通用楔形环错缝拼装。

③ 衬砌环分块方式：分成 7 + 1 分块，即 5 块标准块、2 块邻接块和 1 块封顶块，标准块与邻接块所对应的圆心角相同，封顶块圆心角为标准块的 1/3，见图 8-39。

④ 衬砌环环宽：2 m，设置双面楔形。

⑤ 管片厚度：0.5 m。

图 8-38　狮子洋隧道双层衬砌与单层衬砌分界

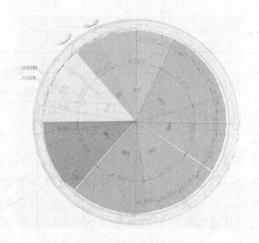

图 8-39　狮子洋隧道衬砌环管片分块图

（3）接缝设计。

根据管片接缝防水设计方案，接缝设置双道弹性密封垫，内侧预留嵌缝槽。环缝采用光面接触，纵缝设置凹凸榫，见图 8-40。管片环与环之间采用 22 颗 M36 纵向斜螺栓连接，每环内块与块之间采用 3 颗 M36 环向斜螺栓连接，见图 8-41。

（4）结构计算与试验。

狮子洋隧道采用梁-弹簧模型和修正惯用法计算模型进行横断面计算，基岩地段还采用有限元法进行补充验算。对于双层衬砌地段，结构计算中，所有地层荷载均由管片衬砌承担，内衬仅作为安全储备。为了解结构的最大承载能力和实际受力情况，对管片衬砌进行了整体结构原型加载试验和现场受力监测，此外还采用物理模型试验对双层衬砌结构的受力特征进行了研究。

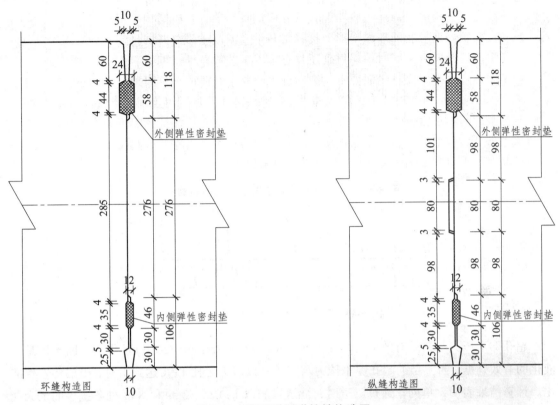

图 8-40　狮子洋隧道接缝构造图

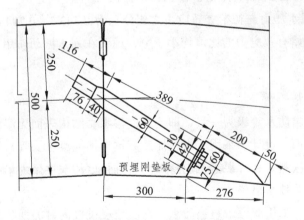

图 8-41　狮子洋隧道接缝连接图

5）高速列车振动响应分析

由于隧道通过粉细砂地层，设计中对高速列车通过隧道时粉细砂地基是否会发生液化进行了详细的数值模拟计算，计算方法采用有限差分法，重点考察超孔隙水压力的变化情况。

列车振动荷载采用不平顺轨道上的竖向激振荷载（激振力函数）模拟，图 8-42 为列车振动荷载时程曲线，图 8-43 为三维数值模拟计算时的动载模型。

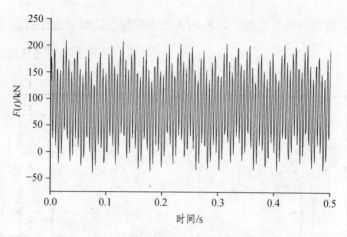

图 8-42　狮子洋隧道列车振动荷载时程曲线

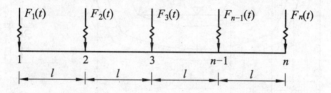

图 8-43　狮子洋隧道动载施加示意图

超孔隙水压力与初始有效应力之比 PPR（Pore water Pressure Ratio）可作为判断土体是否液化的有效判据，当土层的超孔隙水压力与初始有效应力之比 PPR 达到 1 时，土层将发生液化。计算结果表明，单列车通过隧道时，隧道拱底以下 1 m、2 m 和 8 m 处各土层的最大孔隙水压力分别为 282.43 kPa、289.08 kPa 和 325.46 kPa，最大变幅分别为 101.70 kPa、70.46 kPa 和 47.21 kPa，超孔隙水压力与初始有效应力之比分别为 0.543 3、0.284 4 和 0.124 3，各土层的超孔隙水压力与初始有效应力的比值均小于 1，说明在列车振动作用下土体尚达不到发生液化的条件。

6）盾构隧道防水设计

高速铁路隧道要求防水等级为一级，即不允许渗水，结构表面无湿渍。

在结构自防水方面，设计中采用了高性能及高抗渗性混凝土、管片混凝土外表面涂刷水泥基渗透结晶型防水涂料、管片混凝土中掺加高抗拉强度的改性聚丙烯纤维，减小混凝土浇筑过程中的早期裂缝等技术措施。

在接缝防水方面，采用双道密封垫防水，软弱地层设置内衬加强防水。

7）联络横通道结构设计

隧道内于隧道最低点处及其前后各 300 m 范围内共设置了 3 条联络横通道，其余地段联络横通道的间距约 500 m，软弱地层地段不设置横通道。

根据联络横通道所处的工程地质、水文地质条件，采用全断面注浆加固地层后再暗挖的施工方法，衬砌结构采用曲墙带仰拱全封闭防水的复合式衬砌。如图 8-44、8-45 所示。

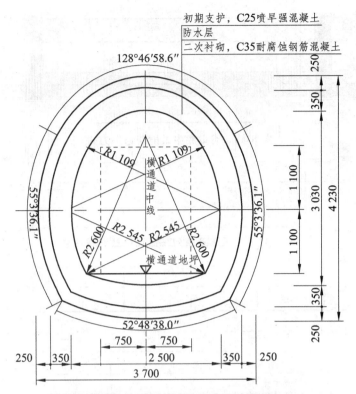

初期支护, C25喷早强混凝土
防水层
二次衬砌, C35耐腐蚀钢筋混凝土

图 8-44 联络横通道结构断面图

图 8-45 横通道现场开挖情况

8）隧道通风设计

（1）通风方式选择。

狮子洋隧道为电力牵引的特长隧道，隧道内通风的目的是：以换气为主，并满足排热、事故停车和火灾通风的要求。经计算，隧道采用纵向式通风方式。风机选用射流风机，集中布置于隧道洞口明挖段。如图 8-46 所示。

（2）火灾通风。

火灾情况下，由于列车着火点的不确定性导致隧道风向的不确定，隧道内风机均选用可逆式风机，根据着火点部位灵活控制气流方向。如图 8-47 所示。

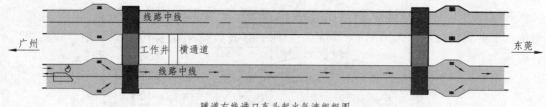

隧道右线进口车头起火气流组织图

图8-46　洞口集中式射流通风方式

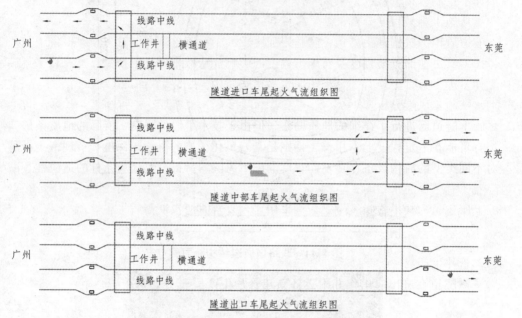

隧道进口车尾起火气流组织图

隧道中部车尾起火气流组织图

隧道出口车尾起火气流组织图

图8-47　火灾工况下气流方向

4. 工程施工

1）盾构机选型

根据工期要求，本隧道采用4台盾构机掘进。4台盾构均需穿越软硬不均地层，故盾构机应具备复合掘进能力，应采用复合式盾构。从隧道断面大小、覆盖厚度、水深、地层渗透性等因素分析，可供选择的盾构机主要有加泥式土压平衡盾构（也可采用加泡沫等添加剂）及泥水平衡式盾构。

（1）从地层条件分析。

对于粉质黏土和淤泥质黏土等弱透水地层而言，土压平衡盾构和泥水平衡盾构均适应。

对于砂性地层而言，由于本工程中盾构穿越地段砂性地层厚度较薄，埋深较浅，仅约17%的长度范围内含有砂层，从适应砂层来说，两种类型盾构均满足要求。

本工程大部分地段为基岩，且基岩稳定性较好，大部分情况下无需对开挖面施加平衡压力，因此从降低造价、提高掘进速度看，土压平衡盾构可以在密闭式与敞开式之间转换，因而更合适；但如果基岩由于各种不可预见因素容易坍塌，则宜采用泥水平衡式盾构。

（2）从水压、地层渗透性分析。

地层渗透系数对于盾构机的选型是一个很重要的因素。当地层的透水系数小于10^{-7} cm/s

时，可以选用土压平衡盾构；当地层的渗水系数在 10^{-7} cm/s 和 10^{-4} cm/s 之间时，既可以选用土压平衡盾构也可以选用泥水式盾构；当地层的透水系数大于 10^{-4} cm/s 时，宜选用泥水盾构。

本工程粉、细砂地层渗透系数为 8.0×10^{-3} cm/s 左右，粗砂和砾砂地层渗透系数为 1.2×10^{-2} cm/s 左右，原则上宜采用泥水平衡式盾构。但由于该种地层长度短，且水压力小于 0.3 MPa，采取措施后采用土压平衡式盾构也是可行的。基岩段虽然透水性较强，但稳定性较好，因而不控制盾构机械选型。

（3）从施工难易程度分析。

本隧道盾构一次掘进距离长，且基岩强度较大、石英含量高，对刀具磨损将十分严重，必须考虑刀具更换的难易程度及对施工进度的影响。从减小刀具更换量以及有利于直接进入开挖工作室进行刀具更换看，宜采用泥水平衡式盾构。

（4）从施工风险分析。

尽管本隧道已进行了详细的地质勘察，但由于技术手段的限制，实际的地质条件与勘察成果仍有可能在一定程度上不相符，特别是基岩风化深槽的位置与深度、节理密集带的稳定性等对不同类型的盾构设备存在不同程度的施工风险。从提高对地质条件的适应性、减少施工风险看，宜采用泥水平衡式盾构。

综上所述，为减小施工风险，最终采用 4 台复合式泥水平衡盾构施工。

2）隧道施工情况

（1）管片生产。

狮子洋隧道在进出口工作井附近各新建管片生产厂 1 处，每个管片生产厂各配备 6 套模具。

（2）岩石地段开挖渣土情况。

岩石地段开挖渣土中，块石状渣土约占开挖总量的 30%，最大粒径约 15 cm。

（3）刀具磨损。

正如施工前所预料，岩石地层对刀具的磨损极其严重，大部分地段每掘进 30 m ~ 50 m 需进行一次刀具更换。刀具磨损情况见图 8-48。此外，由于岩石强度高石英含量高且刀盘设计强度偏弱，施工中出现了多次刀盘开裂情况，需进行刀盘焊接。

图 8-48 狮子洋隧道刀具磨损照片

（4）地层破碎，开挖掉块严重。

施工中开仓换刀时发现：部分地段地层破碎，围岩掉块严重；部分地段水量较大，单靠盾构机自带的水泵无法满足排水能力的要求，必须采取"带压进仓"方式，减少水量后才能进行刀具更换。

3）地中对接与盾构机洞内解体方案

（1）地中对接。

盾构地中对接的方法有两种，一是采用辅助工法进行对接，二是采用机械对接。

本隧道盾构对接地点位于微风化的基岩中，地层稳定性较好，因此采用超前注浆与锚杆预支护作为辅助施工措施。对接方案见图 8-49 所示，对接流程见图 8-50。

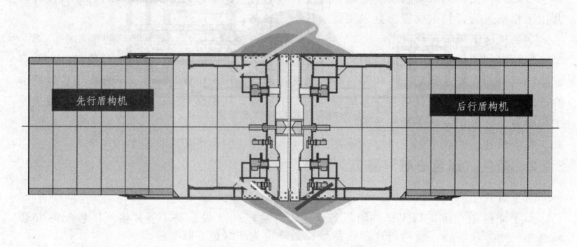

图 8-49　盾构机对接方案示意图

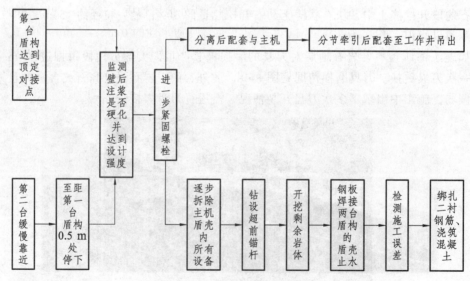

图 8-50　盾构机对接流程图

（2）盾构机洞内解体。

盾构解体方法有两种：一种是在洞内直接解体，即盾构到达对接位置后，就地进行拆除解体；另一种是修建拆卸洞室。

洞内直接解体方案的主要优点是工期短（约 5 个月），土建造价低，施工安全性高；缺点是由于解体作业空间小，吊装设备能力小，对主机影响大，主机残余价值低，但可通过合理控制主机寿命的方式减小损失。

修建拆卸洞室解体方案的主要优点是主机在专用拆卸洞室内解体，盾构设备残余价值相对较高；缺点是工期长（约 8 个月），土建费用高，需进行大断面长距离钻爆法施工，施工安全性差。

经综合分析比较，采用洞内直接解体方案。盾构机解体如图 8-51 所示。

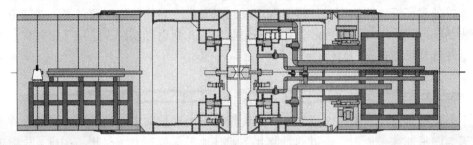

图 8-51　盾构机解体示意图

8.2.2　荷兰"绿色心脏"隧道

1. 工程概况

荷兰阿姆斯特丹—鹿特丹高速铁路最长的隧道为"绿色心脏"隧道，长约 8.6 km，系设置中隔墙的单洞双线隧道，采用盾构法修建，盾构段长 7 160 m。隧道开挖直径 14.87 m，衬砌外径 14.5 m，内径 13.3 m，管片厚度 0.6 m。隧道所处地层均质，有 10 m ～ 15 m 的软弱黏土表层，强度极低，相对密实度为 1.2。表层下面是高透水性的 0 mm ～ 2 mm 的砂层，力学特性变化大。深部的含水砂层与海水连通，水压较高，在南段达到 4 m。由于地处风景区，对环境的要求极高，该隧道的纵断面如图 8-52 所示。

图 8-52　绿色心脏隧道纵断面

该隧道穿越了荷兰著名的中心绿地（Groene Hart），该区域是荷兰特有的泥沼草地，常见于荷兰大师们的画作中。因此，在修建隧道的过程中，应尽可能保证该区域不被污染。

该隧道处噪声限制在 55 dB，地表沉降要求小于 20 mm。在 Leiderdorp 和 the village of Hazerswoude 之间采用当时世界上最大直径的泥水盾构机掘进（长 120 m，直径 14.87 m，质量达 3 300 t）。平均进尺为 15 m/d，用 36 000 多块预制混凝土管片拼装。每隔 2 000 m 设置一安全竖井，直径 20 m，深约 38 m，在运营阶段 7 座竖井作为紧急出口、通风和安装设备用。

2. 隧道空气动力学效应缓解

隧道空气动力学效应通过通风竖井、明挖段顶板开孔和中隔墙开孔三种方式进行缓解。通风竖井应能调整列车高速驶入隧道时产生的气压差，这样乘客在隧道内就不会感受到上述压力；在入口处洞顶设置孔洞可以让隧道深埋段和露天段之间的气流平缓过渡。在隧道中隔墙顶部每隔 24 m 设置 30 cm × 80 cm 连通另一侧洞室的孔洞也可以减少这种气压差异。为防止灾难，这些孔洞可通过阀门自动关闭。

3. 施工方法选择

在一个最高"山峰"大约海拔 200 m 的大量开垦的平坦国家，向下掘进只需少许深度，并且，因为海平面高于地面，掘进的难题几乎就是地下水位问题。因此，在荷兰建隧道很少采用盾构法，大多采用沉管法。

但是受到欧洲最稠密人口的空间压力和日益增长的环境意识的影响，各种工程项目已经选择在地下进行，这样可以远离既有的绿地和历史遗址。绿色心脏隧道就是一个典型例子。这个临近莱顿镇（图 8-53）的小乡村是传统农场景观中少数开垦的地区之一，它的南面是

图 8-53 绿色心脏隧道的位置和线路走向图

鹿特丹港和海牙，北面是首都阿姆斯特丹和乌得勒支，事实上，这些城市全部由较小的城镇连接。如采用明挖法施工，无疑对环境是极大的破坏，人们觉得从这些中世纪农场、风车和利用渠道排水的开垦地的下面通过，从而保存这个"绿色心脏"是非常值得的，因而决定采用盾构法。

隧道采用盾构法施工后，业主的主要议题为如何降低造价及如何在水涝软土地上修建，如何避免沉降以及噪声和日常施工对附近莱顿地区住宅群的破坏等问题。

4. 断面选择

作为一种比选方案，设计人员建议修建 2 座直径大约 8 m 的并行隧道，在每一端修建长 700 m 的坡道引道与地面连接，这样，整个隧道的总长度为 8.6 km。像大多数高速铁路隧道一样，这种大直径断面可以削弱运行速度高达 300 km/h 的列车在行驶过程产生的压力波影响。出于安全考虑，需要修建横向通道。

修建该隧道的制约因素是最大表面噪声对附近设定为 55 dB 住宅群的影响和不超过 25 mm 的沉降。该地区上层泥炭层厚 12 m，其下，海底沉积砂一般厚 25 m ~ 30 m，在这种复杂地质条件下修建该隧道将不是一件容易的工作。砂层的下面是 2 m 厚的黏土层，往下是更深的砂层。

在上砂层，隧道深 30 m，这意味着有相当大的上浮影响。这不仅使隧道的准确掘进非常困难，可能对隧道造成扭曲的危险，并且，这也对横向通道的修建造成麻烦，可能需要昂贵的地面冻结或类似技术才能完成。施工中必须在不对水位产生过分干扰的情况下进行，且上部是淡水层下部是咸水，二者不能混合。

Bouygyes 公司的解决办法是放弃双隧道方案，采用单个大断面隧道的方案。这将需要在 2 条列车行驶轨道的中间有一堵中隔墙(图 8-54)，它隔离即将来临的 2 列列车产生的压力波，更重要的是，在发生火灾的情况下，它可以把隧道一分为二。通过使用这样一堵墙，将更容易进行紧急情况下人员的疏散。

修建 1 个大型单孔隧道或者修建 2 个直径较小的并行隧道都不是特别便宜。造价的优势在于降低噪声、减少表面工程和环境影响，虽然有形资金少一些，但是，在长时间的合同授予预审谈判中，这些因素使得业主更加自信。且相对于双洞单线隧道方案而言，单洞双线隧道方案存在的沉降风险更小。

5. 隧道防灾疏散

绿色心脏隧道采取了很多措施用于防止灾难发生、保证外部救援的可能性和提高隧道内部的自救水平。发生灾难时，隧道控制系统应立即中断铁路交通；为方便消防人员安全赶到事故点，应保证列车身后没有烟雾，通风设备应往列车的行车方向通风。

隧道内每隔 150 m 在中隔墙上设置一处宽为 2.1 m 的联络通道；一旦灾难发生时，乘客可逃至无火灾一侧的通道内等待救援，也可直接通过每隔 2 km 设置的紧急竖井逃生。在救援过程中，救灾人员可利用隧道出入口、通风逃生竖井等来运送设备和可能的伤亡人员。竖井内也安置了急用电梯；逃生人员可以利用楼梯井上的临时平台，在这里可以边休息边等待救援。

为能够在第一时间救援和灭火，隧道内配置了永久备用担架和灭火器材，也设置了地下储水池，其储水量满足灭火使用。竖井中装有通信控制板以便救援人员清楚灾害现场情况。所有这些方法都是为了保证能在灾难发生之前做好准备并提供最大限度的救援。

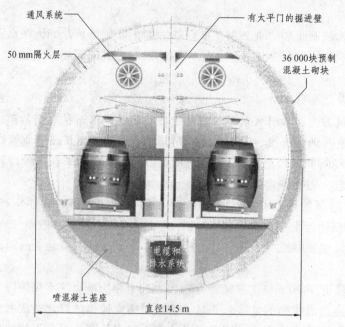

通风系统
有太平门的掘进壁
50 mm隔火层
36 000块预制混凝土砌块
电缆和排水系统
喷混凝土基座
直径14.5 m

图 8-54　绿色心脏隧道横截面

6. 盾构机介绍

该项目设计采用一台命名为"Aurora"的大型盾构机，这台号称当时世界上最大的盾构机，外径为 14.87 m（表 8-9）。这台盾构机采用 Bouygues 公司自己的自成一体的复杂控制系统、备用品的根重组（处理早期轨道基础设施的浮动影响）和一种专利柔性泥浆（处理作用在隧道砌块上有可能造成其破裂的力）。

表 8-9　盾构机参数

项　目	规　格
开挖直径	14.87 m
盾构长度	12.40 m
总长度	120 m
盾构质量	1 800 t
总质量	3 520 t
总动力	9 540 kW
铣轮动力	3 500 kW
总推力	$19 \times 2 \times 485 = 18\ 430$ tf $= 184.3$ MN
铣轮扭矩	136 MN·m
铣轮速度	0 ~ 1.4 r/min
标称流量	2 500 m³/h

把这台机器运送到现场也是一项非常大的物流和设计工作，需要把巨大的机械装置拆卸下来，借助于汽车公路运输，然后通过驳船和轮船运输到荷兰。

7. 盾构施工

浮力是浸水软弱土地基的一个主要难题。在隧道深度上，浮力为 162 t/m，而隧道衬砌本身重只有 65 t/m，浮力大大高出隧道衬砌本身的重量。Bouygues 公司给隧道增加了额外的重量，以抵消在整个隧道特别是隧道的倾斜部分超出的浮力。

盾构机的前端，本身重量很大，是巨大的 4 层高的盾构和设备，质量达 1 860 t，是隧道洞内的一座真正的工厂。采用解决浮力的方法是：通过快速铺设混凝土作业用缆索和排水管道，快速安装隧道仰拱，快速形成狭长的铁路基础，以增加重量达到压舱目的。预制管道构件周围填充大量的改良土，这些改良土一旦铺设，立即就被压实，见图 8-55。

图 8-55　绿色心脏隧道中间箱涵两侧填土

为了保证有足够的空间来尽快推进这些紧急作业，对盾构机的后端进行了根本上的改造（图 8-56）。采用一个长 65 m 的台架立于盾构机的远后方。衬砌管片采用橡胶轮车辆运送到盾构机的后面，再从那里通过起重机的悬臂抓手转运到盾构机前端的弓形支撑安装器处。台架还必须支托起小通道、辅助设备和斑脱土泥浆供应管道，以及运渣传输线的返回线。运渣传输线直通地面上的渣土干燥压缩厂。

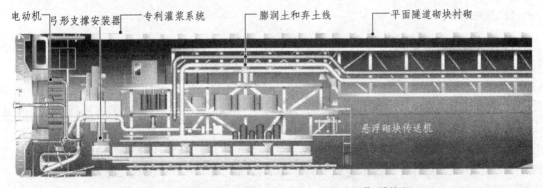

图 8-56　直径为 14.87 m 的 NFM "Aurora" 盾构机

然而，还存在一个问题，隧道衬砌中有一个长约 30m 的区域，得不到隧道环形部分施加的附加重量。为了防止这一区域产生任何可能的运动，Bouygues 采用了一个新开发的柔性灌浆系统。这一系统是由 Bouygues 自己开发的，浆的粘性视衬砌承受的压力而定。隧道环形部分临时用螺栓固定，这种附加的加固沿隧道被转移到隧道远方背部。

　　这种灌浆系统以前从未在类似工程中应用过，但在该隧道施工中的使用情况非常好。灌浆系统，连同复杂的盾构机控制系统，作为整个盾构机设计的一部分，由 Bouygues 开发。盾构机监测和控制系统采用 600 多个连续测量点，共装配有 2 000 个传感器。

　　检测和控制系统中有一个三点测量装置，用以精确评估最新安装的环形构件的安装位置，同时该测量装置还能在盾构机的前端、后端以及环形构件上测量出中心点，这样，利用一个软件系统随后不仅能计算出盾构机的方向和位置，还能计算出矫正最新安装的环形构件的位置安装错误所需的位置和方向，而且还能计算出盾构机进行精确作业应占据的空间位置。

　　隧道采用通用楔形环，每环由 10 块管片组成，环宽 2 m。管片拼装时，利用盾构机机载软件，考虑盾构机的位置和隧道的设计要求，可以为每个环计算出 5 个可能的定位方向。这些管片采用真空吸盘安装机安装，每块管片同时由 4 名技工帮助定位，在管片的每个角上都采用激光测量器定位。

　　隧道预制构件在比利时的 Liege 制造，由船只经海上运抵隧址。比利时集料不如荷兰方便，但在比利时制造这些构件要容易些。在制造管片时，采用了高等级抗氯化混合料。这些管片，与隧道的其他部分一样，设计寿命都是 100 年。Bouygues 公司取消了现场的管片质量控制测量系统，因为现场的管片质量控制测量系统，检测耗时较长，而且几乎也不可能给出一个较好的 3D 图像，以供查出裂纹。取而代之，Bouygues 公司采用一个误差只有 1 mm/10 的管片制作模板，依此保证混凝土作业的精度精确到 1 mm 以下。

　　该隧道盾构施工控制较好，隧道周围出现的竖向沉降都很小。隧道正上方的地表沉降最大值为 25 mm，隧道中线外 30 m～40 m 的地表沉降基本为 0。盾构掘进过程中，承包商采用了一套隧道常用的监测程序，即在隧道顶部沿线路方向布设监测点以监测地面沉降值。在隧道开挖和运营期间，还做了隧道洞内声音与震动对地表影响的相关研究。

8.2.3　英法海峡隧道

1. 工程概述

　　英法海峡隧道工程长 49 km，连接英国和法国，由 3 条隧道组成，其中直径 4.8 m 的服务隧道居中，直径 7.8 m 铁路隧道位于两侧。隧道主要用于装载乘客、汽车、特快列车和货运慢车运行。总计长度 147 km 的隧道，主要由 11 台具有高度自动化和 ZED 激光导向特点的盾构掘进机担任掘进施工。盾构掘进机后辅助设备车架长数百米，盾构掘进机昼夜不停地连续施工，最大推进速率达到 1 400 m/月。

　　欧洲隧道公司是英法海峡隧道工程的业主，其他主要的合作伙伴是 TML 国际建筑集团和法国忙什集团。英国一侧的承包商有拜尔福·贝梯公司、考斯丁公司、德麦克翁、泰勒·伍德罗公司和威廉沛公司。法国一侧的承包商有波奥基斯公司、登姆斯公司、SAF 公司、SGF 公司和斯勃厄·帕迪诺尔斯公司。

工程于 1987 年 12 月开始动工，1993 年 6 月对外运营开放。由于隧道工程的设计与施工方法的快速向前发展，这项雄心勃勃的巨大工程在施工、安全、造价和工期等方面终于都取得了空前的成功。隧道效果图见图 8-57。

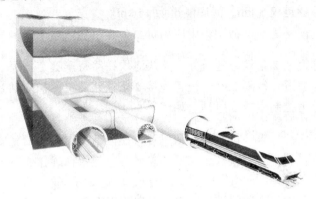

图 8-57　英法海峡隧道效果图

2. 地质条件概况

英法海峡地层自上而下主要有白垩层、灰泥质黏土、绿砂。海峡的英国一侧多褶皱，但极轻微。法国一侧的褶皱情况较严重并且复杂。

隧道穿越的地层按从上到下的顺序是中白垩、晚白垩和泥灰质黏土。中白垩和晚白垩的上面部分是脆弱的破碎白垩，晚白垩的下面部分是黏土与白垩混杂在一起，表现为白垩质泥灰岩。白垩质泥灰岩为中等强度、均匀和稍具塑性，并且一般没有张开断裂，使它成为实际上不透水的岩层，是埋设隧道的理想地层。泥灰质黏土虽不透水，但较软弱且具有强塑性。

白垩层内部无纵向位移，断裂层的位移偏移也不大于 15 m。从勘测到的断层看，一般是接近垂直的，在局部地带也有接近偏移很小的平行断层，见图 8-58。

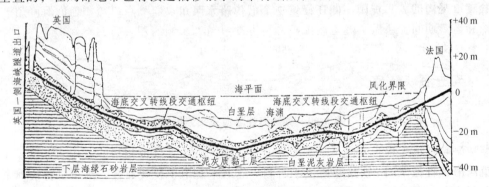

图 8-58　英法海峡隧道沿线的地质断面

3. 工程设计

1）隧道埋深和长度

英国一侧的隧道埋深为 21 m ~ 70 m，平均埋深 40 m。英国一侧的隧道在莎士比亚峭壁工地开始掘进，一条直径 4.8 m 的服务隧道和 2 条直径 7.6 m 的铁路区间隧道在海峡掘进 20 km，与从法国方向推进过来的隧道会合。还有 8 km 陆地隧道，推进至希尔舒格洛夫。

英法海峡隧道的英国侧，有 0.5 km 长的隧道是采用新奥法施工，还有 0.5 km 长的隧道是采用明挖法施工，隧道通至希尔城堡，英国一侧的海峡隧道出口距莎士比亚峭壁隧道工地约 9 km。

法国一侧的陆地隧道仅 3 km，海底隧道为 15 km。

2）横向通道设置

除了 1 条服务隧道和 2 条铁路隧道外，英法海峡铁路行车隧道每隔 375 m 设置 1 条与服务隧道相连接的横向通道，每隔 250 m 设置连接 2 条铁路隧道的横向活塞式泄压风道，每间隔 750 m 设置 1 个电力控制室或变电站。如图 8-59 所示。

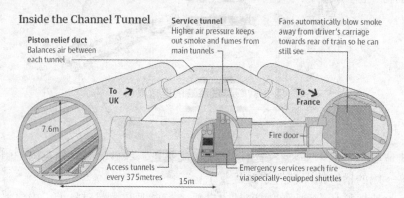

图 8-59　英法海峡隧道横向通道和横向活塞式泄压风道

3）交叉渡段及废水泵房

英法海峡隧道设立 4 个交叉渡线，便于火车编组和往复行驶及救灾疏散，如图 8-60 所示。火车可从一条铁路隧道驶入另一条铁路隧道。其中 2 个交叉渡线设置在海底，将海底铁路隧道分为 3 段。英国一侧的交叉渡线隧洞长 158 m、宽 22 m、高 15 m，是建设在海底最大的隧洞。除了交叉渡线外，英国一侧还设置 2 个低位废水泵房。

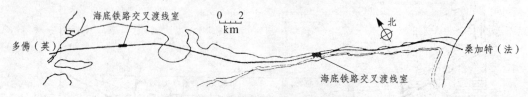

图 8-60　英法海峡隧道交叉渡线设置

4）隧道横断面设计

英法海峡隧道使用 2 种类型的隧道衬砌，一种是预制混凝土管片，另一种是铸铁管片。所有的衬砌接头都是采取铰接。还开发设计了焊接强度为 20 N/mm² 的特殊梯形钢筋网片用于衬砌接头，以防衬砌破裂。

隧道直径为 7.6 m 的铁路行车隧道，满足时速 200 km 的"欧洲之星"及背负汽车的"乐谢拖"。每环需要 8 块管片和 1 块封顶块管片。每块管片外弧面上有 4 块厚 20 mm 的衬砌。封顶块管片拼装嵌入时，衬砌在压力下压向与泥灰岩层的接触面，并留有 20 mm 的环形空间，以便进行注浆加固。在采取其他手段进行衬砌密封之前，注浆加固是有效控制地下水侵入的第一步措施。隧道横断面见图 8-61、8-62。

服务隧道内径 4.8 m，主要用于隧道日常维护和应急疏散。服务隧道与铁路隧道的中心距为 15 m。隧道横断面内可行驶两辆服务隧道专用车辆，并有独立的供电、照明、排水系统。

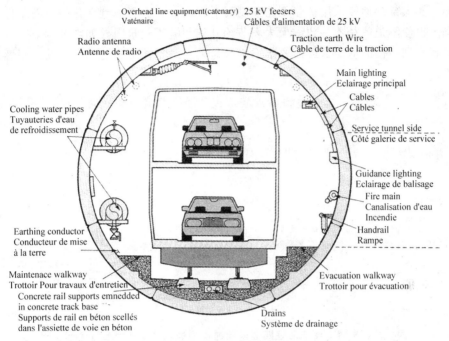

图 8-61　行车隧道横断面

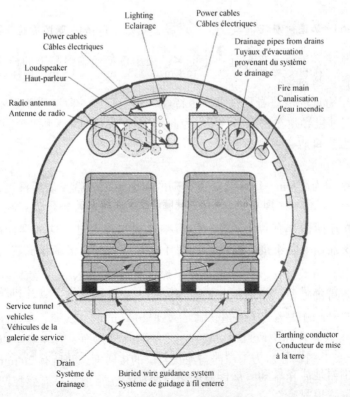

图 8-62　服务隧道横断面

5）隧道衬砌结构设计

为适应地层条件和设想的盾构法施工，TML集团设计组拟定了许多衬砌类型，见图8-63。

英国一侧大部分地段采用扩张型的预制混凝土砌块，并考虑到变化的荷载条件，使厚度有所不同。也使隧道内径不一致，但大大节约开支，隧道建筑限界如图8-64。

当遇到不利条件的地层，或需要不透水的衬砌，或是在接头处，则设计成用螺栓连接的球墨铸铁衬砌。

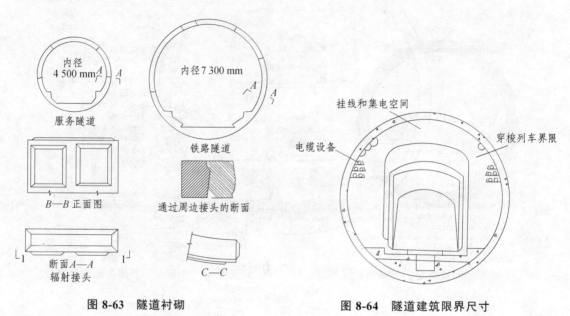

图8-63　隧道衬砌　　　　　　　图8-64　隧道建筑限界尺寸

在法国一侧地段，地层条件局部变化更多，采用重型预制混凝土的栓接衬砌。

（1）法国一侧隧道衬砌。

由于法国海岸附近的白垩岩具有承压水特性，法国一侧6段隧道不得不选用土压平衡盾构掘进机施工。掘进机必须在密水条件下，为此采用螺栓联结的密水式预制混凝土管片衬砌。隧道衬砌必须在掘进机盾壳之内拼装。

① 管片组成和拼装。

衬砌每环宽度均为1.6 m，每环圆隧道衬砌的锲形封顶块管片最后拼装，下半断面管片3块，圆心角均为72°，其中1块是仰拱，2块是侧墙。拱部左右管片为66°，中央一块锲形管片为12°，每块管片四边都有若干手孔，以容纳5根螺栓穿过。这些螺栓都是单头上紧，2根是横向连接，3根是纵向连接的螺栓，衬砌环拼好后，由它将聚氯橡胶垫完全压紧，起到防水作用。

隧道在海底一侧掘进时，采取敞开式盾构法施工，可同时进行管片拼装。盾构依靠侧向撑脚锚入地层进行开挖掘进，并同时进行管片拼装。

② 衬砌壁后注浆。

在拼装之后，要求及时将盾尾后衬砌与地层间空隙即衬砌背后的环形空间进行注浆充填。注浆压力取决于围岩地质条件和岩层固有的承压水压力。

（2）英国一侧隧道衬砌。

英国一侧隧道大部分处于比较软的和不透水的下白垩纪泥灰岩中，最大埋深低于海平面约 130 m，英国一侧的陆地段隧道，埋设在地表以下 165 m。海底线路最大坡度为 1.1%，这样可使隧道尽可能地布置在最有利的岩层中。

TML 集团公司指定的莫特·麦克唐纳德公司为英国一侧隧道土建工程的设计公司。莫特·麦克唐纳德公司又聘请奥地利 ILF 公司为顾问子公司，负责新奥法施工的设计与监测，并雇佣工程和动力开发顾问公司协助设计。

隧道衬砌见图 8-65、8-66。

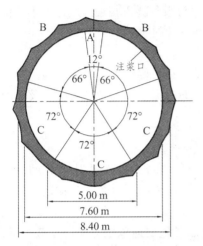

图 8-65　铁路运行隧道衬砌

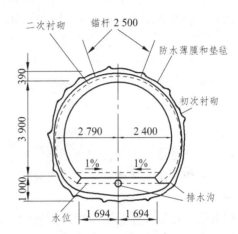

图 8-66　卡斯尔山下服务隧道衬砌

① 衬砌设计研究。

隧道设计使用寿命为 120 年，隧道衬砌设计也必须能适应两种不同的极限状态。

第一，围岩对衬砌的作用，必须把衬砌与围岩间的相互影响、衬砌的变形、荷载的重分布（取决于衬砌与围岩的相对柔度与可压缩性）以及毗邻隧道之间的影响考虑进去。

第二，计算必须按承受全部围岩及地下水荷载（仅允许少量地下水流入隧道）来进行检验，以保证不超过最终极限。

② 采用球墨铸铁管片。

利用 1975 年在英国服务隧道和法国桑加特实验段的量测数据进行反分析，并用来核实主要的土工技术参数值。这些测试结果表明：混凝土管片不适用于行车隧道，也不适用于行车隧道之间的横通道。高地应力区应该优先考虑密水型铸铁管片衬砌。考虑到减轻安装重量和减小安装空间，采用球墨铸铁板预制成的管片。这些衬砌管片用螺栓连接，当隧道有超挖时，也容易安装。为使铸铁管片能够用到横向通道与主隧道相交的岔口隧道附近，而且其余的衬砌环仍为混凝土环，所以研制了一种复合衬砌。

③ 复合衬砌结构。

英国一侧的部分隧道通过的围岩褶皱很少，含承压水的节理裂隙也不多。由于这些隧道处于不透水的地层中，采用柔性膨胀式衬砌作为英国一侧的标准衬砌。这种衬砌不可能完全防水，因此也不能承受周围全部静水压力，所以厚度比密水型衬砌薄。

隧道之间有许多横向通道及连接点，这些都导致增加了衬砌的局部荷载及应力。这些横向通道的连接点最初是采用拆掉铁路运行隧道中的衬砌管片，再安装钢框架的方法施工。这种方法太费时间。后来就改用就地安装一组横向通道用的衬砌环的办法。按设计这些衬砌环的安装办法与安装标准衬砌环一样。当横向通道贯通后，将装在终端处一组衬砌环环口内的临时支撑板条拆除。由于有这个临时支撑板条，连接点的衬砌环的变形就可被限制在预定的量值内。后来铁路运行隧道与横向通道连接口的衬砌又进一步改进，研制了一种钢和混凝土的复合衬砌结构。围绕连接口的衬砌结构是建造在铸铁管片衬砌之内的，而这些铸铁管片衬砌是装设在铁路运行隧道标准混凝土管片衬砌之内的。因此，这个衬砌结构的每一环都是铸铁管片与预制混凝土管片的结合物。

横向通道内径一般为 3.3 m，少数为 4 m，内径尺寸与服务隧道相近。这样大小的横向通道机械化作业受到限制，因此采用易于安装的轻型铸铁管片衬砌。

④ 泄压风道衬砌。

为减少列车活塞压力作用，设计直径为 2 m 的泄压风道，要求内壁光滑。因此在铸铁管片衬砌拱弧内侧，又设计了现浇混凝土内衬。英国一侧的泄压风道的管片之间以及环间无联结螺栓，靠垫圈防水。

6）冷却水管道和通风系统

在莎士比亚峭壁下部设置冷却工厂的设施，两条直径 400 mm、水温为 5 ℃ 的冷却水管道通过隧道，以防隧道作业环境温度升高。隧道内还设置备用的通风系统，在遇到紧急情况下启用。

现有的工作风井作为主要通风系统的一部分，海峡服务隧道通风压力保持在低正压力值，以防发生火灾时烟雾涌入安全通道。

7）电力配置

电力由架空线引入隧道内，在出土料斗机械和盾构掘进机处转换成蓄电池供电。在盐渍地层的潮湿条件下，漏电问题成为当时供电线路的一个重要问题，电力系统经常跳闸。当时又缺乏这方面的施工技术和经验。为克服这些困难，做了许多开创性工作。经过 12 个月的努力，一种完全新型、具有 180 马力的电力机车设计问世，并交付使用。

8）设备安装

1990 年 2 月开始隧道固定设备安装。1991 年年底，部分隧道根据试车要求，提早进行区间短程低速运输，整个服务系统在 1992 年 12 月 15 日投入运转。

4．隧道施工

1）施工概况

英法海峡隧道施工划分为 12 个区段。英国一侧 6 个区段，从莎士比亚峭壁隧道工地开始掘进。法国一侧有 6 个区段，从桑加特隧道工地开始掘进。

工程施工包括 6 条（两端各 3 条）通至岸边终点的陆地隧道掘进和 6 条（两端各 3 条）在英法海峡水下对接的海底隧道掘进，所有 12 个区段隧道都是采用盾构掘进机施工。

共有 11 台盾构掘进机进行英法海峡隧道工程 12 个区间段的隧道掘进，其中法国端 5 台，英国端 6 台。

掘进机分为敞开式和封闭式两大类型。在优质不透水的基岩中以敞开式 TBM 全断面掘进，在较破碎和透水的基岩中用封闭式 TBM 全断面掘进。英国一侧采用了改进后的敞开式，而法国一侧因一开始就探明基岩裂隙透水，故采用了封闭式 TBM。

服务隧道 TBM 尺寸为 $\phi5.38$ mm，长 150 m；主隧道为 $\phi8.36$ m，长 250 m。

为加速长距离海底 6 个区间段隧道的施工，这些盾构掘进机是根据连续施工开挖和衬砌独立拼装的要求进行设计的。所有盾构掘进机都配置 ZED 型激光测量导向仪。

2）盾构初始推进

在膨润土水泥防水墙内，在桑加特建造一个直径 55 m、深 65 m 的工作竖井。这样的设计能确保在干燥条件下开始工程建设，也能进行自动化工业装卸设备的安装。

盾构掘进机部件从地面吊入工作井进行安装。起初盾构掘进机长度为 190 m，然后逐渐增长至 240 m。这个新建工作井随后改为施工人员的进入口。

3）经由地质情况

法国一侧海峡隧道都在白垩泥灰岩地层中掘进施工。白垩泥灰岩在多佛尔和桑加特之间形成一个连续不断的均匀厚层，白垩泥灰岩层和下部的白垩纪砂岩层之间被泥灰质黏土层分开。海底隧道线路设置在蓝色白垩岩床上，蓝色白垩岩床属塑性地层、中等渗透，黏土约占25%，适合于盾构掘进机施工。这种蓝色白垩岩地层在将近法国海岸时，就急剧下降到海岸下面，而隧道则往上穿越上层具有渗透性的灰色和白色的白垩层，一直通至隧道出口处。

总体上讲，法国一侧的海底地质情况要比英国一侧复杂，而且有多处断层，海底隧道线路穿越多处含水的蓝色白垩地层。该处地层倾角从英吉利海峡北面起开始逐渐增大。

4）技术措施

在隧道掘进中，采用了闭胸式盾构掘进机，因为这种盾构掘进机能在恶劣地层或含水地层中施工，无需事先实施地基加固处理。在海底复杂地层中施工时，使用混合式盾构掘进机。这种盾构掘进机在良好地层中能转换成敞开式进行高速施工。

当地层水压力高或条件差时，采用闭胸式盾构法施工，用液压千斤顶顶在盾尾已拼装好的隧道衬砌上，使盾构掘进机向前推进。这些后位推进千斤顶固定在装有套筒头的前部盾构上。

当地质条件良好和水压降低或无水压时，采用敞开式盾构法施工。盾构掘进机通过后盾上的侧向液压撑脚向前推进，隧道掘进是套筒式可延伸切割头沿线向前钻进。每次推进工作结束，侧向液压撑脚就缩回，盾构再推离已拼装好的衬砌管片，向前移进。

5 台盾构掘进机在桑加特隧道工作井内安装。3 台盾构掘进机从桑加特隧道工作井朝海底方向掘进，在 15.8 km 处同英国一侧的盾构掘进机对接。另 2 台盾构掘进机用于法国一侧的陆地隧道，第一台盾构掘进机为服务隧道掘进 3 200 m 才能抵达隧道出口，第二台盾构掘进机用于 2 座铁路区间隧道的掘进。

5）服务隧道超前探测

服务隧道在英法海峡隧道工程中起着超前导坑的作用。在盾构掘进机内部，实施掘进钻探和对地层特性进行量测，并记录地质情况。同时也在盾构掘进机后面进行调查研究，以查明位于上部的蓝色白垩地层和位于下部的泥灰质黏土层等地质情况。

在隧道掘进施工中，遭遇极其恶劣的地层和盾构掘进机发生问题时，根据需要对隧道实施全断面注浆加固。横通道施工时，也同样可在服务隧道里向铁路区间隧道的路线上进行注浆加固。这种施工设备也用于对连接铁路区间隧道的横通道路线进行注浆加固。

隧道衬砌采用管片拼装，衬砌周边上设置氯丁橡胶接头。盾构向前推进时，对隧道衬砌和地层之间的环形空间进行注浆，以确保隧道衬砌圆环在原地牢固地稳定住。注浆是通过设在盾尾部位的管道，直接对盾构掘进机后面进行加固的。

隧道掘进施工表明，白垩地层的状况有着相当大的差别，差别取决于地层中的黏土和含水量、断层的地下水状况。这就需要在盾构切削头机械工具的定位和掘进方法等方面多加完善。其他的适应改进措施也是必不可少的，特别是遇到相当干旱的地层，需要采取干出土。这种相同情形也可能存在于英国一侧的蓝色白垩地层中。

6) 盾构穿越含水断裂层

英法海峡隧道工程施工的全部长度中，除由 6 台盾构掘进机施工的隧道工程长度以外，还需要设置一些其他长度的隧道工程。其中，横向通道有 306 段（总长 2.8 km）和在中间服务隧道顶端跨越过去的直径 2 m 的活塞式泄压风道工程（总长 2.5 km）。英法海峡下面设有 2 座泵站。一座建在 6 km 处，另一座建在 13 km 处。

所有的盾构掘进机运转良好，但海底服务隧道推进到 1 km 后，遇上极其难以对付的地层。水流通过严重开裂的地层，冲刷着四周的碎石泥块，导致地层形成楔形状，直接坍落在盾构掘进机的尾部。针对这种情况，即采用指状支撑，但是，衬砌被涨开时，这种支撑会不断陷落、歪扭和拉落。

为解决这个难题，在指状支撑之间，设置了不锈钢板。然而，这种技术措施仅在 5 km 外地层得到改善的区段相当有效。海峡铁路隧道在相同地段中，也经历了甚至更加严重的困境。有效的技术措施是在盾构施工的服务隧道里，朝这个地层注射以二氧化硅为主体的化学浆。盾构化学注浆的最后效果是盾构最后 700 m 掘进时，在情况更加严重的地层中形成一个保护外壳。

另一个日益严重的问题，是碎石泥块坠落或被水流冲刷到盾构掘进机的机顶上，并自然堆积在盾构掘进机外壳上。外壳上的碎石泥块又被挤压成坚硬岩块。必须用气铲将这些坚硬的岩块铲除，因而延长了圆环衬砌的施工时间。为彻底消除自然堆土，应用了有弹簧装置的刮土器。

7) 盾构掘进效率

英法海峡隧道工程掘进的速度不断变化着。但海底服务隧道的每周平均掘进速度为 150 m ~ 250 m，而海底铁路隧道的每周掘进速度为 265 m。

施工进度能达到这样高的效率，关键是对盾构掘进机的有效使用率，如螺栓对准机械和电气问题等实施了电脑分析，再制定机械保养和维修的指标。由于应用了电脑，盾构掘进机有效使用率达到了 90%。盾构专家认为，长距离隧道的整个掘进系统，其有效使用率达到 60% 是最合适的。尽管遇到这种或那种困难，但盾构掘进机仍然按原定计划在 1991 年年中完成掘进施工。

8) 服务隧道海底会合和铁路隧道贯通情况

服务隧道挖掘进入法国境内，法国一侧的盾构掘进机避让到一侧。让英国一侧盾构掘进机向前掘进靠近贯通点。英国一侧的海底服务隧道同法国一侧的隧道在海底会合还剩 100 m 时，英国盾构掘进机上的试探钻继续向前钻进，直到同法国一侧的盾构掘进机接头为止。对钻机凿通的位置进行了量测，英法两侧服务隧道平面位置相差 0.5 m，高程位置相差仅 50 mm。英法海峡隧道工程的成功对接得益于测量技术的发展。

随后，英国一侧的盾构掘进机停止向法国一侧掘进。采用台架式 Craelius 试探钻机从英国一侧向法国一侧开挖一条通道，开挖足够长后，拆除豪登公司盾构掘进机，将尾壳留在原地。在以后某个时间，盾构掘进机将报废并埋进混凝土里。而法国的盾构掘进机则进行设备拆除，部分机械设备还可以维修利用。英法海峡隧道的最后对接段，是用人工先挖一个适当的洞室，再扩大到全尺寸，并用铸铁砌块进行衬砌。在首次贯通的位置镶嵌一块有纪念意义的壁板。根据衬砌设计的变化，贯通点的位置很容易区分，因为法国一侧同英国一侧的砌块有明显区别，英法海峡服务隧道于 1990 年 12 月初贯通，并在 1991 年 2 月底竣工，盾构掘进机创造了新的掘进纪录。

铁路主隧道的贯通方式稍有不同。北端铁路区间隧道的结尾工作在 1991 年 4 月末进行。英国一侧已安装最后的混凝土拱圈和长约 12 m 的铸铁拱圈，使盾构掘进机适应于向下掘进。在半径为 350 m 的曲线上，盾构掘进机沿这条线路向前开挖，直到车架和车体第一节支架的大部分低于法国一侧盾构掘进机的高程为止。然后对由掘进机向下开挖成的拱部采用喷混凝土（用混凝土混合料）作为临时支护。

下一步是将后车架下行到隧道内拆除，除第一节外，还拆除了一部分，使剩下一部分低于铁路区间隧道的高程，然后用轻质含砂砾混凝土进行回填。设计这种回填模式不仅可埋掉英国一侧的盾构掘进机，还保证法国一侧盾构掘进机的正常掘进。法国一侧的隧道只需在英国拼装的最后一环拱圈的 2 m 处停一下，然后拆除法国一侧的掘进机，仅留下头部的外壳，在外壳内安装铸铁拱圈以便完成隧道作业。

剩下的辅助开挖包括横通道、活塞式泄压风道、泵站和变电站，其施工情况良好，按原计划也都提前完成。

英法海峡隧道的北线铁路区间隧道于 1991 年 5 月 22 日贯通。贯通误差为：竖直方向 23 mm，水平方向 21 mm。比 1990 年 12 月 1 日贯通的服务隧道的贯通精度有所提高。南线铁路区隧道于 1991 年 6 月 28 日贯通，贯通地点距法国侧 18.9 km。贯通误差为：竖直方向 32 mm，水平方向 2 mm。北线隧道是 1988 年 12 月开始掘进施工的，南线隧道是 1989 年 3 月开始掘进施工的。当初预计涌水多，地质条件差，因此计划掘进距离为 16.3 km。实际上开始掘进最初的 1 km，花费了数月的时间。后来速度逐渐提高，到贯通前的几个月，已达月进 1 000 m 以上，使工期大大缩短，掘进距离分别达 20.0 km 和 18.9 km。结果从开始掘进到北线铁路区隧道贯通平均月进 664 m，最高月进 1 106 m，南线铁路区间隧道则分别为 685 m 和 1 177 m。而英国一侧的掘进机施工，因涌水等使进度受到影响，实际掘进距离比预计的短。但从地质条件稳定后，曾创造月进 1 500 m 的高纪录。平均月进：北线铁路区间隧道为 667 m，南线铁路区间隧道为 764 m。

9）海峡隧道海底渡线室施工

英法海峡隧道分别在英法两侧海底各设置一个海底铁路渡线室，采用的是不同的施工方法。

（1）英国一侧海底渡线室施工。

英国一侧的海底渡线室隧道，长 160 m，高 15.4 m，跨长 21.2 m，断面积 256 m²，位于海床下面仅 35 m。

在渡线室隧道的最初设计阶段，曾对许多不同的施工方法进行了调查研究。最终选定了双侧壁导坑法施工方案。施工完成后，让 2 座铁路隧道的盾构掘进机通过海底渡线室隧道。2台铁路隧道盾构于 1990 年 9 月通过渡线隧道。

（2）法国一侧海底渡线室施工。

法国一侧海底渡线室隧道，距法国海岸 2.5 km，位于海平面下 100 m。考虑到众多的制约因素，隧道设计最后采用了套拱法施工。即在隧道拱墙开挖轮廓线外先施工 11 个纵向相互咬合的导坑并充填混凝土，形成水平套拱结构，并在其保护下进行隧道开挖。

在清除白垩土和排除地下水之前，隧道拱顶和纵向导坑端头已全部形成封闭式，在这完整的拱形壳体的保护之下，拆除铁路区间隧道临时衬砌后，能进行大面积的充填作业和开挖工作。

由 11 个单元导坑组成套拱的隧道，为筒形结构，能容纳 2 座铁路区间隧道。这项结构工程的断面积总计 350 m²，跨度 19.9 m。

组成套拱的 11 个纵向导坑的施工，采取各个导坑都沿隧道的整个长度单独进行开挖，然后进行素混凝土充填作业，作业完成后再进行下一个坑道的开挖。以此循环，直至整个隧道11 个导坑组成的拱形壳体全部建成。采用这个施工方法，各个导坑邻接处的素混凝土壳体厚度达 1.7 m，底脚拱座厚度达 4.2 m。

为了缩短施工工期，同时有 2 个或 3 个导坑进行作业，它们之间保持足够的距离，避免互相干扰。所有导坑都是从作业段外面的服务隧道、连接坡道和铁路区间隧道进入，以满足盾构通过渡线室隧道时施工完全不受干扰。

法国一侧的海底渡线室隧道于 1990 年后期开始施工。盾构掘进机顺利通过后，再进行专用设备的组合和安装。渡线室隧道的土建工程耗时 15 个月才竣工。

5. 英法海峡隧道工程的惊世成就

英法海峡隧道采用 TBM 法进行长距离、大断面机械开挖，施工成效显著。特别是 TBM机型的确定，TBM 技术创新与进步，新型掘进机的技术性能和功能特征，以及 TBM 后车架配套设备优化等技术环节起到了非常重要的作用，其有效性也得到了证实。

英法海峡隧道是近 50 年来世界上规模最大、最宏伟的海底铁路隧道之一。新一代的 TMB在施工中采用了最新的技术及设备，并创下了掘进新成就。

（1）采用 TBM 掘进大断面隧道长度达 18 532 m（8 号 TBM），创世界之最。

（2）最大月进尺达 1 487 m（9 号 TBM），创长大海底铁路隧道施工掘进最好成绩之一。

（3）在长大的海峡隧道中 TBM 时间利用率提高到 90%，整个系统的时间利用率达到了60% 的最好成绩，也是最新纪录。

（4）建造海底长大铁路隧道采用混合机型 TBM 崭新技术的施工还属首创。

（5）由于最初的基本技术的应用得到了极大的变革，已与复杂地质条件下施工相适应，TBM 的适用性、可靠性和先进性在工程实践中也得到证实。

（6）海峡隧道施工和运营的通风具有独创性，见图 8-67。

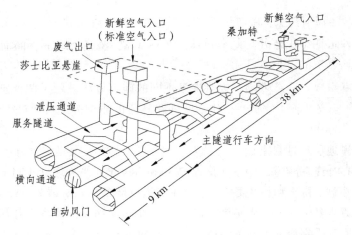

图 8-67 英法海峡隧道施工和运营的通风设置

英法海峡隧道的建成，不但再现了其无与伦比的 TBM 技术，而且还向人们展示了 TBM 技术发展所取得的惊世成就。其成功的关键因素，是致力于 TBM 技术追求多样化技术的有机融合而不仅仅是技术突破。这一点在研究、设计、施工和持续改进等各个环节中可以看到。其结果使英法海峡隧道工程建设优质高效完成，而且海峡隧道的修建标志着 TBM 施工技术的最新水平，也是融合英法美日德等国 TBM 施工技术于一体的最高成就。

8.3 城市轨道交通盾构法水下隧道工程实例

8.3.1 武汉地铁 2 号线长江隧道

1. 工程概况

武汉地铁 2 号线长江隧道是武汉轨道交通 2 号线一期工程的关键工程，北起汉口的江滩公园，向南下穿长江后，至武昌的积玉桥站。区间隧道全长 3 100 m，采用双管单线断面形式，隧道外径 6.2 m，内径 5.5 m。隧道平面图见图 8-68。

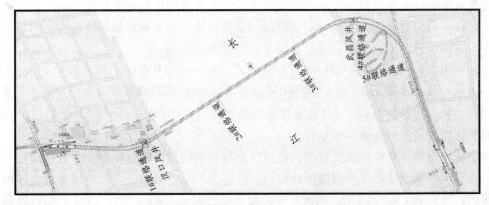

图 8-68 武汉地铁 2 号线长江隧道平面图

武汉地铁 2 号线长江隧道临江设置了超深风井，武昌风井深达 46 m，汉口风井深达 38 m，盾构机需四进四出工作井，是在长江复杂地层中一次推进距离最长的中等直径隧道之一，也是轨道交通领域的万里长江第一隧。工程于 2008 年 6 月开始始发井车站建设，2009 年 1 月开始修建武昌风井，2009 年 10 月开始盾构掘进。

2. 地质概况

地铁隧道两岸地层岩性自上而下为：人工填土（1-1），主要为杂填土，局部下部为素填土，厚 6.6 m ~ 11.1 m；粉质黏土（3-2），厚 3.3 m ~ 8.4 m，最大埋深 15.1 m，距地铁隧道顶板以上约 18 m；粉砂、粉土和粉质黏土互层（3-5），该层厚 2.9 m ~ 13.3 m，最大埋深 27.9 m，距地铁隧道顶板以上约 4.0 m；粉细砂（4-2），厚 30 m ~ 36 m，洞身全部从该层穿过，右岸洞身大部分从粉质黏土夹层（4-2a）中通过；中粗砂（4-3），厚 3 m ~ 5 m，位于隧道底板以下，仅见于左岸。

长江河床地层岩性自上而下为：粉细砂（2-1），一般厚 6.2 m ~ 7.3 m；中砂（2-2），分布不连续，厚度变化较大，一般为 2.9 m ~ 13.2 m，主要见于 AK13 + 090 ~ AK13 + 525 段，局部分布于表层；粉细砂（2-3），一般厚 5.4 m ~ 9.6 m，部分隧洞顶拱从该层穿过；含砾中粗砂（2-4），厚 4.4 m ~ 15.3 m，分布高程变化较大，洞身主要从该层穿过；粉细砂（2-5），厚度变化较大，一般为 2.8 m ~ 8.7 m，主要分布于 CK12 + 680 ~ CK13 + 200 段，部分地段洞身全部从该层穿过，局部从该层与上部含砾中粗砂层（2-4）分界处通过；含砾中粗砂（2-6），厚度 0 ~ 4.6 m，位于隧洞底板以下。

地铁隧道洞身主要从粉细砂层（2-3、2-5、4-2）和中粗砂层（2-4）中穿过，局部从两层分界线附近通过。

3. 工程设计

1）工程总体设计

（1）区间隧道平面。

本越江区间两端车站分别为江汉路站与积玉桥站。

江汉路站结合地块开发设于中山大道、江汉路、交通路、花楼街所围成的地块内，为地下岛式站台形式的车站，与规划 6 号线 L 形通道换乘，站台宽度根据客流需要和车站布置确定为 13 m，线间距 16 m。

线路出江汉路站后穿越亟待开发的旧城改造区，从江汉关西侧的武汉轮渡苗家码头处穿越长江。线路转入江中的曲线半径采用 400 m，越江段线间距采用 13 m，过江后在江南明珠园的北侧上岸，穿过武汉裕大华实业股份有限公司的厂房后逐渐转入和平大道，从江中进入和平大道曲线半径采用 350 m。之后线路沿和平大道行进，线间距为 12 m，在和平大道与四马路路口设积玉桥站，积玉桥站采用地下 2 层岛式车站。2 号线在积玉桥站的西端设单渡线，增加对长江隧道救援时运营的灵活性。

隧道盾构始发井布设于积玉桥站，在江汉路站东南端设盾构吊出井。在长江两岸设中间风井，汉口风井布设在临江巷西侧的地块内，里程为 CK12 + 221，武昌岸风井设在四棉的现状厂房内，里程为 CK13 + 810，两风井中心相距 1 590 m。

（2）区间隧道纵断面（见图8-69）。

江汉路站为地下4层岛式车站，地面标高25 m，轨面标高3.15 m，车站埋深21.85 m，线路从车站端部开始以25.7‰的下坡（坡长1 000 m）进入汉口深槽附近，然后采用4‰的下坡700 m，到达隧道最低点（武昌深槽附近），再以25.5‰的上坡1 380 m到达积玉桥站的端部，积玉桥站设为地下2层岛式车站，地面标高24 m，轨面标高9.91 m，车站埋深14.09 m。

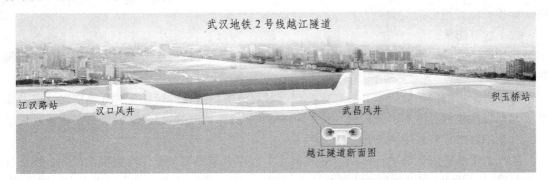

图8-69　武汉地铁2号线长江隧道纵断面图

（3）隧道横断面设计。

隧道结构应考虑施工误差、测量误差、不均匀沉降等因素的影响。根据国内经验，一般盾构隧道内径有5 400 mm和5 500 mm两种，考虑到越江区间掘进距离长、施工难度大，单线盾构隧道采用内径5 500 mm、衬砌厚度350 mm的圆形隧道。

2）区间结构设计

（1）结构设计主要参数。

① 衬砌类型：采用单层钢筋混凝土管片衬砌，混凝土强度等级C50。

② 衬砌环形式：通用楔形环错缝拼装。

③ 衬砌环分块方式：采用5+1分块方式，即3块标准块、2块邻接块和1块封顶块。

④ 衬砌环环宽：1.5 m，设置双面楔形。

⑤ 管片厚度：0.35 m。

⑥ 管片环缝、纵缝的连接：管片环与环之间每环均匀布置16颗纵向弯螺栓，每环的块与块之间设置2颗环向弯螺栓。螺栓机械等级8.8级。

⑦ 管片吊装孔：每块管片重心处设1个吊装孔，兼作二次注浆孔。

环向管片间设2个螺栓，纵向共设16个螺栓。

（2）特殊衬砌管片。

盾构区间隧道中，在一些特殊地段须专门设计特殊衬砌环，包括：区间正线隧道与联络通道交接处设开口衬砌环，盾构机始发和接收处的接头衬砌环等。

开口衬砌环采用钢筋混凝土＋钢管片复合衬砌环，采用通缝拼装，以便于衬砌开口部位管片的拆除和支撑。

盾构机始发和接收处的接头衬砌环内预留连接件，以便于衬砌环与盾构井连接成整体。

3）隧道防水及防迷流

根据《地下工程防水技术规范》（GB 50108—2001），确定区间隧道防水等级为二级。

主要防水措施如下：

（1）衬砌自防水。

越江隧道衬砌混凝土采用抗渗等级为 S12 的 C50 高性能防水混凝土。混凝土采用水化热低、抗渗性好、具有一定抗腐蚀性的普通硅酸盐水泥，采用高效减水剂、掺加优质磨细粉煤灰掺料，选择合适的混凝土配合比参数，配制以抗裂、耐久（即高密实性、低渗透性，对环境侵蚀性介质有足够抵抗力）为特点的高性能防水混凝土。

（2）接缝防水。

在接缝外侧设置单道弹性密封垫止水，密封垫采用三元乙丙橡胶，并在表面复合遇水膨胀橡胶。

为了进一步加强接缝防水，提高弹性橡胶密封垫的耐久性，防止管片环纵缝均有的凸面造成的回填注浆液、渗漏水漏至拼装面，并减少盾尾密封油脂的浪费，沿密封垫沟槽外侧的环纵缝空隙处设置聚氨酯膨胀止水条。

此外，整条隧道贯通后，衬砌嵌缝槽采用聚合物水泥嵌填，手孔均封堵，以防止侵蚀性气体对螺栓的腐蚀，同时可起到疏排拱顶渗漏水的功效，且可创造拱顶涂刷防火涂料的条件。

（3）盾构区间隧道与联络通道接口防水。

区间隧道的联络通道采用周边土体冻结后矿山法施工，联络通道按全包防水设计。联络通道与区间隧道之间设置变形缝，变形缝采用背贴式止水带和预埋注浆管的方法进行刚柔过渡防水处理。

（4）防迷流。

盾构区间采用隔离法对管片结构钢筋进行保护，盾构区间中部的风井结构钢筋与管片钢筋之间采取隔离措施进行保护。

4. 工程施工

1）盾构机选型

盾构机选型考虑以下因素后，采用泥水平衡盾构机（图 8-70）。

（1）盾构要穿越第四系全新统新近沉积的松散粉细砂、中粗砂层，第四系全新统冲积的稍密至密实粉细砂、中粗砂层和卵砾石层，地层富含地下水，由于其水头压力较高，盾构施工时易引起突发性涌水和流砂，而导致大范围的突然塌陷。同时，高水头压对盾构机和隧道的密封及抗渗能力提出了更高要求。由此，要求盾构机能适应于本工程所处饱和粉细砂质粉土地层条件、同时也能开挖岩层的需要，在饱和砂性土中推进时，将地层损失率控制到极小程度，以保证盾构机安全过江，沿线邻近建筑物及公用设施不受损坏。

（2）考虑到地质资料的确定因素，盾构施工可能会遇到泥质粉砂岩、泥岩互层，且上软下硬，施工困难，要求盾构机具有开挖硬岩的能力。

（3）能适应本工程高水压环境，最大水压达 0.6 MPa。

（4）穿越两岸密集居民区时，能确保高层建筑和密集地下管线的安全。地表沉降应根据沿线建筑物、管线允许变形情况及其与盾构的相对位置，分析研究确定，在一般情况下，宜控制在 + 10 mm ～ − 30 mm。

（5）施工占地少，能适应市区道路狭窄、建筑物多、拆迁难度大的现场实际条件。

（6）盾构机一次推进距离应大于 3.2 km。

图 8-70 武汉地铁 2 号线长江隧道盾构机

2）施工组织

（1）工程特点及施工总体安排。

本越江区间隧道采用 2 台盾构掘进，2 台盾构从积玉桥站始发，分别经过 2 座中间风井，到达江汉路站。

盾构始发场地结合车站施工用地设置，根据本工程盾构选型，隧道施工场地包括泥水处理场、盾构机安装场地和盾构掘进施工场地三大块。可利用积玉桥站东侧已完成拆迁部分，并占用部分道路，共计施工场地约 11 000 m²，可满足越江隧道施工场地要求。

（2）施工主要进度指标及工期安排。

根据地质条件、周边环境、2 号线总工期和总进度要求，计划进度指标为：

盾构掘进综合进度 180 m/月，安装、调试 2 个月，过风井 1.5 个月，起吊 1 个月。联络通道施工在盾构掘进完成后进行，每座工期约 6 个月。

中间风井因靠近长江大堤，风井围护施工应尽量考虑避开长江防汛期。

根据上述原则和计划进度指标，本区间施工计划总工期为 42 个月。

（3）地表沉降控制标准及措施。

区间盾构隧道施工对沿线的地表、管线和建筑物将造成一定的影响。因此，为了能对周围环境实现有效的保护，施工中须进行监控量测，同时根据量测信息及时反馈并调整施工工艺和辅助措施。一般地表变形的限值：- 30 mm ~ + 10 mm。当地面有建筑物时，地表变形限制应在研究后确定。

① 地上、地下管线处理措施。

由于采用盾构暗挖施工，地下管线无需改迁。但在施工中，须对重要管线的沉降和位移进行监测，根据监控信息及时调整施工组织，以严格控制地下管线的沉降和位移，确保地下管线的安全。

② 临近建、构筑物的保护措施。

临近和通过重要建筑物及构筑物时，盾构施工应加强监测，采取一定的保护措施。

（4）主要施工难点。

本越江地铁隧道的主要施工难点有：下穿长江、下穿建筑物、盾构通过中间风井、江中联络横通道和泵房施工。采取的安全措施如下：

① 盾构下穿长江时，应控制好水土压力，保持工作面水压稳定，防止江底冒浆及江底土层塌陷。

② 盾构下穿建（构）筑物时，应加强监测和同步注浆，尽量减少地层沉降。

③ 盾构通过中间风井的施工工序为：工作井外地层冻结加固→破除风井地下连续墙→风井内回填土至盾构隧道结构顶以上一定高度→盾构穿越风井→风井外地层再次冻结→拆除风井内管片衬砌→施工管片衬砌与风井的连接结构与止水。

④ 江中联络通道及泵房采用冻结法施工，施工前应进行详细的勘察，冻结参数设计采取较高的安全度，准备充分的施工预案及应急措施。

8.3.2 武汉地铁 8 号线长江隧道

1. 工程概况

武汉轨道交通 8 号线工程黄浦路站—徐家棚站区间隧道穿越长江，区间长达 3000 多米，具有工程地质条件复杂、越江区段长、通风防灾要求高、工程实施风险大、工期紧张、工程造价高等特点，是轨道交通 8 号线的控制工程。

越江区间线路出黄浦路站后，沿卢沟桥路行进，两侧分布有武汉天地、武汉二中、长春街小学及政协武汉委员会等建筑，线路穿过汉口江滩进入长江，在徐家棚码头下游侧上岸，穿过横堤二街、武汉北站，进入和平大道路口的徐家棚站。

2. 地质概况

越江隧道分属长江河床、长江一级两个地貌单元。隧道两岸表层分布人工填土，其下呈现典型的二元结构，上部为黏性土，中、下部为粉细砂、含砾中粗砂。河床部位主要为砂性土单一结构，上部由新近沉积的松散至稍密粉细砂、中粗砂，下部为中密至密实粉细砂、中砂、含砾中粗砂，局部底部分布砾卵石。下伏基岩主要为志留系中统坟头组（S_{2f}）泥岩、泥质粉砂岩和粉砂岩。

武汉地区长江、汉江两岸 I 级阶地第四系砂（卵石）土层孔隙承压水储量丰富，含水层顶板为上部黏性土，底板为基岩，含水层厚度为 14 m ~ 45 m，一般为 30 m，承压水测压水位标高一般为 17.0 m ~ 20.0 m，年变幅 3 m ~ 4 m。

一般粉细砂、中粗砂及含砾中粗砂均具中等至强透水性，透水性由上往下随着含水层颗粒粒径的增大而增大。

区间地下水按埋藏条件一般主要为上层滞水、孔隙潜水和层间承压水两种类型。

泥岩、泥质粉砂岩及粉砂岩其透水率均为 37.3 Lu ~ 92.9 Lu，平均 72.7 Lu，具中等透水性。

3. 隧道方案设计

根据防灾疏散方式的不同，越江盾构隧道的断面尺寸有大、中、小三个方案可供选择。

1）单洞双线设中隔墙盾构隧道方案（以下简称"大盾构"）

（1）断面确定及布置（图 8-71）。

单孔双线大盾构区间隧道，根据建筑限界、施工误差、测量误差、不均匀沉降等因素确定隧道内径为 10.0 m，隧道外径为 11.0 m，管片厚度为 0.5 m。根据功能需要，盾构断面布置分为 3 个部分，中间部分为地铁车行道，上部为纵向排烟道，下部为排水沟及集水池。

在中隔墙两侧设置纵向疏散平台，宽度不小于 600 mm，供隧道维修和防灾疏散使用。

（2）大洞方案防灾救援与通风。

第一前提条件是：优化设计大洞方案洞顶设置纵向排烟道，在区间隧道顶部设置多处电动排烟口。

第二前提条件是：移动闭塞制式的信号系统完全可以确认列车所在区间的任何位置。

火灾事故通风工况是：列车在隧道内任意位置发生火灾事故时，由专门设于隧道顶部的排烟口排烟，烟气主要是由黄浦路站、徐家棚站两座车站隧道风井通过顶部纵向排烟道向两岸抽排。

旅客疏散方向应是车站迎风方向，并可通过按一定距离设置的中隔墙上防火门到另一侧相对较安全的隧道区域往车站方向疏散。

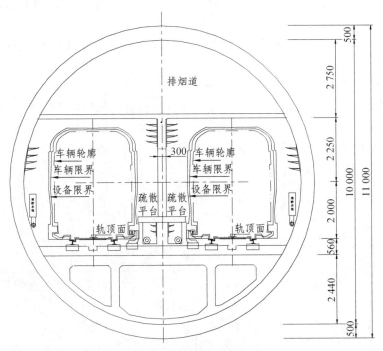

图 8-71　大洞方案隧道断面布置示意图

（3）大洞方案排水。

大洞方案利用隧道下部空间作为排水沟槽，在最底部时两端填充形成集水池，梯级抽排。

（4）大洞方案优劣分析。

大洞盾构方案优势：

① 在区间隧道设置中隔墙的情况下，防火门可替代联络通道，逃生通道非常便捷，当发生火灾时，另一车道列车停运作为逃生通道，逃生通道空间大，有利于人员的快速疏散。

② 隧道下部空间作为排水沟，最低处设置集水池，可解决隧道内废水收集和排放问题。

③ 不需要在隧道区段设置中间风井，不需要破除管片在江中设置联络通道和泵房，施工风险大为减小。

大洞盾构方案缺点：

① 盾构洞体大，满足其抗浮要求的覆土厚度大，压低了轨道整体高度，需要加大线路纵坡。

② 大洞盾构方案线间距小，若两岸车站为岛式车站，则线间距过渡段需采用明挖法施工，对周边环境影响较大，造价较高。

2）单洞单线设侧廊道盾构隧道（隧道外径8.8 m）方案（以下简称"中盾构"）

（1）断面确定及布置（图8-72）。

中洞方案盾构隧道的内径为8.0 m，外径为8.8 m，管片厚度为0.4 m。

隧道断面中，利用顶部空间设置排烟道，在疏散平台侧设置纵向疏散通道，疏散平台与纵向疏散通道间设置分隔墙，分隔墙上每隔一定间距设置防火门，从而满足防灾疏散要求。在江中线路最低点，利用隧道下部空间设置江中泵房。

（2）中洞方案防灾救援与通风。

中洞方案因为设置了纵向排烟道及纵向疏散通道，防灾救援及通风与大洞方案基本相同。

（3）中洞方案排水。

中洞方案泵房采用纵向设置形式，因泵房高度较小，只能采用底吸式卧式水泵，且检修空间小，人工操作有一定的困难。

（4）中洞方案优劣分析。

中洞方案与小洞方案相比，可以减少中间风井、两隧道间横通道以及江中泵房，而这类结构往往是盾构隧道施工的难点和高风险点，更由于本区间穿越长江，中间风井、横通道施工更具有极大的危险性。对隧道断面进行适当的扩大，虽然增大了盾构隧道造价，但降低了盾构区间附属结构施工的难度。

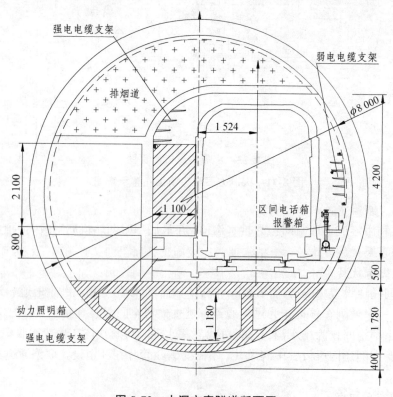

图 8-72　中洞方案隧道断面图

与大洞方案相比，中洞方案具有相同的通风排烟功能，且可以与岛式站台无缝连接。但由于纵向疏散通道狭小，人员逃生只能依靠步行，疏散时间长，且中洞方案为双洞隧道，总造价高。

3）单洞单线设横通道盾构隧道（隧道外径6.2 m）方案（以下简称"小盾构"）

该方案采用与武汉地铁2号线越江隧道相同的方式方案过江，根据通风防灾、给排水等系统要求单独设置中间风井、联络横通道、排水泵房。隧道断面见图8-73。

该方案优点是盾构隧道断面小、造价低，与整个地铁网络的防灾救援方案相统一。缺点是中间风井、江中联络横通道与泵房施工难度大，风险高。

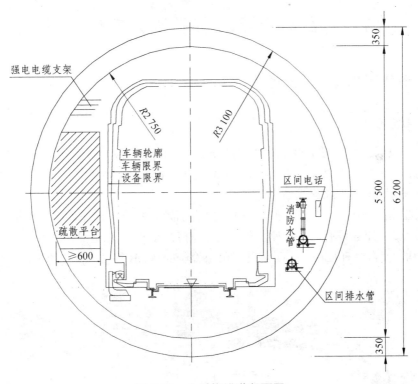

图 8-73　小盾构隧道断面图

4）盾构隧道断面方案比选

综合分析，因越江隧址处江面宽阔，小洞方案的中间风井必须布置于防洪堤外，这会产生如下问题：在施工方面，根据长江河道的管理法规，汛期不得在防洪堤附近进行基坑施工，而由于风井深度大，不可能在一个枯水期内完成施工，而汛期又必须停工，因而使总工期延长。此外，盾构通过风井时需采用冻结法施工，施工时间较长，如正好赶上汛期，同样必须停工，使工期不可控。在运营方面，风井为高出地面的建筑，有一定的阻水效应，对防洪有一定的影响，且在汛期从地面进出风机不方便。因此不宜采用小洞方案。

中洞方案由于疏散与救援均不方便，且造价高，也不宜采用。

工程最终决定采用大洞方案。

第*9*章
沉管法水下隧道设计与施工实例

9.1　公路沉管法水下隧道工程实例

9.1.1　上海外环黄浦江沉管隧道

1. 工程概况

上海外环黄浦江沉管隧道西起浦西同济路立交，向东至吴淞海滨公园处越黄浦江，东至浦东三岔港，与外环线北环道路相连。于 20 世纪 90 年代初开始研究，1999 年 12 月 28 日动工，2003 年 6 月 21 日正式建成通车。

隧道长度为 1 860 m，其中沉管段 736 m、浦西段 739.7 m、浦东段 384.3 m。浦东设有隧道管理中心大楼，浦西设有风塔 1 座。全线设 2 座降压变电所、2 座雨水泵房、2 座消防泵房、2 座江中泵房。浦东暗理段南、北两侧设有预制管段的 A、B 坞。工程总体平面布置见图 9-1。

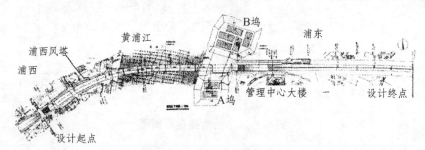

图 9-1　工程总平面布置图

2. 工程设计标准

（1）规划道路等级：全封闭、全立交城市快速路。

（2）设计行车速度：80 km/h。

（3）车道宽度：双向八车道分三孔布置，中间孔设二车道，每车道宽 3.75 m，边孔设三车道，车道宽 3.75 m×2 + 3.5 m。

（4）通行净空高度：中孔二条超高车道通行净高为 5.5 m，其他车道通行净高为 5.0 m。

（5）计算荷载为汽超 20 级；验算荷载为挂 120，特 300（总重）。

（6）抗震设防烈度：基本烈度为 7 度，按 8 度设防。

（7）结构设计水位：按历史最高水位 5.99 m 计算，千年一遇水位 6.56 m 验算。

（8）管段抗浮安全系数：下沉阶段 ≥1.02，沉放就位后 ≥1.04，运营阶段不考虑回填时 ≥1.08，考虑回填时 ≥1.2。

（9）工程设计使用年限：100 年。

3. 地质、水文概况

1）工程地质和水文地质条件

隧址为交互相的松软沉积层，浦西段主要穿越①$_1$填土、②$_3$褐黄色粉质黏土、②$_3$灰色砂质粉土、③$_1$灰色淤泥质粉质黏土、④灰色淤泥质黏土、⑤灰色黏土等地层；江中段主要穿越④灰色淤泥质黏土、⑤$_2$灰色砂质粉土、⑥灰绿至褐黄色粉质黏土、⑦$_1$褐黄色砂质粉土等地层；浦东段主要穿越①$_1$填土、①$_2$淤泥、②$_3$灰色砂质粉土、③$_1$灰色淤泥质粉质黏土、③$_2$灰色砂质粉土等地层。

场区地下水位高，地层为多层孔隙含水层结构。场地浅部地下水位受黄浦江水位变化控制，含水介质为砂质粉土及粉细砂，水平向渗透性较大，竖向渗透性小。浦西⑦层为区域承压含水层，实测承压水位标高 –6.35 m；浦东段⑤$_2$层实测承压水位标高 –4.90 m。

2）河段水文、泥砂

黄浦江为潮汐河流，历年最高潮位 5.74 m，平均高潮位 3.25 m，平均低潮位 1.02 m，平均潮差 2.20 m，平均涨潮历时 4.6 h，平均落潮历时 7.9 h。根据 1998 年 8 月的水文大潮测验，涨潮平均流速为 1.0 m/s，涨潮平均流速为 0.52 m/s；涨潮垂线最大含砂量为 0.783 kg/m³，平均含砂量为 0.626 kg/m³；落潮垂线最大含砂量为 0.505 kg/m³，平均含砂量为 0.422 kg/m³；涨潮河底最大含砂量为 1.280 kg/m³，平均含砂量为 0.941 kg/m³；落潮河底最大含砂量为 0.630 kg/m³，平均含砂量为 0.525 kg/m³。

河床质变化较大，有粉质黏土、黏质粉土、砂质粉土、黏土和个别中砂及粗砂。

该河段水中含盐度较低，以淡水控制为主。当水温为 10 ℃、20 ℃、24 ℃ 时，水重度（kg/m³）分别为 999.99、999.67、997.89。

4. 线路设计

1）线路平面设计

本工程位于黄浦江下游北港咀弯道处（曲率半径约为 1 500 m），浦西凹岸深槽紧逼，河床中有一深 –23.6 m 的深潭。浦东为凸岸线滩地，河床呈不对称的"V 形"。

浦西侧地物控制点较多，线路设有半径为 10 000 m、1 200 m 的两个曲线段。浦东地物限制条件少，线路设计顺直。其中江中 E1 · E5 管段处于半径 1 200 m 的圆曲线及 180 m 长的缓和曲线段上，避开了江中深潭最深部位，与外环线线路连接顺畅。

2）线路纵断面设计

由于工程区段河床断面深潭位置紧逼浦西侧凹岸，隧道江中最低点偏向西侧，江中线路设 1 个变坡点，竖曲线半径为 3 000 m。为减少结构埋深以及江中基槽浚挖、回填覆盖等工作量，隧道平面采用半径为 1 200 m 的曲线从深潭中心下游穿越过江，同时在河床断面深潭处将隧道顶抬高出河床面 3.61 m，全线最大纵坡 4.371%。线路纵断面详见图 9-2。

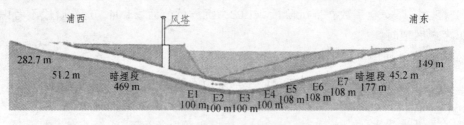

图 9-2　上海外环沉管隧道纵断面

5. 隧道横断面设计

隧道为双向八车道，设计车速 80 km/h，管段横断面采用三孔两管廊形式，其中边孔三车道宽度为 3.75 m×2 + 3.5 m，通行净空高度 5.0 m；中孔内两条车道宽度均为 3.75 m，通行净空高度 5.5 m。考虑设备布置、装饰、施工误差、压舱混凝土，边孔、中孔内净尺寸分别为 13.15 m×6.6 m、9.7 m×6.7 m，设备管廊净宽为 1.4 m。管段断面宽 43 m、高 9.55 m，结构底板厚 1.5 m，顶板厚 1.45 m，外侧墙厚 1.0 m，内隔墙厚 0.55 m（图 9-3）。

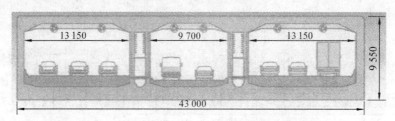

图 9-3　上海外环沉管隧道横断面布置

6. 管段设计

1）管段结构及分段长度

管段采用钢筋混凝土结构。沉管段长度 736 m，结合线路平竖曲线情况，从浦西至浦东的 E1～E7 管段长度分别取为 108 m、104 m、100 m、100 m、108 m、108 m、108 m。

2）结构计算

结构荷载：永久荷载（结构自重、土压力、水压力、混凝土收缩、边载影响、地基不均匀影响）、可变荷载（车辆荷载、温度影响、施工荷载）；偶然荷载（爆炸荷载、地震荷载、沉船荷载）。其中：温度影响以内外温差 ±10 ℃ 考虑；爆炸荷载为 100 kPa；沉船荷载以横向 50 kPa 作用在结构顶板、纵向按 43 000 kN 作用于航道中心线两侧共 20 m 范围内的两种情况验算。

计算方法：采用线弹性方法，按施工、运营等工况下可能产生的最不利荷载组合进行分析。管段横断面按框架模型计算，管段纵向按弹性地基梁模型计算，并考虑基床系数不均匀、基础垫层局部缺失、临时支撑等情况。混凝土强度等级为 C35，混凝土裂缝宽度≤0.2mm。

3）防水等级

管段防水等级为一级。以结构自防水为主，混凝土抗渗等级≥P10，渗透系数 K≤

10^{-12} m/s。在 E1~E5 管段顶板采用了水泥基渗透结晶型防水涂料作外防水层。

7. 接头设计

1）中间接头与岸边接头

管段与管段之间、管段与岸边段之间全部采用柔性接头，构造如图 9-4 所示。接头间由 GINA 和 OMEGA 橡胶止水带形成两道防水线，见图 9-5。接头间采用钢拉索限位装置（图 9-6）。每个接头共布置 52 套预应力钢拉索，顶板和底板各布置 26 套。在压舱混凝土中设置了 6 组钢筋混凝土水平剪切键，中隔墙设置 4 组钢筋混凝土垂直剪切键，外侧墙上设置 2 组钢垂直剪切键，键与键之间均设置四氟板橡胶支座。

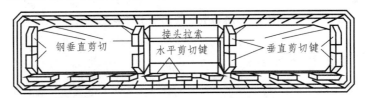

图 9-4　上海外环沉管隧道柔性接头构造示意图

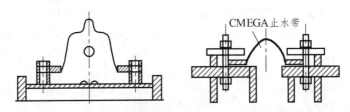

图 9-5　上海外环沉管隧道 GINA 和 OMEGA 橡胶止水带

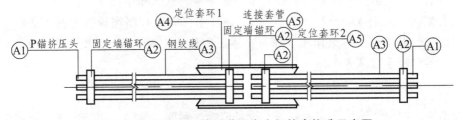

图 9-6　上海外环沉管隧道预应力钢拉索构造示意图

2）管段最终接头

该隧道最终接头采用"止水板方式"施作，即浦东侧先沉放 E7、E6-1（长 102 m）管段，同时浦西侧依次沉放 E1、E2、E3、E4、E5 + E6-2（长 3.5 m，在干坞内与 E5 管段拉合，设有柔性接头）管段。最终在 E6-1、E6-2 之间采用现浇钢筋混凝土合拢，长 2.5 m。

8. 岸壁保护结构

浦西与 E1 管段连接的基坑最大开挖深度达 30.4 m。临江侧采用了 50 m 深的锁口钢管桩（φ1190），其内套打钻孔灌注桩作为围护墙结构。两侧采用厚 1.2 m、深 46 m 的地下连续墙，坑内降水后采用明挖半逆作法施工。内衬厚 0.6 m，地下墙与内衬共同受力。

为减少沉管基槽开挖对防洪堤的影响，浦西采用阶梯形格构式地下连续墙（墙厚 1.0 m，最深为 46 m，格构内为直径 φ1400 的旋喷桩）和重力式旋喷桩墙（深为 15.5 m，在基槽浚挖线以下 8 m~10 m 不等）做岸壁保护结构，如图 9-7。浦东侧沿岸采用 4 排深层搅拌桩加固保护大堤。

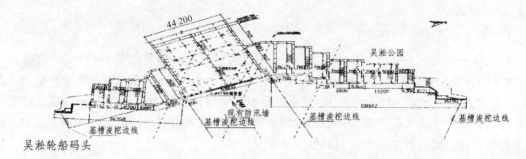

图 9-7　浦西侧岸壁保护结构平面图

9．隧道机电设备系统设计

1）通风设计

隧道采用集中排风型纵向通风方式。隧道内污染空气经集中排风口由风塔排出。

设计通风量是按稀释隧道内汽油车排出的 CO 浓度达到允许标准的风量为依据，并核算隧道 50 MW 火灾排烟工况。设计中三孔隧道共设 ϕ630 射流风机 58 台，卧式轴流排风机 10 台。

2）给排水、消防设计

从浦东、浦西市政管网上引入给水管供水，并通过隧道洞口的雨水泵房、江中废水泵房分别将引道段雨水和隧道内消防废水、冲洗废水等排出。

隧道内消防系统由消火栓系统、开式水喷雾系统、灭火箱组成。

每孔内侧墙上间距 45 m 设一消火栓箱。在江中沉管段和暗埋段共设置 102 组开式水喷雾系统，火灾时起降温、控火作用。在每孔隧道内单侧相距 45 m 设灭火箱，内设有磷酸铵盐干粉灭火器和轻水喷沫灭火器。

3）监控系统

监控系统由中央计算机、交通监控、设备监控、照明、通信、闭路电视、防灾报警、广播、中央控制室等系统组成。

10．干坞设计与施工

1）干坞布置

干坞位于浦东三岔港边的黄浦江滩地处。在隧道轴线两侧建造两个可同时制作 7 节管段的干坞（图 9-8）：A 坞和 B 坞，其中 A 坞占地面积为 4.9 万 m²，位于隧道南侧；B 坞占地 8.1 万 m²，位于隧道北侧。两干坞总开挖土方量近 120 万 m³。干坞场区新老大堤间滩地标高平均为 + 3.2m（吴淞高程），坞底标高均为 – 7.4 m。

2）干坞基坑边坡

（1）干坞边坡处理。

干坞分四级放坡，综合坡度为 1∶3.5（迎江侧为 1∶4），设 3 级 1.5 m 宽平台。边坡采

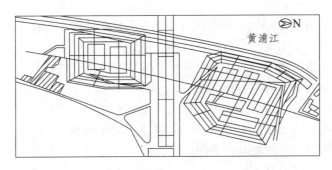

图 9-8　上海外环沉管隧道干坞平面图

用混凝土护坡方式，并设置纵横向钢筋混凝土梗格。干坞土方施工时分 4 个工作面同时进行，设三级临时施工平台，临时边坡控制在 1：3 左右。

（2）干坞加固。

在干坞东、南、北三侧坡顶处设置 2 排 ϕ700 mm 深层搅拌桩，西侧临江处设 4 排搅拌桩。搅拌桩深至 –16.0 m，穿过透水层至黏土层作为封闭隔水帷幕。

（3）井点降水。

在边坡和坞底设置降水井点。在标高 +3.4 m、–0.4 m、–3.9 m 处边坡平台布置轻型降水系统，坞底采用深井真空泵降水，降水深度至基坑下 1 m。

（4）坡脚处理。

边坡坡脚采用浆砌块石结构，将坞底周边的排水沟设于距坡脚 3.0 m 处。

3）干坞坞底处理

对干坞坞底基础采用换填处理，换填厚度为 1.0 m，其自上而下由 420 mm 的碎石起浮层、180 mm 厚钢筋混凝土底板、100 mm 厚中粗砂倒滤层、150 mm 厚的岩渣、150 mm 厚的大石块层构成。管底换填基础满足管段制作时差异沉降不大于 20 mm。

坞底基础换填施工分区分块进行，坞底最后 300 mm 土体采用人工修挖。块石抛填层采用压路机碾压；盲沟管排设保持畅通，并与坞底中部及周边的排水管沟连通；起浮层选用颗粒级配均匀的材料，并采用压路机分层碾压密实，严格平整。

坞底排水系统：地下排水系统采用 ϕ100PVC 打孔排水管，横向间隔布置于管底倒滤层中，双向坡度为 3‰，并与纵向排水明沟相接。坞底明排水系统由顺管段方向的明沟和周边边沟以及设于干坞转角处的集水井组成。

11. 沉管施工

1）管段制作

（1）管段混凝土结构裂缝控制。

混凝土技术：结构混凝土应用了掺加粉煤灰和外加剂的"双掺"技术，以减少水泥用量，降低水化热，提高混凝土工作性和抗渗性，并可补偿收缩，从而最终达到减少裂缝产生、提高混凝土抗裂和抗渗性的目的。同时对原材料的供应和计量进行严格控制，夏季施工搭设原材料凉棚，通过外加剂控制混凝土配合比在不同季节条件下的施工性能。

浇筑流程：管段制作采用由中间向两端推进的分节浇筑流程。每节管段共分 6 小节，每小节浇筑长度一般控制在 13.50 m～17.85 m，每两小节间设宽 1.5 m 左右的后浇带。每小节的管节分 3 次（底板、中隔墙、顶板及外侧墙）浇筑。为减少新老混凝土间的不利约束，严格控制各次混凝土浇筑的间隔时间，其中底板和侧墙的浇捣间隔时间不超过 20 d。

冷却措施：侧墙布置冷却管控制混凝土内温度。冷却管双排布置，排间距为 500 mm。底层冷却管布置在底板与侧墙的施工缝以上 200 mm 处，共布置 2 列 20 根冷却管（图 9-9）。当测点的混凝土温度回落 2 ℃～4 ℃ 时，及时停止混凝土冷却。

混凝土浇捣及养护：管段混凝土采用泵送，外侧墙与顶板一次浇捣完成，外侧墙采用串筒进行分层浇捣，以保证混凝土的密实和防止混凝土离析。底板和顶板采用蓄水养护，中隔墙采用喷水保湿养护，外侧墙外侧采用带模和覆盖的保温保湿养护方法，内侧则采用悬挂帆布封闭两端孔口后保湿养护的办法。

后浇带施工：当相邻管节的混凝土达到设计强度、沉降基本稳定、外侧模板拆除后进行施工，一般后浇带施工和管节施工的间隔时间不少于 40 d。后浇带分 3 次制作。

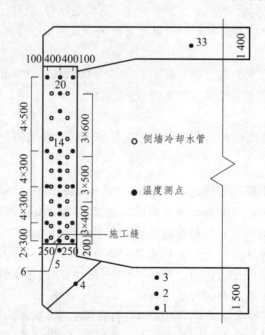

图 9-9　上海外环沉管隧道冷却管布置图

（2）管段干舷控制。

管段干舷控制的关键是保证管段制作的尺寸精度、管段混凝土的重度和均匀性。

支模工艺：制作管段的底模采用 1.8 cm 厚的九夹板；管段顶板模板采用九夹板，支架采用可移动支架形式；侧墙模板采用钢框竹夹板。模板系统变形小于 3 mm。

混凝土重度控制：混凝土生产中除对原材料的采购进行管理外，还必须对计量系统经常校准，保证每班、每次混凝土的称量精度。

2）基槽浚挖和清淤

（1）基槽浚挖。

高精度定位定深监控系统：采用双 GPS-RTK 定位定深系统对船舶进行三维精确定位，其平面定位精度为 2 cm～3 cm，高程精度 4 cm～6 cm。

浚挖工艺：基槽浚挖分普挖与精挖两步进行。普挖为基槽底面以上 3 m 至河床面的部分，精挖为剩余部分。挖泥采用由定位定深监控系统控制的 8 m³ 抓斗挖泥船施工。基槽浚挖时江中采用逆流施工。施工时分条分层作业，每条宽 16 m，每层挖深 3 m。

（2）基槽清淤技术。

基槽清淤采用由 1 000 m³/h～1 600 m³/h 的绞吸船和抛锚船联合组船的方案，利用抛锚船的移位控制绞吸船的船位和清淤点的进点。清淤点的平面位置采用高精度的 DGPS 仪器控制。

清淤采用定点、分层施工，往复清淤多遍，直至要求的水样比重和水深度。

3）管段浮运与沉放

（1）管段水平控制系统。

管段出坞采用坞内绞车和拖轮结合的方法，过江浮运采用 4 艘 3 400 匹全回转拖轮拖带管段的方法，另用 2 艘拖轮辅助克服管段在江中浮运受到的水流阻力。管段沉放采用双三角锚的锚缆系统（图 9-10）。沉放时江中沿管段两端延长线距管段 100 m 布置 2 对 4 只 170 t 沉放用横向定位锚碇，为吸附式重力锚块。沉放时以安置在管段前后 2 个测量塔上的 6 台 10 t 卷扬机控制管段在水中的平面位置。

（2）管段垂直控制系统。

管段沉放采用双浮箱吊沉法。钢浮箱按 1% 的管段负浮力设计，水箱的储水量按管段抗浮安全系数为 1.04 设计。管内水箱设计考虑了管段拖运沉放时 ±6° 的最大纵、横摆角，管段内共设置 18 个容量为 300 m³ 的水箱。管段每孔中的各个水箱由 1 根进排水总管连接，并配水泵 1 台。左右二孔的两根水管之间设 1 根连通管，以便 2 根总管相互备用。管段支承采用四点支承方式，前端搁置在 2 个鼻托上，后端 2 个垂直千斤顶搁置于临时支承上。临时支承采用钢管桩基础（图 9-11）。

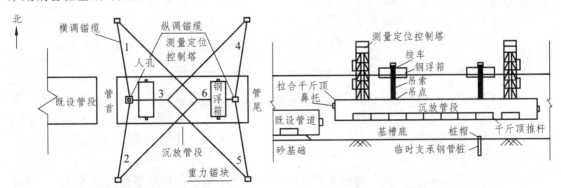

图 9-10　上海外环沉管隧道管段平面定位与　　　　图 9-11　上海外环沉管隧道管段竖向定位与
　　　　　调整系统图　　　　　　　　　　　　　　　　　调整系统示意图

（3）管段浮运、沉放作业。

沉放次序：管段按浦东 E7、E6-2，浦西 E1、E2、E3、E4、E5 + E6-1 的次序依次浮运沉放。

管段浮运、沉放的水文、气象条件：水流流速 < 0.5 m/s；风速 < 5 m/s；波高 < 0.5 m；能见度 > 1 000 m。

管段浮运：管段坞内起浮后即由坞内绞车和拖轮配合将管段移至位于坞口出坞航道处的系泊位置，系泊后由浮吊完成管顶钢浮箱及测量塔等舾装设备的安装，同时做好管段浮运准备。管段浮运当天，逐步解除系泊缆绳，并由 4 条拖轮带缆趁上午高平潮时间将管段沿临时航道浮运至隧道轴线处，再沿隧道轴线浮运至沉放位置，然后连接沉放定位缆绳，解除浮运拖缆，拆除 GINA 保护措施，安装拉合千斤顶。

管段沉放：管段浮运至距已沉放管段 10 m 位置处，即停顿调整系缆布置，进入沉放状态。管段沉放首先灌水克服干舷，然后继续灌水达到管段下沉所需的约 1%的负浮力。当浮箱吊力达到 1%负浮力时，即以约 30 cm/min 的速度放缆下沉。下沉开始时，先按沉放设计坡度调整管段姿态，然后以 3 m 为一下沉幅度，不断测量和调整管段姿态，直至距已沉管段 2.5 m 处，随后前靠距已沉管段 2.5 m 继续下沉，当距设计标高 1.2 m 时，再前靠至距已沉管段 50 cm 距离处，将管段搁置在前端结构下鼻托上，同时伸出尾端垂直千斤顶，搁置在支承钢管桩上。最后通过水平定位系统和临时千斤顶对管段的平面位置和纵坡进行调整，准备拉合对接。

管段拉合、对接：待沉管段调整到设计的姿态后，即可拉合管段，然后再打开封门上的 ϕ100 进气阀和 ϕ150 排水阀排除隔腔内水，进行水力压接。

（4）管段浮运、沉放三维姿态测量。

管段浮运、沉放采用坐标测量方法。沉放时在黄浦江一岸隧道轴线处设立 1 个测站，3 台全站仪，通过测量管顶测量塔上的棱镜坐标，并根据管段特征点和棱镜坐标的相对坐标关系确定管段水下三维姿态。

（5）管段沉放后稳定。

水力压接完成后，缓缓放松钢浮箱上吊缆，使整个管段由前端鼻托和后端 2 个垂直千斤顶支承。然后根据实测的江底最大水重度，向管内水箱内灌水，直至抗浮安全系数达到 1.04 左右为止。随后立即拆除钢浮箱、测量塔、人孔井等管顶舾装件，以尽速提供锁定抛石回填材料和设备进点施工。

（6）管段沉放时的航道管理。

管段浮运期间实行 3 h 封航，管段沉放作业时可保持航道通行，但需限速 3 节。

4）管段基础施工

管段沉放到位后，须对管底约 50 cm 的空隙进行灌砂。为防止灌砂基础的震动液化，灌砂料中掺入了 5%的水泥熟料。根据试验，1∶8～1∶9 砂水混合比的灌砂料在流量为 5 m³/s 时的最大扩散半径可达到 7.5 m。据此，每节管段横向每排布置 4 个灌砂孔，孔间距为 10.25 m～11 m，排间距为 10 m。

灌砂按由压接端向自由端，每排先中孔后边孔的顺序施工，但每节管段都将最后一排孔留至下节管段沉放后灌注。灌砂过程中，对灌砂量、灌砂压力进行监测，并采取潜水员水下探摸和管内测量等手段了解砂积盘的形成情况和管段抬升情况。

5）沉管接头施工

（1）管段中间接头施工。

管段中间接头由端钢壳、GINA 橡胶止水带、OMEGA 橡胶止水带、预应力钢缆、水平和垂直剪切键组成。GINA 止水带在管段制作后期、坞内灌水前完成。安装前必须保证管段端钢壳的面不平整度小于 3 mm，每米面不平整度小于 1 mm，垂直和水平误差不允许超过 3 mm。并在 GINA 带上部安装保护罩。

OMEGA 止水带在管段沉放后、管段接头处两道封墙拆除前完成安装。OMEGA 止水带安装后及时进行检漏试验，检漏压力为 0.3 MPa。之后连接接头钢拉索，并旋紧连接套筒使拉索预紧。最后进行管段底板处水平剪切键的制作，待管段稳定后进行中隔墙和外侧墙处的垂直剪切键施工。

（2）岸边接头施工。

沉管与岸边隧道采用连接结构连接，即 E1 管段沉放后与浦西连接结构连接，而 E7 管段与浦东连接结构连接。连接结构的端面设计成管段端面形式，采用水力压接连接。连接结构与暗埋隧道一同施工完成。

浦西连接段开挖深度达到约 30 m，施工时两侧采用 1.2 m 厚、46 m 深的钢板接头地下墙作为围护结构，端部采用 50 m 长的钢管桩墙（上部 40 m 为 ϕ1 190 mm、壁厚 30 mm 的锁口钢管桩，下部为 ϕ1 100 mm 的钻孔灌注桩）作为围护结构。钢管桩墙采用成槽埋置施工工艺，即先制作导墙，开挖槽段，然后吊放钢管桩，钢管桩外回填碎石并压浆，在钢管桩内施工下部灌注桩，并在钢管桩的迎江面一侧进行 3 m 宽度的旋喷加固。基坑采用明挖半逆筑法施工，其中夹层板框架和结构顶板采用逆筑法施工。坑内基底土体采用旋喷加固和坑内大口径井点降水，以保证基坑施工的安全和达到周围环境的保护要求。

浦东的连接结构和围护结构形式同浦西侧，但由于开挖深度只有 18.3 m，钢管桩的直径调整为 ϕ990 mm（长 32.5 m，壁厚 20 mm），地下墙的厚度为 0.8 m，采用明挖顺筑施工。坑内基底土体采用注浆加固和坑内大口径井点降水。

（3）最终接头施工。

水下最终接头设在 E6 和 E5 之间（实际是 E6-2 和 E6-1 之间），2.5 m 长，采用止水板方式施工。最终接头施工前，先在接头空隙设临时水平支撑，再在接头四面水下安装边缘带有 GINA 止水带的模板，然后由管内排水抽除止水板形成的隔腔内的水，最后在腔内连接和绑扎接头内钢筋，分底、墙、顶三次浇筑接头混凝土，其中为了保证顶板混凝土的浇筑质量，采用了免振混凝土的施工工艺。工艺见图 9-12。最终接头结构构筑完成后，再次拉紧接头拉索，使 E6 管段与 E5 管段之间形成柔性连接。

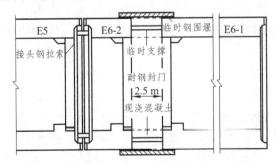

图 9-12　上海外环沉管隧道最终接头作业示意图

6）管段回填与覆盖

E1、E2、E3、E4、E5 管段位于黄浦江主航道，其回填、覆盖物分别由管段锁定抛石、一般基槽回填、面层抛石覆盖、防锚带等部分组成。由于 E1、E2、E3 管段部分出露于河床，另加设护底防冲结构。E6、E7管段位于浦东一侧的浅水区，其回填、覆盖物仅由管段锁定抛石、一般基槽回填和面层抛石覆盖三部分组成。

（1）管段锁定抛石。

锁定抛石采用厚度为3 m、粒径为1.5 cm～5 cm的碎石棱体。锁定回填施工船组由1艘工作驳、2艘抓斗船和2艘运石船组成，抓斗船靠于工作驳两侧，将运石船上的碎石抓入漏斗，进行对称抛放施工。

（2）一般基槽回填。

锁定抛石棱体以上至管段顶标高以上0.5 m之间为一般回填，采用石料回填。距管段10 m外可直接抛放，在靠近管段处采用网兜抛石。

（3）面层抛石覆盖。

在航道处采用0.5 m厚的碎石层和1 m厚的50 kg～200 kg的块石进行面层防锚抛石覆盖。面层覆盖采用2 m³抓斗船施工。面层抛石覆盖与上下游河床之间通过采用边坡较平缓的回填、覆盖，使管段与上下游河床平顺衔接，从而使该段河槽的水流平顺过渡。

（4）防锚带。

除防止管顶直接受锚击的情况外，还在管段两侧5 m外设防锚带防止船舶走锚对管段的破坏。防锚带宽度5 m，厚度2 m，采用100 kg～500 kg的大块石抛填。防锚带仅在黄浦江350 m主航道范围内布设。防锚带使用与面层覆盖相同的工艺。

9.1.2　日本多摩川、川崎航道沉管隧道

1. 隧道概况

多摩川、川崎航道两座沉管隧道，分别位于多摩川河口部和川崎河口部（图9-13），是连接羽田机场和浮岛填筑地以及浮岛填筑地和东扇岛的上、下行各为3车道的专用公路隧道，设计速度为80 km/h。

多摩川隧道全长约2 170 m，其中沉管段长度为1 549.5 m，分为12个管段，每节长128.584 m及长6.492 m的最终接头，为钢筋混凝土结构，隧道总宽度为39.9 m，高10 m。

川崎航路隧道全长约1 954 m，其中沉管段长度为1 187 m，分为9个管段，每节长131.212 m及长6.492 m的最终接头，为钢筋混凝土结构，隧道总宽度为39.7 m，高10 m。

2. 地质概况

多摩川隧道位于多摩川河口，连接羽田近海填筑地和浮岛填筑地。多摩川河口部分的海底面深度约为TP-7 m，在浮岛侧局部深达TP-12 m左右（图9-14）。另一方面，川崎航道隧道因连接浮岛填筑地和东扇岛而横穿川崎港。川崎航道海底面的深度一般为TP-10 m～TP-14 m（图9-15）。

该地区的地层为"有乐町层"，以粉砂为主，在它下面分布相当于"七号地层"、"东京层"的更新世黏土层、砂质土层、砾质土层。这些地层多少有些变化，大致平行地从羽田近海向东扇岛缓慢地倾斜，黏性土层的层厚呈现出比东扇岛薄的趋势。但是，东扇岛在填筑土层正下方到GL-37 m附近分布着软弱的有乐町层，但缺少七号地层，埋藏地层有基岩层。

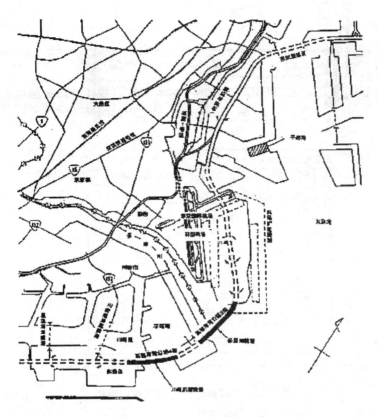

图 9-13 多摩川、川崎航道沉管隧道平面位置图

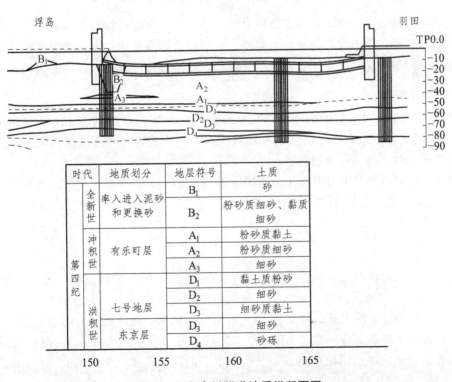

时代	地质划分		地层符号	土质
第四纪	全新世	率入进入泥砂和更换砂	B_1	砂
			B_2	粉砂质细砂、黏质细砂
	冲积世	有乐町层	A_1	粉砂质黏土
			A_2	粉砂质细砂
			A_3	细砂
	洪积世	七号地层	D_1	黏土质粉砂
			D_2	细砂
			D_3	细砂质黏土
		东京层	D_3	细砂
			D_4	砂砾

图 9-14 多摩川隧道地质纵断面图

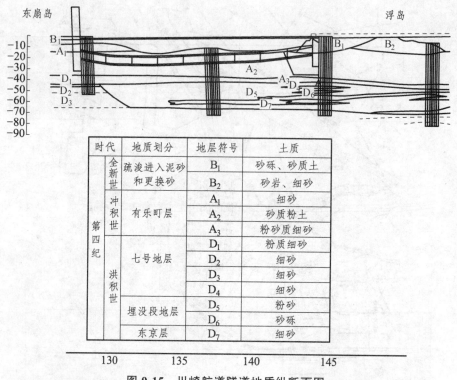

时代		地质划分	地层符号	土质
第四纪	全新世	疏浚进入泥砂和更换砂	B_1	砂砾、砂质土
			B_2	砂岩、细砂
	冲积世	有乐町层	A_1	细砂
			A_2	砂质粉土
			A_3	粉砂质细砂
	洪积世	七号地层	D_1	粉质细砂
			D_2	细砂
			D_3	细砂
			D_4	细砂
		埋没段地层	D_5	粉砂
			D_6	砂砾
		东京层	D_7	细砂

图 9-15　川崎航道隧道地质纵断面图

3. 隧道线路设计

为了使隧道线形最经济，在考虑使用目的、选址条件及障碍物数量等的同时，可使造价高的水下部分长度最短的线形为最好。另外，根据初步线路平面线形，求得受航道水深限制的纵向坡度的初步情况，确定沉管段、竖井位置、陆上部分的隧道区段等的大概长度。

1）多摩川隧道

平面线形：在两风塔附近为曲线，在羽田侧，从风塔向隧道内约 151 m 采用半径 $R = 1\ 500$ m 的曲线，接着约有 282 m 的缓和曲线，再与直线相连；在浮岛侧，从风塔前面向隧道内约有 215 m 的区段是缓和曲线。

纵断面：在羽田侧护岸附近及浮岛侧护岸附近，最陡坡度为 4%。此外，沉管隧道中部附近设 0.3% 的排水坡。隧道的深度，位于多摩川过去的最大开挖深度 TP-12.934 m 以下并确保最小覆土厚度 1.5 m，见图 9-16。

2）川崎航道隧道

平面线形：沉管区段在靠近浮岛通风塔约 25 m 区段局部有缓和曲线，其他为直线。

纵断面：川崎航道部分靠近东扇岛，故沉管隧道部分在东扇岛侧纵向有 1 处凹形竖曲线，浮岛侧从凹形竖曲线点开始以 0.5% 的上坡横穿海底部，从浮岛护岸附近起变成 2.6794% 的坡度，连接陆上隧道部分。东扇岛侧从凹形竖曲线开始以 3.0% 的上坡连接陆上隧道部分。隧道最深处在近东扇岛的川崎航道下面，管段下面的深度是 TP-27.038 m，隧道的最小覆土厚度为 1.5 m，见图 9-17。

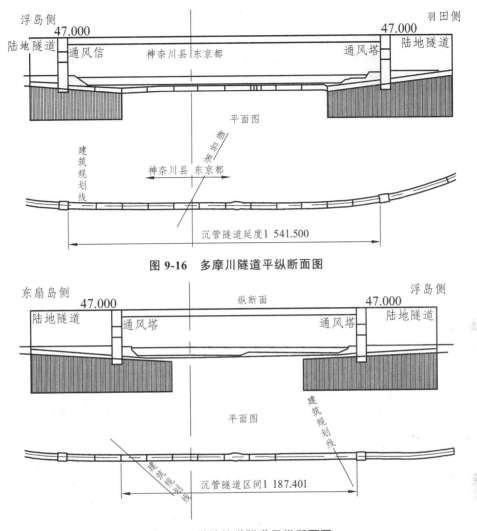

图 9-16　多摩川隧道平纵断面图

图 9-17　川崎航道隧道平纵断面图

4. 沉管段设计

1) 管段尺寸确定

根据管段的横断面形状和断面初步尺寸，同时考虑干坞的规模、航道宽度和沉放作业时的航道转换、浮运作业、管段受力等，综合决定管段数和管段长度。

考虑到经济性和施工性，初步确定管段长度为 130 m 左右，这是除最终接头部分的长度约为 6.5 m 后，等分沉管隧道区段后决定的管段长度。多摩川隧道（1 549.5 m），由 12 个管段（128.584 m×12 段）和最终接头部分（6.492 m）组成。川崎航道隧道（1 157.4 m）由 9 个管段（131.212 m×9 段）和最终接头部分（6.492 m）组成。这个长度是管段设置后的水平距离。21 节管段分二批在大井码头的干坞制作，第一批先进行临时存放，再浮运至现场沉放，第二批是直接或临时存放后浮运至现场沉放。

管段横断面见图 9-18、9-19，隧道内设置了双向 6 车道的行车空间，在两侧设置了兼做疏散通道的管理用通道和管理设施空间，同时设置了企业使用的管线空间。各单孔行车道空间总宽度为 14.2 m、车道净空高 6.1 m。为了确保管段抗浮安全系数为 1.1，管底压载层厚度为 1.3 m，因此管段浮运及沉放时的车道部净空高度是 7.4 m。

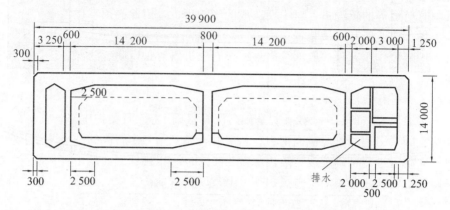

图 9-18　多摩川隧道横断面

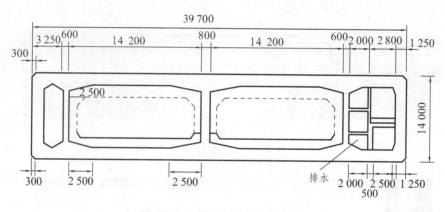

图 9-19　川崎航道隧道横断面

2）干坞的确定

本工程采用东京高速海湾公路东京港隧道、东京港第二航道隧道的既有干坞，干坞（图 9-20）底部尺寸为：529 m 长×190 m 宽，面积为 10.7 万 m²，可同时制作 11 节管段。干坞底部分别从陆上进行开挖和从海上进行疏竣，在渠口部设置了双层钢板桩围堰。对渠底部分的软泥土进行水泥固化处理，打入 φ400 的 RC 桩，在桩上修建路基。

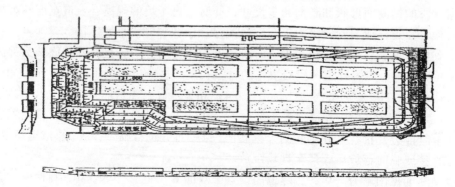

图 9-20　干坞布置图

3）基槽疏浚工程计划

沉管基槽费用占全部工程费用的比例虽较少，但加上临时改移航道、管段的舾装停泊区以及浮运临时航道等的疏浚量，对工期造成的影响很大。因此必须掌握各施工阶段疏浚的土方量及弃土场、作业船和机械装置。

沉管基槽疏浚作业，除一般部分之外，还有靠近既有护岸附近的部分。一般部分用抓斗式挖泥船开挖，对于靠近既有护岸附近的部分，为了最小限度地减少对护岸的影响，采用钢管桩挡土后，再进行疏浚。

对于连接通风竖井的管段，竖井的基础与沉管基础不同，且受护岸部分填土荷载的影响，为了减少这些因素引起的管段截面内力，从竖井开始到第二个管段的一半设置了基础桩。该段必须对底面附近进行精确疏浚（疏浚深度为 1.5 m），以确保底面的精度和支承力。又由于先浇筑基础桩，为防止疏浚对桩造成损伤，开发了特殊的疏浚机。此外，多摩川隧道、川崎航道隧道都是以车辆渡船为主的船舶频繁航行的海域，一般要确保通航畅通。多摩川、川崎沉管隧道的疏浚见图 9-21、9-22。

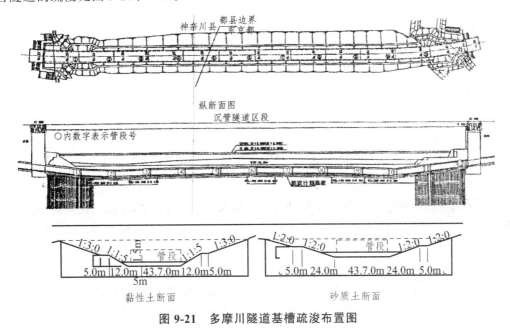

图 9-21　多摩川隧道基槽疏浚布置图

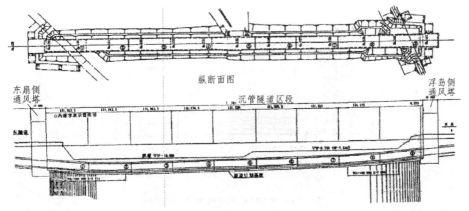

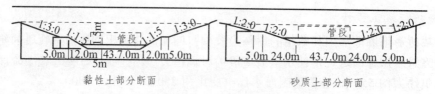

黏性土部分断面   砂质土部分断面

图 9-22　川崎航道隧道基槽疏浚布置图

4）基础处理方法

多摩川、川崎航道隧道都分别在距竖井 180 m～200 m 的范围内，设置作为管段基础的基础桩，其余地段采用压浆基础。当基槽疏浚结束后，在基槽底部投入厚 1 m 的砾石，并用抛石刮平平底船进行刮铺，作为管段的基础。在管段沉放时，设置了临时支承管段的临时支承桩。在管段沉放、拉合对接后，从预设在沉管底板的注浆口灌注膨润土砂浆，使管段的全部底面都支承在碎石基础上（图 9-23）。

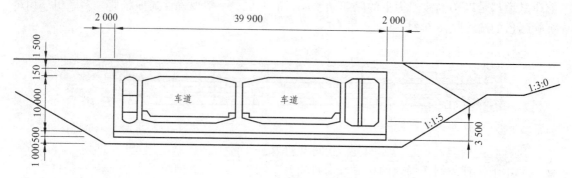

图 9-23　沉管基槽、回填覆盖典型断面

5）接头设计

由于多摩川、川崎航道隧道是在软弱地基上施工，对于地基压实沉降引起的不均匀下沉、温度变化影响、地震引起的地基变形，管段都会产生大的截面内力和变形，因此所有接头均采用柔性接头。

柔性接头由满足接头防水、轴向承压的 GINA 橡胶止水带、阻止接头拉开位移的 PC 钢缆、防止管段间在水平和垂直方向相互错位的水平和垂直抗剪键等构成，见图 9-24。从开始开挖竖井侧按顺序进行管段沉放连接，在最后管段和竖井之间设置最终接头，该接头采用专门开发的"接头箱体"方式施工，详见后述。

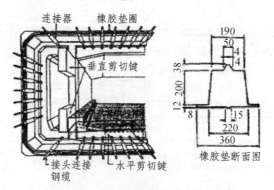

图 9-24　沉管隧道柔性接头构造图

6）浮运、沉放方法

对浮运所需拖船的马力和数量、浮运需要的时间、浮运途中的障碍等作了简单调查。

沉放方法采用扛吊法，即使用具有 1 000 t 起吊能力的双体沉放作业船沉放（图 9-25）。沉放所需负浮力约 550 t，另考虑因海水比重变化约 250 t，共计约 800 t。

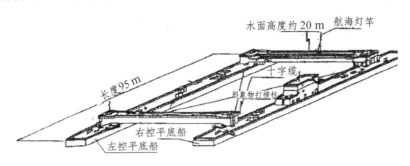

图 9-25　沉放作业船示意图

5. 干坞施工

1）干坞疏浚

利用大井码头一和二之间的航道，围堰修建了沉管预制干坞，在干坞渠口部围堰施工后，排除渠内海水修建坞内结构。该干坞已为东京港隧道和东京港第二航道隧道预制了沉管。

在既有干坞的外周边线附近以 20 m 间距设置了陆上基准点，用 20 m 网格进行高程测量。为了确保管段制作场内的作业，需将原有干坞扩宽、渠底回填及渠底部摊平。

2）围堰工程

坞口一侧采用双层钢板桩围堰（图 9-26），围堰的基础坡脚填土，干坞侧用砂、海侧用砂岩反压。

3）排　水

为了将干坞内约 179 万 m³ 的海水排到围堰之外，用了 12 台 8 英寸的潜水泵（37 kW）。排水必须慢慢进行，以免破坏干坞坡面。为了不对周围地基地下水的水位产生很大影响，排水速度为 35 cm/d（1.5 cm/h），排水约用 2 个月。

在大量排水后，从边坡整修结束部分开始立即用聚丙烯板进行保护。

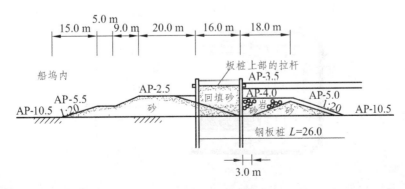

图 9-26　双排钢板桩围堰

4）坞底处理

对软弱地层采用换填和水泥固化进行处理，之后在管段制作部位约每 9 m² 打入 1 根基础桩（RC 桩 $\phi 400$）。共用 10 台打桩机，在 2 个多月的时间内打入约 3 600 根桩，基础桩的种类有 11 m ~ 18 m 的 8 种。坞内道路采用厚 50 cm ~ 75 cm 的沥青混凝土铺设。

6. 管段临时存放与舾装

1）临时存放场位置

多摩川隧道 12 节管段和川崎道航道隧道 9 节管段，共计 21 节管段分 2 批制作。第一批制作的 11 节管段，有 10 节必须临时存放。临时存放场设在东扇岛，全部是一字形防坡堤，在堤内的作业墩上进行临时存放。

2）存放场抛石墩

为了把管段临时存放在水中，每一个管段用 2 个抛石墩。建造抛石墩，像管段基础抛石摊平一样，用抛石摊平平底船进行施工，抛石层厚度 1 m ~ 1.5 m。

3）拆除坞闸门

坞闸门是钢板桩、板桩上的锚杆、填充砂及护脚填土组成的围堰体，是在新建干坞时施工的。为了拉出管段，干坞注水后，拆除双层围堰。拆除范围是主柱间的长度 61.32 m，疏浚水平线是 AP-11.0 m。

4）管段浮运至临时存放场

（1）管段起浮。

管段制作完后，向干坞内注水使管段起浮，同时进行管段的干舷调整。注水采用 12 台 $\phi 200$、扬程 15 m 的潜水泵，开始注水时坞底标高为 AP-10.5 m，注水结束时的水面高度为 AP + 1.0 m，总注水量 120 万 m³，约需 1 个月的时间。

（2）管段舾装。

进行管段的舾装是管段浮运沉放的准备作业。在管段上设置绞盘、发电机，拆除系船钢绳换成拉出管段用的钢缆，同时清扫干净堆积在管段上的浮泥。

（3）管段出坞。

用 10 台陆上绞车拉出管段。通过坞口时，为万无一失，在坞口安装 2 个单侧护舷，防止了管段和坞口撞击。等管段进入沉放作业船后，立即固定吊点，拆除绞盘和钢缆。

（4）浮运。

浮运的平均速度为 2.8 km/h，考虑到潮流速度（反向流速）0.6 m/s，浮运船队使用的拖船为 3 000 PH 级拖轮，前后各配备 2 只。并且在周围配备了 5 只警戒船，对一般航行船只、吊船等进行警戒。

因为浮运、存放、返航整个过程需进行 3 d 的连续作业，必须掌握气象海象情况，做好预报工作。

5）管节临时存放

管节到达临时存放场、决定系船和位置后，灌注水压载，同时操作悬吊绞盘使管段着底。

着底后，灌注稳定荷载（水压载），使管段和沉放作业船脱离。

7. 管段制作

1）制作概况

管段分 2 批制作，第一批制作的 11 节管段包括多摩川隧道的 7 节和川崎航道隧道的 4 节，第二批制作的 10 节管段中，多摩川隧道和川崎航道隧道各 5 节。管段制作完成后的概貌见图 9-27。

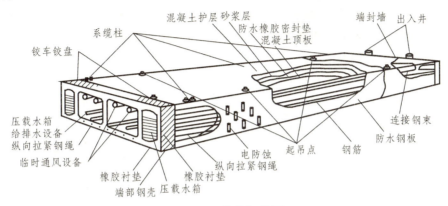

图 9-27　管段概貌图

2）混凝土工程

在长度方向每节管段由 8 个约 16 m 的节段组成，每节段又分底板、侧墙、顶板三部分浇筑。混凝土设计标准强度为 35 MPa，采用低热高炉矿渣水泥 B 种，根据浇筑时间可分为 11 月到 5 月、6 月到 10 月（夏季）2 种配合比。6 月到 9 月混凝土的浇筑温度最高，在温度应力增大期间，对外墙进行冷却。

混凝土除一般的质量管理之外，还要进行与管段浮运、沉放有关的重度管理。每个管段要从底板、侧墙、顶板各采样 2 次（每次采集 2 个），各次混凝土浇注均需制作 3 个试块，进行重度的测定。

使用长臂混凝土泵车浇筑混凝土。由于要求混凝土有高质量的防水性，浇注后要进行充分的洒水养护。

3）钢筋和模板

直径 32 mm 以下的钢筋采用气压焊接头，直径 38 mm 以上的钢筋采用强制成形焊接，另外管段接合后施工的隔墙接头用机械接头（FD 夹钳）。钢筋在干坞左岸的场内加工，其后运入干坞。与钢筋一起在混凝土浇筑前，还要设置水平抗剪键锚固筋、砂浆注入管。

混凝土采用移动式模板浇筑，模板在钢筋组装完后安装。

4）防水钢板和端钢壳部分注入树脂

在管段底板、侧墙、顶板梁腋部设置 8 mm 厚的防水钢板，与顶板防水层成为一体达到管段防水的目的。为防止底板钢板焊接变形，钢板临时固定后，用 H 型钢压紧焊接线两端，用自动焊接（埋弧焊）进行主焊。侧墙部分在现场进行局部自动焊接（埋弧焊），加工成大块后，装上补强钢材、抗剪连接杆，完成底板和底板隅角的垫板后进行堆焊。另外，防水钢板组装结束后，为防止钢板的温度上升，侧面用钢丝刷清底后涂上邻苯二甲酸树脂瓷漆。采用比色检验进行防水性检查。

端钢壳混凝土浇筑后，对混凝土干燥收缩、析水而造成的空隙部分，注入环氧树脂，力求与端钢壳成为一个整体。

5）纵向锚固钢缆和灌浆

纵向锚固钢缆是在管段纵向配置 PC 钢缆（12-T12.7），主要是控制裂缝，施加 1 MPa 左右的预应力。施工时，在浇筑混凝土前，在套管及端部浇筑块侧面预定位置使用锚板固定。套管的平直度按 1/500 控制。在插入 PC 钢缆拉紧时，以不给管段形成偏心力为原则，采用了同时在对角位置拉紧钢缆。

灌浆作业以管段为单位，从拉紧后的钢缆开始按顺序进行，灌浆从一侧灌进，确认从中间部分排出孔排出后，从相反侧排气孔流出浆液后，再关闭灌浆一侧的阀门。

6）顶部防水板

由于顶面防水板与防水钢板一起承担管段的防水和止水，所以用防水橡胶板（丁基系板厚 2.5 mm）覆盖在管段顶面，用 30 mm 厚砂浆覆盖保护。

7）测量塔的桁架基础

勘探位置装置（水下三维装置）是沉放时在水下量测原有管段和沉放管段的相对位置，给沉放作业船传递情报的装置。已沉放管段和沉放管段的量测器（超声波收发装置）收发波面必须确保其平行性，根据各个管段的纵坡垂直安装有超声波收发装置的桁架。

8）压载水箱

在管段两侧设置了各 5 个共 10 个水箱，压载水的给排水设备基本上是人力操作，用目视确认水位、用手动操作阀门及泵的启动停止作业。另外，在沉放时，由于设置了遥控操作系统，即使在管段内无人的情况下也可调整压载水。通过微型计算机可以把自动量测的各压载水箱的水位、阀门的开闭状态等量测情报都显示在 CRT 上，操纵沉放用驳船指令室内的开关，可集中进行阀门的开关、泵的启动停止。

9）压浆阀箱

沉放结束后，管段与基础砾石的空隙需灌注膨润土砂浆填充，因而设置了砂浆灌注管，在舾装时砂浆灌注管的上部要安装阀门和阀箱。

10）GINA 橡胶止水带

安装 GINA 橡胶止水带的目的是为了管段的水力压接和管段之间的接头止水。GINA 橡胶止水带的原材料由天然橡胶、加固件（碳黑等）、硫化剂及其他各种配料组成。安装时，在安装位置前面展开橡胶，进行吊装，用 2 台起吊 45 t 的汽车起重机和高空作业车进行安装，对 GINA 橡胶止水带梁产生的空隙，灌注了不收缩砂浆。安装 GINA 橡胶止水带后，为了防生物附着，贴上了防护板（聚四氟乙烯带）。此外，管段上部 3.24 m 高度范围内，为了防止流放木材等的冲撞造成损坏，安装了护舷。

11）电防蚀

防水钢板会受到水、土腐蚀，为长期确保防水功能，进行了电防蚀施工。

12）护层混凝土

为永久保护顶面防水板，进行了混凝土护层（厚度 12 cm）施工。

13）其　他

管段之间连接钢缆、浮运沉放所需的锚具、系管柱、吊点、铰车绞盘基座、进出井等均按设计进行安装。此外，从干坞注水后到沉放之间，由于管段放在海水中，为了防止海洋生物等附着，在端封墙、橡胶垫圈等处涂上了防污涂料。

8. 基槽开挖

1）船舶航行安全措施

多摩川隧道、川崎隧道所处的位置是海湾沿岸线中船舶交通极为频繁的海域，隧道横穿川崎和多摩川两条国际航道，施工时要确保海上交通的安全。为了船舶航道的安全，与东京湾防止海难协会就调查研究的一切基本事项达成协议后，成立了"船舶航行安全对策调查委员会"。

2）疏　浚

多摩川隧道总疏浚量 362 万 m^3，其中改移临时航道疏浚 67 万 m^3、基槽疏浚 278 万 m^3、浮运临时航道疏浚 17 万 m^3。

（1）改移临时航道疏浚。

改变航道所需水深是 AP-4.7m，为了确保作业中一般船舶通航，疏浚机械采用了不需锚固钢缆拉长的 20 m^3 定位锚柱式抓斗挖泥船和小型定位锚柱式反铲挖泥船进行施工。由于定位锚柱式抓斗挖泥船受羽田机场空域的限制，将臂长和定位锚柱长缩短，见图 9-28。

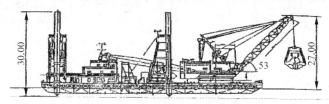

20 m^3 抓斗式疏浚船（定位锚柱式）

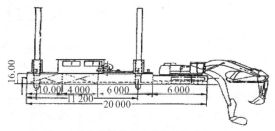

小型反铲疏浚船（定位锚柱式）

图 9-28　多摩川隧道基槽浚挖机械

（2）基槽疏浚。

基槽疏浚分为粗挖和精挖，开挖深度为沉管底板底以下 1.5 m。

（3）管段浮运临时航道疏浚。

浮运临时航道开挖深度除考虑管段的一般吃水深度 PA-10 m 外，还要考虑浮运过程中管节摇摆等问题，实际开挖深度为 AP-11 m。采用抓斗式挖泥船疏浚，同样用定位错柱式挖泥船和锚定式挖泥船进行疏浚。

9. 浮运、沉放

1）浮岛、羽田竖井部原有护岸

浮岛竖井部的原有护岸是钢管桩结构，在浮运、沉放之前，约要拆除 130 m。另外，羽田竖井部的原有护岸是沉箱结构，故与港湾管理者协商后，决定将沉箱清理出来尽量再使用。

2）管段桩基础施工

靠近竖井的一节半管段底采用桩基础，浮岛竖井侧基础桩总数为 230 根，羽田竖井侧基础桩总数为 204 根。管段基础桩采用钢管桩，长度 70 m ~ 90 m、直径 ϕ1 200、壁厚 $t = 22$ mm，由海上和陆上打桩。

3）基槽挡土桩

在浮岛原有护岸部和羽田原有护岸部附近进行基槽疏浚时，为了减少对原有护岸的影响，用钢管桩挡土，进行了疏浚。

4）基槽底砾石整平

沉放前，多摩川隧道在 2 号管段的一半至 11 号管段的一半的管段下部进行厚度为 1.0 m 的基础砾石抛石整平，整平作业采用有经验的潜水员和抛石刮平平底船（10 000 t 级）。

5）沉放作业船系船桩

作为沉放作业船的系船设备，预先把总数为 39 根的系船桩（ϕ1 100 mm × 27 m × 16 t ~ 12 t）打到所需的地方，沉放作业船 1 次使用的根数是 8 根。系船浮筒采用 600 kg 的圆形浮筒，向内部注入了发泡苯乙烯，这样即使浮筒有漏洞也不会被水淹没。

6）临时垫块

临时垫块（图 9-29）用于沉放管段后到注入膨润土砂浆硬化前临时支承管段。该垫块用 5 根钢管桩支承，打桩顺序从中间桩开始，其后安装垫板，再打剩下的 4 根桩，并安装垫板。

7）沉　放

沉放作业计划要使管段着底时间与落潮相吻合，特别是管段之间接近 50 cm 以内时，要避免管段受潮流等的影响而摆动。在潮流变大时，1 min 内会发生约 1 cm 的水位变化。如此，则管段即使已吊到所定位置，但经潜水调查确认也要 20 min，此时水位已发生约 20 cm 的变化。因此，在潜水员下潜检验两沉管端面的间隔及其

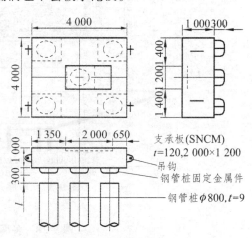

图 9-29　多摩川隧道临时垫块

他作业时，要考虑水位的变化因素，不要让管段上下移动。

沉放初期，用测量塔的光波测距仪测量的结果与从陆上沉放作业船的位置测量进行比较来决定管段的位置，在水下三维测量提高精度的阶段，比较水下三维测量和光波测距仪的数据，检验沉放作业船位置（陆上测量），以后，前方位置使用水下三维测量，后方位置使用测量塔（光波测距仪）的数据进行沉放。最后是收到潜水员通知的端面间隔的信息，比较该信息和水下三维测量的数据后再确认位置。

着底前，前方潜水员必须量测端面之间的位置关系、确认 GINA 止水带、端面之间是否夹有异物等，后方潜水员则必须确认临时支座和垂直千斤顶的位置。

在端面间距 60 cm 时使管段着底，这时临时支承托架有 20 cm 的搭接。根据测量数据确定开始初步拉合千斤顶。待潜水员检查确认端面间无异物时，开始拉合到设计拉合力（400 t）为止。之后检查确认初始的止水性后，进行水力压接。

在最大拉合处潜水员再次检验 GINA 橡胶止水带后躲开。GINA 橡胶止水带的突出部分要用拉合用千斤顶力（400 t = 4 t/m）压平。潜水员检查端面之间的 GINA 橡胶止水带的状态，确认水压接合无问题后，可进行水力压接。之后，进行吊点的释放、水下三维测量装置的拆除、测量塔的拆除、调整钢缆的拆回、作业船返航等。

10. 基础处理与回填覆盖

管段沉放后，在沉管两侧进行定位回填，增加沉管的稳定性，同时也可防止压浆处理时膨润土砂浆的流失及管底空隙中吸入污泥。之后进行基础压浆处理，结束后再进行回填覆盖。回填覆盖作业采用带导管的平底船施工，根据需要由潜水员进行平整（图 9-30）。

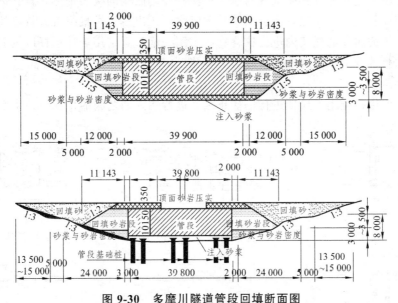

图 9-30　多摩川隧道管段回填断面图

11. 管段内作业

1）中间接头

管段接头段在管段基础、端封门拆除、填充混凝土浇筑且管段处于稳定状态时进行施工。

管段接头施工由 OMEGA 止水带、GINA 橡胶止水带限位器、连接钢缆、垂直剪切键、水平剪切键和接头部饰面板等安装（图 9-31）。

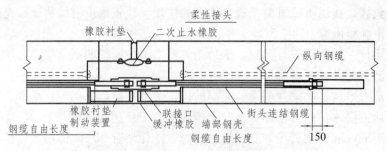

图 9-31　接头主要部件图

2）最终接头

本工程最终接头采用新开发的"接头箱体"施工法（图 9-32）。这种施工方法，是先干法施工最终接头箱体，然后将其放到从竖井突出来的套筒内，最终管段沉放后，用千斤顶移动接头箱体，之后与一般管段一样采用水力压接施工，在最终管段和接头箱体间形成柔性接头。

（1）接头箱体拖拉。

到达竖井侧的最终接头箱体与沉放管段的结构相同，长度为 4.5 m，预先在竖井的临时围堰内制作。制作完成后，向竖井所定的套筒内移动。所使用的专用油压千斤顶在两沉管隧道中周转使用。

（2）接头箱体压出。

接头箱体压出是在最终管段沉放后压出放在竖井套筒内的接头箱体，直到进行水力压接作业。接头箱体移动至预定位置后，向竖井内灌水。压出设置在最终沉放管段的拉合用千斤顶的顶杆插入最终箱体的托架内进行拉合。压出用、临时固定用千斤顶杆以及安装在竖井端封墙的防水圈是连通的，并连接到最终接头箱体。

（3）水力压接。

管段沉放后用拉合用千斤顶进行一次止水，进行端封墙之间的排水，结束水力压接。

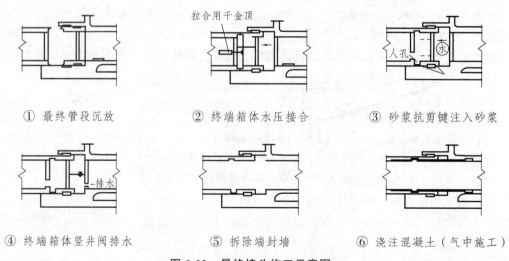

①　最终管段沉放　　　②　终端箱体水压接合　　　③　砂浆抗剪键注入砂浆

④　终端箱体竖井阀排水　　⑤　拆除端封墙　　　⑥　浇注混凝土（气中施工）

图 9-32　最终接头施工示意图

（4）接头箱体抗剪键注入砂浆。

接头抗剪键位于接头箱体和套筒之间，采用注入砂浆填充（图9-33）。在注入砂浆之前，为了防止注入的砂浆从抗剪键泄漏，设置了砂浆挡块。砂浆挡块根据从管段内注水的情况而使之膨胀来防止砂浆泄漏。

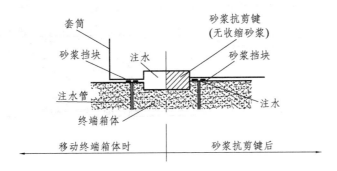

图 9-33　接头箱体抗剪键示意图

由于在砂浆挡块内残留空气的可能性大，一边从下部注水，一边从上部的阀门全部排除空气。外水压只有 0.2 MPa 左右，砂浆挡块内压为 0.35 MPa。该压力在砂浆注入时为常数。

（5）临时连接钢缆。

接头箱体使用拉合用千斤顶拉近到最终管段侧，根据排除最终管段和最终箱体之间水的情况进行水压接合。其后，对抗剪键注入砂浆，由于抗剪键支承作用于管段的水压，在接头箱体和竖井之间的背面排水，使最终接头处于干燥状态进行构筑。此时，一旦接头箱体因某种原因后退，就有可能发生重大事故，所以利用接头连接钢缆的一部分，临时固定接头箱体。

这种临时固定钢缆，虽然初期不施加张拉力，但在除去接头箱体的水压时，能确保 GINA 橡胶止水带的止水性。

（6）排水。

给接头箱体和套筒之间的抗剪键灌注无收缩砂浆后，对砂浆养护期为 10 d 的砂浆试块进行压缩强度试验，确认达到强度要求后进行排水。另外，为了进一步确保其安全性，进行了临时连接（连接钢缆 38 根）。

排水过程中，为了确认接头箱体抗剪键的安全性，在量测管理接头箱体的水平和垂直位移的同时又测定了连接钢缆的应力。另外，为了确认有无漏水，隔一定时间应测定后浇筑混凝土排气管的水位。

（7）后浇筑混凝土部防水。

为了防止灌注最终接头后漏水，在接头箱体和竖井套筒间的间隙部分安装了止水橡胶用的金属件，设置止水橡胶。之后，在止水橡胶内灌注无收缩砂浆。

（8）最终接头后浇筑混凝土。

接头箱体和竖井间的间隙采用现浇钢筋混凝土填充，分底板、墙、顶板三次浇筑高流动性混凝土。另外，从后浇筑部排气夹层的底板部对未填充高流动性混凝土的部分进行浇筑。

（9）二次止水。

与一般中间接头一样安装二次止水橡胶。

（10）连接钢缆。

采用可抵抗地震时产生拉力的柔性接头，将管段和竖井作为一个整体进行连接钢缆设置（图 9-34）。由于在最终管段和竖井间存在接头箱体和最终接头部现浇钢筋混凝土（图 9-35），连接钢缆的长度和连接方法等与一般情况不同。

施工方面，在拆除接头箱体部的钢缆保护管和竖井的钢板之后，拉出连接钢缆，用连接器进行连接。另外，在进行防锈处理时，在钢缆厚壁钢套管部和连接器部涂敷防腐密封胶。然后，缠上防腐密封胶带。

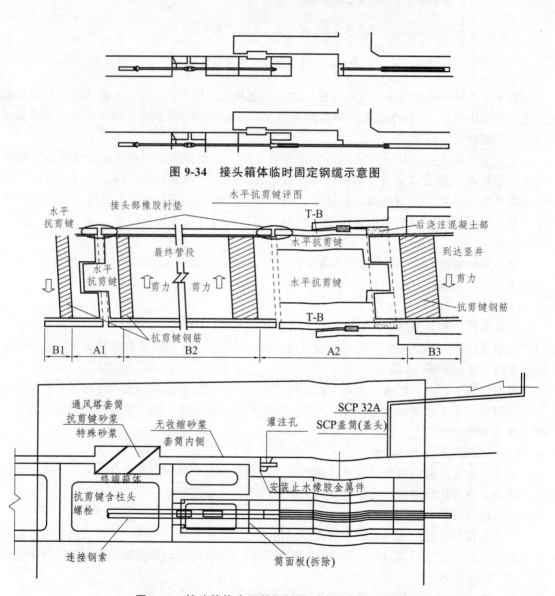

图 9-34　接头箱体临时固定钢缆示意图

图 9-35　接头箱体水平剪切键及后浇混凝土示意图

9.2 铁路沉管法水下隧道工程实例

9.2.1 香港机场铁路沉管隧道

1. 工程概况

于 1992 年启动的全长 34 km 的机场铁路从赤腊角到香港中心商业区,将香港岛的中央车站、九龙与赤腊角新机场连接起来。机场铁路沉管隧道为从香港港口下方通往新机场的双孔铁路隧道,其从中环填海工程中建造的香港总站,经过维多利亚港连接西九龙填海土地上建造的九龙站,是机场铁路工程的一部分。

沉管隧道采用双孔矩形钢筋混凝土结构,总长 1 260 m,由 10 节管段(设纵向预应力)组成,为曲线隧道(每个管段都为弯曲形状)。管段中心线长度均为 126 m、高 7.65 m、宽 12.42 m,净重 11 000 t。在香港岛侧,1 号管段与机场路先行段相连,而在九龙陆缘侧,10 号管段与通风建筑物及一短段隧道相连。

本隧道与西区跨港公路沉管隧道同时均同一家公司施工,两座隧道仅隔 250 m,因此两个工程共享了 Shek-O 采石场干船坞、舾装停泊区以及管段沉放设备。协调统一了两座隧道的基槽开挖、沉放、回填工序计划及航道分流管理。

香港端先行段:本沉管隧道香港陆地段需与位于中区和湾仔填海区西端的香港通风大楼(HVB)相连接。然而填海工程安排早于机场铁路。为了能够使填海工程和本工程同步施工,减少两工程间的影响和缩短本隧道的施工工期,确定采用在正在施工中的垂直海堤之中同步建造预应力混凝土双孔机场路先行段,由中心和湾仔填海工程来履行。

先行段管段长 78 m,分为 75.4 m 的主段和 2.6 m 的延伸段。结构最大宽度 17 m、高 7.6 m。管段的坡度为 3%,最低点的端部在 -15.5 mPD 处。

先行段采用浮船坞制作,沉管法施工。朝海一端要用充填物和岩石护层封住,以便沉管隧道承包商移开封堵后可将先行段与沉管隧道段连接。在先行段顶板上预留两个 4 m×4 m 的施工竖井,作为沉管隧道段香港端的施工通道。

九龙陆地段:本沉管隧道九龙陆地段位于西九龙填海区西南端。因西九龙填海区和海墙已经先施工,通风大楼和端部连接隧道由界限内承包商施工。为了方便连接,计划在端部和管段之间采用适当的剪切键连接。

2. 机场铁路工程技术要求

1)运营技术要求

运输计划:每天运营 19 h,车辆行驶间隔时间 2.15 min。

应急下车设施:每孔隧道有一人行道使旅客能跨孔通行或紧急疏散人群。

环境控制:必须在正常和烟/火的情况下都有单独的通道。

涌水闸门:确保隧道涌水不会淹没系统其他部分。

2)线路控制因素

运营速度:120 km/h。

最小平面曲线半径：850 m。

最小竖曲线半径：3 800 m。

最大坡度：30‰。

满足航道航行净空要求：航道基准标高 – 13.65 mPD。

最低轨面标高：– 25.14 mPD。

轨道间距：5.78 m。

最大超高：110 mm。

最大欠超高：110 mm（在 120 km/h 时）。

3）横断面主要控制因素

应综合考虑轨距/运动学包络线、缓和曲线余量、由于曲线和轨道超高产生的车辆偏移、电力和机械服务设施预留、顶部供电电线（1500 V 直流电）、轨道高度的容许误差、人行道等因素的影响。

4）管段浮力安全系数

隧道管段对浮力的要求为常规技术要求，见表 9-1。

表 9-1　香港机场铁路沉管隧道浮力技术要求

阶　段		浮力要求	最小值安全系数
施工期间	浮运和拖运	起　浮	1.02
	沉　放		有足够的最小负浮力
	就位后未回填	抗　浮	1.04（短期内可放宽到 1.02）
结构完成后	无回填或无轨道板		1.04
	1.5 m 回填及 250 mm 轨道板		1.20

5）结构设计使用年限

120 年。

3. 线路平、纵、横断面布置

1）隧道平面

由于机场铁路香港端线路受限，大部分隧道线路位于半径 850 m 的曲线上，沉管隧道段总体弯曲 60°左右（图 9-36），与西区跨港公路沉管隧道相邻。

2）隧道纵断面

隧道纵断面由轨道水平标高、近岸段的坡度、航道宽度和深度控制。最终的线路走向将轨道标高设在约 – 25 mPD 处，并使绝大多数管段及其回填在现有海底标高处或以下。但是，在满足航道和填海界限之间的近岸段，管段 1、管段 2 以及管段 3 的部分凸出到海底标高以上，隧道纵断面如图 9-37。

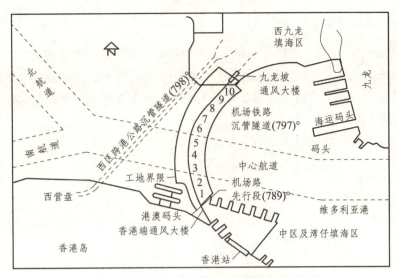

图 9-36　机场铁路沉管隧道线路平面布置图

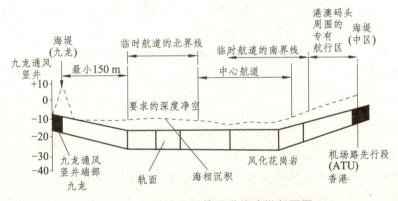

图 9-37　机场铁路沉管隧道线路纵断面图

3）隧道横断面

根据香港地铁公司设计标准手册中的结构和运动净空确定隧道净空尺寸。隧道线形的水平曲率不是常数，部分管段为直线，部分为过渡段，其余则为最小半径 850 m 的曲线。隧道横断面见图 9-38。

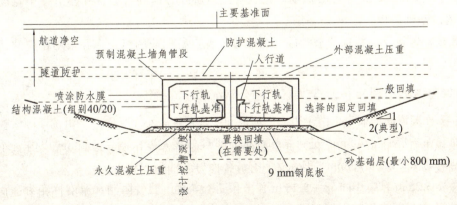

图 9-38　机场铁路沉管隧道横断面图

4. 水文、地质概况

沉管段隧址水深 12 m ~ 17 m, 海底地形一般比较平滑。地层从上到下分别为: 厚 3 m ~ 8 m 的海相沉积淤泥质黏土, 极其软弱; 厚 2 m ~ 12 m 的冲积致密粉砂; 完全风化、中等风化和轻微风化的花岗岩。纵向上大多数管段(除 1、2、3 节外)完全修建在适合作基础的冲积层地层中, 基础的沉降较小。

维多利亚港的水文状况是平稳的, 以潮汐为主。

5. 隧道结构设计

1)计算模型

采用了 3 种计算模型进行分析:

(1)横向平面框架: 构件刚度根据未产生裂隙的整体混凝土断面(不包括钢筋)考虑。采用整体底板下受压的线弹性弹簧或边墙处的刚性或半刚性支承约束。弹簧值依据沉降分析中的地基反力模量而定, 特征值在 2 400 kN/m³ ~ 4 700 kN/m³(短期, 弹性)及 1 000 kN/m³ ~ 1 750 kN/m³(长期)范围内。

(2)平面有限元分析: 用于分析由于不对称荷载和支撑条件的变化而引起的扭转影响。

(3)纵向弹性地基梁: 隧道管段模拟为弹性地基梁, 管段之间的接头模拟为与纵向剪切键的支座刚度相等的弹簧。

2)荷载及其组合

隧道结构承受以下荷载:

(1)静荷载: 自重、服务设施荷载(包括轨道板), 回填(以及在回填区上开发的允许超载), 地基沉降, 静水压力。

(2)可变荷载: 施工荷载, 列车荷载, 回填, 水压力, 基础局部不均匀沉降, 环境(风、浪及水流作用), 下水、运输和沉放的外力。

(3)特殊荷载: 落锚, 在 1 m 直径范围内单点荷载为 7 000 kN; 沉船, 作用在隧道顶板上的垂直荷载为 50 kN/m²; 隧道涌水, 1 个或 2 个孔都被淹没。地震, 规定的最大地面加速度为 0.07g。基础失稳, 考虑沿机场铁路沉管隧道轴线方向的各处, 在隧道整个宽度上均有 10 m 长地段基础失稳。

荷载按正常运营、特殊荷载、临时荷载等工况进行相应的组合, 并采用相应的极限状态进行结构分析。

3)钢筋混凝土设计

对本工程隧道断面而言, 由于边墙、顶板和底板跨度较小, 断面厚度由抗浮因素控制。按最外层钢筋保护层厚度 40 mm 进行结构配筋, 裂缝开展宽度限制在 0.2 mm 以内。外墙和顶底板外侧钢筋保护层为 70 mm, 其余为 40 mm。钢筋总量为 160 kg/m³。

管段按 5.25 m + 7 × 16.5 m + 5.25 m 长节段进行浇筑, 温升限制和温度梯度为: 最高温度 65 ℃, 浇筑中相邻表面的限制温差 15 ℃, 正在浇筑与先前浇筑之间的限制温差 20 ℃。

4）预应力设计

管段纵向采用预应力控制结构裂缝，预应力由 26 根 VSL31K13 号的预应力钢索组成，施加约 75% 的极限拉伸应力，即在横断面上提供了约 2.3 MPa 的均布压应力。

5）抗震设计

采用 0.07g 加速度作为静荷载，用 Kuesel 介绍的 BART 标准检测延展性以及接头的开放和闭合情况。

6. 耐久性与防水设计

1）耐久性混凝土

本隧道在开发耐久性混凝土配合比方面做了大量工作，对混凝土设计进行优化，以在高密度、低渗透性、低水灰比、高水泥含量、低水化热及最大抗化学腐蚀能力之间取得最佳平衡。混凝土耐久性措施主要有：掺加粉煤灰以减小渗透性和降低水化热，控制最大/最小水泥含量为 550/350 kg/m³；最大水灰比控制在 0.4 以内；为了获得 200 mm 的坍落度，使用增塑剂；混凝土中氯化物最大含量不超过 2%（水泥重量）等。

2）冷却和绝缘

由香港地铁公司设计标准手册制定的温度升高，特别是温度梯度标准很严格，不采取冷却措施，不能达到标准的要求。

3）防　水

隧道底板下及侧墙外侧高 2 m 处，用 9 mm 的钢板来防水，兼做浇筑模板，其余外防水为喷防水涂料。喷涂防水采用以丙烯酸树脂为主的防水膜，厚度 2 mm。钢板内表面设置突头螺栓，增强与混凝土的连接。

4）阴极防护措施及腐蚀监测

在选定的管段上安设腐蚀监测系统，以确定由 1 500 V 直流电产生的腐蚀和接地漏电电流。在确定有腐蚀的情况下，则采取措施重新布置阴极防护系统。这些措施主要有：对与钢筋、预应力钢索和外部钢结构相连的铜电缆进行绝缘；选择一些横向和纵向钢筋并焊接起来以产生"法拉第笼"效应，保护其余的钢筋；电缆在现场浇筑，并延伸到外部接线盒，电缆通过断电器与纵向导电条连接等。据预测，阴极防护仅在一些外部偶然事件情况下需要（如沉船意外荷载）。

7. 接头设计

1）中间接头和岸边接头

管段之间的接头采用 GINA 止水带和 OMEGA 止水带双重防水，独立防水带的常规静水接头。当管段下部的基础失稳，各种意外荷载的组合将在管段之间的接头处产生较大的垂直剪力，这些剪切力需由接头剪切键承受，以防止竖向差异沉降（这对铁路隧道尤其重要）。接头处的旋转量由多层橡胶支座提供。剪切键需有较大刚度，以便把运营条件下的纵向挠曲限制在 50 mm 内。整个剪切键系统通过采用 Durasteel 盖板达到防火目的（图 9-39）。岸边接头布置如图 9-40。

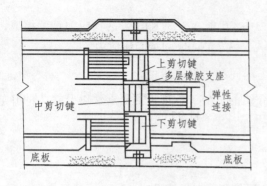

图 9-39 机场铁路沉管隧道中间接头布置

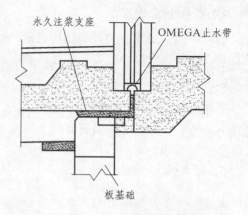

图 9-40 机场铁路沉管隧道岸边接头布置

2）最终接头

陆岸两端的施工限制使得隧道管段不能简单地从一端到另一端顺序沉放，因此首先从香港陆岸端的机场路先行段开始按顺序沉放 1~8 管段，再从九龙陆岸端开始沉放管段 10，最后沉放管段 9，最终接头在管段 8 和管段 9 之间，采用止水板方式现场浇筑而成，现浇段长 2.5 m，最终接头布置如图 9-41。

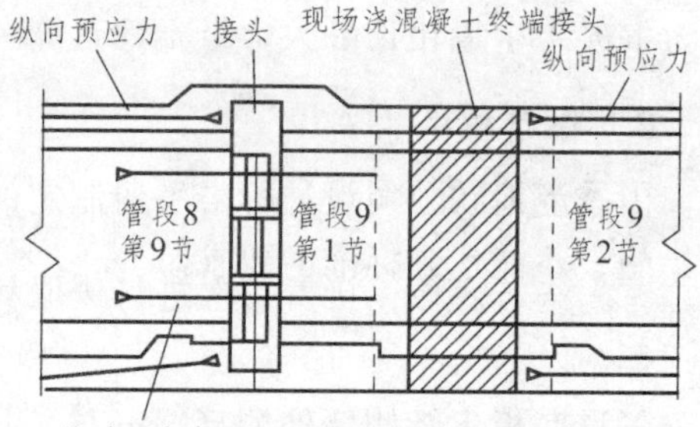

8．基础及回填覆盖设计

1）砂基础及其沉降

隧道基础为 800 mm 厚的砂层。砂层是在管段沉放后，通过中墙上的预留管道，以 8.7 m/s 的速度压入的。砂以 7.9 m 直径的圆盘状沉积下来，并形成超出边墙 0.3 m 的最小基础延伸范围。据估计，该基础的弹性沉降为 40 mm。基础刚度的较小局部差异由管段的较大刚度加以均衡，并在边墙产生较小的局部纵向剪力差异。

基础沉降以弹性为主（即短期），而且通过延迟管段间剪切键的卸载，可以使管段间的长期差异沉降达到最小。从沉降分析中可推导出短期或长期基床反力系数，并用于管段纵、横向计算。施工期间的弹性沉降通过管段沉放期间设置相同大小的预留量加以调节，施工后的沉降通过加大管段的内净空高度来调节。

2）回填覆盖设计

典型的回填断面包括锁定回填、一般回填和 1.0 m 厚管段顶部防护的岩块铺层，岩块层从隧道中心向两侧至少延伸 25 m。岩石铺层和一般回填的设计是为了防止冲刷、下锚（设计锚重 7.8 t）和挖泥船挖斗（设计挖斗 23 t）对隧道的破坏。对隧道结构进行了由 700 kN 残余冲剪冲击产生的冲切剪力测试。当隧道设计在海底位置之上，一般回填从 1.0 m 减至 0.5 m，而岩块铺层增加到 1.5 m 厚。

图 9-41 机场铁路沉管隧道最终接头布置

9. 沉管隧道的施工

1）干坞

干坞设在香港岛东南边 Shek-O 采石场，与西区跨港公路沉管隧道干坞合建，依靠原地坚固岩石隔墙将两干坞隔开，对岩石隔墙进行了锚固和灌浆处理。

干坞底开挖到 – 7.5 mPD，一批可同时浇筑 4 节管段，12 节管段分 3 批预制。坞门采用沉箱，沉箱坞门为空心的钢筋混凝土结构（18 m × 12 m × 11.95 m），内部分为 2 个小室，用水箱来控制其浮力。

2）管段制作

隧道底板下及侧墙外侧高 2 m 处设置 9 mm 厚钢板，钢板铺设时，事先焊接好横向接缝，并在固定钢筋之前立即完成纵向焊接，使变形程度减至最低。

建立精确的尺寸控制和重量监测制度，并根据施工资料在误差允许范围内进行局部调整，保证管段断面达到所需浮力。

为确保混凝土温度控制要求的一致性，进行了 FEM 热量分析，评估混凝土热量扩散及应力条件。在暖和月份，将冷凝管系统嵌入紧邻外墙和顶板梁腋的施工接合点处。在混凝土养护期间，通过系统泵注冷水降低浇筑体内最高温度和温度梯度。冬天，聚苯乙烯绝缘材料足以保持适当的温度控制。

管段分成 7 个 16.5 m 长的标准段和 2 个 5.25 m 长的端头段。每个标准段分 2 次浇筑完成。首先浇筑底板，接着一次进行边墙和顶板浇筑。端头段分 3 次浇筑，底板，边墙，然后是顶板。

一旦混凝土结构浇注完成，并达到 30 MPa 的最低强度之后，安装预应力钢筋束，每根钢筋束由 31 根 ϕ13 mm 的低松弛钢绳组成。以约 4 300 kN 的张拉力从一端施加纵向预应力。然后通过压力灌浆密封这些钢束管。

砂流管采用 ϕ150 mm 的氯化聚氯乙烯（CPVC），其设在每节管段的中墙内，标准中心距为 8.7 m。

作为沉管施工附属设备的一部分，将永久剪切键在管段建造时固定到管段中墙上，替换支承块。为限制转动，在外墙上也安装了临时剪切键。在内部施工期间，将其替换成永久剪切键，管段中浇筑的其他临时装置，包括水平牵引千斤顶托架、吊环、测量塔基、导向装置等。

采用在各管段辅助端内部安装 ϕ250 mm 临时千斤顶来调整垂向定位。其他内部临时装置包括 8 个压载箱（每孔 4 个）、管道和泵、照明装置及通风装置。内部设备安装后，用临时钢隔板封闭管端。最后，在每节管段的前端（牵引端）安装 GINA 橡胶止水带，并装上临时保护装置。

3）起浮与浮运

第一批管段浇筑和密封完毕后，在每节管段顶部开凿一个短的人孔供单人进出，将管段下锚并镇重。然后清理干坞中所有的设备和材料，并分阶段地向干坞泵送海水，检查管段是否渗漏。对一些非常轻微的渗漏可通过喷环氧树脂浆液处理。然后将这些管段依次浮起。

当干坞内注满水时，通过临时围堰疏浚出一个出口通道，用安装在围堰和出口通道周围的铰车和系船柱通过出口通道把管段牵出。4 艘 4 000 HP 的拖轮系在管段上，浮运 15 km 临时存放在维多利亚港东出口的 Junk Bay，以便配备船只并浮运至终点，然后沉放（图 9-42）。每节管段的浮运日期及时间还需参考潮汐、水流及天气预报而决定。

机场铁路沉管隧道工程和西区跨港公路沉管隧道工程共用的主要装备有：2 个 245 t、26.5 m × 11.0 m 的浮船，配备有绞车以及绞车缆绳通过多组滑轮运动并且与嵌在管段内部的吊环相连接的配件。

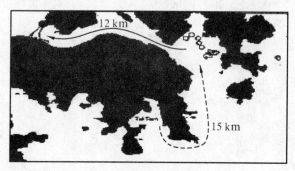

图 9-42　机场铁路沉管隧道管段浮运航线

2 个测量塔，在管段沉放期间作为绞车控制管段横向定位的操作平台和管段准确放置的观测塔。1 个人孔，向上延伸到塔顶上的指挥位置。

4）基槽开挖、沉放与回填覆盖

采用 6 m³ ~ 16 m³ 抓斗挖泥船进行基槽浚挖。槽底比管段两侧均宽 2.0 m，坡度为 1 : 2。海中污泥和杂质清理倾倒到许可的指定卸料场。在 3 号管段位置，遇到了一些新鲜花岗岩，采用开凿和控制爆破法加以清除。

基槽疏浚后，在对应于管段尾端临时垂直千斤顶位置，设置一个 300 mm ~ 1 200 mm 厚的预制混凝土垫块，以便管段沉放后进行调平。

待管段浮运就位后，将缆绳连接在 4 个预先安置好的 150 t 重的混凝土沉埋锚块上，接着在临时压载箱内慢慢灌装约 800 t 海水，达到所需的 100 t 负浮力。管段由绞车分阶段以 30 cm/min 的最大速度下沉，直到中心墙上的中间剪切键落在已沉管段所对应的下部剪切键上。管段尾端接着下沉直到临时垂直支撑千斤顶压在基槽内的混凝土垫块上。由潜水员穿过管段间 50 cm 的凹槽连接管顶外部水平拉合千斤顶并初步拉合，使 GINA 止水带的舌尖与已沉放管段端钢壳面板相接，从两管段间间隙内抽排接头内水，进行水力压接。

管段沉放必须从两陆缘开始。1 号 ~ 8 号管段从香港一侧沉放，10 号和 9 号管段从九龙侧沉放。10 节管段都沉放后，在 9 号管段辅助端和 8 号管段的端头之间设置 2.5 m 宽的最终接头。

潜水员在管段自由端之间的残余空隙中安放支撑。一旦 8 号管段和 9 号管段落在永久砂基础上，就在残余空隙外围安装带密封垫圈的止水钢板。抽走残余空隙中的水，同时拆除 8 号管段和 9 号管段的端封墙。钢筋从预埋的联结器中伸出并穿过残余空隙。分批浇筑混凝土，拆除临时支撑。浇筑好顶板后，在混凝土顶部与止水板间进行灌浆。

一旦管段就位并移走沉放设备后，应尽可能立即开始铺设砂基础，以防止泥砂淤积。将一艘砂驳船停泊在管段上方，柔性输送管与预埋在管段中心墙的砂管相连，同时对相邻的两根管子进行管底压砂。在管段侧部预先确定的位置设置回声探测仪，并通过潜水员确认管底空隙是否完全充填。然后采用抗收缩砂浆对所有输砂管灌浆封闭。

管段回填分 3 个阶段实施：① 采用抓斗挖泥船在管段两侧定位回填至管段高度的一半，以阻止因潮汐和水流作用产生位移。② 采用抓斗挖泥船进行普通回填，在管段周围 5 m 范围内回填至管顶上 1 m，其他地方则采用底卸式驳船进行回填。③ 采用抓斗挖泥船直接将片石保护层铺设在普通回填层上。

5）内部结构施工

当管段沉放和连接成功后，进行内部结构施工。

首先拆除端封墙，将压载水箱排干并将其移走，采用压重混凝土置换。严格监测作业过程，始终确保抗浮安全系数达到 1.04。

去掉接头临时垂直剪切键和支承块，用永久剪切键取代，待管段初始沉降稳定即安装永久弹性支承块。然后安装 Ω 止水带。检验 Ω 止水带不透水后，盖上镀锌钢板。接着穿过接头安装耐火 2 h 的杜拉钢板。并将水平剪切键浇注于碎石混凝土内。

6）先行段施工

沉管隧道段南端与先行段相连。先行段在一个半潜驳上预制。管段两端安装端封门，并在管段内安装压载水箱作为浮力控制。先行段基础：通过向下疏浚海相沉积层直到底部风化花岗岩，并用紧密填石换填，然后在填石层上采用 800 mm 厚的样板刮平砾石基础层，管段便直接落在该基础上。先行段通过半潜驳拖运到现场沉放，在先行段沉放期间，通过两个分别为 900 t 和 250 t 的浮吊进行高程控制，通过先行段测量塔上的绞车设备和预先设置的 100 t 沉埋锚及缆绳进行平面控制。沉放完毕立即在先行段周围建造垂直海堤。在海堤外围和先行段上面进行回填，海堤耸立在原海床上。之后将工地交给机场沉管隧道承包商。

7）九龙通风建筑施工

沉管隧道段北端与九龙通风建筑相连。九龙通风建筑位于西九龙新近筑填段南端，其长 80 m、宽 25 m，其底部建有地下连续墙，南部是一个与其结构相似的长 17.4 m 的连接段，其中向南的 3.6 m 则是一个与沉管横断面相似的简易钢筋混凝土箱。10 号管段和通风建筑连接段间永久连接部件由标准的柔性接头组成，但没有剪切键。管段的通风建筑端部垂直荷载由 3 个 2.4 m×1.2 m 的条形基础承受，该基础置于 −43 mPD 岩层中，管段底部和条形基础通过顶梁和灌浆填料传递荷载。

9.2.2 荷兰阿姆斯特丹—鹿特丹高速铁路上的沉管隧道

1. 工程概况

荷兰连接阿姆斯特丹、鹿特丹和布鲁塞尔三大城市之间的高速铁路线（HSL）穿过 Oude Maas 时需满足无障碍通航要求，如架设有很长引道的高架桥，则会影响当地景观，因此，只能采用隧道方案穿越 Oude Maas。因盾构隧道的埋深和线路长度较大，造价较为昂贵，通过比较后采用沉管隧道方案。同样地，由于费用、景观协调和通航条件，高速铁路穿越 Dordtsche Kil 时也采用了沉管隧道方案。

两条隧道的中间沉管段位于河床内，两侧为 150 m 长的敞开段与河岸相连，沉管段与敞开段之间为一段明挖暗埋隧道。除沉管施工外，隧道施工期间船只并未受到其他通航障碍。

隧道于 2000 年 7 月开工建设，2004 年 6 月完工。

由于隧道供高速铁路使用，本节着重介绍 Oude Maas 和 Dordtsche Kil 两条沉管隧道与荷兰其他沉管隧道不同的施工设计。

2. 工程线路走向

1）Oude Maas 隧道线路走向

HSL 下穿 Oude Maas 的隧道长为 2 500 m，线路自北侧的 Dever 向 Oude Maas 方向延伸，在 Lindt 湖开始下坡，并穿越长为 685 m 的通向隧道入口的敞口段，Lindt 湖与隧道之间敞口段防水墙可阻止湖水的渗透；线路上方为一座公路高架桥。隧道入口位于 Lindt 湖和 Nes 湖（主要防水）之间，若 Ijsselmonde 和 Hoeksche Waard 围垦任意一个遭浸没时，为防止海水倒灌，必须关闭可竖向活动的防淹门。线路紧接着向下延伸至 NAP（阿姆斯特丹标准水位）– 20.8 m 处。其中沉管段长 1 053.5 m。在 Hoeksche Waard 河岸，线路从 Gors 湖下穿，并上升至南侧地面。隧道敞开段终点位于 Molen 湖前方，当此处任意一处被浸没时，两边可反转的的人字防淹门可以承担挡水任务。过了 Molen 湖后，HSL 线路重新回到地面（图 9-43）。

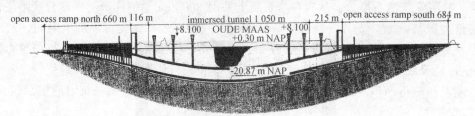

图 9-43　Oude Maas 隧道纵断面图

2）Dordtsche Kil 隧道线路走向

HSL 由 Oude Maas 隧道通向 Hoeksche Waard，线路在围垦地面延伸长度超过 4km 后开始下坡，以敞开段形式穿越 Mookhoek 小村的湖泊后，重新回到地面。此后，线路在 Lage 湖和 Boom 湖之间开始下坡，以长为 685m 的敞开段与 Dordtsche Kil 隧道的北入口相连，在 Boom 湖以南为暗埋段。隧道在河底的最底标高为 NAP-18.5 m，沉管段长 937.5 m。穿过 Dordtsche Kil 河后，隧道紧接着下穿 Rijksstraatweg 和 A16 高速公路，这一段采用明挖暗埋法施工。穿过 A16 高速公路后到达 Louisa 围垦湖泊，此处隧道顶部距地面 5 m，距水面约 10 m；线路自隧道南侧出口斜坡延伸至长达 500 m 的 Hollandsch Diep 大桥（图 9-44）。

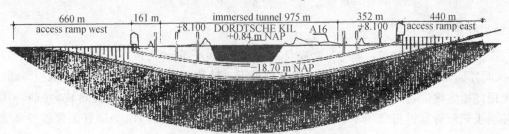

图 9-44　Dordtsche Kil 隧道纵断面图

3. 隧道结构设计

1）结构尺寸

Oude Maas 隧道沉管段长 1 053.50 m，由 7 节管段组成，每节管段长约 150 m，分为 6 个节段，每节段长 25.05 m。Dordtsche Kil 隧道沉管段长 937.50 m，有 7 节沉管段，每节管段长 134 m～150 m，分为 6 个节段，其中两端管段的节段长为 25.05 m，中间 5 节管段的节段长为 22.39 m。两座隧道的所有 14 节管段预制均在 Barendrecht 干坞内完成。

两条隧道的沉管段大部分位于河岸下方，仅有一小段位于航道水面以下。Oude Maas 隧道只有 1 节沉管段位于河面以下，Dordtsche Kil 隧道与河流方向呈 45° 夹角，有 3 节沉管段位于河面以下。

隧道横断面的净空尺寸应满足列车位于曲线地段的限界要求和列车高速行驶引起的隧道空气动力学效应要求。为此，Oude Maas 和 Dordtsche Kil 沉管隧道的设计共采取了以下三大措施：① 保证每孔隧道的最小净空面积为 45 m²；② 在中隔墙上每隔 25 m 设 1 个通风孔；③ 每孔隧道在两侧河岸各设置了 3 个通风竖井，共 12 个通风竖井，其中，7 个位于沉管段，5 个位于明挖暗埋段。

两座沉管隧道采用双孔单线矩形断面，中隔墙厚 800 mm，每孔隧道的净宽为 7.35 m，净高为 7 m。每孔隧道沿铁轨两侧均修建了疏散平台，如图 9-45 所示。

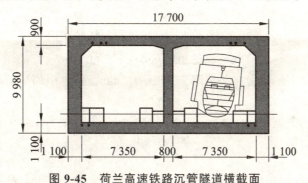

图 9-45 荷兰高速铁路沉管隧道横截面

2）防火层

由于存在上覆回填层，发生火灾后，沉管隧道结构易出现高温而导致破坏，因此，分别在 Oude Maas 和 Dordtsche Kil 两条隧道内安装了防火隔热层，以保证结构具有 120 min 的耐热性能。

实际上，只要在隧道顶部、外墙以及中隔墙的上部安装防火隔热层即可，然而，在沉管接头处的中隔墙需全部安装隔热层，因为该处需施工混凝土接头。

3）结构设计荷载

（1）结构安全分析。

由于沉管隧道穿越河堤且位于河流水位以下，隧道将受到河流的冲刷。因此，在极限承载能力计算时，应修正荷载和材料分项系数。在 Oude Maas 和 Dordtsche Kil 沉管隧道的结构设计中，所有材料分项系数都比《荷兰混凝土规范 VBC》（NEN 6720）中普通规定高出 20%。

（2）水压力。

Oude Maas 与 Dordtsche Kil 均属潮汐河流，设计过程需考虑水压因潮水引起的大幅变化。极限承载能力状态计算时，考虑至 2100 年期间出现年均概率为 1/2 000 的潮汐水位，根据不同的荷载组合，水压荷载分项系数取 1.2 或 1.35。

Oude Maas 隧道最大埋深处顶板承受的最大水头为 16.67m，Dordtsche Kil 隧道则为 14.42 m。

（3）土压力。

由于大部分沉管隧道位于河床面以下，其上覆土层厚度范围为 1 m ~ 16 m，因此，HSL 沉管隧道承受了很大变幅的土压。对于主要承受水流冲刷的管节，根据不同的荷载组合，其土压荷载系数为 1.3 或 1.35。在沉管隧道施工完后，上覆地层都要恢复原貌，并在上方回填不透水层，以防止河水和不同含水地层的地下水渗入圩田。

承包方与委托方达成的合同指南里面，列入了大量列车荷载。在计算列车活载时，不仅需考虑不同形式的高速列车荷载，如 ICE3M1、ICE3M2、ICMAT、THALYS1 和 THALYS2，还应考虑普通列车荷载，如 UIC71。对于高速列车的振动荷载，则有特别规定。通常，高速铁路隧道入口处为混凝土整体式道床。然而，由于不设桩基础的沉管隧道沉降的不确定性，HSL 沉管隧道段均设置了普通道床。

（4）沉降。

高速铁路沉管隧道的运营规范中，列车的行驶有严格的沉降规定：

① 铺轨完成后，因永久荷载造成的沉降应小于 30 mm。

② 所有荷载作用下的沉管接头沉降差应小于 2 mm，其中由列车荷载引起的沉降差应小于 0.75 mm。

③ 若接头部位的沉降差大于 2 mm，需设置一块最大斜率为 1/350 的调节板。

4）抗浮分析

普通沉管隧道一般在底板上方回填混凝土进行压重。但是，HSL 高速线路的沉管隧道却不同，它们利用两侧的紧急疏散平台进行压重。由于铁轨在运营期的维修过程可能被移走，实际的抗浮计算并未计及铁轨自重。此外，抗浮分析还考虑了隧道上覆土层的压重。针对抗浮不够的地段，在沉管底部设置墙趾，以便利用上覆土层进行压重。

为了安全起见，河岸处的抗浮计算水位取至地面以下 0.5 m。

隧道上方或两侧必须回填不透水层。由于圩田位于不透水层的上方，圩田的地下水水位明显低于河流水位。由于存在水位差，隧道两侧不透水层区域将受到向上的浮力。因此，Dordtsche Kil 隧道底部设置了一个压重墙趾。墙趾尺寸的计算不仅需考虑上覆土层的标准重度和常规安全系数，而且还应考虑简化安全系数下的特殊土层重度。

5）剪切键构造

根据运营规范的相关规定，沉管隧道接头部位的允许沉降差不超过 2 mm，并且在沉管隧道施工完后应恢复两侧河岸线，即隧道顶板上覆土层厚度范围为 1 m ~ 16 m。因此，管节之间应设置竖向剪切键。

通常，沉管隧道管段端头设置环向咬合接头，但是，这种接头形式对于 HSL 的沉管隧道却不够。为此，Oude Maas 和 Dordtsche Kil 隧道管节端部的三面墙上均设置了竖向混凝土剪切键，以传递两管节之间的竖向剪力，即所谓的"双向受力"接头。混凝土剪切键将隧道外墙和中隔墙在竖直方向分成 3 个部分，每一部分高 3 m，如图 9-46 所示。管节之间的水平接触面设有 0.6 m 宽和 0.1 m 高的橡胶支座，由于受力不同，外墙的橡胶支座长 0.6 m，中隔墙长 1 m。

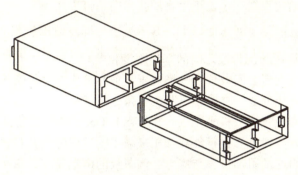

图 9-46　混凝土剪切键接头

为了保证沉管隧道管节的纵向设计坡度，两管节接触面之间设置一段微小的纵向间隙，从而使得剪切键连接不传递轴力。管节之间的轴力传递主要由底板、顶板以及外墙之间的接触来完成。为此，由于设置了混凝土剪切键，接头部位的外墙厚度需适当增加。

剪切键钢筋的张拉，应在横断面不产生很大弯矩应力且能方便浇注混凝土的地点张拉。需特别注意，外墙剪切键钢筋和张拉钢筋的型号应保持一致。而对于中隔墙，由于承受更大剪切力，没有采用普通的 B35（C30/35）混凝土，而是采用 B45（C35/45）混凝土。

所有管节之间的接头均能在干坞内完成，但是对于管段及密封接头，显然不能在干坞内施工。只有凹槽部分在干坞内施工，而突出的部分则在沉放就位并移除压仓挡板后再进行现场浇注，如图 9-47 所示。

图 9-47　混凝土接头施工

沉放就位后，在沉管段的两侧和顶部对称回填土层，并产生相应沉降。接头可视为铰接，能保证纵向的设计坡度。因此，每一接头的微小伸长都将减小密封接头的长度。为了避免沉管段与暗埋段之间产生不必要的轴向应力，回填土层时，在密封接头里面安装液压千斤顶。当几个月时间内的沉降完成后，才在密封接头内浇注混凝土接头。

第二种减少因沉降和温度引起的轴向荷载的方法就是在管段之间安装柔性 GINA 橡胶止水带。

为了避免管节之间横向水平位移差，在底板安装不锈钢板剪切键，它们与管节之间的轴向和竖向协调变形，通过设置一个位于垂直插孔内的销钉来实现。

6）沉管段与暗埋段的调节板

HSL 线的隧道暗埋段与沉管段之间的基础刚度相差较大，一个位于流砂基床上，而另一个位于桩基上。即使在两者之间设置了大型混凝土剪切接头，也无法传递因基础刚度引起的巨大剪力。为了解决这个问题，在暗埋段与沉管段之间的接头处并未设置混凝土剪切键，而是利用减小工后沉降和设置调节板来完成（图 9-48）。Oude Maas 隧道通过在基床上方回填不透水黏土层，并在沉管管段上方进行堆载预压来减小工后沉降。并且在接头处安装混凝土调节板来消除残余沉降引起的附加位移与应力。调节板的两端简支，每次均能在铁轨纵向发生较大变位时及时将其调节至可控制的范围。

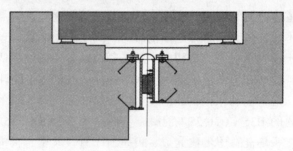

图 9-48 调节板构造

7）通风竖井

与普通交通隧道通风完全不同，高速铁路隧道内没有必要设置强制通风，但是横断面必须保证足够尺寸以满足空气动力学的要求。为了解决瞬变压力问题，在 Oude Maas 与 Dordtsche Kil 隧道的设计中采取了上述三大措施，其中包括通风竖井。

通风竖井为圆形混凝土结构，内径 5.3 m，中间设一道隔墙，隔墙位于隧道中隔墙的上方。

通过通风竖井，隧道内外空气可自由流通。为保证空气平顺进入与流出，竖井上方设计了百叶状的建筑样式。沉管隧道顶板与竖井的连接部位设计成固定的防水接头。

当管段达到一定长度（150 m）后，应考虑因温度荷载引起的轴向变形。尽管上覆土层因隧道轴向变形出现移动的情况尚未能确定，但是，相关研究表明，即使隧道与土体之间产生极小的变位差，都将在竖井与隧道的刚性连接处产生不可接受的弯矩值。因此，在实际通风竖井周围设置了附加的土压竖井。土压竖井与通风竖井之间设置 1 m 的自由空隙间距，并在间隙充填满水，然后将其安放于隧道顶板上方的滑板上。上述构造设计可保证通风竖井与管段在土压竖井与土体之间移动时，不受任何附加外力（图 9-49）。

首先，通过船舶设备安装土压竖井；然后在管段回填覆盖后，将土压竖井中的水抽干，并在现场浇注通风竖井；最后，在通风竖井与土压竖井之间注满水。

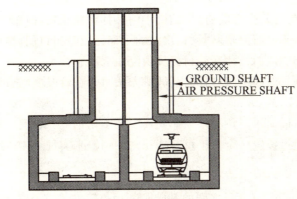

图 9-49　通风竖井和土压竖井

4. 隧道防灾救援系统

1）安　全

Oude Maas 隧道和 Dordtsche Kil 隧道均为双孔单线结构，为了防止突发灾难，在中隔墙上每隔 150 m 设置了疏散安全联络通道，乘客可从联络通道疏散逃生至另一孔隧道，并可沿着轨道、楼梯井及入口坡道处的紧急平台的逃生路线离开。当然，紧急平台也可用做救援人员的指挥基地使用。

2）预　防

火灾预防主要表现在以下两方面：使用非易燃材料；列车装饰材料在火灾发生时要尽量最少地产生有毒物质。为此欧洲设计指南也做了相应的规定。铁路工作人员的常规巡视也能很好地起到火灾预防的作用（在荷兰，约有 30% 的列车火情是由故意纵火引发的），此外还可以采用一些措施防止短路，用过热轴承箱监测仪来检测因故障卡住而过热的轴承。

3）检　测

国际规定要求列车的某些部位具有自动火灾检测功能，然而无论是乘客还是铁路工作人员，他们的嗅觉被认为是最为敏感的火灾检测手段。乘客一旦发现火情就可以启动紧急刹车停止列车行进，此时在隧道中当然会引起人们自救时的混乱，如下文介绍。

4）自　救

为了提高自救的可能性，起火的列车应尽量避免在隧道内急停。在采用手动刹车之前，发现火灾后的列车应保证按时速 80 km 行驶至少 15 min。

然而总有一些情况使得上述方法不能奏效，1999 年英法海峡隧道的火灾就是例证。在一些情况下，如迫切需要在隧道某处停下时，紧急停车给乘客带来更多的逃生时间总比冒险拖延停车时间让乘客无法逃生要好。

为了应对这些紧急情况，HSL 南线隧道及列车设计中考虑并提供了可以让所有（约 2 000 名）乘客逃至另一安全管道的设施。因此要求列车内必须配有足够宽度的中间走廊及连接通道，有足够的出口数量与出口宽度，列车上必须装有紧急照明。为了更快疏散，隧道在靠近中隔墙一侧建造了 1.2 m 宽凸起的疏散平台，而在另一侧则修建了相类似的较窄的平台以作备用，乘客可穿过轨道即可到达较宽的疏散平台（图 9-51）。中隔墙上的紧急出口之间的距离不得超过 150 m，在能见度较低的情况下，可利用沿中隔墙方向布置的导向栏杆疏散。防火标志及指示灯在任何时候都应指明紧急出口的距离，紧急出口门应具有自动关闭功能，以防止烟雾从事故隧道孔弥漫到安全隧道孔（图 9-50）。

模拟研究表明：以上设施可以保证 2 000 乘客在 10 min 内安全逃离。

图 9-50　紧急出口滑动门　　　　　图 9-51　列车与疏散平台

5）逃生竖井

尽管在未发生火情的隧道中乘客较为安全，但长时间的等待毕竟会让人感到不舒适，这也是至少每隔 2 km 设置逃生竖井的原因。乘客可穿过轨道到达竖井的台阶处，竖井的宽度要足够大。一旦逃生者到达竖井顶部，救援人员就会立即把他们接走。

6）耐火性

火灾一旦发生，隧道中隔墙及紧急出口门必须保证 4 h 的耐火强度。

7）通　风

起火时，通风条件必须保证隧道有一边处于无烟状态，以便逃生。无论如何都必须保证消防人员能方便接近起火的部位。

8）紧急情况的配套设施

紧急情况的配套设施：① 隧道外应设置能够通过竖井到达隧道的救援通道；② 入口处有足够的停车设施；③ 救援人员与隧道交管人员应能保持良好通信；④ 灭火设施（图 9-52）；⑤ 急救设备的存放空间。

图 9-52　沉管隧道内消火栓

5. 隧道施工

1）管段制作

两条隧道的 14 节管段均在著名的 Barendrecht 干坞内制作完成，该干坞曾完成荷兰大量沉管隧道的施工。在完成底板浇筑后，HSL 的沉管段的顶板与侧墙则是整体浇筑而成。

Barendrecht 干坞宽度刚好与 HSL 两条沉管隧道的管段长度一致，两者之间的空隙宽度只有 2 m，仅在两沉管段之间预留了 3 条较宽的施工便道。因此，起吊机的行走轨道有时需固定在已浇筑好的沉管顶板上面，而混凝土搅拌机与混凝土泵则放置于临近管节顶板上方，并在堤岸与管节顶板之间搭建施工便桥，如图 9-53 所示。

图 9-53 干坞内施工现场

管节在干坞内制作完成后需预加临时纵向预应力，施工完后再将预应力解除。

2）管段沉放与回填覆盖

在管段预制施工完并对压载舱进行注水压载后，开始向干坞内注水，并自干坞向 Oude Maas 河挖掘一个坞门，随后管段一节一节浮运至沉放位置，并进行压水下沉。

由于 Dordtsche Kil 河道较浅，只有通过减小外部侧墙的厚度进行浮运（设计外墙厚 1.1 m，实际外墙厚 0.95 m），基于该原因，中间沉管段长度由原来的 150 m 减少至 134 m。

两管段之间的接头安装常规橡胶接头，即 GINA 和 OMEGA 止水带。

管段沉放至河道与河岸开挖的基槽内。在河岸基槽施工中，采用了复合墙和内支撑。

由于管段长度大，土层条件复杂，沉管段先沉放于 4 个临时千斤顶上面，并在首节沉管的端部设置 1 个导向角梁。河岸基槽下方打入钢管桩基础替代混凝土筏板基础作为千斤顶的持力基础。在沉管底部永久基床的施工中，利用吹砂机械对基槽底部进行了吹砂回填。

Dordtsche Kil 隧道沉管段在顶部设置了混凝土防护层，以防止通航船舶引起的损坏，这样一方面可以减小隧道顶部覆土层厚度，另一方面又创造了更大的通航深度。沉管段顶部铺设石渣压重以让隧道定位。Oude Maas 隧道的顶部是普通的泥土覆盖层。

9.3 公铁合建沉管法水下隧道工程实例

9.3.1 厄勒海峡沉管隧道

1. 工程概况

厄勒海峡大桥连接哥本哈根和瑞典第三大城市马尔默，采用公路与铁路合建方式，是整个厄勒海峡地区整体交通网的组成部分，这个交通网包括丹麦凯斯楚普国际机场周围的地下交通工程以及连接丹麦和瑞典公路及铁路网的连接线部分（图 9-54）。线路全长近 16 km，包括一条双向四车道的公路和一条双线电气化铁路（行车速度 200 km/h）。它由一个人工筑造的半岛（丹麦海岸，隧道西端），一座在罗格登航道下的沉管隧道（3.5 km，公路与铁路合建），一个人工岛（3.9 km，隧道东端）和一个带引桥的悬索桥（7.84 km，公路与铁路合建的上、下双层结构，瑞典海岸）组成。工程总建造费用，按 1990 年的价格标准为 139.25 亿 DKK（丹麦克朗），约合 23.95 亿美元。工程于 1995 年开始动工，2000 年 6 月建成完工，并于当年 7 月 1 日正式通车。

图 9-54　厄勒海峡联络线总平面图

沉管隧道全长 3.5 km，管段宽 38.8 m（底板宽 40.0 m），高 8.6 m，它由 4 个管孔和 1 个服务通道组成，即 2 孔火车道、2 孔双车道公路和 1 孔服务救援疏散通道，位于海底 10 m 以下。沉管段由 20 节管段组成，每节管段长约 176 m，管段采用节段式结构，每个管段由 8 节段组成，节段长 22 m，整体浇筑。沉管隧道的结构抗浮系数不小于 1.06。

2. 建设条件

1）水文条件

联络线位于德罗格登海槛上，该海槛将卡特加海的饱和盐海水与波罗的海的淡盐水分隔开来（图 9-55）。由于没有明显的潮汐影响，厄勒海峡的水流条件主要受气候控制。风流和大气条件的经常变化迫使饱和盐海水进入而淡盐海水流出波罗的海。德罗格登水深度适中，在 3.5 m 到 8.5 m 之间，局部地方的深度增加到 12 m，德罗格登航道允许吃水 7.7 m 的海船通过。海水平均流速为 0.75 m/s ~ 1.0 m/s，但曾在短期内出现过较大的流速。

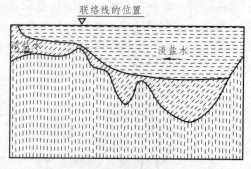

图 9-55　厄勒海峡联络线现场的饱和盐海水/淡盐海水的剖面图

2）地理条件

厄勒海峡中的萨尔特霍姆岛正处在联络线中线的北面，这个岛是一个重要的天鹅和灰雁的换毛地，也是野鸭的繁殖重要基地。该岛及其周围水域是欧共体的鸟类自然保护区。为此，不允许把厄勒海峡联络线的线路放在这个岛上。因此联络线的水平定线从这个岛的南边穿过并离此岛有足够远的距离。任何时候都不允许有任何通道进入这个保护区。这个岛两侧都有航道通过，在丹麦侧是德罗格登航道，在瑞典水域有弗林特登（Flinterenden）航道和亨德雷登（Trindelrendon）航道。

3）地质条件

该地区地层主要是丹麦的达宁阶碳酸盐沉积岩。它包含哥本哈根石灰岩和苔藓-珊瑚石灰岩以及有限的、松散的表面冰川沉积物（图9-56）。哥本哈根石灰岩包含钙质砂、粉砂和淤泥组成，部分已岩化，形成一个沉积层，这个沉积层随着结核和燧石的夹层结合而发生异质性的变化。哥本哈根石灰岩的顶部出现在－5.0 m～－9.5 m的高程上。石灰岩层是水平成层的，其顶上的5 m～10 m都已破裂并有裂隙。沉管段地层以砂和砾石为形式的海相沉积层覆盖在海底上。在多格登航道的浅水区部分，石灰岩层上覆盖着第四纪沉积物。

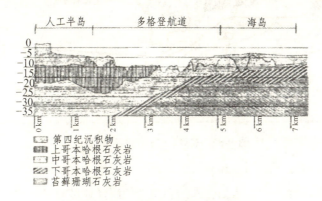

图 9-56　厄勒海峡地质纵断面图

3. 方案优化过程

1）招标设计方案

业主的招标设计方案（参考设计方案），即"KM4.2"方案（哥本哈根（K）～马尔默（M），4车道公路和双线铁路），而最终设计则与参考方案有很大差异。下面将介绍产生这种差异的原因和最终设计情况。

2）技术要求

协议列出了有关联络线设计方案的技术要求：

（1）联络线由一条双向四车道的公路和一条双线铁路组成。

（2）铁路行车的设计速度为200 km/h，隧道的净高和净宽分别为6.10 m和6.50 m；客货共线，最大允许坡度为1.56%；两线轨道的中心间距为4.5 m。

（3）公路的设计速度为120 km/h，行车限界宽度为9.00 m，净高为4.60 m。

（4）沉管隧道处罗格登航道在600 m宽度范围内水深不小于－10 m，弗林特登航道在300 m宽度范围内水上净空不小于50 m，孛德雷登航道在200 m宽度范围内水上净空不小于32m。

（5）固定联络线的建筑结构必须按照现行的欧洲法规和标准来设计，而且最短设计寿命至少应为100年。

（6）采用沉管法穿过罗格登航道。

（7）应严格控制工程对周边环境的影响。

3）"KM4.2"方案

"KM4.2"方案的线路从哥本哈根飞机场（人工半岛）至马尔默南边的勒纳肯（Lernacken），中间经过萨尔特岛的南边。将采用一座长约 2 000 m 的沉管隧道跨过罗格登航道，隧道起于 900 m 长的人工半岛，止于一座 2 500 m 长的海中人工岛，人工岛位于萨尔特霍姆岛的西南。人工岛以东采用总长为 9 700 m 桥梁穿过水域。"KM4.2"方案的线路位置如图 9-57 所示，铁路置于公路的南边。

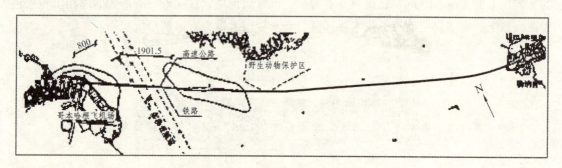

图 9-57　KM4.2 方案线路平面图

4）环境影响控制

对于波罗的海，不允许改变诸如物理的和化学的海洋环境或者生物学海洋环境，这就意味着联络线的施工不能引起水流的任何减弱（即所谓的"零"解决），即水流的阻水率为零。

对于厄勒海峡本身，只能允许有暂时性的和有限制的环境影响，这将主要由浚挖作业所造成。浚挖作业会使粉砂和石灰岩颗粒悬浮在海水中，这个工序也将会影响海水光照度和水下动植物。除此之外，浚挖还将对产贻贝的海底产生不良影响，对萨尔特霍姆岛上鸟群的繁殖产生不良影响。

由于必要的填筑工程造成水力条件局部改变的永久性影响是不可避免的，瑞典国家环境保护局和丹麦环境保护局最后断定，必须根据它对环境的影响来优化 KM4.2 方案，以便能够：

（1）在进行补偿浚挖之前，使水流堵塞的影响限制在 1%，余下的 1% 可通过补偿浚挖使之减少到 0%。

（2）尽量减少在厄勒海峡中的浚挖。就沉积土洒落而论，所有的浚挖都应受到严格的限制，为此需要有泥土洒落的控制和监测程序。

（3）通过避免对海槛的破坏以保持罗德格登海槛的功能。

对于 KM4.2 方案来说，其水流堵塞为 2.3%。这就意味着需要进行约 1 170 万 m³ 的补偿浚挖，以便满足流到波罗的海的水流不发生变化这一环境要求，需要对方案进行优化。

5）"KM4.2"方案优化

"KM4.2"方案受环境因素控制，厄勒海峡联络线顾问集团对方案进行了优化。主要优化措施为：① 将人工半岛的长度缩短到 600 m；② 将沉管隧道的长度增加到 2 900 m；③ 将海中填筑岛的长度从 2 500 m 增加到 4 200 m。通过以上措施将水流阻水比降低到 1.4%，补偿浚挖量减少到 730 万 m³。但还是无法满足环境要求，须进一步优化。

通过调整线路位置和隧道长度，即将线路北移，可避开原计划采用暗挖法通过机场和 22 号跑道的隧道，人工半岛的长度可进一步减少到 450 m，并大幅度降低了丹麦侧工程费用。采用节省的费用重新定位人工岛的位置，使隧道长度增加到3 510 m，环境影响得到了控制。

原来一个整的人工岛优化为两个人工岛（1 730 m 岛 + 600 m 桥 + 2 055 m 岛），中间采用桥梁连接，使水流可从岛中流过，使阻水比更小。经过桥梁工程的优化，将双岛方案调整为单岛方案，东侧部分岛采用引桥代替，使得工程进一步降低工程费用，阻水比进一步减少，线路平面方案优化如图9-58。同时适当调整了隧道纵断面，使得沉管隧道的填埋保护层只比原来的海底面稍高一点。降低线路纵断面减少了水流堵塞和航船搁浅的危险。

---KM4.2方案，-----优化方案

图9-58 线路平面方案对比

总之，通过以上方案优化，将水流阻水比降低到0.5%，补偿浚挖量减少到230万 m^3。

表9-2 厄勒海峡联络线方案对比表

设计基础	设计	沉管隧道长度/m	人工岛/m	阻水比/%	补偿浚挖量/万 m^3
丹麦、瑞典之间的协议	KM4.2参考方案	2 000	2 500	2.3	1 170
附加环境要求中线变动业主要求技术设计基础	初步设计	3 250	4 100	1.0	560
	施工图设计	3 510	1 730/600/2 055	0.5	230

6）施工图设计

通过双层钢壳隧道、钢壳混凝土复合结构和混凝土隧道方案比较，推荐采用4孔1管廊矩形钢筋混凝土结构（图9-59）。不设外防水，采用结构自防水。

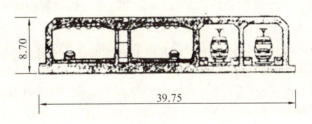

图9-59 厄勒海峡隧道推荐横断面

4. 工程设计

1）线 路

工程线路平面布置：西侧450 m人工半岛、3 510 m沉管隧道、东侧人工岛复合结构（西岛1 730 m长、东岛2 055 m长及653 m的连岛桥）、7 485 m高架桥及其引桥。

如图9-60所示，沉管隧道的平面线路是直线。除人工半岛段外，其余公路和铁路的线路是互相平行的。刚好是在半岛上的洞门结构之前，货车轨道与离岸轨道实现接轨，连接点位在相对深的高程上。在半岛上，计划在两条主轨道之间设置 1 条过渡线并设置 1 个列车维修场。

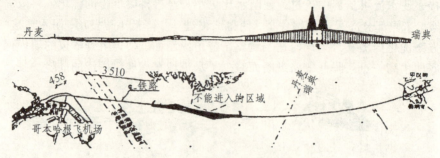

图 9-60　厄勒海峡工程平纵断面图

隧道纵断面要尽可能贴近海床面，在海床底采用 0.3% 的坡度。在半岛和填筑岛上，公路线路最大坡度为 2.5%，铁路线路最大坡度为 1.56%。沉管隧道范围内公路和铁路坡度一致，在沉管隧道范围外才采用不同坡度。

在人工半岛上，公路的线路标高设置在最高海面以上，半岛上有限的空间不允许铁路线路也设置在这个高程上，所以须采取一定的措施，防止万一隧道严重漏水时淹没凯斯楚普飞机场的地下部分（铁路与机场地下车站相连）。

2）岸上隧道

东、西两侧岸上隧道段结构是相同的，每侧均由敞开引道段和暗埋隧道段组成，暗埋隧道与沉管隧道的净空相同。在洞口设有一处管理大楼。

3）沉管隧道结构

公路和铁路合建，采用矩形断面形式，可以尽可能地减少沉管隧道断面宽度。通过铁路采用无砟轨道系统、公路将风机部分嵌入结构顶板等综合措施，将隧道断面高度减少，同时可以减少基槽开挖量。由于隧道总长达 3.75 km，很有必要设置服务防灾救援通道。

沉管隧道段共分为 26 节管段，采用整体式结构，每节管段长 135 m，管段按 22.5 m 节段长进行预制，共分为 6 个节段，整体浇筑。节段之间采用柔性接头相互隔开，这些节段在浮运和沉放期间通过施加临时纵向预应力联成整体。管段采用结构自防水，施工接缝设置可注浆式橡胶止水带进行防水。管段接头采用 GINA 止水带和 OMEGA 止水带进行防水。全部管段分 3 批在诺德汉威（距隧址 12 km）的铸造船坞内生产。

沉管采用压砂基础，基槽超挖部分采用导管灌注水下混凝土进行调整。隧道顶板采用 1.5 m 厚填石层进行保护，防止受船舶的抛锚和拖锚影响。

公路隧道孔内部装修采用墙面板和新泽西线妆饰组成。对隧道顶部和边墙上部进行了防护，满足 2 h 内、温度高达 1 350 ℃ 条件下的结构安全，这种防火材料保证结构中钢筋的温度在 2 h 内不超过 250 ℃。

4）混凝土

混凝土的耐久性和防水性是本工程的关键。规定 A、B 两类混凝土的抗压强度分别为 40 MPa 和 35 MPa，其水灰比分别为 0.4 和 0.45。水泥可以采用普通硅酸盐水泥或高炉水泥

（CEM Ⅲ 52.5 的 42.5）。对受霜冻影响的结构，则强制采用普通硅酸盐水泥（CEMI52.5 的 42.5）。混凝土中只允许掺加不超过 15% 的粉煤灰或 5% 的硅灰。硅酸盐水泥和高炉水泥的最少水泥用量分别为 275 kg/m³ 和 340 kg/m³，最小粉剂含量 340 kg/m³。

对于细粒和粗粒集料中碱性反应材料的最大含量作了规定，而且集料的最大干收缩量是有限的。凝结后的混凝土中的最大含气量不超过 3.0%。外层钢筋最小保护层厚度为 75 mm。

对所有防水结构都将进行温度与应力计算，任何时候的实际应力与强度之比要低于 0.7，新老混凝土之间的温差不能超过 15 ℃，防水结构不允许出现裂缝漏水。混凝土水化热作用必须达到 75% 以上时才能脱模，必须采用蒸汽养生，直到水化作业达到 90% 为止。

管段混凝土施工前必须完成预测和足尺测试试验。对混凝土中的钢筋采用阴极保护措施，对埋入混凝土的钢构件都要进行氯化物侵蚀的监测。

5）隧道机电系统

这条岸对岸的联络线将由设在内勒科的监控管理中心的中央控制室，依靠隧道机电系统实现对隧道的运营管理。机电系统包括通风系统、排水与消防系统、供电与照明系统、控制系统等。

隧道采用纵向通风方式，通过悬吊在顶板上并分组安放在顶部凹槽内的射流风机进行通风。其运转是通过对 CO、NO_x 及能见度的探测来进行控制的。

给排水与消防系统：在两隧道口设置雨水泵房及隧道中间设置 3 处废水泵房，将隧道口雨水和隧道内消防废水、冲洗废水等排出。给排水系统采用防爆型水泵。

隧道用电可由丹麦或瑞典电网供应高压电。当遇到需要大量供电时可同时由丹麦和瑞典供电，因此不需要应急发电机。最为紧要的工作系统都与 UPS 系统相连。当行车出现慢行时，控制系统会向隧道控制室发出直接信号。闭路电视（CCTV）系统可为管理者提供整个联络线的可视图像。隧道内的矩阵符号将被用来显示行车速度和堵塞的车道并使行车改道。隧道内每隔 50 m 安装一处紧急通道门，在紧急情况时，司乘人员将通过服务隧道疏散撤离，而且消防队和紧急救护队将通过未受影响的另一管道进入到事故现场。

5. 隧道施工

沉管隧道的承包商为厄勒海峡隧道承包公司（OTC，由瑞典的 NCC 国际公司、法国的 Dumez-GTM 国际公司、英国的 JohnLaing、丹麦的 Epihl&SonA/S 和荷兰的 BoskalisWestminster 组成的一个联合体）。对于主体工程，承包商的设计与施工图设计相似，其中最重要的调整是沉管段的长度和使用地锚以防止引道结构的上浮。

承包商提出优化管段，沉管隧道段由 20 节管段组成，每节长 176 m，宽度 42 m。每节管段分成 8 节段，每节段长 22 m，采用一次整体浇筑工艺施工，一个节段混凝土 24 h 内浇注完成，一个节段的循环时间为 1 周，全部管段的制造时间为 22.5 个月。厄勒海峡沉管隧道最终横断面如图 9-61。

管段在诺德汉威制造厂中进行预制，共安排了两条生产线。制作场地由生产大厅、1 个滑动门、1 个船坞和 1 个浮动门组成，其中生产大厅位于场地的西端，船坞位于场地的东端。钢筋加工、模板安装以及混凝土浇筑等均在生产大厅内进行。对已经达到强度的管段采用千斤顶向前推移，以便留出位置供下一管段浇筑。这样，浇筑好的管段将被推出生产大厅并推上滑梁上。待管段从这道滑动门推过之后，滑动门即关闭起来。

船坞为由滑动门、浮动门和这两门之间的一些圩地围起来的蓄水池，其蓄水深度可达10m，分为高蓄水区（蓄水可高于海平面）和低蓄水区（蓄水可低于海平面）。通过抬高水面，管段可以从高蓄水池漂运到低蓄水池并最后运送到海里。在蓄水池的每侧都有门来控制。在西部由滑行闸门将蓄水池和浇注工场分开，而在东端，浮运门将蓄水池与大海隔离。管段从车间到高蓄水池的运输是靠滑行架来完成的。

待一节管段预制完成并连成整体后施工端封墙和安装沉放设备，之后即向干坞放水，水深为陆地高程之上 10 m，以便把管段浮升到陆地高程之上。

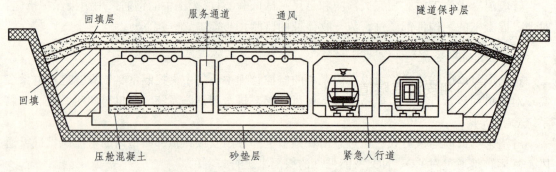

图 9-61　厄勒海峡沉管隧道最终设计横断面

第 *10* 章
矿山法水下隧道设计与施工实例

10.1 公路矿山法水下隧道工程实例

10.1.1 厦门翔安海底隧道

1. 工程概况

厦门翔安海底隧道也称厦门东通道，是我国大陆第一座海底隧道，是目前世界上采用钻爆法施工的最大断面海底隧道。工程位于厦门岛东部，是厦门市第六条进出岛的公路通道，连接厦门市本岛五通和大陆架翔安区，全长 8.69 km，其中海底隧道长 6.025 km，跨越海域宽约 4.2 km，两岸接线长 2.747 km。工程于 2010 年 5 月建成通车。工程平面见图 10.1，隧道洞口效果见图 10-2。

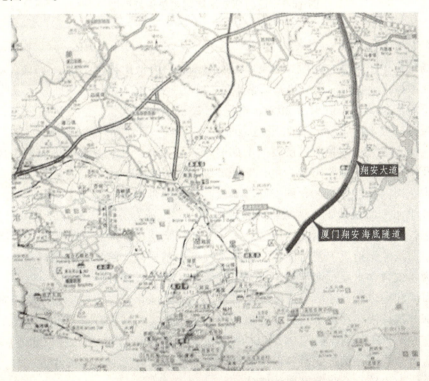

图 10-1 厦门翔安海底隧道地理位置图

图 10-2　厦门翔安海底隧道洞口效果图

隧道两侧分别设五通平交和西滨互通立交，五通平交连接仙岳路城市快速干道和环岛路，西滨互通立交与环东海域和翔安大道连接，按照双向六车道高等级公路和城市道路标准设计。隧道设计速度为 80 km/h，采用三孔隧道方式，两侧为行车主洞，各设 3 车道，中孔为服务隧道，分别在厦门岸和翔安岸设置 2 处通风竖井，车行横洞 5 处，人行横洞 12 处，翔安西滨侧设收费、服务、管理区。隧道最深在海平面下 70 m，海域最大水深约 30 m。

隧道总体断面布置如图 10-3 所示。

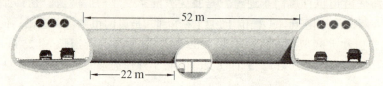

图 10-3　厦门翔安海底隧道总体断面图

2. 地质概况

工程场址位于厦门岛东北侧，地貌单元属闽东南沿海低山丘陵-滨海平原区。隧址区陆域为风化剥蚀型微丘地貌，两岸地势开阔平坦，主要为残丘-红土台地，隧址区海域约 4.2 km，五通侧水下岸坡稍陡，一般水深 20 m，最深处 25 m，海底起伏，多有礁石分布；西滨侧水下岸坡平缓，一般水深 15 m，海底平坦，渐升至出露。

场区地层主要为第四系覆盖层及燕山期侵入岩两大类。基岩以燕山早期第二次侵入的花岗闪长岩及中粗粒黑云母花岗岩为主，穿插辉绿岩、二长岩、闪长玢岩等喜山期岩脉。海域及五通岸为花岗闪长岩分布区，同安侧潮滩及其以北地带为黑云母花岗岩分布区。地下水可分为陆域地下水和海域地下水两大类，陆域地层中除可能存在的富水性好的基岩破碎带外，均为弱富水，渗透性较差，属于弱或微含水层。海域地层中除海积的砂层（主要赋积在 K10＋900 以东西滨滩涂地段）及可能存在的富水性好的基岩破碎带外，总体上富水性弱，渗透性较差，为弱或微含水层；海域地下水主要受海水的垂直入渗补给。

两岸引线和隧道洞口陆域及浅滩段基本处于全、强风化花岗岩地带，地质相对较差，其中翔安侧部分浅滩段存在透水砂层，隧道开挖较为困难。海域段隧道基本处于弱、微风化花岗岩岩层，主要不良地质现象为 F1、F2、F3 三处全强风化深槽和 F4 全强风化囊。本隧道Ⅰ、Ⅱ级围岩所占全隧道比例近 53%，而在海域段Ⅰ、Ⅱ级围岩占海域段长度近 82%，因此，该区域地质总体上比较适合暗挖钻爆法修建。

3. 隧道平纵面设计

1）平面设计

进口左线、右线、服务隧道分别采用 $R=2\,800$ m、$R=5\,000$ m、$R=3\,600$ m 左偏圆曲线进洞，再以直线→$R=7\,060$ m、$R=7\,000$ m、$R=7\,030$ m 右偏圆曲→$R=5\,000$ m、$R=5\,052$ m、$R=5\,026$ m 左偏圆曲线线形方式绕避 F1 风化深槽和 F4 风化囊，然后以直线穿越海底 F2、F3 风化深槽，最后以直线出隧道。

2）纵断面设计

如图 10.4 所示，在厦门岸采用了 - 2.8% 的长坡段，海域段采用了 0.54% 的上坡，在翔安岸采用了 2.90% 的长坡段。服务隧道纵面设计与主洞一致，从控制横洞与主洞连接处的洞身高程及满足排水方面考虑，其设计标高与对应主洞设计标高约低 20 cm。

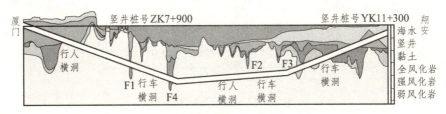

图 10-4 厦门翔安海底隧道工程地质纵断面图

4. 隧道净空标准及横断面设计

1）行车隧道建筑限界及断面

本隧道为三车道大断面隧道，内轮廓采用多心圆。行车隧道建筑限界净宽为 13.5 m（即 0.75 + 0.5 + 3 × 3.75 + 0.75 + 0.25 = 13.50 m），内侧设检修道，行车隧道建筑限界净高为 5.0 m。隧道建筑内轮廓断面面积为 122.09 m²（带仰拱），行车道以上净空断面面积为 100.5 m²，如图 10.5 所示。

2）服务隧道建筑限界及断面

服务隧道作为紧急避难通道和日常维护检修通道，洞体上方预留检修车辆兼逃生空间 3.0 m（宽）× 2.5 m（高）。服务隧道洞体下方内设置供水自来管道预留空间 2.6 m（宽）× 2.15 m（高）和 22 万伏高压电缆预留空间 3.0 m（宽）× 2.15 m（高）。在服务隧道预留限界以外的空间作为安装照明、供电、监控、通信等设施的预留空间，如图 10-6 所示。

服务隧道建筑限界净宽 6.5 m，净高 6 m。服务隧道断面基本采用似圆形的马蹄形断面形式，其建筑内轮廓断面面积为 30.87 m²。

5. 隧道衬砌结构设计

厦门翔安海底隧道的地下水和海水总水头为 50 m ~ 70 m。在国内外的隧道工程中，隧道的衬砌型式根据地下水的处理方式可以分为两种类型：全封闭防水型衬砌和排水型衬砌。通常情况下，当水头小于 60 m 时，采用全封堵方式；当水头大于 60 m 时，宜采用排导方式，并通过施作注浆圈来达到限量排放的目的。从选择地下水处治方式来看，翔安隧道属于临界状态，从技术和经济的合理性出发，采用全封堵和排导两种方式都是可行的。

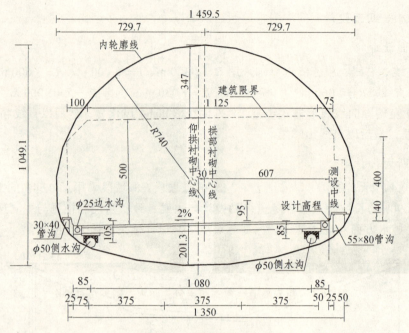

图 10-5　主隧道净空断面

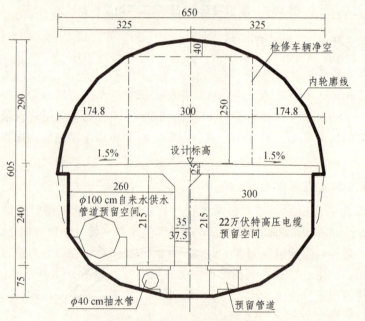

图 10-6　服务隧道净空断面

　　厦门翔安海底隧道按"以堵为主,限量排放,多道防水,刚柔结合"的永久防排水原则进行结构设计,在工程初期采用了"全封闭"与"局部限量排导"相结合的防排水方案。设计在隧道全强风化、断层破碎带地段采用了全封闭防水的方案,隧道采用全包式防水板,但是由于隧道地下水极其发育,尤其是在雨季,水量陡增,水压较大,地下水沿着防水板背后向拱部蔓延,导致混凝土表面多处渗水,严重时,拱部衬砌混凝土表面也会出现渗水现象,甚至导致二衬混凝土开裂。后经过院士、专家的研究商讨,决定采用半包式防水,即仰拱部位不设防水板，将二衬背后的渗漏水控制在拱墙以下，然后多余出水量通过设置环向排水管集中引排至纵向排水沟内。这样可以有效地避免地下水到处流窜而造成二衬混凝土表面渗漏水。厦门翔安海底隧道自从采用半包式防水之后，隧道二衬表观渗漏水现象有了明显的改观，如图 10-7 所示。

图 10-7　翔安隧道全包式和半包式防水衬砌表观对比图

由于服务隧道断面较小，采用似圆形断面布置形式，断面利用率较高，对结构受力十分有利，因此服务隧道都采用全封闭防水衬砌方案。

隧道支护结构耐久性要求按 100 年考虑。根据实际地质情况、所处地段（陆域段、潮间段和深海段）及施工方法，采用不同的荷载组合进行分析，并按Ⅶ度地震烈度（Ⅷ设防）及Ⅵ级人防进行验算。对于Ⅴ级及Ⅳ级围岩地段，作用在二次衬砌上的荷载，按 70% 的围岩压力和全部静水压力考虑，剩余 30% 的围岩压力由初期支护和围岩共同组成的复合承载结构承担。对于Ⅰ～Ⅲ级围岩地段，围岩压力相对较小，作用在二次衬砌的荷载，只按全部静水压力考虑。

在海底段，主洞隧道的二次衬砌均采用钢筋混凝土结构，而服务隧道由于结构断面相对较圆顺，Ⅴ级围岩地段二次衬砌采用钢筋混凝土结构，Ⅳ级围岩地段二次衬砌采用素混凝土结构即可。主洞衬砌断面见图 10-8、10-9。

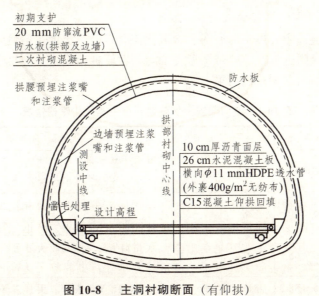

图 10-8　主洞衬砌断面（有仰拱）

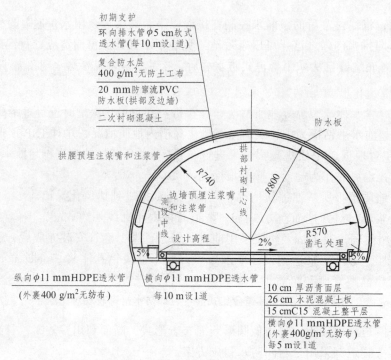

图 10-9　主洞衬砌断面（无仰拱）

对于 Ⅰ～Ⅲ 级深埋围岩地段虽然基本位于海域，地下水静水压力较大，但该段岩体比较稳定，岩石的抗压强度较高，围岩自身形成的承载拱的承载能力较大。同时由于围岩的弹性抗力较高，在一定程度上缓解了地下水压力对衬砌结构的不利影响，设计采用素混凝土结构。

隧道支护参数的拟定主要依据工程类比法和计算分析结果，并结合隧道沿线具体的围岩级别、工程地质水文地质条件、地形及埋置深度、结构跨度及施工方法等因素，具体确定衬砌结构的类型和支护参数。

6. 海底风化深槽段施工技术

厦门翔安海底隧道主要位于海底弱、微风化花岗岩中，穿越 3 条强风化基岩深槽和 4 号风化囊，而且风化槽附近存在破碎带，见表 10-1。在此种地层施工极易发生涌水突泥，威胁施工安全，甚至可能引起灾难性后果。

表 10-1　厦门翔安海底隧道几个主要风化深槽情况

风化槽	长度/m	埋深/m	水深/m	水量/(m³/h)	地质简述
F1	60	36.0～53.7	25.7	50	以 W3 强风化花岗岩为主，夹二长岩岩脉，两侧为 W2 弱风化花岗岩，围岩级别为Ⅳ～Ⅴ级
F2	115	59.5～70.6	28	30	以 W3 强风化花岗岩为主，夹二长岩岩脉，两侧为 W2 弱风化花岗岩，围岩级别为Ⅳ～Ⅴ级
F3	88	56.5～65.8	18.2	23	以 W3 强风化花岗岩为主，两侧为 W2 弱风化花岗岩（破碎围岩）
F4	30	48.6～58.3	21.2	12	W2、W3 夹杂，围岩破碎，地下水发育

深风化囊/槽地段施工主要采取全断面（帷幕）超前预注浆措施，对围岩进行超前加固与止水。在施工之前需要做好超前地质预报工作，为制定安全、科学、经济的施工方案提供依据。

超前地质预报总体方案为：物探与钻探相结合，长距离预报与短距离预报结合，先物探后钻探。在距离风化槽 50 m 左右处采用 TSP203 长距离探测一次，先初步探明掌子面前方土石交界面位置、含水体、裂隙等地质情况，在接近、穿越风化深槽时进行短距离预报，主要以地质雷达、超前水平钻探为主，准确探明风化深槽内地质情况，并对 TSP 预报成果进行验证。超前钻孔位置根据 TSP 宏观预报结果进行布置，每循环开挖前都进行超前水平钻孔探测，同时超前注浆孔也可兼作为超前地质预报探孔。

根据超前地质预报所掌握地质情况，一般在施工掘进到达风化深槽前 5 m～10 m 时，施作混凝土止浆墙，对开挖面前方 30 m、隧道开挖内轮廓线外约 6 m 范围内的围岩采用全断面（帷幕）超前预注浆加固。注浆采用前进式分段注浆，套管安装完成后，每钻进 5 m～7 m 即开始注浆，每段注浆达到设计要求后再开始下一段钻孔注浆。全断面（帷幕）注浆完成后，采用超前长管棚和超前小导管联合支护措施进行超前支护。每环长管棚施作长度为 25 m～40 m，钢管直径 108 mm，壁厚 6 mm；每环小导管长度 4 m～5 m，钢管环向间距 40 cm。超前小导管注浆采用纯水泥浆液，注浆压力控制在 0.5 MPa 以内。由于开挖断面大，预支护措施施工完成后，采用 CRD 法和三台阶七部开挖法进行施工，采用小型挖掘机开挖，人工风镐修边，必要时进行弱爆破，防止对岩体造成大的扰动。为确保围岩稳定和减少渗漏水，初期支护完成后，对喷射混凝土背后采取回填注浆加固措施，同时进行局部径向注浆堵水。

7. 海底隧道施工防灾措施

为应对隧道施工中可能出现的突水突泥，必须做好施工安全措施和应急预案，主要包括：设置防水闸门、排水设备和逃生路线规划等。

防水闸门设置在到达风化深槽前的地质条件较好地段，一旦掌子面发生不可控制的涌水、涌泥险情，施工人员应迅速、有序撤离到安全地段，同时迅速清除防水闸门处各种障碍物，关闭防水闸门。同时应事先制定好逃生路线，并进行演习。防水闸门立面图见图 10-10。

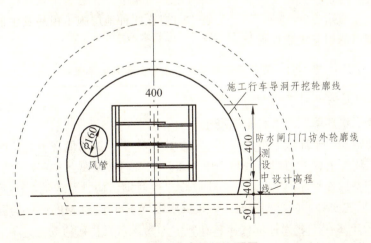

图 10-10　防水闸门立面图

海底隧道由于为反坡施工，施工期间地下水和施工用水无法自排，特别是出现突水、突泥险情时，为防止淹没隧道内的设备、危及人员安全以及为抢险创造条件，应准备足够的抽水、排水设备。同时在洞口设置截排水沟、集水池，以拦截洞外降雨和地表水。

8. 隧道防排水措施

为减少地下水排放量并确保隧道的防水效果，采取的防排水措施如下。

1）围岩注浆止水

根据不同地段地质条件的不同，开挖前分别采用超前小导管注浆、全断面（帷幕）注浆，在隧道开挖轮廓线外形成初步的注浆堵水圈，封闭基岩裂隙。开挖后，根据超前注浆后地下水渗透量的大小，采用系统注浆锚杆对地层进行注浆堵水，进一步减少水量。在铺设防水板前，还应对初期支护渗漏处进行补充径向注浆处理。

2）加强结构的自防水能力

重点对变形缝、施工缝等特殊部位采用多道防水处理。

3）采用分区防水形式，充分保证防水板的防水效果

图 10-11 为隧道分区防水示意图。

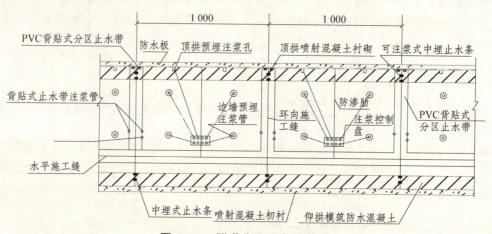

图 10-11　隧道分区防水示意图

9. 耐久性设计

1）二次衬砌混凝土耐久性设计

（1）陆域地下水环境下二次衬砌混凝土。

根据地质勘察，由于陆域地下水浅部一般为中性淡水，深部地带呈弱酸性，其定为"陆域地下水在Ⅲ类环境下，五通岸具分解类中等碳酸型及弱酸型腐蚀作用，西滨岸具分解类弱碳酸型及弱酸型腐蚀作用"。因此，对于陆域段二次衬砌结构，要求混凝土强度等级不小于 C30，为保证施工进度要求，衬砌混凝土 3 d 抗压强度不低于 21 MPa；衬砌混凝土抗渗等级为 S8。同时还要求水泥中适当掺加优质掺和料，如粉煤灰复掺矿渣粉。

（2）浅滩及海域环境下二次衬砌混凝土。

海域地下水，与海水成分相近，均为中性咸水，水化学类型为 Cl−Na·Mg 型。按照《公路工程地质勘察规范》（JTJ-064—98）附录 D 的判定，海域地下水在Ⅲ类环境下对混凝土均具有弱结晶类、弱结晶分解复合类腐蚀作用。

根据《海港工程混凝土结构防腐蚀技术规范》（JTJ275—2000），该区所处环境条件为浪溅区，结构设计混凝土强度等级不小于 C45。为保证施工进度要求，衬砌混凝土 3 d 抗压强度不低于 21 MPa；为保证海洋环境条件下 100 年以上耐久性设计要求，衬砌混凝土抗渗等级为 S12，90 d 氯离子扩散系数 $< 2.0 \times 10^{-12}$ m²/s，并适当掺加优质掺和料，如粉煤灰复掺矿渣粉。

2）喷射混凝土耐久性设计

喷射混凝土必须采用湿喷工艺，除速凝剂外包括水在内的所有集料组分在送入喷射机前拌和制备完成，喷射混凝土应密实、饱满、表面平顺，其强度应达到设计要求。

湿喷混凝土抗渗能力应大于 S8，其物理力学性质见表 10-2。

表 10-2　厦门翔安海底隧道喷射混凝土性能要求

混凝土强度等级	C25
密　度	$\geqslant 2\,200$ kg/m³
1 d 龄期抗压强度	$\geqslant 5$ MPa
弯曲抗压强度	$\geqslant 13.5$ MPa
抗拉强度	$\geqslant 1.3$ MPa
弹性模量	$\geqslant 2.3 \times 10^4$ MPa
与围岩黏结强度（Ⅲ级及Ⅲ级以下围岩）	$\geqslant 0.8$ MPa
与围岩黏结强度（Ⅳ级围岩）	$\geqslant 0.5$ MPa

混凝土配合比与喷射混凝土强度、生产率、回弹、一次喷层厚度等密切相关，在根据强度确定水灰比后，喷射混凝土配合比设计重点应放在混凝土和易性上，保证坍落度控制在 8 cm ~ 15 cm，并且具有良好的黏聚性。

骨料最大粒径宜为 10 mm，砂率宜为 60% ~ 70%；减水剂用量控制在 0.5% 左右（水泥用量，根据需要添加）；速凝剂用量控制在 3% ~ 5%（水泥用量，根据速凝剂品种用试验方法确定）。

3）锚杆耐久性设计

对于锚杆的耐久性，设计中考虑了 3 个方案：采用耐蚀低合金材质锚杆、锚杆表面防腐蚀处理和阴极保护等。考虑到锚杆的施工工艺和该项工程的实际情况，有些防腐蚀方案显然是不切合实际的，如采用耐蚀低合金钢，从经济角度看不现实；而采用阴极保护（分散型牺牲阳极）将增加造价，更主要的是减少了锚杆的有效长度。

可行的方法是在锚杆表面进行防腐蚀处理，具体方法有环氧粉末涂层、热浸锌（光亮型）涂层和其他有机或无机涂层等。环氧粉末涂层对钢锚杆锚固强度影响较大，可采用锚杆上另设"倒刺"的方法提高握裹力，但其造价增加较大；光亮热浸锌涂层对握裹力无明显的影响，光亮锌在灌浆料（pH $\geqslant$ 13）中的稳定性也较好，且造价增加较少，防腐蚀性能也较好。

因此，最终采用对中空注浆锚杆进行浸锌处理方案，光亮型热浸锌厚度大于 80 μm。

10. 服务隧道设置的必要性和作用

厦门翔安海底隧道设置在两行车主洞间的服务隧道具有以下作用。

在施工阶段，服务隧道的设置具有以下优点：① 可以作为平行导坑，能够超前探明地质状况，以及取得不良地质段处理的方法和工艺。② 可以通过横洞及时沟通左右线正洞，可开辟多个工作面，加快施工进度，使工期得到充分的保证。③ 有利于隧道施工通风、排水及施工资源的合理分配。④ 在两条主隧道开挖之前，由服务隧道向主隧道拱部范围进行侧向探测，可作岩芯钻探并作压水透水性试验，以验证岩石质量与涌水量。⑤ 主隧道施工过程中，对于局部不良地质段，可在服务隧道内进行提前注浆，而不影响其余地段的施工。

在营运阶段，服务隧道的设置有以下意义：① 服务隧道作为紧急避难通道，解决隧道营运期间突发灾害时人员的避难、逃生和救援问题。② 作为检修通道，其上下空间又可作为管线通道，便于隧道管理人员的日常维护，同时可适当减小主洞断面。③ 服务隧道里可以铺设各种电线电缆，作为城市公用沟。④ 隧道营运期间也可作为排水通道及作为维修养护安全通道等。

10.1.2　长沙市湘江大道浏阳河隧道

1. 工程概况

湘江大道浏阳河隧道位于长沙市主城区北部新河三角洲浏阳河入湘江口，南岸隧道入口始于湘江大道北段与三角洲横二路交接处，北岸出口终于湘江大道北段与盛世路交接处，全长 1 910 m，是我国内地首次采用矿山法修建的水下城市道路隧道。工程于 2007 年 12 月开工，于 2009 年 9 月建成通车。隧道地理位置见图 10-12。

图 10-12　长沙湘江大道浏阳河隧道地理位置示意图

湘江大道浏阳河隧道设计速度为 50 km/h，为双向四车道隧道，穿越浏阳河段采用矿山法施工，两岸结构采用明挖法施工，南北两岸各设施工竖井 1 座。矿山法施工的暗挖隧道段长 580 m，为 2 座小间距矿山法隧道，隧道跨度为 11.9 m，开挖高度为 10.4 m，最小净距约 7.5 m，最大净距约 23 m。隧道过河段最小覆盖厚度仅 14 m，是国内覆跨比最小的矿山法水下隧道。

2. 地质概况

隧道工程所在河段地处浏阳河下游湘江口，位于湘江及浏阳河漫滩，地形宽阔平坦。场地在大地构造位置位于华南断块区，长江中下游断块凹陷西南部的幕阜山隆地区内。场地内构造形迹不甚发育，岩层层面稳定、产状平缓，岩体整体性总体较好。

场地地层主要为第四系全新统人工填土层，第四系更新统冲积层、残积层、白垩系碎屑岩层和板溪群板岩，隧道矿山法施工地段围岩主要为强风化砾岩和中风化砾岩，软弱结构面主要为节理及裂隙。地下水主要有孔隙水、基岩裂隙水两大类。基岩裂隙水赋存于强至中风化基岩中，场地白垩系砾岩和板溪群板岩为弱含水层，局部裂隙发育，岩体破碎处透水性较强。矿山法隧道所处的强风化砾岩渗透系数为 3×10^{-4} cm/s。

隧道下穿河道宽度约 340 m，河段比较顺直，历史最高洪水位为 37.28 m，最低水位为 23 m～26 m，多年平均水位为 29.48 m。河床由砂石、卵石组成。河势基本稳定。河段属冲刷-沉积基本平衡型河流。隧道本区地震动峰值加速度分区为 0.05g，地震动反应谱特征周期为 0.35 s。

3. 隧道修建方案比选

为满足新河三角洲总体规划和滨江文化园 "两馆一厅" 景观要求，城市道路必须采用隧道方式下穿浏阳河，具体采用何种隧道修建方式，进行了多方案比选，包括沉管法、盾构法、矿山法、围堰明挖法等。围堰明挖法由于对防洪有较大不利影响，且工期长、造价高，不予采用，其他几种隧道修建方案的综合比较如表 10-3 所示。

表 10-3 隧道修建方案综合比较表

序号	比较项目	盾构法隧道方案	矿山法隧道方案	沉管法隧道方案
1	隧道长度	建筑长度 1 616 m 隧道长度 1 211 m	建筑长度 1 910 m 隧道长度 1 400 m	建筑长度 1080m 隧道长度 770m
2	最大坡度	最大纵坡 4.5%		隧道内最大坡度 4.5%
3	两岸交通接线	由于隧道埋置深度大，在浏阳河南岸隧道的引道口需设在横三路与湘江北路路口；北岸引道口需设置在盛世路之前		浏阳河南岸接至横二路与湘江北路路口之前，北岸接至华章路与湘江路路口，交通疏解便利，易于进出滨江公园
4	对河床冲刷敏感性	埋深较大，且位于基岩中，冲刷影响小		埋深较浅，对河床冲刷敏感性较强。河床冲刷幅度的大小，直接决定着隧道的埋深与安全，必要时需要采用防护措施
5	防水可靠性	防水效果好	防水效果相对较差	接头少，防水效果好
6	防灾性能	设置横向疏散通道，可以保证人员安全		左右孔之间可以设置安全门，疏散较为方便

序号	比较项目	盾构法隧道方案	矿山法隧道方案	沉管法隧道方案
7	施工难度	因穿越第四系地层和岩层，需采用复合式盾构机。施工风险一般	在水下强风化基岩中施工，施工难度和施工风险较大	施工受水文条件的限制较大。浏阳河水流流速、水深适合修建沉管隧道，施工风险较小，但工期风险较大
8	对防洪堤影响	基本无影响	基本无影响	施工期间需改建防洪堤，建成后无影响
9	对通航的影响	对通航无影响	对通航无影响	基槽开挖、沉管浮运沉放对通航有影响，建成后对通航无影响
10	两岸占地	占地较大，对两岸房地产开发影响较大		占地较小，对两岸房地产开发影响相对较小
11	通风	隧道长、坡度大，洞内污染物浓度大，通风要求高		隧道短，通风容易
12	营运条件	埋深居中，营运条件一般	埋深最大，营运条件较差	埋深最浅，营运条件较好
13	对生态环境的影响	泥浆处理不当容易造成环境污染	对环境影响较小	基槽开挖量大，处理不当容易造成水土流失与污染
14	工期	36 月	18 月	30 月
15	造价	最高	低	高

通过上表的比较可看出，各种修建方案均有优缺点，矿山法隧道方案造价最低，施工工期最短，与城市规划发展速度相匹配，最终确定采用矿山法修建本隧道。

4. 隧道平纵断面布置及建设规模

1）隧道平面设计

隧道范围内平面线型受控因素主要为架空道路的基础。隧道两端接线道路均为直线，东线设1处平曲线，半径为1 035 m；西线设3处平曲线，最小曲线半径为900 m。对河中路段，两孔隧道平面设计尽可能拉大水中段隧道间距。矿山法隧道结构中心线距离取34.2 m左右；工作井里程处隧道结构中心线距离为18 m～20 m；引道段线间距为10.2 m。隧道平面布置见图10-30。

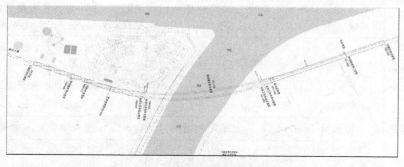

图 10-13　浏阳河隧道平面布置图

2）隧道纵断面设计

根据城市规划要求，本隧道无条件设置通风塔进行营运通风，因此，在保证隧道施工安全的条件下，应尽量缩短隧道长度，减少污染气体排放。浏阳河地下水与河水水力联系紧密，为避免暗挖隧道在砂层和圆砾层中施工，降低施工风险，确定工作井处暗挖隧道埋置在强风化砾岩中，其上覆盖岩层厚度不小于 2 m。引道段起终点处为防止内涝，设置 0.3% 反坡。浏阳河北岸引道口距离盛世路口应不小于 100 m，以便在路口红灯情况下，车辆不至于阻塞在隧道内。根据以上要求，确定河中段结构顶在现河床下最小埋深为 14 m，其中强风化基岩覆盖厚度为 12 m。隧道纵断面见图 10-14。

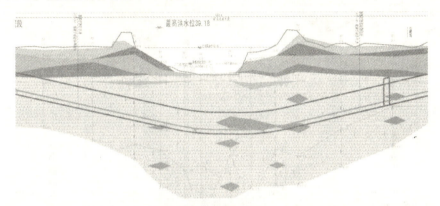

图 10-14　浏阳河隧道矿山法施工段地质纵断面

关于浏阳河隧道的河中埋置深度问题，在初步设计阶段进行了激烈的研讨。有专家提出，设计埋置深度太小，与日本、挪威等国的经验不符，应加大埋深至 25 m。但加大埋深后，隧道长度大幅度增加，与城市规划存在极大的矛盾。也有专家认为，隧道的埋置深度取决于开挖面的稳定性，在采取可靠的超前加固措施后，可以减少隧道埋深，不必受制于日本、挪威的经验公式。工程最终采用 14 m 埋深方案。

3）隧道建设规模

本工程建筑长度 1 910 m，隧道采用矿山法暗挖长度为 579.2 m，其余均为明挖法。根据工程特点，施工阶段在两岸各设置一处工作井，为暗挖隧道提供施工场地；运营阶段在隧道两岸洞口处各设置一座雨水泵房，在隧道最低处设置一座废水泵房。隧道内每隔 250 m 左右设置一处联络横通道。

5. 矿山法隧道段设计

1）衬砌结构设计

矿山法暗挖段隧道拱墙采用单心圆结构，路面以上净空面积为 60.44 m²。

暗挖段隧道按新奥法原理设计，采用防水型抗水压复合式衬砌。初期支护由双层钢筋网喷射混凝土、锚杆和钢架组成，喷射混凝土采用 C25 混凝土，二次衬砌采用 C35 模筑钢筋混凝土衬砌。暗挖隧道初期支护结构稳定性采用"地层-结构"模式分析，二次衬砌按"荷载-结构"模式计算。二次衬砌结构承担 100% 的围岩松弛荷载和水压力。由于隧道所承受的水压力较大，采用曲率半径较小且厚度大于拱墙的仰拱结构。隧道断面见图 10-15。

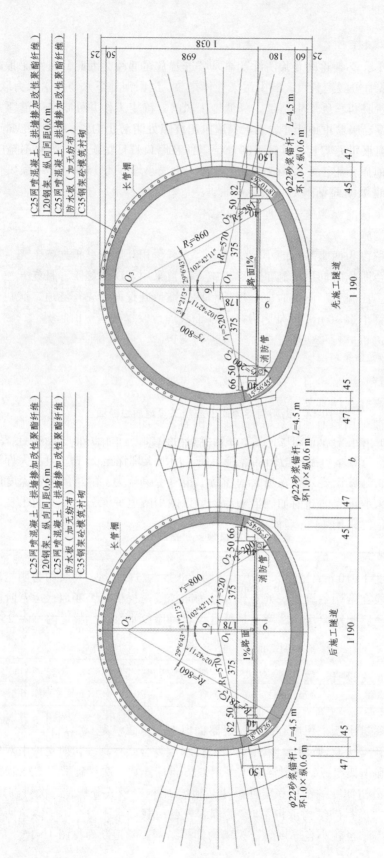

图 10-15　浏阳河隧道矿山法断面

2）水下段施工安全技术

本隧道埋深较小，必须将防止塌方作为各项安全措施的重中之重，设计中采取的安全措施如下：

（1）施工时机选择。

由于洪水期水位高于城市地面，如洪水期施工出现塌方涌水，江水可能淹没城市，且由于洪水期水位高，孔隙水压力增大，不利于围岩稳定，因此，水下段施工应尽量安排在枯水期。

（2）做好超前地质预报。

施工过程中采取 TSP 超前地质预报、地质雷达、红外线探水、超前水平钻孔等措施，探明前方地质和地下水情况，为施工处理方案提供依据。

（3）选择合理的施工方法。

由于本工程暗挖段为两座平行的小间距隧道，为减少相互影响，根据施工先后顺序，先行施工隧道采用三台阶临时仰拱法施工，后行施工隧道采用 CD 法施工，且先开挖支护内侧导坑，再进行下步工序施工。施工时应合理控制后行隧道开挖面与先行隧道二次衬砌终点之间的距离，一般不宜小于 30 m。此外，为防止水下浅埋地段爆破施工引起坍方，隧道拱部采用铣挖机或单臂掘进机进行预切槽开挖，完成拱部支护后，再采用弱爆破法开挖其余部分。

（4）辅助施工措施。

由于水下环境特殊性，超前支护应有足够长度与刚度，需在开挖轮廓周边与掌子面同时采取措施。全断面深孔预注浆及周边径向注浆：为确保暗挖隧道安全施工，应加强开挖前堵水措施。隧道开挖前采用超前预注浆堵水和加固围岩，封闭围岩裂隙，降低渗流速度，为隧道开挖和及时支护提供足够的时间。对于开挖后局部渗漏水，采用径向注浆封堵。

长管棚加超前小导管预支护：采用长管棚加超前小导管对拱部开挖进行预支护，可以保证隧道掌子面和拱部围岩的稳定。掌子面超前锚杆预支护措施：采用掌子面超前锚杆预支护措施，进一步稳定开挖面。超前锚杆采用玻璃纤维锚杆。预支护措施见表 10-4。

表 10-4　隧道预支护措施表

断面类型				矿山法断面（V级）	
预支护措施	洞口长管棚		ϕ108 mm×6 mm，环向间距 40 cm，布置在拱部 140°范围	长 40 m，搭接≥6 m	洞口段
	洞身超前支护	长管棚	ϕ89 mm×5 mm，环向间距 40 cm，拱部 140°范围内布置	长 18 m，搭接≥6 m，外插角度≤12°	洞身及过河段
		小导管	ϕ42 mm×3.5 mm，环向间距 0.4 m	长 4 m，搭接≥1 m	
	超前玻璃纤维锚杆		ϕ25 mm	长 18 m，搭接≥6 m	
	全断面超前预加固		双液浆或超细水泥浆	开挖轮廓外 4 m 范围内，每循环注浆长度 30 m	

6. 隧道防排水措施

本隧道的最大水头高度约 31.4 m，考虑到隧道位于城区，如长期排水不仅增加运营费用，还可能造成地下水下降，周边建筑物沉降变形，因此采用防水型抗水压衬砌结构。

隧道防水采用"以防为主、多道设防"的原则进行。

暗挖隧道采用全封闭防水的关键技术有 3 点：一是初期支护的防水，二是采用全封闭防水板，三是二次衬砌自防水及施工缝、变形缝的防水处理。

初期支护防水主要通过超前预注浆和开挖后径向注浆予以实现。

防水板是全封闭防水结构的关键止水措施，由于隧道内施工作业条件差，需采用自粘型高分子复合防水板。该种防水板可与现浇二次衬砌混凝土粘结，即使某一处被破坏，地下水也难以沿防水板与二次衬砌之间串流，再从二次衬砌的薄弱部位渗出，从而达到"皮肤式"防水的目的。

二次衬砌防水措施有：采用防水混凝土，混凝土抗渗等级不小于 S12。施工缝和变形缝设置多道止水措施，并埋设可多次注浆管。

7. 隧道内附属工程

图 10-16 为隧道内设施布置图。

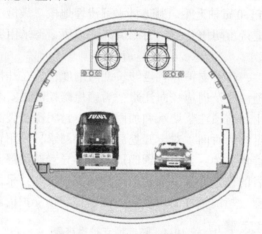

图 10-16　隧道内设施布置图

1）隧道内通风设计

隧道内营运通风采用纵向式通风方式。隧道内风速标准按换气风速不低于 2.5 m/s，正常交通设计风速不大于 10 m/s，火灾情况下纵向风速不低于 2.7 m/s 考虑。在隧道车行道顶部悬挂 ϕ900 射流风机，满足正常及阻塞交通时的诱导通风。

2）隧道的照明

在隧道进、出口外，各设一段减光隔栅或遮阳棚，以消除进出隧道洞口时的黑洞效应及白洞效应。照明段由外向内依次设置引入段、适应段和过渡段，其余为基本照明段。

基本照明灯具均沿隧道两侧限界上方纵向布置；应急照明采用单侧布置，与基本照明一侧布置形式相同。在引入段、适应段和过渡段设加强照明灯具，以提高白天进口处的照度，解决进入隧道时的视觉感应问题与适应问题。夜间整个隧道为基本照明，隧道进出口外设加强照明，以消除"黑洞效应"。隧道入口及出口加强照明灯具布置于隧道基本照明两侧。

隧道内连接通道口附近均设置紧急疏散指示标志。

3）隧道供电

根据隧道各类设备用途和重要性，电气负荷分为三级。

一级负荷：风机、消防泵、雨水泵、废水泵、逃生门、事故照明、监控电源、直流屏、隧道照明等。

二级负荷：隧道检修电源等。

三级负荷：风冷热泵机组、冷冻水泵、风机盘管等。

供给隧道的电源分别引自城市电网，为提高供电可靠性，确保隧道能正常安全运行，整个隧道电源数多于 2 个，分别由进出口引入 。

4）隧道给排水与消防

（1）隧道内供水水源由进出口城市给水管网两路供给。两端各自引入 2 根 DN250 给水管，接至隧道两端的消防泵房。

（2）隧道内排水系统由废水排水、雨水排水两个子系统构成，隧道内的各类废水及引道段的雨水分段集中，通过泵房抽升后，排入市政下水系统。

（3）隧道消防系统包括消火栓系统、水成膜泡沫灭火系统及手提式灭火器系统，隧道消防按同一时间内发生一处火灾考虑。每孔隧道的一侧墙内间隔 50 m 分别设置一套消火栓和灭火器箱。

5）隧道内监控系统

隧道内监控系统的组成包含:中央计算机信息系统、设备监控分系统（含电力、通风、照明、水泵等）、交通监控分系统、闭路电视监控分系统（CCTV）、通信分系统（包括有线、无线、广播子系统）、火灾报警分系统（FAS）。

10.1.3　挪威几座海底隧道

1. 概　述

挪威在世界上拥有最多的海底隧道，最近 30 年共修建了 40 条海底隧道，总长达 240 km，形成了被称为"挪威海底隧道概念"的一整套技术。挪威修建的海底隧道主要是公路隧道，其次是油、气管线隧道及输水隧洞。挪威大部分海底隧道沿着海岸线分布用于连接岛屿与大陆或是用于穿越峡湾。

挪威最早的公路海底隧道是 Wardor 隧道，最长的是 Bomlafjord 隧道，长 7.9 km，最深的是海平面下 278 m 的 Eiksund 隧道。近年，挪威还研究过许多可能实施的海底隧道，包括从挪威大陆到近海油田 60 km 的一些隧道和通过深海峡底部的一条长 45 km 的隧道，以及一些极具挑战性的工程，例如长 132 km、深 630 m 的 Hareid 隧道。表 10-5 为挪威已建公路隧道的一览表。

所有挪威的海底隧道都是采用钻爆法施工的，公路隧道主要建于前寒武纪和古生代岩层中，岩性从典型的硬岩（如前寒武纪的片麻岩）到不坚实的千枚岩和质量不良的片岩和页岩，有些隧道还穿越海底断层等软弱地带。

表 10-5　挪威海底公路隧道一览表

序号	隧道名称	营运时间	长度/m	最大埋深/m
1	Vardo	1981	2 892	88
2	Ellingsøy	1987	3 520	140
3	Valderøy	1987	4 222	145
4	Kvalsund	1988	1 650	56
5	Godoy	1989	3 844	153
6	Flekkerøy	1989	2 327	101
7	Hvaler	1989	3 751	120
8	Nappstraum	1990	1 780	60
9	Fannefjord	1991	2 743	100
10	Maursund	1991	2 122	92
11	Byfjord	1992	5 875	223
12	Mastrafjord	1992	4 424	132
13	Freifjord	1992	5 086	132
14	Hitra	1994	5 645	264
15	Tromsøysund	1994	3 376	101
16	Bjorøy	1996	2 000	85
17	Sløverfjord	1997	3 200	100
18	Nordkapp	1999	6 826	212
19	Oslofjord	2000	7 252	134
20	Frøya	2000	5 305	164
21	Ibestad	2000	3 398	112
22	Bømlafjord	2000	7 931	260
23	Skatestarum	2002	1 900	1900
24	Aerøy	2006	5 955	245
25	Eiksund	2007	7 765	287

2. 海底隧道地质勘测

海底隧道地质勘探工作比陆地隧道困难得多，费用也大得多。在挪威，陆地隧道的地质勘探费用约占总施工费的 1%，而海底隧道要占到 5%～10%。海底隧道的地质勘测主要依赖于地震波反射与折射的物探法。探测需要采用海洋声发射测得海水深度、海底地形和松散覆盖层。尽管通过波速可以得到节理的大致情况以及潜在的涌水区，如低波速（小于 2 500 m/s～3 000 m/s）的破碎带可能含有大量的水，但利用上述方法预测涌水仍然是非常困难的。

海底隧道的地质勘测还有其他方法，如地电测量法（利用电阻率和诱导极性），可用于沿海岸方向分布的破碎带的勘测，但由于现实中的限制及海水中盐水成分造成观测结果难以解译，成功率较低。定向岩心钻孔经常用于测量关键点位置的岩石厚度，并且可为水质测试分析提供有效信息。钻孔可在岸边或有关海域的小岛或礁石上进行，通常为垂直孔或倾斜孔，必要时应采用水平定向岩芯钻孔，如图 10-17 所示。

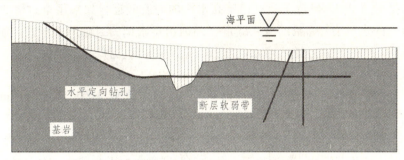

图 10-17　水平定向岩芯钻孔示意图

大多数情况下地质勘探工作能为设计提供可靠的资料。例如在 Froya 隧道中，全面深入的前期地质勘探发现了断层、强渗透区和含有松散砂和膨胀土的软弱带，两个独立的专家组对勘探资料进行了分析论证，从而为设计施工提供了可靠的保证。但在有些情况下，即使预先做了大量勘探工作，施工时还是遇到了预想不到的情况。例如，Oslofjord 隧道尽管都采用了折射地震波和定向岩芯钻孔技术，并发现了一条明显的软弱带，但是一个填充第四纪土的大风化槽未能探测出。一个定向钻就在该风化槽底部下面 2 m 通过。当施工时隧道穿过该风化槽时发生大规模坍塌，最后不得不采用岩石冷冻技术通过（下面篇幅将有介绍），见图 10-18。

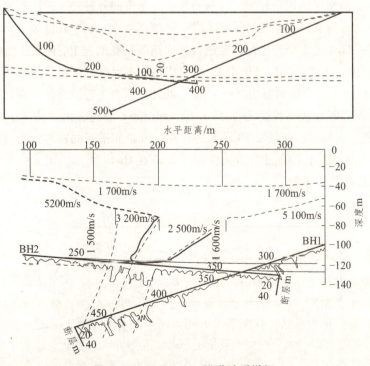

图 10-18　Oslofjord 隧道地质勘探

3. 挪威海底隧道地下水的控制

对于海底隧道而言,支护结构除了承受围岩压力,还会承受很高的水压力。作用于支护结构上的围岩压力因为地层承载拱作用而降低,而静水压力荷载并不受此影响,不能用任何成拱作用来降低。水压力设计值大小不仅与水头有关,还与地下水处理方式有关(全封堵方式和排导方式),但对于具有稳定高水头的海底隧道,如采用全封堵的方式,衬砌将会承受很大的水压力,挪威的海底隧道全部采用排水型的衬砌结构形式。海底隧道水压高,水源充足,使得海底隧道的渗水问题远比陆地隧道更为严重。根据经验,挪威海底隧道防水的基本目标是整条隧道的渗水量不得超过 300 L/(min·km),这个标准是基于注浆费用与废水泵营运费用(如水泵排水能力、耗能以及废水泵房的尺寸等)之间的优化而得到的经验值。

"预防胜于治理"的准则对于隧道地下水的控制再合适不过。尽管近年来原位勘探技术取得了很大进步与发展,但是,预测地下水的位置与范围仍然十分困难。在海底隧道的设计和施工阶段,必须考虑地下水的预防问题。在挪威海底隧道设计与施工中的一个主要特点是封闭可能的渗水,多年的实践发展出一套系统的探测和封闭渗水的方法。

经验证明,大多数情况下通过适当预注浆措施可在很大程度上减少地下水渗流量。预注浆功能是在隧道外围形成一个不透水层,使隧道周边的水压力降到最小。注浆孔沿整个隧道呈 360° 锥形分布,长度 10 m ~ 33 m,搭接 6 m ~ 10 m。注浆效果通过在监控孔量测渗水量和地下水压力来控制。预注浆的设计依赖于超前探测孔,二者紧密相连,缺一不可。超前钻孔通常为直径 45 mm ~ 50 mm 的冲击孔,为了适应开挖爆破的进尺频率,超前钻孔的长度一般为 24 m ~ 33 m,沿掌子面周边布置,与洞轴线成一角度向外延伸,开挖面超前钻孔的数量最少应保证 2 个,遇到节理发育或埋深较小时,可增至 4 个 ~ 6 个或更多。一般情况下,根据钻孔长度,每隔 3、4 或 5 个开挖循环就进行一次超前钻孔的施工,两钻孔沿隧道纵向的搭接长度应不小于 8 m(2 倍开挖进尺长度)。超前钻孔的工程数量,各条隧道都不大相同,平均每延米隧道超前冲击钻孔的数量为 2 m ~ 7 m。此外,若由地震波物探法探测到破碎带,则应在开挖面采用岩芯钻孔法。长度为 7.2 km 的 Oslofjord 隧道,大量使用了冲击钻孔,达到 6.9 m/延米隧道,在位于海底的 2.1 km 长的区段,开挖面采用的岩芯钻孔数量达到 0.7 m/延米隧道。采用超前探测孔和预注浆方法控制渗水如图 10-19 所示。图 10-20 为双车道公路隧道超前冲击钻孔的典型布置。

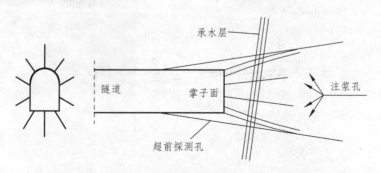

图 10-19 采用超前探测孔和预注浆方法控制渗水

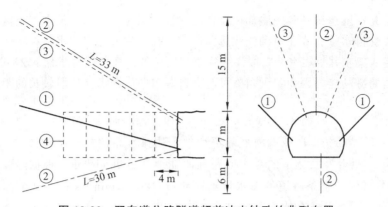

图 10-20　双车道公路隧道超前冲击钻孔的典型布置

1—每个截面都应设置的钻孔；2—破碎带的附加钻孔；3—埋深较小的仰斜钻孔；
4—每 5 个开挖进尺的钻孔搭接区段（最少 8 m）

由钻孔内测得的涌水量大小可确定是否采用预注浆。一般情况下，超过 5 L/min ~ 6 L/min 时则应采用预注浆处理，对于开挖爆破孔也是如此，在每次注浆后，应检查钻孔的涌水量，以便确定是否采用补充注浆。与预注浆一样，径向注浆也需不停地施作，因为它们是唯一能完全控制和保证隧道防水性能的施工方法。注浆体一般为胶凝材料，如标准工业水泥、快凝水泥和细微颗粒组成的超细水泥。当出现渗水的节理发育区，应直接采用高压（如上值达到 60 bar）和相对黏稠的浆液进行处理，而不是传统地通过调整水灰比来达到目的。图 10-21 是典型的预注浆钻孔模式。若防水性能要求较高，可在重叠区内进行钻孔注浆。

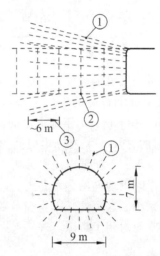

图 10-21　双车道预注浆钻孔的典型布置

1—仰斜状超前钻孔，直径 45 mm，长 18 m；
2—开挖进尺长度（4 m）；3—注浆管搭接区

注浆材料用量各工程也不一样，对大多数隧道总体上不超过 50 kg/m；而对于通往靠近大陆架岛屿 Godoy 和 Froya 隧道，用量却分别为 430 kg/m 和 200 kg/m；Bjoroy 和 Oslofjord 隧道则分别为 665 kg/m 和 360 kg/m。每一环注浆量为 1 t ~ 50 t，耗时 2.5 h ~ 4.8 h 不等，对于注浆交叠区可减少注浆用量。

超前探测孔、预注浆和爆破孔的钻孔都由同一液压钻车完成。挪威经验表明，预注浆是降低渗水的可行的工程措施。当大量渗水已经发生时再注浆，通常不会起到预期的效果。图 10-22 为行车舒适设计了精美灯管的 Oslofjord 隧道，采用了经济有效的预注浆及防水层，洞内未见渗水。

4. 挪威海底隧道防排水措施

挪威海底隧道都采用排水型衬砌，隧道内防水

图 10-22　挪威 Oslofjord 隧道

最常用的方法是在隧道拱部和侧墙部位设置防水板（图10-23），在涌水严重区段，应在衬砌浇注前设置柔性排水管，或在衬砌浇注后钻取泄水孔，渗入隧道的水将在防水板内壁经排水系统收集，流入集水井。集水井一般设在隧道的最低处，其容积要能容下24 h渗水。此外防水板还须具有防冻功能，因为冬天霜冻可能会自洞口向洞内延伸一段较长的距离。

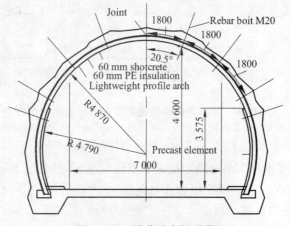

图 10-23　隧道防水板设置

隧道采用喷射混凝土支护时，可用管线或沟槽排水以防止或减少地下水的渗透，同时也可以减少衬砌背后的水压。一般情况下，在排水沟槽及行车道下方的排水系统铺设碎石（15 mm ~ 30 mm）用于地下水的排放，并在排水沟的一侧或两侧安放 1 根 ~ 2 根 150 mm ~ 200 mm 的 PVC 管。在断电时间为 24 h 的情况下，位于最低点的废水泵房应保证能储存隧道内所有渗水，一期泵送扬程可达 200 m（通常是 160 mm PVC 管），泵管直接连接隧道入口或位于海岸附近地面的集水井内。此外通过经验表明，在大多数情况下渗水量随时间变化保持不变或减小。这可能是因为细微颗粒在通过节理时形成了天然渗透层，也有可能是某些矿物质的膨胀而封闭了裂隙。

5. 挪威海底隧道的开挖和支护

挪威海底隧道均采用钻爆法开挖，典型的衬砌结构由作为支护的喷锚结构和独立的防水防冻的内衬组成。钢纤维喷射混凝土是主要的永久支护结构，在极为恶劣围岩条件下，如断层和破碎带则需采用精心设计和施工方法通过，包括减少每轮爆破进尺，设置钢架和长锚杆，如图 10-24 所示。

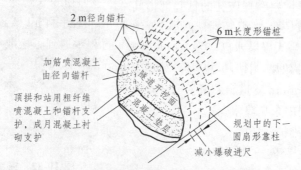

图 10-24　断层及破碎带的支护措施

6. 穿越海底不良地质地段施工措施

在海底隧道修建过程中能否穿越软弱不良地质段是隧道工程施工成败的关键。挪威海底隧道的稳定问题主要发生在含有黏土的断层和软弱带中，并与渗水有联系。穿越不良地质段主要采用的方法有注浆法、冻结法以及其他辅助方法。

挪威 Oslofjord 海峡隧道，一条沿已探明断层分布的冰川侵蚀海底沟道深度远超出预测值，在穿越断层破碎带时，通过超前探水发现，隧道上方根本不存在基岩覆盖层，上部围岩含有黏土、砂子、卵石和块石等；下部围岩为碎石，并含有黏土，渗透系数较小，水压高达 1.2 MPa。为了确保该工程如期完成，采用 350 m 长、断面面积为 47 m² 的迂回导坑法通过后，再采取冻结法（图 10-25）才得以通过。

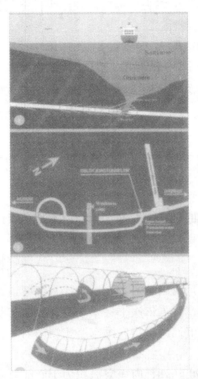

图 10-25　120 m 水压下断层破碎带的冻结法施工
1—标示有超前钻孔的隧道纵断面图；2—穿越破碎带的迂回通道平面示意图；
3—穿越破碎带的迂回通道冻结法施工示意图

在 Ellingsoy 隧道中，尽管连续进行超前探孔钻探，但由于含膨胀黏土的断层和承水节理，隧道掌子面发生坍塌，一致延伸到洞顶 8 m ~ 10 m，直到 24 h 以后才停止，最后只好现浇 700 m³ 混凝土封堵，才得以通过。Bjoroy 隧道施工过程中遇到了松散和弱固结的砂石层构成的海底断层，大面积的注浆使其推延 6 个月后才通车。

7. 海底隧道运行与维护

海底隧道运行和维护费用大大高于陆地隧道，其原因包括排水、紧急备用电源、海藻排除、通风照明等。占公路隧道的运行和维护费用最多的是照明和通风，排水费用则相对较低。另外由于渗入隧道的海水是咸水有腐蚀性也是海底隧道的特殊问题。海水会使喷射混凝土脱落，缩短喷射混凝土的寿命。海水还会腐蚀其他材料和安装设备，如水泵、排水管道、电器设备、电缆支架及防水防冻设备等，这些设备的更换周期就要缩短从而增加运行和维护的费用。挪威公路隧道设计规范规定海底隧道内的一些设施，要满足抗腐蚀及耐久性的要求。

8. 隧道材料及结构的耐久性

海底隧道为保证支护结构耐久性，应该采取严格措施。岩石锚杆应具有双重防侵蚀保护：热浸电镀和环氧保护层，此外应使用全水泥灌浆。至今这些方法有效保护效果很好，没有发现侵蚀破坏。为达到较低透水性，喷射混凝土单轴抗压强度至少达到 45 MPa，经验证明，若喷射混凝土施工质量较差，如喷层较薄（小于 3 cm）或强度小于 35 MPa 的混凝土在潮湿区域会产生脱落，有些在海水作用下将失去强度。在防水性能较好的喷射混凝土及厚度不小于 7 cm 情况下，钢纤维不会遭到侵蚀。

由于海水及车辆带来的污染构成了严峻的工作环境，水泵及排水管道也需要严格控制；如果强度足够，管道则常用聚合物材料，否则应改用防腐蚀的钢管道。隧道营运期间，已遭侵蚀的电器、水泵及管道必须及时更换，因此，隧道二次投资费用也较高。

10.2　铁路矿山法水下隧道工程实例

10.2.1　武广客运专线浏阳河隧道

1. 隧道概况

武广客运专线浏阳河隧道是我国第一条客运专线水底隧道，是武广客运专线铁路上控制性工程。线路位于长沙市东部，隧道依次下穿京珠高速公路与长永高速公路立交的牛角冲互通、星沙镇厂房密集区、长沙市远大路、人民东路、浏阳河、机场高速公路，于黎托乡出地面接入新长沙车站。

隧道设计速度目标值为 350 km/h，内净空面积为 100 m^2。隧道全长 10 115 m，由进口明挖暗埋段（含缓冲结构，长 1 489 m）、暗挖段（7 428 m）、出口明挖暗埋段（含缓冲结构，长 1 018 m）、出口引道敞开段（长 180 m）组成，共设 3 座竖井、1 座斜井。根据隧道各段所处的地质、地面环境、隧道埋深等条件分别采用明挖法、钻爆法及机械开挖法施工。工程于 2006 年 8 月开工，2008 年 12 月贯通。

浏阳河隧道为穿越城市的凹形纵坡长大隧道，隧道最大埋深约 70 m，地表有厂房、民居、道路、水塘及浏阳河，若采用传统的排水型结构形式有可能对地下水和周围环境产生不利影响，因此本隧道对埋深小于 50 m 的地段（共计 8 761 m）采用了全封闭防水抗水压衬砌结构形式，这也是我国第一座采用防水型抗水压衬砌的客运专线铁路隧道。

2. 地质概况

隧道工程所在河段属于相对稳定的河段，河段较顺直，河床较开阔，无塌岸。

隧道区域内出露地层主要为第四系人工填土、粉质黏土、砂砾石地层和白垩系泥质砂岩、砾岩、砂岩、钙质砂岩等。隧道区属长沙-平江红层盆地，主要穿过区域黄花向斜北翼及其核部，核部位于浏阳河河漫滩及Ⅰ级阶地区，主要为 K_2d、K_2f 泥质粉砂岩、泥岩、含砾砂岩等。翼部位于隧道北段，岩层产状变化范围主要为 110°～150°∠4°～15°，主要为 K_{1s} 砂砾岩、含砾砂岩等。多呈紫红色，杂灰黄色，中厚层状，粉、细砂质结构，全至弱风化，其中弱风化层岩体较完整，采取率一般达 90%以上。河漫滩及Ⅰ级阶地具典型二元结构：表层为黏性土（Q_4^{al+pl}），一般呈软至硬塑状态，厚度为 3.0 m～8.0 m。局部水塘及阶地段分布有淤泥质黏土或软土，厚度一般 < 3.0 m。下部主要为砾石类土、砂类土，厚度一般为 0 m～5 m。隧道过河段地质图见图 10-26。

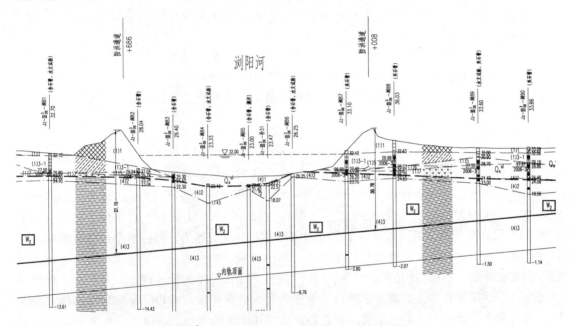

图 10-26　武广客运专线浏阳河隧道过河段地质图

隧道地下水自上而下为：松散岩类孔隙水、碎屑岩孔隙裂隙水、碎屑岩孔隙裂隙-溶洞水。隧道场址区的断裂构造不发育，无大的断裂构造。但局部存在岩石风化不均匀、岩性不均匀、溶洞发育等因素。该区地震基本烈度为Ⅵ度，地震动峰值加速度分区为 0.05g。

3. 隧道平、纵断面设计

隧道进出口两端位于 $R = 9\,000$ m 的平曲线上，其余地段为直线，曲线段占隧道建筑长度的 34%。

隧道内采用"V"形纵坡，牛角冲互通以北以明挖法为主，采用 2.5‰的缓坡，线路下穿潇湘路后，分别采用 12.2‰、20.0‰的坡率快速下潜，然后接 5.01‰缓坡段，至变坡点后以 3‰、20.0‰的坡度上升，至 DIK1571 + 159 处采用平坡接入新长沙车站。

隧道下穿的浏阳河面宽度达 210 m，暗挖穿越浏阳河段的长度为 362 m，河道与线路夹角约 50°，过河段河底绝对高程为 22.8 m～26.0 m，隧道洞顶标高为 4.0 m～8.7 m，隧道洞顶覆盖厚度为 19.1 m～23.8 m。浏阳河枯水季节水深一般 3 m～5 m，洪水季节水深 10 m～15 m。

4. 隧道主要设计原则

（1）隧道设计使用年限：100 年。

（2）主体结构安全等级：一级。

（3）隧道按百年一遇高水位设计，按 300 年一遇水位校核，并满足低水位的设计要求。

（4）隧道基本烈度为 6 度，按 7 度采取抗震设防措施。

（5）为确保运营安全，暗挖地段二次衬砌按承受 100%围岩松弛压力和全部水压力计算，初期支护的强度与刚度必须满足施工安全和控制地面沉降的要求。

（6）运营期隧道抗浮稳定安全系数≥1.1。

（7）结构允许裂缝开展宽度≤0.2 mm，不允许出现贯穿裂缝。

（8）防水等级：一级。地下水位在拱顶以上≤50 m 地段采用全封闭不排水方式，＞50 m 地段采用容许少量排水的方式。

5. 隧道结构设计

1）暗挖段设计

（1）结构设计。

暗挖段隧道按喷锚构筑法原理进行设计：采用复合式衬砌。初期支护的主要作用是保证施工安全和控制地面沉降，其支护参数依据工程类比并辅以必要的理论分析确定。

二次衬砌根据埋深条件的不同分别设计：对于地下水压力小于 50 m 的地段，采用全封闭防水，二次衬砌结构按承受 100%围岩松弛压力和全部水压力设计；对于地下水压力大于 50 m 的地段，按排水型隧道设计，二次衬砌仅承受部分围岩压力。通过对全包防水的抗水压衬砌计算发现，水压力对仰拱结构产生非常不利的影响，仰拱的设计是防水型隧道衬砌优化设计的关键部位，根据结构的受力特征，设计提出了加强仰拱的设计理念。对于浅埋地段，通过增加仰拱厚度和加强仰拱钢筋可以满足受力要求；对于深埋地段，必须增加仰拱开挖深度，采用曲率半径较小的仰拱形式。衬砌断面如图 10-27、10-28。

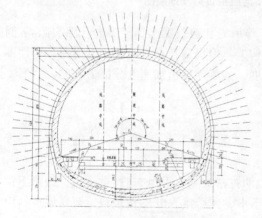 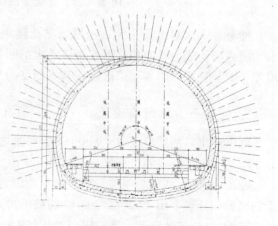

图 10-27　浅埋段抗水压衬砌断面　　图 10-28　深埋段抗水压衬砌断面（仰拱结构加深）

（2）施工方法。

本隧道Ⅳ级围岩地段均为深埋，因此一般情况下考虑采用三台阶法施工，对于地表存在敏感建筑物，如民房、大型厂房等地段，则铣挖机（图10-29）或单臂掘进机进行拱部预切槽，完成初期支护后，再采用弱爆破法开挖。深埋段V级围岩采用三台阶临时仰拱法施工，临时仰拱中增设钢支撑。隧道进口浅埋段、风化层较厚段及隧道下穿牛角冲互通段均采用双侧壁导坑法施工（图10-30）。隧道下穿浏阳河地段采用三台阶临时仰拱法施工。

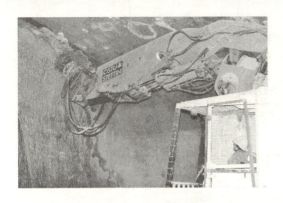

图 10-29　浏阳河隧道铣挖机开挖

图 10-30　浏阳河隧道双侧壁法施工

2）明挖段设计

明挖主体结构根据隧道的覆土深度及所处地段采用了拱形结构、矩形结构、U形结构（图10-31～10-33）。对抗浮验算安全系数＜1.1的地段，采取倒Ⅱ形结构或在底板下设置抗拔桩等措施进行抗浮处理。

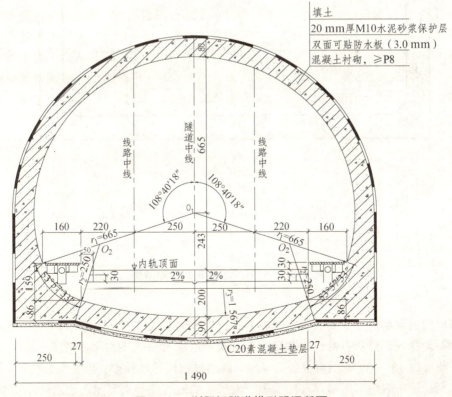

图 10-31　浏阳河隧道拱形明洞断面

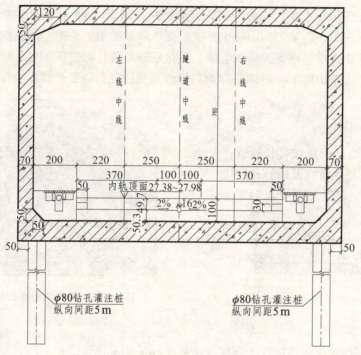

图 10-32　浏阳河隧道矩形明挖断面

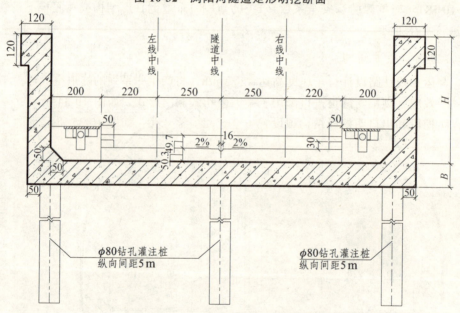

图 10-33　浏阳河隧道 U 形明挖断面

3）下穿浏阳河困难地段的处理

过河段隧道穿越地层主要为泥质粉砂岩和泥质砂岩，紫红色，中厚至厚层状，岩石完整，局部夹含石膏脉或斑点状石膏，岩芯呈中长柱状，RQD 值一般 > 80%。局部地段岩芯节理裂隙发育，倾角为 38°～39°，围岩分级为 V 级。隧道过河段透水性差，渗透系数约为 0.02 m/d，属不透水至弱透水岩组。局部存在的裂隙一般属非贯通性或导水裂隙，透水性亦较差。

针对过河段工程地质及水文地质条件，设计遵照"超前预报，加强支护，控制变形，快速封闭"的原则，采用三台阶临时仰拱法施工，并对上台阶设置临时钢架进行封闭。超前支护采用 $\phi108$ 超前长管棚和 $\phi42$ 超前小导管联合预支护。施工过程中采用超前钻孔探明开挖面前方的地质及地下水情况，钻孔数量不少于6个，钻孔长度不小于50 m，钻孔搭接长度不小于10 m。

4）辅助坑道设置

考虑本隧道为凹形纵坡特长隧道，为加强防灾与逃生能力，需在隧道最低点处设置疏散定点，疏散定点与地面间采用斜井连接。除斜井外，由于工期紧，另设置了3座竖井，竖井位于隧道顶部，施工完成后予以封闭（表10-6）。

表10-6 浏阳河隧道辅助坑道设置表

名　　称	里　　程	结构形式	断面尺寸（长×宽）	位　　置	深（长）度
1号竖井	DIIK1563+550	矩形井	16.8 m×8 m	位于线路中心，隧道顶部	50.1 m
2号竖井	DIIK1564+820	矩形井	16.8 m×8 m	位于线路中心，隧道顶部	53.95 m
3号竖井	DIIK1568+395	矩形井	16.8 m×8 m	位于线路中心，隧道顶部	51.0 m
斜　井	DIIK1566+598～DIIK1567+171.9	拱　形	单车道5.95 m×6.5 m/错车道6.05 m×8.3 m	线路前进方向左侧并平行于线路走向，与左线线路中线距离87.5 m	662.6 m

5）隧道洞口缓冲结构设计

武广客运专线铁路设计行车速度高达350 km/h，将产生一系列的隧道空气动力学效应。为缓解气动效应，浏阳河隧道进口采用了帽檐斜切式洞门形式，如图10-34所示；并分别在隧道进口明挖段和出口明挖段结构顶设置了空气动力学开孔，如图10-35所示。

图10-34 浏阳河隧道帽檐斜切式洞门

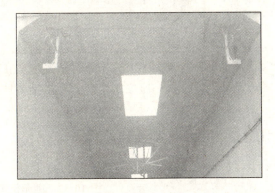

图10-35 浏阳河隧道出口顶板空气动力学开孔

6. 浏阳河隧道防排水措施

1）暗挖段防排水措施

（1）提高二次衬砌自防水性能。

二次衬砌采用C35高性能防水混凝土，排水型隧道段混凝土抗渗等级不小于P8，防水型隧道段混凝土抗渗等级不小于 P12。二次衬砌施工缝采取止水带、止水条和预埋可重复注浆管等多道防水措施。

（2）在国内首次提出和采用"皮肤式"隧道防水方式。

初期支护与二次衬砌之间全断面设 EVA 胎基单面自粘型高分子复合防水板，胎基厚 1.5 mm。胎基迎水侧为土工布，可防止防水板敷设时损伤，其背水侧为粘结层，可与现浇二次衬砌混凝土粘结，起到"皮肤式"防水效果。土工布、EVA 胎基、粘结层在工厂制造时复合成一体。为验证该种新型防水板的防水效果，对防水板的粘结性、防水性、施工工艺等进行了室内试验（图 10-36）。

图 10-36　浏阳河隧道自粘式防水板性能试验

（3）加强初期支护防水。

当初期支护采用型钢钢架加强时，型钢与喷射混凝土结合较差，且型钢背后喷射混凝土不易密实，因此在型钢架设时预埋注浆管，喷射混凝土完成后，通过该注浆管向型钢与围岩间压住水泥浆进行止水。初期支护完成后，对局部渗漏水地段采用径向注浆堵水（图 10-37）。

图 10-37　围岩径向注浆止水

2）隧道运营排水

隧道进口前方为下坡，采用自流排水。在隧道出口处设置一座雨水泵房，集排雨水。在隧道最低点处设置一座废水泵房，集中抽排地下水，地下水从斜井排出洞外。

10.2.2　日本青函海底隧道

1. 隧道概况

青函海底隧道是目前世界上最长的水下隧道，它跨越津轻海峡，把日本的北海道和本州的铁路连接起来，隧道由本州的青森穿过津轻海峡到北海道的函馆，全长为 53.85 km，海下段长度为 23.3 km，北岸陆地段长 17 km，南岸陆地段长 13.55 km。在隧道南北两端各设龙飞、吉冈海底车站。青函海底隧道主要由竖井、主隧道、斜井、先行导坑、作业坑道等五大部分构成。

青函隧道是一条超大超长的双线海底隧道，其中海底部分长 23.3 km。为了施工方便和通风的需要，在两端陆上各设 3 个斜井和 1 个竖井，并设有 2 条辅助导坑，即为先行导坑和平行导坑，辅助导坑高 4 m、宽 5 m，均处在海底。斜井与先行导坑相连，与主隧道水平距离为 15 m，施工期为调查海底地质用，运营期为隧道换气和排水用；竖井与平行导坑相连，与主隧道水平距离为 30 m，导坑底比主隧道低 1.0 m，主隧道内渗水可排到平行导坑内，平行导坑与主隧道每隔一定距离采用横通道连接，施工期为运输作业通道，运营期为列车修理和轨道维修的场所。隧道概貌见图 10-38。

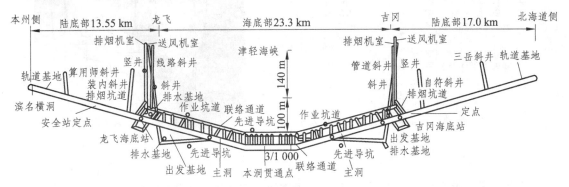

图 10-38　青函隧道概貌图

2. 地质概况

隧道通过地层主要为受到很大扰动的火山质岩石和中新统沉积岩，本州侧主要是玄武岩、安山岩和流纹岩等火山岩类。北海道侧主要是火山凝灰岩、火山质砂岩和泥岩等第三纪沉积岩。岩石抗压强度为：本州侧岩石较坚硬，为 70 MPa；北海道侧岩石较软地段为 20 MPa，较硬地段为 80 MPa。地下水为基岩裂隙水，隧道穿越的断层与海水直接的水力联系，最大水压值为 2.4 MPa，隧道共穿越 10 多条大断层和多条小断层，近断层处的破碎带海水易灌入，青函隧道地质情况如图 10-39 所示。

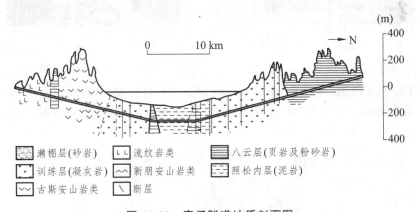

图 10-39　青函隧道地质剖面图

虽然做过地质钻探，仍不可能全面了解地质情况。故在开挖主隧道之初，先施工斜井，再开挖坡度 3‰、宽 5.0 m、高 3.07 m 的先行导向隧道（超前导坑）。目的是一路探明工程地质及水文地质情况，试验和发现施工方法，以便应用于服务隧道和主隧道的施工。斜井在施工时除上述用途外，还作为运送工人、材料、施工机械和出渣、抽水之用，施工完毕利用其作为通风井。青函隧道的诸隧道及导坑的相对位置如图 10-40 所示。

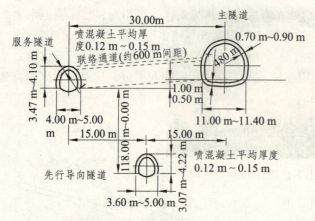

图 10-40　青函隧道诸隧相对位置

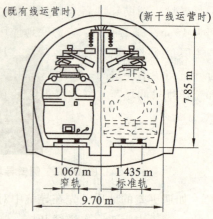

图 10-41　青函主隧道断面

3. 隧道设计情况

隧道最深位于海平面下 240 m，最低处海水深 140 m，隧顶覆盖层厚 100 m。隧道纵坡中部为 3‰，两侧为 12‰。隧道最小曲线半径为 6 500 m。

青函隧道采用新奥法设计，隧道设计不考虑水压力，按排水型衬砌设计。主隧道采用复合衬砌结构，导坑主要采用喷锚永久衬砌结构，局部地段采用复合式衬砌。主隧道为双线马蹄形断面，内净宽 9.7 m，净高 7.85 m，地层压力特大区段采用内径 9.6 m 圆形断面。隧道断面如图 10-41 所示。

4. 隧道施工情况

青函隧道的导坑主要是凝灰岩的软岩，采用了美国罗宾斯开敞式 TBM。地质条件好的情况下，月掘进可达 180 m～257 m。因为地质情况复杂，在断层破碎带产生洞顶剥落、崩塌和坑道涌水等现象，使掘进受阻，需增加各种保护措施，处理发生的事故耽搁了很多时间。

隧道在不同岩质中施工，基本采用矿山法，根据地层条件不同分别采用全断面开挖法、上下台阶法、侧壁导坑上下台阶分部开挖法和环形开挖留核心土法等隧道开挖方法（图 10-42、10-43）。对主隧道、先行导坑、平行导坑等需要对地层加固及断层段采用 836 型 TBM 进行挖掘超前小导洞，当时 TBM 仍不完善，钻机利用率（纯钻进时间）在 10% 以下。对地层加固后进行扩挖，掘进机开挖累计长度达 3 500 m。

图 10-42　上下台阶开挖法（19%地段采用）

图 10-43　侧壁导坑上下台阶分步开挖法（57%地段采用）

如遇更差的地质，先在导坑中对前方围岩压入水玻璃水泥浆进行加固和堵水，使隧道壁稳固，隧道内无水时再继续开挖。隧道开挖方法通过实践，已经认为可以有把握完成本工程时，于1971年9月正式批准该工程，同月主隧道开工。

5. 隧道涌水处理

青函隧道在海底隧道施工过程中采取了探水→注浆→开挖三个环节交替进行，而水平超前钻探和注浆被认为是青函隧道最为成功的两项技术。但是限于当时的技术条件，青函隧道施工过程中曾遇到4次大的突水、涌泥。例如：1974年1月8日，吉冈作业坑最大涌水量达15 840 m^3/d，采用注浆堵水法直接通过，处理时间为362 d。

最严重的一次涌水发生在1976年5月6日，吉冈作业坑又发生100 800 m^3/d的涌水，采用迂回导坑法通过，处理时间为162 d，给施工造成了很大损失。事故发生在距吉冈一侧隧道进口约4 600 m的开挖面。5月6日，水开始涌入，7日14时，该开挖面完全坍塌。用时65 d才把开挖面涌水止住。在此65 d中，海水涌入时最大流量约85 t/min，平均流量约20 t/min，总涌水量约180万 t。主隧道被用来积储涌入的海水，使服务隧道没有被全部淹没。服务隧道以一条迂回导坑绕过了坍塌地点，海水用排水泵排出，工程于1976年8月5日重新复工。淹没的区域如图10-44所示。

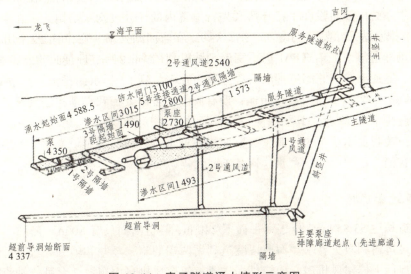

图 10-44　青函隧道涌水情形示意图

经过多种工法比选，注浆法成为防止隧道涌水突泥主要方法。注浆范围取决于地质和渗水情况，其基本设想是使注浆带厚度延伸到松弛带外侧，一般注浆范围为毛洞洞径的 2 倍～3 倍，海底段为 3 倍。图 10-45 所示为隧道围岩止水帷幕工艺示意图。

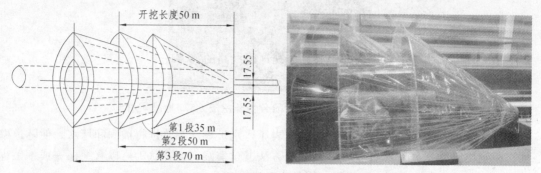

图 10-45　隧道围岩止水帷幕工艺示意图

加固分 3 次完成，即第一次在掌子面处向外大角度范围进行注浆，初步止水后，再调整为稍小角度范围内进行第二次压浆加固，以巩固加固效果，隧道开挖前进行第三次隧道开挖轮廓外圈地层加固，以达到止水效果。每个注浆区段分 3 个阶段：第一个阶段为 35 m；第二阶段至 50 m；第三阶段至 70 m。然后开挖，一般开挖 50 m，预留 20 m 为下一次注浆工作面。注浆孔呈伞形辐射状，浆液扩散半径为 1.5 m，终孔间距一般为 3 m。注浆材料采用具有良好渗透性水玻璃和超细高炉矿渣水泥，注浆终压为 6 MPa～8 MPa，采用可自动调节水泥浆液和水玻璃配比的复式控制注浆泵。

6. 隧道防排水措施

青函隧道埋置较深，海水水头大，造成隧道渗水量大。为了保证隧道的正常运营，隧道设置了防排水系统。隧道防水系统主要为隧道衬砌外地层中的双液浆加固圈，初步控制了海水及裂隙水的直接涌入。隧道外的裂隙渗水通过纵、横向排水盲沟将渗漏水排入平行导坑和先行导坑后再汇入储水槽内。通过沉淀池将水排入废水泵房内，由水泵将废水排出隧道外。

隧道排水系统主要由设在平行导坑和先行导坑内的 3 处废水泵房组成。在龙飞车站处竖井底设置 P1 排水站，在斜井底设置 P2 排水站，在吉冈站处斜井底设置 P3 排水站。将隧道入口到竖井段隧道渗水汇集到 P1 排水站统一排出，将本州端海底段隧道渗水汇集到 P2 排水站统一排出，隧道出口到北海道端海底段隧道渗水汇集到 P3 排水站排出。其中 P3 排水站管网与 P1 排水站、P2 排水站的管网相连，设有阀门，可以人工和自动控制其开启和关闭。排水基地共计有排水泵 12 台，其抽水能力每日可排水 4 万多立方米，约 30 m³/min。排水基地蓄水槽的水位高程显示于中央控制室屏幕，能根据水位自动控制排量。此外，还设有地下消防水池，需在消防水池中始终存水，以备不时之需。

7. 隧道运营通风

青函隧道长达 53.85 km，位于海平面下 240 m，隧道断面只有 80 m²，隧道需要采用机械通风才能满足运营和救灾要求。海底段隧道利用两端的施工竖井和辅助导坑进行隧道换气，在施工竖井地面上修建风机房，向隧道内送风，每个风机房内布设 2 台卧式轴流风机（每台风机送风量为 60 m³/s ~ 80 m³/s），利用隧道与地面的高差进行排烟。

8. 隧道安全防灾系统

青函隧道采用了疏散联络通道、广播系统、监控摄像头、火灾监测设备、灭火系统（水喷雾消防系统、给水栓、消火栓）、照明系统、侧壁纵向疏散平台等救灾系统。隧道在北海道函馆车站附近设青函隧道防灾调度中心，监视这段线路的灾害现象，进行这段线路的正常调度和灾害现象处理。

1）列车调度

在整段线路范围内，列车按输入计算机的计划程序运行。当与计划不符时，机车可自动调速。如遇地震、火灾等较大灾情，列车调度发出停车命令，事毕，重新安排。

2）电力调度

中央控制室可对沿线电力站进行供电调度，使电力机车专用线路和通信专用线路及一切照明、防灾措施的供电系统，都有供电保证。实行多路供电和备用发电（19 000 kV·A）设备。电力供应不间断。

3）灾害监控

隧道的灾害需进行长期不间断的异常状况监测。

（1）地震监测。

在隧道出入口、渗水断层、火成岩裂隙和其他断层等关键地点，设置警报地震计、早期地震检测和报警系统、衬砌应变计等，如图 10-46 所示。一旦发生地震可及时作出判断，发出调度命令。

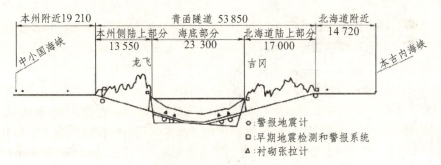

图 10-46　青函隧道地震监测布置（单位：m）

（2）涌水监测。

在主隧道和服务隧道中布置了 16 台涌水计，导洞及服务隧道中布置了 11 台涌水计（图 10-47）。自 1987 年到 1996 年测得其涌水量，记录如图 10-48 所示。在图中可以发现，总涌水量在 1993 年 7 月 8 日时发生异常增量，是当日北海道东西海域发生地震带来的影响。

（3）变形监测。

隧道变形是通过隧道内空间变形测量确定的。主隧道为了营运安全，采用快速光波计。服务隧道和平导中采用交换测量装置。在主隧道中布置了 77 个测量断面，服务及平导布置了 67 个测量断面。如图 10-47 所示。

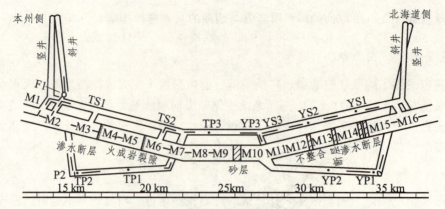

图 10-47　青函隧道涌水计布设位置

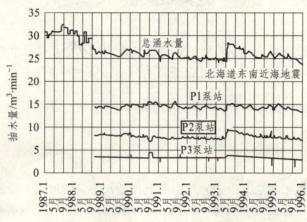

图 10-48　青函隧道涌水量实测记录

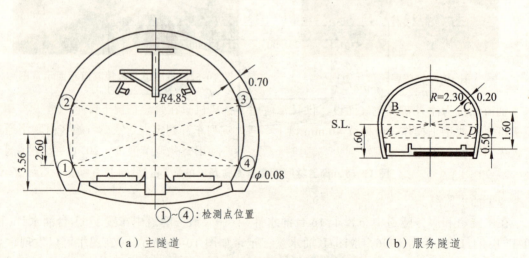

（a）主隧道　　　　　　　　　　（b）服务隧道

图 10-49　青函隧道营运期测量断面布置图

（4）火灾控制。

隧道内设置了龙飞海底车站和吉冈海底车站，把隧道分成3段。当列车在隧道内发生灾难时，发生火灾的列车接受命令至吉冈或龙飞的安全站紧急停车，将旅客从联络通道疏散到避难所或通过辅助导坑疏散到地面，之后列车可以开进避难隧道内。安全站有灭火设备，左右还有各长 500 m 的站台连接到约 40 m 间距的联络通道，用以疏散旅客到避难所。这些通道设有自动密闭门，可完全隔开险情。

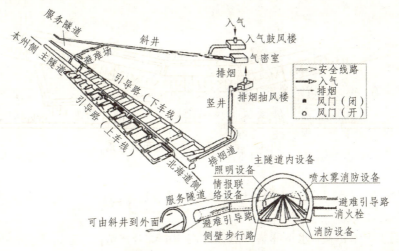

图 10-50　吉冈定点防火措施

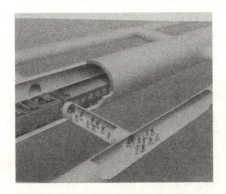

图 10-51　旅客疏散示意图

图 10-52　主隧道与救援隧道断面示意图

　　轴流风机为注入新鲜空气而设，供日常使用。排风机只在紧急情况下排烟。消火栓和水龙头可遥控或手工操作，可持续 40 min 以上。遇火灾列车开到定点灭火时，旅客由联络通道进入先行导洞，由先行导洞可到火灾避难所。此外还利用竖井调节温度（20 ℃左右）、湿度（80%~90%）、风量（约 3 800 m³/min），产生风速为 1 m/s 的微风。沿斜井有踏步（吉冈 2 102 步，龙飞 2 274 步）与缆车可以上下。

9. 隧道的维护与管理

　　青函海底隧道作为世界上最长的海底隧道，日本做了大量的科学技术研究。隧道建成后因受列车振动和风压等作用，为了保持隧道的功能，日本以隧道的地质、施工方法、涌水、地层注浆、变形等所有施工记录为基础资料，进行了动态监测和维修管理。青函海底隧道的维修管理方法及模式对今后世界各国建设的海底隧道有一定的帮助。

参考文献

[1] 王梦恕，等. 中国隧道及地下工程修建技术[M]. 北京：人民交通出版社，2010.

[2] 王梦恕. 水下交通隧道发展现状与技术难题——兼论台湾海峡海底铁路隧道建设方案[N]. 岩石力学与工程学报，2008，27（11）：2161-2172.

[3] 何川，张建刚，苏宗贤. 大断面水下盾构隧道结构力学特性[M]. 北京：科学出版社，2010.

[4] 何川，封坤. 大型水下盾构隧道结构研究现状及展望[N]. 西南交通大学学报，2011，46（1）：1-11.

[5] 宋建，陈百玲，范鹤. 水下隧道穿越江河海湾的综合优势[J]. 隧道建设，2006，26（3）.

[6] 程乐群，刘学山，顾冲时. 国内外沉管隧道工程发展现状研究[J]. 水电能源科学，2008，26（2）.

[7] 孙钧. 海底隧道工程设计施工若干关键技术的商榷[N]. 岩石力学与工程学报，2006，25（8）：1513-1521.

[8] 王梦恕. 水下交通隧道的设计与施工[J]. 中国工程科学，2009，11（9）.

[9] 王梦恕，皇甫明. 海底隧道修建中的关键问题[N]. 建筑科学与工程学报，2005，22（4）.

[10] 廖朝华，郭小红. 我国修建跨海峡海底隧道的关键技术问题[J]. 隧道建设，2008，28（5）.

[11] 小泉 淳，等. 盾构法的调查·设计·施工[M]. 北京：中国建筑工业出版社，2008.

[12] 刘建航，侯学渊. 盾构法隧道[M]. 北京：中国铁道出版社，1991.

[13] 伍振志. 越江盾构隧道耐久性若干关键问题研究[D]. 上海：同济大学，2007.

[14] 宋克志，王梦恕. 国内外水下隧道修建技术发展动态及其对渤海海峡跨海通道建设的经验借鉴[N]. 鲁东大学学报，2009，25（2）：182-187.

[15] AFTES. New Recommendations on Choosing Mechanized TunnellingTechniques[M]. 2000.

[16] 谭忠盛，王梦恕，张弥. 琼州海峡铁路隧道可行性研究探讨[N]. 岩土工程学报，2001，23（2）：139-143.

[17] 傅琼阁. 沉管隧道的发展与展望[J]. 中国港湾建设，2004（5）.

[18] 张凤祥，朱合华，傅德明，等. 盾构隧道 [M]. 北京：人民交通出版社，2004.

[19] 王梦恕，李典璜，张镜剑，等. 岩石隧道掘进机（TBM）施工及工程实例[M]. 北京：中国铁道出版社，2004.

[20] 刘继国，郭小红. 超大直径海底隧道盾构选型研究[J]. 现代隧道技术，2009，46（1）：51-56.

[21] 孙谋，谭忠盛. 盾构法修建水下隧道的关键技术问题[J]. 中国工程科学，2009，11（7）：18-23.

[22] 何川，张建刚，杨征．武汉长江隧道管片衬砌结构力学特征模型试验研究[N]．土木工程学报，2008，41（12）：85-91．

[23] 赵国旭，何川．盾构隧道通用管片设计及应用[J]．铁道建筑技术，2003，2：5-8．

[24] [日]土木学会．盾构标准规范（盾构篇）及解说[M]．朱伟，译．北京：中国建筑工业出版社，2001．

[25] 刘金祥，吕传田．城陵矶长江穿越隧道盾构机选型[J]．隧道建设，2004，24（6）：1-4．

[26] 中华人民共和国建设部．GB 50157—2003 地铁设计规范[S]．北京：中国计划出版社，2003．

[27] 朱合华，崔茂玉，杨金松．盾构衬砌管片的设计模型与荷载分布的研究[N]．岩土工程学报，2000，22（2）：190-194．

[28] 朱伟，黄正荣，梁精华．盾构衬砌管片的壳-弹簧设计模型研究[N]．岩土工程学报，2006，28（8）：940-947．

[29] 何川．シールドトンネル縦断方向の地震時挙動に関する研究[D]．東京：早稲田大学，1999．

[30] 苏宗贤，何川．盾构隧道管片衬砌内力分析的壳-弹簧-接触计算模型及其应用[J]．工程力学，2007，24（7）：131-136．

[31] トンネル工法の調査・設計から施工まで編集委員会．1997．シールド工法の調査・設計から施工まで．地盤工学会（日）．

[32] 中华人民共和国行业标准编写组．JTJ 004—89 公路工程抗震设计规范[S]．北京：人民交通出版社，1990．

[33] 川島一彦．地下構筑物の耐震設計[M]．東京：鹿島出版会，1994．

[34] JSCE. The tunnel standard specifications（for shield tunneling）[S]. Tokyo，Japan Society of Civil Engineers，1996：49-53.

[35] 中华人民共和国住房和城乡建设部．GB 50446—2008 盾构掘进隧道工程施工及验收规范[S]．北京：中国建筑工业出版社，2008．

[36] 关宝树．地下工程[M]．北京：高等教育出版社，2007．

[37] 关宝树．隧道工程维修管理要点集[M]．北京：人民交通出版社，2004．

[38] 陈绍章．沉管隧道设计与施工[M]．北京：科学出版社，2002．

[39] 李兴碧，王明洋，钱七虎．沉管隧道的发展与琼州海峡的沉管隧道方案[J]．岩土工程界，2005（6）．

[40] 徐干成，李永盛，孙钧，等．沉管隧道的基础处理、基槽淤积和基础沉降问题[J]．世界隧道，1995（3）．

[41] 杨其新，王明年．地下工程施工与管理[M]．成都：西南交通大学出版社，2005．

[42] 管鑫敏，唐英，万晓燕．沉管隧道接头的研究与设计[J]．世界隧道，1999（5）．

[43] 张成平，张顶立，王梦恕，等．厦门海底隧道防排水系统研究与工程应用[N]．中国公路学报，2008，21（3）：69-75．

[44] 吕明，GROVE，NILSEN B，et al. 挪威海底隧道经验[N]．岩石力学与工程学报，2005，24（23）：4219-4225．

[45] HENNING JAN EIRIK，MELBY KARL，VSTEDAL ERI. Experiences with subsea road

tunnels in norway — construction, operation, costs and maintenance[J]. Chinese Journal of Rock Mechanics and Engineering, 2007, 26 (11): 2226-2235.

[46] 殷瑞华, 梁巍. 厦门东通道跨海工程比选[N]. 岩石力学与工程学报, 2004, 23 (增 2): 4778-4786.

[47] 郭小红, 王梦恕, 张伟. 钻爆法修建海底隧道的关键技术分析[C]. 第十届全国岩石力学与工程学术大会论文集, 2008: 3-10.

[48] 潘昌实. 隧道力学数值方法[M]. 北京: 中国铁道出版社, 1995: 3-4.

[49] 何川, 谢红强. 多场耦合分析在隧道工程中的应用[M]. 成都: 西南交通大学出版社, 2007: 42.

[50] 关宝树. 隧道工程设计要点集[M]. 北京: 人民交通出版社, 2003.

[51] 关宝树. 隧道工程施工要点集[M]. 北京: 人民交通出版社, 2003.

[52] 王建宇. 再谈隧道衬砌水压力[J]. 现代隧道技术, 2003, 6: 5-10.

[53] 张志强, 何本国, 何川. 水底隧道饱水地层衬砌作用荷载研究[J]. 岩土力学, 2010, 31.

[54] 中华人民共和国铁道部. TB 10003—2005 铁路隧道设计规范[S]. 北京: 中国铁道出版社, 2005.

[55] 中华人民共和国交通部. JTGD 70—2004 公路隧道设计规范[S]. 北京: 人民交通出版社, 2004.

[56] 朱永全, 宋玉香. 隧道工程[M]. 北京: 中国铁道出版社, 2007.

[57] 王建秀, 杨立中, 何静. 深埋隧道外水压力计算的解析-数值方法[J]. 水文地质工程地质, 2002, 3: 17-19.

[58] 陈崇希, 刘文波, 彭涛. 确定隧道外水压力的地下水流模型[J]. 水文地质工程地质, 2002, 5: 62-64.

[59] 张有天. 岩石隧道衬砌外水压力问题的讨论[J]. 现代隧道技术, 2003, 6: 1-4.

[60] 仵彦卿. 岩体裂隙系统渗流场与应力场耦合模型[J]. 地质灾害与环境保护, 1996, 1: 31-34.

[61] 吕康成. 隧道防排水工程指南[M]. 北京: 人民交通出版社, 2005.

[62] 瞿守信. 厦门翔安海底隧道防排水技术初步应用经验[N]. 岩石力学与工程学报, 2007, 11 (8).

[63] 中铁二院工程集团有限责任公司. JTJ 026.1—1999 公路隧道通风照明设计规范[S]. 北京: 人民交通出版社, 2000.

[64] 交通部重庆公路科学研究所. TB 10068—2010 铁路隧道通风运营通风设计规范[S]. 北京: 中国铁道出版社, 2001.

[65] 吕康成. 公路隧道运营管理[M]. 北京: 人民交通出版社, 2006.

[66] 胡汉华, 吴超, 李茂楠. 地下工程通风与空调[M]. 长沙: 中南大学出版社, 2005.

[67] 金学易, 陈文英. 隧道通风与空气动力学[M]. 北京: 中国铁道出版社, 1983.

[68] 张吉光, 史自强, 崔红社. 高层建筑和地下建筑通风与防排烟[M]. 北京: 中国建筑工业出版社, 2005.

[69] 孙一坚. 简明通风工程设计手册[M]. 北京: 中国建筑工业出版社, 1997.

[70] 赵忠杰. 公路隧道机电工程[M]. 北京: 人民交通出版社, 2006.

[71] 黄益华，王朗珠. 供配电一次系统[M]. 北京：高等教育出版社，2007.

[72] 重庆交通科研设计院. JTG/TD 71—2004 公路隧道交通工程设计规范[S]. 北京：人民交通出版社，2004.

[73] 程远平，李增华. 消防工程学[M]. 徐州：中国矿业大学出版社，2002.

[74] 沈秀芳，乔宗昭，贺春宁. 上海外环沉管隧道设计（一）——工程设计、研究综述[J]. 地下工程与隧道，2003（3）：2-5，42.

[75] 叶国强. 上海市外环隧道新技术应用综述[J]. 上海公路，2003（3）：44-48.

[76] 《世界沉管隧道工程技术信息研究》课题组. 世界沉管隧道技术第三期日本高速铁路上的沉管隧道设计[R]. 铁道部科学研究院西南分院. 1998，5.

[77] 《世界沉管隧道工程技术信息研究》课题组. 世界沉管隧道技术第四期第二届国际沉管隧道技术会议论文[R]. 铁道部科学研究院西南分院. 1998，8.

[78] TAN G L. Holland's Wijker Tunnel：A Subser Solution to Traffic Congestion[J]. Tunnelling and Underground Space Technology，1994，9（1）：47-52.

[79] JANSSEN W P S，STEEN LYKKE. The Fixed Link across the Qresund；Tunnel Section under the Drogden[J]. Tunnelling and Undergroud Space Technology，1997，12（1）：5-14.

[80] JONKER J H，NIEUWENHUIS T J. Preliminary Study of Alternative Crossings of the Dutch High Speed Railway Line with the Crossings of the Dutch High Speed Railway Line with the Waterways Hollands Diep and Oude Mass[J]. Tunnels Versus Bridges，1993：65-75.

[81] 梁巍，朱光仪，郭小红. 厦门东通道海底隧道土建工程设计[J]. 中南公路工程，2006，31（1）.

[82] 张明聚，张斌，黄明琦，等. 厦门翔安隧道穿越风化深槽施工效应及技术措施[N]. 北京工业大学学报，2008（2）.

[83] 苏宏伟. 翔安隧道防水施工措施[N]. 石家庄铁路职业技术学院学报，2008，7（Z1）.

■ 后 记

随着人类社会的不断发展，特别是人口暴涨，人们对资源和能源的需求也不断提高。这其中不乏因开发物质资源和能源而对地下工程的需求，更不乏因开发生活和生产空间而对地下工程的需求。地下空间也是一种重要的社会资源，并且是面向 21 世纪需要重点开发的土木工程领域，这已成为全人类的共识。因此，有人说，在土木工程领域，19 世纪是大桥的世纪，20 世纪是高层建筑的世纪，而 21 世纪是地下空间的世纪。与之相适应，编写土木工程专业地下工程方向的系统性教材已成为土木工程教育的当务之急。

根据地下工程发展的历史、现状和未来，结合西南交通大学在该领域长期办学的经验，本着基本性（基本理论和基本技能）、系统性和创新性要求，以及基于问题、基于工程和基于案例的学习理念，我们系统地设计了地下工程方向课群组课程体系，即一概论——《地下工程概论》，四详论——《山岭隧道》、《水下隧道》、《地下铁道》和《地下空间利用》，三核心——《山岭隧道》、《水下隧道》和《地下铁道》。显然这是以交通隧道为重点，兼顾其他地下空间形态的一种布局，它反映了交通隧道在地下空间开发利用方面起步较早、量大面广的历史与现状，也反映了我们在这方面的教学历史沉淀和特色。其中概论是面向土木工程大类主修其他方向、辅修地下工程方向的学生，而四详论是面向主修地下工程方向的学生。

《地下工程概论》和《山岭隧道》两本教材已于"十五"和"十一五"期间出版。这次将纳入"十一五"国家级规划教材的三本——《水下隧道》、《地下铁道》和《地下空间利用》——一并出版以期形成地下工程方向的课群组系列教材。此课群组课程体系和配套教材由仇文革教授负责统筹规划，各课程责任教授领衔主编。其知识面贯穿各种隧道及地下空间形态的规划、设计、施工和维护的工程寿命全过程，形成一条龙式教学体系。

该课群组课程体系及其配套教材建设是西南交通大学土木工程国家级特色专业地下工程方向建设的内容之一。此外，我们还从事着教学团队和教案（课件）的建设，以期形成完整而有活力的教学生产力。借此系列教材出版之际，真诚地希望广大学生读者、工程技术人员和兄弟院校给我们提出宝贵的意见和建议，以便我们不断改进，并共同促进地下工程领域的人才培养和教育水平的提高。

西南交通大学地下工程系

2011 年 1 月